侏儸紀峽谷

陳戈著

博客思出版社

目次 contents

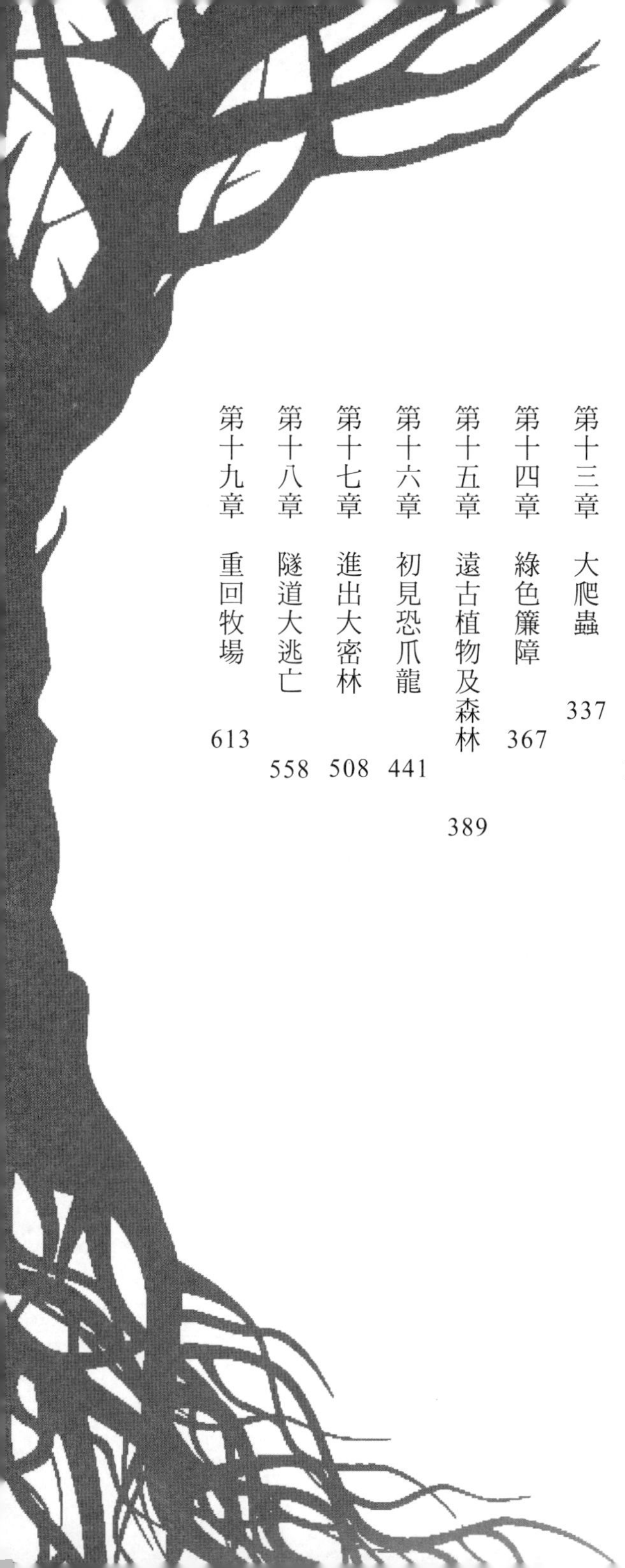

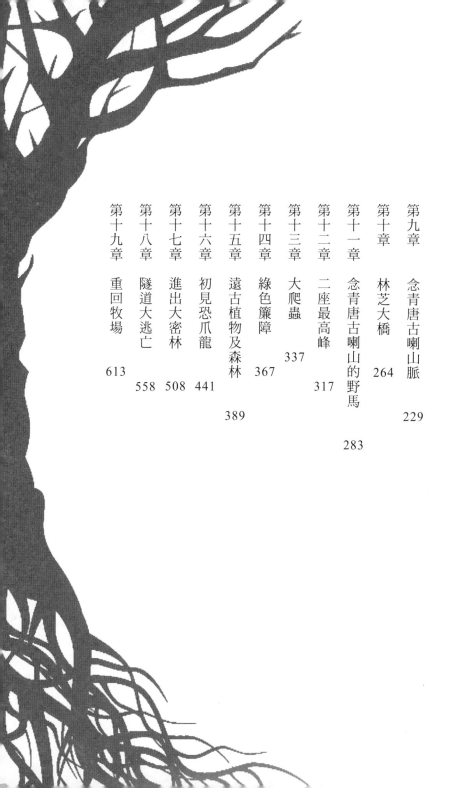

故事前言

四十多年前，從雲南到西藏，各地方及單位無不貧窮。但各階層仍力求改善生活，扭轉命運，無不忍受一切痛苦而拼命操勞。三百多年前，明末吳三桂來雲貴高原當平西王，漢人及少數民族面臨傾軋迫害的關頭。幸賴糧草單位竭力化解，以種植漁撈為重，不但生產大量糧食，而且化解多民族仇恨的危機。

雲南省擁有遠古至今自然演變的遺跡，博物館籌辦古地理及生物廳。因雲南祿豐縣一九五〇年代早期食草龍，板龍化石大量出土，一九七〇年代又出土迅速龍化石多副，博物館委託祿豐縣籌辦侏儸紀廳，包括雲南九鄉溶洞特色部分。一批科學家在祿豐化石出土現場挖掘，包括一名美籍中西部州立大學教授；這位教授熟悉中西部印地安人生活及衰敗史。雨季來臨，這批科學家暫別祿豐化石現場，改去九鄉溶洞開發現場，參觀石灰岩溶洞開發的特殊工程狀況。

年初冬季末，大雪封山的喜馬拉雅山腳，發生不明怪獸攻擊大雪掩埋的墨脫偏遠牧場事件。雲南工程隊因鄰近西藏，一向負責西藏的建設，包括近些年完工不久的茶馬古道、三座入藏大橋，以及沿路二條道路拓寬工程。接著雲南工程隊又完成雲南香格里拉樂園開發案，目前接辦九鄉溶洞開發案；大藏區藏人對雲南工程隊寄望甚深，墨脫牧場村長認為找雲南工程隊，能解開牧場奇異災難的疑團，乃遠去雲南求助。先到香格里拉樂園，次到九鄉溶洞，湊巧遇上來九鄉溶洞參觀的古生物科學家。雲南工程隊一向負責西藏的開發工程，看重牧場老村長遠途來求助；克服經費短缺的窘境，設法組織西藏山區的地理考察團，順便找出墨脫牧場遭受攻擊的真相。考察團由古生物專家、基金會支持的美籍古生物教授，以及女地質工程師組成；後來加入墨脫牧場的多名好手。

地理考察團在艱困的條件下成行，沿途見識中國西南地區壯闊雄偉的山河，多民族互相合作改善生活，美籍教授見景而一再回憶，美國中西部地區印地安人的生活及衰頹的經過。考察團沿路與雲南的馬幫同行，認識馬幫如何展開茶馬交易，以及藏人如何在深山中捕捉野馬，以便售予馬幫及自用。考察團見證茶馬古道拓寬，藏東公路拓寬以及三座入藏大橋的巨大艱難工程。中國西南民族奮力改變命運，美國中西部印地安人走向毀滅。

考察團從喜馬拉雅山腳下的牧場，爬上高聳的墨脫支脈，一路苦苦追蹤，才在最高山峰頂瞧見遠古蜥蜴。考察團走下山脈內漫長的隧道，進入雅魯藏布江大峽谷的洪荒世界。考察團漫遊巨大的原始草原，穿過多座大平行森林，長時間在劍龍、禽龍、鴨嘴龍，以及雙角龍地盤閃避。不幸誤闖峽谷殺手恐爪龍的地盤，面臨死亡的威脅。考察團密切互相合作，抓住迫切的空檔，逃出恐爪龍的獵殺，以及似雞龍的攔截。最後逃出大峽谷，重攀墨脫山脈冰雪封凍山區。幸賴同行藏人伙伴死命開路，通過一道道危難，而在高山雪崩之前，平安抵達墨脫支脈山下。

牧場的親人，遠方的血親，以及美國中西部大學城的妻子，都在暴風雪肆虐之下，等待考察團親人的歸來。山下的親友苦等多場暴風雪消失，經歷喜馬拉雅山區惡劣酷寒的氣候，在絕望中迎接考察團親友平安下山。

序曲

西藏，喜馬拉雅山脈，墨脫支脈。

世界屋脊之上，更有一排排山脊，一座座山谷。半規律半凌亂排列，形成大山腰，大山腰拱挺二座極高的山峰。其中第二高峰屬黃色花崗岩岩質，峰頂成角錐狀，峰腰的縱橫溝槽被冰雪覆蓋。第二高峰後面矗立黑色第一高峰。

第一高峰峰腳是座大斜坡，大斜坡上岩石大蕈菇生根，歷經千萬年不動，如今全被冰雪封蓋。峰腳大斜坡之上，聳起五十多公尺高陡直峭壁。黑色陡直峭壁之上，半側是純岩石山脊，山脊成波浪狀而向上鼓升，直到峰頂為止。另半側全是崩裂多皺紋，忽凸忽凹的岩壁。

崩裂多皺紋岩壁最高處，崩裂而形成峰頂洞口，洞口邊緣多岩角突起。純岩山山脊頂部的圓頭下，也有岩角突起。這兩部分突起相距近。純岩石山脊的一座座波浪狀圓頂彼此墊高，於是堆積皚皚白雪。

喜馬拉雅山脈的墨脫支脈，整個冬季降下大量的雪，而且整個冬季不溶解。墨脫支脈的大山腰，以及第一、第二高峰的一半山體上，冰雪堆積尤其深厚。所有這些山體的表面原本溝洞累累，經過一個冬季，所有岩表溝洞塞滿冰雪，因而整體岩壁滑溜有如鏡面。墨脫支脈上也有比較平緩的斜坡和山谷，這些地段冰雪盤據不溶，成為一條條冰河。

寒冬到了盡頭，山嶺上強風獵獵吹過，雲層低而濃厚，山區光線暗淡。嚴寒空氣包圍山嶺及低谷，不見生物活動。

黑色的墨脫支脈第一高峰，山體內原本夾雜白色不規則岩層。不知何段期間，白色岩層溶解，第一高峰內壓力改變，山腹內部黑色岩層爆發劇烈迸裂現象。大迸裂之後又發生小迸裂。結果從第一高峰內部頂端，一直到高峰內部底端，出現連環大裂縫。

第一高峰的山腹內部大裂縫，終於變成樹枝狀隧道網。主幹隧道大而斜度不規則，時緩時陡；主幹隧道地面起伏不定。分支隧道恣意伸張，甚至衝破岩壁，形成裂口，導致光線及流水沿分支隧道末端，侵入山腹內。

主幹隧道及分支隧道的岩壁，一部份粗糙凌亂無章法，另一部分出現一條條圓柱狀而有節次的垂直岩柱，一般稱為玄武岩的柱狀節理。更有一部分隧道岩壁，發生表面特殊迸裂現象。岩表長出一排排刀鋒狀集合體。這兒有一處岩壁，岩壁上排列數十、乃至於數百把石質刀鋒，刀鋒口大部份偏薄而銳利，小部份偏厚而遲鈍。那兒更有一排排類似的石質刀鋒排列，排列方向不一致。

第一高峰山腹內一片漆黑，任何生物看不見主幹隧道及分枝隧道的模樣。「卡卡，卡卡」，粗糙摩擦聲在各條隧道內傳出。一種古老生物不必借助光線，僅依賴熱源的導引，就能爬遊黑暗地帶。這種古老生物腹部有硬毛及硬疣。這兩種體表組織，刮過一排排偏薄而銳利的石質刀鋒口，發出「卡卡」聲響。

黑色最高山峰之外，寒冬幾場暴風雪已經逐場消散。雖然山區維持低溫，天地間卻趨於平靜。濃密烏雲也逐漸移走，太陽將要露臉。這種對於陽光敏感的生物，開始察覺陽光可能帶來的溫暖。實際上，它們憑本能，不怕黑暗，在冰涼的隧道中爬遊，四隻腳的吸盤吸牢任何部位的岩石。一旦陽光直射，或者腐肉臭味傳出，它們已經準備及早迎接。

同一條山脈裂縫隧道內，一對洪荒時代的怪物，或者稱為猛禽，長時間追蹤、戲弄、最後殺害這些身長四十公分，背脊上長有二排密集長骨板的長箭蜥。這對猛禽憑「卡卡」摩擦聲，緊追長箭蜥不放。

長箭蜥背部的二排密集長骨板，形同古老草食動物劍龍的骨板。一列長箭蜥本來爬遊速度緩慢，不必過早暴露於第一高峰峰頂，山洞口外的冰凍空氣。它們打算拖到冬末陽光破曉才現身。卻因這對猛禽不時啄咬戲弄，搞得他們身體麻癢酸痛，一時衝動而想逃避。它們滿身是刺皮，頭卻呈現三角錐狀，每隻腳有五個爪子，整體形狀類似外界海島上的鬣蜥；他們一條接一條爬出山腹內大裂縫盡頭的山洞口，大膽跳入空中；旋即自由壓平二排密集的背上長骨板，變成一塊平面阻風板，在空中滑翔。有的長箭蜥黏附山洞口下岩壁，有的黏附純岩石山脊頂部。它們不至於墜入第一高峰腳下的萬丈深淵，預備重新爬回山洞口。

追蹤又啄戲長箭蜥群的一對猛禽，不知不覺來到山洞口，不明白它們的腳下，就是世界屋脊上的極高處，喜馬拉雅山脈東方盡頭的高聳山峰群，包括墨脫支脈的大山腰及第二高峰。

深冬長夜逐漸消逝，大山區處於黎明前的最後黑暗時刻。這對怪物追到裂縫隧道口，明銳的眼睛同時瞧見遙遠山腳下，一抹藏民土房窗口，透出的油燈燈光。光線能照亮周圍，照出大小獵物；在一座時光遺忘的大峽谷中，光線最珍貴，幾乎代表食物。這對猛禽有點飢餓，毫不畏懼，朝燈光飛撲而出。撲了個空，闖進茫茫黑夜之中。卻不驚慌，分別伸張不夠寬、不夠強健的左右翅膀，滑翔而斜下，抓住岩壁某部位微凸處。遠方油燈燈光未熄滅，這對怪物又鼓翅強飛，向下滑翔，尖銳強健如鐵鉤的雙腳，抓住更下方結凍的堅冰或寒冷的岩石表面。最後飛掠丘陵地段，落地停歇數秒鐘，在堅硬的丘陵大石頭表面凍冰上，留下較淺的爪痕；在鬆軟新雪上，留下深重的爪印。黑暗中，這對猛禽看不見地面上的景物，但是本身飛越、滑翔、以及跳躍的經過，大致上牢記下來。此外，這對怪物搭檔飛跳滑翔而下山，彼此之間協調認路的本能及信心，自然而然增強。

夜色和滿天星光褪去，黎明來到。墨脫支脈上下的冰雪大地，顯現冬季將盡，萬物一派嚴寒蕭瑟的面貌。這對怪物掠上墨脫支脈山麓大丘陵邊的落葉松帶，它們的利爪也在光禿樹幹樹枝間的雪堆上，留下強勁的爪印。接著猛禽們瞧見小桑馬登牧場最外圍的木樁，以及木樁間安裝的簡便橫木條籬笆，然後赫然瞧見剛睡醒、卻騷動站起的羊群。

長途滑翔及跳躍，加重了猛禽們的飢餓感。它們毫不遲鈍，每隻怪物的雙腳先是站上木欄干，留下深刻的印痕，然後撲向簡陋羊圈裡的大小羊隻。這對怪物鐵喙一啄，刺入羊身；尖爪一搔，撕下一大塊羊肉。猛禽們連毛帶皮，大吞羊肉羊血；羊血不但沾染了死羊的皮毛。而且滴在羊圈內的雪地上。

天邊夜色稍亮。小桑馬登牧場最外側的羊圈中，大群受驚嚇的羊兒哀叫，互相推擠，一再衝撞簡陋的羊圈圍欄及羊舍。這座羊圈離小桑馬登的土房遠。脖子鐵鍊拴在院子石樁上，警覺性高的獒犬，突然連連吼叫。獒犬東衝西突，鐵鍊碰撞出聲。牧場主人小桑馬登驚醒，趕緊跳下火坑，穿上舊羊毛背心，套上破羊皮大衣。慌慌張張衝進院子，拉出老馬。他跨上老馬，輕夾馬腹，口中吆喝，老馬邁開腳步跑進雪地上。兒子尼瑪也驚覺，匆匆穿衣上馬。

這對怪物已經刺死若干隻羊，大口吞下了帶血羊肉。利爪分別撕下大片肥肉，自己先大啖特啖。天色全亮，嚴寒山野的空氣冷冽清新，視野格外開闊。猛禽們忽然瞧見自己停歇過的木欄干，又瞥見牧場之外，落葉松光禿的枝頭和到處堆積而陌生的雪。太陽尚未高掛，這對怪物改朝來路又飛又撲又跳，迅速衝離牧場，一路上留下羊肉血滴和帶血爪印。憑著它們來時留下的爪印抓痕，以及敏感的記憶，猛禽們飛上光禿的森林林梢，匆匆告別相當陌生的環境。

「嘎——嘎——」一隻怪物厲聲啼叫。

它們一起飛掠堆滿厚雪的墨脫支脈山腳丘陵地，無意間碰觸一顆冰雪覆蓋的矮松樹。它們的飛翔能力不強，但是雙腳跳躍高，補足翅膀揮動力量的不足。它們掠上墨脫支脈山腰間的低峰，又從低峰飛騰，掠上另一座稍高峰。它們從未看見過腳下的山嶺、谷地、樹林和牧場等；但是彷彿認得各處新雪中，自己留下的深爪印，以及堅硬冰塊上的印痕。更憑藉群體生活中，共同獵食、交配、產卵而獲得的協調及默契，一起找對了來路。

這對猛禽又憑藉充沛的潛在體力，連跳連飛，來到墨脫支脈山腰高處。爪子抓住岩石上的堅冰，羊肉上快凍硬的血，在光溜溜的岩石上滴了一滴。

它們飛跳，衝上第二黃色高峰的山腳。仍不休息，一起衝上第二黃色高峰的山腰。並且奮力飛撲上跳，踏上這二座最高峰之間，滿是冰雪的山谷。

陽光已普照黑色第一高峰的峰頂，幾隻長箭蜥迎接久不照耀的陽光，從第一高峰的峰頂洞口爬出。四十公分長，鬣蜥狀，背上有二排長骨板的長箭蜥，是這對猛禽最熟悉的戲弄啄食目標之一。

「嘎——嘎——」一隻猛禽淒厲啼叫。

「嘎——嘎——」另一隻猛禽附和啼叫。

它們繼續飛掠，利爪抓住岩石又猛跳，最後各別一雙不夠強勁的翅膀猛搧，終於衝進了黑色第一高峰峰頂的洞口。

牧場主人小桑馬登冒著淩晨冷冽的空氣，催策老馬奔向牧場邊緣。獒犬仍狂吠。眾多羊隻已經安靜下來，僅僅互相推擠又鳴叫，不再騷動撞頭。小桑馬登在牧場邊緣一個角落，看見幾具殘缺不全的屍體，屍體的內臟任意扯出，丟棄厚雪上。灘灘鮮血不但灑在欄杆內，而且灑向欄桿外的雪地上。小桑馬登一肚子火，睜大眼睛，尋找殺羊兇手的身影。什麼都沒找著。彷彿遙遠的地方，某些影子跳躍滑翔。淒厲的叫聲，倒清楚的留在耳內，一直刺激他的全部神經。

小桑馬登牧場偏僻而貧脊，圈養的羊隻不夠多、不夠肥，所以小桑馬登日子過得寒酸。眼前又白白死去幾隻好羊。羊兒軀體撕爛，羊皮四分五裂，羊兒內臟殘缺不全。殘缺的羊肉、內臟、和骨頭不一定無毒。先煮熟，混一些在飼料裡，讓小雞試吃看看。小桑馬登心疼又憤怒。

二月底，風息雪停，冬季將消逝，氣溫回升有限，小桑馬登冷得直發抖。他煩躁繞一圈，沒找到線索。小桑馬登頭腦冷靜下來，仔細觀察死羊的狀況。就是被殘暴的亂刺亂撕，遺留雪地上的屍體多刺深強撕的痕跡。小羊羔死得最慘，似乎兇手利爪一划，從頸子經肚子，到尾巴，半張最柔軟的羔羊皮毛被割開，內臟和嫩生肉被拉出，兇手生吃多血多肉的部位。兇手丟下帶肉的骨頭和羊皮毛不管，又去抓另一隻羊。

另一隻大羊，羊頭和羊頸相連完好，羊肚子全被抓裂撕開，腸子任意散落雪地上，小塊雪地濺血殷紅。死大羊的四肢大腿肉、油多肉質軟的肚子肉，以及最鮮美的背脊骨下裡脊肉，也被啄吞過半。這隻死羊的半側軀體，看來硬是被猛獸強行按倒地面上，猛獸的利爪抓得軀體皮毛傷口道道；爪痕相當深，以致於肋骨及大腿骨暴露泛白。好尖銳的爪子，像鋼刀一般堅利。

木欄干邊的羊舍中，零亂的深刻爪印留在鬆雪硬冰中，爪印頗像放大的雞爪印痕。大致上每組爪印跨步成雙，說明凶獸靠雙腳站立行動，像家禽一樣。另外，鬆雪中留下多個圓窟窿印痕，圓窟窿印痕中央有較深的刺洞，刺洞內外沾了羊隻的鮮血。看起來怪獸的頭多次栽進鬆雪中，它們的面部是橢圓的，而嘴巴卻隆起尖尖，像雞喙一樣啄食。

羊舍內死羊連連，牧場的其他部分白雪蓋地，冰冷的強風把落地冰雪吹得像海洋上起伏的波濤，牧場雪地少見牧人的腳印，以及牲口的蹄印。冰冷的寒風悄悄吹拂，凶獸似乎成對，溜走得不見蹤蹤，冰雪牧場冷清下來。

出事羊舍外的木欄干上，留下四組爪印。其中兩組爪印不沾血，爪尖指向羊舍；顯示一對兩隻凶獸曾經站在欄干上，清楚的留下兩組爪印，每組爪印由二隻爪子抓刻。另外兩組爪印沾了羊血，顯示這對怪獸撲向羊舍，殺羊吃肉；每一隻怪獸的一隻爪子另外牢抓一塊帶血羊肉；它們獵殺羊隻，臨逃仍挾帶羊肉而去，行動中跳上木欄干，又刻留爪印。

一圈砂土地，寬近五十米，分隔牧場最偏遠的角落，和落葉松帶。入冬以來，冰雪完全掩蓋這一圈有分隔作用的砂土地。眼前五十多公尺寬的白雪分隔圈上，小桑馬登走出木欄干搜尋，一下子就看見明顯的四組爪印。它們留在白雪分隔圈的中央。其中二組爪印共四枚印痕，一如木欄干上的無血爪印，爪尖對準牧場的羊舍。另二組共四枚印痕，爪尖對準落葉松帶，而且沾染血跡。落葉松森林中，地面冰雪堆完整無損。抬頭仔細打量，光禿的落葉松樹冠層積雪團，多處有缺損而邊緣崩落的跡象。看起來，那對怪獸不是從落葉松森林的多雪地上竄出，撲向木欄干內的羊群。而是從落葉松樹冠積雪團飛撲而下，掠過二十五公尺而落在白雪分隔圈的中央。再騰越二十五公尺，跳上木欄干，留下爪印，最後撲向羊群。同樣而相反的，那對凶獸不會飛，它們由木欄干飛騰二十五公尺，落在白雪分隔圈中央，然後再飛跳二十五公尺，回到落葉松樹冠層，並且由樹冠層逃之夭夭。

落葉松入冬黃葉凋零殆盡，成為禿樹林。樹冠層高十五公尺以上，那對怪物一再飛掠二十五公尺而登上樹冠層，體力夠強勁，但它們不能飛翔入高空。光禿的松林中到處堆滿冰雪；白雪反射朝陽金光，令森林外的人員金光刺眼。冰雪禿林一片死寂，風緩緩吹拂，偶而落雪簌簌。卻看不見跳躍移動的影子，也聽不見野獸的號叫。一對兇猛的怪獸逃去何方？

小桑馬登已有四十多歲，如同附近牧區其他藏人，一年到頭老曝露於陽光下，全身皮膚曬得褐中泛紅，臉上皺紋縱橫深刻。他只是一個一般中年人而已，頭髮及鬍髭大半斑白，他年輕時曾經風光過。牧場附近的藏區第二大城市林芝，每個月的上、中、下旬，各有一次大市集。藏區山多、地大、人口少，平日生活單調刻板。居住拉薩、墨脫、以及念青唐古喇山脈峭壁下公路的通麥、波密，甚至遠至地勢高的然烏居民，紛紛來林芝趕集。小桑馬登追隨叔叔大桑馬登村長，也吆喝驅趕羊隻和犛牛，上林芝出售牲口，換回馴服的野馬以及日用品。趕集的滋味真好。

雅魯藏布江從林芝市以下，順著一路緩緩下降的地勢，切斷喜馬拉雅山脈的尾段，而形成一個大江灣。大江灣內多丘陵及山嶺，丘陵上樹林任意分佈成長，形成眾多松杉森林。大江灣的中央有大片平地，如今已闢成座座牧場，屬於北山腳村村民的圈牧地，並且由上一代傳給下一代。北山腳村內的牧人彼此互相熟識，平日樂於互相幫助。北山腳村屬小桑馬登的牧場最偏僻，而且三方面被森林包夾。次偏僻的是大桑馬登的牧場，左右二側被森林包夾。大小桑馬登的土坯房就蓋在牧場中央偏後的地點。這兩家人分別在自家牧場中央走出直線捷徑，以便最快巡視牧場邊緣的多座羊舍。

小桑馬登的兒子尼瑪，意思是太陽，二十出頭，年輕皮膚光潤，是體型偏矮重的牧場好手，渾身精力充沛。阿爸小桑馬登為人則偏膽怯畏縮。尼瑪的堂叔丹卡則是北山腳村一等一的騎馬及趕羊好手，體型瘦高，年齡介於二十五到三十之間。人雖然沉默，但做人爽快不拘小節，更有入深山捕野馬的資歷。所以尼瑪少追隨阿爸小桑馬登幹活，樂意與堂叔丹卡同進同出。由於尼瑪和丹卡堂叔侄走得太近，於是這兩個牧人結伴，同時輪流料理大小桑馬登牧場的活。他們個別的阿爸不反對，因為兩個人結伴幹活，凡事幹得更有效率，何況彼此是至親。

老村長大桑馬登，如同同族的小桑馬登，都繼承家族寒酸的產業；就地互相為鄰，被落葉松帶二方或三方包夾的牧場。這兩座牧場大小相仿，土地貧瘠，牧草長相差，畜養的羊隻和犛牛有限，所以這二個牧家同樣的寒傖。大桑馬登名義上是大江灣內北山腳村下村的村長，實質上沒工資收入。大小桑馬登兩家主副食吃得差，衣衫破舊，兩家的土坯房及泥磚牆全漏風。但是尼瑪、丹卡，以及一干年輕鄰居牧人，天生活潑自在，倒不太介意日子的艱辛。

小桑馬登來回在木欄干內外雪地上走動，除了死羊屍體、丟棄雪地上的碎肉及腸子、多灘血跡、以及多組印痕以外，沒找到其他野獸留下的線索。小桑馬登的牧場全被冰雪掩蓋，牧場正中央有一條淺冰雪掩蓋的小道，小道兩側則是廣大的冰雪波浪。冰雪波浪中，人的腳步及馬蹄踏出不明顯的零亂通道，這些通道由中央小道分叉，通往幾座各自獨立的羊舍。

「達達」聲連連，尼瑪騎了一匹快馬，跑牧場的中央小道，趕道牧場頂端；那兒的木欄干及最偏遠的羊舍，被分隔雪地及落葉松冰雪森林三面夾住。尼瑪看見四隻死羊的屍體，雪地上的斑斑肉塊及血跡，木欄干上的四組印痕，及分隔雪地上的四組印痕。

尼瑪大感吃驚，憤怒的叫嚷：「一對什麼樣的野獸，撕咬這麼兇狠？」

「像鷹鷲一樣，它們有雙腳，也有翅膀，就是飛禽的一種。咱沒見它們的模樣，但多少聽見淒厲的「嘎嘎」叫聲。」小桑馬登表示。

「它們跳上光禿的落松葉梢頭逃走。它們不會飛，跳得高。四隻羊慘死，屍體殘破不全。它們的爪子夠尖銳，它們的嘴夠鋒利。」尼瑪說得一肚子怒氣。

「你看出行兇野獸的模樣？你有主意？」心神慌亂的小桑馬登表示。

「咱看不出來。當然不是黑熊或野狼，倒像天上飛的鷹鷲。」尼瑪說道。

「不是鷹鷲。鷹鷲一飛上天，阿爸的老眼看得出來。」小桑馬登表示：「你馬上趕去叔叔村長家，把叔公和丹卡找來。」

尼瑪不回話，兩腿一跳跨上快馬，沿牧場的中央小道奔向大桑馬登牧場。不滿一個小時，三個老少牧人沿這兩座牧場的中央小道，趕到四隻大小羊兒被殺害的現場。

老桑馬登和丹卡檢視，都沒有新發現，也想不出新主意。

「像禿鷹或大鷹鷲一樣的飛禽，衝進了咱們的牧場。」丹卡表示：「咱們應該立刻進入森林，直到墨脫支脈腳下，追蹤大飛禽的蹤跡。」

「不行，咱們人太少，隨便亂闖冰雪森林會出事。」老桑馬登警告。

「北山腳村上村的其他牧家，早就進了森林。墨脫大橋早建好，連貨車都敢開進森林，通過墨脫大橋。咱們還怕什麼？」尼瑪抗議。

「咱們找有文化水平的專家幫忙，或者找縣政府、邊防軍警？」小桑馬登提出新意見。

「不成，縣政府和邊防軍都是窮單位，他們沒有汽油和經費，他們的吉普車老舊，他們不會相信牧場出現殺羊的野東西。」老村長提出他稍廣的見聞。

「怎麼辦呢？四隻羊枉死，白白虧幾百元？何況野東西還會再溜來。」他的侄兒小桑馬登空著急。

「咱們得動腦筋，向外邊求助。雲南離咱們西藏最近，咱們向雲南的單位求助。管轄墨脫的林芝市，從前沒比墨脫強多少。林芝市向雲南的香格里拉求助，香格里拉拉林芝市一把，建大農場和大牧場；現在林芝市的農牧人家過好日了。」老村長感慨。

「咱們找得到開發雲南香格里拉的專家？這些專家還留在咱們上級單位林芝市？」老村長的兒子丹卡問道。

「咱們不去林芝市。林芝市的大農場和大牧場，雲南的香格里拉；還有，念青唐古喇山大峭壁下的狹長山道，都是雲南的工程隊開發的。咱們找雲南的工程隊。去香格里拉，包準找得到雲南的工程隊。」老桑馬登表示。

「跨越雅魯藏布江的林芝大橋和咱們這兒的墨脫大橋，好像也是雲南工程隊參加建成的。」小桑馬登的兒子尼瑪插嘴。

「來拉薩和林芝，必須通過金沙江、瀾滄江、和怒江三條大河。從前這三條大江上的老吊橋，已經不管用。現在這三條大江聽說都建成新式鋼鐵大橋，連裝滿貨物的大卡車都能通過。這三座新式鋼鐵大橋好像也與雲南工程隊有關。」丹卡表示。

「所以咱們去雲南的香格里拉，向香格里拉打聽雲南的工程隊準沒錯。千百年來，咱們藏人都想像香格里拉是好地方。現在咱們一把老骨頭拼一拼，也要去香格里拉看看，順便找雲南工程隊。」老村長拿定主意。

「雲南離墨脫縣太遠了。怎麼去雲南？」小桑馬登問道。

「牧場沒有車輛，墨脫縣不可能派車輛。叔公怎麼去？」尼瑪擔憂懷疑。

「咱騎馬去。車輛不能通過南山腳村的大泥巴地，爬不上沒鋪路的山嶺隘口。坐騎慢慢走，沿路找草吃，什麼地形都通得過。」老桑馬登開始想實際的行走路線。

「阿爸不先去林芝，走路況好的道路，沿路容易找牧民伙伴同行？」丹卡說道。

「不，繞道林芝，路好走，白繞大圈子，太費時間。」老村長說明：「咱走墨脫大橋，穿過南山腳村前的爛泥地，通過崗日嘎布峰的隘口，走到念青唐古喇山大峭壁下的公路。咱在大峭壁下公路的最高地點然烏等運氣搭便車。」

「能搭得上便車？」兒子丹卡懷疑。

「就看運氣。辦完事，回牧場，也得搭上便車。」老桑馬登想硬試一下。

「這條路不繞圈子，近得多，但是老馬仍然太勞累。」兒子丹卡多少知道這一條荒山野地的捷徑。

「阿爸等機會。去林芝，甚至去林芝的郊外農貿站通麥，不一定搭得上不裝貨的大卡車便車。所有由拉薩及林芝回雲南的大卡車，其中一部份是空車，必定經過公路最高站然烏，咱們一人一馬有機會在然烏碰上空大卡車，咱央求大卡車師傅載一程。」老村長表示。

「阿爸什麼時候出發？」丹卡問道。

「最近幾天。牧場的事一交代好就動身，不能拖。」老村長決定：「春天快來了，雨季和溶雪季跟著來。南山腳村前的大泥土地會變成大片爛泥巴，馬走起來太吃力。」

「最好在然烏連人帶馬搭上便車，否則出藏的道路又遙遠又難走，山坡路又陡。」小桑馬登表示。

「趕集的事怎麼辦？過兩天林芝就舉辦三月上旬的大市集。阿爸不去趕集？」丹卡提醒。

「咱這一次不去趕集。趕集的事全部都交給你和尼瑪辦。」大桑馬登吩咐：「你們堂叔侄兩人趕幾隻羊去林芝賣掉；同阿媽商量，買一些日用品回來。最重要的事是，把倒塌的羊舍屋頂和牆壁修理好，別讓羊舍漏風。春初天氣仍寒冷。」

「沒問題，我和尼瑪趕市集慣了，喜歡去林芝的大市集，賣羊買日用品不麻煩。我們會仔細瞧林芝大橋和橋下的雅魯藏布江；再看看林芝的大農場和大牧場，這個冬天過得順利不順利。」丹卡說明。

「還有一件急事。」老桑馬登再交代：「野東西沒太破壞這個偏遠的羊舍，但是羊群受驚不小。你們在住房附近多建羊舍，把所有羊兒遷過去，提防野東西再來殺羊。」

他們四個親人進出木欄干內外，揀回雪地上所有死亡羊隻的屍體、外棄的內臟，以及四下零散的碎肉塊。也許野東西碰過的殘破羊屍及碎塊有毒。他們不想丟棄死羊肉，窮困的牧人禁不起浪費。把殘肉斷骨煮熟，先讓雞鴨吃一點；雞鴨沒事，人吃了也平安。破爛的羊皮仍有用，剪剪縫縫，做得了羊毛大衣或羊毛背心。

第一章　鄉村與紅土

（一）

四十多年前，邊疆地區如雲南、西藏等地，廣大居民的生活及周遭環境，仍處於古老、陳舊、以及貧苦的狀態。

雲南省中央略偏東一帶，分佈滇池、陽宗海、杞龍湖、和撫仙湖，總共四個大湖泊。雲南和西藏兩個行政區相鄰，這兩個行政區的少數民族，慣於稱呼稍大的湖泊為海。陽宗海名為海，卻是四個大湖泊中，水域面積最小的一個。撫仙湖最大，而且也最深。這個長橢圓形湖泊的中央，湖水是黑色，顯示深不見底。

撫仙湖的北岸澄江縣，新近在國內和國際間大出風頭。因為撫仙湖北岸帽尖山山坳裡的黏土，被科學儀器檢驗出，屬於五億七千萬年前，寒武紀的地質；而那些黏土上，留下最古老多細胞原始生命的印記。除非世界上其他地方有新的科學性發現，否則澄江縣的撫仙湖帽尖山，就被全球古生物界公認，唯一能科學檢驗的原始多細胞生命大爆發地點。

但是十多年前，莊士漢已經來到江川縣的撫仙湖南岸，進行原始多細胞海洋化石和印痕的挖掘作業。由於挖掘結果頗有成效，獲得院士的頭銜。江川縣撫仙湖南岸的地質，經儀器檢驗，屬於寒武紀中期，比澄江縣帽尖山地質晚二千萬年。十幾年前能確定寒武紀中期的海洋複雜生命，不是一件小事。

來雲南撫仙湖以前，莊士漢大抵都在甘肅工作。今天的甘肅面積大，沙漠範圍廣，工作條件比較惡劣。然而在遠古時代的海洋及古陸地方面，甘肅具有特殊的地位。石油業是一種興旺的行業，科學界認定，石油的來源是矽藻。遠古時期以前，單細胞矽藻生存於海洋。其中生存於淺海的矽藻，超過十億年的分裂，繁殖、以及死亡、無限量堆積於淺海；又由於地層變動，埋藏於地下，終於化為石油。國家第一口油井，就位於甘肅玉門縣老君廟。

早期的地質及古生物專家，都受聘於石油單位，對油田的位置及開採提供意見。莊士漢年輕時，也在甘肅玉門老君廟工作。

甘肅沙漠大，沙土鬆軟，有利於深層地質開挖及分析。深層地質出現大量遠古原始生命，從而判斷出遠古的海陸分佈情況。原來遠古時代，今日大沙漠地區面貌完全特殊。大致上，甘肅居中，內蒙古及青海位於左右，巨大的鳳凰山古陸地與巨大的敦煌阿拉善古陸地，夾住巨大的丁北山海。此外，敦煌阿拉善古陸地，鄂爾多斯古陸地，與隴西古陸地三者，包夾龐大的祈連海槽。另外，隴西古陸地與狹小的摩天嶺古陸地，夾住狹小的秦嶺海。想不到，今天高聳的秦嶺，遠古時代居然是海洋。

遠古的古陸地，含有古老的岩石及礦物，與太陽系星雲，火山爆發，和板塊移動有關。遠古的海洋則在最漫長的時光中，孕育簡單無核矽藻。又在漫長歲月中，簡單無核矽藻演化為真核矽藻。五億七千萬年前，相關的地層化石及印痕顯示，地球才演化出寒武紀初期多細胞生命，寒武紀中期多細胞生命，以及寒武紀晚期形形色色複雜動植物。參與甘肅古地貌及生物研究的專家，包括莊士漢在內，出版「遙望星宿－甘肅考古文化叢書」一共十種。

十幾年前，莊士漢來雲南，實際上等於延續對於古生物的研究。江川縣的撫仙湖南岸有座三百米高的小山。小山外表岩土剝落，露出寒武紀中期多細胞生物。隣近古陸地的古淺海，原始的水母漂浮於鹽水中，許多蠕蟲離開海洋，爬上海灘或海洋礁石。數量繁多的三葉蟲，體長三公分，漫遊於海底，並且迅速演變成等長的蝙蝠蟲。三葉蟲和蝙蝠蟲屬於甲殼類，身體結構簡單，只含頭，胸，尾三部份，這三部份以簡單關節相連，胸腹上長出約二十對節肢。由於身體含頭，胸，尾三部份，古生物界乃取名為三葉蟲。

螺類及貝殼類相繼演化成功，例如軟舌螺和鸚鵡螺，它們都拿三葉蟲及蝙蝠蟲當主要食物。接著大型節枝動物出現，例如今天鱟類的祖先板足鱟，體長二公尺，有六對腳。另外當時的海洋中爬行的水蠍，身長超過二公尺，是現代蜘蛛和蠍子的原始祖先。總而言之，撫仙湖南岸的小山，隱藏眾多寒武紀中期海洋複雜生命的印記。

研究古老地層和地層中的原始生物，本地枯燥乏味的工作。然而雲南中部的山水風光，以及世居當地少數民族的生活方式都別有趣味。站在撫仙湖南岸小山上遠眺，這個湖泊水面遼闊，看不見對岸。湖邊樹林與灰瓦紅牆的白族民居參差排列，稻田茶園夾雜其共間。湖面綠波盪漾，天晴時波光粼粼；風或緩或急吹拂，若干漁舟揚帆，也有舢板划槳，撒網捕魚，吆喝收網。眼尖的路人分辨得出，撫仙湖中央水色偏黑，近岸湖中清澈見底，長梭形的名貴銀魚群大舉悠遊。湖邊岩石上，老人頭戴斗笠，持長釣竿垂釣。

白族不講究戶戶相連，灰瓦紅磚牆房舍夾於樹林間。灰瓦屋頂下翹起飛簷，飛簷下掛了風鈴。民居院落中，一堵白粉照壁對準正廳，反射下午及黃昏的陽光。白族姑娘天生快樂，雪白的上衣鑲有純紅或純綠的條邊；腰繫五彩腰帶，戴雪白垂黃絲小絨毛帽。她們的衣著，照壁，以及屋內牆壁全選用白色，所以稱為白族，的確得當。

莊士漢從省會昆明市的博物館，返回恐龍之鄉祿豐縣，發現交換學者詹姆士和二名研究生，正處理本日現場挖掘的化石成果。雲南擁有寒武紀初期的多細胞生物遺跡，祿豐縣山腳坍塌地甚至出土三十具板龍的化石；雲南更開發九鄉石灰岩溶洞，元謀縣砂礫和黏土形成的大面積土林，路南的密集石林陣，以及陸良縣的五彩海底沙灘化身沙林等。雲南的遠古至今大自然風貌真是多采多姿。博物館彙集全省的悠久遠古至今歷史景觀，莊院士則參與博物館的籌建作業。

「博物館侏儸紀廳建造，到達什麼階段？」研究生閒談。他們師生來祿豐縣，再次挖掘山腳坍方地，正與博物館侏儸紀廳的建造及佈置，具有密切的關係。「博物館整體大建築有模樣了，細部動工還會延續長時間，何況細節小工程不免修改再三。」莊院士簡單說明。

「經費夠嗎？」美國交換學者來華一年多，對東方的國情民生瞭解一些：「結構及土木工程花錢，細部工程也花錢。節省和刻苦工作是有限度的。」

「當然，當然，經費是最大的障礙，國內現在任何大工程都一樣。由於經費不足，任何重要工程都是走一步算一步。」莊院士體會無可奈何的狀況。

「從前挖出的部份結構完整的板龍化石，現在還躺在祿豐縣政府倉庫裡。最近挖出了一具差不多完整的迅猛龍化石，以及半具迅猛龍新化石，它們的氣勢更甚於板龍和其他縣市的海底遠古奇觀。這一切躺在倉庫太久了。」研究生表示。

「當然，大夥兒的努力成果對社會公佈。」莊院士口氣中，含有教訓的意味；「要記得，國內完成許多大事，差不多都含有一個成份，慢慢來。」

來自美元王國的詹姆士博士，不掩飾或保留他的來華工作觀感；「這一切和州立大學的情形顛倒。這兒寶貴又具有展覽價值的古今文物實在多，卻都壓在倉庫木箱子裡，長久看不見天日。相關工程及研究預算缺太多。州立大學不缺預算及捐獻，但急著擴充文物庫藏。財力雄厚而名氣又大的長春藤聯盟，更快搶到有價值的文物。」

即使滿意於州立大學的豐厚預算，詹姆士還是遠來東方，親身比較兩個侏儸紀化石大國。他更輾轉來到中國的化石之鄉，雲南的祿豐縣。板龍是較早期的巨大食草恐龍，長五至七米，高二米，頭，軀體，和尾巴幾乎等長，頭小。骨骼偏瘦而結實，一身肌肉瘦緊有力，料想四肢落地行走威武有勁。一九五〇年開始，祿豐縣就見識第一具完整的板龍骨骸問世。不到十年時間，居然出土化石達三十副，而在一九五八年成為國家郵票上的圖案。祿豐縣變成恐龍之鄉。雖然二十多年過去，祿豐縣的威名沒減弱，更具有感染力的迅猛龍化石出現。號稱侏儸紀殺手的迅猛龍，在全世界捲起一陣旋風；學術界，娛樂界，甚至一般新聞報導，舉凡涉及遠古洪荒世界，迅猛龍幾乎最受重視。擁有不止一具迅猛龍完整化石的祿豐縣，自然名氣響亮。

祿豐距離昆明市約有一百多公里，原本是個沒沒無聞的農業縣。以往住民以彝族為主，人口不多，全縣大都是地勢平坦的丘陵。三百多年以來，彝族開始務農而獲得私有田地，族人也逐漸移居而來。由於距離昆明市不太遠，漢人也來祿豐種田，於是這個縣份彝族及漢人各佔半數。三百多年前，凡是肯開拓荒野成為田地，就獲得田籍。彝族及漢人一批批前來開墾，從未發生嚴重種族糾紛。

雲南中部最大的山脈，點蒼山脈，主峰在大理附近，山脈的東端盡頭落在祿豐縣郊區。祿豐郊區的點蒼山脈山麓，地質界判定屬於遠古水流及泥沙匯集之地，砂土與岩層混合而不穩。

二十多年前山脈山麓大坍方，化石露頭，三十副板龍化石問世。近年同一地段又坍方，迅猛龍化石露面，祿豐縣在博物館文物典藏方面大出風頭。

祿豐縣政府後頭有間大倉庫，灰瓦青磚牆，老木板隔間，粗杉木當支柱，杉木橫樑結滿蜘蛛網，夜晚鼠輩進出。然而大倉庫堆滿大木箱子。大木箱子裝了幾副不太完整的板龍化石，全省多處遠古地質遺跡樣品及科學鑑定報告，以及最重要的，所有新挖掘出土的迅猛龍化石。博物館原先計划設立「雲南遠古地理及生物廳」，向省內各級學校學生介紹遠古的歷史及地理。然而全世界掀起恐龍熱潮，而迅猛龍當起侏儸紀的頭號主角。祿豐縣擁有迅猛龍化石，等於掌握雲南侏儸紀世界的最後拼圖。於是原先配合成立「遠古地理及生物廳的其他地區文物，在博物館未建成，未開放前，紛紛移來祿豐縣大倉庫。這座大倉庫內，大批木箱內的文物，包括迅猛龍化石，將來將全部移去博物館侏儸紀廳。

祿豐縣既是國家板龍之鄉，迅猛龍化石又在第二次山腳大坍方中露面，古生物學交換學者詹姆士博士受基金資助，來到偏僻的祿豐縣，參與博物館侏儸紀廳最後拼圖的挖掘，鑑定，組裝，及展覽等作業。

莊院士和二名研究生，早一步來祿豐縣工作及研究，研究生基本上留在祿豐縣政府大倉庫學習，莊院士則往返於昆明市博物館，其他地區遠古文物現址，以及祿豐縣大倉庫之間。詹姆士博士第一天來到祿豐縣政府，對老舊的縣府廳舍感到意外，因為鼎鼎有名的恐龍之鄉，它的縣府廳舍離現代化頗遠。研究生找來工友，打開大倉庫，指著一個個大舊木箱，介紹未來博物館侏儸紀廳的主要陳列文物，詹姆士更吃驚。一切具有典藏價值的文物，居然放在破木箱子裡，堆疊在老舊的木板草率建起的倉庫中。

研究生首先向詹姆士介紹厚厚一疊圖表，叫做雲南　遠古地理及生物示意圖，由莊院士和研究生共同手繪。這一疊圖表詳細標示九鄉石灰岩地層及溶洞開發過程、石林的含砂石灰岩變化過程、陸良的沙林秘密、元謀的猿人及土林秘密、祿豐的大量食草恐龍及少數迅猛龍化石、以及其他甚多遠古至今的大自然文物。

「示意圖提到的文物，大部分都放在大木箱子裡，對不對？」詹姆士驚奇的表示。

「對，教授。」研究生回答：「博物館原本計划設立雲南　遠古地理及生物廳，彙集全省遠古代表性文物，免費對中小學生開放，成為大自然歷史的教育基地。但是博物館需要收入，以便發放工資，維持本身的營運。古地理及生物中，恐龍最受社會大眾的重視，迅猛龍尤其吸引力強。既然祿豐縣出土了迅猛龍化石，為了門票收入，博物館改設侏儸紀廳，以迅猛龍完整化石骨架及詳細圖文介紹為中心，其他地方的代表性文物從而配合。因此許多古文物暫時存放在祿豐縣政府大倉庫，將來移交博物館。」「這間大倉庫中，文物的管理及研究，由誰負責？」詹姆士問道。

「由莊院士負責，我們二個研究生協助。」研究生說明。

「你認為這一切代表性古文物重要嗎？珍貴嗎？」

「當然，因為它們特殊、稀有。」

「結果它們鎖在木箱中，放在老舊倉庫中。它們應該享受空調、警衛、及專業研究員的照顧。」

「將來博物館建好，這一切文物移送過去，就可能得到應有的照顧。」研究生表示。

「原來你們重視稀有的古文物，讓我瞭解我個人任務的困難程度。」詹姆士坦誠說明自己的立場：「基金會資助我二年、來中國研究古生物的發展範圍及階段。但是州立大學叮嚀我，把握機會鑑定並搜購古文物，以便充實本身的圖書文物館。我猜想，珍貴的古文物不容易搜購。」

（二）

白天在祿豐縣郊區山麓崩塌地帶觀察及挖掘，黃昏返回縣政府宿舍。莊院士，詹姆士，和二名研究生經常坐攏閒談，然後才各自回房休息。

「過去多年間，我們組織車隊，經過印地安人保護區，來到蒙大拿州的巨岩荒原，尋找並敲鑿恐龍化石。」詹姆士暢快閒談：「火山熔岩快冷卻時，流過古代動物屍體，就形成岩石中的化石。車隊在暑假出發，往往陽光猛烈，風沙大；在寒假出發，不免遇上風雪。我們通常能夠挖出化石，交給博物館，換取下一趟車隊出行的經費。」

「我想，你們到了巨岩荒原，現場選址和開拓的過程，和這兒差不多。」莊院士談談。

「當然，挖掘任務講究計畫，耐心，勞動，和運氣、任何地方都一樣。」詹姆士表示。

「你們車隊的規模有多大？」

「不小，十幾輛轎車，由一輛或二輛休旅箱型車陪伴；有時我的愛人也參加，她不曬太陽、或動手挖鑿，她負責燒烤，安排忙碌一天之後的晚餐及營火聚會。」

「巨岩荒原化石多嗎？有稀有的物種嗎？學生能夠用化石發現代替研究論文？」研究生提出有切身關係的問題。

「最初找到大量的巨型吃草恐龍化石。暴龍和迅猛龍等吃肉恐龍的化石少。現在愈來愈難找到目標。只要你能挖出一具骨骼完整的化石，當做研究論文的佐證，你很容易完成研究論文。」

「現在州立大學的圖書文物館，對什麼古文物有興趣？」莊院士隨意問問。

「恐龍蛋，整窩的恐龍蛋。」詹姆士明白指出：「巨岩荒原就缺少恐龍蛋，包括剛孵出的嬰兒恐龍，母恐龍留下的印記，母恐龍帶回草葉食物的印痕。」

「祿豐的崩塌現場沒出土恐龍蛋或爪印。河南省西峽鄉山區卻出土成千上萬個恐龍蛋。四川省自貢縣也發現恐龍蛋和大片桫欏林。」研究生報告。

「買賣恐龍蛋不容易，尤其怕假蛋蒙騙，但是國際間文物交換卻行得通。」莊院士建議。

「疊層石與恐龍無關，它們是單細胞矽藻的產物，是嗎？」詹姆士提到一種極希罕的古文物。

「這方面你們說說看。」莊院士存心考一考研究生。

「有些真核矽藻的生存類似珊瑚蟲。」一名研究生回答：「珊瑚蟲出生後，往往黏附海水中的母體上，生長後死亡，下一代珊瑚蟲又如法泡製，結果珊瑚株不斷的長大。但是珊瑚蟲是多細胞生物，最早出現於寒武紀晚期。寒武紀之前的震旦紀，大約八億年前，海洋中的無核矽藻進化，長出細胞膜，叫真核矽藻，就是今天生存於廣大海域的矽藻。真核矽藻進行細胞分裂，但不少分裂後的下一代，黏附母體生活；像珊瑚蟲一樣；一代一代相疊，最後變成堅硬的藻礁。這種藻礁外表。有一層一層紋路，外表頗燦爛美麗，所以叫疊層石。」

「疊層石外表有五彩光澤，和漂亮的紋路。如果它留存在海水或岩層中，不是被侵蝕破壞，就是表面失去光澤。自古以來，漁民在海邊發現疊層石，以為是貝殼的變形，用來妝飾器具，地板，和牆壁。現在疊層石非常稀罕。」另一名研究生解釋。

「近來古生物界用電子顯微鏡觀察，才揭開疊層石的奧秘。美國的博物館願意收藏它們，以便展覽全部地球生命的演變。」詹姆士說明。

「也許只剩下北京的潘家園古物市場，當它們是古代貝殼，而進行買賣。」莊院士表示。

「老師說得對。」研究生報告：「疊層石有圓柱形，錐形，上錐下圓柱形，平板形，以及陀螺形等；確實像海灘上的貝殼，於是外行人拿去古物市場賣。」

「那麼我應該先上昆明市的古物市場逛逛。」詹姆士迅速聯想。「另外有種東西，叫床板珊瑚，也有趣味。」

「床板珊瑚是怎麼一回事？」莊院士詢問。

「富貴人家，古董珍玩店、和淺海中，存在定型或生長中的珊瑚。床板珊瑚是其中的一種，屬多細胞蟲組合體，已經絕跡，更希罕。它是迄今唯一能印證，天文學界關於地球公轉及自轉理論的古生物。天文學界公認，地球誕生時，處於星雲團狀態，一年有二一九〇天，每天只有四個小時。到了四億年前的泥盆紀，一年有四百天，每天有二十一點九個小時。」研究生回答問題。

「床板珊瑚恰有追隨太陽每年每天循環而堆疊母體的習性。在淺海礁石上，依附一群特殊珊瑚蟲，它們分別每一年形成一道圓滾突起，從而反映它們全部堆疊期間的年數。一個淺海礁石堆疊體上的兩道圓環之間，一群特殊珊瑚蟲每天移住黏附，形成脊狀突起。古生物界用電子顯微鏡觀察，看出床板珊瑚的圓環突起數目，和脊狀突起數目，居然和天文學的理論符合。」另一名研究生解釋。

「非常神奇，某一類珊瑚蟲居然遵循生物時鐘而活動，怪不得自然歷史博物館要收藏。」詹姆士同意研究生們的報告。

「大自然不簡單，電子顯微鏡揭露了大自然的奧秘。」莊院士感慨。

「椰子樹和檳榔樹普遍生長於熱帶。」詹姆士提到另外一個題目：「遠古時代有一種樹，具有單獨瘦長樹幹，它的椰子樹狀葉子全部長在頂部，樹高居然達到三十至四十公尺。可惜已經滅絕。」

「是科達木嗎？遠古時代相當多。它們還沒長大，巨型草食恐龍像梁龍，喜歡吃它們的葉子，不幸扳斷它們的樹幹，弄得它們的數量大減。」研究生討論。

「正是。它們是椰子樹和檳榔樹的祖先嗎？博物館對它們的化石也有興趣。」詹姆士承認。

「找科達木的化石或印痕，不如找小煤礦。可能雲南的某一座小煤礦，是由科達樹轉變而成的。」莊院士表示。

「還有一種原因。」研究生說明：「遠古的喬木，大都樹身矮小葉子粗，包括銀杏樹在內。但科達樹卻來得高大，成為遠古植物罕見的例子。凡是有心搜集遠古植物的博物館，不會遺漏科達樹。」

「這麼瘦高的科達木，卻屬孢子植物。」另一名研究生報告：「根據黏土中遺留的印痕，科達木葉片單生呈舌頭形，葉片上長出孢子器官，種子藏在孢子中。活的科達木，全部葉片張開像傘頂。

「雲南中部偏東的地方，遠古時代全是淺海，氣候好，促成寒武紀初期及中期，二階段的多細胞生命大爆發。從昆明到陸良，包括石林、九鄉等，各類型岩層豐富。」莊士漢總結閒談內容：「祿豐縣附近，都是平原，生存繁多的動植物。不管博物館預定設立遠古地理及生物館，或者預定設立侏儸紀館，雲南都是古生物專家和地質專家研究的好地方。」

地方好，學者專家紛紛前來研究，詹姆士看見的雲南，整體上談不上繁榮富庶。這個省位於高原上，丘陵及山嶽多，不利於農業發展，但是農業仍是雲南的支柱產業。農民多，農田範圍大，一般人操勞而收入低。

詹姆士來自美元王國的中西部大農業區，他親眼目睹雲南若干地區的農業狀況，不能不比較美元王國的農業區。單以農業來說，中西部來得進步。許多農業州地廣人稀，大中型農戶種植大量單一作物，例如玉米、小麥、花生、柑橘、以及蘋果等。大量使用犁田機、播種機，和收割機。中西部的農田看來整齊壯觀，農村道路及住房都好。中西部原來的主人是印地安人，但印地安人的下場是明顯的。

反之，詹姆士來東方之前，多少做了一些入境隨俗的研究。他瞭解，中國久經戰亂，社會安定的時間不長。農村人口多，屬於小農小田地，普遍靠人力及牲口幹活。除了拖拉機以外，很少使用先進的農機。

眼前的祿豐縣就是一個典型的範例。比起美國中西部的大農莊，這兒不分彝族或漢人，都同樣是小農小地；不算大的田地上，稻子、麥子、黃豆、玉米、以及蔬菜果樹，全都種植。也不分彝族漢人，小農舍是青磚灰瓦土牆；每家另行飼養雞鴨，對一家收入小有改善。

但是詹姆士不知道，祿豐縣不屬平原宜農地區，雲南和貴州形成雲貴高原，自古祿豐縣位於高原上的丘陵地帶，到處野草叢林密集，野獸躲藏。三百多年前，清朝初興，平西王吳三桂和三十萬大軍遠至西南邊區稱王，中原人士稱雲南貴州為草莽之地，瘴癘之鄉。祿豐地方上全是少數民族，人口不多，以放牧漁獵為生，一般百姓平日僅能溫飽。

美國的中西部地區，如同東岸及西岸的白人，歐洲移民面對極大的曠野。歐洲移民憑藉先進的思想，獵槍及輕機槍，以及專業技能，驅逐了印地安人，攫奪了廣大的田野。反之，中國各省區長期從事農業，人口眾多，各種族極易相互鬥爭。人口多，農地少，出產有限，各地區多個民族相鄰而居，能夠避開種族火拼？

詹姆士來恐龍之鄉祿豐，與莊院士一樣分別住進縣政府宿舍中的空房，二名研究生則另租民房而住。他立刻察覺廣大庶民不講究競相追逐私人權利，擴充私有財產。大多數的中國人，生活與單位融成一體。

以祿豐縣政府為例，縣政府擁有辦公廳舍、倉庫廚房、宿舍、和食堂等，並且在昆明市設立辦事處及招待所。全體縣政府職工就在廳舍辦公，早、中午開大鍋飯，住宿舍，向單位經營的小商店採買生活用品。單位發放糧票、副食品票、和不高的工資。職工去昆明出差，住縣府駐省會的辦公處及招待所。私營企業和市場經濟仍遙不可及。

從祿豐縣政府廳舍的外表判斷，從前祿豐縣應是重要的地方官府。從前青磚是上好的砌牆材料，勝過土坯磚。縣政府大廳牆壁和院子圍牆，全部用青磚砌成。縣政府辦公大廳另有白漆內壁，雕花硬木窗櫺，粗圓柏木支柱，卡榫木橫樑，大灰瓦屋頂。明清封建王朝的房舍建築風味留存。至於辦公桌椅、宿舍建築及床櫃等，則留用軍閥割據時期低廉的木頭木板材料。幾乎所有器具油漆剝離，不嫌蛀蟲破壞，職工堪用就成。

縣政府文職人員辦理一般民眾事務，領工資、住宿舍、上單位食堂搭夥食，日子過得平順。全縣府只有一輛老舊的吉普車，由縣師傅駕駛，運送單位主管人員拜會上級，或巡視下轄鄉鎮單位。吉普車滿身銹斑，應屬抗美援朝年代使用後，撥交國內各地方單位繼續利用。吉普車輪胎完全磨平。

縣府只有一台插座兼撥號式電話總機，由總機服務員插插頭，聯絡下級單位分機。凡聯絡外縣市，則插插座聯繫郵電局。縣府各單位的主管案頭，新近加裝分機；縣府內的分機通過總機，聯絡外界。縣府一台分機，放在宿舍管理員桌上。下班後，住宿舍的員工向外界撥市內電話，或者接收外界撥來的市內電話，都通過宿舍管理員房間內的分機。

祿豐位於丘陵林野間，春天陽光明媚，氣候溫和，田野綠意盎然，枝頭鳥雀輕鳴。縣府職工結束一天的公務，回到宿舍，各家庭分別料理晚餐及家務事。莊士漢、詹姆士和二名研究生，停止郊區山腳崩塌地的挖掘作業，稍晚一些返回借住的縣府宿舍。天黑之後，縣府後方宿舍區的走道上，亮幾盞昏黃的小燈泡，照不亮走道兩側的樹影及牆角。宿舍內，每個房間的低燭光小燈泡，全都昏黃暗淡；職工及眷屬在如此弱光下看書寫字，相當傷眼力。然而目前各單位機關，尚談不上改善燈光。詹姆士對於這種燈光，豈只感覺不習慣而已。

黃昏七點正，相當於太平洋對岸前一天清晨時刻。詹姆士愛人，一個人，住在州立大學所在的大學城內，一處雅靜的花園草坪自有房舍中。詹姆士料想，愛人就要展開一天的州立大學課堂授課事務。詹姆士夫婦結婚不算太久，目前各在太平洋兩岸忙碌，相隔遠達一萬公里。基金會安排，詹姆士去東方古生物圈授課及交流；二年期滿後，詹姆士返回州立大學原職。由於一年已經度過，再過一年，校園稱羨的這一對夫妻就要重逢團圓。或者，日子不必算得那麼準確，延長一點時間也無妨；尋找恐龍蛋、疊層石、床板珊瑚、以及科達木的下落。

不止如此，一個內陸邊疆省份，遠古時代既有陸地，又有海洋，岩層性質複雜。詹姆士除了預定連續二年在此工作之外，未來的短時間再訪，包括詹姆士愛人也來一趟也是一件好事。過去的日子裡，古老東方文明境內，有關恐龍的化石一再出土，往往轟動全球新聞界。必要時，詹姆士拿得出有價值的古文物，也許基金會樂意延長半載一年合約期限。詹姆士如此樂觀的盤算。而他打越洋電話去大學城，又到了合適的時刻。

「電話，詹姆士博士。」宿舍管理員高叫。辦公室總機鈴響了。雖然總機服務員已經下班，總機的插座插好，總機與宿舍分機保持通話狀態。「美國來的越洋電話，美國方面付費。」

詹姆士感覺有點意外。依照夫妻間的約定，應該明天或後天他打電話回去。他的工作地點移動不定，外界不容易找著他個人，所以適合他發話。長途或越洋電話，費用特別貴，郵電局不抓緊電話費，不肯居間轉接。這方面由愛人敲定。

詹姆士衝出縣政府特別提供的一間單人宿舍，快步跑向管理員住房，抓起聽筒。

「哈囉，哈囉，是妳嗎？親愛的，我是詹姆士。」

「就是我，十天過得真快，我等不及了。」詹姆士愛人明亮勇猛的聲音幾乎衝出聽筒：「你知道暑假快到了？」

「不錯，再一個月多，暑假就到了，但是組織車隊，去現場作業，都要在大太陽下勞動。」詹姆士回話。

「有一隊師生，在巨石荒原作業一個月，挖出一副差不多完整的暴龍化石，傳說以數百萬美元成交。」愛人的口氣中有羨慕的成份：「州立大學選課的學生和教授，最近就要組織車隊，深入巨岩荒原試運氣，他們邀請我參加。」

「如果你有空，不妨參加車隊，我們去過那座荒原。火山熔岩凝結後形成的大小岩石，確實有好東西。」

「州立大學的師生說，你不但有直覺，而且有運氣。車隊少了你，不美滿。他們希望我也有直覺及運氣。」

「別相信直覺和運氣；去新地點找，細心觀察，找到植物的影子才動手挖敲。細心觀察，大膽敲打，失敗了再嘗試，就是直覺和運氣。」

「這方面不是我的專長，我有我的教師升等著作，我一直忙得不可分身。」

「我瞭解這一點，妳善於做有把握的事。」

「你找到有價值的古文物了嗎？新聞一直報導，中國是許多恐龍的原始誕生地，中國蘊藏不少好東西。」詹姆士愛人表示。

「我們現在的工作進展得不錯，能符合博物館侏儸紀廳的興建及佈置進度。但是我沒見過遠古特殊地層，像九鄉的溶洞，元謀的土林，以及陸良的五彩沙林。這些都是遠古世界的一部份。」詹姆士暢快的報告。

「再見，我安心了，詹姆士。每天的作業安排得緊湊，但是我能從容應付。詹姆士太太結婚了，卻不會從職業戰場撤退。」電話掛斷了。愛人努力追求人生目標，絕不向艱難環境低頭，這種拼命的幹勁，仍觸動一萬公里之外，詹姆士的神經。

（三）

祿豐縣政府位於平地公路邊，與祿豐鬧市區的街道廣場、機關、及學校連成一氣。從縣政府到點蒼山脈東端盡頭的山腳，得穿過大片地形起伏的丘陵。莊院士等人去山腳坍方地進行現場作業，穿過丘陵上的農田，既認識了丘陵間耕種的農人，又見識了這片土地上的出產。

不用別人提醒，詹姆士是外來的陌生人，一眼就看出丘陵上耕種農人的不同。男的全身穿油亮而硬挺的自製全身上下黑衣裳，頭纏黑布條。女的穿藍布衣鑲白邊，戴方巾，這種方巾頗俏麗，但不可能有遮太陽的效果。它們是彝族農人打扮。他們的田地開墾於丘陵上，但是不留任何一小塊荒地，他們這麼努力開墾及種植，農作物產量足以溫飽。

同一片丘陵上，漢人的農田和彝族的農田交錯在一起。漢人在丘陵上的農田邊，總會留一小塊空地，以便勞動疲倦時休息用。彝族都能講幾句普通話。漢人農民打扮相當簡陋。詹姆士穿過這兩個民族的農田，發現他們彼此揮汗種植，沒什麼爭執。

但是詹姆士服務地區中西部，那兒兩個民族命運迥異。白人利用農業機械，大規模開墾種植比較單一的大宗作物，白人建立了農莊。原來的土地屬於印地安人的，據說印地安人只肯打獵，不肯耕種，於是他們經常缺乏糧食，但不缺乏酒。

詹姆士看見彝族和漢人相處，不發生衝突，彼此的農田生長良好。但是漢人及彝族的居住地相差大。祿豐縣彝族的農民居住山腳下，丘陵盡頭的林野中。他們利用樹林中的粗竹，建造吊腳樓。他們的吊腳樓顯得古老陳舊。彝族應是最早定居於此的農人，卻居住交通不便的山腳下。反之，漢人來得晚，卻居住比較平坦的農地或街道旁。祿豐縣三百多年前是荒野狩獵區，彝族世代在此打獵，為何把較便利的居住地及農地，讓給晚來的漢人？

差別更大的是農作物本身。彝族耕種接近山腳的丘陵，一直生產稻米、小麥、蔬果、茶葉、水果等，一般收益差。漢人的田地比較平坦，近些年改種煙草。又增建燻葉房，將煙葉燻成金黃色，賣給煙捲廠。祿豐的漢人農民收入增加了。

詹姆士等人在山腳坍方地作業，從山腳竹林中，看見彝族的吊腳樓，包括一般彝族農民居住的，以及從前的土司居住的。少數民族中，土司的地位高高在上。祿豐彝族的歷代土司，甘心容忍漢人農民走在前面？

山腳坍方地確實有侏儸紀廳最後一塊拼圖，迅猛龍的化石。莊士漢、詹姆士、和二名研究生目前的計划，是挖出更多副完整的最後拼圖，最好數量上不輸給板龍的出土量。他們各騎一匹馬，另牽一匹拉小板車的老馬，從縣政府出發，朝大點蒼山脈山腳廣大丘陵前行，途中遇見太多在丘陵農田耕種的彝族及漢人。中西部的印地安人只想騎馬，馳騁大原野狩獵。彝族從前也在雲貴高原的草莽中打獵。如今祿豐縣的彝族仍耕種稻米及小麥等老式作物，漢人紛紛改種癮君子沉迷的黃金作物。這地區不同種族的農民，還能維持友好的局面？

遙遠的西北方，點蒼山脈的眾多山頭一座比一座高，而山脈的主峰超過五千公尺，峰頂終年白雪皚皚。丘陵溝渠流瀉的，不是雨水就是溶雪。雲南多海拔甚高的高山，雲南的高大山嶺簡直是西藏連綿絕峰的外圍山嶽；所以高峰積雪多，春季以後溶雪不斷。到了雨季，省內每每間歇性下大雨，導致河川及湖泊水位高漲。簡單而言，雲南不缺水。相反的，若干山腳地帶下雨過多，混合型岩土不堅固，引發坍方。

彝族耕種地勢高的農田，山腳發生大面積坍方，當地彝族不愁。坍方地段加以整理，大部分變成天賜的果林地，小部份變成菜地，或豆田。經過輪種之後，變成最好的田地，水稻田。

莊士漢等人進入坍方地帶，篩檢所有土石，區分石頭和骨骼化石及種子。馬匹及板車就停在小樹林間。詹姆士不能開自家轎車，參加蒙太拿巨岩荒野的現場作業，感到有些遺憾。車隊中的大休旅車，確能提供睡眠及烹煮方面的享受。但是祿豐郊區山腳下的崩塌地，條件遠比巨石荒原好。樹林遍地。工作停止後，來林蔭下休息，甚至小睡一番，相當舒適。巨岩荒原提供的是驕陽、風沙、仙人掌、茅草、及蜥蜴。

人在林蔭下休息，腳下遠方是級級梯田。紅土地長滿綠苗，農田間農舍簡樸，早晚炊煙裊裊。彝族農人穿固定的民族農裝。漢人農裝沒特色，就是汗衫、粗綿褲，以及斗笠。莊士漢等化石挖掘成員工作一天，必定腰痠背痛。他們瞭解，祿豐不分種族，有拖拉機、馬匹、和黃牛協助，農耕依然勞苦，但是足以維持一家的溫飽。

老院士經常出差，不是參加博物館的籌建會議，就是遠去省內各地方，討論當地特有古文物。像元謀縣的土林，陸良縣的沙林，昆明市附近的石林，以及九鄉的石灰岩層及溶洞，無不面積大，地層特殊。如何選出大型模型，附上照片圖片，印出科學性介紹小冊子，事關全省的科學門面，可不能亂來。老院士出差回來，陪同研究生一起動手勞動，一個石頭一把土都親眼檢查，以肉眼區分岩石，化石，和黏土上的印記，此外沒有省力的方法。

幾個月下來，他們採集了上百個麻袋的岩骨混合物，送進縣府大倉庫的一個角落。其他精心選定而預備移交博物館的古文物，放進大木箱中，加了鎖。他們由坍方地採集回來的岩砂混合物，暫且留在麻袋中。晴天外出挖掘挑選，雨季則回大倉庫，打開麻袋，進一步找出迅猛龍的頭顱骨化石、脊椎骨化石，以及胸骨、骨盆、和四肢骨骼化石。然後以不同的技術分離岩石及化石。

遠古生存的巨型動物多，遠古的植物與數量及範圍更多、更大。雖然遠古植物的商業市場價值低，但它們有助於建構遠古動物的生存環境。遠古植物中，通常大量的果核變成岩石中的化石，果核化石較難觀察及分離。樹幹、樹枝、以及花葉等，只會在黏土中留下印記。至於砂礫中出現的小黑粒，可能是種子變形物，體積太小需送儀器單位檢驗。實際上，一塊遠古地層，植物留下來的遺跡遠比動物多。綜合來看，祿豐縣遠古是大平原湖泊邊的一部份。這兒除了孢子植物中的羊齒、樹蕨、和山蘇以外，比較進步的裸子植物如銀杏和松柏，已經大量生長，並且雜生現代闊葉常綠樹種，例如橡樹、櫟樹、以及柳樹。這兒遠古平地上，遍地是結構更原始的青草。

在白堊紀中期，約一億年前，祿豐縣是一個洪荒世界，草長水深，林木蒼鬱，大型板龍悠遊，矯健的迅猛龍獵食。點蒼山脈另一端，大理古城一帶，則是一片淺海，石灰岩層形成。更遙遠的省境其他縣市，例如中緬邊境上的騰衝，火山經常爆發，天空飛掠翼手龍。

現場勞動累了，大夥兒在樹蔭下休息用餐，躺下閒談。

「昨晚你的愛人打電話來？」莊院士問道。

「對，本來應該我打電話過去的。我有了思鄉病，想不到她的思鄉病更重。」詹姆士漫不經心的回答，透露些許個性上的浪漫傾向。

「每個人都有思鄉病，包括老頭子自己。都滿六十歲了，而且老伴還留在家鄉。但是我的日子剩不多，願意多鏟一塊土碰運氣。」莊院士心平氣和談話。

除非親眼看見，詹姆士不敢相信這是真的。一位院士，年齡不小，收入卻低，生活清苦，出差回來仍陪小伙子辛勤作業，勞動有如農夫。在美元王國學術教育圈，院士和諾貝爾獎得主地位獨高，各自主持某一方面的研究工作；報酬優厚，甚至擁有助理。眼前的院士，經濟條件一如大、中、小學放師；膚色枯黃，滿面皺紋，手背儘是老人斑；衣著單調粗糙，毫無氣派。

參與侏羅紀廳籌備任務，跑遍全省，沒有代步車輛。兼大職，收入低，卻保管自然歷史的代表性古文物，可能嗎？一位院士去山腳下現場拿鏟子，沒汽車坐，騎馬，任憑風吹雨打？

春天點蒼山脈山腳的禾苗油綠，禾穗長出，結實累累，各級梯田不算大，豐收在望。點蒼山頭樹林蒼翠，尤其竹林青綠，鳥雀鳴叫，松鼠跳躍。小澗由竹林和樹林夾雜的斜坡流下，水流清澈冰涼。

天氣如此晴朗溫暖，莊院士等四個人在半鬆軟的坍方土石中，挖出許多植物性小化石及黏土印記，不再碰上板龍類大骨骼化石；卻找到許多迅猛龍硬碎片，頗能提供侏羅紀廳最需要的最後拼圖。

「趁天氣好加緊工作。」莊院士指示研究生：「坍方地帶面積大，我們篩選岩石泥塊，又把岩石土堆打散。農人等著接收土地，早些開始犁田播種。」

悄悄的，四月的清明節，五月的端午節都度過了，小風微雨不夠看，天氣起了變化。西北天邊盡頭，寒冷氣流掃過西藏和雲南的交界連綿大山嶺，吹向雲南中部的點蒼山脈裡。一波波烏雲告別西藏高原，籠罩雲南上空。極遠方低空雷響連連，烏雲中灼熱的閃電熾燃不斷，這些氣候變化情況印證了收音機送出的天氣預報。梯田裡，彝族農夫急忙採收今年第一批成熟的蔬果。漢人農夫則把晾曬好的煙葉，送進燻煙房。

平均氣溫最低、氣壓最高的西藏高原，六月春天的氣候急速影響鄰省雲南。強風從西北方直吹雲南中部，空氣來得冰涼得多。濃密烏雲稍稍停留點蒼山脈上空一陣，接著就聚攏由祿豐縣到昆明市的上空。莊院士等四人俯視的山脈丘陵梯田，天色突然轉暗，樹葉及野草強烈搖擺，氣溫也陡降。彝族田間勞動的農人居然用普通話叫嚷，快下大雨了，收工回家囉。整個地區毛毛雨轉密。

「有大風大雨，我們收工躲雨。」詹姆士催促。

「雨季來臨了，現場作業告一段落。」老院士帶領，把最後一個麻袋頭綁緊。

研究生收拾十字鎬、圓鍬、和粗毛刷等工具。詹姆士收拾樹林間的毛巾和器具。所有重物連同麻袋背袋，送上載物板車。個人用品清點好，掛在馬鞍上。四個人解開繮繩，把板車的前槓套在馬背。四個人上馬，一名研究生額外牽馬，匆匆離開坍方地。他們的坐騎走下梯田間的泥土小道，正與收工避雨的彝族農夫農婦相遇，大夥一起離開。

「要不要通知縣政府，由農人接收大部分已經篩選過的地段。」研究生請示。

「當然，當然。」院士指示：「早些讓農人接收。下過雨，土地鬆軟潮濕，農人整理農田輕鬆。」

「山腳土質鬆軟，所以下過雨後坍方。」詹姆士突然想到關鍵所在，激烈的表示：「遠古這兒是水流和泥沙匯集地，所以土質鬆軟。這種土質肥沃，適合種田。」

「挖掘和毛刷工具有沒有完全收拾起來？」莊院士關心一個基本問題。

「全部收拾起來，一件不少。」研究生回答。他們明白，所有工具不能短少一件，否則沒錢添購。

梯田間泥土路仍被遲收工的農人佔用，其他農人已經跑回鄰近不遠的自家房舍，或山腳下吊腳樓。毛毛雨變大雨，莊院士等人馬只能碎步跑下坡。泥土小道開始潮溼起來，強風吹起一些風沙，但不至於妨礙視線。

「你認為收穫還可以嗎？」莊院士問同仁。

「每一副完整的迅猛龍化石骨骸都是寶。我們這兒也許能湊足三至四副。」詹姆士表示。

「博物館就會送來一批紗布和石膏。下雨天，你們在大倉庫清理化石，並且組裝豎立起來。順便做石膏模型，複製兩副。骨胳有缺失，做石膏模型補充。」院士提示。

「先前交出了一大批完整的板龍化石骨架，現在至少能交出幾副迅猛龍化石骨架，我們完全能向博物館交代。任務達成真好。」詹姆士欣然說道。

「侏羅紀廳一旦順利開張，我們的畢業論文就沒有問題了。」研究生報告。

「當然。擁有一副完整的猛獸骨架，你變成專家，你能在畢業論文上大大發揮一番。」詹姆士慰勉學生。

強風吹掃祿豐縣，烏雲密佈而雨勢加劇。響雷在市街上空炸開，閃電連續照亮大地。大雨傾盆倒下。莊院士一行人催馬快行，趕回縣政府，人人淋得一身半溼。白天光線昏暗，縣府廳舍幾盞小燈泡亮了。

祿豐郊區山腳下，坍方的岩石已經篩選清理過；農民接收新農地之後，挖出溝渠當農田的界線，他日就能犁田插種。

其他坍方但未篩選的泥石，暫時變成爛泥巴，可能岩石中的化石更容易露面。至於坍方地下方的梯田間小路，沒多久就會變成泥濘路。

所有裝了化石及硬岩混合物的麻袋，連同一切挖掘清刷工具，暫時放進大倉庫，二名研究生匆匆騎上馬，返回他倆承租的住房。莊院士和詹姆士分別返回縣府宿舍。

「收音機是否播報氣象？」詹姆士問道。

「有的。」莊院士轉告：「半年乾季結束，半年雨季正式展開。先有一場連綿大雨，然後天氣短暫放晴。」

「幸虧我們一直趕工，清理了大部份坍方地。其他未清理的坍方地，交給研究生善後。」詹姆士建議。

「當然，讓他們學習獨立作業。」

「大雨期間，我們倆有何安排？」

「許多地方擁有古老地層，地方人士樂意請博物館免費幫他們宣傳地方特色。」莊院士表示：「你知道喀斯特地形？」

「那是地上和地下鐘乳石世界。越南、土耳其、和南斯拉夫都擁有它。但是外界新聞報導，中國的喀斯特地形最豐富。」

「不錯。雲南、貴州、和廣西分別擁有大面積喀斯特地形。雲南九鄉的溶洞是喀斯特地形的代表，那些溶洞面積大，鐘乳石結晶物多，有望成為侏羅紀廳的展覽要角。」莊院士表示。

「雨季會不會妨礙九鄉溶洞的開發？」詹姆士問道。

「不會，因為溶洞的開發全在地下進行，淋不到雨。我們去九鄉看看如何？」

「沒問題。古生物的化石都埋藏在地下。我們瞭解若干特殊地層，對本行有幫助，但是九鄉不是遠地方，我不必特別打電話，向愛人報告。」詹姆士說道。

第二章　地下洞府

（一）

才清晨六點半，天剛亮不久。有個人的留在第一村寨入門圖騰大木柱下；另外一人快步，登上第一村寨間的石板台階，來到第一村寨正中央，前土司別墅門口，敲幾下門。莊院士和詹姆士昨晚才到達九鄉第一村寨，住進前土司的別墅，預備參觀博物館侏羅紀廳一大遠古地質奇觀，地下溶洞的開發經過。前土司別墅目前空著，由第一村寨長老們代管。

九鄉絕大部分居民屬於彝族一支，不同於居住祿豐縣的另一支彝族同胞。莊院士有早睡早起的習慣，同行的詹姆士來到日出而作，日入而息的偏僻鄉間，也只好早睡早起。雨季籠罩全部雲南省，省會昆明市及周圍鄉鎮，例如祿豐，九鄉，元謀，以及陸良，剛經歷過一場豪大雨。豪大雨洗淨樹林及田野的莊稼，但泥土道路變得泥濘不堪。豪大雨之後，昆明市及周圍地區下起毛毛細雨。

莊院士盥洗完畢，打傘走出前土司別墅客廳，去院子的竹林籬笆開大門，會見敲門的客人。他沒想到，這麼早就有人安排下溶洞參觀。

「我是王師傅，開麵包車迎接貴賓。下邊第一班的領班，負責帶貴賓下溶洞。」來人是五十多歲的中年清瘦男子，穿藍色工地制服，向院士鞠躬敬禮。

「博士馬上出來，稍等一下。我就是莊老頭子。聽說溶洞開發工程，進行到緊要階段，全體勞動人員都下洞作業，是嗎？」莊士漢自我介紹。

「對，前洞入口碼頭堆高廢石渣，交通船沒得休息，溶洞裡外人人忙。我自己常開車接送有關方面和博物館的領導和同志。」

他說道地的普通話，而且明顯是漢人，口音中卻夾雜一種彝族腔調。

王師傅所說的工地細節，莊院士聽不懂。利用等待詹姆士尚未盥洗整裝完畢的空檔，他和王師傅在土司別墅的大院子走一走。第一村寨有五排吊腳樓，全部依偎小山丘斜坡而建，每排約有十多戶彝族住家。所有住家建築式樣相同，彼此以竹林相隔。每兩排住家之間，鋪了大石板台階，供住戶拜訪前排和後排住戶。前土司的別墅式樣一如左右同族平民同胞住戶，但佔有兩戶的空地，所以這間別墅院子大得多。院子裡佈置了花園和不少山茶花樹，又用竹柱蓋了涼亭，涼亭內有竹桌竹椅。如今涼亭及竹桌竹椅已經老舊。傳說前土司不講究排場，就在院子老舊竹涼亭下，與族內長老討論族內事務。

第一村寨所有吊腳樓，都使用本地山上盛產的杉木和竹子搭建而成。九鄉丘陵產的杉木挺直而不高大，生長快，杉木幹常用來做建物支柱，杉木屑當燒飯及燻煙草的燃料。竹子生長得又直又密。拿竹林當高籬笆，風一吹過，竹林間枝幹互相摩擦，發出「吱吱」聲。山茶花是雲南特產花樹，春天多雨季節，紅白兩色山茶花開得茂盛。前土司的院子另有栓馬用木樁，木樁深深打入地下，靠近竹籬笆的地方建有竹柱竹頂馬廄，但是眼前院子裡不見大批健馬。

前土司別墅左右住戶，院子竹籬笆邊都搭建相似的簡便馬廄，每家都養馬。住戶打算出門上班或上工，天一亮就領馬吃過草料，一會兒就騎馬出門。仍留在各家院子的馬，看見其他馬匹上下石板台階，發出「達達」蹄聲，開始頓腳嘶鳴。

第一村寨後方的小山，生長杉木、樺樹、馬尾松、楓槭、以及多種竹子，提供豐富的建材。所以小山下的村寨清一色灰瓦片、杉木柱子、木板或編竹牆，以及竹簾障。村寨旁有梯田和家禽養殖場，所以村寨各戶的屋簷下面，吊了風乾的火腿、玉米、切片的蘿蔔、酸芥菜、風乾的雞鴨，以及學自漢族而醃製剩餘肉的臘肉和香腸。大部份住戶不富裕，但過個好冬倒不成問題。

每幢吊腳樓中央用粗水泥柱支撐，各角隅用挺直的雲杉、冷杉、或普通低廉杉木支撐。支柱如何穿洞留卡榫，則交由本族木工專家處理。通常五根結實支柱支撐二樓建材的重量。樓下簡陋，住家全部箱櫃廚具放在二樓。整幢房子只有五根柱子暴露於外，全家用品及生活集中於二樓，二樓牆壁採用輕便的木材或編竹。

樓下彷彿五根柱子由二樓吊下，所以通稱吊腳樓。

從前空蕩蕩的一樓用於圈養豬、牛、或雞鴨，但衛生狀況差；所有住戶在村寨旁邊斜坡空地上，圍出圈籬養雞、鴨。樓下或通風不堆放物品，或略堆若干柴火、糧食、以及水缸等。

彝族這一支所以建村寨於小山麓，主要原因是小山高處流下一條河流，叫清水河。第一村寨後排住家高處，安放了若干鋁製水塔。水塔的水來自清水河的乾淨河水。有了水塔，第一村寨住戶不缺清淨的水。

「昨天晚上我們剛住進這兒，我自己暗中擔心。單單兩個沒槍支護身的男子，住少數民族傳統村寨安全嗎?因為中西部的白人，絕對不敢少數幾個人住進印地安人保護區。今天早上醒來，才感到安全。」詹姆士首先提他個人特殊的安全感受。

「住進彝族村寨，相當安全。兩名漢族女工程師，一來這兒就住進第二村寨；一年多過去，她倆身體毫髮不傷。」王師傅向博士行禮，交談。

「中西部的情況大不同。一年級新鮮人一向州立大學報到，同科系的學長就警告新鮮人，大學城附近有印地安人，白人最好少進入印地安人保護區，更別說住印地安人帳篷。」詹姆士比較不同國度的人民，如何同少數民族或原住民打交通。

「博士住村寨吊腳樓，習慣嗎?」王師傅談家常事。

「起初感覺不習慣，但是很快發覺，吊腳樓比祿豐縣政府宿舍好，因為通風涼快。」詹姆士表示。幾天前，雨季沒開始，六月濃春，縣政府宿舍不通風，日夜悶熱，當時他就想往涼快的地方鑽。

「夏天更不同，吊腳樓使用杉木、竹編、竹蓆等材料蓋樓，通風更好。」王師傅說明。

「今天的行程怎麼安排?」詹姆士詢問。

「我負責開車，繞過全部小山腳，看過半數村寨。然後走回頭路，轉入市街鬧區，最後到溶洞工地。參觀溶洞開發，就由下邊的領班帶路。」王師傅說明。

三個人各自打傘，走下石板台階。台階下，入口神木旁，穿黃背心領班向二位貴賓揮揮手打招呼。他撐的是民俗油布傘。入口神木是棵巨大的千年銀杏樹，樹齡大，枝葉繁茂，結的白果是珍品。大圖騰木柱雕了彝族的保護神靈。

「我住隔壁第二村寨，是溶洞工地資格最老的工人。」他穿藍制服，外加黃背心以便識別。「兩位住的前土司別墅，是解決村寨大事的地方。從前山上的牧地、市場攤位、開墾荒田後的田籍分配、政府派稅等要緊事，全在這兒解決，族人才能平安相處。」

「從前的土司，受到族人的尊重？」莊院士問。

「當然，我們少數民族有開明的土司及祭師，全部村寨的人口才平安和樂。」黃背心領班說明。他說普通話，地方口音更重，常接觸單位內的漢人及外來賓客，態度鎮定友善。

小山斜坡排列九個村寨，每戶人家都用當地的杉木及竹子建吊腳樓，所有吊腳樓形式相近，於是建造省錢。各村寨住戶位置的分佈，依地形的不同而有變化。灰瓦竹牆隱身於竹海之中，住起來當然也通風舒服。九個村寨大門前，開了一條泥巴馬路。下過大雨，馬路泥濘。村民上班、上學，或下田，分別走路、騎馬、及趕羊，泥濘馬路顯得熱鬧，但不見任何其他車輛。

相鄰的第二村寨大門圖騰大木柱及大樹下，走出三位年輕女子，其中二位穿藍制服，如同王師傅和黃色背心領班。三名女子牽了兩匹馬。他們三人揮手向王師傅和黃背心領班打招呼。其中一名沒穿制服的彝族女子上馬，跑過泥濘馬路，下草地斜坡，向清水河方向的大片蔬菜田園奔馳。另外兩名女同事牽馬走過來。

「二位教授早。」他兩客客氣氣敬禮打招呼。

莊士漢和詹姆士不認識她們；從制服上分辨，屬工地的職工。他倆揮手答禮。

她倆共騎一匹馬，沿著泥濘泥土路，向山腳下另一頭的鬧市街道跑去。

「她們是北方來的漢族工程師，住我們第二村寨，上班一年了，大家將在工地會面。」黃背心領班介紹。

「這兩個年輕的漢人女子，來偏僻的部落地區上班，上班一年了，住部落的村寨。他們能安心睡覺？」詹姆士驚奇發問。這種情況如同中西部的白人進印地安人部落。

「當然睡得安心，何況有房東的女兒相陪，村寨戶戶平靜，族人出門，不必上鎖。」黃背心領班說明。

四個人全上了王師傅駕駛的汽車，一輛中型廂型車。載人送貨兩用，常用來接送較多重要幹部或賓客；當時因為外型像土司麵包，而稱為麵包車。相當老舊。跑過爛泥馬路，車身沾了不少汙泥。

詹姆士和愛人分別擁有個人轎車，而且各有長時間駕駛年資及優良駕駛紀錄，繳納較少的車輛保險費。王師傅一鬆踏板，油門接通，車輛滑行，詹姆士就聽出引擎聲沙啞，反映車齡老舊，超里程使用。再看儀表板，若干指針亂跳，顯示儀表板失靈，或次要部位零組件有毛病。車內座椅沙發皮磨破，沙發彈簧疲乏。這不只是一輛老爺車，更是一輛祖父車。

王師傅專心駕駛，停車讓行人及馬匹先通行。爛泥四下飛濺，麵包車沿小山腳向遠方行駛，黃背心領班一一介紹九個村寨，小山上的祭神平地，更遠山區珍貴的杉木及高大老茶樹，放牧的大草地等。然後介紹九鄉彝族的生活狀況。

「我們九個老村寨，過去幾百年牧羊，砍杉木枝賣柴火，做竹蓆竹傢俱，日子平安卻清苦。」黃背心領班談更現實生活問題：「哪家多買一匹馬，多養幾隻羊，多殺一隻豬，就算年頭好，日子過得舒服。其實村寨戶戶窮。街上做生意的人家，以及在鄉公所和單位服務的人家，經濟條件好一些。」

麵包車花少許時間，走過全部九個小山腳的村寨，調過頭來往回走。泥巴路下方是野草大斜坡，大斜坡腳地勢低，清水河流過。清水河的另岸隆起平矮山丘，那兒是溶洞工地的範圍。平矮山丘的側邊及遠方，則是廣大種植地。與二名漢人女工程師合住的房東女兒，就是騎馬去廣大種植地上工。

「清水河另岸的平矮山丘，祖先們既認為是神祕好地方，也害怕那兒鬼怪躲藏。現在全村寨的人和工程隊合力，把平矮山丘開發出來。廣大種植地幾百年前是荒野，族人在荒野獵狐狸、野兔和野豬。大約三百多年來開闢成田地，種稻種菜，居住那邊平地的族人日子過得好。這兩年他們日子更好。」黃背心領班敞開心胸，介紹部落情形。

「為什麼這兩年平地種植的人家日子過得更好？」莊院士問得詳細。

「農業單位推廣經濟作物，向那邊族人的長老介紹煙草。才種一年，又晾曬煙草葉，燻黃煙草葉子，平地族人收入就好。第二年所有平地全種煙草。他們成了九鄉彝族最賺錢的人家。」

「你們住小山腳九個村寨的人家怎麼辦？」莊院士追問。

「大家只能指望清水河對岸的平矮山丘。祖先和祭師告誡，平矮山丘之下搞不好則黑暗危險，搞得好大家有指望。」黃背心領班透露村寨人家的願望。

「你說得太神祕。到底平矮山丘是什麼？」詹姆士納悶開口。

「近些年有文化水準的人先考察，後公開說明，族人才知道是石灰岩層中的大溶洞，大溶洞中隱藏古代形成的鐘乳石。」黃背心領班解開謎題。

「把鐘乳石世界開發出來，成為觀光景點，是不是？但是大溶洞中的鐘乳石世界吸引力夠強嗎？」詹姆士表示。

麵包車內其他乘客沒人回答這問題。博物館的侏儸紀廳也關心這問題。莊院士參與侏儸紀廳的興建及籌備，更關心這問題。

「彝族分佈於祿豐、石林鎮、和九鄉等地，從前祿豐和石林鎮開墾早，農田多，那兒族人的日子過得比九鄉好。」黃背心領班說明：「近年來石林鎮開發了石林陣密集觀光區，和石林山野分散觀光區，吸引一大宗遊客，石林鎮發達了。我們九鄉怎麼會輸給石林鎮？」

「我不明白他說些什麼？」詹姆士納悶。

「昆明市附近的石林鎮，擁有露天的石灰岩層，岩層中含砂多。長期直接遭受風化作用以及雨雪侵蝕，銷溶得厲害。含砂石灰岩密集殘留於鎮中心，也廣泛分佈於全鎮各角落。鎮中心更有幾平方公里的岩石陣，足以吸引觀光人潮。」莊院士解釋。

「露天開發，省時間省費用，石林鎮短期內就成了觀光景點，石林鎮的彝族比咱們九鄉神氣。」黃背心領班抱怨。

「三百多年前全部一樣，到處是荒山野地，野狼和黑熊橫行。各部落流行獵野豬。經過三百多年不斷的開墾，又挖溝渠，又開闢大片農田，本地人和外來人才有飯吃。」王師傅插嘴。

「糧食當然重要，別種收入也不能小看。昆明和石林都富了，他們不光靠糧食，九鄉村寨不甘心。九鄉的大人現在能吃飽飯，還要替下一輩想一想，另找一條活路。」黃背心領班表示。

王師傅的麵包車駛離九個村寨區，經過一小片玉米和蔬菜混種地，進入鬧市中心區。鄉內正推動地下大工程，市街顯然就嘈雜擁擠起來。飲食店、主副食品鋪子、鐵匠鋪、銀器店、木料行、竹器店等，排列於有限的幾條短街上。街道邊更有機關、學校、和市場。街道上鋪石板，天下著毛毛細雨，鬧市不致於泥濘。

街道邊總有大小空地，大小空地變成臨時市場，本鄉人和外鄉人聚集臨時市場，賣活羊及屠宰肉塊，設日用百貨及男女衣物攤位。更有瘦小的彝族婦人，挑果菜擔子沿街叫賣。男子則頭纏黑布，肩荷鋤頭，預備下田幹活。

麵包車駛過鬧市街道和公務機關集中地段，走泥濘下坡路，混在行人、坐騎、以及拖拉機中，開往清水河的大河灘地。穿制服、騎馬上班上工的人多。不少馬拉板車載運木頭廢料、餿水、以及垃圾。一個工地出現這麼多馬匹，令詹姆士想起蒙太拿印地安人保護區內的帳篷集中地，那兒全用高大的駿馬載人載物。印地安人不開汽車，只騎馬，在樹林中射殺野豬野狼，在大草原上追趕野牛。印地安人不眷念部落的帳篷，一連幾天幾夜，勇士們在野外遊蕩逐獵。

詹姆士率領的化石挖掘車隊，遙遙望見印地安人馬隊。勇士及小孩們騎無鞍馬，背後掛弓箭，手中提長矛，勇士臉上塗黑斑條，他們射殺火雞、野兔、和山羊。豐收時全馬隊興高采烈；打獵收穫少，全隊垂頭喪氣。他們不使用板車。凡是整隻獵物，大袋果子或穀物，以及生病老人都綁在木架上，由馬匹拖回部落。

王師傅的麵包車下了荒草地段，進入清水河河灘地碎石馬路，來到工地門口。

「我只能送到這裡，領班陪兩位進去，回頭見。」王師傅停車，向貴賓們告別。

黃背心領班帶路，莊院士和詹姆士進入鐵絲水泥柱圍起的大空地。大空地最外圍，靠近鐵絲網圍牆的地點，赫然出現幾座大小灰石碎石小山，而且馬拉板車繼續載來碎石屑，倒在小山上。

「都是在溶洞中敲碎，費了勁送到洞口台階上；又裝船，送到辦公室後方交通船停泊區，最後倒在這裡。」黃背心領班解釋：「現在廢石屑少了，堆放小山數目減少了。開工後的前兩年，每天堆一座小山。開發溶洞的前期工程，大都是敲鑿岩層，把碎石料送出。」

「這些碎石塊有沒有用？」莊院士問道。

「從前以為用途不大，現在好用得很。它們都是石灰石，做水泥的好材料。但是水泥廠需要半座山、一座山那麼大的量，我們搬出來的碎石塊量不夠大。一般建柏油路或水泥路，先墊一層小石頭或碎石塊，我們提供的碎石塊，彈性更好，墊底更合用。我們提供的重量不夠建又寬又長的公路，卻適合用來修補有毛病的公路。」

清水河河灘地與緊連的斜坡，都生長青草。六月雨季來到，青草特別茂盛。這一大片青草地，就用竹子當圍籬圍了起來，大量載人載貨的馬匹，就送進現成的馬圈吃草休息。正如黃背心領班所說，九鄉的彝族根本沒偷盜壞人，馬匹安全得很。馬群在天然馬圍內拉稀，鄰近的煙草田正需要肥料，每天固定時刻有人來清理裝走馬糞。

一條人工運河，移用清水河的河水，與工地主要通道平行且緊鄰，共同把工地分隔成二部份，人工運河及主要通道的一邊，就是碎石塊小山群和大馬圈草地。另外一邊是辦公室、食堂、堆棧場、以及交通船上船及停泊處。人工運河岸邊多豎繫有黃旗子的竹竿，警告人、馬、車，別掉進人工運河。

黃背心領班領路，混在上班上工的人潮中，走重要通道，經過人工運河上的小橋，來到辦公室用餐區域。詹姆士發現，九鄉溶洞開發工地規模不小；工地的規模和人物力的消耗，有資格當一個大石灰岩層及溶洞區的部份資產。

幾排兩層樓木造房，建在人工運河一側的大空地中央偏後地點，木造房間做辦公室、庫房、以及值班宿舍等。這些木造房的一側用做堆棧場，堆放木條、竹竿、鐵絲、成桶鐵釘，以及蓋了塑膠布防雨的多種繩索。木造房區的另一側，有幾間食堂，食堂後面放置鍋、爐、水桶、洗菜台等廚事設備。簡單的竹棚建成，替廚房設備擋雨。

黃背心領班送二位貴賓去辦公室，會見莊院士的舊識，工程隊副隊長兼工地主任。莊院士介紹副隊長給詹姆士。詹姆士看見一位一腳跛了的中年人，他身材中等偏削瘦，臉孔白皙，臉上有久經患難的深長凹陷紋，頭髮斑白，態度隨和不失威嚴。

「祿豐整片坍塌地，總共篩選了多少面積？」副隊長閒聊。

「絕大部分坍塌地都篩選了。大雨下了不礙事，正好把剩餘未篩選的地方清洗。雨停了以後，我們繼續篩選，省力些。」莊院士交談。

「博士評估，能尋找多少有用的化石及黏土遺跡？」副隊長輕閒問問。

「從前板龍出工的數量多，全世界其他地方也出土，板龍價值就降低。現在挖出的爬蟲類及植物印痕，價值不大。但是幾副迅猛龍骨骸，價值應會一直增加。」詹姆士介紹。

「大家都想把自己最好的一面，推薦給博物館，博物館也樂意替各地方宣傳。」副隊長表示：「祿豐縣容易交差，大批板龍還原骨架，以及幾副迅猛龍還原骨架，馬上當侏儸紀廳的主角。九鄉怎麼辦？搬一塊結晶鐘乳石去，那會破壞溶洞整體價值。切割一個小洞穴去？小洞穴外觀不搶眼。」

「總有什麼辦法。一個國寶級的溶洞，還怕找不到表現方法？」莊院士客觀建議。

「想來想去，還是多拍特寫照片，讓許多彩色照片顯示溶洞的規模和鐘乳石的繁複美觀外貌。」兼工地主任表示：「另外，只能利用電腦的平面繪圖以及內部空間繪圖，顯示溶洞的價值。」

「電腦平面繪圖和內部空間繪圖，是電腦科技的大躍進。九鄉溶洞需要用到這麼先進的電腦科技？」來自美元王國以及電腦科技王國的詹姆士，不明白一個地方性觀光景點，為何需要用上尖端科技。

「像拍電影一樣，博物館侏儸紀廳應該設立電影播放室或空間投影室，播放溶洞的連續性內部空間繪圖，才能真實強烈介紹九鄉溶洞的神奇性。」副隊長講到長遠計畫。

「依你專業開發經驗，九鄉溶洞有資格在侏儸紀廳當主角之一？」莊院士追問核心問題。

「絕對有，關鍵在於如何表現自己，我們的攝影人員和電腦工程師正在努力。淺海中的矽藻不容小看。無限量矽藻屍體堆積，就轉變成石油。同樣的，無限量嗜鈣矽藻屍體堆積，就轉變成石灰岩層。」副隊長解釋。

辦公室前面大廣場上，上班上工職員不理會細雨，開始聚集點名，交談聲傳遠。副隊長陪同二位貴賓走出辦公室。大廣場擠滿了黑壓壓的人群，各組領班大吹口哨，召集班內人手。

「全部上工人數到底有多少？」黑壓壓穿制服的人群令詹姆士吃驚。

「現在是施工高潮期間，全部上工人數有五千人，另外有不少辦公及支援人員。」副隊長說明。

詹姆士理解，五千人工地的生產力，相當於一間中型工廠。九鄉溶洞需要施工人手多達五千人？

「當然。」副隊長從另一個角度解釋這片嗜鈣矽藻創造出來的天地：「差的石灰岩層，只配當水泥原料，水泥廠只花一年時間，把石灰岩層挖光，燒成生水泥。中等的石灰岩層，提供大理石原料；為了提高附加價值，大理石礦主仔細探勘，謹慎開挖，專家切割，石灰岩層的壽命延長為三年。上乘的石灰岩層，開發成國寶級溶洞，造福子子孫孫。」

「主任這麼看好這一大塊石灰岩層？」莊院士吃驚。

「吹噓沒有用？」副隊長帶笑談天，語氣沉穩：「工程隊弟兄這麼多，一起拼命，先掃除金沙江、瀾滄江、和怒江的障礙，以便進入西藏。接著弟兄們協助開發香格里拉，今天香格里拉開始賺錢，弟兄們的心血沒白費。再來就輪到九鄉石灰岩層。五千人手和弟兄們拚了好多年。不久以後就會證實，大夥兒勞動的對象，是水泥原料礦？還是大理石礦？還是國寶級溶洞？」

九鄉的彝族和中西部印地安人一樣，都停留在部落社會階段。詹姆士看見，印地安人單獨永遠依賴狩獵。九鄉的村寨族人除了傳統停滯性的農牧行業以外，能尋找新出路。

溶洞工地的一天，由早餐開始；進入地下黑暗世界操勞，至少肚子先得裝飽。全工地人員，包括二位貴賓在內，甚早離住地前往工地，就和裝飽肚子有關。辦公區前的大廣場上，各班穿顏色背心的領班，猛吹口哨，清點全班人手是否到齊。辦公木造房內側，幾間食堂的後面，大廚和二廚是漢人，能料理幾道大菜系的好菜；徒弟和廚娘是本地彝族，他們會反應職工的意見，一日二餐是否合胃口。廚事及其他庶務人員，不少年齡偏大，甚至手腳殘缺，但不會怠慢工作。因此不同出身及背景的人，集合在這裡，先辦出早餐。

下洞作業人手一律一班二十五人，其中一人是領班。領班特別穿顏色背心，帶弟兄姊妹們下黑暗世界，時常注意全班人手是否走失。領班也帶弟兄姊妹進食堂。食堂的設備只有長木桌，長板凳。

領班找一名助手，領來全班的早餐伙食。大盆大碗裝滿主副食，分量足以填飽肚子，應付一天的硬活，談不上美味及營養。

副隊長、莊院士、詹姆士、辦公室人員等，坐在一起邊吃邊談，不分漢人彝族。詹姆士發現，住第二村寨的二名漢人女工程師，現在就坐在對面。所有姑娘婦女穿簡陋單調的制服，相當程度遮蔽他們個別的容貌。

「現在伙食好一些，中午盒飯多放一塊肉，或者一個蛋，多加一點菜。」兼工地主任介紹伙食狀況。

莊院士對於大鍋煮出來的粗茶淡飯，看起來不嫌棄。全食堂的用餐人員，也珍惜簡單的大鍋飯。詹姆士略嚐幾口。他看見二名漢人女工程師也談笑開心用餐。

「為什麼現在伙食好一些？」莊院士問道。

「溶洞工程浩大，開發時間長。漫長時間裡，除了賣碎石和廢料，沒有一點收入。工資得照發，工具材料得採購，伙食得供應，工地一直苦撐。」副隊長無可奈何苦笑：「現在可好，香格里拉遊樂園營業賺錢了，又不斷擴充景點及設備。工程隊一直提供協助，分得了一些甜頭。工地先改善伙食，增加上工人手臂膀的力氣。」

「每個單位都缺錢，沒錢還得辦事，老頭子一直親身經歷。」莊院士插嘴：「現在終於有單位賺錢了。」

「我不明白，」詹姆士發問：「為何不向中央要錢？為何不向其他省份借錢？」

「每個省、每個自治區、連中央本身在內，全都缺錢。所以地方只能自己動腦筋，自行解決問題。」副隊長說盡國內最普遍的現象。

「那麼員工工資呢？」詹姆士追問一個關鍵性問題。

「工程隊的正式職工，領一般工資，勉強養家糊口。其餘進洞人手，基本上沒工資，工程隊也付不出五千多人的工資。」副隊長坦率承認現實。

「不可能罷？沒工資，長時間裡，誰願意幹苦活？」

「確實如此，」副隊長解釋：「九鄉是個風光好的彝村。但是有大面積煙草田的人家少，其他農牧人家生活苦。溶洞將成為九鄉唯一的永久財富。工程隊出技術，族人出勞力，已經熬過許多苦日子。再熬一陣罷。」

「這裡有沒有職工生病、受傷、天災等問題？」莊院士問道。

「當然有，而且時常發生。辦公室設醫護站，借調而來的護士，幫員工擦外傷藥，發感冒糖漿。」副隊長又解釋：「最初下洞勘察及大範圍開挖時，滑跤、石塊掉下砸傷，甚至工具打傷等，一再發生。小傷口還好，重大傷患運不出地洞，送不及昆明大醫院，何況醫藥付不起，所以多名員工過世。於是現在進出地下深洞，人員管制嚴格。包括參觀貴賓在內。每一個班的領班，不必匆忙趕工，不急著耐心清理天然結晶物。多少人手帶下去，就帶上來多少人手。」副隊長說明。

大食堂內，彝族男女慣留較長頭髮，漢人職工留短髮。工地制服單調褪色，彝族女子愛穿自己在鞋幫上加綉彩色花朵的布鞋，彝族男子穿黑布鞋，易於掩飾鞋上污泥。漢人男女穿舊皮鞋。

「九鄉的漢人多嗎？工地上漢人職工狀況怎麼樣？」詹姆士追問。

祿豐田間市區，大致彝族及漢人各半，彼此界限趨小。九鄉食堂光景大不同，儘是彝族職工。

「九鄉丘陵山嶺多，彝族世代居住這兒，漢人少。工程隊牽涉專業技術，漢人職工多。」副隊長解釋：「彝族男子開始學專業技術，將來前途看好。工程隊承包的大小工程相當多，急需工程新血。去年知識青年下鄉，工程隊招進二名女工程師。工作環境惡劣，她倆居然熬過來。」

「她倆學習畢業了嗎？獲得學位了嗎？現在校園平靜了？」莊院士問得急切。

「都畢了業，獲得學位；而且和老工程人員一樣，肯苦幹。」副隊長強調：「知識青年畢了業，進入單位，肯幹肯改進才是正途。」

「她們學習什麼專業？」莊院士問道。

「一個學習地質專業，一個學習計算機專業。她們從去年暑期留任到現在六月。」

（二）

早飯結束，男女領班分別集合班內成員，暫留辦公區大廣場。男女領班跑向辦公室庫房，領出全班的名號牌。第一班黃背心領班，除了班上原有二十五份名號牌之外，加領二位貴賓的臨時名號牌，他倆列入第一班。

辦公室不乏年老或身子有殘疾的職工。他們負責一切庶務。發放、收回、清點名號牌；每日造出全工地各場所任職人數；抬出大批或黃或紅塑膠安全帽、雨衣、及雨鞋。二百個班，每班二十五人，加上來賓及支援後勤人員，分別組隊，走向黃旗竹竿人工運河的起點。那兒的碼頭建了遮雨棚。春初老下雨，清水河急漲。莊院士和詹姆士不明白，人工運河和交通船有啥用途。

黃背心領班邀請二位貴賓加入第一班，並請二位各領一式兩枚名號牌。他解說，上船前，出示名號牌，領取安全帽、雨衣、及雨鞋。有名號牌，中午就發盒飯。一進洞，交出一枚名號牌。下午下班出洞，交出另一枚名號牌，以及安全帽等。

進出洞口的管制人員，將全體入洞人員的一式兩枚名號牌收齊，交由辦公室。辦公室檢查所有名號牌，才撥電話給進出洞口管制人員，正式關閉溶洞電燈電源，保證沒人獨留黑暗洞穴中。員工平安如數進出，是地下施工的第一要件。

莊院士和詹姆士不必驚訝，他倆來到人工運河河水的來源清水河。清水河河岸的坐船碼頭，蓋了簡單遮雨棚，分成前棚及後棚。各班全體人員排隊，由大廣場出發，來到後棚排隊，再走向前棚。人人挑選大、中、小號的安全帽、雨衣、雨鞋，男子取黃色，女子取紅色。詹姆士認為，這些程序類似軍隊式管理。外邊下細雨，員工用簡單物件遮雨。由後遮雨棚走去前棚，領雨衣和全套遮雨用品，有道理。看來將搭船，將航向清水河的何方？

才走上遮雨前棚，交通船就開到清水河的起點碼頭。沿河豎有鐵柱子成排，鐵柱子上掛了纜索，駕船人員抓纜索推動船隻。員工穿上雨具上船，莊院士和詹姆士仍感覺一團霧水。交通船滑行。雨季後大小雨不斷，清水河河面洶湧。二位貴賓才注意到，河流對岸出現平矮山丘的一個側面，一段小峭壁。河水沖激這段小峭壁。小峭壁正是石灰岩層的外露部分，久經河水的沖刷。

「怎麼坐船沿河流航行？我們去哪兒？」莊院士問話。

「清水河正環繞一小部分石灰岩層側面，石灰岩岩層側面長期被河水沖刷侵蝕，形成溶洞。我們坐船去溶洞入口。」黃背心領班解說。

大量流水滲入石灰岩層，造成岩層的溶解、崩潰，以及一連串岩層造型變化，時間以百萬年計；最後命運主宰，沒淪為水泥原料礦石，沒晉級化為大理石，卻蛻變為地下溶洞。長期大量的水是溶洞的加工利器。石灰岩層邊上的河流，正提供長期大量的水。坐船航行，正與解開溶洞奧秘行程有關。將來博物館侏儸紀廳的溶洞天地部份，傳出淙淙流水聲，不必驚訝。

航行數百公尺，駕船員手抓纜索，讓船滑行至對岸碼頭；空中纜索也伸展至對岸低空。對岸碼頭已推放若干大木箱，箱內各放物品及碎石屑。全船乘客下船，對岸勞動人員把全部木箱子搬上交通船。

交通船將繼續航行一段水路，根據空中纜索的路線，滑入人工運河，直抵辦公區後方碼頭，卸下全部盛物木箱。交通船將繼續航行全部人工運河，然後轉入清水河，在遮雨棚承接另一批入洞人員。幾艘交通船排隊載運人貨。

「雨季開始，清水河水位上漲，平矮山丘又流下雨水。雨衣扣緊。」黃背心領班說明。

第一班全體人手，包括二位貴賓在內，交出一枚名號牌，排隊走進洞口。腳底大量涼水沖上雨鞋，頭頂大盆水倒下。穿雨衣雨鞋，不是防備外邊的細雨，而是阻擋清水河河水沖入洞口，弄濕了腳；防止平矮山丘的大量雨水沖下，瞬間打濕入洞人員全身。

「古代清水河河岸小峭壁出現裂縫，後來變成小洞口。九鄉祖先趁旱季河水低，把小洞口打寬。」黃背心領班稍加說明：「這些年陸續派人強挖，峭壁石灰岩層雖堅硬，仍被挖出長方形人工入門，而且又挖成洞口後陡峭的台階。記得手握台階上的扶手欄干。」

莊院士和詹姆士雨鞋迅速進水，雨衣滲水。小燈泡照亮，入門後出現幾段猛轉彎台階，每段台階有人工敲鑿的各個陡梯階。水順著台階流下，頭頂上仍大滴水。他們進入的是水濂洞口。

台階級級陡，入洞人員走下，短距離內腳下位置急降。另一方面，幾段猛轉彎的台階旁，另鋪出平滑坡道。有人穿雨具，推獨輪車，把洞穴中的物品廢料沿平滑坡道送上洞口，原來河灘地人工運河及主要通道的另一側，堆了碎石塊小山群和大馬圈。碎石塊小山廢料就來自入洞口邊上堆放的木箱子。

第一班領班及人手走進裡面，頭頂上漏水不斷，二位貴賓迷迷糊糊跟著走下陡峭的台階。他倆甚至沒計算已花用多少時間。陡峭的台階地段走完，昏暗的小燈泡照出四周岩壁包圍的大隧道。頭頂上滴水情況減弱，雨鞋仍踩在水流沖刷的隧道地面。

「不單是為了省電，而使用小燈泡。」一黃背心領班解釋：「長期強光照射，尤其閃光燈照射，會破壞石灰岩結晶體的顏色。一旦溶洞結晶由潔白變濁黃，溶洞的壽命就了結了。」

隧道地面繼續往下傾斜，入洞施工人員一直走下坡。隧道本身改變，連接一個洞穴群。許多洞穴大小不一，座落位置參差不齊，各洞穴岩壁多落岩殘根。原來這麼多洞穴，全因溶洞地層崩塌而緩慢形成。隧道本身則因石灰岩部分岩層溶解而形成。為了通行及參觀，施工人員才清除隧道及洞穴部份突出部位。

十八億年以來，海洋中的無核（細胞膜）或有核矽藻，永恆不斷的進行繁殖，即細胞分裂。一個矽藻，花一年工夫而已，就分裂成長為一億個成熟的大細胞。科學家估計，僅僅一個矽藻，歷經一千萬年，它分裂後的全部屍體，足以堆積出一座摩天大樓。因此，矽藻誕生十八億年以來，不但形成石油及鐵礦，而且形成石灰岩層。

某一種嗜鈣矽藻，慣於吸收海水中的鈣離子，又過濾出吸入身體內的鹽份。矽藻體內的淡水和鈣作用，形成碳酸鈣。矽藻的體液又影響碳酸鈣的成份和顏色。各種成份，雜質含量，和顏色不一的石灰岩層出現。石灰岩分佈太廣，其中大部份做成水泥原料及大理石。從古至今，地表使用甚多水泥及大理石於樓房及道路上，石灰岩層仍未枯竭，就像石油尚未枯竭一樣。小小矽藻，功效宏大。

穿過一連串小洞穴，地下空間變大，大型洞穴出現。大洞穴底仍殘留未完全清除的落岩，大洞穴岩壁上儘是岩層崩裂後殘留的斷根。似乎某一班二十五人，仍單獨清理這個大洞穴。腳踩過的路面不平坦，部份地面鋪了木板通道。有些人手在此推動獨輪車，車內裝了廢石料。

「什麼時候發現地下溶洞？」詹姆士依序慢行，開口。

「祖父的祖父，代數講不清。」黃背心領班敘述：「雨季，河水高漲，河水沖入平矮山丘小峭壁的裂縫中，祖先不敢亂動。枯水季，小峭壁裂縫變大，村寨膽大的漢子先祭拜神靈，又經祭師作法，才勉強舉火把，半走半爬闖進去。」

「他們看見什麼？」莊院士好奇而出聲。

「家家代代說法不一樣。相同的說法是，到處有滴水聲，和淙淙流水聲。不同的說法是，地下完全黑暗，有巨大岩壁，有粗糙岩石外表，有大小落岩，有地下深裂縫，甚至從洞穴頂垂下古怪光滑石柱等。就是清水河岸邊的入口，也不過是一道較大的裂縫，談不上形狀。」黃背心領班再敘述。

「就像一般岩石山洞，洞裡亂七八糟。」詹姆士說道。

「對，一個亂七八糟的山洞。小時候遇上戰亂，族人曾進去避難。後來局勢安定了，族人得到消息，廣西、貴州、和雲南多石灰岩層，不妨把石灰岩賣給水泥廠，由水泥廠研磨燒煉成水泥。又有人說，大理石比水泥原料值錢，不妨挖大塊礦石出來，想法子切割成大理石，甚至白色雕刻用一等大理石。」黃背心領班回憶。

「你們不急於賺錢，把洞中礦石挖出，當水泥原料和大理石賣？」詹姆士詢問。

「幸虧族中土司及長老反對貪一點小錢。村寨中的漢子又舉火把進洞，帶大鐵鎚開路，鑽進去很深。他們看見巨大的洞，洞中沒道路，地面儘是亂石。但是洞頂、岩壁，以及地面小山上，長出乳白色筍狀及鼓狀東西。」

「那是鐘乳石，石灰岩層的精華，百萬年間碳酸鈣溶液，巧妙的沉澱膨脹結果。侏儸紀廳一定要安排幻燈片或影片，以圖說明一個奇特鐘乳石形成的經過。」莊院士深刻的描繪溶洞的形成過程。

「消息傳來，廣西桂林的石灰岩層，出現蘆笛岩溶洞。村寨的土司長老趕去桂林參觀，觀看的人排長龍。村寨長老回來宣佈，九鄉的地下洞穴是蘆笛岩等級的溶洞。九鄉祖先和土司腦筋好。水泥公司一直找水泥原料，九鄉沒把溶洞當水泥原料賣。」

莊院士和詹姆士吃驚，眼前平和而生活簡單的彝族一支，終於熬過長久的苦日子，沒把珠寶當砂土賣掉。他們現在匀出五千名勞工，天天在黑暗中開挖，讓族人留住一件國寶。

排隊行走的一個女勞工班，全班二十五人穿紅色雨鞋，帶頭進入一個更大的洞穴。這個洞穴有多座岩小山，走道忽高忽低；岩壁落地，岩壁上長出奇形怪狀石質草叢花朵。洞頂低處吊住一排排石質鬍子。顯然這些都是鐘乳石造型。全班女員工脫下雨具，或坐、或蹲、或跪，立即細心敲打。她們一天只吃兩頓免費飯，不發工資已久，仍甘心工作。

「全部九鄉的家戶，都派人下溶洞挖掘？」

「不。小山下九個村寨，家家戶戶有人下洞勞動，因為將來營運及分紅，他們享有優先的資格。溶洞以外的地方，屬於平地村寨，平地村寨大量種植煙草，收入相當好。」

「我以前抽香煙，知道雲煙好。現在人老了，知道日子可貴，戒掉了煙癮。」莊院士表示。

許久班次離開主幹走道，各自去小地點上工。主幹走道行走的人手減少，第一班員工走快一些，他們不能脫去雨具。地面上，大量水湧升，沖刷雨鞋。頭頂上，大量水瀉下，似乎地下也下大雨。

他們頭上及腳底接觸的水，其實遠不能與古代的地下洪水相比，古代洪水在地下走道一側的岩壁上，留下鮮明的痕跡。岩壁出現又寬又長的斑駁條紋，條紋下岩壁大幅度凹陷或隆起，這是洪水挾帶冰塊沖刷刮削的結果。斑駁條紋一帶，大小洞穴相隣，這些洞穴內形成，級級天然階梯。影響所及，莊院士等人經過的主幹走道，不但傾斜某一側，而且東拐西彎。溶洞開發順其自然，不勉強開出一條寬敞公路。任由道路的走勢符合地下天然地勢地形。

莊院士等人走過的通道，也跨越地下小河及地下湖泊。這些地下流水系統，往往擁有夠堅固的岸邊。人造木橋採用多橋墩設計，讓一群行人過橋，多個橋墩分散了木橋及行人的重量。

若干孤零零石柱矗立於洞穴地面上，微弱燈光照過，石柱發出閃閃金光。

「石灰岩中含有黃金。」詹姆士指指點點表示。

「這個道理太玄奧，大家都不明白。去年來了一個搞地質的女工程師。她解釋，石灰岩層含有石英顆粒，石英顆粒反射昏黃的燈光。」黃背心領班說明。

大夥兒行走太長路途，花費太多時間，有幾個班仍未抵達他們的操勞地點。他們通過一大段地勢低的地點，走道左右兩側全是落岩堆，幾個班就爬上這些落岩堆，敲下沒有用的岩角，保留岩石堆的特殊形態和堆上結晶物體。他們又走上一個高地，在高地上俯望，黑暗中，幾十盞小燈泡照出一個小規模鐘乳石世界。

千百萬年以來，這兒的岩層緩緩溶解流失，岩層起先發生小崩塌。日子一久，岩層小崩塌大量發生。最後結構不緊密的岩層發生大崩塌，巨岩一塊塊落在被銷溶的地面，於是地面堆起一座較大面積的小山。

小山之上，碳酸鈣溶液在不同的部位垂直滴下；或在其他多個部位，進行旋轉形溶液滴落。洞頂也滴水，洞頂長出純白色鐘乳石倒立石柱結晶，或鐘形岩石花朵結晶。而小山上，對應的石柱結晶或花朵結晶，也繼續增長。幾十萬年或更長時間過去，寂靜黑暗的石灰岩層地下大洞，多根天然通天石柱成型；或者小山上長出岩石花瓣簇。這些就是較大洞穴內，部份鮮明的鐘乳石造型。大自然在地下溶洞完成千變萬化的結晶物，地面上的若干部落子弟不知道，認為範圍大的九鄉溶洞，不妨當水泥原料礦石賣掉。

這個洞穴不只在落岩小山上，長出鐘乳石結晶體。洞穴岩壁腳，水流趨緩的部份，也形成一簇簇石葡萄、石蘑菇、和石簾障。明明沒人特意加以雕鑿，但是他們的外型酷肖實物。

「前方就是最大洞穴，最多班次在那兒工作，我們全班趕過去勞動。二位順著走道走，一路上有人分散工作，迷路的話就去問路。」黃背心領班快抵達工作地點，與二位貴賓分手。

（三）

「不知道我們位於地下何種深度。我們走過太多路，記不得太多景物。我不免擔心迷路。」主幹走道上，只剩莊院士和詹姆士不進入施工地點幹活。詹姆士表示。

「不會迷路。前後左右都有人勞動，我們迷路，向他們問路就成了。」莊院士預測。

黃背心領班的第一班，通過一條上下距離雖小，但左右距離寬的彎曲隧道，爬上一層高地。二位貴賓也走上坡路，跟著他們登上隧道高處。沿路有人架設管線，另有人清理頭上隧道頂的突出岩邊；更有眾多獨輪車裝載廢石料，運去其他地方。

這條隧道一直是這樣，頭頂岩壁垂懸，左右岩壁奇厚無比，左右岩壁架設較多小燈泡，所以行走路徑容易辨別。

「今天直接施工的人手達到五千人，我們沿路沒遇上多少作業人手，大多數人手聚集在哪兒操勞？」莊院士有疑問。詹姆士無法作答。

「我知道九鄉溶洞開發，到了最後階段，也到了向侏儸紀廳提出代表性傑作的時刻。全工地的施工重心擺在哪兒？」莊院士又疑問。

他倆走到頭頂岩壁低垂，左右岩層奇厚隧道的高處，開始擔心迷路。往前探望，一瞬間呼吸一緊，幾出失聲喊叫。

前方甚低處，出現一個巨大的洞穴。黃背心領班帶班告別所講的話，彷彿在耳邊響起：前方就是最大洞穴，最多班次在那兒工作，我們全班趕過去勞動。

「就在下面，最大溶洞，精華所在。」詹姆士感應出聲。

「你說得對，太多燈光，太多人影，太大空間，地面還搭建了鷹架。」莊院士同樣驚愕。

幾百盞，或者更多小燈泡照亮；由於距離遠，看起來像無數螢火蟲發光。是一間超過多個足球場面積的特大洞穴。太多人或猛砸或細敲，叮叮咚咚敲鑿聲，竟匯成金屬尖器碰觸松濤，會同回聲，一陣陣傳散。

他們俯看地下洞窟壯觀景色，身後勞動員工早已分別走光，各去工作地點忙碌；隧道高處只剩他倆而已。當然不會迷路。隧道口的四周及上下，確實出現奇厚無比的岩壁，支撐起一個特大天地。腳下不見燈光的地點，看過去黑暗無底；原來這個特大洞穴地面低陷，小燈泡照不亮地面。一段一段陡峭台階路，沿著岩壁築成，東折西彎，通向深陷的地面。較多的燈泡，照亮陡台階和台階上的鐵扶手。陡台階鄰近的岩壁，露出岩層外表團團尖銳突起，以及許多凌亂凹孔。這是岩層內部崩塌的殘留物。他倆握牢扶手，小心謹慎走下陡台階。腳步跟住陡峭台階而東折西彎，才看出岩壁上的崩塌殘根嚴重參差。為了保留大洞穴的天然面貌，這些嚴重參差的斷壁殘根特別保存不動。

他們走下臺階，來到四周形狀複雜突兀的地面；再仰頭張望，洞穴頂沒多裝燈泡，處處幽黑不見頂；勉強估計，洞穴正中央岩頂最高，離地大致七、八十公尺。從岩頂正中央向四周略呈弧形下落，岩壁凌亂接觸地面；簡而言之，這個洞穴太大，岩頂及四周岩壁太不規則，他倆無法看出大洞穴的整體空間形狀。足足十八億年的時間，億兆又億兆的嗜鈣矽藻在淺海死亡，屍體堆積，形成巨大的石灰岩層。淺海地層劇烈變動，滄海化為桑田，地層居然化為陸地的一部分。陸地地層悄悄在黑暗中溶解、變形、坍塌、又坍塌、流水及冰塊沖刷切割、碳酸鈣溶液東迴西轉，沉澱生長。一個成熟複雜的溶洞成形。最後多個行業的專家入洞冒險、觀察、及設計，幾千人長時間動手操勞，九鄉的一件國寶這麼走向侏儸紀世界。十八億年！矽藻獻身十八億年。

洞穴的地面不見一塊平坦的落腳地，由於淺水緩緩流動，看來洞穴一側高，一側低。傾斜的地形被大小不等的山丘佔領，山丘與山丘之間築出崎嶇不平、東扭西轉的主幹走道及分支走道。眾多落岩山丘上，多的是岩團崩落的原始巉巖亂石，但是繁多而規模大的鐘乳石結晶物也形成。

粗大不規則的結晶石柱，粗幹細枝糾纏的結晶小樹，大小及形狀不整齊划一的結晶石鼓石凳，不規則梯級相疊而成的台階，以及岩質瀑布等，太多鐘乳石造型的生長凝結於落岩山丘上。這些全是天然形成的，許多人手進駐落岩山丘；他們不能雕刻出新樣品，他們替天然結晶石刮除礙眼的突角。

巨大的洞穴擁有巨大厚實的岩壁。接近地面的岩壁，外形或像斜坡，或像平臺。斜坡及平臺上，流水旋轉流動，碳酸鈣溶液不規則擴散沉澱。於是岩壁上形成石質大布幔、大捲摺、大石摺長裙。東一大簇結晶石蒜花，西一堆結晶石蘑菇。別開玩笑，把大洞穴看成水泥原料礦脈。大自然塑造的是千奇百怪的鐘乳石世界。

「他們夠資格列入博物館侏儸紀廳？」莊院士問道。

詹姆士不必回答。嗜鈣矽藻生存及死亡十八億年，大自然在這麼長的時間裡工作，世界乃出現大觀世界，大溶洞正是大觀世界的一部份。

不過人力也有可觀處。在大洞穴地面上，木工單位搭起二座超高鷹架，每座鷹架跨越一座或二座落岩山丘。這二座超高鷹架幾乎高及洞穴岩頂。二座超高鷹架頂部，互相搭建空中木板橋樑而相通。花大工夫建立二座鷹架，乃是為了在空中多完成工作。一組人在一座鷹架頂部做一份工作。他們不必爬下地面，又爬上鷹架。他們直接走空中木板橋樑，在另一座鷹架頂端工作。

莊院士和詹姆士瞧見黃背心領班，和班上二十四名成員。他們在一處岩壁下，進行細部精心雕鑿。詹姆士立即想通，為什麼木造辦公樓一側，闢了堆棧場，堆放木條、竹竿、鐵絲、繩索等。堆棧場上的物品，正好用來搭鷹架。

其他地點，如岩壁下，落岩山丘上，搭了不少小鷹架。幾座鷹架上，都有鑽磨技巧高的人手使用簡單工具潛心工作。工地買不起電鑽電鋸，無法借助現代進步工具處理堅硬結晶體。若干結晶體本身結構太脆弱太精細，也承受不了電動工具發出來的尖銳噪音。

二位貴賓告別黃背心領班，一路走過向下方斜鋪的木板走道，又繞過幾座落岩山丘。太大的空間，太複雜的景物令人難以充分欣賞及記憶。他倆加快步伐，向大廳正中央的大鷹架地點趕去。

莊院士和詹姆士在大鷹架下會見副隊長兼工地主任。副隊長持有一大疊全溶洞解剖圖。各領班以書面敘述各施工地點的完工進度，副隊長一一檢視各班的進度。他更直接監視二座大鷹架上的工作進度。他把一個厚布袋，交給一名女子，指示其他女子助手，檢查厚布袋斜掛那個女子肩上，是否掛牢，以及那個女子助手們的手電筒亮度夠否。

「我們爬上鷹架了。」背布袋的女子開口，詹姆士認出，早上大家一起在大食堂用早餐，她就是二名女新進工程師之一，但不知是學習地質專業的，還是學習計算機專業的。

「洞頂離地面超過七十公尺，鷹架高度也超過七十公尺，五個女子爬上去工作安全嗎？」詹姆士抬頭仰望，五個女子依序穩定往上爬，不禁微感暈眩。

「已經進行這個工作很長的時間，拍成了幾千張紅外線底片；頂層釘牢圍欄，木板通道左右牽了圍繩，頭頂上有手握吊繩。在上面操作，助手協助，不成問題。我親自下溶洞，就是盯緊鷹架上的作業。」副隊長陳述。

「他們五人上去做啥？」莊士漢問道。「二名女新進工程師，擔任洞頂全部面積拍攝任務。三名彝族助手保障二名漢人工程師的安全。工程師操作紅外線攝影機，技術上沒問題。彝族女子膽量大，體力強，爬上爬下鷹架，又在頂部走動，表現得真強。」副隊長表示。

在家鄉中西部，這種合作情形不可能維持下去。白人城鎮和農莊一向戒備，嚴禁印地安人踏出保護區。印地安人困死在保護區內。老邁的印地安人向可憐的印地安年輕人及小孩講述，白人攜帶槍枝來中西部，中西部的所有印地安人部落走頭無路。

昨天晚上，詹姆士自己是外國人，莊老是漢人，僅憑電話聯絡，他倆住進外族人頭兒的家。今天一天，在外族人家鄉裡裡外外活動，如同回到自己的家園。現在高出地面七十多公尺，二名漢族女子和三名彝族女子，命運連在一起。詹姆士不明白，這一切怎麼可能發生？

「為了全面認識溶洞，為了下洞人手和未來參觀旅客的安全，我們事前全面檢查任何地區，任何角落，花工夫再多都不惋惜。」副隊長說明：「頭頂岩壁落下一片岩石，可能砸傷人，砸死人，砸壞落岩山丘上的結晶物。搞工程人都知道，任何項目只做一次，一次做徹底，不浪費時間及成本而重複做。」

「洞頂太高了，相信洞頂表面凹凸不平。為什麼花那麼大的工夫，把洞頂徹底弄清楚？」莊院士心情沉重。

「不能等出了事，才怨天尤人。我們不用太亮燈泡，不用閃光亮，避免破壞乳白結晶物。用手電筒的弱光照洞頂，由於光線不足，我們使用紅外線攝影機。」副隊長說明。

「就是軍方用於黑暗中偵查的工具？」詹姆士問明白。

「鷹架頂上有小燭光燈泡，加上手電筒照亮，紅外線攝影機能捕捉微小物體，補充肉眼觀察的死角，辦公室另有紅外線底片轉換成普通日光底片的暗房設備，直接迅速沖洗出白光相片。肉眼觀察了，日光相片沖洗出來了，洞頂有沒有裂縫或搖搖欲墜危岩馬上就查出來。種種大工夫下了，有利於侏儸紀廳和溶洞本身的輔助性展覽。」

「什麼是輔助性展覽？」詹姆士問。

「你可以說，溶洞就是簡單的石灰岩層，動用大量人力加以開鑿，草草在博物館陳列解說一番。溶洞現場也一樣，任遊客入洞參觀，六個小時後出場，參觀完畢，結果遊客只得到模糊的印象和感嘆。」工地主任停頓一下，慎重誠懇表示：「博物館也可以播放有意義的幻燈片或紀錄片等輔助性教育節目，甚至賣光碟圖書，讓遊客充分瞭解大自然和人力共同創造的國寶。同樣的，溶洞也不妨安排輔助性節目，觀看紀錄片和溶洞相關的節目，賣光碟及圖書，協助遊客瞭解更多。這些都是輔助性教育節目。」

原來如此，開放一個景區的特殊觀光景物，別落入走馬看花老套；加強知識及教育推廣，那麼意義重大，又增加景區的收入。比方說，太多玄妙的溶洞鐘乳石，都有仿製品或圖冊介紹的商機。何況溶洞及附近的居民及山地，都有附帶參觀的價值。

「紅外線攝像機沉重，全方位拍攝講究技巧。搞地質的舒小珍和搞計算機的黃曼，同時登上二座高鷹架，輪流拍攝二座鷹架頂上的岩壁，又觀察、以竹竿觸碰岩壁。她們每人分配一名助手，助手支撐她們的身體，遞出觸碰用竹竿。剩下一名助手，掌管燈泡及手電筒照明。她們五個女子所做的工作，最危險又最緊要。她們除了本職工作以外，匀出時間拍出全溶洞每一部位的詳細照片。博物館和溶洞的知識推廣大廳，將好好利用她們拍成的照片。」副主任說明。

「也就是加強軟件方面的服務？」詹姆士問道。

「不錯，溶洞是國寶，國寶當然有豐富的內涵。」副隊長深刻的解說。

「那麼兩位女工程師下了高鷹架，她們還有許多的事要做？」詹姆士問下去。

「當然，她們來鄉下小地方，一天到晚忙碌，真的日子難挨。但是走上工程這行業，忙碌無法逃避。你忙得多，工程愈精美完善。」副隊長說出工程行業的甘苦經。

「如果她們學習紅外線攝像，又能操作紅外線底片轉白光底片的暗房設備，她們有資格進特殊安全偵防單位。」莊院士看得更遠大。

（四）

特大洞穴地面不平坦，一側高，一側低，長時間碳酸鈣水溶液流向地勢偏低的一側，那兒就形成巨形結晶物。

這間特大洞穴有眾多奇特的景物。為了協助未來的遊客看遍所有奇特的景物，設計單位佈置了特殊的遊客通行主幹道。主幹道東轉西旋，忽上忽下，大繞圈子，以便看完最大部份的岩壁及落岩山丘景物。管理人員不看景物，他們的任務是處理調整溶洞內的設施，他們懂得走分支叉路，那才是捷徑，節省了時間。

詹姆士和莊院士時間有限，無法觀看所有重要景物，以及重要景物地點的施工情況。他們走捷徑，匆匆趕去大洞穴地勢最低的部分參觀巨型結晶物。

大洞穴一側，除了地面清水聚集以外，附近弧形傾斜落地大岩壁間，清水也由高處流瀉而下。於是沿著岩壁腳多種水流匯集，並且形成一個天然狹長水槽。水槽高數十公分，寬不只一公尺，兩側槽壁是潔白的天然碳酸鈣結晶體；槽壁不完全削平整齊，槽底也不完全平坦。它也是一種鐘乳石造型。整個水槽滿注清水，槽水由岩壁這一頭流向低處，沒入地下暗河，因此地下暗河的形狀及深度難估計。

由於眾水匯集，頂上岩壁又滴水，天然狹長結晶水槽附近，更出現天然結晶小山。小山高度超過十公尺，小山的斜坡由一級一級的半月形梯田或儲水池組成。但小山上所有各級儲水池池壁高度不一致，池子厚度也不規則，池壁有圓滑的凹凸坑疤。眼前這些大型碳酸鈣結晶體也潔白似玉，儲水池的水清澈見底。

「院士是否認定，天然狹長水槽和天然小山，都是鐘乳石造型之類？」詹姆士閒談。

「看起來都是天然形成的，耗用的時間難以估計，而且悄悄的在黑暗中完成，甚至現在它們繼續增長。」莊院士對談。

「新聞報導，土耳其某處觀光高原，出現大面積露天結晶水池群，其中大的水池像小池塘，小的池塘像浴缸。這些水池群池壁有厚有薄，池壁邊緣光滑而起伏不平，池水清澈。從前土耳其這座水池群是乳白色的，近來稍變黃。觀光景點當局准許遊客，脫鞋進池戲水。」詹姆士輕輕鬆鬆閒談下去。

「石灰岩層內，出現神秘的力量，居然塑造出千奇百怪的鐘乳石。」莊院士感嘆。

時間不早了，大洞穴內，不少作業員工開始放下工作，收拾自己的小件工具，穿上雨具。莊院士和詹姆士加快腳步，折回大洞穴正中央鷹架下。

兩座超高大鷹架上也收工。五名拍攝洞頂狀況的女子，分別把紅外線攝影機及盛放袋掛在肩上，收拾好竹竿及手電筒，謹慎爬下竹梯級。

「今天檢查洞頂岩層外表結構，發現鬆動搖晃的岩塊了？」副隊長詢問。

「多的是岩塊剝落後遺留的參差殘根，沒找到連接不穩定的岩塊。」面目姣好，身材適中的女子操純正普通話回答。

「這兩天就會沖洗出白光照片，並且進行電腦空間繪圖。」另一名女子說話，顯然她是學習計算機專業的黃曼。

副隊長向她們二位介紹貴賓莊院士及詹姆士。

「昨天晚上就知道了。」學習地質專業的舒小珍笑著說話：「村寨中消息傳得很快。房東大姑娘談天，談到第一村寨前土司府住進貴賓。」

「今天早上王師傅開車，載貴賓參觀小山下的全部村寨，大家又碰面。早上又在大食堂相會。」搞計算機的黃曼補充說明。

她倆工作一天，神情有些疲乏，聲音有些沙啞。但態度誠懇有禮，談話輕鬆自然。

大洞穴內所有員工結束手邊工作，收拾工具，找出雨具。

「九鄉的特色，一半是溶洞，一半是煙草。誰向二位貴賓介紹煙草田？」副隊長徵求帶路人選。

副隊長建議，搞地質的舒小珍從後洞口出去，轉一圈煙草田，然後回河灘地辦公室，沿路介紹煙草的生長情形。舒小珍同意。

大洞穴的各級作業人員，以及其他地點的勞動人手，以班為單位，分別排隊。大部份男女人員走較長的回頭路，抵達清水河邊的水濂洞洞口，坐交通船出洞回家。小部份男女人員走較短的路，從後洞口出洞，返回煙草田外的平地村寨。

「爬上鷹架拍攝，估計還需要花多久時間？」莊院士邊走邊問。

「三個月，或者半年，拿不準。」說話帶北方口音的舒小珍說明。

「為什麼？」詹姆士出聲。

「因為拍攝完頭頂岩壁一部份，木工人員就得拆掉部分鷹架，移前幾步，重新組裝鷹架。組裝好這兩座鷹架，需要花一整天時間。」舒小珍解釋。

「更麻煩的事是進行電腦空間繪圖作業。」黃曼補充說明：「大小洞穴全位於地下，又是漆黑一團，大小洞穴形狀又怪，很難進行空間定位。現有的軟件，不足以支援複雜空間內部形狀的繪圖。我們一離開溶洞，立即沖洗白光照片，根據一大堆照片，憑藉新鮮的記憶，短時間內拼湊出空間內部圖形。這方面工作擔子沉重，而且與記憶有關，不能拖延不做。所以我們拍攝完一個小區域，立刻拼湊出電腦空間內部繪圖結果，然後才拍攝下一個小區域。我們不能從頭到尾，一直向洞穴拍照，直到全部拍攝完成。」

「州立大學的全部校務管理，都進行電腦處理。」詹姆士皺眉頭詢問：「一個溶洞，不需要先進電腦科技的幫助吧？」

舒小珍和黃曼都笑笑，沒立即答覆這問題。大洞穴內，各工作地點的燈泡已經關掉，僅上下班走道繼續保持燈泡照亮，走道的光線不明亮。忙碌一天，大夥兒身體疲乏，肚子餓了，但是精神放鬆。

「岩壁下有白色狹長水槽，有白色小山，小山斜坡儘是一級級儲水池。它們都是天然形成的？」詹姆士想解開一個謎團。

「是的，教授，大自然具有神奇力量。」舒小珍謙和的回答。

大洞穴內，主幹走道和分支走道都不是康莊大道。它們鋪在起伏不平、落岩小山眾多的地面。入洞人員彎彎曲曲行走，花去不少時間。前面大岩壁出現，岩壁腳流水淙淙，他們來到大洞穴的邊緣。

重重陡峭的階梯段擋路，這些階梯段嵌入岩壁中，再度東拐西轉，逐段爬升到岩壁高處。頭頂上，水滴個不停，所以人人穿著雨具。

「一早下交通船，就走進大水淋身的洞口，洞口之下臺階又多又陡，然後緩緩走一大段下坡隧道，看見一連串洞穴。」詹姆士開始表現驚人的記憶力。

「早上走前洞口，那兒洞頂雨水大量匯聚流下。前洞口離最大洞穴遠，最大洞穴恰巧位置最低，深入石灰岩層底層。後洞口滑落雨水少些。最大洞穴恰巧是最後一個洞穴。我們將一口氣，從溶洞最深處，爬升到外邊地面上，垂直高度超過一千多公尺。」舒小珍熟悉全部溶洞分佈及結構狀態，簡單卻緊湊的描述。

後洞口出入陡峭台階段之上。其他岩壁上，另鋪了平緩得多的狹走道，以便獨輪車載運物品廢料出入後洞。有人想花甚長時間，走平緩上坡路出後洞口，不妨選擇獨輪車路。但是急於回家的操勞人手，人人選擇又急又陡的階梯路。

短距離爬上一公里多長的台階，又值下班後身體疲倦的狀況，人人爬得直喘氣。現場作業的人手，全都是村寨及附近村落的彝族人，體力夠強。他們悶聲級級登上臺階，把詹姆士、莊院士、和舒小珍拋在身後。

詹姆士狀態還好，老院士真是累慘了；他們三個人爬上岩壁最高處的小平地，雙手扶住鐵欄干。他們回頭往下俯視，最大洞穴變小，落岩山丘依稀可辨，諸多落岩山丘之間，小燈泡串隱約照出主幹走道及大鷹架。由於乳白色大結晶物表面反光，挨近低陷岩壁腳的狹長水槽及十多公尺高的小山，和小山間半月形蓄水池，這麼多大結晶物反而顯得清晰在望。

「我們要交出名號牌，脫下雨具，離開後洞口。」舒小珍提醒。

三個人遵照規章辦事，在岩壁間最高小平地上略走十幾步；頂著陣陣水滴，走出後洞口，告別地下溶洞群。他們走後，所有名號牌分送後洞管理部及河灘地辦公室；確定全部人員離了溶洞之後，所有照明燈泡被切斷電源，溶洞恢復完全的黑暗狀態。

溶洞之外來到黃昏時刻，雨季才開始不久，細雨成天下個不停。天色仍明亮，滿天春燕精神抖擻，呢喃鳴叫，低空飛翔，尋覓小蟲；直到天黑，才飛回平矮山丘間的燕巢。

後洞口外也有木造平房辦公室，小食堂及小廚房，以及附近草地上的小馬圈。若干當地人家騎馬上下工。天空降毛毛雨，不礙事。辦公室前停留一台老舊拖拉機。

「由後洞口穿過煙草田，繞圈子回河灘地辦公室，路途遠。拖拉機送東西去大辦公區，我們可以順便搭拖拉機。」舒小珍提醒。

「也好，淋點雨沒關係。」莊院士贊成。

詹姆士不反對。他穿了套頭淡黃輕羊毛衫，黑色西裝褲筆挺；他的時髦穿著不同於纏頭黑油衣布彝族男子。

駕駛拖拉機的司機搬紙箱上車。舒小珍從小辦公室要來一疊乾報紙，三個人每人分幾張，墊在拖拉機上。三個人與紙箱共擠一台拖拉機，手抓板車外圍鐵架子。拖拉機噴黑煙，達達的叫，搖搖晃晃發動。

「九鄉彝族居住面積近九十平方公里，三分之一屬小山丘陵，三分之一屬溶洞區，剩下三分之一屬小山和平地村寨及煙草田。低平山丘只有一層薄土壤，薄土壤之下就是石灰岩層。石灰岩層的上頭，打下了木樁，圍上了鐵絲網。原有的樹木砍光了，只留下保持水土的野草，不准牧人帶牛羊進去吃草。」舒小珍侃侃而談，說話有條理，情緒穩定，不像是踏入社會不久、過於羞澀呆版的女性。

「為什麼不准牧家進去，讓牛羊自由吃草？」詹姆士開口。

「為了保護溶洞。尤其是最後最大的洞穴，面積及體積都大。我們擔心石灰岩層本身的支撐力。為了長久避免巨大重量擠壓溶洞，我們不准樹木及牲口停留溶洞上方。有些牧家不高興，但是村寨老人支持。」

煙草田面積大，煙草高及半個大人身體，葉片大而肥厚，葉片背面毛茸茸的。煙草苗全長出花蕊株，花蕊株開出細小黃花。時間到了黃昏，天色暗下來，不見蜜蜂及蝴蝶飛舞煙草黃花蕊上。廣大的煙草田中，仍逗留若干彝族老婦人，她們摘掉苗株上的枯葉。苗株栽種整齊。田中留有空走道，便利煙農除草施肥。

「煙草苗快成熟的時候，」舒小珍介紹：「族人日夜巡視煙草田，防止壞人偷拔苗株，更防止壞人偷掐煙草種子。煙草種子像黃金一樣貴，年年用量大。煙農賣黑色微小種子，售價相當好。」

菸草田間，泥土路窄，只容一台拖拉機進出。狹路泥濘。煙草田盡頭，出現多座相思樹林，樹林間吊腳樓東隱西藏。

煙草田間，散佈不少鏤空的磚房，部分磚房濃煙升起。

「那些多磚洞的平房，是晾曬房和燻煙房。新鮮成熟的煙葉摘下，需要先晾乾燻黃，煙捲廠才收購。」舒小珍又介紹：「煙葉田全屬於樹林間的平地村寨。」

「平地村寨的人，不進溶洞勞動？」莊院士問。

「不錯，他們挑賺錢的活幹。從前這裡儘是水稻田，平地村寨靠種水稻，日子過得比放羊、賣竹子、和賣竹筍的小山下村寨強。現在種煙草，又比下溶洞不領工資強太多。」

「但是種煙草，需要許多知識及技術。」詹姆士表示。

「捲煙廠和農業局會派漢人專家協助。」舒小珍說明。

「平地村寨的彝族信得過漢人專家？」

「沒問題。平地村寨按契約種煙草。煙草燻成金黃色，捲煙廠按照合同價格付款收購，多年合作下來，不曾起糾紛。」

莊士漢注視眼前這名初級女工程師，專業知識夠，理解力強，膽識及氣度上乘。詹姆士與她輕鬆交談，也發現她有觸類旁通的能力，每每普通的事務，她能考慮到深刻的一層。

「現在大眾重視健康，捨棄了香煙，香煙市場將走下坡。」詹姆士表示。

「香煙傷害身體，尤其傷害牙齒和肺臟。」舒小珍同意。

「我知道，所以我戒了煙。但是雲南煙不辣，氣味香，抽二支之後回味奇妙，真是好廠牌。我一大把年紀，不能不保留牙齒而戒煙。」莊院士輕輕地表示。

現在莊院士身上沒有特殊煙味，但牙齒灰暗，掉了幾顆。

詹姆士牙齒潔白，身上一點氣味都沒有。舒小珍牙齒也潔白。

第三章　老人及老馬

（一）

建國初期，國內大學數目少，僅成立於首都及幾個最大的城市。國內每年夏季舉辦高校聯招，參與高校聯招的科系少，錄取的本科生及專科生也少。少數大學設立碩博士班，嚴格甄選極少數碩博士班新生。

那些年社會、單位、和中等以上學校掃過風暴；衝動的人群捲入風暴中，他們甚至離開學校及單位。另一部分人既迷惘又幸運，熬過風暴，拿了學位畢業。

學習地質學的舒小珍，和學習計算機的黃曼，先是迷糊又幸運，拿了學位走出校園。她倆完全不相識，背景完全不同。那些年激盪知識青年下鄉浪潮。她倆分別捲入浪潮，向西南邊區工程隊報到。

學習地質專業的舒小珍，起先加入工程隊的測量組。九鄉溶洞開發，是工程隊承包的重大工程；九鄉又與陸良縣相鄰，陸良的寶藏是幻彩沙林。每個季節氣候不同，晴雨天每個時辰自然光線有變。陸良縣遠古是海底沙灘，以黏土為主的海底地形，經過漫長時間的露天風化作用，如今呈現座座黏土堆，稱為沙林或幻彩沙林。每一座黏土堆，一日之內變化綠、黃、青、白、黃、紅、和黑色光影。測量組得先確定沙林的範圍，當做九鄉溶洞和陸良縣幻彩沙林，合併為一個觀光景點的可能行性。

學習計算機專業的黃曼，則直接由工程隊派發去九鄉，利用電腦新科技軟體，繪製石灰岩外表圖形，摸索溶洞群空間內部圖形，做為總體開發的依據。黃曼和舒小珍這才初次認識，都獲得初級工程師的職稱。莊院士的工資比大、中、小學教師稍多。高、中、初級工程師，工資也和領班、作業員相差無幾。

石灰岩層埋藏在低平山丘、清水河畔的地下；石灰岩層的外形呈現立體結構，界定石灰岩外表範圍有困難。認真的說，是找出保持石灰層的安全無虞的範圍。

要界定石灰岩層的安全位置及範圍，沒有走捷徑的秘訣。測量組的組員，冒著太陽、風沙、和雨雪，挖至地下相當深的地點，掃光石灰岩上黏附的土壤，並且立即測量、拍照。為大物體的外表拍照，實際上不困難。既然拍了照，電腦室根據照片，不難繪出石灰岩層的安全範圍。

不過若干地下埋藏石灰岩的地方，它們擁有獨立的岩塊，或與溶洞所在的岩層有關連，但不影響岩層安全，卻關係鄉民的居住及交通，都不列入石灰岩外表範圍。

九鄉居民曾經世代種田、種菜、種樹、以及砍樹。他們約莫知道淺層土下，與溶洞有關的石灰岩層的分佈情況及範圍。工程隊測量組的員工下工夫，根據居民提供的範圍，向地下挖至四、五十公尺深，確定石灰岩層是否如實分佈，因而得到實際可靠的石灰岩分佈圖。不錯，有測量及拍照為證，大致上清水河一側，低平山丘之下的廣大地區，與溶洞存在的石灰岩層安全性有關。若干煙草田及小道路，侵入石灰岩層安全區。

掌握了與溶洞有關的石灰岩層範圍資料，下一步就是實地精密測量，以便將測量圖登入全鄉地籍資料庫，並供未來的溶洞營運公司參考。

四十多年前的土地面積及形狀測量，無法借助人造衛星或無人飛機的高空拍攝。新加入測量組的舒小珍，從基礎現場操勞做起。在所有邊界上打下白頭木樁。全部可信石灰岩層分佈範圍的地表，總共打下數千根白漆木樁。然後選定幾個基礎點，利用皮尺丈量，也利用水平儀測出距離。兩者的數據一致，就能繪出石灰岩層水準圖。

這時舒小珍和黃曼就得合作，一起出外場，走過每個小角落，利用晴天拍攝地表景物。利用電腦繪圖的新科技，黃曼和舒小珍必須將數千張地表景物照片，嵌入石灰岩層地表上的水平圖中。如何與測量水平圖與數千張照片合而為一，就得由黃曼設計軟件，操作一台老舊的電腦，建立一套立體物體空間外表圖形繪製系統。從此以後，任何單位需要在溶洞上方埋管線，裝設備，就能找電腦索取資料及圖片圖形。

有了岩層水平圖，溶洞工地施工方便多了。設立變壓器及電源控制箱，選址毫無困難。溶洞中佈置的通風粗鋼管，也能在合適地點拉至地面上。其他搭建後洞口外的小辦公室、小食堂、以及小馬圈，都進行得順利。未來在博物館侏羅紀廳，觀眾能看見九鄉溶洞的地表範圍、面積數目、以及地表狀況。初踏入工程實務界的舒小珍也學了一課，如何使用器具和材料，如何與全組上下同仁相處，她的皮膚曬黑，手掌磨出繭，細長柔軟頭髮變粗變硬，就是現場合作中實地操作的證明。

舒小珍在戶外幹粗活，在小山下第二村寨租吊腳樓住。舒小珍、黃曼、和房東女兒共住，促使她倆適應彝族的生活。每個人的日常生活與習慣有關。九鄉的生活條件迥異於北方大城市。初來陌生偏遠地方的北方大姑娘，當然處處感覺不習慣。但是工地及村寨老人安排一名彝族大姑娘同住，希望在較短的時間內消除她倆的鄉愁。

「九鄉汽車少，道路崎嶇，沒人騎腳踏車。去省城昆明的長途巴士，一天只來回共四班，所以每家養馬代步。」房東大姑娘沒有心機，拉著二位漢人員工，接觸日常生活上的小細節。如果房東大姑娘能協助二名異鄉人早日適應彝族的生活，那麼二名異鄉人也更樂意在溶洞中辛苦工作，促成溶洞早日開發成功。

村寨老人任憑族中好姑娘，與二名外鄉人生活上打成一片。房東大姑娘介紹雲南常見的馬，體型小的西藏野馬，茶馬交易帶回的最重要商品。從馬頭方向走近馬兒，別從尾部悄悄接近；招呼馬兒，讓馬兒聽見習慣的聲音，摸馬頭馬鬃，替馬兒洗澡擦乾，牽馬兒出去吃草。然後綁牢氈毯代替太重的馬鞍，從左邊跨上馬背。「唷——」呼喚，或揮手，或夾馬腹，催促馬開步。夾馬腹更緊，「唷—唷—」連連出聲，馬兒就奔馳。「聿——」呼喚，拉緊韁繩，馬兒就停下。

黃曼瘦高，舒小珍身材中等，房東大姑娘安排，她倆共騎一匹健馬上下班；下班之後共騎而去鄉野地帶跑一圈。騎馬的人與坐騎交情好，也就容易接受馬兒生活的環境。比起貓和狗來，坐騎更容易成為主人的朋友。

房東女兒有點嬌生慣養，不下溶洞幹活，而去煙草田及燻晾房幫忙，每月有固定的工資。她常帶領共騎一匹馬的二名房客，走遍鬧區石板路，馬蹄踏出「達達」聲。她領了工資，帶二名房客上銀器店，訂做未來的嫁粧。

房東大姑娘介紹，九鄉最好的行業是種煙草、晾乾煙葉、燻黃煙葉。漢人專家會協助解決一切問題；煙葉燻得金黃，捲煙廠一定即收即付現。種煙草的人家，去鋸木廠買杉木屑，用快曬乾的杉木屑煙燻乾煙草葉，幾個小時以後大功告成。平地村寨收割長成了的煙草葉，一定先祭拜祖先和村寨神靈。

清水河流過低平山丘一側，繼續流淌地勢低的曠野，進入九鄉郊區。含有微量石灰的河水清澈，這種水煮開，壺底留下一層白粉渣，白粉渣積久變成白硬殼。村寨女子去清水河洗腳洗衣，頂悠閒快樂。彝族女子普遍留長髮，包括房東大姑娘在內。她們用淘米水洗長髮，然後踏進清水河洗頭。婦女洗清長髮，梳掉髮屑，用白絹紮長髮，頭頂結髻，再用銀針固定。她們白淨的面孔不抹胭脂。彝族女子愛穿白色或淺黃鑲綠邊上衣，腰繫五彩花腰帶，下身圍百摺黑長裙，穿鞋幫上自行刺繡的鞋子，整個人素淨純樸，又不失俏麗。

房東大姑娘催促二名漢人住客上馬遠遊，回程時，渾身熱了。或者天氣悶熱，房東大姑娘忍不住把馬拴在草叢莖上，自己先走下清水河涼水中。舒小珍和黃曼也嫌熱，下馬入水。

「為什麼晚上還要點燈學習，白天工作夠累人。」房東女兒戲水說道。

「不算學習，檢查白天工作進度而已。」舒小珍浸涼水回話。

「真涼快，人累了，坐在石頭上泡腳，心裡也涼快。」黃曼開口。

「你們為什麼學習那麼久？年紀大了，嫁不出去。」心地純真，口沒遮攔的大姑娘笑謔。

舒小珍聽了，哈哈大笑。

「妳我不一樣。妳們有村寨，有吊腳樓，有農田山林，種煙草砍竹子，還有溶洞。我們什麼都沒有，只能靠單位發工資。」個性比較嚴肅的黃曼說明。

「工地職員二百多人，管操作員五千多人。」房東大姑娘不怕打濕衣服，快樂的潑水，水花濺在舒小珍身上：「其實大家的工資差不多，職級倒差很多。高職級的人不就等於白忙。」

「將來會變的。將來學習程度好，業務懂得多的人，管的人多，工資一定高。」舒小珍判斷。

「高階人員工作量嚇死人。」天真的彝族少女嬌笑說話：「桌子上堆的報表比山高，下了班還要留下來加班，怪不得額頭皺紋多。」

舒小珍聽了，忍不住又哈哈大笑。

「加點班，不算什麼。我不能不加班。單位引進了舊電腦，利用機器節省人的腦力工作，當然走對了方向。但是電腦不簡單，得花大工夫認識這種機器。」黃曼說明自己的工作內容。

「那個機器挺奇怪，手指一直按，鏡子裡跳出字呀，格子呀，到底是怎麼一回事？村寨朋友沒人懂。」大姑娘又直說個人的感想。

黃曼和舒小珍忍不住大笑。她們洗乾淨手腳，順便用濕布擦去馬身上的汙垢。然後各自上馬，悠閒返回吊腳樓。

「村寨中，只有我們二個人是漢人？」讓馬緩步走，舒小珍閒聊。

「對。漢人只在街上開飲食店，不會無緣無故住村寨。」

「村寨人家會不會抱怨漢人？」

「不會，不會，祿豐、石林、和九鄉都住彝族，彝族和漢人沒糾紛。」大姑娘表示。

的確，三百多年來，雲南的彝族、白族、納西族、以及藏族，大致吃得飽飯，衣穿得暖，有自家的田耕，當然不排斥三百多年前大量移入的漢人。

（二）

「地下太陰暗，一直大滴水，小滴水，我不喜歡。」房東女兒說真心話：「我老爹下溶洞勞動就夠了。煙草田發工資，煙草苗又開花長大。太陽照過來，煙草苗開黃金色花。」

「小山下九個村寨有什麼看法？」舒小珍交談。

「一年又一年，不發工資，只管早飯和午飯，當然下工人家不喜歡。所以家家戶戶都祭拜祖先和神靈，祈求上蒼保佑。」大姑娘講村寨實情。

「如果村寨人家不去煙草田勞動，不下溶洞，他們怎麼辦？」黃曼開口。

「上山摘野菜，挖草藥，牧羊，養豬，砍竹子，彝族好手好腳的，只要勤快，餓不死人。到了月圓，全村寨登後山廣場跳月，太快樂了。」大姑娘表示。

九鄉溶洞辦公室內側隔開來，當電腦室。據說計算機是新科技，西方世界廣泛使用計算機，順便淘汰老舊電腦，於是老舊電腦被引進中國。工程隊也接收了一台大型電腦，幾台個人電腦；不知怎麼的，還沒正式營業的九鄉溶洞，也獲得一台個人電腦及附屬設備。新電腦太昂貴，買不起。

昆明市的大單位，安裝了一台二手大型電腦。更架設銅軸電線至九鄉等地。大型電腦支援小型電腦，來一個連線操作。某些大學設立計算機系，暫時只訓練理論人才。地方單位得到了二手電腦，火急向上級要求相關知識青年下鄉，以便實際操作二手貨。大致上黃曼就是這麼樣坐長途火車來九鄉。

學習計算機專業的黃曼，理論上懂一些原理，書本上看過一些機器設備圖片，在校期間沒碰觸過電腦。代理國外電腦廠牌的商家，本身缺乏技術水準夠的營業員，沒幾個單位買得起新貨，所以代理商一時生意清淡。

其實電腦的祖先早就存在於特殊單位。情報單位的編碼機及譯碼機，以機器代替人腦，做複雜的工作，電腦有了祖先。二次大戰戰區廣，牽涉國家多，機密資料得快速傳送破譯，機伶的情報單位製作了編碼機及譯碼機。分散世界各地的情報人員，發出特別符號，譯碼機就能譯出文意。

同樣的，編碼機發出一連串訊號，外人搞不懂。遠方的情報人員接獲，交由特殊技術人員操作譯碼機，情報人員就得到有關方面的指示。二次大戰期間，編碼機及譯碼機大行其道，各國的情報單位急於竊取敵國的編譯碼機和操作手冊。

二次大戰結束，編譯碼機外流，若干先進科技公司加以引進，又網羅能夠操作機器的人才，電腦開始誕生。民營科技公司改良編譯碼機。先製作主機板，主機板內建中央處理及南北匯流晶片組，執行資訊的輸入及輸出。主機板內部有多片印刷電路板，分別插上矽晶片、電容器、電阻片，以便控制電流。記憶體晶片和磁碟陣列共同作業，資料先輸入並儲存，而後加以讀取，拼成所需資料。從前成百上千技術工人所做的工作，如今全由一台主機板完成。

另外，小畫面的黑白顯示面板，內部由電晶體、映像管、複雜線路等組成，顯示主機板輸出的資料內容。黑白顯示面板本身面積小，卻用了外形嫌大的電晶體及映像管，以致於整個顯示面板體積太龐大。無論如何，早期電視及電腦功能結合的時代來臨，甚至引發第二次工業革命。

九鄉溶洞工地上，以及溶洞內部，多的是勞動人員；其中不少人員消耗體力，搬運石灰岩碎石粒。但是初期工作最麻煩的，是初級電腦工程師黃曼。來九鄉溶洞之前，她學習計算機理論；大學根本沒有電腦，她沒摸過實物，來到九鄉溶洞，才觸摸老舊第一代個人電腦。一個人孤獨生活於異鄉，突然碰觸老舊而極其複雜的機器，從早到晚面臨大小挑戰。

業務不可能停頓下來等人。她領了畢業證書，得了職位頭銜，一系列複雜的老機器出現，人人看著她操作。她開始認識主機板和黑白顯示器螢光幕，立即使用鍵盤及滑鼠。溶洞工地現場，她打出的電話最多，向大型電腦操作人員探詢技術細節，以機器的實際操作印證課堂的理論。她也聯絡電腦元件和零組件銷售代表，查問機器內部構造細節問題。外邊給予她有限的幫助，她自己得融會貫通一切。解決了一個小問題，較大較複雜的新問題自然而然產生。解決了新問題，更大的麻煩又出現。

黃曼只能咬緊牙，與共住吊腳樓的舒小珍討論，私下核對幾本理論書籍。共住的房東女兒，根本不用愁，每月領煙草田發放的工資，過無憂無慮的日子。幸而電腦元件及零組件依循一個系統而發揮聯合工作的功能；黃曼日夜接觸複雜機器，還是弄通了全部輸出入系統的關聯性，自己能獨立操作，凡是有規律和關聯的運算過程，不必耗費太多人腦，迅速由機器代勞；這套複雜機器的作業原理，確實與理論符合。最大的關鍵是軟件系統。軟件系統設計又驗證成功，電腦硬體就迅速執行龐大資訊的處理。

溶洞工地一般業務進行電腦處理，短期內就實現。其他各單位業務資料的搜集、日常處理、每月的彙總及儲存，都可以交由電腦室一台舊機器代勞。接著電腦執行比較複雜的工作，例如溶洞外層的石灰岩外表平面繪圖。在處理過平面測量圖和大量白光照片之後，溶洞工地及石灰岩層平面繪圖的一切資料交由電腦儲存，其他部門隨時可以索取利用。

接著黃曼和舒小珍相偕，找空檔下溶洞，對每一個部分拍攝紅外線底片，又轉洗出日光相片。然後根據日光相片及新鮮記憶，從電腦螢幕上拼湊整個溶洞內部立體圖形，以及空間表示的實體圖形。由於黃曼不能設計軟件系統，儘管她和舒小珍拍攝了無數的照片，這些照片不能透過軟件系統，精確地轉譯成電腦顯示的複雜圖形。她和舒小珍只能利用老舊電腦的有限功能，拼湊出記憶中的圖形。即使她隨時能提供任何洞穴、隧道、岩壁的空間及空間表面拼湊圖形，其他部門仍樂意採用，然後各部門互相印證修正。鋪設走道，安裝通風及排水管線，清理各大小鐘乳石表面阻礙物；這些工作進行之初，其他部門都能觀看電腦螢幕顯示的圖形，因而減少設計上的誤失。溶洞工地安裝了二手個人電腦，交由工程師操作，終於能協助各部門業務的推動。溶洞的開發也加速進行。

甚至黃曼弄來了小型投影機。電腦顯示螢幕從平面上繪出旋轉中的空間立體圖形，投影機就實際在空氣中投射出立體圖形，並且立即轉換出空間的表面圖形。一般小型投影機只能投射小立體圖形，黃曼嘗試改進投影機，將空氣中投射出來的圖形放大五倍，甚至十倍。至此她大致完成自己在電腦室擔負的職務，充分應用自己在學校所學的理論。而她明白，只要多和各方面專家會同琢磨磋商，就能將電腦的功能發揮到最大限度，甚至認識電腦各元件及零組件功能擴大的可行性。

黃曼和舒小珍共同解決了許多業務上的問題，她們才有心情陪同房東大姑娘，體會一些村寨生活的樂趣。多丘陵的九鄉，顯然不同於國內濱海的大城市。九鄉保持較多的天然面貌，鄉野的風光質樸生動，與彝族的日常生活息息相關。她和舒小珍上班的時間全心投入，業務弄不通，加班動腦筋弄通；假日就想外出走走，見識不同山頭隱藏的風光。房東大姑娘這方面懂得多。

「下班了，還想什麼？出去走走。」房東大姑娘催促。

九鄉丘陵地帶的各座小山，處處地形不一樣，小山斜坡的寬大程度也不一樣。從前族人居住更高更分散的地點。房東女兒上馬，領著其他二名馬上房客，走過山上的跳月平地，爬上更高的山頭。

「後來土司和老人共同商量，高山上的族人全部搬下來，統一建造九個村寨，大家生活方便有照應。而且砍杉木和竹子，街上懂建築的師傅指導，族人自己出工，結果九個村寨建成了。」

大姑娘帶頭，穿過山頭的羊群、樹林、竹林，和野花地帶，來到俯視三鄉鎮的山峰上。人馬疲乏流汗了，涼風習習吹送，大樹投下樹蔭，大岩石有如臥榻，她們三人的腳下就是石林鎮，陸良縣，和九鄉。

她們三個姑娘來到太高的山頭。從山頭俯望，石林鎮的街道縮小如棋盤，散落全鎮各角落的灰白造型石頭隱去。石林公園內的石林陣、湖泊、花園、及樹林，化為彩色模型。她們居住的九鄉，九個小村寨與竹林化為一體。溶洞上頭的野草地和附近的煙草田，化為一片綠野。清水河像綠色衣帶。至於陸良縣，水稻及麥子成熟了，化為金色毯子。大幻彩沙林縮小，成為彩色磚塊。

其他山頭，樹林竹林交錯林立。草地廣大，草地上白點緩緩移動，那是放牧的羊群。幾條窄溪流穿越山嶺上綠野，其實那些是山區的大河，提供全部山區彝族所需的飲用及灌溉水。

三個姑娘坐下休息，三匹坐騎不用拴。任牠們找好草啃嚼。坐騎不會走散。

「雲南使用許多馬，這些馬全是西藏野馬。」房東大姑娘解釋：「自古以來，大理和麗江組織馬幫，前進西藏搞茶馬交易。載茶葉和急需品入藏，帶出來西藏野馬。馬幫走茶馬古道，經過高山和多岩石地帶，行程相當辛苦，來回一趟花三個多月。今天馬幫仍搞茶馬交易，但是古道拓寬了，跨江新大橋建好；馬幫來回一趟做買賣，走一趟不用二個月。」

她們三人的坐騎，身軀全不高大，跑不快，但耐勁夠，能走遠路。個性馴良，總是守在主人身邊，什麼草都吃，下田拖犁幹活不怕累。

房東大姑娘愛騎馬上山遊蕩，也喜歡上省城昆明市看熱鬧。她知道二個房客來自近海的大城市，央求她們帶她去昆明市見識一下。她喜歡不花一點體力，舒舒服服坐上長途客車。各民族姑娘和男子出門，尤其是上昆明市，人人打扮的漂漂亮亮，穿最好的民族裝。昆明大樓一幢一幢蓋起，街道拓寬鋪柏油，多民族人士匯集，成為一個活潑的新天地。

昆明市郊區座落金馬山和雞公山，兩山的山頭全是綠野草地。昆明市中心乃設置金馬碧雞坊。金馬碧雞坊屬於商業區，一排樓房與大市集相對立。紙煙店、普洱茶店、銀飾鋪子、和外來大餐館進駐樓房。大市集則陳列千奇百怪的東西。房東大姑娘賺得工資，在金馬碧雞坊買東西、吃館子，走馬觀花，不知疲倦。

但是彝族最歡樂的時刻，是每月月圓的夜晚。她向二個女房客解釋，平常家家戶戶上山砍竹子、採野草、牧羊、養豬，忙得不可開交，當然趁晴天月圓的晚上慶祝。全村寨的人彼此都認識，尤其少男少女，月圓夜相會，最有意思。村寨叫跳月晚會。

「妳們二人今晚好好打扮，天一黑就上山，山上涼快舒服。」她叮嚀。

「外人能參加妳們族內的晚會？」舒小珍心存疑慮表明。

「一般不習慣讓外人參加，族中少男少女的活動，族人自己保留起來。可是妳倆住村寨久了，不算外人。村寨中的長老都把妳們看成一家人。」

舒小珍和黃曼猶預，大姑娘已經找出她自己的漂亮輕裝，讓她們脫去呆板的藍布制服。甚至隔壁的男女小娃兒，也過來邀請。

「跳月晚會是大事。村寨的祭師帶了活雞，先在村寨入口神木及木柱下祭拜；又上高山，在最高大老齡的樹下，殺雞灑血灑酒祭拜，祈求神靈庇護。」大姑娘談跳月晚會的精神意味。

黃昏消逝，夜幕低垂，月兒悄悄的從山後升起。麻雀聒噪，烏鴉和夜鶯鳴叫，其他雁鳥歸巢。天空萬里無雲，夜涼如水，月兒升高些。九個村寨族人扶老攜幼，歡喜登上石板台階。即使天黑，少年男女仍著新衣，披五彩披肩，輕步跳躍，領先來到小山高處的一塊平地。

鄰居女孩拉了舒小珍和黃曼的手，往山上跑，房東女兒追上。村寨老人看見本族和工地上班的姑娘們，笑得開懷。房東大姑娘和鄰居女娃兒，不僅穿花俏活潑的衣裳、髮髻別銀飾，而且帶小花帽，穿繡花鞋，腰間圍上綉花彩帶。所有吊腳樓邊的石板台階上，不是穿著整齊古服飾的中年老人，就是費心裝扮的年輕男女。舒小珍和黃曼幾乎變成彝族姑娘。

小山上的小平地，背倚更高山嶺，兩側樹林幽深，開敞的方向則俯看九個村寨和大片煙草田。

小平地中央擺了一個大鐵籠，多重鐵絲圍綑大鐵籠。籠邊堆了枯葉、枯枝、粗段木；族人稱呼大鐵籠叫篝火籠。不花太久時間，篝火龍四周草地上，坐滿村寨族人。月兒滾圓高掛，籮筐敲響，祭師出場。

祭師戴六邊形高統法帽，法帽前端插了祭過神靈的公雞長尾羽；執木棍法杖，法杖頂端保留龍型樹瘤，樹瘤下纏繞幾個小銅鈴。祭師搖晃法杖上的銅鈴，接著跳祈神驅魔舞，高唸咒語。祭師繞小平地全場一圈，小銅鈴響盪不已。

房東大姑娘在舒小珍耳邊解釋，祭師先向山川神靈祈禱；繞走全場時，不停的彎腰膜拜，敬告小山及林野的神明精靈。

祭師徒弟出場，手捧大木盤，木盤上擺了盛放米、麥、青菜、以及煙草葉的盤子，又擺一小碗酒。祭師敬拜日月、五穀神祇。最後祭師徒弟捧出另一個大木盤，盤中放了二個大銀碟，銀碟上放若干竹牌位及一塊大黑布。祭師面向徒弟手中的大木盤，先呼喚叩拜，然後拿起地面上大木盤上的酒碗，將酒灑向天空。最後祭師口中繼續唸咒祈禱，長搖法杖上的銅鈴。他和徒弟一人捧起一個大木盤，退出篝火場。

「他最後向祖先亡靈祭拜，向大黑布代表的溶洞大神祈禱。」舒小珍和黃曼聽見這些解釋。

一個第一村寨老人出場，二個族中小伙子抬出一組大銅鼓。大銅鼓由母子銅鼓組成，外層的母鼓雕了日月星辰的圖案。子鼓落地不動，一個小伙子抓母銅鼓，套在子鼓之上來回升降。另一個小伙子敲母鼓，母鼓套入子鼓上，形成緊密的嗡嗡回聲。

出場的老人領頭，全場坐地的族人站立應和，唱出祖先流傳下來的祈福歌：

「一代又一代，生活山野田園間。
日出後汗流田地，月升後回家安息。
五穀長熟，穀粒飽滿。
老人吃飽，娃兒長大。
天地神明呵護。」

唱了一遍，再唱一遍。有些老人留下，有些老人抱著熟睡孫娃兒離場。

幾十個年輕男女出場。所有年輕男子圍成一個圈，他們人人黑布纏頭，上下穿新的黑油布衣裳，短袖露臂。仍由二個小伙子抽動母銅鼓，敲擊母銅鼓鼓面。其他女子也圍成一個圈，人人穿得花俏婀娜。

大鐵籠中，枯葉投入，點火燃燒，小火燒起。投入枯細枝，火舌吐出。又投入枯粗枝，篝火燒旺。再放進枯段木。篝火熊熊，熱氣四散。小娃兒累了，卻不願離去，倒在父母親懷中。

少男圈中，人人手環腰相扣，繞場碎步頓足跳舞，唱道：

「喂—
樹木中的人影，
喂—
田畝上的男子，
呼喚阿詩瑪……」

篝火熊熊燒紅，粗段木全部投盡。有些老人及雙親離去。全部少女圍成的圈子，也進場款款搖舞，合唱：

「喂—
樹木中影子轉頭，
喂—
田畝上的男子，
阿詩瑪呼喚阿夏……」

同樣的相思歌唱了又唱，歌唱傳到樹林，傳到天涯海角，心底的祕密悄悄披露。

（三）

「有二位最有文化水準的人，其中一位還是外國人，來溶洞參觀，並且住進第一村寨的土司別墅。」房東女兒悄悄的轉告村寨中的祕密。

「到底文化水準有多高，」舒小珍詢問細節。

「漢人的學習專業太深奧，我們山裡人分不清；只知道他可以當全部人的老師。」房東大姑娘表示。

「怎麼會有外國人呢？每隔一段時間，上級領導就來溶洞參觀。從來沒有外國人過來參觀。」黃曼說道。

「今天晚上住進了土司別墅，我們當然不能上門打聽。明天他們去工地，就會在工地碰面；工地不是大地方。」房東大姑娘暫且如此傳佈消息。

下一天，黃曼和舒小珍牽馬下臺階，準備共騎去上班，在第一村寨大門口碰上莊院士、詹姆士、王師傅、和黃背心領班。早上進工地大食堂用早餐，她倆又在大食堂遇見二位貴賓。下午舒小珍背紅外線攝影機，其他四個女子相陪，一起爬上超高鷹架，五個女子又正式會見了莊院士和詹姆士。出洞之後，細雨中，坐拖拉機，舒小珍向二位貴賓介紹煙草田情況。晚上房東大姑娘又傳來消息，二位貴賓仍住第一村寨土司別墅。

舒小珍和黃曼暫時不下溶洞工作。前一天，她倆用紅外線攝影機拍攝了一大批紅外線底片；她們必須先把紅外線底片轉換成白光底片。黃曼沒製成物體內部空間的繪圖軟件，更別說指示電腦繪出物體內部空間的圖形。實際上，國內數學界也沒想出表達並計算物體內部空間的方程式。她倆只能憑藉新鮮的記憶，把一大批白光照片資料輸入電腦，然後拼湊出近似的內部空間圖形。

於是舒小珍和黃曼一早在暗房動手，沖洗出昨天在二座超高鷹架上完成的全部照片，然後把這些照片的基本輪廓資料輸入老舊電腦，並且讓一張照片的輪廓與另一張照片接合。當然接不合。她倆趁記憶猶新，裁裁減減二張照片的輪廓，開始拼湊出連貫的內部圖形。

工地木造樓最大的房間當辦公室。辦公室內一側，被隔開而成電腦室，所以辦公室和電腦室互通。舒小珍和黃曼在電腦室忙得不可開交，聽見副隊長和二位貴賓交談。外國人說一些普通話，大部份時間說英語，由莊院士翻譯，接著副隊長陪二個貴賓進電腦室。

舒小珍和黃曼起立，向副隊長和兩位貴賓致敬打招呼，莊院士和詹姆士也回禮。

「溶洞接收了電腦，已經和上級大型主機連線，現在有時連電話都省了。」副隊長介紹。

「我不久前才知道，少數幾所大學開了計算機系，又加開碩士班。」莊院士交談。

「博士看好電腦的前途嗎？大單位都需要電腦？」副隊長問問。

「當然，相當看好。州立大學已經全面電腦化，選修電腦課程的學生爆滿，電腦推銷員行情走俏。」詹姆士談話。

他看見，黑白螢幕、鍵盤、和主機板鋼箱油漆剝落，銅軸線路脫皮，螢幕尤其字跡不明。這些機器可能是淘汰品。相反的，州立大學使用中的大型主機，全屬新一代漂亮機種，功能來得強大。「讓老頭兒見識新科技的能耐。」莊院士謙遜的提議。「五千多人吃飯問題最重要，幹粗活的人尤其食量大，試試每日主副食消耗量及庫存量。」副隊長指示。

黃曼已經建立全溶洞業務處理的軟件，軟件磁碟片插入主機板凹槽中。全部資料的輸入輸出，都經軟件發出指令。黃曼按二個數字，代表倉庫，再按三個數字，代表主副食變動表格。表格顯示，庫存在來米剩一萬三千公斤，蓬萊米剩一萬公斤，糯米剩二千公斤，麵粉剩五千公斤。昨日庫存量與今日庫存量一比，差額就是今日領出量。再按廚房的代號，以及主食申領表代號，今日領出量與庫存量變動符合。副主任不必看倉庫和廚房的報表檔案，就知道這二個單位的業務情況，並且會計部門籌款，預備補貨，別讓全工地斷炊。

「試試溶洞平面範圍，以及溶洞上方地表樣貌。」副主任交代。

黃曼按管理部的二個數字代數，再按全區結構圖的三個數字代號。全部已知石灰岩分佈圖出現。她再按繼續鍵，溶洞安全區域平面圖出現。再按繼續鍵，有關範圍地面上的山丘、草地、斜坡、少許煙草田、部份小道路、以及水泥樁鐵絲網界線一一出現。黃曼按印表鍵，印表機花稍長時間，印出溶洞上方土表狀況圖，圖中顯示界線外的清水河、草地、煙草田、以及樹林區。

「其他部門只要收集業務憑據，打成包，貼上電腦室按時發出的檔案彙總報表就成了，省掉了自行建檔的工夫。」副主任說明。

「許多瑣碎文字和報表工夫省掉了。」莊院士批評。

詹姆士驚訝，二名初級女工程師與其他單位協商配合，利用幾乎快報廢的機器就能處理複雜的業務。尤其快報廢的機器用於偏僻鄉間的小單位。

「昨天參觀了一連串洞穴，洞穴太多，洞內岩壁及地上結晶物又多又複雜，我快遺忘了。能不能顯示一個洞穴的內部空間圖，以及空間表面圖？」詹姆士提議。

那方面屬於設計規划組的業務。全工地所有平面都有圖形，溶洞結構圖佔大部，溶洞又划分成幾個段落。黃曼花較長時間，一個大洞穴內部空間旋轉圖出現，其中每一個角落的立體圖形顯示得一清二楚。黃曼進一步分割空間總圖形，調出某一部份的表面圖，一個扭曲的洞穴岩壁表面的大量斷岩殘根，地面上的落岩山丘、以及大量鐘孔石造型出現。

「並不是完全精確的圖形。我們無法設計一套空間物體內部形狀的處理軟件。我們利用白光相片，拼湊出近似圖形。」黃曼誠實聲明。

「我不能想像一套二手貨機器能做這麼精細的事。」莊院士感嘆。

「是這樣的，老師。」舒小珍客氣的解釋：「舊機器能處理大量簡單的資料，舊機器與簡單程式軟件配合得好。原本一個複雜的程式軟件，我們把它分解為十個簡單程式軟件。多花時間，多消耗電力，電腦還是根據十個簡單程式軟件而運算連接。」

詹姆士沉默不出聲，眼前的事原本不應出現。二個年輕的小女子，沒經特別訓練，就利用快報廢機器處理業務。業務太沉重了，超過老舊硬體的功能，她們知道簡化軟件。她們不應該達到如此的水準。

一名肢體殘缺的警衛，走進辦公室及電腦室，報告：「有一名自稱來自西藏牧場的老先生，牽了一匹瘦弱不成樣子的老馬，向工程隊求助。」

「我們現在沒包西藏方面的工程，我們的業務和西藏沒關係。」兼工地主任表示。

「真的是一名西藏老人，牽的是西藏老馬，自稱是墨脫牧場的村長，他和老馬就站在大門口。」警衛說明。

「好，請他進來。雲南和西藏相鄰，西藏方面的工程一向由雲南工程單位接辦，雲南境內又有許多藏胞。」

莊院士、詹姆士、舒小珍、和黃曼都不敢多嘴。

「我們去會客室談。」副隊長提議。

（四）

一匹老馬淋雨，站在會客室門口，又瘦又髒，毛髮打結，累得抬不起頭來。無精打采，眼眸偏白，兩排肋骨露出。口吐白沫，奄奄一息的樣子。

工地主任交代，舒小珍快跑出去照辦。

「能不能給老馬吃點嫩的草，摻一點有營養的精料，喝乾淨的水？」老人懇求。

一個實際年齡六十多，外表看去超過八十的老人，步子蹣跚走進會客室。眼珠子幾乎黑白不分，眼白又分佈血絲，臉孔焦黃，滿臉刻滿長短皺紋。頭髮花白凌亂，下巴粗鬍鬚花白。張嘴露出發黑缺牙，手指指骨凸出，指甲斷裂，手背長老人斑。內衫是幾層粗毛線衫，又舊又脫線。舊羊皮毛大衣露一肩，皮毛大衣到處磨穿，裡毛脫落。一直淋雨而羊皮毛破大衣淋濕。原本硬朗的身體，瘦弱得肩斜背駝。

詹姆士注視西藏老人，頗為震驚，立刻聯想，他比任何中西部的印地安人更老、更瘦弱、更疲倦不堪。

舒小珍清出一張竹凳子讓他坐下，倒一杯熱茶水；老人一口喝盡，舒小珍加倒一杯。老人幾乎連竹凳子都坐不穩，雙眼幾乎快闔眼睡倒。

「休息一下，慢慢說。」跛腳的副隊長溫和的說話：「請問你的名字，住什麼地方？」

「我叫桑馬登，西藏林芝市管轄的墨脫縣村長。」老村長喝一口茶，喘幾口氣，說出彆腳的普通話。出聲有氣無力。原本背部佝僂，坐下來上半身前傾。

一般人不可能知道林芝市，更別說墨脫縣，但工程隊有人知道林芝及墨脫。

「墨脫離這兒太遠，你不可能從墨脫騎老馬來九鄉。」副隊長簡單反應。

「我從三月初騎馬走上坡，走到然烏搭上便車。我先去香格里拉樂園找工程隊，那時我還勉強支持。香格里拉明說，找工程隊需去九鄉。結果我死拖活拖，一路淋雨，幾乎走不動才找到工地。」老人神色疲倦不堪說話。

「我還是不信，老馬不可能載人走這麼遠的路。」副隊長心中存了疑問。

「他很累，好像餓極了，全身又溼。可不可以先讓他吃點東西，洗個澡，換乾淨衣裳，睡一覺，然後談清楚？」舒小珍建議。

「也好，妳招呼老先生，在值班宿舍騰出一張床。讓他洗熱水澡，吃東西，睡一覺。」副隊長交代。

舒小珍扶老村長去值班宿舍。副隊找出一張老舊地圖，指出林芝的位置，卻不見墨脫縣。詹姆士驚訝，注視一個大姑娘照顧異族老人。

「儘管滇藏公路和藏東公路拓寬了，三座入藏大橋建成了，墨脫還是離九鄉太遠。一個老人，一匹老馬，怎麼可能中途一大段搭便車，走到九鄉？我得問清楚。」副隊長思索之後又表示。

西藏老人有氣無力的洗澡，換乾淨衣服，一個人吃了二人份的簡單食物，進宿舍就倒下睡著，而且一睡就是一天一夜。莊院士和詹姆士詫異，由王師傅開車送回第一村寨，延長參觀期一天。村寨傳遍，衰疲不堪的藏胞老人老馬來九鄉了。村寨族人不相信他從林芝附近騎馬而來，中途搭了便車。老馬被牽進人工運河對岸的大馬圈，讓它先吃嫩草，而後擦乾身體，送進簡陋馬廄中。老馬倒在乾草堆中睡熟。

第二天上午，老馬休息整天整夜，才從乾草堆中醒來，自己東倒西歪站立行走，走進大馬圈找嫩草吃。西藏老人也一樣，睡至五千人手都下洞作業了，他才醒過來。吃一頓早餐之後，來到辦公室。莊院士和詹姆士也由王師傅開麵包車，送來辦公室，預備向副隊長辭行。

「什麼公路通過墨脫縣？墨脫縣有高山大河嗎？」當著前來辭行的莊院士和詹姆士，副隊長邊談邊詰問。

「墨脫根本沒公路連接其他城鎮。墨脫縣城孤零零座落雅魯藏布江邊。我們北山腳村位於雅魯藏布江江彎內的喜馬拉雅山腳下，南山腳村位於江彎以外的喜馬拉雅山腳下。」老人侃侃而談。

副隊長感到意外，問下去：「林芝還使用老吊橋嗎？」

「早就不使用老吊橋。林芝郊區的雅魯藏布江上，建了現代大鋼纜橋，據說林芝大橋建得跟怒江大鐵橋一模一樣，這方面我沒把握。墨脫沒公路通林芝，雅魯藏布江也穿過墨脫縣城，而墨脫縣城也建了和林芝大橋一模一樣的鐵橋。」桑馬登暢快敘述。

等待辭行的莊院士和詹姆士迷惑，等閒人士不可能知道偏遠山區的詳情。

「墨脫縣不通公路，為什麼建大鐵橋？」副隊長追問。

「墨脫縣城被雅魯藏布江貫通，正需要現代橋樑。雅魯藏布江通過林芝和墨脫，兩地需要的橋樑幾乎一模一樣。鋼鐵廠造一座橋和造二座橋，花的工夫差不多；能運一座橋到林芝，就能再運第二座橋到墨脫。墨脫沒好公路，建造臨時公路運橋不難。」

「我現在不敢說，他是冒牌貨。」副隊長先向二位貴賓說明，然後問細節：「你描述墨脫大橋的樣子。」

「林芝大橋和墨脫大橋完全一樣，鋼鐵平橋座落大江兩岸，上空有幾條鋼纜吊住鋼鐵平橋。」

「你真的是墨脫縣的藏人！到底墨脫出了甚麼事？」副隊長說話。

「雅魯藏布江江灣內，喜馬拉雅山山腳下的牧場，二月底冬季末期，牧場盡是厚冰厚雪。一對怪物溜進牧場，殺死四隻羊，吃它們的肉。牧場木欄干內外雪地上，留下羊屍體，羊內臟，碎肉屑，一大堆血印。但是那對怪物溜太快，我沒看見它們。墨脫牧場其他鄰居不相信，我才向工程隊求助。」老村長一五一十敘述。

「二位相信嗎？」副隊長問。

莊院士和詹姆士搖頭。舒小珍和黃曼隔著木板聽了，也不相信這回事。

但是一個老人，一匹老馬，不可能為了虛假的事，千里迢迢走路來九鄉，幾乎送了命。

「你希望工程隊做什麼？」

「查出真相，防備那對怪物再攻擊牧場。」

他沒要求資助錢或物品。一個編造虛假故事的人，圖的就是錢或物品。他希望工程隊派人調查真相，那麼他的牧場真的遭遇麻煩了？

「我弄不清楚，我得跟老朋友談談。」副隊長聲明。

老桑馬登退下，詹姆士和莊院士暫時不必匆促離去。三個身分地位都高，見識都廣的人，一起討論一下。

「桑馬登提到的不明怪物，我不相信，天底下根本沒有不明怪物。」副隊長談話：「他不討錢討東西，沒理由瞎編故事。難道他年紀大，幹糊塗事？」

「他不像糊塗的人。花三個多月，由墨脫騎馬來九鄉，中途搭便車，需要刻苦精神和毅力。糊塗的人沒有刻苦精神和毅力。」莊院士分析。

「也沒有頭腦。從西藏來到九鄉，他沒帶補給品和錢，那麼他得動腦找幫助。糊塗的人不會動腦筋。」

詹姆士從另外的角度分析。

「可以確定，他真的想找有文化水準的人，幫他找出真相。」副隊長思索：「別的單位不可能協助他，因為旅行二個月，開支太大。」

「也花時間精力。別人沒心思去幫一個老村長調查。」莊院士表示。

「他運氣好，找上了香格里拉，只有香格里拉營運賺了錢，有可能挪一部分錢幫他。他找工程隊也成，工程隊也開始從香格里拉分一些錢。」

「工程隊真的能幫他？」莊院士問道。

「工程隊不可能幫助一個人，一個牧場。但是工程隊還是要面對來自西藏的問題。」

「為什麼？」詹姆士開口。

「西藏有問題，雲南相鄰最近，不能不伸援手。尤其是這幾年拓寬了兩條要命的公路，建成了三大江江上的橋樑。雲南的車輛進入西藏，少了許多困難。」

「說得更詳細些。」莊院士表示。

「自古內地通西藏困難，就是因為重重高山和條條大河阻撓。西藏區界上，高山多，河流多，而且高山和大河交錯排列。這幾年工程隊和其他單位合作，把道路及橋樑障礙克服。道路方面，茶馬古道通過座座山頭的岩石山嶺，本身原是翻山越嶺的羊腸小道。馬幫走彎彎曲曲的岩石小路，馬匹沿路找得到青草吃，是唯一的好處。全體馬幫繞圈子走山路，吃盡苦頭。其次，進入西藏拉薩和林芝精華區，需要通過藏東公路。但是藏東公路也盤旋於西藏崇山峻嶺間。沒花大力氣拓寬藏東公路，休想去拉薩和林芝。我們工程隊都曾參加過茶馬古道和藏東公路的拓寬工程，天天炸岩石開路，真是寸寸艱辛。」

「西藏號稱世界屋脊，被重重高山包圍拱衛，當然山間道路險惡。」莊院士開始明白入藏的困難。

「河流方面，貫通雲南的三大江，全部發源於西藏，其中任何一條大江的橋樑都興建困難。第一條江是金沙江，通過大雪山山脈的北端多個岩石山頭。工程隊沒有現代電鑽及切削器具，憑藉炸藥和大量大力，建成海拔五千公尺的金沙江大橋。其次是瀾滄江，海拔更高，工程單位又憑原始工具及人力，建成他念他翁山脈邊的跨江大橋。第三條阻路大河是怒江，海拔更高。工程單位還要出動工程師和大量人手，建成怒江大橋。我本人和太多兄弟受傷染病，到底掃除進入西藏的一切障礙，載重大卡車從此開進西藏精華地區。」

「原來如此。缺乏現在電動工具，全憑炸藥和大量人力，打開了世界屋脊的大門。雲南和西藏關係真密切。」詹姆士表示。

「工程隊當年只管基本工程的趕工，按照結構安全標準，參加橋樑和公路的興建；大卡車通行無誤之後，向上級交差了事。至於今天一路上由雲南城市出發，抵達西藏核心精華區，沿途發生什麼小細節，就不得而知。但是工程隊仍然關心。遲早工程隊還會再入藏，承包新的項目。所以工程隊留心今天去西藏旅行的細節。」副隊長表露工程人員關心大工程完工後的狀況。

「當然，連外人像我，也關心如何進出世界屋脊，以及世界屋脊今天的狀況。」詹姆士表示。

「墨脫縣夾在喜馬拉雅山和雅魯藏布江之間，地理情勢複雜。遲早國內的工程界會開進喜馬拉雅山。雲南的工程隊願意當先鋒。墨脫牧場有沒有怪物，與工程隊業務無關。但是墨脫縣周圍的山地，不妨看成喜馬拉雅山的一部份。我們先認識墨脫山地，提出一份詳細的考察報告，請工程界注意我們邊界上的世界最高大山脈。那麼我們就不致於對邊界國土疏忽不明。」副隊長提出他個人的展望。

「弄一輛車，派出少數專家，花費小筆預算，去喜馬拉雅山外圍考察，絕不是無意義的舉動。喜馬拉雅山太遙遠了，卻不折不扣是邊疆國土，愈早考察愈好。」莊院士表明立場。

「老朋友不怕路途遙遠，旅程困難，有決心考察邊疆的狀況，倒令人感到意外。」副隊長心情輕鬆一些。

「確實愈早考察愈好。多介紹喜馬拉雅山的地形、氣候、產物及居民同胞，多拍具有代表性的照片。一旦考察報告和照片公布，包準震動全國各界。」莊院士強調。

「也震動全世界。三千公里長的喜馬拉雅山，世代被遺忘的藏人，交通上的重重難關，這一切代表一個大題目。」詹姆士表達客觀的感受。

「大致上這麼辦。找車輛，供應主副食和補給，說服肯旅行遙遠高山的師傅開車。向上級提出喜馬拉雅山地理考察的意義，從墨脫牧場藏胞生活狀況出發。討論墨脫大橋附近交通改進及擴充方案。西藏逐步開發建設，雲南工程隊不落後。」副隊長下定決心。

「預算是個大問題，其次是派出什麼人員。」莊院士談細節。

「地理考察是苦差事，來回一趟至少花二個月時間，旅行費用緊俏。這樣的差事沒多少人自願幹。我遊說專家參加考察團，也得花腦筋。」

「不一定，也許有人自願挪時間，自願出一部份費用，從旁協助考察行程。」詹姆士表示。

「至少考察團裡應有一名專家，懂得地理、地形、地質、氣候、關心藏胞的生活；而且肯一路上蒐集記錄資料，回來以後寫份好報告。」副隊長開始計畫。

「這是一份苦差事，吃力不討好。但是大事都是傻子去幹的。」院士表明立場。

「另外，出差兩個月，考察團的人必須有閒時間。還有，最重要一點，考察團得由一位有名望的人帶隊，把全團人心甘情願的帶去，快快樂樂的回來。由這位有名望的人掛名，向上級申請預算才順口，考察團不能純觀光旅行。」副隊長逐漸想出具體的方案。

但是他聲明，他不會提不明怪物攻擊羊隻的事件。他只提西藏墨脫牧場村長真人真馬遠行來求助，涉及高山腳下有些動物騷擾小問題。工程隊關心墨脫大橋交通延續的問題，有心去墨脫考察地理概要，順便幫牧場村長看看環境。副隊長預期，組考察團是件苦差事，不見得有人自願參團，何況上級不一定批准經費。

莊院士、詹姆士和副隊長三個人閒談墨脫老村長求助的事，逐漸達成一種構想。當下雲南和西藏之間，三座跨越三條大江的橋樑已經順利通車良久；茶馬古道和藏東公路又拓寬完工。工程隊就花三個月時間，派小隊人員前去林芝市，沿路記下旅行觀感。到了林芝市，配合牧場老村長，看看墨脫大橋的交通狀況及前景，然後組隊，考察牧場和鄰近山區的狀況：考察結束，提出旅行報告和地理考察報告。重點是喜馬拉雅山部分山區的考察報告，做為將來推動西藏終極建設的科學性參考資料。

莊院士和詹姆士告別。仍由王師傅開麵包車送去恐龍之鄉祿豐。

「為甚麼稱呼司機或駕駛為師傅，像機器技術老師傅一樣？」詹姆士想到就問。

「因為駕駛員肩負兩種責任。第一，雲南地方大，每每長途行車，超過八小時。遠去外鄉，駕駛員得弄懂汽車性能；在偏遠地方發生故障，駕駛員自己會修車，盡量把車開回公司。第二，按規定，駕駛員一天開車不能超過八小時，因此長途車必須配置二名駕駛員，輪流駕駛。通常公司配一名剛領執照的新手當徒弟，與老駕駛員共同開車，一路上學習。老駕駛員能修車，又能帶徒弟上路，公司就敬稱他為師傅。」王師傅解釋。

雨季期間，每天下雨狀況不一樣。往往先來一陣大雨，然後天空放晴一會兒，接著雨又下起來，就在忽雨忽晴的情況中，王師傅送二位貴賓返回祿豐縣政府

詹姆士心裡無牽掛，心念偶然一動，就打越洋電話去州立大學。

「是你嗎？詹姆士，有什麼急事？」愛人在電話中輕鬆愉快的表示：「恐龍蛋或者疊層石有眉目了？」

「還在注意中。倒是這兒發生奇怪的事。西藏離雲南很遠，一個西藏老人騎老馬，千里迢迢來雲南，雖然他來時走下坡路省力，又搭了便車。」詹姆士談及老桑馬登行蹤。

「不奇怪，愛人回答：「他們沒汽車，只好動用兩隻腳或四隻腳。中西部的印地安人，不是一出門狩

獵，就花一個季節的時間？」

「更奇怪的是，西藏老人來雲南，不要求金錢或物資援助，但聲明牧場羊隻被不明動物攻擊。」

「他損了幾隻羊？他該向州警報告。」

「損失不大，死羊仍可利用。他希望某些單位派考察團去調查。」

「沒那麼嚴重吧！像中西部的原野上，野狼、浣熊、甚至黑熊都會攻擊羊隻，何況天空中還有禿鷹之類。真有某些單位想干擾地方上的小事？」

「可能不會，凡是小題大做會讓人笑話。」

「這樣思考才合乎現實，你不會考慮去什麼遙遠的地方吧？」

「大概不會，我們不應該淌入渾水中。」

「這樣做才聰明，何況你是外國人，你留在東方的時間有限。」

詹姆士愛人切斷電話。

第四章　宗主國及土司

（一）

「一個西藏老人騎馬來九鄉，住進溶洞工地宿舍。」房東大姑娘談及：「人又老又衰弱，馬簡直走不動，看起來都慘。到底他為什麼來九鄉？」

消息傳播快，老桑馬登暫住工地二天，九鄉小山上的全部村寨傳遍消息。

「我不十分清楚，大概找工程隊幫助。」舒小珍交談。

「看得出，西藏的條件困難，人和馬才會衰老得那麼快。」大姑娘表現她從外表判斷陌生人的眼光。

「也許妳說得對，山太高，種糧食或煙草都有限，收入就差。」

「我們彝族幾百年來，土司及部落長老警告後輩，別族存心害彝族，我們不能不防備。然而彝族也不准無緣無故懷疑、敵視別族。今天村寨老人去工地，探望老人，送他一點食物禮品。」

「太好了，他和老馬很辛苦，多休息幾天才對。」

「妳不知道，村寨長老商量，等他身體休養好了，送他一匹馬。新馬載他回家，老馬搭載一些輕便東西相陪。這麼一來，他走上坡路，才可能回得了家。」房東女兒透露一樁秘密。

「太好了，西藏老人沒白跑一趟。」舒小珍歡喜的表示。

她和黃曼下了班，順便去工地宿舍探望大桑馬登，送他晾乾耐放的食物，其他工地員工也和大桑馬登閒談握手。他們照常上班或下溶洞，私底下略談西藏老人的下一步動向。他們抱怨雨季綿長，大小雨急來慢去。不理會一件申請撥款的公文層層上轉批覆，有些方面注意到邊疆的情況。

老桑馬登休養好了，穿了乾淨的新衣裳，騎了新馬，老馬載輕盈的禮物和大綑輕草科，向送行的彝族老少告別。他和二匹馬可能走得輕快些，彝族好好接待了他，又好好安排他上路。舒小珍和黃曼不久忘了這件事，房東大姑娘也不傳消息。

撥款公文旅行回來，上級方面討論定案了。

副隊長走進電腦室，向二位初級工程師宣佈：「去西藏林芝考察的案件，上級已經核准。雲南方面不能不幫西藏一些，一個西藏老人騎老馬，千里迢迢來九鄉，我們應該回報一些。墨脫大橋沒連接外地公路，至少協助墨脫縣百姓通過雅魯藏布江。現在該去看看墨脫大橋的效益，研究將來通公路的可行性。順便考查喜馬拉雅山脈墨脫支脈的情況。」

「西藏就是咱們的鄰居，咱們去西藏考察是對的。」舒小珍反應。

「考察的範圍包括地形、動植物、地質以及風土人情。妳學習這方面專業，妳參加考察團，妳的工作由彝族優秀女員工代理。妳趕快去昆明市，研究沿路一帶的地理情況。」

「我去？我夠資格嗎？」舒小珍懷疑。

「很苦的旅行，經費少，全部團員都要吃苦。」副隊長交代。

「我參加。」舒小珍結結巴巴的回答。

「妳還有工作，妳聯絡祿豐縣政府的莊院士，請他擔任地理考察團的團長，請他決定全部考察團的團員名單。由妳們認識的王師傅開麵包車，他會把麵包車大修保養好，平安載妳們去林芝。還有，向莊院士報告，西藏老人如何離開九鄉。」

去林芝進行地理考察的案子這麼決定。舒小珍撥一個電話給北方的老家，報告出差的消息。

「閨女呀！妳在溶洞搞測量，妳怎麼會出差去西藏，八竿子打不著。」舒老爹精明，看出案子不一般。

「公務考察嘛，坐專車去，二個月來回。」閨女解釋。

「別跑太遠的地方，外邊世界有點亂，妳該做的是早早調回家鄉。到處搞開發搞建設，各單位都需要地質人員。妳已經參加了知識青年下鄉活動，該是回鄉的時刻。」舒老爹表露太關心愛女的心情。

三十多年前，大西南邊疆地區，雲南昆明市的空襲警報拉響最久，昆明市的居民最擔心，揮舞大陽旗的軍隊和坦克，會開進這個大西南地區的抗戰中心。因為太陽旗軍隊已經掃蕩中國東部半壁江山，他們的目標對準中國全國抗戰的總中心重慶市。重慶被重重大山包圍保護，日軍直接進攻困難。日軍分出一支兵力，攻向山嶽阻隔較少的昆明。預備先攻下昆明，然後由昆明攻入重慶市的側邊。結果昆明市居民憂煩多年，昆明市外圍地區還是防衛成功。太陽旗軍隊只能遙望昆明而興嘆。

昆明市還有別項意義。抗戰期間，中國極度欠缺物資。一九四一年太陽旗海軍偷襲珍珠港，美國對日宣戰。美國與中國結成抗日盟友，美國以物資援助中國，增強中國抗日的實力。雲南的鄰國緬甸，在美國盟邦英國控制之下。美援物資先送進緬甸城鎮仰光及密支那。陸地上，物資從密支那出發，越過高黎貢山，進入邊城騰衝，而後送至昆明。高空中，物資飛越高黎貢山，直放昆明機場。太陽旗戰鬥機及轟炸機攻擊由昆明機場起飛的任何飛機，轟炸昆明市和物資運補路線。太陽旗陸軍甚至佔領高黎貢山隘口。但是雲南全境和昆明市終於挺了下來。八年抗戰中國取得勝利。

三十多年來，從外表上看，昆明市擺脫了戰爭的影子，全市大搞建設；昆明繁榮興旺的腳步，遠勝九鄉、石林、或祿豐。

昆明市最熱鬧的街道，就位於金馬碧雞坊一帶。無數少數民族族人，穿著本族服裝，流連金馬碧雞坊。金馬碧雞坊一旁街道，也是大小酒樓、單車、電器、以及服飾衣鞋店鋪的落腳地。它們都是大批發店，它們的商品先銷去零售店，而後轉售一般市民。

這些大小酒樓以及大批發店的更外側，街道來得陰暗些。若干矮平房店鋪座落在陰暗的街道上，店鋪中遺留了戰爭的陰影。

莊院士、詹姆士、和舒小珍三人，稍微參觀金馬碧雞坊，走過大坊區一側的大批發商店，來到陰暗街道上的矮平房店鋪，尋找他們一起出遠門旅行，各別需要的用品。

「這麼多美軍軍用品，難道我們要全副軍裝齊備，準備上戰場？」詹姆士驚呼。

二次世界大戰的美式鋼盔、空包手榴彈、短刺刀、軍官佩劍、軍官船形帽、軍用打火機、手搖電話機、鋼製隨身水壺、制式襪子、特硬皮幫膠底鞋、蚊帳、露營帳篷、鋁製大中小型汽油桶，柞蠶繩索、麻繩、塑膠繩、軍官手槍附皮帶、步槍等簡直什麼都有。細心的顧客還可以在櫥架底層，找出各軍種通訊密碼簿、機密等高線山嶽地圖，精密雲南、西藏、以及緬甸的全區和分區地圖，進出基地識別證、軍官用墨鏡。大批機密器材，足以供應前次大戰情報人員使用。

居然更有商店賣日軍器材及軍需品，例如日式步槍及空包手榴彈、短刺刀、軍官長配劍、日式士官綁腿及軍鞋、日式軍帽帶遮頸巾、空的日式口糧紙盒、卡其士兵上衣及長褲、各兵種徽章等。最醒目的是日製雙筒望遠鏡。原來大東亞戰爭期間，日本的光學儀器已經相當先進。

這幾間陰暗店鋪擺放的戰爭器材及用品，外觀陳舊殘破，仍然耐摔耐用；更重要的是價格低廉，等於當舊品廢品銷售。

「當然穿戴這些配備回家，」詹姆士打趣說道：「愛人以為我向陸軍報到了。」

金馬碧雞坊假日市集，也多廉價品擺攤。火柴、廚用刀剪、鋁鍋、盆、碗、短長筷子、棉毛手套、衛生帽、遮陽帽、鐵釘鐵絲等，所有荒野活動所需的用品，大致供應無缺。

當然，米、麵粉、油菜子油、鹽、糖、茶葉、鳳梨罐頭、脫水蔬菜罐頭等，昆明市郊區任何小區都能供應。大昆明市人口近四百萬人，加上川流不息的外來人口，總數向五百萬人看齊。

昆明市郊區，多的是汽車修理站，為市區開始增多的車輛服務。一輛中型麵包車，由王師傅駕駛，開到市郊修車站，進行遠行前的大修及保養。方向盤接頭、齒輪箱、引擎蓋下的引擎、水箱、散熱風葉、汽車內外的燈泡及線路、雨刷、尤其前後輪的軸承、方向盤前的儀表板、油門、煞車離合器等，全部先總檢查，然後徹底清洗修理。王師傅又買了多捲破舊小轎車輪的內胎、二個新外胎、中型鋁皮汽油桶。中型麵包車大修出站，局外人內外掃視是老爺車，內行駕駛知道，車輛性能改善了。全車子在車尾外門上，掛的是二個新外胎。

祿豐縣政府宿舍的電話分機鈴響，宿舍管理員大叫：「詹姆士博士電話。」

詹姆士楞了一下。自己正忙著準備出行事宜，又預備交代研究生如何作業；一時想不起來，誰會打電話給他。

「越洋電話，發話人付費，詹姆士先生接不接？」郵電局國外台服務員表示。

「接過來。」詹姆士這才瞭解，愛人從州立大學打來，出乎意料之外。

「你還在縣政府宿舍嗎？」愛人說話的口氣仍輕鬆。

「是的，我就在宿舍接電話，莊院士也在宿舍。」

「你提過的，西藏老人來，單位考慮派考察團去西藏。」

詹姆士想起來，他曾向愛人報告，考察團不可能成行。他說錯了，現在連王師傅在內，可能四個人一起，幾天之內出發。一時之間他愣了一下。

「原來是這件事。考察團不成立，沒人去西藏。」詹姆士硬著頭皮否認。他不能承認，因為考察團人數少，其中包括一個大姑娘。

「這就成了。我相信你簽的合約，不包括西藏考察。」

「當然不包括，別費心。」詹姆士說錯話，就錯到底。

他的愛人切斷了電話，詹姆士悵然若失，知道自己走上十字路口。他是現在退出考察團？還是打電話去州立大學，改稱自己正待出發，而後掀起一場大風波？

下了班，舒小珍和黃曼一起回第二村寨吊腳樓，房東大姑娘主動問她：「妳要出差了？」

「妳的消息真靈通。西藏老人來過，上級決定派人去考察。」舒小珍承認。

「王師傅說妳是有閒人士。」

「我是小角色，我負責寫報告。所以一路上我得做筆記，回來以後一個人忙。」

「能外出見世面，太好了。」

「成天留在辦公室，是有點悶。」舒小珍說道。

「我現在知道，學習專業有好處，能去遠地方辦大事。我們村寨姑娘只能老待在家鄉。」大姑娘小小抱怨一下。

黃曼只笑笑，不表示意見。

舒小珍感覺不輕鬆，她已在昆明市的圖書館，查閱了一大堆資料，她現在對西藏瞭解多一些，但仍是一知半解。她沒時間放鬆自己，以便認真準備全部旅行事宜。但是她協助建立空間內部繪圖軟硬體，別人不容易接手。黃曼一人獨撐，太忙碌些。

副隊長通知她出發的正確日子，她帶行囊上溶洞工地。一位彝族姑娘接替她的工作，她匆忙指導接手姑娘，如何與黃曼配合。

天色明亮，毛毛雨沾濕全九鄉。王師傅開了大修後的麵包車，來辦公室邊接唯一的女考察團員。副隊長、黃曼、和其他同事走出辦公室歡送。舒小珍揮手告別霏霏細雨中。

麵包車還有二名乘客沒上車，他們的坐位暫時是空的。除此以外，麵包車塞得滿滿的。王師傅說明，離開昆明市，有些東西難買。離開大理和麗江，購物相當麻煩。所以麵包車堆滿幾個盛滿汽油的鋁桶，一袋袋主副食品，廢內胎，帳篷，鐵絲，全套修車工具，千斤頂，毛毯衣物、以及小火爐等。

「這一趟行程註定違規開車。」王師傅開玩笑。

「為什麼？」舒小珍問道。

「交通規章載明，客運司機每天只能行駛八小時，我猜想遠行西藏，控制不了時間。」

「是這樣嗎？」

「我從小跑納西族、白族、和彝族地區。三百年前他們開墾了大片農田，但是少數民族地區仍多荒野。」

「我沒去過那些地方。我只在山頂上，俯看石林、九鄉、和陸良。」

「藏胞幾乎全住在山區，汽車一進山區，更控制不了時間。」王師傅表示。

（二）

車輛行駛過一個地區，那兒的大小街道邊，少不了站立零星的大小灰色石頭，石頭的形狀千變萬化。推斷那個地區叫石林鎮，準錯不了。石林鎮多含砂粒的石灰岩。石林鎮的市中心，有大面積石林陣，石林陣裡有湖泊和花園。市中心以外地區，到處遺留千萬年以來，風化作用侵蝕以後的灰白大小石頭。

房東大姑娘多次抱怨，同屬彝族居住地，石林族人比九鄉富。她沒胡亂抱怨。昆明幾乎全是平原，石林鎮緊鄰昆明，鎮內平地多，山丘少。從前石林平地廣，水稻田多，當然石林生產糧食多，日子好過。今天石林公園的大片石林陣出了名，石林多賺觀光財。石林交通繁忙雜亂得多。小汽車、巴士、卡車、牛車、人力板車、以及腳踏車匯集，行人夾雜其中。

「九鄉和石林原本都居住彝族，九鄉族人羨慕石林族人。」舒小珍想起房東大姑娘的牢騷。

「不錯，一向就這樣。三百多年前，山多的九鄉長滿杉木、竹林、和青草，一部份族人在青草山丘間牧羊，生活較苦。石林一半是山丘，一半是平地，森林及草場各半，放牧的羊隻比九鄉多，平地又能種糧食所以石林彝族生活好。」王師傅解釋。

「不對，明明九鄉有煙草平原，種等級高的煙草。石林森林範圍小，而廣大的平地種稻米，稻子比不上煙草。」舒小珍反駁。

王師傅笑一笑，不強辯。突兀的表示：「三百多年是長時間，所以雲南的部族都經歷過巨變。我的祖先和父親提過這件事。」

「難道你們家三百多年前，就搬來雲南？」

「差不多是這樣。我的祖先經常告誡後輩，我們是外來人，千萬別做壞事，惹惱地方部族。」

「確實應該這樣。第二村寨只有我們二個長住的漢人，但彝族大姑娘對待我們好極了。」舒小珍表示。

「工程隊不但漢人多，而且殘疾退休員工多，但是本地彝族不排斥工地的漢人。我來工地開車，從來沒見過種族糾紛，所以日常生活安穩快樂。」王師傅表露對日子的好感。

「我根本不知道有這回事，我和黃曼住村寨簡直像留在老家一樣。」舒小珍說道，明白了村寨老人的好意，安排一個活潑快樂的姑娘與她們同住。

「我們不浪費時間，揀石林和昆明的郊區走。」王師通知她。

霏霏細雨中，大量車流出現。腳踏車、馬車、牛車、汽車和公交車互相夾雜流動。郊區道路旁，儘是矮平房，農田明顯減少。

「三百多年前，昆明不可能全是樹林和野草？」舒小珍隨便交談。

「昆明不靠山，靠湖泊。三百多年前，雲南的大城是大理和麗江。昆明是沼澤蘆葦區，彝族的一支以捕魚為生，他們在昆明地勢較高的地點蓋吊腳樓。」王師傅說明。

「你怎麼知道三百多年前的事？」

「因為三百多年以前，有一批漢人遷來雲南和貴州，我的先祖就是那批人中的一份子。祖先們一代一代把舊事告訴後輩。」

「三百年間，昆明真的變化那麼大？今天街道蓋滿房子，什麼民族族人都出現。從前會是蘆葦沼澤區？」舒小珍仍不信。

「我不能證明什麼，祖先就是那麼樣告知後人；我不敢否認。尤其我從小就追隨老爹，來往彝族、白族、和納西族之間，我當然相信老爹的故事。」王師傅邊開車，邊提舊事。

「我猜你是漢人。我不知道，漢人三百多年來，來往少數民族地區，尋常不尋常？」

「當然不尋常。三百多年來，戰爭特別多，怎麼可能漢人亂闖少數民族地區。」

舒小珍沒再問下去。麵包車行駛過昆明市郊，車輛本身劇烈搖晃。道路鋪過柏油，但是路面柏油早被磨光，雨季加速砂石路面的損壞，所以車輛搖晃不停。

「公路鋪好不久，起初汽車行駛順利。車輛太多，磨掉路面的柏油，於是輪胎磨損快。」王師傅抱怨。

「我們北方老家也一樣，柏油公路修好不久，載滿重貨的卡車輾過幾趟，柏油路面就報銷了。」

「你去過昆明滇池邊的平西王吳三桂博物館？」王師傅提新話題。

「沒去過，因為我們來昆明玩，只逗留金馬碧雞坊一帶。」

「三百多年前，一大批漢人來雲貴高原，就是平西王吳三桂帶來的。平西王駐守昆明，因為他的三十萬大軍和後續跟來的十萬眷屬，尤其包括馬匹，需要大量的水，昆明滇池的水正好派上用場。」王師傅開始談一些私人故事。

「有這麼一層背景，我開始相信你的說法，昆明一帶原是蘆葦沼澤區。」舒小珍表示。

「恰巧滇池水深面積大，從沼澤區割某些青草餵魚，滇池才開始大養魚，供應軍隊葷食。」王師傅多提一些家庭往事：「小時候，老爹經常帶我去平西王博物館。老爹說，平西王蓋了大宮殿，大宮殿中有金頂寶座，看起來富麗堂皇，實際是奢靡過度，平西王自己害自己。」

「平西王的金頂寶座，不只龍椅龍案用黃金製做。平西王還交代，龍椅之上製造黃金護龕。平西王聽政時，坐在黃金龍椅上，又用黃金護龕鎮邪保王。王府大官及康熙的欽差大使站在台階上，畢恭畢敬向平西王報告。平西王氣派之大，超過康熙皇帝。」王師傅又回憶。

麵包車東搖西晃，穿過昆明市的郊區，進入地勢起伏的丘陵地帶。從車窗望出去，視線內除了大量房舍道路以外，還有一塊塊田地；田地呈紅色，富含鐵質。紅土顆粒大，排水性好，只要施肥及灌溉得當，早作及果樹容易豐收。

進入六月春末，旱稻旱麥已經成熟，五穀禾田呈現金黃色。農人採收完畢後，立即犁田播種，讓強烈的太陽照耀第二趟稻麥種子。果園則通常一年成熟一次。六月多雨，果樹開始大量長出花苞。勤快的果農一方面疏果，採下多餘的花苞當菜餚材料；一方面檢視水果，一旦蜂蜜傳播花粉不夠，則進行人工授粉。因此昆明郊區禾田及果園增多，田間一派農忙氣象。坑坑洞洞的公路，不時出現拖拉機，載運水肥及盛放五穀糧食的麻袋。

「公路離開鬧市，進入大農業區。到了晚上，昆明市內市郊仍有路燈，而郊區全部熄燈省電。」王師傅自言自語：「郊區一旦街道沒路燈，而車輛本身前後燈又故障，容易出問題。幸而麵包車已經檢修全部電路。」

天正亮著，細雨沒中斷過，麵包車的車窗全沾了水氣，雨刷來不及刷淨前方大車窗上的雨滴。

「妳知道雲南許多地方有土司嗎？」王師傅再閒談。

「你指小部落的首領？第一村寨正中央的土司別墅，不正代表九鄉多山地區的部落首領？」舒小珍回答。

「九鄉的土司有頭腦，他和鄉內的族人住相同的吊腳樓。九鄉彝族更感謝他的某一方面表現。」

「有嗎？他做了什麼事？」

「他沒做事，才受族人的擁護。他沒急於收錢花用，把清水河邊的地層當水泥原料賣掉。如果他和村寨老人把地層當水泥原料賣掉，得不了多少錢，九鄉村寨沒有今天的指望。」王師傅分析。

「原來如此，原來有些地方上的小事，卻關係地方的命運。」

「土司太重要了。九鄉山多，彝族那一支人少，土司的能力決定少數人的命運。雲南古來最大的城鎮是大理和麗江，那兩個地方的人多，土司權力大，土司的能力決定更多人的命運。」王師傅表示。

「這是當然的事。任何一個單位，居上位的領導最重要，咱們的溶洞就是一個例子。工程進度合乎規划，過去受過傷的員工，又安心服務到退休年齡。工程隊的員工一直安逸舒適。」舒小珍閒談。

王師傅看見遠方山嶺開始起伏，滿山生長樹林竹林，綠林中隱藏吊腳樓。

「祿豐快到了，祿豐有山，從前是牧羊打獵的地方。祿豐也有土司，彝族就住山腳樹林中。祿豐的土司不見得有辦事的能力，但特別有運氣。」王師傅感嘆。

「我聽不懂，運氣與土司有什麼關係？」舒小珍開口。

「老天爺賞給祿豐土司一種寶貝，祿豐的彝族做夢都想不到。二十多年前，祿豐縣挖出一大堆板龍化石。板龍化石組裝後，運去各地方展覽，祿豐縣分得一部份參觀費用。現在又挖出迅猛龍化石，一旦送國內外展覽，祿豐縣又分紅。」王師傅表示。

「板龍和迅猛龍化石，的確是意想不到的寶貝。」舒小珍判斷。

「不止如此，山腳丘陵崩塌了，老師和學生把岩石篩選了，農人白白得到土地。對於一般百姓，土地能產出糧食讓農人不餓肚子；土地太重要了。」王師傅說道。

「有道理。咱們國家人多，主副食供應夠，全國人民才安心。山崩造成新耕地，務農的人口首先安心。」舒小珍表示。

遙遙看見祿豐的山地和吊腳樓，王師傅駛離大馬路，轉入泥濘道路。遠方的老建築洩漏少許過去某些單位的氣派，那就是祿豐縣政府。縣政府後方山丘上的梯田中，彝族和漢人農民各穿不同蓑衣耕種。

「我們要接二位貴賓上車。」王師傅有感而多說話：「我的土氣很重，只知道認農田，看見農人種出糧食，心裡就踏實。」

「農人都有田種，田裡產生莊稼，自然社會安定，這是最基本的道理。」舒小珍同意王師傅的觀點。

麵包車停下來。雨大了一些，二名研究生幫師長提行李，送師長上車。詹姆士的行李多一些，堆在後車廂的貨物器材上。舒小珍下了車，幫忙提小件私人物品。

詹姆士心思仍猶豫。內心一直矛盾，是放棄行程？還是火速打電話去州立大學，通知考察團已成為事實。研究生已經把大件行李抬上車，舒小珍則把小件行李送上座位。詹姆士定定神，抬頭一看，心中更加猶疑。這輛麵包車，居然想去西藏？自己擁有轎車的詹姆士，對車子相當熟悉。因為一輛新轎車，價格相當貴。汽車推銷員把汽車性能介紹得一清二楚，買主才肯掏腰包。

王師傅用麵包車送二位貴賓去溶洞多次，詹姆士早知麵包車太老，勉強能跑跑短途而已。用它跑過崇山峻嶺，爬上世界屋脊，必定中途拋錨。

詹姆士忽然腦中一轉，想出折衷方案。就坐老爺車去西藏。半途拋錨，他退出考察團，折回祿豐，等於他沒去西藏，最後能向愛人交代。

腦筋這麼迅速一轉，詹姆士坐上車。只要麵包車中途故障，考察業務夭折。

詹姆士腦子又一轉，開口：「我們是不是在前方某一地點，換一輛像樣的車？」

「不換車，一直開進西藏。」王師傅說話神態自若。

它的引擎發動有噪音，車身搖晃凶了些，前方大窗出現刮痕，車門推鎖不乾脆，車身油漆剝落。簡而言之，麵包車毛病多。舒小珍和莊院士不懂車況，詹姆士也嘀咕。老爺麵包車轉進昆明通大理的大公路。它看準交通訊號燈轉綠，才滑動車身。司機拿捏時機好，顯示專心把住方向盤，又遵守交通規則。詹姆士安心一些。

汽車的性能，關係一車人的安全；老爺車一旦拋錨、故障，全車人就被困荒郊野外。詹姆士愛人電話中的口氣，不支持某些人去西藏，倒不是無理取鬧。

「請問老師，我們去西藏，研究生作業進度能維持嗎？」舒小珍恭恭敬敬探聽。

「這二名研究生確定挖出了幾副夠完整的迅猛龍化石。運氣這麼好，組裝作業進度一定順利，畢業論文就獲得強力的支撐。」莊院士表示。

「我替他們找了同類迅猛龍的站立結構圖。他們也要造木架及穿鐵絲，拼湊出站立圖；缺多少環節，做石膏環節補上去。他們能體會這一點，組裝成功的化石骨架就有資格站上侏儸紀廳中心位置。」詹姆士表示。

「興趣及獨立作業的個性是關鍵，對不對？」舒小珍又開口。

「當然，興趣及獨立作業的個性都重要。」詹姆士同意。從岩石堆中觸摸一億年前的骨頭，起先發現一截脛骨，接著找到幾節尾椎骨，然後一路摸索下去。興趣、耐心、及運氣決定成功。最最重要的是二排足以切牛排的利牙。

「老師們曬太陽勞動，我們躲在黑暗洞中敲鑿。」舒小珍談下去。

「到底最大洞穴中的鷹架，高度是多少？」莊院士沒忘記，在陰暗光線中，五個女子爬上去攝影。

「七十五公尺，那是洞穴中央地面離洞頂的高度。洞頂高度逐漸下降，直到連結地面為止，而鷹架的高度也降低。」舒小珍清楚的說出工作細節。

「差不多等於在一座摩天大樓的外面擦玻璃，那麼高的地方叫人捏一把冷汗。」詹姆士表示。

舒小珍笑笑沒回話，她站在鷹架頂上，彝族姑娘抱緊她，懼高感消失了。

「我們在祿豐作業相當長的時間，彝族和漢人農民穿著和習慣彼此不同，卻始終沒爆發糾紛。」莊院士閒聊。

「他們各自擁有土地，一切為自己而勞動，田賦又不苛，他們甘心下田耕種。」王師傅插嘴。

「彝族不可能天生愛和平。為何漢人耕種了他們的聚集地？」詹姆士問要點。

「讓別族人佔有土地，這種事太敏感了。所以我一直納悶，為什麼許多漢人在少數民族居住地種田？」莊院士也表示。

「中西部地方大，印第安人不種田；白人不但進入印第安人打獵區圈地，而且佔有太多的大農場。」詹姆士又聯想若干不相干的故事。

「預計今晚在哪兒歇息？」莊院士問問。

「大理古城，洱海的邊上。」王師傅說明。

從祿豐起，麵包車行駛了長時間。詹姆士聽引擎聲，毛躁毛躁的；他心中嘀咕，麵包車進入大理古城就拋錨，而後考察團解散。

火車鳴笛，火車噴黑煙了。公路的遠方出現一長列綠皮火車，火車速度勝過麵包車。

「雲南有火車？」詹姆士問道。

「有，而且載運大量農田產出的糧食，送去缺糧的遠方。」王師傅插嘴：「二十幾年來，鐵道兵不解散，一直增建鐵路網，深入邊疆地區。」

「鐵道兵？火車公司不是民營的？」詹姆士又問話。

「鐵路運輸太重要了，火車仍由政府經營。」王師傅說明：「戰爭期間，鐵道兵修火車頭及車廂，鋪鐵路，趕運物資，學成一身功夫。戰後不荒廢功夫，繼續搞好鐵路運輸。」

詹姆士數了一下，綠皮冒黑煙火車，拉了車廂超過二十節，夠長。公路上另有大卡車，車廂載得又高又滿，於是引擎叫得氣喘吁吁。

「雨下得太久了，太久了。」詹姆士抱怨：「總該停止幾天。」

「這裡雨下多沒關係，進入西藏山區，千萬別一直下雨。」莊院士表示。

公路四周不見城鎮聚落，放眼望去，千里平原種滿莊稼；一小部分田地已收割，田間堆了稻稈麥稭；其他大部份農田已成熟而稻麥穀穗下垂。農人和拖拉機穿梭田間，農家空地將大曬穀粒及玉米包。

「從前這麼大的低平丘陵，儘管面積特大，打獵獵不了多少野豬野兔。這麼大的荒原野地開闢成農田，產出的糧食驚人。」王師傅自行串起話頭。

大農地平原之外，隆起巨大的山嶺，山嶺間一片蔥鬱。山巔猶戴白帽，山嶺高處掛了多處瀑布；正值雨季，瀑布流量大。公路兩旁的千里農地間，溪流溝渠縱橫滿盈，下一季播種後不缺水。

「什麼山？看起來又高又長。」莊院士談談。

「點蒼山脈的主峰在這兒，祿豐郊區山丘只是支脈而已。從前這裡岩礦好，出大理石，比水泥原料石灰石高一等。」舒小珍作答。

麵包車行駛久了，停下來休息。詹姆士理解，當然車開久，司機得休息。儘管雨沒停，乘客也想下車透氣，伸展手腳。

「主要靠大理的大農田，收割了大批糧食，養起了三十萬大軍，平西王的軍隊沒折磨雲南和貴州的所有部落。」王師傅又說他的糧食經。

「另外一個真正的大平原，出現在蒙太拿州印第安人家鄉。中西部的大平原，比大理的農地大十倍，甚至百倍。」詹姆士比較。

「三百多年來，從前大理的荒郊野地，先開闢農田，後挖掘溝渠，因而產生大量糧食。於是吳三桂的大軍到底沒荼毒地方百姓。」身為司機，卻談老歷史。

「中西部面積超大，出產更多。印第安人不必開墾荒地，不必挖溝渠。滿山遍野悠遊野牛、野馬、火雞、野兔、和野狼。河流湖泊有鱒魚和水獺。春天原野長出藍莓、覆盆子，黑熊從冰雪中鑽出。千百年來，印第安人快樂度過物資豐富的日子。」詹姆士也暢談家鄉事。

「該走了，趁天沒黑，車子開進大理古城。」王師傅通知。

王師傅的麵包車來到灌溉溝渠較高處，田野間樹木及花園交錯排列，灰瓦白牆獨門獨戶矮房夾在林子裡。大馬路旁的叉路增多。

「我看見許多白牆民房，類似撫仙湖畔白族的一般房屋樣式。他們喜歡住在多水的樹林中。我們來到另一個白族的城鎮？」莊院士表示。

「不錯，大理的主要居民屬白族，他們愛水和白顏色。」王師傅提示幾句。

車輛、馬匹、和行人匯集的隊伍稍停一下。王師傅車頭一轉，麵包車滑進叉道。遠方出現一座古城鎮，被一堵古城牆包圍。城牆成環形，下邊有護城河。城牆高十多公尺，牆磚老舊，城牆上旌旗飄揚，旌旗的圖案全是金光四射，簇擁猛虎下山。

城牆正中央下方有拱門，古代衛兵把守拱門，查驗通關文件。今天人、馬、車自由進出。拱門之上，敵樓俯視進入城門的交通流量。一入無人把守的拱門，一條短街展現，短街兩旁儘是明清時代民居。這兒是明清時代的前門商業區，街道房舍樣式，經歷數百年時光而不變。

前門商業區之後有大片桂樹及山茶樹混種地帶，古大理的官廳和官府大員園邸，就座落在混合林區中。混合林區一側，景物忽然開展，點蒼山和洱海分佈廣泛，山下的大空地改為市集開張處。洱海產鮮美肥魚，捕撈出水後，迅速送市集陳列銷售。

「我的先祖三百多年前看見過大理城。經過漫長的時間，大理古城牆、桂樹林及官府衙門，仍保留不變。」王師傅嘆息。

（三）

經過前門商業區，轉入桂樹林及山茶花混合林區，地面道路是碎石路。雨停了，桂樹及山茶花整株帶水珠，枝幹蒼老而鋸齒葉蒼翠。林間有小道，通往舊官衙及古代大員的府邸。

進入大理古城的人、馬、及汽車等，大部分沒散開，一路上直走，來到大石板路地帶。原本前門商業區及混合樹林區間，自古以來全鋪了大石板。但數百年時光度過，這些地方的大石板已破裂；改建碎石路，當作另鋪柏油路的底。

數百年前最厚最硬的大石板，已被磨得半凹。大石版本身沒斷裂，但每一塊中央凹陷得太凶，於是塞滿碎圓石塊，以免馬行或車行太顛簸。碎圓石塊之間顯然塞了石灰粉，於是大石板整體表面勉強保持平整。

大石板路的兩旁，先出現大院落群。叉路通過大院落間，連接眾多小門小戶民居。大石板路盡頭，就是北城門或後城門。自古以後，北城門一帶居住最多大理古城官民；愈接近石板路的地段，官位財勢愈顯赫。

後城門大石板路兩旁，座落甚多大院落；每個院落各有本身的圍牆，金漆大木門、大院子，數幢純木構二層樓房。金漆大木門內，豎立高旗竿，旗竿頂掛了大紅燈籠，大紅燈籠上標示客棧字樣。

尚未天黑，大紅燈籠尚未點亮，大院子一片嘈雜，靠圍牆的大馬廄內拴滿馬匹，各路騎馬進入客棧的好漢，帶了大包小包東西，找純木構二層樓房的掌櫃登記，以便入住或連馬匹投宿。木棧內的半數夥計負責供應草料及飲水，清理剛退房而帶走馬匹的客房及馬廄。

「到底這些木造旅館有多久的歷史？」詹姆士詫異而問話。

「幾百年。等一下就知道。」舒小珍笑嘻嘻安慰同行的人。

「有沒有空房？三個男人分住或合住，一個女子單獨住。」王師傅向掌櫃交涉。

「這些是古代的旅館？」莊院士打聽。

「正是古代驛站平民商旅的住房。空房不多，得馬上登記繳訂金。」掌櫃聲明。

「怎麼經濟困苦的年頭，還有人出外旅行住客棧？」王師傅一再打聽。

「咱們收費特別實惠，馬匹照顧周到，自然住客上門。雲南地方大，山區居住地遠，山裡人騎馬出來辦貨，尤其碰上大理市集日，找便宜的旅館不容易。」掌櫃看見房客開汽車而來，特別慇懃照顧。

「為什麼馬廄客滿，空院子堆了許多帆布袋？」王師傅問清楚一切。

「馬幫要出行了。春天天氣轉晴，大理的馬幫每個月出一團。」掌櫃說明。

「但是看不見馬幫好漢，他們去哪方了？」

「不去哪方，就在酒樓喝一盅。明天上路以後，一連二個月日子苦透了。」掌櫃透露。

「我們一定走進時光隧道。」詹姆士打趣表示。「今天還有馬幫？」

大石板路兩旁的眾多客棧間間人聲鼎沸，馬匹不斷地進出，顯示出所有客棧生意興隆。各種貨物送到客棧院子裡，先行打包，明日上馬又馱貨出行。明天一早，大理大市集開張，直到入夜才收攤。從大理城外山區入城並辦貨的人士紛紛議論，認定大理馬幫將在大市集採辦若干商品，旋即上路去藏區。

客棧人馬嘈雜，簡直不能休息。莊院士等四個人走出客棧逛逛，等待各客棧安靜下來。他們四個人沒走多遠，看見客棧左邊的酒樓人滿為患，客棧本來自行供應酒席。但馬幫和其他商旅談大買賣，上酒樓吃喝享樂一頓，私底下完成銀兩及貨品流轉。

「大卡車已經通車，承載能力大增，還需要馬幫？」四個人在酒樓客棧間溜達，詹姆士發問。

「藏區範圍廣大，許多地方不通卡車，馬幫有著力的地方。何況商品千千萬萬種，卡車供應不全。」王師傅回答。

「馬幫買賣些什麼？」莊院士打聽。

「過去傳說馬幫進行茶馬交易，也就是賣茶葉去藏區，買野馬回來，太簡化事實。」王師傅表露他的廣泛常識：「馬幫賣火柴、煤油、毛料毛巾、銅壺、清涼藥膏、棉布棉紗，東西太多太多，何況單茶葉就有許多種。馬幫買回野馬，藏區藥材、氈毛料、桃色海鹽等。」

莊院士等四個人不必趕路，他們將配合老桑馬登返回西藏，一起展開調查活動；老桑馬登一人二馬走上坡路回西藏，腳程一定慢，人也許能又搭便車，省一大段腳程。所以他們四人頗有沿路慢走，自行認識新地方的餘裕。

第二天一早，四個人起床，客棧反而安靜下來。多數住客已退房，院子的馬廄也空了。他們四個人往距離不太遠的洱海散步。高大的點蒼山脈座落大理城內外，擋住東昇的太陽，所以大理通常天亮得稍晚。

全大理城內的居民，一早都去洱海。大理附近山區的白族居民，也下山趕集。大理城內外人聲嘈雜，牲口叫喚連連。雲南第二大城市，二百萬人的大理大地區，果然不同凡響。

穿過古城中央桂樹及山茶花混合地帶，繞過古官衙及大官府邸，來到洱海南端。大批馱馬、馬拉板車、少數幾輛拖拉機，載運貨物來到洱海水邊。大市集位於點蒼山脈主峰腳下，與洱海水岸之間。

莊院士等四個人剛接近洱海，天晴，涼風從洱海清澈的湖面吹來，令人精神清爽。悠閒的老人坐在巨大湖邊釣魚，近岸處舢板漁人划槳撒網，清晨水面波光粼粼。洱海中央，風急生波濤，帆船張帆，船上幾個人逆風撒網；收網時烏黑大魚太重，船上幾個人合力收網而一時力氣不足。清水流出洱海，流過海邊小門，進入大理大平原的灌溉管道。

洱海岸邊楊柳垂絲累累，連日雨水把環湖石板路沖洗乾淨。點蒼山腳下，千萬朵野花開放，大市集就在湖濱、山腳、以及花海中進行。莊院士等四個人向洱海遠處走去，一直讓路給載貨趕集的臨時生意人。

洱海的一段湖岸闢成碼頭，若干艘帆船靠近碼頭卸貨。各種交通工具裝載特大瓦甕，向靠岸碼頭的小船買魚貨，趁新鮮送去幾百公尺遠的大市集。

「我問他們一些問題。」王師傅聲明。

有人備了大瓦甕，就等帆船落帆靠岸。

「請問洱海供應大魚嗎？」王師傅開口。

「那還用說，洱海不養大魚，別的湖泊配嗎？」帆船漁夫作答。

「有那些大魚？」

「大頭鰱背黑肚子白，熬湯湯鮮。大頭鱖魚青中透黃，是紅燒的上好材料。手指頭大的透明銀魚，裹麵粉油炸，連骨頭都酥軟。洱海大魚運上大市集，是最火紅的商品。」

「一般居民都買？」

「不錯，一家買一條，幾百家買幾百條，大市集的鮮魚攤不夠賣。」帆船漁夫聲明。

「三百年前洱海也產大魚？」王師傅試問重大問題。

「三百年前當然產大魚，大理土司規定，一般人只准買小魚和蝦米，大中型魚指定送平西王府和兵營。」漁夫居然知道往昔故事。

「平西王宮殿在昆明，大魚從洱海送昆明，早就爛了。」王師傅質疑。

「夏天不捕魚，放著任憑魚長大。冬天捕撈，天冷下雪，雪片包裹大魚，大魚不會腐爛。何況過年正值寒冷天，大魚在過年期間不腐敗。」

王師傅結束交談，向同伴們透露，平常大理和其它地方提供大量米麥，吳三桂的三十萬大軍夠吃，才不騷擾百姓。過年過節，大理土司進貢趁下雪天抓捕的大魚，加上丘陵間捕捉的野豬，一起送去平西王府及軍營，雲貴的部落族人才免遭三十萬大軍的迫害。

莊院士沿著千萬朵山腳野花地，加入忙碌的趕集人潮，走向點蒼山下的大市集。大市集的入口一帶，五十多匹馱馬掛了帆布袋，自由自在溜達花草地。

「馬幫買貨，買滿就出發。」王師傅宣佈：「大夥兒進去看看貨品。我去問問馬幫消息。」

莊院士大逛雲南第一大市集。王師傅東打聽西打聽，向莊院士報告。馬幫別處沒買夠普洱茶等，想向大市集掃貨。

他們四個人看見大市集的重心，活魚及醃魚區。大市集內，有一個貼近洱海岸邊的角落，巨大瓦甕站立，賣起新鮮大活魚。

「活魚從哪兒來的？」王師傅問道。

「當然從客官眼皮底下的洱海，所以不必問新鮮度。」魚攤販表示。

但是活魚瓦甕旁邊也掛了鹹魚，鹹魚已經風乾。

「它們也是洱海的魚？」王師傅又探聽。

「不是，洱海的新鮮魚蝦搶手，不必風乾揉鹽。醃魚由漾濞鎮運來，路途遠了點，所以要醃晾。」

「漾濞在哪兒？」莊院士向身邊的活字典探問。

「就在下一個城鎮，麗江鎮郊外，一個怪透的地方。」活字典舒小珍答覆。

每十天一次，大理的大市集開辦。白族子弟、馬幫、附近的納西族、以及全大理附近的漢人都趕赴市集，進行眾多商品的買賣換手，稍微改變生活的調子。只有社會太平和樂，各地部族人士才能進行這一類商業活動。社會愈和平，生活愈富足，市集商業活動才愈熱鬧。

平西王的民族政策，也影響大理的商業活動。三百多年前，背叛大明王朝的吳三桂，率三十萬大軍，以及後續十萬眷屬來雲貴高原稱平西王。他沒製造一場血腥災禍，荼毒雲貴全部部落，得力於手下推行新政策。新政策產出大批糧食，供應四十萬軍隊所需，防止平西王麾下的軍隊和地方部落互相迫害報復，從而影響往後三百多年全雲南各民族的和睦關係。

莊院士等人走出大理大市集，離開洱海湖岸，返回古老客棧結帳。北宋初年，宋太祖趙匡胤創建新王朝，統一黃河以南到雲貴的疆土。當時的南詔國自願稱臣納貢。北宋派欽差大臣來大理安撫。大理的南詔國王在古城後城門，即北城門下的酒樓招待，欽差大臣進駐莊院士等人住過的古客棧。欽差大臣安撫完畢，由北城門北歸，南詔國君臣在北城門上的五華樓送別。整個北宋期間，大理地區安寧富庶，北宋不動用兵力南攻。

王師傅的麵包車走過內凹而填實的大石板路，通過五華樓下的北城門離去。王師傅邊開車，邊追述平西王來雲南之後的政策。

三百多年前，大明崇禎皇帝苛刻、猜忌、以及無知，虐待各級軍隊，漠視大明子民因天災而性命不保。李自成等叛變，鎮守山海關的大將吳三桂與清朝皇太極談妥，打開山海關大門，迎清軍入關，展開清朝兩百五十餘年的統治。北京封吳三桂為平西王，統治雲南貴州。

吳三桂大軍三十萬人，由山海關步行至湖南長沙，沿途大明末期守關將領大部分開城門投降，捐獻糧食金銀。由於雲南貴州屬荒野之地，瘴癘之鄉，三十萬大軍糧食預計無從徵集。三十萬大軍抵達富庶城池湖南長沙，吳三桂命令長沙城投降納糧。長沙城不服，據城抗拒，吳三桂命令大軍進攻。攻破長沙城，屠殺城內官兵，掠奪糧食金銀，而後進入貴州及雲南稱王，第一年三十萬大軍糧食有著落。

當時雲貴確實是荒郊野地，少數民族以打獵採集維生，本身只能勉強維持，無力供養平西王大軍三十萬人。吳三桂及手下大將奢華浪費，年領朝廷二百萬兩白銀仍嫌不足，勢必向各部族勒索。對部族男子動酷刑，押解部落女子進入王府及高官府邸為奴婢，種下漢人及各部族之間的仇恨。

北宋當南詔國的宗主國，南詔國年年赴開封稱臣納貢，其中一份禮物為罕見的石頭。石頭質地堅硬，從中剖開，加上研磨，硬石頭表面出現美麗陰涼花紋。開封朝廷稱大理的貢石為大理石，其實就是今天的高級石材大理石。大理石是石灰岩礦的精品，埋藏於點蒼山深山中。大理土司動用大量白族人力進點蒼山挖大理石，挖得山中到處出現坑洞。白族土司得知平西王進駐昆明，築金頂寶座王府；土司率白族子弟逃入點蒼山礦坑中，派要員與吳三桂談判。漢人與大理白族關係面臨水火考驗。

「但是平西王時代至今，漢人與地方部落和平相處，沒釀成種族悲劇。」莊院士簡單回顧歷史，得到結論。

「因為平西王麾下的補給徵糧將領上下，擔憂長沙城被屠城掠奪的故事重演；與雲貴各地土司談判，鼓勵各族人開始開闢荒地，改種莊稼。土司同意合作，承諾發放荒地給族人，要求族人大舉種植。部分糧食自用，部分糧食輸捐官府。結果漢人及少數民族為了取得私有地籍，費力大舉開墾，終於開出良田萬頃，年產糧食無數。吳三桂三十萬大軍得到糧食，不迫害地方百姓。地方百姓擁有私田，甘心勞動種植，日常也能溫飽。往後三百多年，雲貴各地年年生產不絕，部族之間沒有形成深仇大恨。」

「原來石灰岩礦的精品之一是大理石，大理石產自點蒼山高處。點蒼山高處從前居然是淺海。特殊的鈣矽藻死亡後，屍體變成大理石。」舒小珍表示。

「古代羅馬也出產上等大理石，顏色純白。威尼斯城和羅馬城經常採純白大理石礦當建材，又當上好雕刻品的材料。」詹姆士表達相同的看法。

王師傅的麵包車告別大理古城，開上大公路，又來到萬頃良田之中。萬頃良田代表吳三桂手下有好謀臣、部落的土司有頭腦，兩方面共同採行好政策，為子孫的幸福打下基礎。

「印第安人不會動腦筋，不設法談判，不開闢一萬公頃農田；其實印第安人保留區可以開闢不止十萬公頃良田。白人官員也不替印第安人設法，為印第安人找出一條生路。印第安人的命運註定了。」詹姆士聯想。

「但是，」舒小珍想到就問：「印第安人保留區裡，有沒有可以開墾的地方？」

「當然有，而且地方又大。平原一望無際，冬天冰雪遮蓋一切，春天雪溶，許多地方可以耕種。印第安人不屑下田耕種，白人政府不勸導印第安人酋長。悲劇就開始上演。」詹姆士抱怨。

大理城外萬頃良田的邊緣，靠近點蒼山一座支脈的山腳，出現三座呈品字形而立的白色佛塔，就是大理古城之外的佛教重地崇聖三塔。王師傅的麵包開過崇聖三塔的圍牆外大門口，赫然發現，崇聖三塔隔馬路對面的樹林中，只有少數幾名好漢留下看守，林中地面堆放五十多組大帆布袋，每組大帆布袋各有二個硬皮盛物袋子。這二個袋子有帆布牢牢連接，恰巧安掛馬背上。袋角縫上粗布帶，以便綑上馬腹。林中拴住五十多匹馬。正與王師傅等四個人，經過點蒼山下萬千朵野花地，大市集入口處所見的馬匹和帆布袋一模一樣。

「大理馬幫出發前，向菩薩祈福。」王師傅指出。

一千多年前，大唐王朝篤信佛教，因而誕生了三藏取經的故事。大理的南詔國也感染信佛風氣，在城外地勢較高的青山綠水間，修建三座印度式白磚浮屠，即神塔。每座浮屠高三十多米，供奉佛祖寶座旁的三位菩薩。崇聖三塔拱衛一座大佛寺，即大雄寶殿，供奉釋迦牟尼佛。整個大理地區，寺廟香火以崇聖三塔為最鼎盛。

另一方面，崇聖三塔選在萬千鮮花怒放祝福的地點。因為全大理地區，崇聖三塔內外山坡地上，野生杜鵑花開滿綠葉上。已經是六月暑夏在望的季節，點蒼山外圍山腳下，紛見密實廣大的團團白雪，其實是白色杜鵑花的綻放。團團白雪之間，多幅大紅喜帳鋪放綠葉青草上，其實是鮮紅的杜鵑花一種，映山紅綻放了。

萬千朵白雪杜鵑花，以及萬千朵大紅映山紅，在佛祖及三位菩薩腳下盛開。地傑神靈，祥雲緩緩飄浮低空，為入寺祈福的信徒帶來福音。崇聖三塔福音頻傳，王師傅的麵包車在祝福微音中離去。不久三十多名馬幫好漢出寺上馬，也在祝福微音中踏上茶馬交易旅程。

「暑假快到了，大理現在不濕熱，雨暫停，氣候乾涼。」莊院士心神愉快談天：「大學城一帶的暑假，州立大學的師生不去巨岩荒原找化石，他們另外安排什麼活動？」

「暑假講求避暑，一旦心中平靜，還能做一點研究。州立大學教師們和少數研究生，包括我和愛人，組隊去湖邊露營區，休閒遊玩一個多月。大夥兒大都在湖邊垂釣或撒網，輕輕鬆鬆弄上三、五公斤重的大魚。每對夫妻都帶了烤爐；我的愛人也是烤爐專家。烤爐中層均勻鋪放無煙煤，底層放易燃的枯松枝。爐火強熱而煙輕，放上刮了鱗的大魚隔了不銹鋼架子烤，不斷的翻轉，二十分鐘熟透而噴香。配上家中烤好帶出來的硬麵包，全部避暑隊員吃得舒服。入夜天涼了，精神旺了，專心看資料做研究；避一次暑，收穫還不少。」詹姆士敘述。

整個大西部原本都是印第安人的遊獵區，當然包括森林地帶的湖邊露營區。夏天森林中多野雞野兔，枝頭鳥鳴不已，印第安人曾經悠閒射下跳躍林鳥，撒網捕大魚，過豐盈的日子。現在印第安人不來湖泊森林了。

「博士結婚多久了？現在相隔一萬公里，思鄉情緒重嗎？」莊院士又問。

「結婚二年多，夫妻相處融洽，因為各有升遷壓力，忙著寫論文登上大學院刊或出專書忙碌，暫時不敢生孩子。」

（四）

雨後點蒼山脈下的廣大平原，空氣清新而農地景色鮮明；麵包車所有車窗半開，涼風吹進車內。

「老師在撫仙湖南岸及北岸，是不是分別考察了長時間？」涼風吹進，舒小珍髮絲飄拂。舒小珍閒談。

「我記得我年輕時，看見過這樣的報導，中國某一地區的古老地層，發現寒武紀中期多細胞生物，像水母、三葉蟲、和蝙蝠蟲？」詹姆士插嘴。

「不錯，十幾年前，我結束了與石油來源有關的甘肅地區工作，轉來雲南的的撫仙湖湖岸古老地層碰運氣。撫仙湖邊的白族對待老人家有禮，不怕我們在湖邊小丘東挖西探，又拍照。白族小子跟著我們挖掘觀察。幾個老學究終於碰上黏土地帶。古老黏土上，留下許多印記，正與水母、三葉蟲、和蝙蝠蟲有關。黏土送去實驗室化驗，確定屬於寒武紀中期，比同紀的初期晚二千萬年，而二千萬年前物種演進相當大。想一想，從最原始的無核矽藻演變成十萬個以上細胞構成的三葉蟲。」莊院士仔細回憶。

「對，對。」詹姆士欣然同意：「科學界公認，每一千萬年物種突變一次。」

「我們親身發現三葉蟲等古老物種的印痕，與其他同仁合作，發表了論文。在古生物界轟動一陣。朋友打電話或親自前來道賀，當地白族人家同慶，卻搞不清到底是怎麼一回事。」莊院士回憶。

「後來呢？更早二千萬年，就是寒武紀初期的生命大爆發？」舒小珍又追問。

「一個人的運氣不可能好二次。第一次找到黏土層，我們親身經歷，有資格發表論文。第二次是聽說的。我們正討論，博物館的遠古地理及生物廳，如何改為侏儸紀廳。消息傳來，撫仙湖北岸的帽尖山，位於澄江縣，發現黏土層印痕。我由昆明趕去撫仙湖北岸，那兒人山人海，汽車不通行。一大堆人去湖邊小丘挖黏土，許多小山的黏土被剝了一層皮。」莊院士暢談。

「黏土上有什麼印痕？」舒小珍問下去。

「最小的只有米粒般大，經過高倍率電子顯微鏡觀察，判斷由蠕蟲留下，推斷是現代腔腸動物的祖先。有一種細長生物，長達六公尺，被切成十幾段，推斷是遠古蚯蚓。此外還有多個僧帽水母。」莊院士敘述。

「我希望侏儸紀廳先完工開放，我接著才上飛機回家。我設法弄一套黏土檢驗報告，證明黏土層的古老。我希望帶走寒武紀初期及中期的複雜生物印痕圖案。」詹姆士表示。

「這方面沒問題。博物館和州立大學交流，互相提供古老的生命樣子。相信交流富有科學興味，也收得到展覽費。」莊院士期待。

「撫仙湖離昆明不遠，我常開車繞行撫仙湖。現在我知道了，黏土層有印記就是寶，我要多挖走幾片黏土層。」王師傅宣佈。

車上其他三名乘客笑了。

「是誰提漾濞？我們就在漾濞鎮停一下。」王師傅又宣佈。

瀾滄江是雲南境內最長的河流，先繞過雲南最西北角的梅里雪山。遙遙離開大理，一路上縱貫全雲南，在西雙版納流入寮國，漾濞江就位於大理郊區，與瀾滄江平行，水量少，注入瀾滄江。他是遠古河川變動的奇蹟。漾濞鎮位於漾濞江畔，居民卻是彝族，一方面利用漾濞江少量的水養殖，一方面就近移用漾濞江的水，灌溉大理市轄區內的漾濞江狹長平原。

王師傅宣佈停車，詹姆士心中震動一下，認為他判斷對了，麵包車出毛病，考察團拆夥。結果王師傅只從車廂內拉出二條報廢的內胎。王師傅蹲下來，把一個外輪胎指給大家看；外胎的溝紋磨平了。詹姆士以為王師傅當然換上新外胎。

不，王師傅不卸下車廂後門外掛著的新外胎。他用千斤頂頂住車軸，又用十字六邊起子旋鬆鎖輪螺絲，取下車輪鋼圈。他把鋼圈上的外胎卸下，用二條報廢內胎包住完好的充滿氣內胎，然後直接裝上磨損過度的外胎。這麼一來，他等於為完好內胎另套保護層，不怕外胎因太薄而被刺穿孔，又連累完好內胎穿孔漏風。王師傅用克難方法延長外胎的壽命。

詹姆士弄迷糊了，問道：「明明外胎要丟掉，為何還用下去？」

「外胎昂貴，磨平溝紋了，還是要繼續用。反正廢內胎多的是。」王師傅解釋。

詹姆士不禁瞠目結舌。車內每一個人，除了他以外，衣服破舊了，不會隨便丟棄；舊衣服將就穿下去，直到殘破不堪為止。鞋子磨破了，補了又補；鞋底磨完，只換鞋底；鞋子用到鞋幫撐破為止。他們不會浪費一文錢。但他們全是專業人士。他們如此節省，其他下層農人和勞工如何辛苦過日子，幾乎可想而知。二次世界大戰過去二十多年了，西方發達國家走上經濟繁榮之路，中國廣大的人口仍過著艱苦的日子。

漾濞鎮是個人口少的小鎮，依賴河短水淺的漾濞江而生活。漾濞大農田一如大理城外的萬頃良田，到了第一期穀熟的季節；農民清理住戶附近的一切廣場，以便曬乾穀粒。漾濞江上舢舨划動，漁人撒網捕魚，接著醃魚，然後大部份送大理市集出售。莊院士等三個人，注視這個小鎮從事農業及漁撈；王師傅使用廢內胎，墊在一個磨平輪胎內。詹姆士不敢看輕王師傅，他能延長汽車零組件的壽命。王師傅開車約四個小時，感覺身體累而眼澀了，就停車休息走動一下，其他三個人也樂得下車。然後王師傅再開車四個小時，完成一天的勞動量。車內擁擠不堪，一連枯坐四個小時，人人都想下車，活動一下筋骨。

「在壞馬路上開車，特別消耗精神。」王師傅解釋。

王師傅停車休息，先打開左右和後車門，讓車內空氣流通一下，然後找抹布擦乾淨每一扇窗戶，才自由走動放鬆肌肉。

「幾乎所有柏油路，變成砂石路。」詹姆士抱怨。

「過得去，過得去，慢慢會改善。」王師傅認命表示。

「這種旅行不是享受，而是折磨。」詹姆士用詞強烈，半批評半開玩笑。

「過得去，我經歷過更壞的情況。我小時候和爸爸跑各部族山間吊腳樓，一路騎馬，連公路都沒有。」王師傅透露。遠方出現一圈圈矮籬笆，不是圍院子或菜園，而是分隔河岸地段。漁人划舢舨，在自己的河岸地段停泊，搬出一桶桶大小河魚，送去鎮內市場。

「我小時候騎馬跑部落，坐騎一踏上砂石路，知道走出部落地區，回到平地，心裡踏實起來。直到這幾年，才偶然行使路面完整的柏油路。開車行走完整的柏油路，感覺真舒服。」王師傅又閒談。

「小孩子不可能進出部落，一定會送命。」詹姆士知道印地安人部落狀況，因而聯想雲南各地的部落形勢。

「就是因為從小進出部落，所以補給單位特別要求交通單位，讓少年小毛頭學開卡車，領牌照。」王師傅仍提往昔的經歷。

「一個少年學開卡車，領牌照，完全違反交通規則，不可能的事。」詹姆士用常理判斷事情。

「就在一九四一年偷襲珍珠港事件之後，美援的汽油，機關槍、藥品、和糧食，由海上運到密支那。昆明的指揮部拼命訓練卡車駕駛員，去騰沖搶運物資。」王師傅提到大東亞戰爭。

「只訓練一個禮拜，卡車性能沒摸透，我們就遠行去騰沖，開老舊卡車，然後結隊衝進密支那森林。道路是臨時開出的泥巴路，一下大雨就泥濘。舊卡車輪子捲進泥巴中，開路工人左右活推死拉，把卡車拉出森林，運出一部份物資。」王師傅又回想。

「太平洋戰爭是場血腥的戰爭，太平洋中的島嶼爭奪得很厲害。」詹姆士開始理解起來。

「八年抗戰結束，物資嚴重缺乏，山區各民族反而有存糧和野豬之類，我勉強通過荒草野地，用物品交換山區部落的出產。」王師傅回憶。

「你是漢人，怎麼你的祖先一直和少數民族打交道？你一個少年，怎麼又老跑少數民族地區？」莊院士控詢。

「因為我的先祖是三百多年前，最早移來雲貴的漢人之一；更因為我的先祖是平西王吳三桂麾下的催糧副將。」王師傅說出一段歷史的重要關鍵。

「一般人看見，指揮大將和先鋒大將領軍出戰，威風八面；卻不檢討，士兵天天要吃飯，軍隊中的糧食大將責任重大，糧食、馬匹、板車，和衣被一樣不能少。而糧草大將手下的各路催糧副將，更是跑斷腿，忙翻天。」王師傅回憶。

「你的先祖去哪兒催糧？」莊院士開口。

「他負責先行開路催糧。吳三桂大軍攻破湖南長沙，掠奪洞庭湖一帶大量的糧食。我的先祖帶了一批小卒，騎馬先進雲南，和九鄉、昆明、祿豐、大理、和麗江的土司們分別打交道，要求各部落供應糧食。」王師傅回憶。

「催糧副將徵得了糧食？」舒小珍問道。

「根本不可能，平西王的三十萬大軍，以及隨後跟來的十萬眷屬，每天消耗大量糧食。王爺府和高官官邸，更是用度奢侈。全雲貴的糧食加起來、不夠大軍的三餐伙食。」

「結果強徵糧食？不納糧的監禁？不聽話的土司，派兵緝拿或追殺？」舒小珍問道。

「那樣子休想徵夠糧食。糧食由土地裡長出來，出產了十擔，別想徵得十一擔。胡亂關押土司及部落壯丁，部落一造反，催糧副將首先自己被砍頭。先祖知道平西王大軍血洗長沙城的故事。雲貴的部落是大軍最後的憑仗，千萬不能隨便關人砍腦袋。」王師傅表示。

「吳三桂大軍需要大量水源，就在滇池邊建平西王府，其實就是宮殿；王府內設六部，全部過奢靡的日子。朝廷年給二百萬兩不夠花，平西王再向北京要求增撥銀兩，抱怨雲貴二省荒蕪不產糧。」

（五）

潤滄江是雲南境內第一大河，水量充沛水質好；但是距離漾濞平原太遠，不能調水灌溉漾濞平原。漾濞江水少，又要養魚，也沒剩多少水用於灌溉。所以當地農民接用點蒼山腳的水。稻子產量多，麥子、玉米、和小米產量也不少。

王師傅的麵包車駛離漾濞鎮，車子不故障，詹姆士沒理由宣佈拆夥。公路開始緩慢爬上坡，公路狀況依然惡劣，載重大卡車壓破柏油路面，長久以來柏油路面沒重鋪。

「洱海的大魚，和漾濞的魚蝦，都和我的先祖有關。」王師傅開慢車，繼續談荒野的開墾。「平西王和手下大官仗侍大軍在手，就知道向地方土司要糧要勞役；誰膽敢違反，長沙城是先例。糧草大將和催糧副將不敢濫殺濫捕。明朝太腐敗，崇禎皇帝刻薄昏聵軍隊叛離。三十萬大軍中，不少人想去遠地安身立命，永遠離開北方。雲南是有水有平原的好地方，足以養家帶娃兒。」

「怎麼解決難題？」莊院士追問。

「三百多年前的雲南貴州，廣大的平坦地帶只開墾一小部份，到處是陰暗的叢林及野草。我的先祖催糧副將向糧草大將建議，四十萬大軍及眷屬想平安過日子，就得開墾荒地，養豬捕魚，誰開墾了地，發土地給他。又向各部落遊說，不能光靠打獵採集；還是讓部落壯丁開墾種地，莫叫大片土地荒廢了。」王師傅透露。

「這樣做是對的，自古以來，軍隊不打仗，就屯田開墾。」莊院士表示。

「另外，向各地土司遊說，指示各部族壯丁開墾，土地歸壯丁，否則各地方繳不出糧稅。起初部族有些勇士反對改變生活習慣，不惜與平西王鬧翻。」王師傅先祖的開荒政策不順利。

「地方土司和平西王彼此僵持了下去？」詹姆士發問。

「有些地方其實也到了非改變不可的階段。一代代打獵，獵物快絕跡。山中以野豬為最多，部族壯丁獵殺一頭母豬，棲息地就會獵物枯竭。大理土司和白族子民躲在點蒼山大理石礦坑中，派代表與催糧副將談判。大理土司要求，白族可以開墾大理及漾濞大平原，但平西王府應發出田籍證。我的先祖會同糧草大將，疏通戶部開立田籍證；凡開墾了土地，發給田籍證。於是大理土司率白族子民下山。為了開墾荒地，乃疏通溝渠。白族需要大量的耕馬。白族土司也加強馬幫入藏交易。」王師傅說明結果。

「別的地方也一樣，歐洲人去新大陸移民，起先也靠打獵及採果。但是歐洲移民愈來愈多，非種田不可。結果中西部大莊園出現，產出了夠多的糧食。」詹姆士從其他部落方面舉例。

「我的先祖談判，每年納糧，不妨以雞鴨魚肉代替一部份糧食。大理土司辦得到，因為糧食有剩，正好養家禽家畜，用肉品納稅。何況還有一項寶貝。」

「什麼寶貝？」詹姆士追問。

「就是洱海的大魚，漾濞江的醃魚。糧食及嫩草投入水中，連魚蝦都吃，魚就長大了。」王師傅表示。

「其他地方的土司怎麼表示？」莊院士詢問。

「大理的土司答應大開墾，其他地方的土司也就同意照辦。古代軍隊多工匠，能自己造鐵鍋、鐵爐、犁頭、鐵鏟。軍隊士兵樂於開田、自己取得地籍；賣鐵器給部落，有些人願意去山中開礦。於是各方面都得到好處。第一年各地方收成差，第二年收成好一些，第三年起大豐收，又養出許多家禽家畜。從此雲南各地農田池塘愈來愈多。」王師傅說明。

「雲南的土司比長沙城守將聰明，聰明太多。驅使子民打仗，最笨不過。」舒小珍表示。

「印地安人酋長不一樣，他們不願意下田耕作，只圖騎馬追獵中西部的野牛野馬，最後和白人打仗。」詹姆士聯想。

「有些地方山多，不出產糧食。像九鄉，砍杉木及竹子納稅，也成。像麗江，願意用馬匹代替糧食，更好，吳三桂的大軍正需要馬。現在我們瞭解，麗江的山林不產野馬；麗江的土司控制馬幫，馬幫賣茶葉、銅器、棉料去藏區，藏區捕捉野馬出售。」王師傅敘述。

「土司頭腦靈光。現代商業中，貿易和運輸是重要一環，馬幫搞茶馬互易，就是辦貿易和運輸。」詹姆士解釋。

「平西王的軍隊在昆明附近的滇池、撫仙湖、陽宗海、和杞龍湖養魚。魚長得特別大，用棉毛紡織網捕魚，魚網破裂。我的先祖找大理土司求助，大理土司送一大堆黑網給催糧副將，黑網能撐住大魚的重量。我的先祖從黑網和大量的馬，得知大理和麗江的馬幫秘密，因為黑網就是藏區犛牛毛編出來的網，野馬全部來自西藏。但是催糧副將沒向平西王府透露秘密，不敢斷了大理和麗江土司的財路。因為先祖的家眷全部遷來雲南，他不想斷了自己家眷的生路。」

「這位催糧副將有頭腦，地方土司樂於協助他。」詹姆士判斷。

「吳三桂在雲貴稱王二十多年，最後反叛清朝，火急開拔大軍去湖南，長沙城誓死抵抗平西王大軍。吳三桂命令糧草大將，大舉向各土司徵糧調民工，一定要物資供應足，軍隊打勝仗。我的先祖催糧副將來到大理和麗江，透露吳三桂大軍已攻打長沙城，急需大量糧食及民工的秘密。麗江土司不合作，不繳納糧食及兵丁，可能判斷平西王反叛無希望。麗江土司甚至扣留我的先祖。地方土司看對了，清軍戰勝，平西王自殺，重要將領被砍頭，家屬被流放或充奴婢。我的先祖和家眷逃過劫難。清廷因為地方土司不協助吳三桂，仍維持土司治理地方的政策。雲南的漢人和部落以後和平相處，我的先祖和家眷被放了出來。」王師傅說完整個故事。

第五章 東巴圖畫文字

（一）

大江大河兩岸，往往吸收一個國家或省份的眾多人口，漾濞江例外。這條盲腸一樣的河流，尾端連接瀾滄江，卻不替瀾滄江帶去太多的水源。漾濞江的水用來養魚和灌溉漾濞大平原，剩不了太多的水。漾濞江範圍不大，江上不見帆影。養魚人家划舢舨網魚。他們甚至養魚鷹，驅使魚鷹潛水捕魚。

漾濞江的源頭位於古代石鼓鎮的小山上，它繞過雲南西北部的二大城市大理和麗江，卻完全不通舟楫。王師傅的麵包車沿著漾濞江向正北方行駛，逐漸進入地勢升高的地段。漾濞大平原不種稻米，改種耗水少的麥子及玉米。進入玉龍雪山下的丘陵，地勢高而水源少，居民在廣大的丘陵養羊。麗江納西族無法開發大片丘陵，他們養羊，進入藏區搞茶馬交易。少數西方人對中國邊疆有興趣。他們來麗江考察，稱讚麗江風光秀麗，有如人間仙境。但是西方人更宣稱，雲南最西北，完全被高山包圍的香格里拉，才是人間仙境。

早在一千多年前的唐朝，大理就成為南詔國的都城，當時麗江只是大理轄下的納西族群聚地。不知道從何時起，麗江轄下的石鼓鎮發達了，麗江也開始繁榮。麗江沒有洱海的魚產，沒有點蒼山間大量的大理石礦；從明朝末年開始，麗江反而比大理興旺，麗江擁有大規模王府，麗江土司權力大過大理土司。

「我們不趕路，可能在半路上遇見老桑馬登。」莊院士說明。

「我們在某一處超越騎馬的老人，馬力萬萬比不上汽車引擎。」詹姆士表示相同觀點：「從現在開始，一旦看見一個老人帶了二匹馬，我們就注意一下。」

「沒問題。老人可能騎一匹牽一匹。注意看，前面有一群馬奔跑過來。」王師傅提醒。

三十多匹馬，有些套上口嚼和繮繩，有的頭上沒套上任何器具。但碎石泥沙路仍傳出低沉「達達」聲音，分明所有馬匹打上馬蹄鐵。三十多匹馬奔跑，前後左右被七、八名好漢騎馬包夾，所有好漢穿同款勁裝。

「他們是馬幫裡的押運人，但是為什麼向大理方向跑？」王師傅一時理不出頭緒。

「馬幫去藏區買馬，為什麼出現在這兒？」莊院士問道。

「他們不在藏區買馬。交易結束了，馬匹帶回了雲南。」舒小珍腦中跳起一個念頭：「這些是馬幫帶回來的馬，可能要交到買家手中。」

轉眼間，三十多匹，連同四周押運人馬，跑得一馬不剩。

「大理客棧的份子雜，我們分不清他們的來路。」莊院士說明：「我們在點蒼山腳的野花堆看見一批好漢，又在崇聖三塔前的樹林中看見同一批好漢，但所有那批好漢與眼前跑過的馬群無關。」

「當然沒關係。那批好漢才預備出發，根本沒沾上一匹馬的邊。眼前的馬分明辦好一些手續，來到平地，分明要交給買家。」舒小珍又推理。

詹姆士注意她一下，感覺她反應敏銳，推理力尖銳。

「進入麗江城有二條路，咱們走哪一條？」王師傅請示。

「二條路有何差別？」看見一群馬奔跑而過，想到故鄉中西部的原野和野馬，詹姆士忽然好奇心轉濃。

「一條路是現在車輛馬匹常走的公路，先穿過麗江新住戶區，然後進入麗江古城。另一條路走玉龍雪山腳草地路。一般人抱怨納西族男人不下田幹活。你走山腳草地路，就知道納西族男人幹什麼活。」王師傅解釋。

「王師傅從小跑少數民族地區，他知道納西人的真實生活，我們走山腳草地路。」詹姆士表示。

王師傅捨棄車流量大的公路，麵包車開進樹林間的青草叉路。遠方出現矮山青翠的輪廓，山坡地樹多草密，枝頭鳥雀及山雞啼叫。手推板車和馬拉板車進進出出，但不見一般車輛。

突然間，「哦哦」叫聲響起。王師傅的麵包車和其他手推板車，停在一個大竹欄杆圈邊。圈內草深及膝，小樹任意生長；大石頭疊起當牆基，牆基之上巨竹當柱，細竹當橫欄，圍出一塊大圈子，大園子內有簡陋竹屋。

王師傅下車，其他三名夥伴也下車。有人去大竹圍的竹屋大門交談。

「他要買小野豬，看納西族男子怎麼抓小野豬。」王師傅低聲交代。

兩個穿特厚長褲，特厚長褲之外更圍上超厚棉布圍裙的男子，共同持有兩張合而為一的黑網，從小竹屋中走出。接著另一個同樣裝扮的男子也走了出來。三個人全戴粗厚手套。三個人注意一棵小樹邊的深草叢，彼此打手勢。其中二名共同行動的男子，張開厚黑網，低頭彎下腰準備承受重擊。另一個人手持木棒，在草叢中大撥特撥，又大叫特叫。

幾隻肥小狗般大的東西，猛然從深草叢中分頭竄出，猛撞前方任何障礙物。「哦哦」亂叫，長嘴利牙張開，一對獠牙往上挑刺。它們撞上一個穿厚裙的人，撞得他步子不穩。另一隻肥小狗撞在黑網上，被合攏起來的黑網裹住，塞進一個竹簍子裡。一隻小傢伙落網。三個人接著用同樣方法抓小傢伙。

「他們抓小豬，小豬攻擊得兇猛。」舒小珍表示。

他們四下張望，廣闊的樹木草地間，到處是這樣的大竹圈。零星的客戶推車上門，各小竹屋走出下身穿戴厚重圍裙的人抓小豬，現場賣出。

「別看豬小，它們狠狠一撞，不撞斷你的小腿骨，也能用獠牙撕破你一塊肉。」王師傅解釋。

「都是山豬，野山豬，玉龍雪山丘陵最凶的動物，一般叫獠牙野豬。身體重，獠牙尖，性子野，什麼都不怕，就是猛撞。成年大豬重二百公斤，納西族男子去深山獵野豬。穿特厚的衣物，十幾個人包圍一個野豬窩，任何人看見大豬就躲在大樹或大石頭後面，當場射箭投矛，殺死大豬，帶回其他乳豬。大豬太重，太凶，沒人拖得動，只好當場殺死。野豬肉好吃，烤熟後最香，一般納西家庭都會買。小豬性子野，讓它們躲在草堆中，主人煮熟紅藷剩飯，放在空地上，小豬偷偷溜出草叢舔光，它們不認主人。」王師傅解釋。

這就是納西族男子的主要打獵對象。三百多年前，位居玉龍雪山山腳下的麗江納西人，由於當地不見大平原，種不起糧食，就拿野豬肉、小野豬、松杉木料、以及成千上百的野馬，向平西王大軍納稅進貢，逃過了平西王的監牢苦刑。

「現在不少納西族男子，仍在玉龍雪山大丘陵抓野豬，他們用來圍小豬的黑網，就是滇池和洱海當年捕大魚用的黑網，據說只有藏族幹練婦女，懂得混合特殊毛料，加以紡成紗，織成網。」

「但是大竹圈中，不見眾多的納西族男子。」詹姆士表示。

「都去遠方深山捕獵，捕一趟花八天、十天。玉龍雪山的獵物愈來愈少，他們騎馬入深山，花費的時間愈來愈久。」

「獵捕過度，當然打獵愈來愈難。」莊院士承認。

「納西族男子還有其他活路，像組馬幫搞茶馬交易，在大市集買賣商品等。納西族男子天生有搞活商業的頭腦。」王師傅說明。

王師傅的麵包車，沿玉龍雪山丘陵邊緣，繼續往前行駛。他們看見岩層裂縫間，隱藏若干大洞穴，老人和小孩穿特殊法衣進出洞穴。

「都是納西族的男祭師和徒弟，平時鑽研納西族文化及歷史。一有祭辰慶典，他們出山為同族家庭拜神祈福，驅趕邪魔。」王師傅解釋。

「他們使用本族的方言及文字？」莊院士探問。

「他們說納西話，這種話只在麗江和瀘沽湖使用。他們看得懂東巴文，那是純粹圖畫的文字，圖畫的內容關係納西人的信仰和歷史。納西族祭師懂東巴文，保管東巴經卷，所以又叫東巴祭師。我們有可能遇見東巴祭師。」

「在哪兒遇見？在玉龍雪山山腳崖洞中？」舒小珍問。

「在大市集一端的戲臺上。每十天的大市集之後，東巴祭師都會祭神咒鬼，表演喪禮吹奏，傳說那些是真正的唐朝樂器和喪禮。」

「一次世界大戰之後，美國有一名奇異的植物學教授來麗江，他叫約瑟夫．洛克。他向西方報導，遠在中國西南邊際的雲南麗江，有人表演中國唐朝的樂曲，使用唐朝的樂器。看來洛克的報導是真的？」詹姆士從個人記憶中搜出一段往事。

「那是真的，前幾天我才在昆明的圖書館讀過。」舒小珍附和。

「看起來傳說都有幾分根據。這名學者在玉龍雪山一帶做了許多動物及植物標本，可能上千種。今天這片樹林裡，仍有太多奇特的植物和鳥類。」王師傅解釋。

他們的頭頂上空，正是玉龍雪山峰頂，冰雪尚未完全銷溶。雪堆匯入大冰河。冰河之下，珍貴及普通樹林垂直分佈。廣大林野地帶，隱藏太多奇花異草。奇妙的大小動物悠遊奇妙花草之中。

「五十年前，約瑟夫．洛克就在我們走過的地方活動。他的報導和照片刊登在國家地理雜誌上。他沒虛構一切。」詹姆士回憶。

不止如此，洛克當年還訓練納西族助手，幫他製作動植物標本。這些納西族助手的後代仍活著。

王師傅的麵包車駛過雪山下特有動植物地區，眼前的風光又產生變化。山腳草路的下方，赫然出現納西族古城麗江城。青草路的前方，仍屬玉龍雪山山腳丘陵。茶馬古道就從山腳丘陵某一處伸展而出。茶馬古道起點附近的樹林，正是納西族男子和少男活躍的地方。原來納西族男子和少男，經常在玉龍雪山山腳林野間活動。

黃昏開始籠罩玉龍雪山山區，山腳青草廣袤地區，響起陣陣鈴聲，納西族少女分別牧羊下山。若干山道上，納西族婦女背了竹簍子，竹簍子內盛放野菜及竹筍，也相繼下山回家。納西族婦女及少女穿白上衣，水湖色長裙。長裙用吊帶掛過肩頸，裙腰鑲有七顆星辰。白上衣之外加套羊毛短外套。納西人稱呼這裡女性上山或下田的工作服，叫七星伴月裝。也就是外出勞動，直到月亮和星斗升起，女子才結束一天忙活的服裝。

王師傅的麵包車不沿著玉龍雪山山腳，先到茶馬古道起點，然後直放藏人居住地區。麵包車轉下陡坡道，走山路開至麗江古鎮外圍。麵包車內的乘客看見古鎮外，更多穿七星伴月裝的婦女，忙碌一天之後，準備回家做家事。納西族男子和少男，則離開雪山腳下的樹林，也另行擇路回家。男女行人之中，不見老桑馬登一人二馬。他可又搭便車回家？

大理城的後城門區，有不少大院落，各院落擁有木造二層樓客棧；大抵來說，大理的古客棧分散開來。大理的酒樓也獨立分佈於大街兩旁。麗江古鎮不同，古鎮的古客棧密集聚攏在一起。

唐朝的長安城內，所有街坊道路均作縱橫垂直交錯排列。麗江古鎮也一樣，縱有八段街區，橫有八段街區，全部酒肆客棧分成六十四個等大的街區或街坊。每一街坊均有二幢木造二層樓，背對背而立，每一幢樓均面對一條街道。每一幢木造樓，巧恰分割成五戶，每戶樓下做生意，樓上住家。今天旅客嫌每戶空間小，但古人經濟財富規模小，各家擁有如此小店舖於願已足。至於是否有店家擴併鄰店之事，則不得而知。

每幢五戶木造樓全有灰瓦、白牆、紅木板門、以及紅色二樓陽台欄干。每戶門口種楊柳，放置相似的盆景。楊柳樹下清水通過溝渠，每戶取水排水都方便。

「三百多年前，我的先祖就在這裡的酒肆及客棧中，多次與麗江土司手下的大員商討，達成許多協議。直到最後催糧副將談到平西王大軍已向長沙城開拔，麗江土司才准催糧副將進土司府，順便扣留副將及小卒子。」王師傅想像一段歷史。

「真真實實，植物學家洛克住過這兒的客棧，又報導拍攝附近的麗江大市集。」詹姆士提到過去國家地理雜誌的報導。

「老闆，有沒有客房，我們有四名旅客，看起來每間客房都小，我們四個人分開住。」王師傅通知。

「這兩天有空房，喝酒訂酒席容易。過兩天難了。」掌櫃說明。

「為什麼？」莊院士問道。

「因為十天一次的大市集後天開張。馬幫正到處拉貨，貨不夠，上大市集掃。趕集的四方八面旅客一到，麗江老客棧客滿。」

「老闆，你見過一名老藏人，帶了二匹馬？」舒小珍打聽。

「好像沒有，那位老藏人有錢嗎？」

「他不可能有錢，他沿路向藏胞討點食物清水。」莊院士說明。

「沒錢的人，不必來客棧，從唐朝到現在都一樣。」掌櫃搬出他的生意經。

今天的麗江古城或古鎮，包涵三部份。中央部份的客棧酒肆區，正由六十四個街坊組成。古城後端是大廣場。大市集及唐樂的演奏，全在大廣場進行。從六十四個街坊到大廣場，幾步之遙而已。古城前三分之一，卻是顯赫的木氏土司府。相傳北宋時麗江由大理的南詔國統治。木氏是南詔國大員，元朝時南詔國瓦解，木氏返回故里麗江。亂世政軍情事變動大，木氏當上麗江的土司，不遜於大理的土司。麗江納西族的生活特色傳至西方，西方以為麗江是神仙之地。

麗江土司府建成於國家社會動盪時。六百多年前，南宋及南詔國快滅亡，前南詔國重臣興建土司府於古城北部，與客棧酒肆區隔密集的相思林而立，相思林又叫解脫林。木氏土司官威重，雖不擾民，卻不准子民擅闖土司府，有事在解脫林別墅等候。

明朝的大旅行家徐霞客在一六三八年前後，遍遊雲南各地古蹟名勝。徐霞客的遊記寫道，他經過麗江土司府正門，看門官不准徐霞客進入，而安排徐霞客在解脫林土司別墅等候，但當時的木氏土司並不小氣。徐霞客最遠旅行到滇緬交界處騰沖，卻因雙腳浮腫疼痛，行動困難。麗江土司出錢，僱了幾個轎夫，輪流讓徐霞客坐轎子，輾轉千里進入湖北。徐霞客至湖北搭船，順長江而下，返回江蘇江陰的老家。一年後徐霞客因腳傷擴大而病逝。他在遊記中記載，土司府官室華麗，擬於王者。也就是不比王爺府差。

今天的木氏土司府開放為博物館，供遊人參觀。王師傅為解開他個人先祖最後留居麗江的情況，邀請三名朋友共同觀訪土司府。

他們看見麗江土司府宮殿壯闊華貴，文武百官有龐大辦公廳舍，甚至大量馬匹及馬車住有廄舍。他們走遍四棟宮殿及起居樓，卻找不到牢房及鐐索。反而土司府內留有多處花園，眼前牡丹、紫菊、山茶花、以及五爪槐盛開。這麼美好的地方，怎會設有監牢？難道當年先祖逗留麗江等地，進行了一次豪賭，賭平西王回不了雲南，平西王自掘墳墓。否則平西王大軍一回來，地方土司和抗命的催糧副將，將逃去何方？

另一方面，不建圍牆，由重重密林包圍的木氏土司府，宮殿高大豪華，同樣講究排場；土司又長期統治麗江地區，納西人不埋怨土司剝削子民，木氏土司怎麼掌握巨額財富，用來建土司府，以及維持地方政權？

「洛克在國家地理雜誌報導，納西人生活寬裕，四方八面人士定期來麗江趕市集，麗江古鎮簡直像世外桃源。土司有何能能耐，讓子民安居樂業？」詹姆士來到麗江，檢討他的回憶，而發出如此的疑問。

王師傅等四個人，站在木氏土司府內或其他頭頂不見遮蔽的地方，抬頭就望見玉龍雪山。雪山的主峰高五五八六公尺，峰頂岩壁像三根手指頭相連並立；陽光照耀，峰頂巨岩反射金光。巨岩之下，黑青巉岩與冰雪交錯，到了六月仍不溶，分明冰河橫臥巉岩間。冰河之下，綠樹深草覆蓋廣大斜坡及丘陵，無數美妙植物及鳥類生長其間。依洛克的說法，麗江的納西人一向生活於神奇的雪山下。是他們幸運，東巴祭師一向祈福得當，神明保佑了他們？還是納西人懂得安排及創造自己的生活？

四個人花了一點時間，在尋找西藏老人桑馬登之餘，僅僅遙望玉龍雪山而已。在茶馬古道起點的樹林附近，他們曾聽見馬蹄及喊叫聲連連，說明不少人馬去樹林中活動。過二天他們會經過茶馬古道的起點。目前他們用不著提前探訪。六月的玉龍雪山，到處林密草長，氣候涼爽，山澗流水淙淙，真是不折不扣的森林公園。約瑟夫．洛克當年在這兒採製動植物標本，長時間與納西人相處，確實屬於真實的美談。

無論如何，納西人不可能儘在玉龍雪山下做夢。十天一次的大市集展開了。四方八面的居民和商旅趕市集，甚至從半夜就離開納西郊野，向古鎮客棧酒肆後的大廣場趕路。王師傅等人目睹，大市集人馬及攤位擁擠，商品繁多，連關在竹籠中的小野豬也上陣。但是最奇特的是，大鸚鵡和孔雀也出場，在小片空地上走動不飛逃，擺脫不了腳上繫繩。

「怎麼會有熱帶的鸚鵡和孔雀？雪山在旁，麗江是高寒地區。」詹姆士表示狐疑。

「也許它們來自熱帶地區的緬甸？」舒小珍猜想。

「不，它們是麗江本地的出產，火紅土地上的森林棲息不少鸚鵡及孔雀。」商家說明。

「那麼它們來自熱帶的西雙版納？」舒小珍又猜。

「別開玩笑，鳥兒從遠地方運來，鳥兒一點精神都沒有。只有麗江火紅土地自產的鳥兒，才會這麼活潑。」

有一批健漢出手闊綽，在大市集大買商品，導致旁邊專人伺候，像是幫派的採購隊。大市集一牆之隔的客棧區，若干壯漢入住，出手也大方。馬幫真的要行動了？

到了黃昏，大市集走散騰空一半，一組老人團體借用大廣場一端的空戲台，開始上臺吹奏唐朝遺留至今的老樂器。一群老人穿著法師舊衣服，同時在戲臺上及戲台下，舞劍踏方步表演，氣勢尚不小。

「他們全是東巴祭師，他們懂得唐朝喪禮。他們珍惜舊傳統，所以一到市集日，就為納西民眾表演。」王師傅解釋。

看起來，納西或東巴祭師表演的，不是唐朝宮庭的大典禮，只是地方小喪禮追悼儀式。大市集和唐朝古樂表演，都吸引大批居民。看起來納西族生活得不差，納西土司治理麗江得當；約瑟夫．洛克當年真真實實的報導了麗江和納西人。

「麗江納西人生活好，衣食不缺，當然洛克一個外國人才能自由來去；我們漢人來麗江，也不見種族仇恨及排斥。」王師傅表示。

(二)

「三百多年前，我的先祖在祿豐、石林、大理、和麗江催糧，探悉了若干地方上的機密。如果先祖想在平西王府升官發財，他把這些機密向平西王報告，平西王不免重賞；而後平西王向地方大斂財，不管地方的死活，充實自己叛亂的本錢。」王師傅追查祖先的事跡，得出若干結論。

麗江原本是南詔國的小轄地，南詔國國都建在大理，大理不見宮殿式的土司府，也沒有麗江整齊划一的酒肆客棧區。納西人怎麼獲得財富，大致上又善用了財富？

莊院士等四個人注意一人二馬的老桑馬登蹤跡，也觀察納西人的社會。發現納西人根本不談當年木氏土司的財富問題。

「懂得納西文化和歷史，看得懂東巴經卷的，只有納西祭師和徒弟。」王師傅表示。

「東巴經卷是什麼樣子？」莊院士趁閒交談。

「不起眼，全是不起眼的發黃硬紙片。東巴祭師私下保存，一張接一張教給徒弟。」王師傅憑記憶說出來。

「舉實際例子說明。」詹姆士好奇起來。

「祭師拿出一張光腦袋的簡單人形，代表男子。男子頭上只多幾根頭髮，代表女子。男子與女子接近而有一朵花，愛情滋生了。愛情圖畫邊緣出現一些人頭，表示眾人來祝賀，或結婚。愛的圖畫上頭有個大蓋子，表示組織家庭並建屋。」

「有點道理，再舉一些例子。」詹姆士又提議。

「簡單的樹幹和簡單的葉子，代表樹。二棵樹之間加了籬笆，代表庭院。三棵樹出現，森林形成，三棵間有一條蛇，危險來了，也就是躲避。三棵樹及一條蛇之間，更有一條小路，想辦法克服災難。有人走過其中的小路，脫險或解決了問題。」

「東巴經卷怎麼反映納西族的歷史及傳統？」莊院士討論比較深奧的層次。

「我記得一連四張圖畫，可能涉及納西歷史。第一張，一群大人及小孩跑上山頭。第二張，有人張弓射箭。第三張幾堆火烤幾條腿。第四張，大人及小孩進入山洞。」

「舒姑娘試猜一下。」詹姆士鼓勵。

舒小珍遲疑一下，莊院士勸進。

舒小珍開口：「族人來到觀望安全的地點。好漢打獵。殺獵物烤熟，族人回山洞休息。」

「那麼納西祖先曾在山林中打獵，和中西部的印第安人差不多。」詹姆士表示。

「但是東巴經卷中，經常出現發光的圖畫。例如一套三張老舊的紙板，第一張，流水彎曲了。第二張，彎曲部份上下有發光小點小豆子。第三張，一群人各持簸箕。」

「博士猜一猜。」莊院士提議，舒小珍點頭。

歐洲人早先緩慢赴新大陸移居。後來移民人口傳出，印第安人地區發現純金。移民潮開始大舉流入新大陸，甚至鼓勵東方人參與挖礦。詹姆士出聲：「當然流水減速。沙金及小金塊沉澱露面。大批人用簡單工具淘金。」

「我記得另外一組四張發黃的舊圖片。第一張，彎曲線條上有發光小點群。第二張，一群人捧大盒子、小罐子。第三張，幾個罐子放在一個坐下人物的身前。第四張，一個人的頭上有大蓋子。」

莊院士試猜：「水流彎曲處，泥沙出現，沙金露頭，大夥兒簡簡單單淘金。砂金罐子獻給頭目。頭目蓋起樓房宮殿。」

「埃及金字塔中，牆壁上划了牛頭鹿角，牛頭鹿角之間有連繫符號，代表法老王升天。埃及的古象形文字這麼誕生了。」詹姆士談得遠。

「正如甲骨文，燒裂了牛肩骨及龜殼，在裂紋邊刻圖畫，甲骨文誕生。」舒小珍也扯遠。

木氏土司府、客棧酒肆整齊街坊、以及大廣場，共同組成麗江古鎮。古鎮古老的圍牆已經損壞拆光，不見影子。客棧酒肆之外，流水溝渠的對面，有幾幢排列比較凌亂的磚牆樓房，建成的年代比客棧酒肆木蓋低樓晚太多。一批馬隊奔來，健馬載了大人及小孩。健馬拴在附近樹身上，大人小孩在某磚牆店鋪前排隊。

「發生什麼事了？」王師傅問道。

「國內第一個油田發現後，大批油品煉出來了，煤油用新鐵桶裝，馬幫將全部買下，價格反而低於舶來品。」客棧掌櫃提示。

「為什麼鎮上居民不買？」詹姆士發問。

「鎮上通了電，少用馬燈了。」

「哪兒發現油田，又有煉油廠？」莊院士開口。

「新疆，客官，沙漠中有油田，還建了煉油廠。以後不止煉煤油，還要煉汽油。」

「我們看見過一個大理的馬幫，麗江有幾個馬幫？」詹姆士問下去。

「比大理多，麗江沒洱海，沒大理石礦，只能靠馬幫勤跑腿。馬幫能找到幾個藏馬賣家，就出幾個團。」

「茶馬古道好走嗎？」莊院士追問。

「比起從前，現在好走太多了，簡直沒什麼風險，從前馬幫茶馬古道，根本沒有道路，野草蓋住腳印馬蹄。山頭沒有路，大岩石到處擋路；天雨岩石滑，人馬爬不上滑溜的大岩石。經常走峭壁腳和懸崖邊，曾經摔死人和馬。尤其三座大江上的老吊橋難行，馬背上一旦載了重貨，全吊橋只容納四個人牽四匹馬通過，其他人馬得在橋頭排隊。」客棧掌櫃說明。

「茶馬古道這麼難走，為啥馬幫一直出團？」詹姆士問徹底。

「賺錢，客官，要不是賣野馬好賺錢，誰敢跑西藏高山？」

四個人到處找一人牽二馬，沒撞見大桑馬登。不再白花工夫，麵包車上路，走上雪山丘陵邊緣，東巴祭師和徒弟居住的山洞區。幾天前，他們就從此地拐下，進入麗江古鎮，現在他們又倒回原路。

原本詹姆士估計，麵包車撐不了多久就故障，大家拆夥，詹姆士折回祿豐，等於沒參加地理考察團。現在他莫名其妙的習慣了，和車內夥伴們談天說笑，居然忘了麵包車老舊的問題。最後他想通了，出行就出行吧。愛人一定會打電話去祿豐縣政府宿舍。研究生或宿舍管理員一接電話一回答，他的西藏考察行程一定穿幫。也罷，他日他再打電話去大學城解釋。

可能昨夜王師傅等四個人又住古鎮的古老客棧，一夜睡得太熟，不知道半夜下過一場大雨。今天天氣晴朗，玉龍雪山岩塊頂峰反射金光；山間黑色岩層份外黑，冰河出奇的白。從山腰經山腳，到大丘陵邊緣，鳥雀山雉又鳴叫，廣大的樹林草地特別青翠。而丘陵邊緣馬蹄聲連連，壯漢少男的呼喊聲頻傳。

「為何森林邊緣馬蹄聲這麼重？」心情篤定的詹姆士，仔細探聽不尋常的活動。

「納西男子的本業就在林子裡。」王師傅解釋：「納西好漢買回了西藏野馬，先在這片草地大的林子裡訓練幾天，甚至利用路邊林子，幫大理的馬幫訓練野馬。野馬在這片林子裡訓練好了，才移交給各方面的買主。」

「我們看過，一批三十多匹野馬，正離開麗江，向大理出發。是不是它們就從這片林子出發。」舒小珍追問。

「大概是的。一群野馬從西藏深山中捕獲，必須經過幾個步驟。最後一個步驟是向買家交貨。」王師傅表示。

原來一種長期性大買賣，一定動用大量人力，大場所，長時間下工夫處理，而變成社會的一種支柱產業。貨物和錢乃慢慢磨出來的。

「至於納西少男，從雙腿有力氣夾馬腹開始，就開始跳上馬背，練習騎術，熟悉馬性，幫助家裡訓練馬、押送馬。將來成年了，加入馬幫。」王師傅說明。

「馬幫這種行業，長期經營下來，能賺大錢，蓋木氏土司府，養一個王爺政府？」舒小珍交談。

「不太可能。」詹姆士判斷。印第安人賣中西部大草原野馬給白人，中西部地方大，野馬又多又好，印第安人最後還是走投無路。

茶馬古道雙向通行。對面車道上，人馬和車輛擦肩而過，大部份奔向麗江古鎮。往金沙江方向的車道，就是王師傅開上的車道，行進速度慢，因為人馬開始插隊。從道路旁邊的樹林中，陸續走出五十多匹馬，其中二十匹馬各馱二組大帆布袋。另外三十多匹馬各騎一人，兼掛一組小帆布袋，領先上路。原來一個馬幫由三十多名健漢，五十多匹壯馬組成。王師傅等人對這個馬幫穿著的制服和帆布袋的顏色不陌生。因為他們來自大理。

「大理的馬幫移來玉龍雪山下，從路邊樹林中出發。」坐前排的莊院士看得一清二楚。緊接著，穿其他顏色制服，搭載別色帆布的一批人馬，也緊接著插入車道交通中。這一幫差不多也有好漢三十多人，健馬五十多匹，氣勢格外旺盛。

「應該是一個麗江的馬幫。怎麼不同地方的馬幫，規模和架勢相似？」舒小珍表示。

「幾百年來，大理麗江的馬幫抓緊了茶馬交易的關鍵，組織了最有效率的隊伍。」王師傅註解。不止如此，又有三十多好漢，五十多匹健馬，穿新顏色制服，搭掛新顏色帆布袋，緊接著插入車陣中。

「三個馬幫聯合成為一個大馬幫，一起去遠方經商，彼此好照應。不是嗎？」詹姆士叫出聲。

一百多名好漢，一百五十多匹健馬，一起上路，馬蹄聲「達達」，馬頭高抬，馬兒輪番嘶鳴。好漢們不交談，只打手勢照會，往金沙江方向的車道將憑添新活力，王師傅的麵包車跟緊前車，越過三合一大馬幫。從拓寬了的茶馬古道，一般人更稱呼為滇藏公路的起點行駛，把玉龍雪山主峰拋在身後。

雪山下的大丘陵多草地，納西少女在大草地上放牧，綿羊的白羊毛像團團白雪，從一片草地移向另一片草地；雨季尚未結束，雨水滋潤，氣溫涼爽，青草顯現青翠油光。青草間，杉、松、楓、樅、以及小片竹林，聚攏成座座小樹林。流水從綠野縫隙間流出，終將流入麗江古鎮。

「我們現在走上坡路了？我們一直進入玉龍雪山地勢高的地方？」莊院士又問活字典。

「麗江本身就位於雪山山腳下高處，所以附近沒有水田。我們此後一直往高山走，直到怒江為止。」舒小珍解釋。

「我們一路上爬向世界屋脊，最後看見喜馬拉雅山？」詹姆士詢問。

「不錯，太多高山包圍西藏，就是西藏的特色。別嫌西藏山多山高，中國和印度的大河都發源於西藏雪山兩側，西藏雪山提供水源。」活字典說明。

連綿不絕的山丘綠野不變，納西少女的羊群驟減，陣陣激流沖盪岸邊的「轟隆」聲傳來，連掠過草原的風也吹得猛烈起來。車道上所有人馬及車輛的速度減低。

「前面是石鼓鎮，歸麗江管轄，但居住的是藏人。」王師傅提醒。

對面車道上，車馬繼續奔向麗江。王師傅等人所在的車道上，大部份車輛停下。乘客們站在江邊高地上，俯望黃中透紅的江水，喘一喘氣。王師傅和夥伴們全下車。

他們的腳下，一條巨大的河流急轉彎兩百七十度，而繼續奔流。他們腳下岸邊，離河面超過五十公尺，河流本身深度如何尚不得而知，但顯然這條河流深深切入岩層中。

從車輛潮中走下來的乘客，紛紛叫喚，長江第一彎。他們身邊，同樣俯望長江第一彎的，是一個小亭子，亭子內放了一個石頭磨成的大鼓，大鼓上有奇特文字。

這裡金沙江名字未變動，卻形成劇烈的轉彎，所以地理上叫長江第一彎。大彎曲的上方，丘陵地面稍轉平坦，不見居家房舍，只剩放牧的羊群和放牧小女子。陪伴石鼓亭及金沙江大彎曲處的，是廣大的牧地，以及孤零零的樹木。

「我沒來過石鼓鎮，沒踏上腳下放牧地和公路用地。我的先祖也沒來過。先祖向後人敘述，木氏土司府沒興建前，石鼓鎮一帶住戶多，遠勝當時的麗江古鎮。鎮中各種行業紅火。不知道為什麼，石鼓鎮沒落，鎮上納西人遷徙；木氏土司府卻建成，麗江古鎮繁榮起來。」王師傅站在岸邊石鼓亭旁，解釋附近丘陵的歷史居民變化。

「地理學家卻明確談論一樁地理奇事。我們看見過大理大市集銷售的漾濞醃魚，我們在漾濞鎮停車過，然後沿漾濞江及漾濞大平原進入麗江城外山路。」舒小珍接下話題：「漾濞江從遠古到今天，一直注入瀾滄江。今天漾濞江的源頭，就在我們附近山丘上，漾濞江的源頭太小家子氣。遠古不一樣，我們腳下的金沙江沒轉彎，直接連接漾濞江，金沙江江水全部流入瀾滄江。」

「為什麼漾濞江和金沙江分離了？」王師傅詢問。

「因為大河川不但水面寬，而且水深，大河川不斷的切割地層，挖深河床。我們腳下的地層太硬，漾濞江切割不下地層。另一方面金沙江旁邊的地層反而被切割而深陷，金沙江乃轉彎，與河床深陷的新河川會合。所以金沙江一轉彎，長江得到水源豐富的大源頭。」舒小珍講完地理上著名的河川襲奪範例。

沉重的馬蹄聲，向石鼓亭方向傳來。一百多名馬上健漢，一百五十多匹壯馬，載人或馱帆布袋，排成整齊行列奔跑而來。三合一大馬幫趕上了王師傅的麵包車。大馬幫有人吹口哨。馬上好漢下馬，迅速卸下帆布袋，讓所有馬匹輕鬆吃舊石鼓鎮土地上的青草。

「舒姑娘，妳能想像，馬匹居然追上了汽車？」詹姆士愉快的開玩笑，忘記王師傅開的是老爺車，不可能跑長途，而他早先一直想打退堂鼓。

「博士，馬幫不追汽車，它們追逐青草。」舒小珍笑著回答。

（三）

若干車馬在石鼓亭附近小歇一下，繼續上路，向香格里拉出發。對面車道，零星藏人騎馬驅趕牲口，夾在車潮中，向麗江前行，一再拖累對面車道的速度。」王師傅等四個人上車。三合一大馬幫仍逗留石鼓亭附近草地，儘量多吃雨季中柔軟鮮嫩的草。

三個人分別穿不同顏色制服，各騎一匹馬，各牽一匹馬，總計三人六馬，提前離開大馬幫，先朝香格里拉方向快跑，超過了王師傅的麵包車。車輛通過的雙車道公路平坦寬敞，但是柏油路面仍破裂不堪；反映滇藏公路業已拓寬，足以容納大客車及大卡車通行，路面破損的情況則必須容忍。漫長的車陣沒行駛多久，公路光線變暗，車陣離開了開闊的石鼓亭草原，進入低陷的金沙江河岸地帶。公路一側，高聳的玉龍雪山北端山嶺，阻擋了部份陽光。

玉龍雪山北端山嶺從金沙江河岸拔起，不止阻擋陽光的照射，也逼迫部份鳥雀遠離。玉龍雪山和石鼓亭草地一帶，樹多牧草多，以及野草叢生，鳥兒找得到食物，大量棲息鳴叫枝頭草叢間。金沙江河谷地光線陰暗，果實及野生種子少，鳥雀避之唯恐不及。

金沙江切割的玉龍雪山北端山地，山壁不連貫，山谷在山壁間出現。山谷之內有大小壩子，壩子多水草，藏居就稀疏散佈於大小壩子上。土坯房零星分佈，藏人在壩子上放牧羊隻和犛牛。一旦藏人騎馬，驅趕牲口出壩子，上滇藏公路，立即擾亂公路上的交通流量。

「從這裡開始，居民全是藏人。我的先祖沒去過藏區，沒向藏人征過稅。王師傅夾在車陣中，跟住車陣而降低車速，悠閒的談談。石鼓亭下，河岸高出河面五十公尺以上。到了玉龍雪山北端的河谷地區，岸邊離河面只剩二十多公尺。一旦上游雨大，或冰雪溶解，金沙江勢必流量大增，不免河面急流湧過岸邊。由於河面離河岸公路稍低，乘客看見，江面波濤激盪，漩渦打轉，浪花濺起，波濤沖岸聲傳開。玉龍雪山河谷中的金沙江，江面寬七十至一百公不等。壩子中的藏人偶爾心血來潮，想跨越金沙江而去土地殷紅似火的對岸，當然不能遠行至極遠處，從大型橋樑上過河。他們的祖先在兩岸高處拉了過江鋼纜，裝了流籠。藏人坐上流籠，依循鋼纜由高向低快速滑動，就到了對岸。

「談一談三江並流和橫斷山脈。」莊院士閒聊。詹姆士不提出反對意見，他也想認識一名女初級工程師的能力及談話。

「西藏許多大河川都流入雲南，以金沙江、瀾滄江、及怒江為代表；這三條江的上游，大致從念青唐古喇山東端的然鳥，到我們走過的石鼓鎮，佔有龐大面積。有些山脈呈現由西向東分佈走向，地理上叫橫斷山脈。因為三條平行的大河川，由北至南走向，切開了這麼多山脈。所以橫斷山脈和三江並流是同一回事，範圍太大，許多山川事物不明朗。」舒小珍謹慎回答。

「那麼我們將要走過廣大的地區？」莊院士口氣轉為嚴肅。

「是的，大到不敢想像。」舒小珍仍小心回話。

「而且看見許多荒蕪陌生的地方？」詹姆士插嘴。

「是的，正是荒涼陌生的大區域。」

「荒涼陌生的領土有沒有意義和價值？」責問的口氣嚴厲緊迫。

「我現在還不知道，未來看見了才能表示感想。」舒小珍誠實回話。詹姆士感到驚訝，不出聲。

「許多人出勞力，忍受痛苦，拓寬了山間岩石公路，在危險地段建造了橋樑，不光是幫助妳遊山玩水。九鄉溶洞勉強擠出一點錢，派出車輛，讓妳去遙遠的邊疆。妳得記住，許多人把機會託付給妳，妳要好好考察，回來寫一份有價值的報告。」莊院士交代。詹姆士聽了舒小珍對於橫斷山脈及三江並流所下的定義，又看見老院士嚴厲對付眼前的大姑娘，感到老院士對大姑娘有幾分看重，但先督促她瞭解本行內外的狀況。西藏是偏遠而艱困的國土，妳得詳細把西藏的狀況介紹給雲南工程界及其他部門。先認識偏遠而艱困的國土，而後設法建設。國家仍貧窮落後，下一代應該努力設法改善。麵包車內的氣氛突然轉趨僵滯凝重，連王師傅都感覺心神一緊。

「大市集裡，有人用大鐵籠子裝了大鸚鵡、大孔雀出售。他強調，這兩種熱帶鳥類是高寒地區麗江的土產。當時我不相信，以為這兩種熱帶鳥類來自緬甸或西雙版納熱帶地區。現在我想出一些道理。」舒小珍沒灰心喪氣，突然腦中念頭轉動，出聲而打破僵局。

「是什麼道理？高寒地區的麗江，居然有熱帶鳥類。」莊院士口氣平和一些。

「橫斷山脈本來就是遠古歐亞大陸的一部份，擁有地中海型熱帶氣候，生長熱帶動植物。六千五百萬年前的白堊紀晚期，印度板塊一撞歐亞古大陸，推高了喜馬拉雅山，順便形成橫斷山脈，結果今天橫斷山脈某些地方，保持了地中海型熱帶風貌。」舒小珍推理。

詹姆士和莊院士學習古生物專業，對於這種理論一點就通，王師傅則感覺一團霧水。

但是橫斷山脈確實面積太大，地形太複雜，大片地區不但無人居住，而且從未有人調查考察過，於是到處充斥不明情況。

他們剛離開荒廢的石鼓鎮，麗江的秘密就埋藏在石鼓鎮，因為石鼓鎮由麗江管轄；也可以說，祕密的確埋藏在麗江古鎮。

麗江管轄石鼓鎮，從前石鼓鎮的納西居民，一部份移去麗江，一部分移去稍北藏人居住地區，夾在金沙江和瀾滄江之間，面積在橫斷山脈中數第一大的火紅土地上，也就是雲嶺山脈的南半部。

雲嶺山脈南半部，不但是古地中海熱帶氣候的殘留地區，也是全中國丹霞地貌最大、最發達的地區。地區內，所有平地、小山、以及眾多山頭，總面積達到一千五百多平方公里，全部由深紅色砂岩組成。遠遠大於敦煌玉門關外的魔鬼丹霞區，和福建武夷山的丹霞區。

雲嶺山脈南半部，凡是樹林、草叢、以及住戶所覆蓋的地區，包括從老君山分佈到千龜山之間的幾十個光禿山頭，本身土地顏色火紅；一旦晚霞紅光增照，處處有如火焰燒山。下雨季節，雨水流過紅砂岩土壤，水色染紅。染紅的水流入混濁的金沙江，江水黃濁而發紅。

砂岩雨水染紅，傍晚光禿山頭有如火燭燃燒，紅土地帶溫度並不炎熱，但不妨礙古熱帶氣候的殘留。熱帶植物如天竺葵，千日蓮、聖誕紅、榕樹、椰子樹、檳榔樹、以及棕櫚等大量生長。熱帶動物如鸚鵡、孔雀、山猴繁衍未絕。紅火燒山地區尤其利於杜鵑花的生長。全世界杜鵑花種超過九百種，此地綻放二百種。尤其喬木型大王杜鵑樹，樹高達二十五公尺，花朵盛開時單獨一棵開出一千朵以上白花及紅花。所以雲嶺山脈南半部，光禿裸露的土地呈現紅火燒山現象；而此地樹林地帶一片繁花繽紛模樣，居住在這片廣大紅土地的藏人，形容這兒是五花草甸。

王師傅的麵包車遠離瀾滄江，而在金沙一側行駛，當然看不見紅火燒山頭及五花草甸美景，不知道大鸚鵡及孔雀的產地相去不太遠。麵包車行駛金沙江河岸地良久，全車隊都停車休息。王師傅等人下車，赫然看見超車而先馳的三名馬幫健漢，正守候路邊；他們以物易物，換來一堆青草料。不久，三合一大馬幫由石鼓亭一路奔波到金沙江河谷地，所有馬匹正好休息吃草。原來馬幫行動的第一法則，就是不令馬匹缺水缺草。

往香格里拉而去的車馬休息一段長時間，馬幫的一百五十多匹健馬吃飽喝足；全車隊開始移動，明顯走上坡路。陽光西斜，山區光線轉暗，車輛爬山吃力。公路由玉龍雪山最北端的一座山頭底部，盤旋繞升至同一座山頭的腰部。他們脫離金沙江河谷地帶，爬上開闊的山地。

黃昏降臨山區，天色陰暗，車隊由最後一座山的山腰，轉入其他山頭的平地上。車隊完全馳出玉龍雪山北端山地，轉入一個全新的天地。

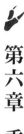

第六章　香格里拉

（一）

最窄處七十公尺寬，最寬處一百公尺寬，江水因雨季而充沛，江面波濤不斷的沖激江岸，傳出「碰碰」聲音。這是告別石鼓亭，一直挨近金沙江岸行車的感受。滾滾洪流本身黃濁，隱含紅泥土色。除了浪濤拍岸震動耳膜以外，江水旋轉又滾燙，因而震撼駛過江邊的商旅。

一覺醒來，波濤聲及洪流激盪的聲勢消失。空氣清涼而微冰，不聞馬蹄及汽車引擎聲；輕風吹拂，清流淙淙，天地仍繼續運轉，但是山林溪流的節奏趨向緩和。王師傅等四個人昨夜投宿一間藏族碉樓，臥倒後因行車疲倦及碉樓清靜而甜睡一夜。他們離開了納西族的麗江及石鼓亭，經過金沙江邊長時間行車，從玉龍雪山河谷地爬上雪山最北端的山頭山腰，而進入大雪山山脈。他們來到大香格里拉地區的起點小鎮小中甸；告別了金沙江巨河，進入寬不到二十公尺的金沙江支流小中甸河。小中甸河的寬度及流量遠遜於母河金沙江，當然缺乏震撼告別大河金沙江商旅的力量。

小中甸的清晨既清涼又乾燥，山野寧靜平安，讓初訪藏族天地的旅人心中安定下來。昨夜入睡前，四個人匆匆清洗沾了灰塵汗水的衣物，掛在屋簷下吹晾，經過一夜內衣物全乾。

今天一早穿乾淨的衣服，走出藏式粗柏木樑柱撐起的碉樓，精神來得旺盛。四個人互相打招呼，內心愉快；多日相處，彼此知識見聞交流，相識的距離拉近。詹姆士不再計較麵包車是否太老舊，而可能半途拋錨。跟著少年時代就行走少數民族地區的王師傅，交通上就不成問題。現在他們爬上大雪山山脈的邊緣。

麵包車停靠路面龜裂的柏油路邊，路面流過淺水，淺水滑入小中甸河。小中甸河一個拐角的蘆葦河灘上，出現一群長相兇惡的牲口。河水清澈但含有乳白色溶跡，那是石灰岩溶入水中的狀況。小中甸河則穿過悠長的樹林及碉樓群，河岸甚至有綠葉脈剛轉黃的青稞苗。這兒不耕種稻米或小麥。藏人慣於收割青稞及玉米而已。小中甸河流過全部中甸丘陵。

滇藏公路進入大香格里拉地區。公路一邊是中甸丘陵及小中甸河，這個地區的藏人大部分居住於中甸丘陵的林野中，正好利用水量不甚大的小中甸河。公路另一面則是視野寬闊無邊的大雪山腳地帶。傳說中的大雪山山脈北端山頭，一座巨岩壓過另一座巨岩；山路狹窄、陡峭、滑溜，附近人煙稀少，三條巨大河流阻絕交通。從前馬幫遭過的重大危險，就是各山頭巨岩凌亂分佈，野草溼泥掩蓋了迂曲又崎嶇的山路。但是小中甸鎮近處的大雪山山脈，景色廣闊寧靜。公路一側先有一長列鮮花帶，紅、白、黃三色鮮花怒放，鮮花帶從小中甸邊緣的藏族民居開始，一直延伸至極遠方。鮮花帶的外側，竟是茂盛而青中泛黃的牧草。牧草區與鮮花帶並行，一直向極遠方延伸，甚至更向遙遠的大雪山山腳擴張，形成一座巨大無比的天然牧場。遙遠的大雪山山脈從地平線上隆起，蒼翠樹林帶與沙岩區重疊，座座山頭尖峰烏黑，伸入低空浮雲中。

「我們來到工程隊開發成功，對外開放營業的香格里拉樂園？」莊院士張望碉樓四周的景色而發問。

「就是這裡，山腳草地寬闊無邊，一條河流供水不斷，公路上不見大量居民車馬，真適合建造一座遊樂園。」舒小珍眺望遠方，心平氣和的答覆。

「肯塔基州和蒙太拿州的大草原就是這個樣子，山頭積雪的落磯山脈橫過天際之外。中西部的大草原在最美好的時期，養育了二千萬頭野牛，和二百萬匹野馬。」詹姆士比較不同地區的差別。

詹姆士本來就身材較高大，年輕英俊而職位高，辦事及談吐積極活潑。他穿著乳白羊毛衫及筆挺西褲，神情專注親和，容易與朋友接近。站在莊院士和王師傅的旁邊，自然而然顯得瀟灑而精力充沛。

「妳看過一部電影叫消失的地平線？眼前的現實世界和電影中的場面真相似。」詹姆士表露深刻的感受。

「那部電影神奇，憂煩的戰亂世界之外，冰天雪地之中，隱藏一座寧靜富饒的山谷。」舒小珍對答。

詹姆士在清幽寧靜的環境中出現在她面前，態度親切，見解強烈，儀表整潔端莊，一切都迥異於普通民眾。尤其日夜相處一大段時間，他和莊院士平起平座，地位自然優越，於是在初入繁雜職場的大姑娘心中引起震動。

相對的，從遙遠大雪山之後初升的朝陽，將金色光芒投向大草場、中甸丘陵、以及小中甸鎮的碉樓一帶，舒小珍年輕堅強的態度，與嬌美帶羞的少女光彩揉合，不禁令外來的化石科學博士側目。

「妳知道詹姆士，希爾頓的電影，和約瑟夫•洛克的報導？」詹姆士談更深一點的問題。

「以前模模糊糊知道一點點，最近東翻西翻，找人請教，才多知道一點。」舒小珍說實話。

一座純白巨大、反射朝陽金光的小山，座落在碉樓左近的公路另側。中央小山頂高度達到七十多公尺，基座佔地三平方公里，就是小中甸最顯著的天然景觀白水台。一大早，除了披厚衣的老年藏胞步行以外，普遍穿黑色氈毛夾衣的藏族青年坐在馬上，悠悠閒閒走向白水台。白水台之後正是大雪山的尖峰，山嶺和廣大無邊的草場，但是眼前白水台之後，卻升起團團黑煙。

莊院士揮手，領頭信步走向白水台，王師傅從容不迫的跟上，舒小珍和詹姆士邊談邊張望，也悠閒的跟上。公路這一側的小中甸河上，犛牛享用河灘上的嫩草，也浸在帶有白絲稀溶液的清澈河水中。

「這種牲口看來兇惡，兩隻角略彎而尖銳，一頂人人就流血，一雙眼睛黑眸子小，眼白部分大，瞪起人來恐怖。」詹姆士誇大形容。

「那是藏人喜愛的牲口犛牛，只在藏區出現，連大理和麗江都看不見犛牛。」舒小珍料想。

「我不敢走近犛牛一步，它們全身的黑毛沾了泥巴，兩隻尖角就想頂觸人。」詹姆士半開玩笑半抱怨。

藏族老人紛紛繞白水台一圈，甚至手中搖動小輪鼓，象徵擺脫輪迴罪孽。藏族青年騎馬，疾步繞白水台一周，表示敬拜山川神靈。舒小珍看出來，白水台就是一座巨大的鐘乳石結晶物。小山頂平緩，小山山側斜坡有級級結晶梯田。目前沒下雨下雪，白水台梯田中蓄滿水。

他們走近白水台，台下杜鵑花帶沿著茂盛嫩草地，向香格里拉樂園方向生長，三種顏色的大花朵密集盛開，點綴質樸和諧的青山綠水。杜鵑花帶之後，青蔥草地上長出點點白花黃花，直到遙遠山嶺腳邊為止。可惜白水台之後黑煙未消散。

「白水臺上有一級一級蓄水池，大部分蓄水池呈半月形，上級池子小，下端池子大。部分側面沒形成梯級池子，外形是不規則的階梯或斜坡。我看見過這種物體。」詹姆士形容白水台外表。

「你的確看見過這種結晶體，巨型鐘乳石，九鄉地下溶洞具有近似結晶物。」舒小珍點醒。

「但九鄉溶洞形成於地下，這座白水台都是露天的。」

「它本來形成於巨大石灰岩層內，而且經歷與溶洞相似的演變過程。不幸它的外層石灰岩層完全被溶解破壞，它就露天而孤單坐落在山腳平地上。」

「我想，這兒海拔不低於四千公尺，四千公尺的山上，居然出現淺海形成物。」詹姆士表示。

「我也詫異。因為更高的地點流下碳酸鈣溶液，讓小中甸河的河水有乳白絲狀溶液。」

白水台周圍開始熱鬧起來，藏人認為這兒神靈長駐，信徒應經常繞台行走膜拜。旅人則停腳參觀這麼鉅大的白玉結晶。

「約瑟夫・洛克停留許多地方，他報導介紹最多的，則是麗江和香格里拉；實際上他把這兩個地方形容成世外桃園。」舒小珍娓娓而談，神采奕奕。

「他的報導及圖片發表在國家地理雜誌上，一度吸引熱烈的注意。我年輕時，喜歡閱讀他的動植物介紹，和安寧快樂的部落生活。他介紹東方神秘而快樂的一面。」詹姆士樂於回憶。

他倆交談愉快，王師傅沒興趣，莊院士放慢腳步，加入話局中：「國內處於軍閥混戰期間，國人普遍渴望太平。洛克的報導從外國傳到國內，國人才知道納西族和藏人生活於安樂之地。」

「對面有人燒火煮東西。」王師傅高聲提示：「大批人，大批馬，昨晚他們在白水台側邊草地上過夜。」

大批健馬擺脫了組組帆布袋，自由自在徜徉柔軟高草中，享受甜美的青草及野花蜜。主人放鬆了韁繩，群馬得以走遠一些。青草紛紛沾上水珠，群馬順便獲得清水，不必另行飲水。

「馬幫來到這兒，好漢陪伴馬匹露天過夜，餓了煮點簡單的東西吃。」詹姆士判斷。

「昨天下午我們爬上山坡，馬幫趁休息時，從壩子調出水草，讓馬匹吃喝。然後馬匹爬上山坡，來到草多草好的大草原。」王師傅回想昨天的情景，得到合理的分析。

「他們的行動有規律，事前有計划。從大理和麗江跑來這麼遠的地方，可不是鬧著玩的。」莊院士發表感想。

「當然他們得嚴格控制紀律，所有貨物送進藏區，人馬平安健康。西藏離這兒仍遠。」詹姆士表示。

「看看他們分成三個圈子，每個馬幫自行照顧幫內的馬匹。」王師傅出聲說明。

不錯，各幫圍成一個圈子，看起來馬匹留在圈內過夜，好漢圍在外圈睡覺，三十多名漢子守住五十多匹馬，他們只用幾個小火爐及小鍋盒煮東西，沿路揀枯柴火，簡單吃熱餐。

眾人靠近白水台，白水台的半月形梯級池子反射耀眼光芒。仔細端詳，潔白的半月形池壁稍微變色，碳酸鈣結晶物起了氧化現象。其實所有蓄水池大小不一致，池壁並非完全削平光滑。部分小山的白壁斜坡外表凹凸不平，流水沿著瘤疣參差的乳白表面流過，滑上碎石子地面，沾溼公路，接著流入小中甸河。馬幫不愁沒水喝煮，白水台的清水任憑取用。怪不得他們初入香格里拉，選在白水台下露宿。

「單是一個美國植物學家的報導，不足以轟動世界。」詹姆士又談下去：「一個英國作家根據他的報導，發表小說消失的地平線，這本小說又拍成電影。電影的場面真實刺激，才把麗江和香格里拉的部族和生活散播到全世界。」詹姆士再回憶。

「你讀過消失的地平線，看過改編的電影？」漸漸的，舒小珍和詹姆士像朋友般自由交談。

「都看過，一九三三年，英國本國頒一個大獎給作者詹姆士•希爾頓，這本書也在美國暢銷，由美國電影公司拍成電影。因為第一次世界大戰之後，世界各國社會沉悶，經濟蕭條，許多人幻想世外桃園。洛克的報導和希爾頓的作品，恰巧迎合當時社會的需求。」詹姆士能找出時代背景。

「洛克和希爾頓虛構世外桃園，」莊院士表示：「只能當消遣娛樂看待。馬幫先準備好馬匹和貨物，一步一步克服困難，去西藏做成買賣，他們過的才是真實的生活。」莊院士下評語。

「現在是七月，一年最熱季節開始的月份。」王師傅表示：「香格里拉不炎熱，太陽高照，風吹來仍涼快。我們上車吧。」

剩下徒步慢行繞台的藏族老人，和新到的商旅，留下來就近欣賞白水台。騎馬繞台的黑衣藏族青年已快跑一圈而散去。王師傅等四個人也離開白水台，回到碉樓借宿地，收拾行囊上車。

「一九三三年希爾頓的小說獲得了本國的大獎，正式成為名作家。洛克的經歷又如何？」麵包車甫開動，精神旺盛的舒小珍就打開話匣子。

「夏威夷大學有位古怪的植物學教授，早十一年來東方冒險。」詹姆士敘述：「一九二二年他受美國農業部的資助來雲南，尋找抵抗病毒的栗子樹種，展開他長期旅居中國西南邊區的生涯。顯然他工作收穫好，次年一九二三年，國家地理雜誌出資，託他繼續工作下去。短短幾個月內，洛克搜集六萬件植物標本，一千六百件鳥類標本，和六十件哺乳類標本。他另外替國家地理雜誌寫報導。附以大量圖照片，而雜誌對每篇報導願付一千五百美元天價。他報導麗江納西族、香格里拉藏人，以及四川貢噶山土匪，令人拍案叫絕。」

麵包車沿滇藏公路行駛，公路一旁是杜鵑花帶、茂盛的大草原、和大雪山山脈。公路另一旁是小中甸河及中甸丘陵。中甸丘陵狹長而面積大，分隔大香格里拉地區和金沙江流。王師傅等人看見開闊的大香格里拉地區。但是中甸丘陵之外，金沙江切割地層，金沙江江面竟然低於茶馬古道超過一千公尺以上。這個地區的藏人分佈於中甸丘陵上，他們能眺望遙遠高聳的大雪山，又俯視江水洶湧的金沙江和江岸樹林地帶。

「洛克對東方的動植物有興趣，國家地理雜誌又出高價，往後的日子他一直熱心工作。」舒小珍再追查這位染上東方熱的人物。

「不錯，足足五年時間，他收到鉅款，也寫出大量報導；可惜他不知道控制金錢，讓鉅額收入泡水。例如一九二七年，他率領二名納西族助手，回華府的博物館學習標本製作，負擔昂貴機票。一九二八年，洛克去四川木里貢噶嶺，為名雜誌拍攝彩色照片兩百四十三張，黑白照片五〇三張，採集鳥類標本七百件。一九二九年他又去貢噶山，擴大替美國農業部工作，製作三萬件植物標本，一七〇三件鳥類標本；又替名雜誌拍攝九百張彩色照片，一千八百張黑白照片。他簡直成了工作狂。不到十年時間裡，單在拍照方面，他就拍攝沖洗出二萬多張照片，真實保留了當時中國西南邊疆的生活面貌。」詹姆士回想。

王師傅的麵包車駛離小中甸鎮許久，幾輛拖拉機才「達達」叫響，載來滿板車的大箱子。拖拉機馳過白水台，卸下滿車木箱子，打開箱蓋。大量蜜蜂飛出，吸吮杜鵑花蜜。採蜜車隊之後，才見其他零星馬匹和車輛駛入小中甸地區。更長的車陣，仍在玉龍雪山河谷的金沙江岸奔馳。白水台邊上的馬幫休息一夜之後，派出幾匹馱馬，由幾名幹練好漢牽領，上小中甸及中甸的熟識店家，討論貨物銷售物細節。王師傅對洛克和希爾頓沒興趣。莊院士聆聽一段後，追問下去：「洛克起先賣力的工作長久，後來他怎麼樣了？」「到了一九二九年，他的工作及收入到達巔峰，卻沒存下多少錢。這一年他回美國，為自己保留無數筆記，二萬多張照片，以及八千多卷東巴經卷，他找不到有力的贊助單位，資助他重新進行昔日的工作。一九三〇年，他籌不到款，被迫賣出八千多卷東巴經卷，重回麗江，專心研究納西文化，一九四七，他出版中國西南的古納西王朝，敘述麗江及中甸的雄偉山川，奇異的森林和動植物，以及友好的部落。但著作銷路甚差。導致晚年貧困多病，一九六二年病死故鄉夏威夷。」詹姆士敘述約瑟夫・洛克傳奇的一生。

中甸丘陵的樹林和碉樓中，走出背負竹籮筐的婦女；她們跨越茶馬古道，進入杜鵑花帶和大草原，尋找稀罕的草藥、野菜、和野菇。藏族青年更跨上馬背，拉住獒犬，驅趕綿羊和犛牛，越過公路，也進入草原放牧。牲口在廣大的草原走散。由於青原太高太密，一旦牲口坐臥，就失去蹤跡。藏族青年不愁，解開獒犬項鍊，獒犬猛吠，沒多久把走散的牲口趕回主人身邊。

藏族青年聚在遙遠的小樹林中，互相交談香格里拉近二年發生的變化，尤其一波波車輛開往巨岩凌亂蟠據的山頭，香巴拉山谷，以便深入藏族核心精華地區。他們關心中甸丘陵青稞田的成長及收成，以及家中若干成員進香格里拉遊樂園工作。

「洛克廣泛的宣傳了麗江和香格里拉世外桃源，但是他的支出大過收入，他晚年貧苦多病。誰從洛克的冒險傳奇生涯獲益？」舒小珍仍在麵包車內閒談。

「英國作家詹姆士‧希爾頓，他沒去遙遠的東方旅行，也沒辛苦工作十多年。他根據洛克的報導，加上自己的想像，寫出小說消失的地平線，因為暢銷而獲利。更賣出電影製作權而增加獲利。世人只知道希爾頓及一座冰雪封鎖的山谷，忘記了洛克。」詹姆士總結這兩個人在現實及理想中的得失。

（二）

「你的愛人知道洛克和希爾頓的真實生平，看過電影消失的地平線？」莊院士參加車內後排二個人的談話。「她都知道，她也看過電影。」詹姆士回憶：「二次大戰前幾年，全世界苦悶，可能包括洛克本人在內，想從東方找到伊甸園。消失的地平線是暢銷書，我們那個年代的青年人，都讀過它，都看過電影。」

「你來了中國，你的愛人不希望你變成另一個洛克。」莊院士以平輩身份談論。

「我來這兒領工資，合約一滿回州立大學，工資不變。我不必冒什麼險。」

「我們都冒了一點險，去墨脫牧場考察。」莊院士談真心感覺：「洛克從麗江上香格里拉，不再去北方更遠的地方，而寧願去四川木里。為什麼？」

「為什麼？」舒小珍也問道。

「因為進入西藏的路難走。唐朝的文成公主，從青海到拉薩，足足走了一年的時間。一年的時間。從雲南進西藏，當然也難走。」莊院士表示。

「工程隊副隊長不是說，動用幾萬名勞工及工程師，使用原始材料及工具，才拓寬兩條漫長的公路，建造三座大鐵橋。於是進出西藏交通改善了，連大卡車都通行？」舒小珍反問。

「不錯，不但動用大量人力，而且造成許多傷亡，包括副隊長本人。所以妳的報告不但要敘述目前入出西藏交通的實際狀況，而且預告未來工程建設的方向。」莊院士提示。

中甸丘陵平坦地帶，青稞田分佈連連，水車把小中甸河的含石灰河水灌入旱田及家用水塘中。中甸丘陵多松柏，松柏樹幹粗而彎曲，枝椏上針葉糾結成簇。由於入夜氣溫大降，不利於小動物的生長，所以丘陵間的松柏間不見鳥雀。香格里拉是候鳥過境停留地，但候鳥挑選其他合適的地點飛下憩息。丘陵間的松柏林內，藏人夯築黃泥土而建成雙層式碉樓。一樓基牆塗成黑色，一樓上半部及二樓全部塗成紅色，二樓之上的短牆塗白色，於是黑、紅、白三段顏色，代表宇宙三種力量扶助居民。

小中甸鎮離中甸鎮相當遠。中甸丘陵中央某一密林地帶，幾間碉樓站立在路邊，碉樓前停留馬車和若干匹無鞍馬。這幾間碉樓就是早先中甸的主要店舖。早先外人來香格里拉做買賣，直接找路邊碉樓商量。王師傅行車已有一段時間，暫時停在這幾間碉樓前休息。三名馬幫好漢，各自騎一匹馬，牽一匹馬，也找上路旁碉樓，並且卸下馬背上的大帆布袋。舒小珍鼻子尖，嗅出煤油味。

「馬幫在麗江新城區內買斷煤油，一部份銷來香格里拉。」舒小珍馬上想通因果關係。

「原來茶馬交易不但分段進行，而且商品內容靈活變通。」王師傅進一步分析。

高山上的七月，已有秋高氣爽的味道。若干樹林變紅，大片青草地轉黃。中甸丘陵上的青稞田也變色，油綠的青稞穀包化為黃褐色。忽然間，遠方高空隱約傳來聒噪聲。不久，呷呷叫聲增強，漫天雪雁飛過中甸公路上空。接著尖聲鳴叫，斑頭雁群飛翔，投向大雪山麓地帶。隨後喧嘩聲陣陣，北方稱鶃鶬，南方叫水老鴨的候鳥，接連飛掠而過。不僅如此，更高空傳下蒼勁長啼聲，先是黑白天鵝展翅高飛。最後最大型鳥類，頭頂一點紅，長頸有黑斑條的瑞鳥，丹頂鶴或黑頸鶴，也由天外飛來，一掠而過，也投向大雪山方向。

「七月就是放暑假的日子，先去巨石荒挖半個月化石，然後進湖濱森林區避暑。去年我和愛人缺席，今年又缺席。」詹姆士聯想。

莊院士、舒小珍、和王師傅無法接下話頭。因為他們平常忙碌，而工資低，根本別提休假避暑，也別想組織車隊遠行；目前只能忍受低工資，吃飽飯，付得起水電帳單就滿意。國內每一個地方都剛剛開發，極端欠缺資金。香格里拉遊樂園是極少數開發完成，而營業賺錢的個案。國內社會許多眼睛注視香格里拉的狀況。娛樂休閒業能在目前僅能溫飽的國度走紅？

王師傅的麵包車再上路。茶馬古道旁，一條向中甸丘陵橫通的街道，街道邊有幾幢碉樓，就是從前中甸的街區。當地藏人在碉樓中買點日用小東西。更遠處，香格里拉遊樂園開張了，遊樂園跨公路對面，新建一長幢木造二層樓房，就是新的商業區。時間尚早，遊樂園和對面商業區顧客少。一般當地人只在舊碉樓街區買一些菜、肉、和副食品。王師傅不清楚香格里拉的市場狀況，跟著人馬小潮流行動。他們來到舊的碉樓街區。小街道邊，幾名婦女及小女孩背竹籮筐，當街出聲，叫賣竹籮筐內的生鮮東西。王師傅踮腳一看竹籮筐，裡面全是新鮮灰傘白肚蘑菇。

王師傅走進一棟碉樓，看見壁架上堆放少量日用品及副食品。

「這裡有住宿的地方嗎？」王師傅請教。

「當然有，前面二層木造新樓有上好房間。客官進遊樂園玩耍，園子太大，走不出來，也能投宿青年旅館。」藏人老闆答覆。

這麼說來，晚上住宿沒問題。

「外面的婦道人家和女孩賣些什麼？」王師傅再請教。

「蘑菇、野菇。」老闆簡單說明。

「新鮮嗎？」

「當然新鮮，剛從大草原採下，沒回家就上街賣鮮。」

「草原為什麼會長蘑菇？野菇？」

「牲口吃草拉屎，天空飛鳥拉稀，草原哪兒肥了，就長菇了。」

（三）

九鄉清水河邊，每早五千名員工依舊候船，排隊走下溶洞，開鑿地下最大洞穴落地岩壁，和落岩小山上的廢石及鐘乳石。二座超高鷹架，依舊有人背了相機爬上爬下。河灘地辦公室內，總機鈴響，耳機傳來郵電局的呼叫。國內長途電話打來，要求舒小珍工程師接話。總機轉去電腦室。「喂，喂，是小珍嗎？老家的老爹找妳。」話筒中傳來蒼老沙啞的聲音。

「我是小珍的同事黃曼。小珍已經出發，去西藏考察地理了。」

「這個野丫頭，一次知識青年下鄉就夠了，叫她別跑太遠的地方，她悶著不吭聲跑了。她去了多久了？」

「半個月吧，老伯，出門長見識是好事，我們都羨慕她。她最多二個月就回來。」黃曼安慰遠方的老先生。

「她一回來，就催她打電話回老家。謝謝妳了，黃曼同志。不能再這樣野下去，老爹正託人在城市裡替她找差事。」舒老爹氣沖沖掛上電話。

莊院士和詹姆士出門考察地理去了，兩名研究生搬進祿豐縣政府宿舍，暫住師長們空下來的房間。一副迅猛龍的全身骨骼，就在倉庫一個角落豎立，耗去不少粗鐵絲及厚木板底座，當然，骨骼上許多部位是石膏代替品。另一副迅猛龍化石骨骸也大致清走化石上黏貼的岩石，繫了序號牌，正進行殘缺部位打石膏代替品。

祿豐縣政府總機接到郵電局轉來的越洋電話，已付費，試問美國籍的詹姆士博士能否接電話。縣府總機轉去大倉庫，研究生代接。

「嗝，達令，是你嗎？我剛把學期末的一切報告交出去，現在才有空。」聽筒裡傳來清脆響亮而急躁的聲音。

「對不起，我想妳是詹姆士太太，我是博士指導的研究生。博士出遠門了，現在不住在宿舍裡。」研究生小心翼翼回話。

「他出遠門，去哪兒了？不錯，許多單位放暑假了。」女子聲音聽來興沖沖的。

「去西藏，參加一個地理參察團。」

「考察團組成了？他參加了？他完全沒提到。這半個月我太忙，忘了盯緊他。怎麼悶聲不響去那麼遠的地方？你有他的行程表嗎？你們怎麼和他聯絡？」話筒中聲音煩躁。

「我們沒有考察團的行程表。考察團一直移動，他們打電話來，我們才有辦法報告消息。」研究生表白。

「他自己決定遠行，我被蒙在鼓裡，情況很壞。」聽筒中爆出惡劣聲音：「一旦他打電話給你，你務必叮嚀他，火急聯絡他的愛人。記住，火急聯絡。」美國女子嚴格的指示。

「我記住了。」

「那麼，他已經出發了。考察團有汽車嗎？」

「有，由一位老練師傅駕駛。目前團員有三人，莊院士、詹姆士，和女工程師。」研究生照實回答。

「我認識莊院士，我沒聽說女工程師。」詹姆士愛人抱怨。

(四)

藏語稱有水有草的地方叫壩子，壩子離不開或大或小的平原。藏語稱大湖泊為海或海子。

大雪山山脈的廣大山腳地帶，從小中甸鎮到香巴拉山谷，可以看成一座大平原，或若干個壩子。這些壩子的內側，靠近大雪山山腳，另有多個海子。新近出風頭的香格里拉遊樂園，就把多個壩子和海子納入範圍內。但是國內的年輕學子好動，他們遊歷一個景點，往往擴大活動範圍。因此外界一旦介紹香格里拉樂園，順便把白水台、香巴拉山谷、以及喇嘛廟松贊林寺納入。這麼一來，年輕人遊香格里拉，他們可以活動的範圍顯得夠大。

外界不把中甸丘陵納入香格里拉樂園。但是此間的藏人大都居住中甸丘陵上。丘陵間松柏林帶，碉樓、青稞田、以及汲水的水車無不富饒趣味。年輕學子肯多走步路，來到丘陵的邊緣，俯望腳下一千多公尺深的金沙江，才能見識大香格里拉地區的氣勢。

小中甸海拔四千公尺，香格里拉樂園大門入口海拔四千二百公尺。進入七月，學校放暑假，大中學生掀起世外桃園尋幽探祕熱。一波一波學生旅遊巴士，從四方八面開抵小中甸的白水台，發現馬幫暫時滯留白水台腳下的天然草地上。大群年輕人又歌又唱，開車窗享受高山涼風，坐車直奔樂園。不止如此，單層，窗簾布漂亮，空調齊備的遊覽車，也一車隊一車隊開到。香格里拉掀起觀光熱，經常大批旅人造訪，門票及附帶收入可觀。香格里拉樂園走紅，從二個小地方充分反映。青年學生流連大海子地區，不急於走出樂園，於是園方不得不在海子森林內，火急建造簡樸的青年旅館。第二，樂園大門正對面空地上，火急建二層木構商業樓。

王師傅鎖上他的麵包車，陪三名貴賓入園區，參觀歡騰詳和的樂園。大批放暑假的學子及純觀光海內外人士湧入，遙遠的香格里拉樂園頓時熱鬧起來。

新的茶馬古道旁有寬闊的天地。從小中甸一路延伸到中甸街區的大草原，如今被隔開成為遊樂園。也可以說，白水台腳下，馬幫群馬休息的大草地，也可算樂園的一部份。樂園的營運依賴比較充沛的門票收入。樂園大門先擴建。大抵使用附近山區所產的堅固木料，鋸成厚薄粗細不等的木板支柱，建成大門、售票處、以及辦公室。這些設施的外形表現簡單樸實的風格。茶馬古道拓寬時，遺留大量的石料於遠近偏僻的角落。既然公路已拓寬，就順著現成公路，運來花崗岩、石灰岩、麻石，以及砂岩等，堆砌而得天然石塊矮牆。矮牆上下移栽左近茂盛的杜鵑花，那麼樂園的矮牆就成為公路邊悠長杜鵑花帶的一部份。實際上，矮牆的原址本就生長野杜鵑花。

矮牆上下，杜鵑花開得繁茂似錦。矮牆之後，整齊移種雪松、扁柏、樺木、和樅樹等。這些樹籬目前都小，比小孩略矮。十年以後，一排整齊而形式別緻的天然樹陣，連同腳邊杜鵑花帶，就包圍遊樂園。

「一九三三年希爾頓在消失的地平線中，構想一個冰雪封閉的天堂。現在我們有機會親自拜訪。」詹姆士進入質樸的樂園木料大門而表示。

「騎馬，坐馬車，或看指標自由走路？」園區藏族青年男女嚮導前來表示。

大門內聚集大量馬匹，單人雙人騎都成，有無嚮導由客人決定。馬匹區之側有雙人座馬車，四人座馬車，為年長或小娃兒代步。其他徒步遊客自行結隊出發，一旦腳力不支，半途儘可招車攬馬。年輕學子紛紛上馬，由男女嚮導領路，打算看盡大雪山腳風光。年齡較大的莊院士一行人，上了一輛四人座馬車，藏族小夥子吆喝起步。

馬隊、馬車隊、或徒步遊人，馬上進入樂園最外圍的伊拉壩子，花帶與青草交匯區。原本這兒牧草及野花天然交錯生長，其中天然牧草太靠近馬路。外來騎隊如馬幫，路過這兒就縱馬吃啃，不但導致牧草部份衰敗、連天然野花也被踐踏而殘敗。現在老花匠略施妙手，圍栽多條花帶，並且就近建塑膠布溫室，先在溫室中培育花苗。外來遊客首先瞧見玫瑰花帶，多種花色花形的玫瑰大面積種植，紅、赤、粉紅等嬌艷鮮花，在偏涼氣候中盛開。而花帶一角的玫瑰花溫室，更培育新奇花種。顯然採蜜拖拉機已移到花樹牆外，群群蜜蜂飛臨玫瑰花帶。

玫瑰花帶及溫室的旁邊，出現大面積紫色花帶，花梗從每棵紫花中心抽出，花梗上輪次長出幾排艷紫花朵，花梗上的串串紫花花蕊蜜濃，也吸引眾多蜜蜂。花帶一角另有一間溫室，紫花幼苗正從溫室中茁壯。無疑的，薰衣草花帶與玫瑰花帶比鄰爭艷。

青年學子馬隊走遠些，老紳士的馬車隊速度中等，步行人潮殿後。餓了，附近木亭下供應便餐；渴了，清涼飲料奉上。花帶中有隆起的草地，小娃兒儘可在草地上爬上滾下。但還是觀賞要緊。輕便馬車車輪輾過潮濕的土壤，穿越牡丹花帶，繡球花帶、大麗花帶、尤其巨大的黃菊花帶。花瓣細長而捲曲的黃菊花，花葉都帶水珠，看來清純嬌美，實際清香頻送。而花帶一角的溫室，更培養多種純白、淡紫新菊花種。

輕便馬車不稍停，開進伊拉霸子的牧草區。大雪山脈山腳平地廣大，一部份地勢高，地面完全不積水，馬隊及輕便馬車隊就走乾燥的土地。車道外，高山野花綻放。高山野花的花梗、花序、花色、以及綠葉形狀千變萬化。某一種野花廣泛分佈，開出金黃色鐘形花朵。另一種野花束一處密集，西一處分散，炫耀白底黃斑花瓣，而每根花梗掛上一連串碎花。另一種野花也廣泛而零散分佈，花梗只頂起兩朵喇叭形黃花，黃花瓣邊緣圍墨綠邊。這一帶全部地勢高處，高山野花種類多，數量多。但最醒目的，莫過於馬蘭花。地面綠草如茵，馬蘭花盛開，外形似百合或孤挺花，葉脈翠綠，花梗稍粗而呈黃褐色，每一株只開出兩朵紫、紅、藍、或茶色花朵。

廣大乾燥土地上，天然花海的旁邊，由通行小道隔開，便是香格里拉地區最出名的天然牧草。全部大雪山山腳下的天然牧草，由於經常氣溫陰涼，其中大部份終年保持青綠，一小部份秋後轉為乾枯。天然牧草高及人的肩腰。當地藏人驅羊隻及犛牛進天然牧草，牲口一旦坐臥，就隱藏青草中而失去蹤影。直等放牧藏人吆喝獒犬，獒犬才驚動而催促牲口起身。

一部份天然牧草就生長在淺水中，草莖草葉來得格外柔嫩。相對的，乾土地或積水土地上的天然牧草，只容許眾多小白花混合生長，據說進入壩子附近的藏人牲口，連小白花也吃，於是擠出醇厚的鮮奶。

奇怪的是，廣大的伊拉壩子乾土地草場，若干片茂盛青草連土地都被挖起移走。這些地點的土地光禿了，其他地點卻移來幾小片茂盛青草，打算讓幾小片青草向外生長，若干年後補滿光禿地。

「為什麼好好草地，一大片一大片被挖走？」安坐四人座輕便馬車的莊院士發問。

「移植這兒柔嫩天然好牧草，改善別處牧場的草質。」駕駛輕便馬車的藏族青年，悠悠閒閒拉繮繩閒談。

雖說年輕學子組成的馬隊，以及老紳士搭乘的輕便馬車隊悠閒慢走，其他步行的遊客確實落後一大段路；人工花帶、天然高山花場、天然乾土地及積水牧草地，無一不面積廣大。再向雪山高峰方向前進，一大片高大樹林座落在地面稍微隆起的土地上。冷杉、雲杉、和雪松等樹高針葉茂盛的名貴針葉木，靜悄悄的在雪山下生長上千年，這兩年才面對較多的外來遊客。高大寒帶喬木間，岩層開始裸露，高山雨水或溶雪流過粗大扭曲的樹根。人工花帶、天然高山花場、天然大牧場，以及針葉密林總共四部份，組成伊拉壩子。但大雪山山脈的山腳仍座落在遙遠的前方。

伊拉壩子的景物不限於地面的樹、草、花及溫室區。天空中，小雁大鶴的聒噪及長啼陣陣傳來。斑頭雁及水老鴨忽然飛高，忽然墜落。黑白天鵝及丹頂鶴則在空中盤旋良久之後撲下消失。原來王師傅等人，在中甸買賣日用品的舊碉樓看見的候鳥群，飛到香格里拉樂園某地。

「這裡是候鳥中途休息地。秋冬季天氣變冷，候鳥再飛向南方。」詹姆士判斷。

「候鳥能在這兒找到食物嗎？」舒小珍交談。

「如果湖泊中有小魚小蝦，溼地中有蚯蚓蝸牛，花草間有種子，候鳥能自行覓食。」詹姆士表露豐富的知識。

「還有松樹，松樹掉落毬果，毬果裡有許多種子，我們叫松子，也是食物的一種。」莊院士補充一句。

遙遠的下方，青年學子的馬隊，紛紛進入一個眾多鏡子反光地區。他們身後，步行的行人大為落後，很有可能是走累了，找石凳子或乾草地休息。輕便馬車駕駛提示，雪山山腳大平原一部份，朝向香巴拉山谷的地方，地勢高低變化大。地勢高處適合培育苗木，地勢偏低處仍成串串湖泊及溼地，都有各別的特色。輕便馬車先走向地勢低的地方，當地人叫碧塔海。

沿著大面積雪松和雲杉林邊緣慢行，遊人發現地勢緩緩下降。樹林一側有大斜坡，斜坡綠草如茵，天然野花少。若干藏族牧羊人就在綠毯草地上休息，身邊守著獒犬。放牧的羊兒及犛牛因為坐臥，而消失於高牧草中。馬車悠閒溜下斜坡草地間，眼前景物忽然開朗。輕便馬車側後邊是雪松及雲杉混合密林，地勢高。眼前地勢一直降低下去，許多反光的鏡子原來是大小湖泊，湖泊之外展開大溼地。碧塔海就是碧塔湖泊群。

碧塔海湖泊多而大小不一。愈接近密林邊緣的湖泊，地勢愈高。春季多雨。大雪山山脈又溶雪。大量冰水由大雪山山區流下，先流過山腳地勢較高的平原，而後滲入多座密林中。冰水溢出密林，先沖入較高的湖泊中。湖泊水滿，又沖入較低的湖泊，最後瀉入大溼地。湖泊及溼地間，樂園方面堆土築石，形成較高的乾燥通道，供車馬及行人通過。輕便馬車穿過幾個小海子之間的青草通道，斜看大海子全映出倒影，雲松及雲杉正留下倒影於湖水中。湖泊居然生長蓮花、浮萍、及水草，小魚小蝦悠遊其中。可能湖水深，冬季湖面結冰，小魚小蝦深潛湖泊水草中而沒凍死。

碧塔海不寧靜，雁鳥、斑頭雁、及鸊鷉等，找到了眾多湖泊中的魚蝦，就拿碧塔海當長途飛行的中途休息點。輕便馬車駕駛介紹，小型雁鳥選擇海子當中途休息點，因為冬季蓮花和浮萍凍死，它們的花葉化為養分，滋養了小魚小蝦；小魚小蝦大量繁殖，對小型雁鳥提供餐點。

輕便馬車駕駛更說點法—湖心島往事。原來碧塔海不容小覷，海中最大的湖泊拱出了一個湖心島。多年以前，一位喇嘛高僧划木筏，登上湖心島而發宏願，居然在湖心島建成一座小佛寺。平時喇嘛為附近人家誦經祈福，信徒回報糌粑酥油。喇嘛年高坐化，附近藏胞划木筏上湖心島，為喇嘛高僧建金身白塔。多年以後，喇嘛建造的小佛寺倒塌，而白塔變色，綠草枯藤纏繞，湖心島則淪為雁鳥孵蛋生蛋的地點。

碧塔海周圍有廣大溼地，其中不乏地勢高的小塊乾燥地，更成雁鳥孵蛋地點。往往某一月份大量小雁孵出，母雁帶小雁到處遊走。而溼地肥沃，春夏野菇大量生長。如果遊客情願留在遊樂園中過夜，不妨住碧塔海的青年旅舍，就能嚐到新鮮野菇味。

幾十輛輕便馬車排隊，繞遊若干較大海子。有些海子的天然池壁居然是乳白的，湖水倒映天空的雲彩而隨之變幻；加上下午耀眼斜陽射入湖水深處，於是近看湖面，海子成為五彩變化立體水族箱。湖中密集水草不斷的吐出氧氣水泡，小魚小蝦既啄咬水草，又吸吮氧氣泡，增加海子的生命潛力。因此，遊人遠眺碧塔海的海子，似乎只是反光鏡面。近看這些海子，才認識它們五彩變化的魅力。

「小中甸有白水台，碧塔海有白色池壁湖泊，石灰岩的結晶增加岩石的美麗光彩。」詹姆士表示。

「不錯。我們沒看見在點蒼山高處開採，向北宋宗主國進貢的大理石。但是，白水台和碧塔海泡水的白色池壁，共同證明優良石灰岩礦的奇妙外觀。」舒小珍補充說明。

但是碧塔海多的是有生命的奇景。年輕人馬隊及老紳士的馬車隊接連來訪，眾多雁鳥、斑頭雁、以及鸊鷉等，一起在湖面上振翅踢水，飛騰盤旋於空中，「呷呷」叫喚，滿天全是鳥影。良久以後，陽光投射更斜，光線轉暗，候鳥群才斂翅飛下，投入遙遠的湖泊。原來針葉林帶，一連串海子，以及漫天飛翔的候鳥，共同構成碧海塔的美景。

一連串海子之旁的密林裡，馬蹄聲音轉重，青年學子多遊一趟雪山山腳草場之後，開始找過夜的林中旅舍。許多輕便馬車也轉向，馳向乾燥高地，通過廣大的針葉林帶，找到了新建成的純木構青年旅舍。青年旅舍不孤單，因為左近樹林中，少數藏胞建木屋而居住。放牧羊群和犛牛回來了。獒犬吠叫警告連連，牲口不敢亂跑，紛紛回到簡單的木羊圈中。木羊圈中更有羊舍牛舍；入夜氣溫低，牲口吃飽乾草料，鑽進低矮木板畜舍。

莊院士等四人跟隨大群年輕小伙子，訂下木造青年旅館的質樸房間過夜。碧塔海藏人居住區尚未供電，每個房間掛上昏暗的馬燈照明。

「馬燈不夠亮，燒的卻是國產的煤油，國家剛提煉出來的石油產品，亮度不輸給舶來品。」客房服務員聲明。

「這種油品不正是馬幫送上來的？」王師傅點明。

「不錯，剛由麗江送到香格里拉。香格里拉的住戶搶著買，油燈每晚都得點亮。」客房服務員補充解釋。

「馬幫另外還運來什麼合用的東西？」莊院士打聽。

「多著呢，老同志。天天喝的茶葉，每位旅客用的毛巾草紙，旅客手電筒要替換的乾電池，以及裝醃菜的大瓦罐，樣樣都依賴馬幫運上山。」

碧塔海青年旅舍，簡單採用厚實木柱木板建成；每個房間分配一盞馬燈，一個熱水瓶，一條毛巾。房間內沒窗簾、地毯、電話、或者其他美觀佈置。附近藏胞早早安息，連圈舍裡的牲口都安靜下來。山風吹得輕柔，夜間海子上或溼地草叢中的雁鳥，偶而聒噪一陣。除此以外天地安寧。外來遊子心中沒多少雜念，迅速進入夢鄉。

第二天醒來，長途而來的旅客大都消除了疲倦，恢復一身活力。王師傅和莊院士精神都旺盛；舒小珍和詹姆士互看，認為對方彷彿變成新認識的人。

輕便空馬車和光背馬群陸續進入樹林間居住地，等待旅客上車上馬。青年學子恢復一身精力，紛紛跳上馬背，跟隨嚮導拜訪其他大景點。馬車駕駛宣佈，繼續遊屬都海和大苗圃。幾十輛輕便馬車排隊出發。

輕便馬車隊倒回樹林帶及碧塔海，尋找一條人工墊高的乾燥走道，往地勢更低的遠方行駛。馬車駕駛介紹，馬車駛向全樂園最低的地點。馬車上的旅客又遙遙望見一大堆反光鏡子，看見灰暗的土壤，直到地勢急遽升高的山嶺為止。

「那座山嶺叫什麼？怎麼突然陡直隆起於地面？」舒小珍開口。

「香巴拉山谷，樂園的最邊緣。」駕駛說明。

香巴拉山谷下方就是屬都海，與伊拉壩子、碧塔海共同組成樂園內的三大景區。但香巴拉山谷腳下，一部份土地逐漸隆起，看不見反光鏡子。那兒有迂曲的小道，足以讓馬隊行走，踏上另一座高山草地上如茵綠草與廣大高山野花參差分佈。甚至那兒一部份青草葉少短枝多。入夏之後短枝草開始變黃，成為樂園中唯一泛黃的大片草地。然而入秋以後，短枝草全部轉成火紅色，猶如紅色花燭燃燒大地。

青年學子馬隊，由嚮導策馬領路急行，已經闖入眾多大反光鏡之間。突然紛亂鼓翅聲傳來，迎著朝陽，大型鳥類從反光鏡子上及灰暗土地上飛向天空，蒼勁悠長的鳴叫聲響徹低空。

「是馬匹和馬車驚嚇了它們？」莊院士出聲。

「不是，」駕駛解釋：「每天上、下午，它們都飛上天空，俯觀地面，順便觀看地面安全不安全。地面溼土及草地中，新孵出的雛鳥正散步。」

飛上天空的，正是王師傅等人尚未重見的大型候鳥，黑白天鵝及丹頂鶴。它們暫時棲息於大反光鏡子上。那是新的大湖泊。灰黑土壤正是環海子溼地。大型涉禽及孵出的雛鳥，攝食這一帶巨量魚蝦和蠕蟲，小型候鳥只好另尋覓食地。

屬都海的濕地上，生長稀疏矮小的野草，但是泥土中多蚯蚓及紅蟲。丹頂鶴群飛翔天邊一陣，就降落地面；幾聲長唳，雛鶴現身，追隨大丹頂鶴覓食。溼地中稍高稍乾的土地上，大量生長蘑菇野菇，大小丹頂鶴居然啄食生蕈菇。

「為什麼藏胞不採蘑菇去賣呢？中甸老房子不是有人買賣新鮮野菇？」有人出聲疑問。

「算了吧，留給小丹頂鶴當食物，小丹頂鶴急著長羽毛呢。」輕便馬車駕駛解釋。

「秋深，小丹頂鶴和小黑白天鵝羽毛稍豐，翅膀沒長硬。它們躲進深草中過冬。來年大丹頂鶴及大黑白天鵝再次飛來，過了冬天，羽毛長豐的剛成年大型涉禽，才會和雙親大鳥同飛。」駕駛再解釋。

「有沒有人偷天鵝蛋或丹頂鶴蛋？甚至捕捉雛鳥？」

「不會，大飛禽來到這兒，一定安全。」

廣大的屬都海和海邊溼地，是樂園最低的地方。溼地往大雪山山腳延伸，地勢逐漸升起。先有廣大的苗圃，苗圃之外，高山牧草及野草又廣泛鋪陳，直至山腳露岩地為止。坐上馬匹的年輕學子隊伍，排成幾隊，腳程迅速，先繞過大苗圃，然後奔向更遠的草原。

「輕便馬車只停在大苗圃邊。再過去，青草太高，沒闢出道路。想過去逛草原，還得換騎馬匹。」駕駛說明。

幾十輛輕便馬車穿過大海子帶，走過溼地邊緣乾燥地，向一座竹籬笆圍成的大苗圃慢步駛去。遙遠的雪山腳下，年輕人的歡叫聲傳來。

「為什麼黑白天鵝只在海子游水，不踏上溼地？」

「因為海子養了較大的鱒魚和高山鮭魚，黑白天鵝頸子長，追得到大型魚。丹頂鶴只站在比較淺的海子裡，吃小一點的魚蝦，它們主要吃蚯蚓和野菇。」

輕便馬車隊停在大苗圃旁。這兒有幾個大的專屬栽培區，每個栽培區分別有幾名花匠照顧。大苗圃間也有幾間透明塑膠布溫室，讓最小的幼苗保溫長高。

大苗圃中的樹苗及花苗，剛剛長高而已，尚不能展露各別的豐采。

「花苗需有多長的時間，才能長成盛開的狀態？」遊客問。

「較矮的花，像牡丹及薰衣草，起碼要二年。較高的花，像黃花杜鵑及山茶花，沒三、五年不能長大。」花匠說明。

「樹苗，多久才長高，適合移去其他地方？」

「沒五年八年不成。像冷杉、雪松等，生長十年，才成樹型。」花匠再說明。

「什麼地方需要這兒的花苗、木苗、以及天然牧草？」

「西藏，那兒的土壤和氣候像香格里拉。尤其林芝最需要花苗、木苗、及天然牧草。」

「伊拉霸子許多處的牧草都被挖起移走。移去什麼地方？」

「林芝。」「林芝是我們將去的地方嗎？」詹姆士向年輕的大姑娘詢問。「是的，林芝接近我們旅程的終點。」舒小珍不必思索就回答。「林芝離我們太遠了。為什麼美好的牧草及花木苗送去林芝？」莊院士想不透

（五）

年輕學子組成的馬隊行動敏捷。老紳士們仍在大苗圃陪老匠談花苗、樹苗、和牧草地皮移植；嚮導策馬奔馳，學子馬隊跑至雪山山腳一帶。他們不休息，策馬奔回，繞過大苗圃區，沿隆起的雙重小山脈腳邊，走黃色短枝草原，然後回樂園的大門口。到了秋天，黃色短枝草原變成火紅地帶，花梗開出一長串紅鸚鵡嘴花，花嘴如同噴火。但至仲夏時分，草原保持枯黃色。「屬都海地勢最低，附近的深草草叢形成避寒地，小的黑白天鵝和小的丹頂鶴留在屬都海過冬。地勢低，大苗圃冬天氣溫不會太低，對種苗及雛鳥都好。更重要的是，雙重小山脈恰巧擋住冬天最冷的氣流，所以大苗圃設在這兒。」花匠進一步解釋。大雪山山腳下有廣大的平原，大平原上分佈牧地、人工花帶、天然高山野花地、海子、以及大苗圃，但是大雪山山脈的面貌不單純。香格里拉樂園北端邊緣，也就是大苗圃及黃花短枝草原一帶，雙重小山脈突然由低地隆起，冬季替大苗圃擋住寒風。雙重小山脈平均隆起近一千公尺，山壁不算太陡，山壁上樹多野草少，大石頭和礫石片埋在山壁上；於是形成冬天天然的禁地，甚少人敢攀爬。約瑟夫•洛克來過香格里拉，卻未提及他是否曾經攀爬上雙重小山脈。也許他的想像力太豐富了，他把雙重小山脈稱做香巴拉山谷。詹姆士希爾頓在消失的地平線中表示，冰雪封山，與外界隔絕的香巴拉山谷，是座洞天福地。

「從前連這裡的藏人都傳說，香巴拉山谷是菩薩庇佑之地，最幸福的藏人住在裡面。現在這種傳說變了。」輕便馬車駕駛解說。

「為什麼？兩座山脈夾一個山谷，看起來像世外桃源。」王師傅問到。

「兩座山脈都太高，半年不溶雪。爬進山谷吃力，山谷中什麼都缺。我們現在瞭解，生活離不開油鹽柴米。看看樂園，年輕小伙子一上馬就瘋一天，老紳士坐馬車舒服遊玩，小孩子在草地上打滾。這不叫菩薩庇佑之地，天下豈有更好的地方？」馬車駕駛談真實的生活。

「總得爬香巴拉山谷，把山谷中的情況弄清楚。瞎猜亂想要不得。」舒小珍表示。

「根本別想進山谷、出山谷。山路陡，冰雪掩蓋一切，連路都找不到。據說山谷中除了產玉米和綿羊以外，什麼都沒有。所以春天溶雪了，山路可以分辨了，才有少許藏人牽馬送貨進山谷。」駕駛暢談。

「所以我們不必白花功夫，辛苦爬上香巴拉山谷，追求虛假的夢。」詹姆士宣佈。

「當然不爬香巴拉山谷。這裡還有好地方，等待我們去欣賞。」莊院士完全不對香巴拉山谷產生幻想。

「洛克和希爾頓沒存心欺騙世人。他們把香巴拉山谷描寫得太好了。他倆的時代是世界發生危機的年頭，他倆因苦悶而幻想，我們可不能天天胡思亂想。」舒小珍表示。

冬季下過幾場大雪之後，冰雪完全封鎖香巴拉山谷，不再有人敢進入香巴拉山谷。有人想出一個法子，先爬上純岩石的碩多崗峰，從碩多崗峰把人用繩子垂吊下香巴拉山谷。這法子是純幻想念頭。碩多崗峰正是雙重小山脈的最高峰，海拔四六五〇公尺。香格里拉平均海拔是四二〇〇公尺。冬天冰天雪地，有誰敢爬四六五〇公尺以上，來到純岩石的碩多崗峰頂；再放下七百公尺長的繩子，讓繩子末段的入山人被吊放在山谷中？因此冬天大雪封山，沒人想冒險進香巴拉山谷。洛克和希爾頓歌頌香巴拉山谷，純粹是心靈上追求人間天堂而已。

有人拿定主意，一定要尋找人間天堂，他不會失望。白水台和台下馬幫露宿的大草原，就是人間天堂之一。他買門票進香格里拉樂園，廣大的伊拉壩子、碧塔海、屬都海、和大苗圃，都是人間天堂的一部分。再不然，他來到中甸丘陵邊緣，俯視一千公尺深的金沙江和河岸草地、幽林、裸岩，這一段金沙江風光，也是人間天堂之一。最後，他來到香格里拉山谷的對面高地，小中甸的發源地松贊林寺，寺中大喇嘛將祝福他登上人間天堂。

中甸丘陵最高處，廣大松柏林中，一座喇嘛寺為香格里拉的藏人帶來佛國梵音。因為松贊林寺是大香格里拉地區最大喇嘛廟，全大香格里拉的藏人都崇敬松贊林寺。平時百姓人寺廟膜拜。藏人家中發生生老病死等俗間大事，都延請大喇嘛來家中降幅。

大雪山脈山腳下的大平原，從小中甸到香巴里拉山谷，主要由一座大草原盤據，其中較小的一部份出現伊拉霸子的人工花帶，碧塔海、屬都海，以及大苗圃。大草原較大的部分，草多樹少，又高又茂盛的牧草簡直像巨大而奇厚的青綠地毯，安詳舒適的穩住大香格里拉的面貌及命脈。中甸丘陵隔滇藏公路與大草原對立，面貌大不相同，天然牧草地小，絕大部份是樹林。到了中甸丘陵最高處，住家碉樓和小塘不復見，高地上全是松、杉、柏等大樹。大樹林之中，一堵平凡夯築泥牆圍住一間大寺廟。

松贊林寺四周被大樹及零星小草叢包圍。泥牆塗三層色彩，黑、紅、白，代表藏傳佛教信仰的宇宙三種力量。寺廟的大門終年不關，大門前的二公尺寬走道，從前是石頭泥土路，遇上大雨及溶雪，路面變得泥濘不堪。如今路面鋪上爆炸岩石山頭所得的碎石頭及少量黏土，流水不再破壞路面。

大門之內出現宏大廳堂，就是全寺廟最雄偉的大雄寶殿，廳堂內供奉貼金的佛祖塑像。廳堂地面是光滑大理石地及氈毛大墊子，供信徒五體投地敬拜之用。大殿兩側有稍矮的廂房，分別供奉菩薩及金剛力士像。大廳堂及左右側廂房的外牆，也塗上宇宙三種力量的顏色。

大廳堂及廂房之側，靠近公路的空地上，建了大喇嘛及執事的起居房；起居房內外樸素，僅有炕房及木桌椅，但桌上卻擺了經卷紙條，供大喇嘛冥思之後對照佛法心得之用。大廳堂及廂房另一側，豎立幾座白塔，停放歷代寺廟大喇嘛住持的坐化遺體。白塔邊上立了幾根長旗竿，長旗竿上繫繩，繩上掛布質經幡。大廳堂屋頂另有金羊法輪及其他經幡。經常強風颱過松林高地及松贊林寺，寺中兩處經幡旗海隨風飄揚，暗傳佛界音訊，與大喇嘛的梵語唱吟呼應。

松贊林寺的圍牆有二個出口，一個出口是大門，另一個出口卻位於大喇嘛起居的後方。大喇嘛和徒弟早晚從起居區後的圍牆缺口走出去散步。奇怪的是，年長肅穆的大喇嘛散步於松柏林野之中，「咕嚕咕嚕」之聲響起。珍貴而羽色鮮艷的錦雉及藏馬雞出現，其中不乏雛雞相伴，從大喇嘛手中啄食塩粒及穀粒。信徒捐獻的寶物，一部份就餵養禽鳥。

松贊林寺從松柏林空隙中，俯視小中甸河的源流、滇藏公路，以及大香格里拉全景。全部大香格里拉地區，視野之廣松贊林寺數第一。爬上松贊林寺不費工夫，安靜和詳的大雪山山腳平原及藏人房舍陳列腳下。香巴拉山谷隔公路對立，金沙江在遙遠的山谷中奔流。喇嘛及徒弟唱佛，錦雉及藏馬雞嬉遊。這裡不是人間天堂，其他地方怎能稱天堂？

所以一日又一日，遊客逐漸增加，來大香格里拉地區看天堂；其實天堂分散於許多地點上，暮靄又是另一種天堂的氛圍。年輕學子和大人小孩，坐上長途巴士及遊覽車離去。其他人心平氣和，身子稍微匱乏。天邊升起輕霧，晚霞染紅灰雲。夜晚就要降臨。王師傅等四個人沒撞見老桑馬登本人和二匹馬。他們走出遊樂園大門，預備在公路對面的新木構商業樓中找住房。

大型車輛開走，樂園正門口及停車場頓時安靜下來。悅耳的鈴聲響起；住在天堂的人也得工作。頸下掛了鈴鐺的羊隻、犛牛、和馬走出大草原。藏族青年牧羊人騎馬，比手勢讓汽車暫停，獒犬連吠，驅趕牲口過馬路，返回中甸丘陵上的住家。莊院士等三個人也過公路，向隔公路的新建商業樓訂住房。王師傅另有其他任務。

莊院士等人在櫃檯前訂房，王師傅沿一樓左右邊客房中央的走廊走下去。他掛念麵包車，暫時沒心思觀看各客房門口所掛的牌子。他找到了人間天堂必備的設施，汽車保養維修站，以及全身沾滿油污，成天忙碌不已的修車師傅。交談幾句之後，王師傅跑出去，把麵包車開到木構樓尾端的汽車維修站。站內堆滿新舊汽車零件、新舊輪胎、以及氈毛毯上的厚油汙。

「每個外胎溝紋全磨平，又戳破幾個洞，內胎居然沒洩氣。」修車師傅表示。

「三層報廢內胎保護，所以每個輪子的原有內胎才完整。」王師傅說明：「兩個太破的外胎，連同三層保護胎全拆下，換上車廂後門外掛著的兩個新外胎。」

「另外兩個輪子的外胎也磨平，怎麼辦？」修車師傅搖頭詢問。

「不能丟掉，暫時先補強。」王師傅交代：「先拆開這二個磨平的外胎，換上我帶來的三層保護用破內胎，然後重新裝回這二個磨平外胎，我付工錢。」

這麼一來，只付工資，比較省錢。另外，王師傅看中二個舊外胎，也付較低的錢買下，掛在後車門外。

「麵包車有沒有問題？」莊院士問道。

「天哪，世界上居然有這種保養汽車的方法，我快發瘋了。」詹姆士叫道。他卻沒有拆夥，離開地理考察團的念頭。

「錢得省一省。你們看，外面掛備胎，車廂裡有修車工具和打氣筒。老王帶大家向林芝出發。」王師傅卻開心表示。他想了起來，他在一樓兩排客房的中間走道上，看見一個房門，門口掛了「林芝辦事處」招牌。

第七章　三江並流

（一）

白天香格里拉樂園大門內外喧嘩，一入夜四下安靜。既無鳥雀的聒噪，也不聞從無動力的腳踏車到引擎發動的車輛刺耳聲。夜晚氣溫下降，直到攝氏零度為止。舒小珍不但易醒，而且鼻子靈，耳朵尖。她以為自己聽錯了，藏人地區不可能傳出兩種半粗糙表面互相摩擦的聲音，不過這些聲音不刺耳。這些全是水磨的聲音。

來自北方的人，對大石磨的聲音熟悉。早年米、麥、玉米、和黃豆等，一旦需要打成粉，以便做成糕餅及其他食物，就套毛驢拉大石磨。乾磨的聲音粗糙。至於做米漿、玉米漿、或者豆漿，就舀水放進石磨孔，仍由小毛驢拉磨。米豆等顆粒狀物品，一旦沾水上石磨，摩擦聲柔和起來。難道香格里拉藏人，也學北方人套毛驢拉磨？

天開始亮了，氣溫迅速回溫。商業樓客房的旅客和服務員各自起床。舒小珍加披外衣開門；走過樓中甬道，循石磨聲來到商業樓後面的空地。有三匹老馬，不是三頭毛驢，各自拉大石磨。每一台大石磨有人守著放豆子舀水，純白帶泡沫稠汁流進大木桶裡。

「磨什麼呀？白白的，敢情是豆漿？」舒小珍聊聊。

「不錯，姑娘，就是豆漿。」其中一名藏族女服務員談話。

「藏族不是打犛牛奶，做酥油茶？」

「一般人家做酥油茶。我們這兒有路過和住宿的客人，他們上商業樓食堂吃餐點。」

「幹喝磨這麼多黃豆？」

「不多，不多。」女服務員解釋：「上班員工、住宿旅客、以及馬幫好漢，每人喝一大碗。所以我們得一直催老馬拉磨。」

「馬幫也來喝豆漿？他們不是守著馬匹，在草地上自己煮東西？」舒小珍想到白水台後的三個山下馬幫，二天前人和馬都休息一陣，任憑馬匹吃最好的草料。

「路過這兒，輪流守馬，輪流吃點又熱又新鮮的早點，不礙事。」服務員客客氣氣答話：「吃一頓好飯，以後長時間在荒山裡吃苦，人才甘心哪。」

「前二天馬幫還留在小中甸。香格里拉離小中甸遠，他們能很快趕來這麼？」舒小珍又聊下去。

「他們說到就到，動作挺快的。」商業樓食堂仍未派人來催材料，女服務員多聊一些：「一群馬，跑起來不輸給汽車。馬幫行動不夠快的話，怎能去西藏做生意？西藏地方多大呀！」

清晨清靜，突發聲響容易傳達。一陣馬蹄聲由遠而近傳來。舒小珍不瞭解。

「藏人喜歡和山下的馬幫做生意？」舒小珍仍問問。

「喜歡，喜歡。藏區住家和雲南馬幫打交道，沒吃過虧。東西好，價格實實，咱們東家和馬幫頭目有幾百年交情。」服務員表示。

木造商業樓前方空地，馬蹄聲更響。舒小珍繞過大木樓尾端，發現三名好漢、六匹健馬，其中三匹馱了帆布袋，停在商業樓食堂外。他們三人是最早的顧客。三匹馱馬除了帆布袋，也各馱一大綑青草。三名好漢找幾棵老樹栓馬，放下草料，然後各自走進食堂坐下。

「甜豆漿，打蛋，一籠熱包子。」好漢表示。

商業樓的房客紛紛起床，早一步出門，看看最早出現在滇藏公路上的商旅。整條茶馬古道靜悄悄的，造訪遊樂園的觀光客，人車未上小中甸，不用談進大遊樂園。小中甸的藏族老人及小伙子一早繞白水台，這兒的藏人則下午及黃昏爬松贊林寺。大喇嘛們一早正呼喚藏馬雞等。

「三位好漢趕去哪兒？馬背上背了青草，咱們山中最好最嫩的草料，敢情跑遠方？」商業樓食堂經理開口，又請夥計上早點。

「早一步去下一站安排，大批馬一到，立刻供涼水和草料。下一站是尼西會車站，有沒有新消息？」三名好漢中的一位出聲。

「這可是真的。從前跑茶馬古道，繞過一個石頭山，不知道下一個石頭山的狀況。請問轄多壩子沒問題罷？」

「哪會有問題？茶馬古道拓寬了，連卡車都通行；即使颳風下大雨，行車還是平安。」經理表示。

「沒問題。只不過沿路還有工程單位造橋修路，修到哪兒就不知道了。」經理交談。

三位好漢不含糊，吃了早點，付了帳，不拖延時間，立刻上馬奔走。他們走得不見人影馬影，商業樓的房客才上食堂用餐。莊士漢等四個人也圍住一張空桌子。

「早上這兒可安靜，一點聲音都沒有。山上的風景區，至少這一點比城鎮強。」莊院士寒暄聊天。

「現在安靜，二個多小時以後，大批車子就開到樂園門口，人車一多就熱鬧。」經理交際陪客聊天。

「從前不會有這麼多遊客，這兒一定清靜悠閒。」詹姆士插嘴。

「五、六年前開始變了，清靜悠閒的時光從此不再有，但也不是壞事。」

「為什麼五、六年前就開始變了？樂園不是只開張一年多？」舒小珍開口。

「樂園開發是小工程，咱們木造商業樓建造也是小工程。」經理閒談：「別看香格里拉平安舒適，前方的石頭山不好走。從香巴拉山谷到轄多壩子，每公里路都是大工程；建造大鐵橋更是特大工程。千百年來，人人說入藏難；那麼多石頭山和大河擋路，當然難。聽說動用了幾萬名民工，炸藥一車一車送，受傷死亡的人太多太多，才把茶馬古道徹底整好。」

馬幫先遣人馬上路之後，其他地方零星人馬才出現。從中甸丘陵若干藏族碉樓，走出孤單的零星藏人及馬匹。大抵人騎馬，又牽馱馬，分別向小中甸方向及尼西會車站方向步行，趕去另一處藏人壩子。

達達、達達，較輕微的馬蹄聲，悄悄打破中甸舊市街的清晨安靜氛圍，暫時沒引起附近住家及牧羊藏人的注意。揹竹籬筐的藏族婦女及店家逕自幹活。達達、達達，較強的馬蹄聲更近一些。中甸一帶的住戶有點驚訝，這種聲音與香格里拉樂園扯不上一點關係。莊院士等四個人填飽肚子，趕回各別客房收拾行李。

達達、達達，馬蹄騾響，茶馬古道意外的提前熱鬧起來。一大群好漢各自騎一匹，有些加牽一批，接近了木造商業樓食堂。但是滇藏公路柏油路面潮濕，所以灰土不揚。莊院士等四人來到停車場，抬頭看見三批人馬，分別穿著不同顏色的夾克，合併組成一個大團，來到商業樓食堂前。三個馬幫派出幾名好漢，把青草分散放在地上，任由馬匹吃草。食堂經理體貼，準備了一大堆水盒，注入涼水，讓馬匹喝水。其他好漢進食堂吃熱早點，幾乎把食堂擠爆。

莊院士等四個人暫不上車，莊院士向住房登記處打聽。

「馬幫好漢經過這兒，會不會登記入住？」

「不會，他們一直盯住馬匹和貨物，不會投宿任何客棧。」住房登記處職員表示。

「他們他日帶回來甚麼貨物？」詹姆士打聽。

「絕不會住宿的貨物。一個馬幫帶回約一百匹馬，馬當然不投宿。」

「他們帶回來的馬值錢嗎？」詹姆士再問。

「當然值錢，一匹馬可以換十隻羊，你說值錢不值錢。」

「當然，完全看馬幫的好漢腦子靈光否。他們帶茶葉和煤油等入藏，回程時帶藏藥、礦石、上好絨毛等。不是賺錢易脫手的貨物，馬幫不會碰。」

「但是為什麼三個馬幫會合併在一起？」舒小珍打聽。

「互相照應，尤其互相通消息。錯失一樁消息很可能遭遇大麻煩。」

「回頭三個馬幫們合併在一起？」

「不，回程時一定各自獨立辦事，因為賺了錢，還是別攪和在一起才好。何況帶回來野馬，特別忌諱馬匹弄混了。」

「一個馬幫派出三十多個人，五十多匹馬，能弄回來一百匹野馬？」莊院士多問一些。

「大致上就如此。不能派出太多的人和太多的馬，因為每一個人和每一匹馬都一路花錢。馬幫進入藏區多年，差不多完全瞭解運輸行業的辛苦。馬幫挑夥計相當嚴，要把沒用的人和馬淘汰。」住房登記處職工解釋。

「這是當然的事。」四個人離開商業樓，登上麵包車，王師傅表示：「騎馬爬山幾個月，天天露宿陪馬匹，身體不強不行，團體活動不配合也不行。馬幫當然挑好兄弟一起幹活。」

小中甸方面仍寂靜，中甸香格拉裡樂園一帶熱鬧起來。公路上馬隊和車輛插入車馬陣中。三個馬幫組成的大馬幫，一百多名好漢，一百五十多匹健馬，聲勢確實浩大，存心在車馬陣中搶得領先的位置。王師傅的麵包車稍微落後一些。引擎聲響起。馬幫大頭目的哨子響了，前往西藏的隊伍結伴出發了。

「馬幫已經發生變化了。從麗江樹林邊緣出發，一直到石鼓亭，我們看見的馬幫馱馬，一律只馱商品帆布袋。」舒小珍發表觀察報告：「馬幫在玉龍雪山壩子和香格里拉中甸老街區，賣掉了一部份商品，現在有些帆布袋商品已經售空而收藏起來，於是相關的馬兒都改馱草料。」舒小珍合眼，回想一些不久前發生的事。

「他們是天生的商人，懂得銷售，又懂得沿路割草。尤其他們懂得聯合行動。」詹姆士表示。

「洛克發表大量文字和照片，有沒有提到馬幫？」舒小珍問道。

「一九二三年起，國家地理雜誌闢出版面，洛克提供文字及圖片，這份雜誌才報導馬幫活動的狀況，馬幫的活動簡直不輸給美國開拓西部的篷車隊。五十年過去了，篷車隊業已煙消雲散，想不到馬幫還繼續經營。」詹姆士表示。

「藏區範圍大，偏僻山野角落居住零星人家，他們需要特殊少量的東西，馬幫能靈活供應。但是現代公路開通，卡車載運量大，藏區貨物的運輸會改變。」王師傅講內行話。

「如果現在西藏進行大建設，需要大量的水泥、竹節鋼、型鋼、機器、和發電機等；那麼所有駛入藏區的卡車全被調用，民生物資就得由馬幫供應。」舒小珍分析。

從香格里拉樂園出發，由零星人馬、馬幫、以及一批車輛組成的隊伍，駛過樂園門口及樂園碎石小樹圍籬。香巴拉山谷和松贊林寺隔公路對立。香巴拉山谷腳下空地，棄置大量腐敗了的爛竹頭、爛木料、爛麻繩、爛帳篷布、一堆堆巨石、甚至破爛的拖拉機。相反的，松贊林寺步道斜坡一側，卻堆放新的木料、毛竹、竹節鋼、水泥、以及鐵絲捲等。

「怎麼一回事，隔著馬路，兩處空地堆放有用和報廢的同性質東西？」莊院士發問。

別的人一時想不透，舒小珍思索一會兒開口：「香格里拉發達繁榮，進行新建設，需要大堆新材料。幾年前，茶馬古道拓寬；工程結束，器材老舊無用，也遺棄下來。」

對面車道，少數車馬走下坡路，行駛速度快，奔向小中甸方向。向轄多鄉壩子前進的隊伍，則爬上坡路，速度較緩慢。隊伍瞧見不遠處，大雪山山脈的高峰之一，海拔四六五〇公尺的碩多崗峰，全部由大小不等巨岩交相重疊而形成。碩多崗峰一側構成香巴拉山谷內的一座峭壁，峭壁高度七百公尺；如此陡直的大峭壁，在冬季冰雪封閉香巴拉山谷期間，阻止任何人企圖從碩多崗峰峰頂，使用繩索把人和貨物垂吊進山谷。

往轄多鄉壩子前進的商旅，腦中仍回味大香格里拉地區沉靜安詳的風光，尤其廣大的草原和幾座海子群；香巴拉山谷以外的碩多崗高原，呈現一派荒山野地狀況。視野所及，高原上到處岩石露頭，野草和孤零零的樹木，生長在石頭縫隙間的少量土壤中。偌大荒野不見人煙。山風吹猛了，高茅草東搖西晃。廣大的荒野中，不見任何藏人碉樓或土坯房。但有零星的人馬告別滇藏公路，孤孤單單行走一條小山道。他們將長時間跋涉高原，陪伴他們的，可能只有荒野的狐狸及野兔、狼狗。

「洛克不是一直在國家地理雜誌，報導麗江、香格里拉、和四川省的貢噶山？」舒小珍遙指行走於叉山道的孤單人馬：「就是這條山路通往貢噶山。看來這條山路又長又荒涼。但是洛克曾經步行或騎馬前去，看見了土匪窩。不過洛克沒走茶馬古道去轄多壩子，可能的原因是茶馬古道難走。」

不錯，大雪山山脈美好的地段，全留在大香格里拉地區。山脈的北端只有荒涼山地，連像樣的樹林都生長不成；唯獨茅草長高長密，野山藤和野花相陪；砂土地段少，大小岩塊佔滿高原。從前馬幫來到這一段路，替馬匹找青草不難，但全幫得在無數岩石間繞圈子。

王師傅麵包車所行駛的公路，先從凌亂分佈的石頭陣中通過。稍遠天然大小石頭間，堆放了一堆堆碎石頭，石頭上有燻黑的痕跡，顯然是先用炸藥炸開，後用雙臂舉十字鎬或長鑽頭，硬把擋路大石頭破壞的結果。巨大的石頭荒野，沒現代電鑽和電切割機可用，完全仰賴人力和炸藥去開通，花費的時間及工夫不能說不大。兩個大石頭之間有凹陷地，如果使用附近的泥沙填平夯實，經不起雨雪的破壞。王師傅等人看見，凹陷地全用混凝土填平。修築這一段路，使用的水泥和碎石可不少！

「前面有老鷹，老鷹在高空盤旋。」王師傅專心開車，發現前方低空中，幾隻飛禽盤旋。

「地面一定有獵物，野兔松鼠之類。」詹姆士進一步說明。

「是多岩山區一向躲藏眾多小動物，還是眾多小動物偶然被驚嚇現身，引來了老鷹？」莊院士猜測。

「半打老鷹在高空盤旋，確實有半打之多，地面上的獵物數量不少？」詹姆士頭伸出車窗外，轉頭仰望數清楚。

極遠處傳來模糊連續巨響。遠方草叢間似有小動物竄動，幾隻老鷹飛撲而下，打算淩空攫取小動物。

「是不是荒山中有人打獵？這麼荒涼的山區，唯有打獵能吸引遊人前來。」詹姆士表示。州立大學附近有沼澤蘆葦區。秋天有幾天連續假期，詹姆士夫婦曾多次會同朋友同事們，驅車前往沼澤間獵野雁。每有收穫，詹姆愛人和其他女眷則燒水、燙毛、烤野味。

「大山夾大丘陵，一定有野兔和山雞，但是我們小老百姓打不起獵。」舒小珍說話。

「茫茫大山，茅草遍地，野兔山雞不容易生存。」莊院士考量。「秋冬季太冷，小動物難熬。」

隔了一段時間，遠方又傳來連續性巨響，緊接著傳來「嘩啦，嘩啦」重物墜地聲。而碩多崗高原草叢中的小動物，連同遠方樹下的少數松鼠，又再度亂竄亂跳。天空半打老鷹撲下攫獲。

「難道高原中白天也打雷？」王師傅疑惑不解。

「不是雷聲，雷聲出自空中，我們幾次聽見的連續巨響出自山谷。」詹姆士邊說邊傾聽：「也不是多支獵槍射擊聲。獵槍子彈聲音尖銳。」

「不少人在某處山區作業。」王師傅逐漸熟悉這幾次連續性巨響：「爆炸聲，山谷裡傳來爆炸聲，難道還有人炸山？」

茶馬古道仍通過碩多崗高原，古道兩旁堆了許多碎石堆。古道走平一大段路，兩旁堆棄更多碎石堆。突然古道跟隨高原地面狀況而急遽下降。古道旁堆了更高的廢石。

「高原邊緣有兩道門戶，這座高原地形奇怪。」王師傅表示。

「怎麼高原上有兩道門戶？」莊院士詢問活字典。

舒小珍打量又打量，看出端倪：「這裡地形從前害慘馬幫和行人。碩多崗高原範圍大，茶馬古道先走上坡路，接著走平坦路，然後是急遽下坡路。但是高原的邊緣接連隆起兩座岩石山脈。從前馬幫只能沿著這兩座岩石山脈山腳繞圈子，白走許多路。如今拓寬後的古道，乃是直接從兩座岩石山脈中打通門戶，省去繞山腳圈子的工夫。」

確實如此。高原北端地勢急降，公路走下坡路沒麻煩，但是公路兩旁堆起幾座小山般高的廢石料。公路地面又見黑煙燻痕，又多坑坑疤疤。公路穿過一座岩石小山脈，小山脈被人力破壞的缺口岩壁上，也多煙燻及坑坑疤疤。顯然從前的工程人員，使用大量炸藥及雙臂之力，把一座石頭山脈劈出缺口。山脈出現通公路的門戶，當然產生大量廢石料，廢石料就堆放路邊。

碩多崗高原急遽下降後的邊緣，更有第二座石頭山脈。工程單位仍使用炸藥及雙臂之力，把第二座石頭山脈打通，讓滇藏公路走直線而脫離碩多崗高原。領先車隊的三個馬幫，舒舒服服走下康莊大道。

（二）

往金沙江大橋方向行走的隊伍，已經變得單純；零星的人馬全都告別古道，進入各別叉路而回山區小壩子住家。滇藏公路上只剩馬幫及車隊。這支比較單純的隊伍下了碩多崗高原，通過高原邊緣的雙重山脈缺口，抵達一處小平原。小平原中央，兩條公路成丁字形交會。公路員警正管制交通，阻止滇藏公路上的車馬隊通行，讓通過雲嶺山脈啞口，及金沙江簡便大橋而來的車馬隊先行。當王師傅看見稍前的三個馬幫，替所有馬匹卸下馬背上的輕型馬鞍及商品帆布袋，並且解下所有馱馬背上的青草，讓全部一百五十多匹馬趁休息時吃點草；王師傅瞭解，這兒叫尼西會車站，商業樓食堂經理和馬幫先遣人員，談過這個丁字形交通路口；車隊不必焦急，道路管制的時間長達半個小時，大夥兒都應好好休息一下。

莊士漢、詹姆士、和舒小珍三個人也下車，打量一下周圍情況。尼西會車站是一處小平原，地下含有一般砂土，沒有施工上的難處。但是尼西會車站到處碎石塊堆積如山。因為兩條重要公路成丁字形交匯。三處路口，都面臨炸山開路的難題。

第一處路口，王師傅麵包車駛過的碩多崗高原及二道岩石小山脈門戶，早先工程人員已經大量使用炸藥及人力，開出現今的茶馬古道或滇藏公路。築路工程艱鉅，親身通行的人有感在身。第二處路口，王師傅的麵包車將駛過交通警察管制崗哨，進入另一座高原，看起來這座高原又是處處岩石擋路，非用炸藥及十字鎬開路不可。這麼一來，當然產生大量廢石料。上述第一及第二兩處路口，全部開路工程業已完工，至今殘留大堆碎石料而已。

第三處路口與雲嶺山脈有關。一條老而窄狹的公路正進行拓寬工程。這條公路依賴金沙江上的簡便大橋，進入尼西小平原。但是立即遭遇沿江小山脈擋路，不幸沿江小山脈又由岩石構成。工程人員一方面加緊建造跨越金沙江的現代大鐵橋，另一方面強力打通沿江小山脈，讓公路暢通而連接尼西會車站。工程車輛在沿江小山脈上下行駛，並且轉入滇藏公路。為了讓眾多施工中的工程車輛通行無礙，尼西會車站進行了交通管制。另一方面，從沿江小山脈到尼西會車站，到處碎石塊堆留。

王師傅等人利用半個小時休息時間，朝四處走走，活絡手腳筋骨，而不少工程車輛正轉入滇藏公路。王師傅信步走向前面施工地點，那兒的碎石塊到處堆積，一如九鄉清水河河灘地堆積石灰岩廢石屑。他看見，那兒的施工單位，就在碎石堆邊上搭帳篷，疊爐灶，讓拼命苦幹的人員過簡陋的生活。

「請問老兄，為什麼這裡集合這麼多人？」王師傅打聽。

「拓寬整座沿江小山脈的山口，讓山口的寬度符合公路的寬度。」一個施工領班利用休息時間閒談。

「一直使用炸藥，炸得山裡的野兔松雞亂跳，引來了老鷹？」王師傅進一步查問。

「沒辦法，缺乏電動工具，山中岩石那麼多，不使用炸藥不行。」施工領班說明。

「碩多崗高原和二處山口的工程，也是你們單位幹的？」

「當然。尼西一帶山區，我們最瞭解各地岩石性質，就由我們包辦一切開山工程。」

「從香格里拉進入西藏，已經拓寬了滇藏公路。為什麼你們又要鋪另外一條公路？」王師傅問得詳細。

「因為雲嶺山脈南半部，岩石土壤都火紅，甚至生長熱帶的鸚鵡及孔雀；那兒居住許多藏人，那兒有巨大丹霞地貌。那兒也需要建一條好公路，通往西藏精華地區。目前仍沿著舊公路拓寬，趕建新的金沙江跨江大橋。」

王師傅向施工領班告別，返回車隊中。尼西小平原碎石堆間，馬幫一百五十多匹馬休息了半個小時，吃了一些草。馬幫有人把輕馬鞍及商品帆布袋繫上馬背，另外有人打掃馬糞，移往碎石堆下，用野草蓋緊。莊院士打招呼，通知夥伴們上車。

「印第安人騎馬奔跑遠路，也讓馬匹休息，馬兒自行尋找水源草料。印第安人獵殺了一頭野牛，足以讓全族人吃一天。他們也會找麥粟穀粒，交由同族婦女舂成粉，烤成餅。」詹姆士表示。

但是印第安人必須在保護區打獵及採集成功，否則他們什麼都得不到。白人的農莊愈來愈大，白人到處打獵捕魚，日子愈過愈好，中西部全部屬於白人的。

「印第安人的戰爭結束了，他們的命運也註定了。你們這兒戰爭結束二十多年，但是炸藥工廠不但不停工，反而更忙碌；生產更多的炸藥送去山區炸山開路。」詹姆士表示。

「洛克去了四川的貢嘎山，沒去西藏，因為那時候沒法子使用炸藥，從岩石山頭炸出一條道路。」莊院士比較多種情況。

「炸山開路，是世界屋脊打開大門的第一步。公路能自由順暢進出藏區，藏人才能談其他方面的細節。」舒小珍表示看法。

「沒有人幫印第安人炸山開路，沒有人幫印第安人建橋樑。印第安人只能打獵，採集穀物，捕野馬換獵槍。除此以外，印第安人不知道，他們所走的路毫無希望。」詹姆士檢討。

「有一個單位，一直負責打通尼西會車站附近山頭的障礙，讓現代公路暢通。我們出發，瞧瞧下一段路是怎樣建成的。」王師傅說明。

馬幫又吹口哨，三個幫分別依序排成固定隊形，插入車隊中。王師傅的麵包車一直休息未動過，莊院士等人上車。交通警察也吹口哨，比手勢，車隊駛過尼西小平原，開始爬轄多高原，大雪山山脈最北端的山地。王師傅發現，轄多高原上空也見老鷹盤旋，那麼轄多高原草叢中也有山雞野兔。一旦工程單位點燃引信，讓炸藥爆炸，驚嚇了荒野小動物，老鷹就有獵物了。

車隊開始爬漫長的轄多高原石頭路。石頭路兩旁不見小石頭或砂土。巨大岩塊競相比大，隆起於諸山頭。巨大岩塊之間有岩縫洞穴讓小動物躲藏。草深而密。由於秋冬山風太強太冷，樹不易長大，廣大的岩層地帶生長零星較矮的樹木。

「這裡還是大雪山山脈的一部份？」王師傅發現公路既環繞而爬上一座山的高處，又跨越兩座山之間的窄山谷，而登上更高的岩石山。這種公路外形單調，但完全建在山頭巨岩上，施工更吃力。

「不錯，正是大雪山山脈最北端一段，想不到整個轄多高原全由岩石大山頭構成。」舒小珍答覆。

「從前的馬幫不簡單，馬幫爬上每一座岩石山，然後由低處順著山壁上小路，爬到同一座山的高處，才設法進入二座山的連接山谷。然後再爬另一座山頭的低處，繞山爬升來到另一座山頭的高處。這麼樣愈爬愈高，直到轄多高原的最高點。」王師傅根據公路的建造方法而發表觀感。

「這種地形，從前勉強通過而形成茶馬古道，今天卻大膽拓寬而成為滇藏公路，實在不可思議。所以替少數民族在山區築路造橋，其實不單是築好道路橋樑，而是創造奇蹟。但是中西部的印第安人沒碰上奇蹟。」詹姆士有感而發。

王師傅駕駛麵包車，從石頭矮山頭，爬上較高的其他山頭，首先體驗奇蹟的創造。從前馬幫好漢得一一下馬，牽著馬匹走過山壁小道。今天是原地拓寬。原本山壁間的小路，現在使用炸藥及十字鎬，硬是把山壁小路拓廣。堅硬如鋼的石壁，被炸藥巧妙安放並引爆，經常石壁完全無損。於是改用十字鎬，或用手力把長鑽子打入岩縫，如此才能放置更多炸藥進行另一次爆破。一旦巨岩被炸開一部份，那麼無數勞工的雙臂，才能徹底削平一處岩壁。

兩處岩石山頭之間的山谷，如何跨越而建出橋樑，工程技術不難，難得是有人冒著高山症的壓力，採用原始手段勞動。更難的是動用了幾萬名勞力，在一年四季最困苦的情況下，發動勞工拼命幹活。

在兩座山頭之間的狹谷上空建造橋樑，工程技術也不難，難的是如何在岩石山頭找橋墩預定地。工程人員找出狹谷兩側對應的崖壁上，準確測量出同樣的高度及深度。而後由領班率領熟練人手，或搭鷹架，或斜倚崖壁，純粹靠大鐵鑽及大鐵鎚，一寸又一寸鑿出洞來。必要時在狹谷底豎立另一座垂直鋼鐵橋墩，增加跨谷鐵橋的牢固程度。顯然轄多高原開路架橋所耗用的炸藥及人力，來得比其他先前路段更多。原本轄多高原上，一座岩石山頭高過另一座岩石山頭；從前爬上各岩石山頭的嶇折小路，如今全拓寬成迂迴險惡的康莊大道。

三個馬幫及其他車輛，一直行駛於各山頭被炸深及鑿平的崖壁邊；崖壁不是黑煙燻過，就是十字鎬敲後留下的小坑疤。又駛過狹谷上的小型鐵橋，橋下淺水流過，狹谷中偶而蹦出小狐狸或大山鼠等小動物。馬群和車輛輪胎壓過的，全是岩質路面，路面又是坑疤連連。總而言之，王師傅的麵包車行駛的路段頗單純沉悶。就是炸藥和雙臂之力，強行在多座岩石矮山間，拓寬從前馬幫及行人面臨的最艱困地區，大雪山山脈最北端巨大岩層地帶。

「我先前聽過，拓寬全部茶馬古道，曾經動用幾萬名勞工，當時我懷疑。現在走過碩多崗高原、尼西小平原，以及轄多高原，看見奇形怪狀的巨大岩石擋路，我開始相信了。因為使用原始工具，當初確實需要徵集那麼多人力。」詹姆士表示。

「這裡施工不容易。」莊院士內心沉重，說話緩慢：「高度超過碩多崗峰的四六五〇公尺。由於勞動消耗大量體力，加重高山症的威脅。由於這裡距離香格里拉太遠，勞工生活條件不免惡劣。秋冬吹寒風下雪，氣溫降至攝氏零度以下，勞工們得留在荒山中，按照預定工程進度操勞幹下去。每一寸岩石地面，以及地面上的岩壁，都得強行動工，毫無輕鬆愉快工作的餘地。」

「我料想，當年為了拓寬公路及造橋，死亡及重傷的人員必定不少。所以過去馬幫走茶馬古道，賠掉不少人命及馬命。今天行駛茶馬古道，憑藉築路人員的汗及血，大量物資及商旅才能送進西藏。」舒小珍說出更深刻的看法。

「九鄉溶洞工地，出現那麼多跛腳、斷手、常年生病的職工，都是早先在這一帶施工，殘留下來的毛病。其他不幸死亡的，只能領少許撫邮金。偏遠山區的交通建設是國家面對的棘手問題之一。」王師傅表示。

馬群及車隊降低速度，緩慢盤旋於轄多高原多個矮山頭之間。時間一久令人感覺高原景色單調。商旅困在車輛內，精神趨於沉悶疲乏。一座大山脈，居然呈現兩個截然不同的世界。全部大香格里拉地區，外來的遊人只談大平原大草地，清閒幽靜的人間天堂。但是一過碩多崗峰，連過兩座高原，大雪山山脈展現的，只能說窮山惡水而已。

「不克服窮山惡水的障礙，就沒有香格里拉的人間天堂。」莊院士表示。

儘管轄多高原景物單調，商旅心情枯煩，開往西藏的馬群和車輛，逐漸抵達高原的高處。許多巨岩山頭及低谷，已經座落車隊腳下低處。拓寬的茶馬古道，簡直像多岩山區強行被刻刺而成的山嶽傷痕。

商旅打量轄多高原開山工程的辛苦，看久了人就疲乏。駕駛麵包車的王師傅不能輕閒。岩壁間的公路狹窄，王師傅得專心些。他得明白，王師傅旁邊坐著的老院士，不只注意眼前表面上的交通狀況，就是繞過一座高山的山腹，爬上另一座高山的低處，公路孤單蛇行於山嶺間。他內心瞭解國家邊區山嶺道路建造的艱難，因而體會國家山河觀看的涵義。只有少數機緣夠的人，碰上難得的機會，才看見國家山河的繁複特殊的面貌。前一段路途中，他們的麵包車行經香巴拉山谷上的碩多崗峰，這座岩石巨峰海拔四六五〇公尺，當時麵包車位置略低於四六五〇公尺。麵包車緩緩爬上坡，公路的高度不斷勝過許多岩石高地，但仍遠遠談不上抵達路段的盡頭。若干地段顯然岩層阻路，拓寬公路人員不久前才炸掉半座阻路岩層，建設道路於峭壁之下，懸崖之上。眼前山嶺廣大空曠，孤單公路蜿蜒，旅人疲乏，山道及車流看似孤寂。老院士想到，別忘了，國家下游平原及海邊地區，千萬人呼吸的風，飲用的水，都從這兒的山嶺流瀉吹送下去。高山大谷中，野花茅草生長，山鼠叫了，野兔跳了，松鼠爬樹了，老鷹翱翔天際了，這些都是全部民族賴以生存的大自然的一部分。

尤其聽一聽，「轟隆——轟隆——」一陣陣巨響，由深谷傳至高山公路上，那是澎湃的江河浪濤，打在河岸岩壁上，永遠不歇息。其實陣陣巨響正是國家最大河流源流的脈搏。金沙江江水衝破無數山越障礙，通過太多丘陵河谷，為下游億萬子民送去清水。

開往香格里拉方向的馬隊及車陣，由於走下坡路，行動速度快捷勇猛；相反的，開往西藏方向的馬隊及車陣，由於長時間爬上坡路，車馬及速度都疲乏緩慢了。忽然間，強勁的山風迎面吹來，沉重壓迫長時間爬高的車馬隊伍。麵包車前方的一百五十多匹健馬紛紛抬高前腿，頸上鬃毛飄揚，長聲嘶鳴。全部聯合大馬幫的坐騎及馱馬，以及一長列車輛，都被迫減速。前方聳立奇特的高地。

馬幫和麵包車等行走的公路，仍須往上爬，通往那座無比巨大岩石高地。那座高地高過附近所有公路的路面，而更遠處，也有一座形狀及高度相似的高地。原來金沙江江水奔騰而下，歷經無法估計的歲月，切開了一座巨大無比的岩層，讓兩座岩石高地隔江而立。如今這兩座高地站立在大嶺之上。馬幫和車輛的腳下岩石表面，以及兩者側邊的岩壁，無不處處黑煙燻過，大小坑疤累累。所以從馬幫及車輛一路通過的岩石地帶，一直到目前他們來的山壁高處，加上預計再爬升至金沙江切開的兩座岩石高地；所有這一切路段，全都是人力開鑿出來的。先安放巨量炸藥於正確岩洞和山壁裂縫上，而後點燃引信爆炸。接著幾千名勞工，舉起十字鎬及大鐵鎚，打在裂開的花崗岩上。從前馬幫來到這裡，不分出藏或入藏，一向受阻良久，百般無奈的等待。現在呢，眼前正有一百五十多匹健馬，正待進入西藏的第一道門戶。「這裡屬於什麼鄉鎮？」莊院士特別關心這一地段的行程。「轄多鄉，雲南和西藏第一次交界的轄多鄉。」舒小珍回答。

三個小馬幫組成的大馬幫，警覺馬匹爬太長上坡路段而疲乏，前方岩石高地又構成更吃力的上坡路途，不免擔心馬匹畏懼倒退。大馬幫好漢揮手吆喝，防止一百五十多匹馬倒退，和溜去隔壁車道。由於馬幫好漢一直催促馬匹，繼續消耗體力，登上地勢最高的岩石高地；於是所有馬匹頂著直往自己壓過來的強風，一步一步爬上去，顯得吃力異常。王師傅的麵包車也吃力爬山，距離那二座隔江對立的岩石高地，約有數百公尺之遠。麵包車的位置，又低於岩石高地達六十公尺左右；於是王師傅車內所有夥伴，都從下方抬頭，仰觀其他車馬如何過橋。王師傅的麵包車降低車速，車內乘客人人望見兩座高地之間的現代橋樑。

「巨岩海拔高，公路一側沒有屏障，全部公路建在岩石上，公路太驚險。」莊院士開口。「正是一座重量難以估計的大鐵橋，到底是什麼橋？」詹姆士也驚嘆。「金沙江的轄多大橋，我們終於要跨越金沙江。」

舒小珍說明。金沙江滔滔江水流過，浪濤拍岸，一直發出巨響。山風吹過金沙江河面上，「呼呼」強勁風聲不斷。莊院士一直仰望大鐵橋，問道：「估計橋身有多長？」

「大約超過一百五十公尺，橋墩成圓拱形。」舒小珍估計而作答。「整個橋身會太重嗎？橋墩洞穴撐得住嗎？」莊院士又問。「鐵橋整體當然重。到底重至何種程度，需由橋樑專家說明。」舒小珍再答覆。「安放橋墩的洞穴更重要。」詹姆士研判核心問題：「我們看不見通往橋樑兩頭岩壁洞穴的台階。當初建橋人員是怎麼挖橋墩洞穴的？」「使用繩索，把挖洞人員一批一批從懸崖上，吊至岩壁間。」王師傅想出簡單邏輯。麵包車配合馬幫及其他車輛的速度，緩緩往上爬，王師傅才能分心管點閒事。

「在岩壁上為橋墩挖洞，並不簡單。橋樑專家自己先吊在岩壁間，算出橋墩的位置。探勘人員其次吊下去，挖出岩石樣本，送實驗室估算岩壁地質強度。接著吊下去的地質及圖案設計專家，確定橋墩洞穴的位置、深度、及角度。最後才吊下挖洞人手，冬天夏天不分，硬是從岩壁上敲出洞穴。建一座大鐵橋，差不多集一切土木工程精英。」舒小珍分析。

「我們沒有各種電鑽，橋墩洞穴不能使用炸藥。看起來一切靠人力。」莊院士補充說明。「完全靠人力，那得動用多少專家及勞工，花多久時間！」詹姆士感嘆。「進入中西部印第安人居住區卻簡單，民兵帶槍，騎兵隊帶步槍及機關槍，印第安人勇士倒下去了。」「道路拓寬工程和建橋作業，應該同時兩頭進行。岩石公路拓寬，橋墩洞穴挖好，其他作業完成，於是大卡車運來大鐵橋，並安放橋身。最後金沙江轄多大橋通車了。」莊院士研判。王師傅的麵包車再往上坡岩石公路胎開一段，車內乘客不但平視轄多大鐵橋，而且看見稍遠處平行的舊吊橋。岩石高地上山風強勁，大鐵橋安穩不動，老吊橋搖晃。它靠藤條、麻繩、和鐵絲交纏，成為二條懸吊纜繩，吊住鐵絲網及木板踏板。走道寬一公尺半而已，剛好容納雙馬交錯而過，全部吊橋載重不超過五個人牽五匹馱馬而已。大鐵橋通車了，舊吊橋空置一旁，鐵絲網破了，踏板爛了，沒人理會。

「就在大鐵橋通車前幾天，老吊橋可能發揮最後作用。大鐵橋運到，組裝好了，兩頭分別牢牢綁上上百股粗纜繩。二至三個人合力揹起一股纜繩，徒步走過老吊橋；風吹吊橋搖擺，令人擔心不已。一股纜繩過江，其他繩索如法炮製過江。上百匹馬也輪流牽過江。大江兩岸支撐纜繩的幾組粗木架也坐穩。幾百個人和上百匹馬開始拉上百股纜繩，一寸一寸的，大鐵橋滾過鑿平的岩石引道上滾木，逐漸滑過金沙江上空。拉喲，控制好方向及位置，滑呦，一寸一寸移動；一整天過去了，一半橋身才過江。工作順利，怎能停下。兩頭幾十盞馬燈點亮，整夜繼續拉。一個夜晚過去，兩頭各用幾百人及上百匹馬，終於把大鐵橋拉過江。再花幾個小時，熟練工頭腰繫繩子，但爬下鐵橋一端，把鐵橋墩牢牢鎖進岩壁洞穴中，於是大鐵橋先行走人，次騎馬，後卡車通行，而老吊橋功成身退。」詹姆士想像三年前建橋工程的末段施工狀況。

大馬幫和麵包車都登上岩石公路最高位置，足以俯視金沙江。江水藍中透黑，深不可測，江水奔流沖激兩岸，白泡沫浪花翻滾。江寬一百五十公尺，拱形鐵橋跨越，靠兩端岩壁支撐，承受超過百頓的載重車隊。「幾千個人在這兒施工，二年多不分寒暑，沒現代機具好利用，咬牙拼命建成現代鐵橋，全部工程耗費之大，超過我們的想像。」舒小珍回想。自古以來，西藏和雲南第一次交界的轄多老吊橋，就是馬幫和其他商旅的第一道大障礙。世界屋脊可不能隨意進出。

「我們的行程沒問題，當然沒問題。那麼多人一路炸山施工，挖好橋基，鋼鐵廠鑄造橋身，那麼多人和馬匹硬拉鐵橋過江。我們坐汽車，當然行程順暢。」莊院士有感而發豪語。「沒問題，」王師傅接著表示：「公路拓寬了，橋梁建成了，老爺麵包車一定送我們去墨脫牧場。」但是天色暗了，對方車道的交通流量沒減速。這邊車道上，大馬幫和後面的車輛沒直接過橋。他們稍微停頓一下，俯視了金沙江、轄多大橋、和暮色中蒼茫的山嶺。忽然大鐵橋上哨音大響，鐵橋封閉不通行。

轄多大橋這一端有座大引道台，引道台主要連接滇藏公路，但旁邊另有分支引道，通往地勢較低的轄多鄉小壩子。大馬幫不在高高隆起而頂風的引道臺上休息過夜；一百多名好漢，一百五十多匹健馬，陸續走下分支引道，先行利用一塊有水草的空地。「我們怎麼辦？留在公路上？大夥兒走下去？」王師傅請示。「附近有沒有民宿或賓館？」詹姆士開口。「不可能有。」舒小珍張望回覆。其他車輛就地停下，乘客紛紛走下壩子。王師傅等人只好找帳篷、用品、和簡單鍋盆，追隨別車人士往下走。

馬幫好漢集中於較大草地，卸下馱馬上的帆布袋，讓馬匹走動吃草。不僅如此，壩子深處，幾匹馬奔來，拖了青黃草料，掛了鋁盆子。馬幫的大批馬兒有足夠的草料和飲水了。他們對此早有安排。所有車道上的車輛留下，分別停在引道台及岩石公路上，車道一側留下斷斷續續未炸毀的半堵岩石峭壁，暫且充當路側屏障。車道另側，開往香格里拉的車馬全部繼續上路，而大橋封閉，新車流下不來，所以整條車道是空的。空車道之外有一長列矮護牆。長列護牆之外則是金沙江的岸邊。金沙江通過轄多大橋及岩石高地，地勢相當高，岸邊就是峭壁。有些司機守住引道台及岩石公路上的車輛，在車輛邊放鐵架及炭爐，燒頓熱晚餐。大多數乘客走下分支引道，一方面在草地上搭帳篷，一方面點火燒煮。炊煙陪伴暮色升起。王師傅等四個人也在分支引道下的空地搭帳篷，煮晚餐。有人走進壩子深處，向當地藏人討點清水，王師傅也攀交情，弄來大桶水。

「我猜想，辛苦的旅程就要開始了。」詹姆士兩手一攤開玩笑。「免不了的，高山荒野地帶，只能將就將就。」舒小珍帶笑交談。「我不清楚，為什麼大橋晚上不開放。」王師傅表示。他吃了點東西，告別夥伴，爬上分支引道，陪伴老爺車在岩石公路上過夜。馬幫的全部馬匹，集中於大圈子內部，享受涼水草料，不准走出大圈子。大圈子之外，一百多名好漢包圍馬匹，放下行李，快煮一些食物。他們找出一大疊塑膠布，堆放一旁；每名好漢攤開毛毯，露天休息。三個馬幫合併而成的一個大馬幫，只留下一人輪流守夜。由尼西會車站騎馬到轄多大橋，不免人人疲乏。「不見下雨的跡象，他們怎麼準備遮雨用具？」詹姆士等人露天坐下閒聊。「預防萬一吧。或許茶葉等商品昂貴，連露水都得遮一遮。」莊院士猜測。

天黑了，壩子到處黑暗。氣溫下降。天空飄起毛毛雨。搭好帳篷的所有乘客，不介意毛毛雨。許多露天小圈子圍住小火堆暢談，不想太早休息。公路上引擎早熄火，公路保持寧靜。「轟隆——轟隆——」之聲傳來，金沙江的浪濤一直拍打岸邊峭壁。「今晚將聽江水拍岸聲睡覺。」詹姆士閒談。「如果我們在金沙江另一岸邊過夜，江水拍岸聲必定更強烈。」舒小珍表示。「為什麼？」詹姆士問問。「因為你聽到兩條大河流的拍岸聲。你被夾在金沙江和瀾滄江之間。」舒小珍解釋。

「其中一條大河流流去泰國及高棉，是不是？」詹姆士說說。「這裡是三江並流地區最狹窄的部分？」莊院士隨便問。「是的，老師。」舒小珍誠懇回答：「從金沙江、經瀾滄江、到怒江，全部直線距離只有六十多公里。」「平均每二十多公里，分配一條大河流。」詹姆士表示：「一旦其中一條河流的河岸不穩，二十多公里分隔岩層破裂，那麼二條大河就可能合併。」「有可能嗎？金沙江不是改了道，拋棄漾濞江，來個石鼓鎮大拐彎，接通長江。」莊院士表示。「是的，」舒小珍說明：「白堊紀末期，印度板塊撞擊歐亞大陸板塊，附帶形成三江並流區。六千五百萬年的考驗，三條大江規規矩矩奔流這個狹窄地區。」「板塊撞擊，推升喜馬拉雅山脈和珠穆朗瑪峰，移動全部橫斷山脈，卻改變不了二十多公里的地層？」詹姆士反問。「巧合，大自然多巧合。」舒小珍說明。「二條大河之間二十多公里的寬度嫌太狹窄，建公路還成，埋鐵路通火車就得慎重考慮。」詹姆士說內行話。「確實如此，所以一百多年以來，這個地區只搞公路，不搞鐵路。」舒小珍說道。「何不就在轄多大橋附近，再建二座大鐵橋，一下子突破三條大江的障礙？」莊院士發問。「建造大橋，不可能只圖方便。大橋兩端需要接上交通線，否則大橋本身孤立無用。」舒小珍說明。

轄多大橋下方的壩子安靜下來。馬幫的大批健馬守在內圈，紛紛坐臥休息。健漢門圍住馬群，露天酣睡於外層。其他車輛的乘客熄滅小灶火，鑽進帳篷休息。詹姆士也鑽進帳篷，一半感覺陌生，一半感覺熟悉而合眼。自從離開祿豐縣那個板龍之鄉以來，他一直經歷陌生的環境。但過去他每年都舉辦巨岩曠野化石挖掘之旅，對於野外露營相當熟悉，而他的愛人也參加過幾次。白天在太陽和風沙之中揮汗操勞，晚上守住營火肆意消遣。愛人不太享受野外簡便的作息方式，卻大抵能容忍。至於這一趟他長時間離開工作地點，去陌生的地方考察，一方面愛人不支持，二方面他沒明確在電話中交代清楚，三方面有隱情，愛人不知道，考察隊有新認識不久的大姑娘。詹姆士也不太發愁，去一趟西藏，不算大不了的事，異日通電話解釋一下就成了。詹姆士躺在帳篷中如此思考一會兒。全部公路上及壩子間休息的人士沒在意，半夜雨轉大了。馬幫留有守夜人員，他叫醒接班同伴，分發塑膠布，蓋在商品帆布袋及馬匹身上。易驚醒的好漢們，自己先蓋上塑膠布，然後通知相鄰酣睡的同伴避雨。帳篷都能遮小雨，帳篷裡的熟睡人士不緊張。半夜過去不久，雨勢加劇。馬幫值班好漢警覺，立即叫搖地上入夢的夥伴們；全幫弟兄清醒，迅速包紮綑綁商品帆布袋，收拾個人的毛毯及行囊。其他帳篷也驚動，旅人們匆匆起身，收拾了行李，收起了帳篷。詹姆士也驚醒，什麼都不想，衝出去叫醒莊院士和大姑娘。馬幫全體反應最迅速，一切防雨的用具，以及收拾的動作都準備、進行得紮實。最後好漢們收集草地上零散的草料，牢牢綁緊，掛在馱馬背上。馬幫全部弟兄穿上雨衣，馬匹連帆布袋遮上防雨布，各幫領隊清點幫內的人員和馬匹。

黑夜過去，天邊破曉。馬幫總領隊吹口哨，通知全幫人馬列隊，走上分支引道，回到昨天黃昏前離開的位置。他們的行動簡直像軍隊。岩石公路上，看守車輛的人跑下分支引道，協助同伴提行李。王師傅也跑下來，一提東西就回頭跑。低空響起沉悶雷聲，雷聲由遠方傳至大橋附近；接著閃電瞬間炸燃，照亮天地。大雨傾盆落下。「奇特的天氣，我們不知道，馬幫有防備。」舒小珍談論。黎明來到，大雪山脈最北端山頭天色明亮，大雨持續，王師傅等人不明白，岩石公路上的人車及馬幫清早忙些什麼。忽然轄多大橋兩頭燈光照射，柵欄拉起；滂沱大雨中，大橋準時開放。「原來馬幫多少知道，金沙江大橋關閉及開放的規矩。」王師傅解釋。

漫長的岩石公路上，所有人、馬、車都排隊就位。領頭的大馬幫原本集結於引道臺上，這時向金沙江大鐵橋移動。大雨流注，不妨礙交通隊伍依序出發。馬幫通過柵欄，踏上大橋橋面墊板，發出「登登」聲音。更沈重的車輛引擎聲響起。

王師傅的麵包車窗戶大開，不管雨滴，車內夥伴注意大橋上的狀況。「橋面墊板屬什麼材料？」莊士大聲問，對抗雷雨聲。「木條，又寬又厚的大條。」舒小珍高聲答覆。「橋樑的護欄有多高？用什麼材質？」又急切追問。「一公尺多高，鋼鐵護欄。」「車子走得穩嗎？」急切詢問司機。「穩，上好大木條，完全不磨損輪胎。」王師傅回答。「真是一座安全的大鐵橋。海拔高的深山中，終於建成大鐵橋了。」莊士自言自語。「拉上窗戶，大雨打進來了。」詹姆士出聲通知。

二名頭戴黃色安全帽，身穿黃色雨衣的交通警察，一起指揮車馬緩緩過橋。大橋的另一端，其他二名交通警察也讓一名騎士，單人單馬領頭過橋，後面車輛追隨。不遠的金沙江江面上，老吊橋在風雨中搖擺，完全無人問津。轄多大橋兩頭車馬流入，橋樑本身穩如磐石。大雨形成的急流湧上橋面厚木條，車輛輪胎不打滑。忽然低空熾熱灼亮的閃電炸燃，一聲悶雷在大橋低空打響。對方車道領頭搶先的單人單騎驚懼，馬失去控制而亂竄，翻過鋼鐵護欄，栽進滾滾江水，瞬間不見蹤跡。「拉緊韁繩，包夾馱馬！」馬幫總領隊吹口哨，厲聲下令。全部馬匹互相貼緊緩行，健馬嘶鳴而不高舉前肢，穩當過橋。「馬幫訓練得真相蒙太拿的騎兵隊。配備來福槍和輕機槍的騎兵隊，就要攻向印第安人反抗陣線的弱點。」詹姆士喃喃自語。

天空烏黑，雲朵翻滾。大橋兩頭岩石公路昏暗，每輛車都亮起前燈。馬幫控制馬匹得當。所有車馬在滂沱大雨中，通過金沙江大橋。七月炎夏，印度洋的熱帶氣旋，一波又一波吹向印度大陸，印度的恆河流域及孟加拉國普降大雨。但印度洋熱帶氣旋受阻於喜馬拉雅山脈，改向地勢較低的雲南橫斷山脈吹送；風勢不太猛，打響雷，放閃電，急雨狂落轄多鄉一帶。金沙江大橋為此夜間暫不開放，馬幫懂得這種氣候異態。

(三)

大雨密集落下，雨聲與金沙江波濤沖擊聲交融；低空雷聲隆隆，天地震撼。往西藏方向挺進的馬幫及車隊，一脫離轄多大橋，天色陰暗如黃昏，商旅再也不能分辨出轄多高原的最高處，金沙江大橋所座落的巨大岩石平坦山頭。車馬隊進入雲嶺山脈北半段。

雨太大，王師傅的麵包車關起所有窗戶，水氣迅速佈滿所有窗戶的內層表面。雨刷只能刷大窗戶的外層表面。車裡的乘客自行擦去窗子內層表面的水氣。

馬幫的好漢及坐騎，以及純載商品帆布袋的馱馬，似乎沒淋透。好漢早就穿了鮮黃色雨衣，雨衣上的遮頭部分罩在頭上，雨衣頭部更有遮臉罩子，所以好漢們不怕雨大視線差。大領隊連連大吹口哨，全部三個馬幫隊形散開，防止馬與馬碰撞。塑膠布遮住馬頸下半部及全部背部，所以商品帆布袋不會淋濕。健馬們昂首跨著碎步小跑，跑向本身原來的故鄉，根本不顧忌大雨。馬睫毛密，不斷的瞬間眨眼，健馬視力不被大雨妨礙。雙線車道上的交通流量全減速，沒再爆發交通意外事故。

朝西藏方面行駛的隊伍，一連通過奔子欄和東竹林兩個壩子連接公路的叉路口。天色快速轉亮，天地號叫聲歇止，車馬隊伍頓時發現外在氣候壓力的變化。

「連洶湧的波濤沖擊聲也消失了。我們離金沙江遠了？」詹姆士打破沉默。

「是的，從現在起，我們離金沙江愈來愈遠，但是更靠近瀾滄江上游。」活字典舒小珍為師長說明。

「前面有新的山嶺及山峰，山坡上樹木及草地連連。不像轄多高原儘是岩石山頭，地形單調，爬山吃力。」莊院士表示。

「前面是相當高的白馬雪山，夾在金沙江和瀾滄江之間。」舒小珍說明。

雲嶺南半段有全中國最大的丹霞地貌，那兒山頭及平坦的紅土地燃燒似火，給人紅火燒山的錯覺，恰巧熱帶鳥類如鸚鵡及孔雀活躍其間。但是丹霞地貌的主要成份是含鐵重的砂岩，砂岩本身質地不堅固，原本紅火燒山地段不可能千萬年來，擋住金沙江和瀾滄江洪流挾冰塊的衝擊。幸而紅火燒山正北方，五二〇〇公尺高的大山白馬雪山，山脈基座龐大，首先為紅土地帶擋住了洪流。

山路環繞白馬雪山山腳爬升。王師傅從車窗看出去，三個馬幫的人馬正爬上坡路，馬群的速度與車輛保持一致。天已經放晴，往轄多高原方向前進的車馬隊，由於走下坡的關係，全體行動速度迅猛。往西藏方向的車道上，隊伍速度降低，偶而停頓一下。馬幫好漢敏捷，全體公路上的隊伍稍停，好漢立即下馬，替人馬除去雨衣及遮雨塑膠布。

王師傅看得清楚，馱馬背上的商品帆布袋數目又減少，反而成捆的草料數目增加。看起來下一個休息站缺乏草群，馬幫預先在轄多壩子備了料。同時他們也出脫一部份商品給壩子的住戶。原來馬幫做生意頗機動，沿路一直賣東西，換成草料。

「馬幫紀律嚴明，頭腦靈活，即使將來改行幹汽車運輸，也不成問題。」詹姆士評價。

「沒問題，」王師傅說內行話：「汽車保養維修不難，學徒拜師學藝，一年就學通。照料馬匹，從小馬看到老馬，又供料又打預防針，不簡單。尤其許多人家養馬，用一般價格買來，希望養出種馬，那麼養馬經更不能不學。」

「怎麼會買一般價格的馬，卻養出種馬？」舒小珍不明白。

「用一般價格買普通馬，」王師傅解釋：「不分公母馬，長大了就要生小馬。公母馬長相壯，生的小馬又健康，這樣的公母馬就成了種馬，價格不只翻了一翻。」

所以同樣一匹馬，養不好，生病不幹活，等於廢物。養得好，耐騎，能幹活，又能當種馬，身價當然不一樣。馬幫好漢必須會養馬。擅把駑馬養成種馬良駒，搞汽車運輸何難之有？

「連印第安人也看重馬，懂得馬的好壞。印第安人去遠地方打獵，都用馬匹代雙腳。幾百年來，印第安人騎好馬爭服了北美大陸。」詹姆士發表他的養馬經。

王師傅注視前方道路，比較少交談。他發現麵包車經過了一座綠野分佈廣的大山嶽，改向一座茅草長滿山頭山坡的大山嶽前進。他更發現，公路拓得更寬些，許多路段呈現波浪狀起伏。

「我們到了哪兒？明明這一帶山地夾在兩條大江之間，為什麼看不見江岸，聽不見浪濤聲？」莊院士詢問。

「繞過了白馬雪山，前面是哈巴雪山，高五四二四公尺；雲嶺山脈的第二高峰。我們沿著哈巴雪山山腳，橫貫雲嶺山脈，從金沙江岸移向瀾滄江岸。雲嶺山脈夠寬，不到大江的江岸，我們聽不見浪濤聲。」舒小珍說明。

不錯，雲南西北隅地區，高黎貢山、怒山、雲嶺、以及大雪山四大山脈，夾住了三條大江，其中自始至終，雲嶺山脈佔地最廣。這條巨大的山脈中，白馬雪山直接為紅火燒山地質不頂堅固地區，擋住金沙江和瀾滄江的沖刷洪流。更上方，哈巴雪山又成為新的屏障，為大丹霞地貌擋住二條大江的洪流。

不僅如此，哈巴雪山如此高聳，又擋住部份由西藏向南吹颳的寒風。於是哈巴雪山山腳殘留土壤的地點，仍有三、五戶藏式土坯房，由獒犬看守。土坯房邊，藏胞開闢了梯田，種植青稞及土豆。任何地點，只要能生長青稞，藏人就願意居留下來。香格里拉中甸丘陵的大片青稞已經發黃，再過一個半月就見穀包金黃成熟。但是哈巴雪山的梯田中，播種季節晚，成長期稍久，眼前青稞的穀包仍呈青綠色。

青稞田及住家的後方山腹斜坡上，白色雪團移動，白綿羊自行爬上斜坡吃草。不需要牧羊人照顧羊群。因為羊群不會越過斜坡邊的岩石隆起地。天色一暗，羊群頸下鈴鐺響起，家羊自動返回土坯房院子的羊舍。

公路只橫貫雲嶺山脈，不必克服高原或高山。所以施工狀況容易，沿哈巴雪山山腳拓寬古代茶馬古道；而山腳起伏不平，公路就形同波浪，一起一伏平臥岩質地面上。冰冷的水從哈巴雪山高處流下，匯成淺溪流，水質清澈透明，正好對三、五戶藏民提供飲用水及灌溉水。

哈巴雪山山腳地勢高，所以主峰看起來不孤單高聳。峰頂由巨大的黃褐色岩石拱起一座三角錐。黃昏陽光殘留紅光，斜照雪山主峰三角錐，雪山的山峰巨岩化為暗紅色岩質三角柱碑。獒犬連吠，頸鈴頻傳，茅草斜坡上的羊群自行回家了。

雙線車道的所有馬群及車輛全都停下，預備在梯田土坯房附近搭帳篷過夜。馬幫好漢解下馬背上的一切負荷，攤開綑綑青草，馬群嚼完自己背負上山的乾草地，又能找淺溪喝水，甚至在淺溪附近尋覓少許嫩草。車隊中的乘客煮點熱食也不難，不太遠的地方能割回幾把乾草當柴火。公路兩邊，帳篷紛紛搭建。

空中紅霞轉黑，雪山三角錐石峰消失，天地陷入漆黑中。詹姆士得露天紮營過夜。深山野地空曠，但是四下柴火點燃，商旅來到這兒不感孤單。詹姆士不抱怨旅程單調乏味，也不計較麵包車老舊。不只王師傅，其他車輛的主人也一樣，都對坐車照顧周到。深山中車輛千萬不能故障，方圓幾百里內不可能找修車站。

天黑之後氣溫下降，荒野上過夜的人加披厚衣服。馬幫好漢也體貼，替所有健馬綁上毛毯。好漢們分頭找石塊，搬到集中地。一個馬幫的五十多匹健馬，就守住幾處集中地，韁繩拴在石塊上。好漢們留在集中地附近攤開臥墊睡覺。果然人一直不離馬。

王師傅也走遠，搬來幾塊石頭，當做椅凳使用。

「我以為騎馬出去野外，一切自由自在無拘束。現在看見馬幫的作息，就像軍隊一樣嚴格，任何一個環節不能亂來出錯。」王師傅指出。

「當然，當然，三十幾個人，管五十幾匹馬，又攜帶珍貴貨物，怎能容人胡來。山區這麼廣大，走丟一匹馬，怎麼辦？」莊院士表示。

「從九鄉溶洞工地出發，很長一段時日過去，我們還沒進入西藏區界內，這段行程真漫長。但是我們不應該抱怨。」舒小珍打發夜晚閒悶長時間而表明。

「當然不應該抱怨，沒那麼多人開路建橋，我們現在可能還沒走出碩多崗高原邊緣的二排矮山脈。」王師傅發表意見。

「這一帶地形太惡劣，過去施工人員花的代價太大。最後總算路和橋建成，我們舒舒服服坐汽車入藏。從此相鄰兩地的大山、大河、氣候、和同胞，才能互相熟悉瞭解。」莊院士解釋。

「我們師生組織車隊，去巨岩荒原挖化石，其實也不辛苦。」詹姆士說明：「只要挖出成績，贊助金就會送上。世界上沒有不付出代價，就得到大收穫的事。」

「當然沒有。就像九鄉溶洞，不動員五千人敲鑿，怎麼可能得到一樁石灰岩層國寶。」舒小珍贊成有操勞才有收穫的觀點。

「其實白天在太陽下或風沙中試運氣，天黑了升營火，野外生活不苦。甚至晚上的節目也不差。圍住營火，愛人們煮熟玉米，烤好肉，師生吃得過癮。喝啤酒或冰果汁，彈琴、閒聊、唱歌，互相透露心願。大夥兒互相祝賀明日運氣好，挖出一個大獎。」詹姆士回味。

「荒原地帶有沒有蛇、蜥蜴、或者老鼠之類？」舒小珍倦了，口齒不清問答。

「當然有，尤其突然希索急響，響尾蛇警告你闖入地盤，你得悄悄面對它退後。所以晚上我們升營火，一起享受閒談。想睡覺，多加柴火。一方面沙漠荒原夜間轉冷；另一方面，營火旺，嚇走爬蟲及老鼠。睡在營火周圍地面的人安全。」詹姆士回憶。

「還有什麼？還有什麼……」舒小珍問得模糊不清。

「還有荒原附近的保護區，白人被警告，別去保護區招惹印第安人。名為保護區，印第安人一離開保護區，就安全自負。但是保護區內野牛獵光了，野馬捕光了，火雞和山雉消失，野豬和野兔少之又少，連河裡的魚都絕跡。印第安人不能去中西部大地區打獵，他們得不到食物和皮革。」詹姆士附帶說明。

「有那麼慘？」

「確實如此。印第安人勇士不肯耕種，光採漿果和穀粒，荒野沒剩多少。我們師生挖掘車隊從保護區外圍通過，看見印第安人不使用電，夜晚帳篷區黑暗，勇士們的弓弦鬆脫了，箭鏃生銹了。印第安人不會釀酒，但是全族男子有威士忌可喝。他們喝得爛醉。」

「沒有其他生路可想？」

「有，找巫師，頭戴野狼空頭骨的巫師。巫師跳舞，預告勇士們向東方走。」

「東方找到了生路？」

「沒有。蒙太拿的印第安人，老老少少被困在保護區，生活愈來愈困難。開闢道路，建立大農莊，在農莊中養野牛和羊群，其實沒困難。落磯山大雪溶解，中西部用水不缺乏。結果印第安族被遺棄了。」詹姆士聯想。

馬幫的馱馬足足跑了一天的路，它們又漸漸靠近故鄉，幾乎所有馬兒安靜的倒下休息。馬幫好漢也露天蓋毛毯合眼。其他車輛的乘客，在星空點點發亮的深山中，鑽入帳篷入睡。繼續活動的，是條條清澈淺溪，匯成較大水流，分別注入金沙江和瀾滄江。

下一天，王師傅第一個醒來，立即衝出帳篷，跑向麵包車。他檢查四個輪胎，打開引擎蓋找水箱。他又打開車門，試試火星塞點火狀況。最後他計算油料。他搬下一桶汽油，通過皮管，把汽油注入油箱中。

附近群馬和少數好漢醒來，若干馬匹又找淺溪喝冰涼的清水。更多馬幫好漢醒來，絕不賴床，立刻整理行李。

「今天進得了藏區嗎？」王師傅隨意問問。

「還不能，梅里雪山山腳範圍大，通過花時間。今晚在交界區歇一夜。」一名馬幫好漢爽快談話。

「今天的行程累不累人？」

「最累人，雲南和西藏的高原不是好惹的。今天早上馬匹將沒足夠的草料吃，反而跑上山路最高處，馬匹全部將累慘。但是今天晚上以後，供草不成問題。」

「進入西藏以後，你們的買賣就達成了？」

「當然，馬幫送去茶葉和煤油等貨物，西藏的朋友送來每幫一百匹野馬，這趟買賣就完成。」

「看起來這一趟買賣挺順利的？」

「當然，西藏的朋友先進深山捕野馬，又先在短期間內馴服野馬。我們馬幫領了野馬，當然回雲南不成問題。」

「野馬還得進深山去圍捕，還得馴服？」王師傅感到意外。

「當然，我們稱呼為野馬，它們現在只躲在深山中。西藏的朋友不動腦筋圍捕，不馴服，難道靠老天爺從空中掉下一批來？」馬幫好漢解說。

王師傅告別馬幫圈，返回自己的帳篷。他口裡不禁自言自話，怎麼野馬是從深山捕來的？怎麼捕了馬，還要花工夫馴服？

（四）

一路上，馬幫好漢紀律嚴整，行動敏捷；大領隊一吹口哨，全體三個馬幫排好隊伍，不會在公路上的車馬隊中落後。但在哈巴雪山土坯房及青稞梯田下，馬幫不急於收拾行李。群馬守住淺溪流，能多喝一點水，多吃一點草，馬幫任憑馬群自由覓食。

全部開往西藏的隊伍，動作也遲緩起來。先是賴床一陣，然後悠悠閒閒收拾行囊，簡單吃一點冷早點。不過馬幫還是不含糊，派出三個人，六匹馬，載了商品帆布袋，最早離開哈巴雪山山腳營地，前往下一站安排。他們走後，全車隊才振作起來。收拾帳篷和用品，所有乘客上車，一聲長口哨吹響，三個馬幫排成整齊隊伍，插入車馬隊前頭位置。其他車輛自昨夜起就沒移動過，當然依序排成列隊。莊院士等人迅速上車。

雙線道上的車馬隊各自移動，走下坡路的對方車道，顯然速度快得多，卡車及汽車從王師傅這邊的隊伍旁，風馳電掣擦過。前頭群馬居然一起抬高前腿，強風吹起馬鬃，群馬嘶鳴，奮力往前衝出。王師傅用一般速度鬆開油門輾動，車子幾乎無法上移。王師傅發現，山路異常陡，他必須增加汽油流出量燃燒，才能維持一般速度爬升。相對的，山路陡，對方車道上的車輛才會高速下駛。

「雲嶺山脈上的三座雪山，高度怎麼變化？」王師傅打聽。

「白馬雪山主峰高五二〇〇公尺，哈巴雪山主峰高五四二四公尺，梅里雪山主峰高六七四〇公尺。」舒小珍明明白白回答。

「老天爺，為什麼梅里雪山比起哈巴雪山，一下子跳高一三〇〇公尺？」王師傅開始瞭解，為什麼山道一下子變陡。梅里雪山突然由地面拔起，成為全雲南第一高峰，也比西藏東南角隅所有的山峰都高。王師傅又想通，為什麼今早所有車輛的乘客，包括馬幫在內，都賴床而稍晚出發。他們不是偷懶，而是今天爬山吃力，人人多養足一點精神才行動。

車馬隊伍橫貫雲嶺山脈北半部，即將告別哈巴雪山山腳。可能是位於從西藏南下氣流的迎風面，經常氣溫低，哈巴雪山山腳大部份灌木叢變得黃褐，大部份青草也枯萎。所以哈巴雪山山脈紅葉處處，秋天迫不及待光臨三江並流區的地勢高處。

「昨天晚上睡帳篷，一直感到冷，似乎冬天提前來臨。」莊院士閒聊。

「當然，山愈高的地方，冬天來得愈早。」詹姆士回話。

「我們將到達喜馬拉雅山腳下，那兒春天短，秋冬長，沒有夏天。」莊院士又猜測。

「必定如此，所以喜馬拉雅山的許多高峰，終年積雪不溶，冬天一直逗留不去。」舒小珍按常理推斷。

「墨脫牧場位於喜馬拉雅山山腳下，不但寒冷，而且牧民生活不易。」莊院士談得更遠。

「這是我的責任。回去以後，我寫一份地理考察報告，多少要談喜馬拉雅山的氣溫，以及山腳下牧民的生活狀況。」舒小珍表示。

「寫多一點，寫得內容深刻一些。將來許多單位參加開發西藏的行列，不妨從妳的考察報告得到啟示。」老院士鼓勵。

車隊行駛一個上午，中午前來到德欽壩子外，全部隊伍休息一下。德欽壩子的藏人提供一些乾草，但只夠全部一百五十多匹馬塞塞牙縫。德欽壩子水草少，沒法子滿足全部一百五十多匹馬的胃腸。馬幫三人六馬先行單位沒在德欽壩子現身，可能他們仍結伴，去更下一站尋找草料。

正午時分，七月中旬盛暑，來到五千五百公尺高的山區，陽光不含暖意。公路不但繼續爬上坡，而且完全依循地勢，一起一伏呈現劇烈波浪狀外貌，說明大山嶽山腳地勢的變化性。

「黃金山峰，黃金山峰，黑暗深溝，黑暗深溝。」王師傅心神震憾，開口表露心中的激動狀態。車內其他人不禁先仰望車側高處，又打量對面車道的下端。

果然正午之後夏日驕陽強照，照出一座巨大的山峰。山峰頂形似不規則鈍三角錐，峰嶺巨大岩片稜線斜垂吊掛，整體反射黃澄澄金色光輝。全世界找不到如此巨大的金塊。它是梅里雪山的主峰卡瓦格博峰峰頂，藏人心目中的羊神神殿地。金色峰頂之下，灰褐岩表面上，無數尖牙朝天突出，一條龐大的冰雪帶盤繞山嶺以下部位，那是永不溶解的明永冰川。冰川之中，暗藏巨大窟窿。明永冰川旁邊，還有其他眾多較小冰川。

明永冰川的下方，幾乎所有矮樹及茅草轉成黃色，梅里雪山太高，山區的植物比其他地方更禁不住低溫的壓迫。大黃色叢林之下，出現參差不齊的小梯田，青棵葉桿仍油綠未熟。卡瓦格博峰山體龐大，仍有大面積背風區，藏人就利用背風區開闢許多小梯田。峰頂溶雪不斷，雪水到處沿著山壁流下，灌溉梯田甚方便。

「黑暗深溝就是瀾滄江河谷。」舒小珍叫出聲。

麵包車緩緩爬上波浪狀起伏的茶馬古道，車內乘客看不見瀾滄江河谷，只瞧見河流兩側岩質河岸，以及河岸下的陰影。一座古老吊橋仍架在兩岸某一地點，那兒兩岸都有巨岩當支持，吊橋兩端的粗圓鐵絲及麻繩混絞的纜索，就纏繞在隔江相對立的巨岩上。

「這裡就是公路的最高點，我們剛走過的路，就是最斜陡而吃力的一段。」舒小珍又提示。

所以馬幫的馬群和全部車道的車隊，整個上午都悶聲爬上坡，直到車輛不再面對黃金山峰反射黃澄澄光芒為止。

但是梅里雪山位置奇特。它位於瀾滄江另側，怒山山脈的頭部，它屬於怒山山脈。但它的山脈分佈廣，瀾滄江江水挾帶冰塊，居然切開了梅里雪山的山腳，讓雲嶺山脈北半部也獲得梅里雪山的部份基座岩層。這一段公路呈現大波浪起伏形勢，就是梅里雪山山腳間歇性隆起於地面的緣故。長久以來，茶馬古道終於來到瀾滄江邊，正是一種機緣。因為像梅里雪山這麼龐大高聳的山體，一旦座落在雲嶺山脈北端上，那麼任何大道都不敢冒犯梅里雪山。於是入藏之路不知從何處開通。

「卡瓦格博峰下的冰川到底有多大？」詹姆士問道。

「好像是寬一公里半，長二十公里，像巨蛇一樣纏繞山峰高處。」舒小珍搜索自己的記憶。

「冰河的厚度呢？」詹姆士又追問。

「看山谷的形狀而定，谷底隆起，冰河只有幾十公尺厚；谷底深深凹陷，冰河厚達幾百公尺。」「似乎不可思議，一座大山山間，巉岩尖石托住幾百公尺厚的冰河。」詹姆士表示。

「多少人家住在冰川之下？」莊院士發問。

「不多，幾十戶人家而已。生活相當辛苦，但是相信卡瓦格博峰羊神會保庇子民。從前大山樹林中有黑熊，居民獵殺黑熊，剝熊皮當睡墊。現在看不見黑熊了。」舒小珍說明。

輕微而連續不斷的「碰碰」聲傳來，顯然是瀾滄江水拍岸的聲音。瀾滄江縱貫雲南，對全雲南生活影響巨大。這一趟王師傅的麵包車行駛長時間，最後仍回到瀾滄江畔。

既然公路通過卡瓦格博峰山腳下的最高處，那麼公路應該走平或下降，於是馬幫的馬群和王師傅的麵包車，都可以喘一口氣。

清涼的風迎面吹來，吹入車窗內，讓車內乘客呼吸順暢些。達達，達達，涼風送來強烈的馬蹄聲。馬幫的馬群剛爬完一個上午的陡坡，難道馬上就展開新一段路的奔馳？王師傅向前看去，馬幫和車隊仍繼續慢行，沒有增速衝刺的跡象。

達達，達達，馬蹄聲更急驟強烈，仍由涼風中傳來。

「對方車道有一群馬，向我們迎面奔跑過來。」王師傅喊叫。

不可能，三個馬幫組合成一個大馬幫，走在前面，正要去西藏買馬。附近根本沒有意外事故，為什麼他們打退堂鼓了？

自己這一條車道上，三合一大馬幫正喘息走水平道路，一匹馬也沒減少。對方車道，幾個精神抖擻的好漢一手執韁繩，一手比手勢，指揮身後一大群馬，人吆喝，馬嘶鳴，迎面撲過來。

「頭別伸出窗外，太危險！」詹姆士匆忙把舒小珍的肩膀拉退，並且交代：「數一數群馬的數目。」

王師傅專心開車，眼角瞥一下馬群而已。舒小珍領會，小心點數對方車道群馬方陣內外的馬匹數目。

方陣四周側面之外，大約圍繞三十多名好漢。好漢又騎馬，又牽了背負商品帆布袋的馱馬，總計外圍馬匹達五十多匹。好漢和背有重負的馬匹，恰巧符合一個馬幫的基本成員數目。

但是方陣之內，二十多匹公駿馬，繫了繮繩，勉強順從領先好漢的手勢，沒衝出方陣。其他七十多匹母馬和小馬，完全不繫繮繩，就跟緊公駿馬而奔跑。全部方陣內的馬，全不背負重物，不斷的嘶鳴，鬃毛飛揚起來，尾巴忽左忽右搖動。

「一個馬幫，帶回一百多匹新馬，為什麼？」詹姆士思索。

「這個馬幫買回了一百多匹馬，他們完成了交易。」舒小珍想出道理而叫出聲。

「他們是回頭馬幫，他們賺到錢了，一百匹新馬等於一千隻羊。」王師傅補充說明。

「他們做完了買賣，所以好漢神氣起來，將用高速度跑完下坡路段，回麗江及大理向親友交代。印第安人濫捕中西部的野馬，換槍支和酒，賣給白人民兵和騎馬隊。印第安人再也捕不到大批野馬，民兵和騎兵隊卻阻擋溜出保護區的印第安人。」詹姆士比較兩個世界。

對方車道的方陣，跑在外圍的，是一個馬幫的基本人馬。被擠在內層的，則是西藏的野馬，它們將去雲南面對新故鄉。它們的背上暫時不馱重物，但是它們是從西藏深山被圍捕押出的？他們是被馴服過的？

「我知道早先中西部印第安人的做法。」詹姆士回憶：「他們出動勇士，在大原野先圍成大圈子，而後大圈子向內收縮，最後包圍了一群野馬。他們不動腦筋，又出動大批勇士，包圍並押運野馬，交給敵人。野馬捕得快，賣得快，不用多久，原野的野馬幾乎絕跡。」

迎面奔來的回頭馬幫，以及急促馬蹄聲，不一會兒就消失。取而代之的，卻是「吱吱」叫聲。眼尖的王師傅最早看見。一群群猴子走過空盪盪的老吊橋，從梅里雪山移往雲嶺山脈這一邊，它們都長得肥胖，走起路來顛顛簸簸，小猴騎在母胖猴身上。一過吊橋，它們就奔向大樹，在大樹枝幹上嬉戲。

這群胖猴全身長出黑色泛金光的毛髮，小臉孔紅中透焦黃，小眼睛小鼻子，皺臉多捲曲的金鬢毛。手腳都粗狀有力，手指腳指細長。它們膽敢行走樹枝上，更敢抓住一把細枝，從一棵樹的樹枝盪去鄰近另一棵樹上。它們是珍貴的滇金絲猴，最常流連於梅里雪山樹林間。

往西藏方向前進的車馬隊，開始跑下坡路段，移動速度增快。輕微細碎的馬蹄聲一直傳散。馬幫群馬跑在前頭，它們的速度決定全部車隊的速度。

「汽車不是不想超越馬幫趕路。」王師傅解釋：「汽車速度快，耗油多。麵包車在香格里拉修車站加了油，到現在一直耗油。看不見下一個加油站，誰都不敢浪費油。」

原來如此，每輛車都一直消耗車廂內的預備油料。汽車駕駛人目前保持最低耗油速度。

王師傅麵包車的側邊，卡瓦格博黃金峰頂和雪白的明永冰川已經向後退去。但是梅里雪山山體龐大，從雲南一直深入西藏區界內，所以舒小珍等人一直遙遙眺望植被面積廣的雪山側影。公路則挨近或離開瀾滄江畔。

領頭先行的馬幫忽然離開平坦的公路，進入一個空曠光禿的廣場。一大早先行離開哈巴雪山過夜地區的人馬，馬幫的三人及六馬，卻守在廣場上。他們以貨易貨，準備了清水和草料，等待全體大馬幫的來到。奔波一天的馬群，終於享受飲水和草料。車隊中的大部份車輛，各自尋找一個角落，預備就地過夜。暮色重，大夥兒來到高山地帶的高處，不想在黑夜中單獨開車亂闖。只有極少數車輛趕路，繼續在拓寬了的山道上行駛。

王師傅下車，先用手試探引擎蓋的溫度，然後上半身退後，打開引擎蓋。引擎箱冒出一陣熱氣，熱氣散了，王師傅才檢查水箱。水箱內冷卻水所存不多，王師傅得注入冷水。

這片空地有小路通往一個壩子，壩子的住戶提供水及枯黃草料，分成幾個小堆。三個馬幫分散，各自認定水和草料，卸下馬背上的貨物，讓群馬勞累一天之後，悠閒充分進食。馬幫好漢也騎了一整天的馬，人人腰酸背痛。他們先坐下來，喝口水休息。

王師傅走過去，向好漢們攀談：「有個回頭馬幫下梅里雪山邊，是你們的朋友嗎？」

「是呀，他們從大理早一個半月出發，大家都認識。」馬幫好漢坦率交談。

「他們沒遇上麻煩罷？」

「不可能。公路拓寬了，大橋建好了，交通警察管制交通，當然沒問題。各馬幫只與西藏老朋友做買賣，熟人之間好辦事。我們在梅里雪山邊擦身而過的朋友，會帶回新的消息。」

「新消息重要嗎？」

「重要，重要。出門做買賣不善用消息，簡直如同瞎子摸黑。」好漢回答得世故。

王師傅轉換話題，指著幾堆草料問：「看起來今晚馬群吃得多。」

「當然，牲口和人一樣，有東西儘管吃，儘管喝。下一站進溫泉池，有水無草，所以今夜讓馬群多吃一點。」

「哪兒有溫泉？從地下冒出來的溫泉？」

「可不是。即然有溫泉，就讓所有馬匹消去臭汗。但是咱們照顧馬匹的，倒沒空檔洗溫泉。」

馬幫好漢一路上騎馬跑上高山，來到溫泉站，馬匹能洗溫泉，好漢們抽不出半個小時，替自己洗去風塵。

這片空地位於公路邊，離雲南及西藏交界線不遠，來往行旅不斷。所以有人開了間小食堂，又供應住宿房。一遇下雨、下雪、或吹大風，還是有人投宿。

空地上唯一的小食堂，只是倚靠矮岩壁的土坯房。廚房簡陋，升火時冒出黑煙，於是小廳堂及小住房都沾了少許煙塵。藏族老闆娘只供應簡單藏式食物，收費也低廉。土坯房的部份樑柱打入岩壁中，岩壁撐牢土坯房的結構。

旅客不見得坐下來點主副食，不必訂房過夜。但都提同一件事：「這兒離西藏區界還有多遠？」

「不遠了，順著公路走，翻過一座光禿的土丘，走下一段大斜坡路，就進入西藏。」

這麼簡單？問路的王師傅不敢爭論，心中嘀咕走開。他常在外邊跑，像雲南或西藏這些大地方，有人形容翻越一座山，走一段斜坡，路不遠；實際上開車行駛，不花半天工夫不成。像今天，走過梅里雪山跨江的山腳而已，就費了一天的工夫。

黃昏以後，王師傅為了盯緊麵包車，挨著車輛搭帳篷。莊院士等人的帳篷也相鄰豎立。

其他停車在大空地過夜的商旅，紛紛架起帳篷，然後亮起手電筒，找枯枝乾草煮東西。大空地乾燥，不長草，馬匹不走遠找草地，守住壩子人家供應的水草。馬幫好漢又分別走動，搬回石塊，放在草料邊當拴馬石。

馬幫堆放乾草，升起營火，好漢們圍著營火閒談。幫內所有馬鞍和商品帆布袋放置有秩序。天空晴朗，星辰閃爍，不可能下雨。

「今晚馬幫氣氛輕閒些，大概目的地快到了，生意就要辦成。我過去閒談一下。」詹姆士提議。

「語言上可能有困難。」莊院士表示。

「我陪他去，我對茶馬交易也有興趣。」舒小珍開口。

詹姆士和舒小珍一起走過去，一百五十多匹馬喝水嚼草，根本不理會外幫人。一個外國人陪同一名女子走過來，馬幫好漢不驚訝。

「兩位從哪兒來？好像一路上常碰面。」一名好漢開口。

「我們一共四個人，坐那邊的麵包車，一直開到這兒，正好大家同路。」舒小珍回答，並且立即翻譯。

「兩位去哪兒？忙些什麼？」

「去林芝，搞地理考察。」

「林芝遠著呢，你們才走完一半路途，有兩座大橋等著通過。」

「你們呢？交易地點近了？」詹姆士出聲。

「確實交易地點就在西藏區界一帶。先在溫泉站過一夜，下一天就分頭進馴馬場和交易市集。」

「馴馬場和交易市集是分開的？」

「當然。交易市集只牽進樣品馬。上千匹的馬留在馴馬場訓練，這還只是配合雲南馬幫的需要。四川也有馬幫入藏，賣去四川的馬集中在四川馬幫通行的路邊。」

「你們不是馱了茶葉、煤油、和棉織品等上山？」詹姆士問得詳細。

「對，沿路已經脫手一部份，剩下的交給交易市集的西藏朋友。少數幾個兄弟去大市集就夠了。大多數兄弟去馴馬場看一百來匹馬，畢竟野馬才是我們主要的對象。」馬幫好漢大方交談。「現在買賣野馬，情況複雜嗎？」

「複雜多了。過去很長一段時間，野馬多，容易圍捕，馬幫需求量大，所以買賣順利，價格穩定。近年來西藏野馬數量減少，藏區本身搞發展，藏胞朋友自己保留一部份野馬，所以馬幫不敢出團太多，買不足野馬而白跑，將來情況也許會更亂。」

「為什麼？」

「你們四位坐的麵包車，就是馬幫的大敵。大卡車、中型車等，載重量大，馬匹比不上，馬幫得買汽車改行，目前汽車全部進口，加上高關稅，馬幫買不起。一旦汽車降價了。馬幫非買不可。」

「你們相信汽車的用途大？」

「當然，搞運輸的，消息要靈通，馬幫早就打聽汽車的行情。」

「現在市場上野馬的行情是什麼樣子？」

「大致上，賣家得一半，買家得一半，看買賣方的交情和需求而略有變化。」馬幫好漢搬出野馬交易經：「普通一匹好馬，如果在大理和麗江賣四百元，那麼西藏大市集的賣價是二百元。西藏捕馬人帶一批人入深山，費大工夫捕得野馬，先小馴服，然後送馴馬場，每一匹得二百元。馬幫花二百元買馬，送野馬下山，一路上供應水和草料，得四百元。」

「所有馬匹價格一致？」

「當然不一樣。瘦馬、老馬、和搗蛋馬，沒人買。神駿的公母馬，可以培養成種馬，價格加一半。只有好的公母壯年馬，會生出一大批好駒，所以所有馬幫捨得多花錢買駿馬。加入馬幫的新人，首先學相馬，多花精神照顧駿馬，少理會庸馬。藏胞一生陪伴野馬，很少看走眼。馬幫來去匆匆，沒挑選的餘地，偶而會把庸馬當駿馬，白花冤枉錢。馬幫能多賺一點錢，比的就是相馬工夫。」

詹姆士和馬幫好漢談實際問題，必要時舒小珍居間翻譯，雙方談得深入。詹姆士告辭，偕舒小珍一起返回自己方面的營地。

「買馬有門檻，外人不容易懂。野馬又得馴服。講起來，買賣野馬有祕訣，外行人一時搞不清。」詹姆士宣佈。

「當然，這個行業不簡單。」王師傅表示意見。

「但是馬幫承認，馬匹買賣不成問題。」詹姆士進一步表示：「他們將來最大的敵人是汽車。」

「原來我們一直觀察馬幫，馬幫也一直觀察我們。」莊院士表示：「我們關心馬群怎麼找草吃，馬幫卻奇怪，從頭到尾，汽車不吃一口草，開上了西藏。」

「如果馬幫看出來，一輛老爺車保養得好，也能開進西藏　那麼馬幫可能先買老爺車。」詹姆士開玩笑。

這一個夜晚，每堆營火周圍，人人暢快闊談。不談行走茶馬古道的艱辛，多談抵達西藏目的之後的打算。第二天一早，莊院士等人走出帳篷，發現三個馬幫的馬群胃口大開，把清水和草料吃個精光；馬幫人員火急打掃營地，把商品帆布袋套上馱馬背上。各車輛的駕駛檢查汽車概況，通知乘客上車。

眾乘客休息的空地乾燥不長草，空地附近的山頭也全部低矮光禿。只有遙遠的雲南高山嶽，才多綠野分佈。矗立在他們面前的，是一座狹長的光禿山丘。山丘略高，不長樹木及青草。一條山路通往山丘頂部，山路並不陡峭。

最前頭的車輛滾動。馬幫大吹口哨，馬群邁開腳步。其他車輛保持間隔距離，輪子滾動，跟上車隊。時間還早，對方車道不見任何一輛車或一匹馬奔馳而來。

土丘雖高大，山道倒不離走。馬群昨夜吃得飽，休息得夠久，賣力的爬上土丘，踢落大小石頭。車輛也順道爬上土丘。從土丘上俯望，土丘的另一個側面是座大斜坡，大斜坡上也少見草木。大斜坡之下就是西藏區界。

第八章 瀾滄江塩井

（一）

車馬隊進入西藏區界，發現走上最寬敞的大道上。道路兩旁全是開闊的礫石砂土地，如果群馬和車輛滾出公路，毫無跌落山谷或河流的危險。滇藏公路或茶馬古道的盡頭，仍鋪上柏油路。但是載重大卡車重重輾過，春夏及日夜溫差過大，酷寒天氣又加速柏油路面老化及龜裂，所以公路的柏油路面業已破壞殆盡，變成一條砂石路。可以說，馬匹及車輛行走在砂石公路上，或在公路旁的礫石空曠地面滾動，幾乎沒什麼差別。

當王師傅的麵包離開尼西小平原，往轄多高原爬高；轄多高原一座大石頭山高過另一座大石頭山。拓寬道路人員必須大量使用炸藥，甚至在同一地點重複使用炸藥，把岩石山頭的崖壁炸開，再使用雙臂之力，高舉十字鎬，敲鑿崖壁間的道路。於是崖壁道路拓寬，也不過剛好容納兩輛大卡車交錯行車。車輛在崖壁公路行駛，以及走崖壁公路上金沙江轄多大橋，行車狀況危險。駕駛一旦駛出車道，汽車就可能滾落懸崖或另一座山頭。轄多高原岩壁公路的狹窄，正與茶馬古道盡頭的開闊行車路線相反。

「我們從出發到現在，用去多少日子了？」莊院士閒聊，遇上問題就丟給活字典。

「一個多月了，包括準備時間在內。我們曾進圖書館查資料，進軍品店採購耐用軍品，王師傅去修車廠全面翻修麵包車。」舒小珍恭恭敬敬的回答。

「即使茶馬古道拓寬，金沙江大橋架成，我們花的時間仍太多。」詹姆士心中感到不安。

「我們在大理，麗江、和香格里拉耽擱了一些行程，希望能碰上老桑馬登。」舒小珍解釋。

「看起來二個月內返回九鄉或祿豐，不可能實現。」莊院士感到遺憾。

「二個月又十天趕回去，大致有可能，只要我們控制好抵達林芝的時程，在墨脫牧場調查也順利。」舒小珍料想。

「我不想傷腦筋過度擔憂，就讓事情自由發展。」詹姆士想到愛人會打電話去祿豐縣政府，追查他的行蹤；他人已外出大久，很難向愛人交代。詹姆士旋即避開紊亂的念頭，改用其他話題移轉心思。他問道：「昨晚同馬幫好漢閒談，他說，如果一匹馬賣四百元，那麼賣馬人得二百元，馬幫得二百元，兩方面各得一半。妳認為公平嗎？」

「很難說，我們不瞭解許多內情。」舒小珍分析：「許多因素決定買馬價格。野馬是否稀少？捕野馬困難嗎？馴馬難嗎？馬幫帶領新馬下山，行程危險複雜嗎？」

「妳是做生意的料子，妳天生考慮多。」詹姆士批評。

「還有，馬幫不光是買賣馬匹，他們還帶了貨物入藏。其中多少貨物賣給野馬方面的朋友，利潤有多少？馬幫又順便買藏地貨物帶回雲南，他們又向野馬方面朋友買嗎？這一切都與野馬的價格有關係。」舒小珍想得更遠。舉目望去，公路兩旁盡是荒涼大空地，大空地上偶而出現少數幾棵大樹；大樹粗而不頂高，枝頭針葉稀疏。左側方面，叢叢野草凌亂生長於平坦的岩石土壤上下，更遠一些似乎有一條寬敞的河流，猜想那就是瀾滄江，江中情況不明。瀾滄江之外，樹影岩紋交錯。既然怒山以北的梅里雪山既高大又悠長，可能瀾滄江邊仍留有梅里雪山的北端盡頭。公路右側方面，一座漫長的光禿山丘攔住大空地，光禿山丘不長樹木密草，叢叢野草點綴黏土與礫石交相分佈的山丘。總而言之，初入西藏高原，看見的大都是荒漠。

舒小珍迅速聯想，廣大的西藏荒漠地帶，正需要香格里拉大苗圃培育的樹苗。而大苗圃培育的數量增加十倍、百倍、也填不滿西藏高原的荒地。大苗圃的種苗移來荒漠高原上，不愁水源不夠。不但高原上雨雪下得有規律，而且瀾滄江近在咫尺，引水灌溉不難。

接近中午，陽光猛烈不灼熱，風微弱。地形單調荒涼，不見城鎮及住家。馬群離開公路，在一處空地上休息片刻，其他車輛也熄火，乘客下車，頂著驕陽走動一下。馬幫的群馬跑了一個上午，休息的片刻不供水，但供草料。怪不得從昨天黃昏到今早出發，壩子方面已先為群馬提供大量草料。

王師傅等人閒空，多走幾步路，來到瀾滄江邊。

隔江對面，有一座山的地勢降低，山頭林木蒼鬱。相連的一座山又緩緩隆起，山頭也多林木。這二座山共同站牢，阻止瀾滄江水向外切削岩土。

「是不同的二座山嗎？」莊院士閒聊。「下一座山應該是梅里雪山的北端盡頭。從哈巴雪山腳發展到這兒，梅里雪山的長度超過一百公里；山高山腳長，真是不折不扣的大山，難怪藏人相信羊神住在最高峰卡瓦格博峰上。另一座山足足有五倍長，一直護衛瀾滄江上游，叫做他念他翁山脈。雲南百姓喝的水，以及灌溉用水，主要一部份來自這座悠長的山脈。」舒小珍判斷。

「我們將跨越瀾滄江，我們會進入他念他翁山脈嗎？」

「一定會。許多座奇長無比的山脈就包圍西藏精華地區。」

茶馬古道末端是康莊大道，正式名稱叫芒康公路，從荒涼的區界直通芒康鎮。王師傅等四個人在芒康公路邊的瀾滄江畔曬午陽聊天，打量瀾滄江面。這兒瀾滄江寬度超過四百公尺，夏秋水量充沛，江中央流水寬達二百多公尺。江岸相距寬，江水暢流中央河床，不激盪咆哮。河床乾燥空地上，全部野草枯黃。

「瀾滄江上游遙遠的地方，一大堆草叢發黑。江水兩岸、居然各有幾百個反光鏡子。到底是些什麼？」王師傅問道。舒小珍搖頭，無法解釋遠方瀾滄江邊的景象。他們眺望，幾百個反光鏡子附近，居然沿光禿小山出現房舍。

三合一馬幫的哨子響了，好漢們叫喝馬群歸隊。馬群抬腿跑過它們本來的故鄉土地，跑動的隊形整齊規律。其他車輛跟著滾動。王師傅等人稍晚一些上車，離三合一馬幫遠了一些，但康莊大道不愁沒地方行駛。

荒漠的地形單調枯燥，荒漠的範圍更大得驚人。王師傅等人發現了遠方江岸有幾個反光鏡子，和附近的住戶。王師傅明白實際花去長時間，汽車才能開抵那兒。

康莊大道的遠方，馬頭紛紛搖動，幾十匹馬不馱貨物，其中少數繫了韁繩，揚起輕快的步伐，跑向光禿小山丘下的住房區。奇怪的是，三合一馬幫也離開芒康公路，跑向相同的住房區。甚至幾輛汽車也脫離芒康公路。莊院士吶悶，指示王師傅跟了上去。

四個人曾在瀾滄江畔，遠遠眺望幾百個反光鏡子附近，看見河床上的草叢全部變黑。現在他們略打量公路另一側的小土丘，發現小土丘上的草叢也變黑。瀾滄江悠長，小土丘也悠長，共同夾住開闊的芒康公路及路旁大空地。

下午陽光斜射，晚霞染得黑草叢黑中透赤。四個人稍一失神，遠方奔來的馬群，以及三合一馬幫，完全失去蹤影。「住房那兒有叉道，所有馬匹進了叉道。」詹姆士出聲提醒。

王師傅不敢多消耗汽油，維持均勻速度，駛離芒康公路，停在住房區前。果然住房區有一條泥土叉路，叉路上蹄洞無數，馬群莫名其妙走叉路，跑進小土丘下神秘地方。

原來小土丘下有座低山谷，山谷開口小，面對芒康公路。山谷也不長，迂曲通往小土丘腳邊的低岩層地帶。山谷中建了幾十戶藏式土坯碉樓。這些碉樓全部二層樓高，方方正正，圍牆塗紅，白、黑三種粗獷顏色，顯示房主經濟條件不差。

最外面的一幢碉樓不建圍牆，就守住叉路口，店內生意興隆。其他車輛的乘客不搭帳篷，立即訂房過夜。三個馬幫的領隊也守在櫃檯前，要求供應一百多名好漢的熱食。櫃檯忙得不可開交。王師傅大致認得馬幫三位領隊。三位領隊點好熱食離開，王師傅等人才趨近櫃檯。

「這裡是什麼地方？」王師傅客氣問話。

「紅白塩井，客官，芒康鎮外最好的地方。」掌櫃海派答覆。

「芒康鎮外最好的地方？」詹姆士不相信，追問：「到處空曠荒涼，除了這兒，別處沒住家。空地這麼大，樹沒幾棵。我們不相信，這兒是好地方。」

「絕不矇人。」掌櫃大剌剌說話：「河邊有紅白塩井，岩縫中流溫泉，客官出門一看就相信。」

「請問三個馬幫，一支馬隊，去哪兒了？」莊院士問問。「正好洗溫泉，三個馬幫今晚連同馬群，還住在溫泉空地上，別說這兒荒涼，五百年和一千年的大樹全移去種馬場。只要種馬場有空，過二年來紅白溫泉栽樹苗，這兒沒幾年就綠樹成林。」掌櫃明明白白解釋。

「我們住下來，洗得到溫泉嗎？」舒小珍插嘴。

「沒問題，妳們提著馬燈去溫泉池，想洗多久就洗多久。但是天黑路滑，別摔跤；有的池子水滾燙，所以晚上去岩縫下洗溫泉危險，明天一早去洗準沒錯。晚上小店供應的也是溫泉水，供應量少了點。熱坑通過溫泉蒸氣，一點油煙味都沒有。溫泉的好處多。」掌櫃說明。

「還有其他好處？」王師傅問問。

「有，有，這兒的住戶全沾光。你去每幢碉樓看，家家放了青稞，小麥、大麥以及大豆顆粒。家家進溫泉磨坊，輪流使用溫泉水推磨，不支使毛驢，各種細粉就磨好了。」「好好，我們住宿，明早洗溫泉，一切就明白了。」莊院士表示。

「咱們能不能看紅白塩井？」詹姆士說話。

「小子，」掌櫃高聲呼喚兒子：「帶客倌看紅白塩井。」

一個臉白唇紅的藏族少年，帶領四個客人走出叉路口的頭一家商業碉樓。五個人走過停放汽車的大空地，跨越下午時分車馬稀少的雙線道公路，又通過空地，來到瀾滄江邊。

「只有海邊才有鹹海水，這裡可是五千多公尺的高原。」詹姆士提醒他。

白臉，白手、紅唇少年指向瀾滄兩岸。他們腳下岸邊低處，細杉木長木桿，分別頂住幾百個木板平槽，每個木板平槽殘留灰色滷水和白塩粒。瀾滄江對岸岸邊低處，也有幾百個木板平槽，用細杉木長木桿撐住。所有平槽大小都是二公尺寬，四公尺長。對岸的平槽則殘留紅滷水和紅塩粒。不錯，確實是白色及桃紅色海塩。瀾滄江邊有風又有陽光，足以蒸發水份，殘留塩粒。但是鹹海水從何而來？

小子沿著江邊階梯，向下走一小段路。就在幾百個遠看像反光鏡子的平槽邊，一個大洞出現。舒小珍用手指沾滷水嚐嚐，確實是發苦味的海水。他們走入洞中，發現一批人在洞中忙碌。有人看見平槽乾了，用木推板刮回塩粒，裝入麻袋中。有人利用轆轤，從洞中更深的洞汲取滷水，又用竹管把滷水注入外邊空平槽上，利用風及陽光曬海塩。

「為什麼這邊海水是灰色的，對岸的海水是紅色的？」莊院士出聲。

「因為向來洞底海水中的成份不一樣。」少年小子答覆。他們走出瀾滄江岸的洞穴，站在階梯上，一股較強的風颳過江面，直吹過來，風中帶有鹹味。對岸岸邊也有住家，那兒的住家派人下洞，汲水曬桃紅色海塩。住家的後面，恰巧梅里雪山的青翠餘脈，和他念他翁山脈的青翠山尾相交。

「古代這裡是海洋，所以殘留大量的海水，甚至海水附近的岩層中含有塩粒。」舒小珍想著想著，找到一種理由：「兩岸住戶曬了長時間的塩，滷水仍源源不絕的供應。不止如此，梅里雪山的地下是一個板塊，他念他翁山脈的地下也是一個板塊。兩個板塊之間，地心熱水湧上來，就形成溫泉。」

「妳有把握，對岸兩座山下，加上河床以及我們這一岸，確有兩個板塊？」莊院士查問。

「我們得閱讀前人的調查資料，我們自己也得研究。瀾滄江這一帶是否發生過地震，證明地層板塊的活動，尤其是明顯的證據。」舒小珍進一步說明。

「我們沒白跑這一趟。瀾滄江是條大江。妳能證明，瀾滄江有多少部份屬於古代海洋地形，又有多少個板塊。妳寫出論文，學術圈就有妳一份。」

眼前江中江岸的草叢發黑，少年小子住家後面土丘上，草叢也發黑。

「江風一直吹送塩分，塩分奪走草叢的生命，所以草叢發黑，腐爛死亡。土丘上也有草叢，但是溫泉中含有硫磺，硫磺也讓草叢腐爛死亡。」

莊院士和詹姆士驚訝地注視這名初級女工程師。王師傅一路上只專心開車，偶而聽三名乘客交談，不太懂他們太專業的知識，現在王師傅明白，工程隊副隊長派一名女子參加地理考察團，應該出自某種理由。

少年藏族小子帶四名客人返回碉樓商業房，又道內跑出一批健馬，其中少數健馬繫了轡繩，全部健馬空背不馱重物。這批健馬的前後左右，共有半打藏族好漢指揮控制。

「野馬差不多馴服了，洗了溫泉，該隨馬幫離開西藏。」少年小子大聲談論。

「馴服野馬，一定要洗溫泉？」詹姆士疑惑。

「不必。」少年小子說明：「替四川馬幫做事情的馴馬場，附近沒有溫泉，野馬的運氣差。替雲南馬幫做事的馴馬場，正好附近有溫泉，野馬的運氣就好。」

「離這兒不遠的地方，有馴馬場嗎？」詹姆士明白一些了。

「不錯。馬和主人是朋友，主人帶馬兒洗溫泉，馬兒更親近主人。其實不必強迫馴馬。天氣冷，主人替馬兒洗溫泉，洗個五六次，野馬一定馴服。」少年小子也懂得養馬經。

第二天天一亮，紅白塩井一帶熱鬧嘈雜。附近住戶提了籃子，籃中放了待洗及清潔衣服，紛紛湧入碉樓住房旁的泥濘路。碉樓旁的叉路不通有水有草的壩子，而通小土丘下，岩縫中流出的滾盪熱水。小土丘甚長，土丘上的野草叢大都發黑腐爛。小土丘腳邊岩縫中兩股滾盪的熱水，其中一股濁黃，因為水中含硫磺；另一股清澈。它們分別流入各別下方的大冷水池中，於是大冷水池溫度適中。粗竹管把溫水導入其他池子，於是男女得以分開沐浴。

更下方，簡單木板建造的小磨坊內，洗浴用過的大量溫水流過，轉動特別設計的石磨下端。石磨開始旋轉。住戶輪流使用水推石磨。外邊有人委託，把乾豆或米類磨成粉；住戶收取一點費用，樂意為外人代替。尤其十二月及一月寒冷，其他地區天寒地凍，許多作業得停頓下來；這兒寒冬仍流溫泉，溫泉水轉動石磨，照樣磨顆粒，所以嚴寒冬天住戶更忙。家家戶戶曬塩，照顧磨子，經營旅店行業，收入自然強。

莊士漢等四個人，分別進入小土丘下岩縫區，發現三個馬幫在附近空地上過了一夜。每匹馬都洗過溫泉，擦乾身子。馬幫好漢本身也是一身汗臭。他們有沒有抽空洗溫泉，則不得而知。莊士漢等人有充裕的時間，所以自行大洗特洗。

住戶們洗了溫泉，洗淨衣物各自散去。木板磨坊內，果然大量使用過的溫水，推動特殊設計的石磨。有人盯住石磨，把青稞及黃豆等顆粒送入石磨孔，磨出乾粉來。

莊院士等人洗過溫泉澡，發現三個馬幫各自重新分組。一個組好漢人數少，各騎一匹健馬，牽一匹或二匹馱馬。這個組先行出發。另一個組好漢人數多，也各騎一匹馬，牽其餘空背馱馬。三個馬幫各自獨立，分成二個組行動。

「一個組去大市集，賣貨物，談妥野馬交馬細節，又買下新貨物，然後去馴馬場會合。每個馬幫的另一個組，直接去馴馬場，準備接收野馬。」舒小珍推斷。

三個組帶了馱馬和貨物，先行離去。王師傅等人收拾好行李，坐上麵包車，追隨其他後出發的三個組，往芒康鎮出發。

瀾滄江的兩岸，各有一批人員，其中一部份人員從遠地騎馬而來。他們走下江邊階梯，進入洞穴中，開始汲滷水，倒滷水於反光鏡般的平槽子。一旦風和陽光吹曬乾了塩粒，他們就收回乾塩。由於附近沒有塩井，他們的紅白乾塩銷售順利。

（二）

紅白塩井離雲南西藏交界線不遠，屬於下芒康。下芒康普遍空曠荒涼，唯一發達繁榮的地點是紅白塩井邊的碉樓住戶區。王師傅等人看見，第一家碉樓的掌櫃以生意興隆而自豪。

王師傅的麵包車跟在三個馬幫的個別分組之後，仍沿芒康公路出發。車隊看不見瀾滄江邊，也看不見悠長的小土丘，芒康公路的兩旁栽了雪松及雲杉。路邊的雲松和雲杉都小，凡入夜及進入冬天，這些路旁小樹都被塑膠布罩住，所以生長緩慢，但存活下來；此外，芒康公路邊另外隆起一座山丘，叫中芒康山。中芒康山下的樹木草地維護得好，住家附近，公路及空曠地不時馬匹、板車、及拖拉機往來忙碌，中芒康一帶不空曠荒涼。

三個馬幫的三個分組，告別了芒康公路，投奔中芒康山。他們找到一條小道，驅馬爬上小道，消失於丘陵上的樹木、草地、和高大木欄干區內。由於中芒康山到處馬蹄聲不斷，而且頻傳好漢們一直配合而吆喝和吹口哨。詹姆士宣佈，這座丘陵就是馴馬場，大批　野馬在丘陵上被馴服。其次護送大批野馬去紅白塩井洗溫泉，最後交給馬幫。

「押送野馬洗溫泉，是好主意嗎？」舒小珍閒談。

「毫無問題。即使在中西部，冬季酷寒，不少野馬不免凍死餓死。我們都清楚，野狼全身毛長，能熬過寒冬，但它們在最冷的日子留在黃石公園溫泉區」詹姆士如今和舒小珍無所不談。

「但是，馴馬有必要嗎？怎麼馴馬呢？」

「小心，馴馬不是打馬，而是設法讓它成為主人的朋友，與主人一起生活。馬訓練了，才能成為人類的朋友。一匹馬值十隻羊，蠻珍貴。妳買馬，不可能不騎馬，不讓馬勞動。尤其良馬，野性強，妳不馴服它，它不聽妳的話。」

「北美洲有野馬嗎？有名貴的野馬嗎？」

「有，北美洲有好馬，起初印地安人不騎馬。白人向北美洲殖民，帶去歐洲名馬。北美洲出現優良的混血馬。今天北美洲流行賽馬，北美洲本地的混血馬參賽，經常得獎盃。印地安人學會騎馬，戰鬥力大增。」

「但是印地安人競爭失敗，他們騎馬戰鬥，挽回不了形勢。」

「不錯。白人使用獵槍，甚至輕機關槍，印地安人仍使用長矛和弓箭，根本不是對手。他們被逐出大草原，退回保護區。」

「他們就此投降了？」

「不，他們進行最後的賭博。大西部原野什麼獵物都消失了，只剩下一些野馬。印地安人捕光野馬，向白人換得少量的獵槍及子彈。白人會製造獵槍、子彈、和輕機槍。少量武器和大量武器對抗，結果會怎麼樣？」

「印地安人註定失敗。但是他們最後一次，怎麼把大批野馬交給白人，換來少量槍支和子彈？」

「他們動用全族勇士，把大批野馬趕去一個山谷口袋中，讓野馬逃脫無望。他們斷水斷草，讓野馬虛弱無力，這是印地安人普遍採用的原始馴馬方法。印地安人把虛弱無力的野馬交給白人，換到了少量武器。一旦他們的子彈用光，他們又不能再從大原野圍捕野馬，他們就失去了攻擊力，於是被困死在保護區。」

「印地安人的馴馬方法太簡單，北美洲幾百萬匹野馬，對印地安人幫助不大。」舒小珍下結論。

「中芒康山的馴馬場上，藏族的馴馬師花大工夫及長時間馴好馬交給馬幫；馬幫押馬回大理麗江，行走一千公里。馬匹在雲南協助搞開發和建設，野馬做出重大貢獻。藏族的馴馬方法才對。」詹姆士概括比較印地安人的命運。

自從馬幫的三個分組進入中芒康山馴馬場，車道上所有車輛目標一致，天黑前抵達芒康鎮。由中芒康到芒康鎮，距離相當遠，但是公路路面平坦好走，道路兩側的行道樹栽培得更高大。芒康鎮郊區是芒康山的腳下丘陵，青草地廣大，牧人在丘陵上蓋房舍，在草地上牧羊。車隊紛紛加速，天黑前趕到芒康郊區。公路上的人、馬、車增加，因為四川方面的車馬也趕到。於是雲南和四川的車流會合，一起進芒康鎮。

芒康是茶馬古道的終點，雲南和四川的馬幫，最遠只來到芒康。買妥了野馬和物品，告別了藏族老朋友，馬幫就分別驅馬返回家鄉。芒康也是藏東公路的起點。從四川或雲南來的商旅，打算去西藏精華區林芝及拉薩，就從芒康出發。

西藏多個要地輪流，由芒康打頭陣，即將舉辦十天一次的大市集。來自四川及雲南的幾個馬幫派出部分人員，送來重要的商品。居住於金沙江、瀾滄江、和怒江三大藏東河流地帶的藏族商家，都趕赴芒康的大市集。馬匹、氂牛、綿山羊叫聲連連，提前來到芒康內外角隅，但僅限樣品牲口進入大市集。大宗糧食及商品，例如青稞及粉、氂牛毛、羊毛、肉乾等，一小部份樣品擺上大市集攤位，以免市場有限空間被塞爆。芒康鎮內唯一的一條街道，以及街道尾的大市場，出現一片熱鬧忙碌的模樣。

王師傅的麵包車跟隨車馬隊伍，開進芒康鬧街。即便氣溫陡降的高原小鎮黃昏來臨，鬧街仍見人、馬、車擁擠。芒康鎮內外的居民，其他日子都過得冷清寒傖，但是不想錯過商品大陳列的市集；鎮外居民甚至提前一天先光臨鎮中心，感染熱鬧的氛圍。

如果幾年前，王師傅開老爺麵包車進芒康，麵包車準被芒康鎮民圍觀。但是自從三大江的現代跨江大橋建成以後，相當多的大小車輛經過芒康，駛向拉薩及林芝，王師傅的麵包車不稀奇了。

王師傅不必東問西問，找住宿客棧；他內行，直接把車子開上鬧市大街。王師傅經驗夠，芒康鎮不例外，銀行、郵電局、石油公司、水泥廠、銅鐵廠、以及各級行政單位，都在鬧市大街設辦事處及招待所。個體戶的銅器舖、馬蹄鐵匠舖、索具號、茶油糖店、青稞麵粉行、以及衣物舖，則設在附近小巷道上。

鬧市大街尾，位於大市場出入口的最好地點，有幾家傳遞幾代的野馬交易商號。商號的老闆正是身手矯健的藏族捕馬頭目。大市場內，一半空地充當日用糧食肉乾，以及五金百貨的攤位；另一半空地充當牲口圈。樣品氂牛和山綿羊送進牲口圈，但只有一批健馬不歇腳，每過一些時辰就沿著木欄干跑動。因為健馬不同於其他牲口，每小跑一陣，全身就散發力道。

相隔兩條小街的較高地點，芒康公園的一個角隅，當地人稱為茶馬互市站，早一天熱鬧起來。那個角隅另有十多間小客棧，一向是馬幫頭目及助手歇腳的地方。他們的坐騎和馱馬留在公園外的樹林裡，商品帆布袋則搬進小客棧中。舒小珍推理得正確，藏族捕馬頭目也對馬幫帶來，買走的商品有興趣，準備早一步交易。

芒康公園也是芒康高原的較高地點，芒康河發源於此，流經上芒康、中芒康山腳、以及下芒康土山丘的另一側，遠離紅白塩井，注入金沙江。芒康鎮外的芒康高原，廣泛生長天然牧草。當地牧民除了放牧之外，經常割下大量或青或黃牧草，綑成大包，賣去中芒康山和其他馴馬場，充當野馬的草料。

馬幫講究消息靈通，尤其關心藏區的最後用戶需要什麼貨物，以及大理麗江故鄉的百姓需要何種藏地出產的商品。馬幫馱運燙手貨物，不但銷售快，而且利潤高。說穿了，辛苦奔波千里遠，還不是圖賺錢。但是幾代交易下來，藏人最需普洱茶，雲南最需幹活的野馬，這兩種貨物是交易的燙手貨。

馬幫把主要手邊商品賣給了捕馬頭目，又向捕馬頭目買了不少藏區產品。然後逛大市集，脫手或買進剩餘貨物。馬幫停留芒康鎮上的時間短，所以願意迅速大宗進行買賣。

大市集日來臨。芒康的鬧市大街熱鬧起來，大市場內人聲鼎沸。老商品如茶葉、糖、塩、藥膏、銅鐵器、以及針線，新玩意兒如小收音機、電池、刮鬍刀片，銷得暢旺。大宗食品如各種粉類、風乾肉、氂牛毛、尤其是大量的羊毛，也是熱門商品。至於冬蟲夏草、紅景天、林麝的麝香、礦石顏料、印度的珠寶、尼泊爾的純玉及紅銅佛像、不丹的岩羊大角及乾雪豹，都能找到買家。所有買賣都付現，賒帳免談，因為藏區地方太大，路況氣候難掌握，找人討錢換貨難如登天。

最紅火的商品還是野馬，幾十匹樣品野馬就守在牲口圈內，連芒康百姓也愛看本地的駿馬。四川及雲南的每個馬幫，一買就是一百匹。汽車太昂貴，像樣的公路少，油料供應站少。各單位需要交通工具，民眾出門需要坐騎，搞農地及森林開發也少不了幹活牲口。藏區本身愈來愈仰賴野馬。

西藏面積大，森林、河谷、山谷地帶廣大，草地大，一向野馬到處奔跑。一千年前，松贊干布組織藏軍出征，藏野馬就貢獻不小。但是經過千年圍捕。西藏一般小山脈和森林，已經失去大批野馬的蹤跡。藏族捕馬人被迫花大工夫，遠去最後幾座大山搜尋。尤其全藏最大的山脈，念青唐古喇山脈，還棲息較多的野馬，甚至高大神駿又強壯的野馬。馬幫的相馬好漢稱呼為馬中之馬。

莊院士等人夾在人潮中，走過鬧市大街，注意大市場入口處的野馬交易商號，見識其他千百商品攤位，最後來到市場內的牲口圈。他們看見十幾匹一般健馬，以黑白斑、灰小斑、黃小斑等顏色居多，正是四川、雲南、和西藏一般用的坐騎及拉車馬。但是有個牲口圈地段人擠人，大夥兒爭睹新近捕獲送來的一隻公駿馬和幾隻小馬和母馬。小馬和母馬不繫轡繩，卻跟緊公駿馬。公駿馬高二公尺多，由頭至尾長二公尺半，馬頭直，馬臉稜角分明，馬眼大而明亮，一雙耳朵削直，馬齒整齊完整；馬背平直，全身毛髮油亮，鬃毛濃密豎立而微垂，尾巴微蹺。公駿馬雖然繫了轡繩及口嚼，仍不斷的頓足甩頭，捕馬好漢一直撫摸安慰。

「這幾匹馬。」捕馬好漢介紹：「從念青唐古喇山奔跑到這兒，中途只休息一個晚上。大夥兒看看，馬不吐白沫，雙眼沒有血絲，也不發黃，看起來體格強壯；尤其母馬及小馬跟緊公馬，不糊塗散開。」

「好馬，比九鄉和石林常見的一般藏馬強壯。」王師傅讚嘆。

「太高大了，我和黃曼還不敢跳上它們的馬背共騎。」舒小珍反應。

「印地安人就圍捕這種體型的馬，印地安人勇士也騎這種馬，白人只買這種馬。」詹姆士透露。

「八百公里長的念青唐古喇山脈，座落西藏中部，阻止來自青海、四川、和雲南三地的人，輕易進入西藏精華地區。普遍藏人不敢進念青唐古喇山探路。現在剩下少數幾個家族，能找到路徑，捕得念青唐古喇山新駿馬。」捕馬好漢說明。

「深山裡的野馬性子強悍，怎麼能從深山送到芒康？」芒康本地買家打聽。

「先馴服一段日子，然後強押到芒康。公駿馬套了口嚼，打了馬蹄鐵，繫了轡繩，說明已被馴服。剩下全部駿馬家族，送中芒康山和往四川的山頭馴服。」

「如果一次買新品種馬一百匹，這種公駿馬佔多少匹？」二個馬幫新手打聽。

「頂多佔二十匹，其他的搭配母馬及小馬。好東西本來就稀少。」

「印地安人圍捕了一大批中西部野馬，只留下小部份自用，其他一次賣掉，換獵槍及子彈。」詹姆士場外插嘴。

「這種新品種馬，中芒康山和往四川路邊的馴馬場，真能馴服？」外行的買家懷疑。

「能，老兄，咱們家族捕馬馴馬幾百年，用頭腦就成。馬幫一次買一百匹，你不能派一百個人盯住每一匹馬。」捕馬好漢稍微解釋：「放羊的孩子一個人趕五十隻羊，沒一隻走失。小孩子盯緊一隻或二隻領頭公羊就成了。」

「原來只盯公駿馬就成，怎麼個盯法？」

「馴馬場的大鐵圈裡，放進三百匹馬，其中只有五匹公駿馬。只派五個馴馬師，各追一匹公駿馬就成。公駿馬逃跑，馴馬師窮追；它逃不了，大鐵欄干圍住，小馬母馬擋路。馴馬師一回接近公駿馬，二回又接近公駿馬。不用兩天，它看見馴馬師不想逃了。同時馴馬場三天不給草料，只給水。三天下來馬群餓壞了。你撫摩公駿馬的鬃毛，它肯讓你摸，才給草。其他母馬小馬一律給草。公駿馬不讓馴馬師接近撫摩，就是不給草。眼看母馬小馬有得吃，被隔離的公駿馬一定屈服。這麼樣，你發口令，比手勢，公駿馬聽話照辦，才有草吃。然後你幫所有馬洗澡，擦乾身子，又帶它們洗溫泉，它們樂意合作。最後幾個人按住公駿馬，上口嚼，打馬蹄鐵，馴服完成了。你讓馬幫的好漢接手，馬幫好漢也帶它們洗溫泉，一百匹馬就可以移交了。」捕馬好漢介紹。

「真得費狠勁，強行接近公駿馬，連幾天不給食物，恐怕公駿馬餓得哀叫。」舒小珍嘆息。

「姑娘，這一步最重要。」捕馬好漢聲明：「就是用斷草斷糧一招逼它就範。小母馬都有草吃，看它能挺多久！」

「人不能不吃飯，馬不能不吃草。餓肚子，一天都挺不下去。」王師傅嘆息。

「它聽話，給它最嫩的草，給它徹底洗澡，讓它和壯母馬合住一個馬厩。看著它服不服主人。」捕馬好漢補充說明。

「這一招更厲害。十匹公駿馬，十匹全馴服。」詹姆士呻吟。「妳能想像嗎？相鄰兩間馬厩，一間送給合作聽話的公駿馬，搭配一匹壯母馬。隔壁一間，孤單單關一匹不配合的公駿馬。那麼野性難馴的公駿馬，敢不聽話。」

「我也想通了，馬幫接受了一百匹馬，所有貨物買齊，就領馬回大理麗江。馬幫三十多個人，五千多匹馬，管一百匹新馬，不會有大麻煩。馬群一離開馴馬場，公駿馬只有二十多匹，你在每一匹公駿馬左右，都安置一匹母馬，包準公駿馬不作怪，順順當當去雲南第二故鄉。」舒小珍推想。

「中西部的印地安人不這麼動腦筋。他們拼命圍捕野馬，拼命賣。不出幾年，大原野上野馬絕跡，其他動物也被捕走吃掉。結果最富饒的北美大原野，幾乎所有天然的獵物消失了。」詹姆士說明。

（三）

王師傅不等芒康大市集結束，開車告別茶馬古道，駛上拓寬後的藏東公路。麵包車一出芒康鎮，發現芒康高原長滿青草，眾多羊群活動於高原上。另有若干馬拉扳車忙碌，奔向瀾滄江邊。其他馬拉板車裝滿青草，貨輕馬快，奔向中芒康山馴馬場。

「馬幫只來到芒康鎮，貨物銷售買進完畢，野馬移交，他們就會回大理麗江。他們仍然三個團併成一個團，還是每個馬幫獨立，各自找路回家？」莊院士交談。

「還是三個幫合併成一個大幫，互相支援，把賺的錢或貨物帶回家。」王師傅表示。

「不可能，賺了錢，別讓人瞧見，各自顧緊，早早回鄉。」舒小珍判斷。

「這得看賺的是什麼錢。」詹姆士分析：「他們主要賺的是馬匹，馬匹送回家鄉賣了才算數。馬群是活的，各幫的馬群最好別和別幫的馬群混淆，否則弄出毛病來。三個馬幫理應各自單獨回鄉。」

「博士見解不簡單。」莊院士讚賞：「每個幫領一百匹，數量不少，馬性各不相同，本來就不必繼續合併同行。」

這位遠渡重洋而來，對印第安人生活狀況有見解，熟悉大農業區背景的專家，開始流露特殊的組織洞察能力。

眼前神情最愉快的人是王師傅。芒康的確是藏東的大鎮，加油站存油及油罐車補充不缺欠。王師傅加滿了油，儲油桶也裝滿。又檢查調整了輪胎。麵包車乃向西藏精華區出發。

「大理和麗江來來去去的馬幫，不會上藏東公路，公路交通流量輕，咱們不妨加速行駛。」王師傅爽快的表示。

一出芒康鎮另一條道路出口，王師傅沒白高興。不見眾多碉樓或土坯房住家擋路，公路建於開闊平坦地面。道路左右是發黃的牧地，羊群和犛牛避開公路的車流，勾留草密草高地點。而且牧羊小孩不笨，趕牧五十隻到上百隻羊，他一個人一根竹竿就照顧得來，不必動用五十到一百個人。

尤其公路一側地勢攀高，直到山嶺線上。這個方向斜坡廣大，開始枯黃的牧草多，牧草之間大小樹木獨立生長。山嶺線上，站滿成排杉木。七月中下旬本是炎熱夏季，但是獵獵山風掠過芒康高原，莊士漢等人敞開車窗眺望，皮膚的感覺是秋高氣爽。

公路左近地形都平坦，正前方的遠處，蒼翠山嶺阻絕全部平坦地面。

「自從離開紅白塩井，我們就離開瀾滄江岸遠了。但是我們沒完全告別瀾滄江，芒康也離瀾滄江不遠。如果我們不用太久就越過瀾滄江，那麼我們也就面對瀾滄江邊的他念他翁山脈。」活字典望山嶺而隨便提一下。

眼前直接相關的，是麵包車明顯的跳動。王師傅不抱怨車輛小跳動。行駛碩多崗高原和轄多高原的花崗岩炸鑿地面，平坦的地面坑坑洞洞，輪胎跳動凶。行駛芒康公路的砂土性破碎公路，輪胎既磨擦又忽然急跳，對外輪胎甚不利。然而芒康鎮外的藏東公路，石質路面軟一些，所以汽車跳動穩定些。公路兩邊堆放若干施工後剩下的碎石，碎石的成份含有砂子，這種岩石不頂堅硬，對全部大地區的地面推平工程不形成大障礙。換句話說，開路人員使用較少的炸藥，動用敲鑿所有平地的人員也少。

這種地面還有其他特色，岩石區和土壤地帶並存。由於土壤地帶大，所以牧草生長面積廣。芒康高原具有如此地質特色，所以整座傾斜大山坡覆蓋草地。巨大而形狀怪異的岩石一再探頭，不妨礙針葉木在嚴寒的芒康高原上生長。

「芒康高原草地廣，即使下芒康一片空曠荒涼，全部芒康地區的環境不算差。」舒小珍衡量。

「溫泉店的掌櫃還說過，過二年種馬場將改進下芒康的荒涼環境。」莊院士提醒。

藏東公路的開端，也就是芒康鎮外的公路，倒不見得車輛絕跡。大卡車和小轎車尚未露面，馬拉板車的數量倒不少，來回行駛於芒康鎮內和前方山脈的腳邊。有些板車載了鐵桶、野草束等輕便物品，其他板車則承載鋸木板、鋸木料、鐵絲捲等重物。

「芒康鎮的海拔不低於五千公尺罷？」莊院士開口。

「當然超過五千公尺。地勢這麼高的地方，鬧市大街居然設立銀行、石油公司、水泥廠，和鋼鐵廠的辦事處，這個鄉鎮有名堂。」舒小珍交談。

「任何從四川和雲南來的人和貨物，打算去林芝和拉薩，都得經過芒康，當然芒康位置重要。」王師傅點明。

藏東公路一側出現矮牆，矮牆正採用這一帶岩石表層含砂粒的碎石塊當材料，矮牆緊貼的後方栽一排枝椏少的杉木。此外，前方矮牆排樹下，停放十多輛空板車。

「前面有一個單位，我看八成和工程隊脫不了關係。」王師傅表示。其實麵包車出發上路時間不長，王師傅莫名其妙的把麵包車停在眾多板車之間。

大夥兒下車。舒小珍打量前方，確定前方確有一座大橋，大橋不但跨越了一條大河流，而且連接一座高聳的山脈。莊院士抬頭打量，路邊開了一間副食品店，店內掛了不少風乾的食物。副食品店門口掛了一小方木板招牌：五百高原種馬場。

看起來，這是一間對過路人馬及車輛販售盒飯點心的小店，順便賣一些風乾的香腸肉塊。小店用簡單的木板木柱搭建，和門口招牌搭不上邊。小店內有櫃枱和桌椅。漢人老掌櫃和藏族女服務員分別算帳和打掃。

「有鮮奶、糌粑、饅頭、和羊肉湯。吃點什麼？」老掌櫃招呼來客。

「想不到高原上有飲食店，但是種馬場看不見影子。」莊院士出聲。

「種馬場在裡面，種馬場養羊和馬，出產了什麼，大部份送芒康鎮賣，剩下的在場地門口賣。」掌櫃解說。

「這兒該不會和工程隊有關係？」王師傅本人就是工程隊的一員，大大方方攀交情。

「這裡的員工全是年紀大了，從某個工程隊退下。你們四位屬於哪個單位，去哪裡？」掌櫃走下櫃枱，坐在四個客人對面。他又交代廚房給來客來點解饞的餐點。

「雲南工程隊派去林芝出差的。」莊院士表示。

「原來是同行。在高原上遇見同行不容易，務必讓種馬場招待一下。」掌櫃熱情的表示。

「你這兒是種馬場，昨天我們在芒康大市集，看見二公尺多高的新品種公駿馬。種馬場有嗎？」詹姆士問道。

「有一對，藏馬中的希罕品種。念青唐古喇山的藏人家族，特別廉價賣給種馬場一對，種馬場答應好好培育下一代。」

掌櫃提議來客進種馬場參觀。由於種馬場的草地，正是芒康高原大草地的一部份，佔地面積大；所以掌櫃特別交代，安排一輛大輕便馬車，深入種馬場地參觀。

「從雲南的山區，到西藏的山區，各單位的工程隊全部打頭陣。拼老命開山、鋪路、建橋。各工程隊無不共赴患難。所以一有工程隊同仁路過，種馬場歡迎還嫌怠慢。」掌櫃表示。

「你們看見了，公路兩邊的石頭地炸平敲平，碎石頭就用來當矮牆材料。當然打平的石頭地上，架大橋的，打通對面隘口的人員，一起睡帳逢，吃大鍋飯。」掌櫃又回憶造橋的片段經過。

「這裡地面的岩層沒那麼硬，岩層土方也不多，施工不算太難？」舒小珍點明。

「對，打平石頭地面不難，難的是挖大橋橋墩，和打通對面山脈的隘口。隘口打通，大橋引道完成，下一段盤山道路也就順利完成。」掌櫃說明。親自駕輕便馬車，沿路為同行解說。

副食品小店本身，就是種馬場的大門。推開小店後門，二排木構簡陋廠舍排列。其中一排有馬廐幾十間，一部份種馬和小馬在這幾十間廐舍過夜，保證種馬在夜間和寒冬不受涼。另一排設有母馬生育房、小馬病馬哺育房、洗馬房、氈毯及用品倉庫、以及草料儲藏室。幾名懂育馬及獸醫的師傅，各帶領一名徒弟，就在這二排平行木構矮舍之間，照顧大小馬匹。

掌櫃親自駕輕便馬車，走草地間的細石粒小道，爬上青草地大斜坡。大斜坡正是芒康鎮外精華地區，芒康高原大草地的一部份。但是種馬場青草大斜坡的枯黃牧草，比鄰近的天然地更鮮嫩，草莖草葉也高得多。青草地大斜坡上，不但更多馬匹悠遊進食，包括一對來得高大神駿的野馬。正是芒康大市集上，捕馬好漢介紹的念青唐古喇山最新最好的品種。此外，大片草地上，額外放牧不算多的山綿羊。

「草料有剩，所以除了種馬以外，兼養一批羊。羊奶、羊肉、和羊毛大部份交給店家，送大市集出售。」

芒康高原大草地的高處，一排杉木形成天然的界線。種馬場得守住所有馬羊，不容任何馬羊逃跑。所以場方在四周圍，包括青草大斜坡的頂部，打了木樁，架了鐵絲網，確能防止牲口溜走。種馬場四周圍的鐵絲網內，目前栽了幾十棵高大杉木，幾百棵杉木幼苗。

青草地大斜坡中央，也蓋了一排木構廄舍，以便收容比較昂貴的種馬。廄舍之後有羊圈羊舍，所以連少數羊隻也能在寒冷的日夜保暖。

「為什麼你們拓寬道路及建橋，卻又在瀾滄江邊開種馬場？」莊院士開口。

「工程隊內，各級工程師有專業水準，負責工程研究及施工。工程隊內也有一批老人，幹一些粗活，就是運輸組。運輸組老傢伙連開卡車和麵包車都不行，只會開拖拉機、騎馬、拉板車。任何大工程動工前，運輸組老傢伙們先去修道路，運器具材料，甚至疊灶台和清營地。咱們工程隊分派了瀾滄江大橋的建橋任務，運輸組先出發，把從下芒康到瀾滄江邊的道路清出來，讓器具材料運到。」駕馬車的掌櫃說明。

果然不錯，全部種馬場內，許多老人照顧種馬，清理道路及房舍。

「運輸本身使用的交通工具，最多的是馬和板車，一來不耗汽油，二來牲口不同於機器，公母馬放在一起，會生小馬。你餵母馬吃草，母馬脹奶餵小馬。」

「當然公母牲口放在一起，會生小牲口。尤其公母山綿羊在一起，生的小羊特別多。」王師傅想都不想就明白。

「我們在下芒康和中芒康移走大石頭，預備砍五百年和一千年大樹。先使用拖拉機。卻把所有拖拉機用壞了。我們的馬匹不夠用，向芒康藏胞買馬。大市集明明有馬，價格公道，藏胞不肯賣給我們。我們後來才明白藏胞不歡迎我們。他們對於公路拓寬不拓寬，瀾滄江大橋建不建，不怎麼關心。他們害怕，大批工程人員進芒康，先是大砍樹木，接著排泄物不處理好，芒康鎮內外先遭殃。」掌櫃再說明。

輕便馬車開了回來，所有人下車，參觀馬廄及生育房，數一數公母馬之間的小馬。

「不得已，我們向馬幫買馬，馬幫還沒回頭，已經賺了一票。我們動用所有馬匹及板車，連五百年及一千年大樹都移走，改種在這座種馬場的角落。一大批人手來了，我們管制一切排泄物，全部用做草地施肥，結果斜坡大草地的牧草長得更好。」

「以後呢？」舒小珍追問。

「大樹移植，環境保持乾淨，芒康的藏胞不排斥工程隊。我們為了運輸，養了一大批馬，這麼多馬生了不少小馬。當瀾滄江和怒江大橋建成時，我們老傢伙該退休了，就把老馬和小馬移到這兒，進行老馬休養、小馬哺育、以及新馬引進。有些退休的老傢伙懂得配好種，我們開始配種生強壯的小馬。種馬場就這麼糊裏糊塗成立。」

「為什麼把這兒叫五百高原種馬場？」舒小珍問道。

「芒康鎮這麼稱呼種馬場，不是種馬場自己命名的。最早運輸組帶頭運器材到瀾滄江邊，自有馬匹約五十匹，然後向馬幫買了五十匹。百匹小馬、老馬、和壯馬全收容在種馬場基地。建怒江大橋，拓寬道路，運輸組基地派出馬群和板車，又收容別單位的老馬和小馬。芒康鎮先改叫這個基地二百馬場，又改名叫三百馬場，現在擁有五百匹了。我們安定下來，取了這個名稱。」

這兒本是運輸組的基地，集中收容馬群和板車。最初只有破木板馬廄幾間，老傢伙住帳篷，下瀾滄江挑水。幾年之後，老傢伙紛紛退休，原址改進成現有的整齊二排大平房，大斜坡中央的平房，以及一間路邊店面。牲口由五十匹老馬，擴充成五百匹，其中包含配種而產出的良駒及念青唐古喇山脈新駿馬。他們不是馳騁中西部大原野的勇士，追逐獵捕野牛及野馬數百年；他們只是運器材的拖拉機駕駛及管馬老人。現在他們從事良馬配種。他們也養了一小批羊，難免也進行好羊配種。

種馬場老掌櫃帶路，拐小路看圍牆邊的一長排老樹。這些老樹在運送的過程中，樹梢及樹枝被鋸平。眼前這些樹齡超過五百年的粗樹，都長出新枝新芽。下芒康及中芒康許多老樹失蹤。它們沒被劈成柴火燒掉，卻被移來種馬場邊上。幾十棵老樹，陪伴一群幼駒；五千公尺高的山風，吹過老樹的新芽。芒康高原上的枯黃草地，則遊走幼駒駿馬。退休老人管理大片地方，育馬專家和學徒支援。瀾滄江上游有人定居下來。

「每一棵老樹足以讓三個人張臂合圍，即使鋸掉樹梢，全長仍有四十多公尺，怎麼運來的？」莊院士問。

「滇藏公路拓寬到梅里雪山腳，卡車只能開到梅里雪山腳，卡車還等待運輸組老傢伙開路。運輸組沒辦法，把十幾台板車和大樹綁在一起，左右邊各佈置十五匹馬，總共三十匹馬拉一棵包了土的大樹。走一段休息一段，通過大片砂石地和芒康鎮，最後才運來這兒。所有大樹都用這種笨方法運來。運光沿路大樹，芒康公路就開始改建。」老掌櫃說明。

王師傅等人路過種馬場，終於進場參觀休息了一會兒。他們登上麵包車，駛過曾經建立眾多帳篷的平坦石質地面，向一座狹長的新山脈出發。

「一個運輸基地，原有老馬五十匹。現在變成種馬基地，擁有駿馬和幼駒一共五百匹。目前數量不算多，草地也不算廣。」詹姆士回味表示。

「一群退休老傢伙，開始走養育種馬的路子，叫人想不通。」莊院士點明。

「中西部的勇士們，怎麼忘了公母羊湊在一起，就會生小羊。公母馬湊在一起，就會生小馬的道理？」詹姆士聯想。

「早期北美洲的印第安人，到底人口數目有多少？」舒小珍交談。

「印第安人到處移動，人數難以統計。估計全部北美有二百多萬人，中西部佔一半。」詹姆士說明。

「中西部冬天冷嗎？下雪大嗎？」舒小珍談下去。

「很冷，很冷，攝氏零下二十度。雪一直下，不時有狂風暴雪。一百萬人的印第安人面對大風雪及低溫，怎麼辦呢？」詹姆士談家鄉後期的狀況。

果然藏東公路車輛少。沿路居民騎馬趕羊，不時阻斷公路交通。一座現代大鐵橋遙遙在望，旁邊仍保留一座老吊橋。

當運輸組老傢伙向大市集買野馬，充當拉板車運送器材之用；芒康鎮民存了疑慮，不肯乾脆賣馬。他們以為，跨江老吊橋勉強可以湊合，大鐵橋不急著建。現在老吊橋完全沒人使用。

幾名藏民騎了馬，趕一大群羊兒上下大鐵橋。幾輛中大型貨車，快速通過大橋。

「江面寬度是多少？」莊院士詢問。

「大約二百公尺。紅白塩井一帶，瀾滄江寬四百公尺，從這兒看更上游，寬度都超過三百公尺。更早老吊橋選在這兒，這兒江面窄，建橋容易些。」舒小珍估計瀾滄江狀況。

「建橋地點選得有道理。這座大橋和金沙江的轄多大橋有差別嗎？」莊院士再問話

「都是圓拱型單一跨距大橋，所以轄多大橋和瀾滄江大橋的建造方法相同。把地質取樣人員和設計工程師垂吊下去，確定橋墩的位置。然後垂吊作業老手下去，硬是強用十字鎬、粗鑽子、和大鐵鎚，把橋墩洞穴鑿出。可能金沙江那兒的花崗岩太硬，鑿洞更吃力。這兒含沙岩層軟一些，鑿洞快一些。」舒小珍回答。

「這兩座大橋的橋墩，都與引道基礎相連，哪一座鐵橋好建？」

「轄多高原全是花崗岩，建崖間引道及橋墩特別吃力。這兒的對面是大山脈的尾端部分，能使用炸藥，移走的土方多一些。看起來還是金沙江大橋工程難度大。」

隔江望去，他念他翁山脈完整的山嶺，硬是被開通一個大缺口，瀾滄江大橋就連接眼前平坦灰色岩石地面和山脈的大缺口。大缺口後面是什麼地形和地質，就不得而知。

麵包車稍微停留一下，打量瀾滄江大橋。附近的老吊橋連接江岸兩側，都位於平地上，所以他念他翁山脈的大缺口是新開通的。山風清涼，朝陽和煦，麵包車快速通過山脈的大缺口。舒小珍估計，大缺口高度有數百米，寬度只有幾十米，大缺口完全配合瀾滄江大橋而鑿通。

大橋另一端的引道呈水平狀，採用大量混凝土建成，說明他念他翁山脈不是純岩石山體。但是麵包車一

駛過水準混凝土引道，路面瞬間升高。原來大橋連接的，是大山脈之後的登巴高原，所以瀾滄江大橋又叫登巴大橋。

麵包車駛上登巴大橋，風沉穩涼爽。大橋下的瀾滄江因為遇兩岸堅硬岩層而縮窄，引起江水的鳴咽。麵包車穿過他念他翁山脈的人工隘口，走完大橋一端的引道。車上四個人立即發現，麵包車不但開始蛇行轉向，而且高原上呼嘯聲頻傳。登巴高原不是一般普通的高原。

（四）

瀾滄江上游一側依偎他念他翁山脈東側腳邊。他念他翁山脈山體一直出奇的悠長狹窄，卻在南端一帶變形。一座矮山頭迂曲抱住另一座矮山頭，山谷群分佈有如斷裂的螺紋。王師傅的麵包車一過他念他翁山脈的人工大斷裂口，就開始盤旋而走向下坡。登巴高原上的風也因旋轉而受阻於山脈，發出間歇的淒厲叫聲。實際上，登巴高原多座山頭間隔簇擁，山體變得龐大。登巴河迂曲流過多處螺紋形山谷，注入瀾滄江。

登巴高原日夜常傳間歇性尖叫聲，卻沒驚嚇藏人。住戶居住登巴河的山谷壩子，一方面放牧牛羊，一方面種植青稞及玉米小梯田。王師傅開下山體巨大的登巴高原，行駛的直線距離不長，麵包車一直東彎西轉，消耗不少時間。車內乘客則發現，登巴河沿路山谷雖彎曲，業已枯黃的牧草，遍佈大部分山谷，山谷中大量犛牛覓食在外。

「這個小鎮的郊外居民不窮，但是他們房舍怎麼建造分佈，我就不得而知。」王師傅發表意見。山路太迂曲，麵包車免不了黃昏時才開入小鎮，王師傅因此注意晚間投宿的問題，這方面車內夥伴人人瞭解。

「為什麼你知道小鎮不窮？」莊院士疑惑。

「農人看田畝，牧民看牲口。」王師傅說得世故。「田大牲口多，農牧民自然有錢。藏區牲口最貴是犛牛，其次是馬匹，最賤的是山綿羊。所以說一匹馬抵十隻羊，一頭犛牛抵二匹馬。你看山谷壩子養那麼多犛牛，就曉得這兒農牧人家不窮。」

「還有沒有比犛牛更值錢的？」詹姆士問道。

「有，就是獒犬。獒犬聰明，牧人外出放牧牛羊，攜帶一隻獒犬，所有牛羊不敢亂跑。」

「我相信。」舒小珍開口：「香格里拉大草原上，牛羊吃草累了，倒下來休息，就看不見影子。放牧的藏族青年不擔心，到了天暗回家時刻，獒犬會替主人趕牲口。」

王師傅麵包車前後幾輛車，全都在黃昏時進入一個山谷間較大的壩子。一進壩子，看見幾乎所有土坯房院子都大，大土坯牆圍住院子。這兒就是登巴鎮最大的壩子，但仍位於登巴高原低處。所有停車的乘客都找土坯房間借宿地，引發院子裡多隻獒犬狂吠。外來的乘客全部找不到投宿房間。

登巴壩子不供外人借宿，倒不是大問題。每輛車自備了帳篷，在空曠而空氣流通的草地上搭帳篷過夜。碰上七月下旬晴朗的夏日反而是好事。意外的是，汽車群早一步來到登巴壩子，大群犛牛跟著下山，其中一部分居然不怕獒犬吠聲，被趕進若干土坯房的圍牆內。另外一部分犛牛連同主人，任意找空地過夜。王師傅等人也就在遍地犛牛狀況中度過一晚。

下一天一早，王師傅等人被犛牛叫聲和犬吠聲吵醒。每名牧人「葉克，葉克」出聲，叫喚犛牛。牧人個個叫喚「葉克」，犛牛似乎聽得懂。王師傅和所有其他外來客紛紛上車，發現登巴高原剩下的下坡路被塞斷。不僅如此，其他更低的山谷又湧出一群犛牛。看起來半數登巴高原的犛牛，連同許多吠叫不已的獒犬，都湧上公路。

「他們想幹什麼？」停留登巴壩子過夜的汽車乘客，人人心中狐疑。

每隻獒犬的頸子都繫了粗皮帶，主人拉緊粗皮帶，防止獒犬亂跑出事，結果人犬走路緩慢。農牧人驅趕犛牛上路，犛牛走得也慢。所有車輛不得已，緩慢駛下登巴高原的剩餘下坡山路，進入一座大平原。

悠長狹窄的他念他翁山脈，分出一半雨雪流入瀾滄江，分出另一半雨雪灌溉西藏境內最大的平原，左貢河平原。王師傅的麵包車緩慢行駛於大平原間，青稞、小麥、玉米和蘋果　樹大量種植，令人錯以為回到國家北方的大農地。

大平原的正中央有左貢鎮，瀾滄江和怒江之間的最大鄉鎮。左貢的一處大廣場分成二部分，一部分集中獒犬群，另一部分集中犛牛群。左貢的犛牛及獒犬大市集，就在大廣場進行。左貢大平原多殷實的農人，他們一向買下半數登巴高原上的犛牛和若干獒犬。其他山區住戶買下剩餘的牲畜。登巴壩子的農牧人家受益不淺。藏東公路改善後，登巴鎮的人只需步行一天，就能把大批牲畜送去市集地左貢鎮。

芒康和左貢的市集，就是藏東的二大市集，全都十天交易一次。金沙江、瀾滄江和怒江包夾了二塊大陸地，二塊大陸地的中心地點正是芒康和左貢。二塊大陸地上的藏人，只能來去交通方便的芒康及左貢趕集。

「他們都需要汽車，載人的汽車和載貨的汽車。像馬幫，由大理麗江騎馬到芒康，花一個多月時間。開汽車，只要四、五天。從登巴到左貢，走路花一天時間，開汽車只需二個小時。」詹姆士比較衡量。

「當然汽車好，速度快，載量大，馬差太遠。」王師傅持相同的論調。

舒小珍和莊院士認為，眼前別提汽車。汽車太貴了，沒幾個人買得起。國內既不生產汽車，煉製的汽油又少，汽車只能在發達國家流行。

莊院士等人沒進左貢的大市集，不參觀犛牛和獒犬的買賣。麵包車繼續上路。趕市集的農牧人和牲畜，大都趕到左貢的大廣場，公路上少去堵路的人畜。王師傅加速，麵包車奔馳於公路上。

「像這樣，汽車加夠了油，一天能跑八百公里。大卡車耗柴油，比汽油便宜，一天載五十噸貨物跑八百公里。所以馬幫會被淘汰。」詹姆士又談汽車經。

麵包車沿左貢溪行駛大半天，越過左貢溪，停泊於幫達小鎮上。意外的，不僅白天氣溫降低，而且下起雨來。

七、八月是夏季高溫月份，也是乾旱月份。莊院士等人自從在轄多大橋，遭遇印度洋熱帶氣旋的侵襲，其他日子一直沐浴於陽光下。但是維持好天氣的日子不多了。

改變西藏氣候的最大因素，龐大的念青唐古喇山，已經近在咫尺。念青唐古喇山脈全長超過八百公里，最高峰海拔七一六二公尺。整座山脈是如此之巨大高聳，高空氣流經常被擾亂。於是念青唐古喇山脈附近，每日的氣候變化不定，每月的氣候也常常突變。幫達小鎮就座落在念青唐古喇山脈腳邊不遠的地方。

天氣轉成陰雨，莊院士等四人感覺身體不適，尤其舒小珍臉孔更難看。王師父提議，休息一夜，明天一早趕路，沒人反對。他們知道，四個人來到高海拔地帶，高山症的壓力將糾纏每一個人。任何人身體不適，就可能與高山症有關；對付高山症的最好秘方，就是休息。休息夠了，體力養足，才能協助身體適應高山症。

「我們到哪裡了？」莊院士打聽。

「高黎貢山的最上源，與念青唐古喇山脈相鄰。橫斷山脈的起點就在這裡。」舒小珍回答。

「高黎貢山不就是中緬的界山嗎？怎麼高黎貢山一直伸向西藏腹地？」莊院士再問。

「雲南只有一條大山脈進入西藏內部，就是高黎貢山。這座山脈阻絕，不讓橫斷山脈與西藏東部的高山搞混。」舒小珍分析。

「明天咱們能見識什麼？」莊院士探聽。

「可能見識橫斷山脈的源頭。橫斷山脈的地理特徵非常亂，國內目前很少人調查橫斷山脈。」舒小珍答覆。

「那些山頭高嗎？」

「非常高，能接近念青唐古喇山脈的山，豈能低矮。」

「到了那些山頭附近，別忘了通知老頭子。老頭子這一趟來，就是想把握機會，見識國家的山河。」莊院士交代。

「也通知我。」詹姆士叮嚀：「我不能白跑一趟，我要感受許多最高山嶽集合的滋味。」

王師傅笑一笑，不插嘴。他的責任是安全開車，沒福氣觀賞山嶽。

左貢是左貢大平原最大的城鎮，所以十天一次的大市集在左貢舉辦。幫達只是左貢大平原靠山區的一個小地方，如同登巴一樣。幫達的農牧民聚集山間壩子上。陰雨時斷時續糾纏一夜，這一夜氣溫突降。少數車輛來到山區小壩子，全部自行搭帳篷過夜。半夜又涼又淋雨，大夥兒摸黑起身，把雨衣夾在帳篷上，協助擋雨。

第二天一早，天微亮，帳篷內稍微滴一點水，不遠處突然傳來孩子們的笑鬧聲，接著又響起凌亂唱歌聲。詹姆士感覺奇怪，山區裡怎會有小孩子聚集場合。莊院士等四個人匆匆收拾帳篷，塞進麵包車裡，然後向笑鬧聲及歌聲傳出的壩子走去。

四個人看見壩子附近堆滿爛竹子、爛木頭、生鏽的鐵釘鐵絲、炸爛的石塊，以及大量的爛木板。這些廢材料邊，更用廢木柱及廢木板建成幾間木構平房。

莊院士等人穿過滿地廢材料，進入陰雨中的木構平房。一群藏族小孩子，衣衫襤褸，精神活潑，有的玩耍，有的讀書，幾個藏族和漢人成年人陪同小孩子度暑假。

「這兒是什麼單位？」莊院士問問。

「左貢中小學的分部。幫達壩子的小孩子離左貢太遠，有人幫忙蓋分校校舍，小孩子就來分部上學。」分校教師說明。

「現在放暑假呢，為什麼小孩子還上學？」

「有的家長去左貢大農田操勞，有的家長放牧牛羊，都把較小的孩子寄放在分校，下午領回去。」

原來如此，分校除了正常課堂外，必要時代為照顧小孩子；偏遠的山區，居然有中小學和分校。但是州立大學所在的中西部，即使設了保護區，保護區內沒鋪半條公路，沒建半座大橋，也沒設半所學校。

「為什麼外面丟棄那麼多廢材料，分校校舍又建得那麼破？」

「所有廢材料，都是建完怒江大橋留下來的。分校的校舍也是工程隊利用廢材料，幫忙建成的。」分校教師說明。

「你們看見了怒江大橋的建造？」舒小珍出聲。

「當然，足足看了一年半。左貢的農人，幫達的牧民，全都爬上附近山頭看。幾千人負責建橋，幾萬人負責拓寬大橋以外的漫長道路。念青唐古喇山脈的山腳道路，全部從山腳峭壁炸凹鑿凹。山腳峭壁高處動不了，從靠近公路路面的峭壁炸起，硬是開通岩頂公路。」

「聽不懂，什麼是岩頂公路？」詹姆士問。

「峭壁腳壓著公路路面。公路外側有河流，不能拓寬公路。內側有峭壁，就炸峭壁，把峭壁腳炸凹，公路就向峭壁腳拓寬。峭壁較高的部分全沒動，反而變成公路的護頂，替公路擋陽光雨水。」分校教師回顧。

「怎麼可能，公路的上方有峭壁護頂，行駛岩頂公路，不曬太陽，不淋雨？」王師傅質疑。「沒錯，你們不久就會明白。」分校教師強調。

「我們就要看見怒江大橋了？」詹姆士求證，以便確定一道入藏重要門戶被打開。

「大概是的。」舒小珍表示：「事情亂成一團，我頭疼，但是一定要好好見識怒江上的幫達大橋。」

四個人告別分校的教師和小朋友，走出壩子，在小雨中上車。

麵包車爬上幫達小鎮外的小山。車上乘客看見，鎮外小山頭每隔一段地，就有坑洞，就埋巨大的鋼纜索。車行速度緩慢，每輛車都關心，橫跨怒江上的大橋是如何建造的。濛濛細雨不妨礙視線。

王師傅的麵包車迂曲盤旋，爬上幫達小鎮的臨江山頭。這座山頭以及隔江對立山頭，樹木完全砍光或移走，整座岩石山頭埋下大鐵橋橋頭柱子，負荷空中鋼纜的鐵柱門及兩側固定拉索，以及十六股空中鋼纜的各別抓地錨。埋伏進岩層中的柱子及拉索，更分別被澆上十數噸混凝土固定，確保吊起跨江大橋兩端的每一股力量固定不散。也可以說幫達臨江山頭，以及怒江對岸的高黎貢山極北端山頭，幾乎集中所有山中岩層的力量，支撐起一座現代超人跨距的大鐵橋。

寒風颼颼，密集細雨不斷，濕冷空氣籠罩來去兩條車道上的人、馬、車交通流量，以及高黎貢山和幫達臨江山頭。怒江河床流水咆哮。王師傅的麵包車停在引道偏旁處，俯看怒江上的幫達大橋。一座極長的平橋，不必借助江中橋墩的支撐，大跨距坐牢怒江兩岸。幾道安全設計足以保證新式大鐵橋不致於移動半分。

「妳還記得，金沙江上的轄多大橋，全長是多少？」莊院士開口。

「一百五十公尺。」蘇小珍即答。

「瀾滄江的登巴大橋，全長又是多少？」

「兩百公尺，老師。」

「腳下怒江寬多少？」

「超過兩百公尺。」

新式的橋樑問世了。鋼鐵廠分段建造超長水準鐵橋，裝上幾輛大卡車，通過轄多大橋及登巴大橋，運至幫達臨江山頭組合。超過一百匹馬，由專人牽引，分別通過附近舊吊橋。其次，幾十條粗麻纜繩繫在超長水準鐵橋一端。三個人合力肩扛一條粗麻纜繩，走過老吊橋。接著又是每三個人一組，單獨合力扛繩過吊橋。這些人馬往對岸移動，進入正確位置。幫達臨江山頭上，大量作業人手及馬匹也配合拉住大鐵橋一端的麻纜繩，大鐵橋下的滾動木軌協助鐵橋移動。

從上午起，對岸人馬合力緩拉，這一岸人馬協助推移。大鐵橋開始移動，一寸一寸移入怒江低空。對岸一直緩拉，幾百個人聽口令使力，上百匹馬協力，穩定的拉移大鐵橋。直到下午，水準大鐵橋才全部移入怒江低空。經過橋身位置最後校正，兩端人手分別把橋頭鐵柱打入岸邊預鑿了的深洞中，再與洞中幾層暗鎖互鎖。水平鐵橋於是精準定位。

大鐵橋兩端之外各二十公尺，各一座巨大鐵柱門，又在人馬拉移扳動之下，套進固定洞穴中。怒江上整夜風吹不停，兩岸人員各自趕時間，連夜把各鐵柱兩側的固定鋼拉索錨埋入預挖較小岩洞中，然後各洞穴全部用混凝土封死。平鐵橋座落二百多公尺寬的江面上，由於跨距太長，平鐵橋尚不安穩。趕工人手不停止，天亮之後，一條粗鋼纜通過大鐵柱門上的圓孔，加套鋼爪地錨。又是三個人一組，在一副鋼爪地錨上套麻繩，三個人扛麻繩過江；其次，大批人手合力，把一條奇重無比的麻繩及鋼纜索拉過江面。拆去鋼抓地錨，穿過對岸的鐵柱門門洞。這一條鋼纜索兩端連同鋼抓地錨，暫時移入預定洞穴中。其他十五條鋼纜索也用同樣方式拉過江。總計十六條鋼纜索通過鐵柱門，完全過了江，並且經過位置及全面受力調整，這十六條鋼纜索兩端的鋼抓地錨，全部用混凝土封死在地下岩層中。

接著進行最後一步，每條鋼纜索上各一人，腰部綁死並滑動，找到每條鋼纜索上的環扣，將八條鋼纜索鎖成一股。於是低空中，十六條鋼纜索鎖成二股合併纜索。每股合併纜索正好位於水平鐵橋一側的正上方。最後一步，利用每一合併鋼纜索的滑力，有幾個人爬上各股鋼纜索，讓鋼纜索鎖上的拉吊鐵鍊垂放，鉤住水平鐵橋的側身孔穴。兩股合併鋼纜索上的拉吊鐵鍊，全部拉著整座水平鐵橋。那麼水平鐵橋本身有負荷力，空中又被二股鋼纜索拉住。雙重力量支撐，怒江上的幫達大橋穩如磐石。

麵包車停在橋頭引道側邊上，莊院士等四個人俯望。缺乏進步器材的助力狀況下，幾千人和上百匹馬，最後完成新式雙重支撐力鐵橋的安裝作業。鐵橋附近的老舊吊橋，已經乏人使用而功成告退。載重大卡車一批，從兩頭分別駛上大鐵橋。

「老舊吊橋載不起單一的麵包車。新式大鐵橋卻同時承受眾多滿載大卡車的衝力及重量。」王師傅出聲。

不錯，開向左貢大平原的，是載了原木、活牲口，和礦石等大卡車。開向林芝的，是載了水泥、鋼捲，以及電線電纜等大卡車。這麼多大卡車對向而駛，一起輾壓怒江上的幫達大橋，大橋安全無虞。

陰雨寒風交集，莊院士等四個人拉緊衣服，心中發熱，沉默無言上車。麵包車還未發動，王師傅開口說話。

「對面橋頭跑來一支馬隊。」王師傅叫出聲。

「不可能，馬幫根本不來幫達大橋。」莊院士斥責他。

「還有，另一隻馬隊接著也跑來。」王師傅又叫道。

「我不相信，這兒根本沒馬幫。」詹姆士也反駁。

王師傅不開車。四個人又下車，俯視幫達大橋。不錯，前一支小馬隊中，兩名好漢騎馬，各牽住一匹公駿馬的繮繩；後面只有一名好漢上馬，驅趕六匹母馬及小馬。總共八匹空背馬，蹄聲達達，大步奔上幫達大橋。

隔了一會兒，另一支小馬隊，全隊只有六匹空背馬，也奔上幫達大橋。領頭的一匹公駿馬，沒繫繮繩，反而頸子被二個繩套強套，它的左右各有一名好漢上馬，各抓一條套頭繩，強拉這匹公駿馬跑動。公駿馬不順從，兩名馬上好漢拉得吃力。公駿馬後面跟了五匹母馬及小馬，被兩名馬上好漢驅趕追隨。

前一支小馬隊，只動用三名好漢及坐騎護送八匹馬上路。後一支小馬隊，動用四名好漢及坐騎，僅護送六匹馬。「怎麼冒出兩支馬隊？明明馬幫在芒康接收了一百匹馬就返回麗江成大理。」莊院士出聲。「馴馬場經常馴服一千匹馬，這麼多的馬總得有來源。」詹姆士首先點明問題的關鍵。「它們是從深山中被圍捕的，一小批一小批被捕獲押出。」舒小珍得到提示，想出一點道理。「前一支小馬隊，兩匹公駿馬被馴服了，全部兩個家族八匹馬，被送去芒康馴馬場。後一支小馬隊，公駿馬沒馴服，全部一個家族仍強迫被送去芒康」。詹姆士更想出全部道理。王師傅的麵包車發動，駛進車道中。二支小馬隊不停留，從麵包車旁擦身而過。它們不是奔向芒康馴馬場，就是奔向為四川馬幫而設的另一座馴馬場，參加大數量的馬匹訓練。它們是從某一大山中被捕獲押出。

王師傅的麵包車駛上幫達大橋，大橋的柏油路面穩定平滑，大橋的上空，二股大鋼纜束，總共集合了十六條大鋼纜，牢牢吊住橋身。果然雙重支撐力量挺住一座超長大橋。進入西藏核心地區的三條大河障礙，至此全部被排除。

「我們走到哪兒了？」莊院士問道。

「一過幫達大橋，我們就進入高黎貢山和念青唐古喇山的交會點。這裡也是全部橫斷山脈的大起源，許多未命名的橫斷山脈起源山頭，一股腦兒分佈開來。這裡又是念青唐古喇山山脈的東端大盡頭。很可能一批批野馬就從念青唐古喇山脈被圍捕押出。」舒小珍大膽冒昧的分析。

第九章 念青唐古喇山脈

（一）

「幫達大橋地勢夠高了，現在還要爬更高的山路。」王師傅抱怨。

「老頭子感覺胸悶，喘不過氣來似的。」莊院士說話，不顧細雨斜飄，打開車窗。

「真的呼吸困難，精神提不起來。」詹姆士也抱怨，也打開側車窗。風和雨絲吹進車裡。舒小珍更是喘不過氣來，腦疼了起來，身體感覺冷。她張開大嘴，大口喘氣呼吸，但是不敢訴苦。

「汽車輪胎跳動了，公路有岩石路面。前面車輛開得也慢，一直爬上坡，速度愈來愈慢。」王師傅透露行車狀況。

「明明昨天晚上在分校附近睡得好，怎麼現在又想睡覺？」莊院士自言自語。

「該不會高山症找上人。」詹姆士提醒。

舒小珍人幾乎喘不過氣來，張嘴猛喘氣，頭痛得像裂開。她不得不閉上眼睛，使出全身力氣呼吸。

「山壁斜一段，長出樹木枯草，又陡一段，表面全是黃褐色岩石。路面也是硬一段，軟一段，車子跳了又走平。」王師傅報告行車狀況。

沒人理會他，車內乘客呼吸不暢，人人只顧調整自己的呼吸。詹姆士感覺好了一些，接著莊院士胸口氣悶情況緩和下來。

「開窗戶，風吹得涼，妳受得了嗎？」詹姆士自己需要涼空氣，但關心身旁大姑娘的狀況。

他發現舒小珍臉色慘白，眼睛閉上，人發抖，似乎坐不牢。

「累了就躺下，睡一下。」他安慰大姑娘。

「一邊是峭壁，一邊腳下儘是山頭。」王師傅形容雙眼所見。

莊院士精神穩定一些，打量車外低處。他不禁抽了一口冷氣。一大片山嶺，包括山頭峰頂、山脊、斜坡、山谷，清清楚楚排列於公路一側下方，而且全部低於自己的腳下。按照這兩天同車大姑娘的說法，眾多橫斷山脈與念青唐古喇山脈相會；那麼腳下的山地，全是橫斷山壁的源頭。這座源頭山地面積太大了。其中一條山脈屬於高黎貢山系。其餘的山嶺，屬於一個山系，還是多個山系？它們對於氣候、水文、礦產，甚至少數民族分佈，有什麼關聯性或影響性？

莊院士再打量公路另一側，高聳的峭壁，大山谷裂口，生長矮樹及青黃野草的斜坡，輪流閃過車窗。顯然這一側有座高聳的山嶽。它是念青唐古喇山嗎？它的某一個側面，地理構造複雜嗎？它與二支超越怒江大橋的小馬隊，有什麼關係？

莊院士叫道：「舒小珍。」

沒人回應。詹姆士代為說明：「她疲倦，想睡，暫時別打擾她。」

但是舒小珍嘴角牽動，勉強擠出幾個字：「六千公尺。」「她說，這裡海拔六千公尺高。」詹姆士揣摩大姑娘的意思。「如果這裡高過於海平面達六千公尺，鐵定有人犯高山症。」王師傅警告。「來到這麼高的地方，一定有人犯高山症。問題是，他犯的高山症有多嚴重。」王師傅又警告。「我好一些。」舒小珍強行忍耐，開口談話：「的確，除了高黎貢山以外，其他大片山嶺全未划分山系。但是橫斷山脈源頭也有大面積河谷草地。現在的生活狀況和產業發展不明朗。進行山嶽調查，費錢又費時。訪問山區居民，歸納他們的意見，由他們引導開發及普查，卻不花大工夫。」「的確不錯，舒小珍不古板，碰到問題能靈活應變。」詹姆士客觀評斷。

「麵包車仍爬高，公路一側的峭壁增長變陡，輪胎一直在堅硬地面上跳。」王師傅警告。舒小珍才講幾句話，呼吸就不順，胸口發悶，頭腦幾乎又要裂開。她無力坐直，上身倒在椅背上。莊院士經過大姑娘的提醒，再度俯望橫斷山脈的源頭。現有的公路，簡直繞著山脈的源頭區打轉。他從不同的方向觀看公路路面懸崖下的最近山頭，分辨出岩石山頭和草地山頭，找到河川的發源地，看出山谷間的密林地帶，這種地帶至少生存野馬。外表看起來，一座座冷清斜坡和山谷交替排列，實際上，這麼大面積的山地，有什麼森林、礦產，以及景觀資源？「妳能確定，車子一直走在念青唐古喇山脈邊緣，絕未進入橫斷山脈源頭區。」莊院士追問。

舒小珍幾乎喉嚨痛得說不出話來。她勉強伸手，找到水壺，喝口涼水，才擠出一句話：「車子就是在念青唐古喇山邊緣高處，公路懸崖下的幾十公尺峭壁，就是不同山脈的界限。」「這段路太漫長，已經開車爬上坡一整天，還沒抵達盡頭。」王師傅抱怨。「車速太慢是關鍵，每小時才跑十多公里。」詹姆士解釋。「念青唐古喇山脈的邊緣高聳山頭，和橫斷山脈源頭的高聳山頭相鄰，公路才會修在海拔高的地方。」舒小珍閉眼，勉強說明公路位置。

專心握緊方向盤的王師傅發現，陰雨天中，光線轉成黑暗，麵包車因長時間爬坡而速度降低。公路邊有山壁大斷口。他順勢把車調頭開進大斷口中。莊院士下車，先直接俯望公路外的下方。不錯，公路路面就是懸崖。懸崖之下由幾十公尺深，來到幾百公尺深，隆起一連串山頭，就是橫斷山脈的源頭區。麵包車盤旋行駛於這片源頭區之上，幾乎有一整天之久。莊院士察覺大姑娘生了病。儘管個人急於瞭解國家特殊地域多一些，他到底沒逼迫大姑娘，一邊鳥瞰國家陌生的高山地面，一邊討論地理上和山區居民上的細節。

王師傅領頭走進岩壁間的大斷口，討論過夜的問題。舒小珍渾身乏力，幾乎行走不穩，真想找副肩膀靠一靠。但她還是挺住了。她看見土坯牆，就倚靠土坯牆休息一下。又看見院子裡的柴堆，又抓住柴堆休息片刻。同伴們進了土坯牆內的院子，她扶著土坯房木門一陣，然後勉強走進屋內。

「這裡是什麼地方？」王師傅單獨身體狀況好，大大方方打聽。「吉達山谷，全山谷都住著捕馬人家。」一名藏族老婦人出來接待，她盯住舒小珍。「山谷裡有沒有借宿的人家？」王師傅問道。「就住這裡好了，別家都一樣。」老婦人直截了當指明：「姑娘病了，不吃藥不行。」「這裡有醫生嗎？」詹姆士出聲。「這裡地勢高嗎？怎麼人一直頭昏，喘不過來？」莊院士開口。「六千公尺高不高？過了幫達大橋，哪兒低過五千公尺？明天走然鳥，你們還有難過的一天，後天就好了。」老婦人居然爽快預告他們的行程。老婦人安排三個男人合住一間堆柴火的房間，舒小珍單獨住一間。舒小珍倒在地面乾草堆上，全身火燙，手腳卻冰冷。

「舒小珍得到高山症，又染上感冒。」王師傅推斷。「我有感冒藥，但是空肚子吃不好。吃過飯，再吃感冒藥，然後上床休息。」詹姆士提議。「我們都得高山症，舒小珍病情特別嚴重。」莊院士宣佈。藏族老婦人卻不等待，進廚房熬了一晚黑糊糊的藥。她端藥進柴房，說明：「紅景天、貝母、摻蜂蜜，氣味差一點，許多過路的人吃下，過二天病就好了。」碗裡的藥又黑又黏稠，帶腥味。莊院士、詹姆士，和王師傅全都束手無策。舒小珍頭腦欲裂實在忍不下去。

她叫道：「我吃藥，我一定得趕快治病。」

她伸手，接下藥碗，閉上眼睛，往嘴裡就倒。詹姆士嚇倒，王師傅慌張。「吃完，這可不是普通的藥。」老婦人催舒小珍強吞。莊院士苦笑，向王師傅表示：「死馬當活馬醫。」但是舒小珍吃完了藥，又喝熱水清喉嚨，然後全身無力，倒在地面上的乾草中。外面天黑，馬蹄聲響起，山谷外出工作的男子騎馬返家。莊士漢等人確定，身在六千公尺山壁間，沒人敢外出走動。山區沒電，住家只使用馬燈，室內昏暗，院子及山谷一片漆黑。山壁上的公路不傳汽車聲響。莊院士三個人都一樣，睡地面乾草上，裹自己的毛毯或睡袋。三個人沒閉眼多久，室外傳來叮叮咚咚聲音，密集的小東西打在屋頂和窗戶上。「冰雹，下冰雹！」王師傅叫嚷，點燃馬燈就往外闖。細雨和冰雹落在身上，顧不得了。詹姆士和莊院士匆忙穿外衣，跑出來幫忙。王師傅找到麵包車，開鎖，打開後車門。三個人合作，把廢內胎堆在所有窗戶玻璃上。又展開塑膠布，多層相疊包住車身。七月底盛夏，六千公尺高山上，夜間下起冰雹。舒小珍熟睡不省人事，呼吸卻順一些。第二天一早，他們告別吉達山谷，發現清晨氣溫未回升，地上大小冰雹不溶解。舒小珍身上多加衣服，高燒已退，頭痛欲裂狀況減輕，勉強能獨自行走。

舒小珍上車。詹姆士取笑她：「你確定，昨夜妳沒吃毒藥。」

王師傅發動麵包車，拐出吉達山谷，返回多坑洞的公路。王師傅聲明：「公路仍升高，我們仍行駛山壁高處。」

公路懸崖下方，橫斷山脈源頭仍大面積鋪展開來，山脈的源頭區跟緊念青唐古喇山脈邊緣。公路上，汽車稀少，吉達山谷的藏族青年紛紛騎馬，不顧忌公路之外就是峭壁，快速奔向然烏。「身體怎麼樣？藥有效嗎？」莊院士探問病況。「有效，體力恢復一些。」舒小珍據實回答。「我不敢相信，那麼黑，又有怪味的草藥，居然有效。」詹姆士表示。舒小珍精神恢復一些，有餘力注意車外狀況。細雨停歇，山區光線明亮。她發現，橫斷山脈山形如舊，但相距遙遠些。果然不錯，藏東公路仍爬升不已，所以橫斷山脈相距更遠。「如果妳沒復原，我們抵達林芝，找一家醫院。」莊院士交代。「我希望老婦人的藥有效。去陌生地方求醫，儘管醫生技術再好，我們付不起醫藥費。」舒小珍回答。「她的頭腦清楚了。」詹姆士表示：「醫院能醫好你的病，卻挖空你的荷包。」「如果妳的病真的好了。」王師傅開玩笑：「咱們回九鄉落腳，一定要宣傳，西藏老婦人是神醫，能醫疑難絕症。」

「麵包車現在爬到相當高的地點，我不相信我們將一直爬升上去。」精神好轉的舒小珍開口。

「為什麼？妳能測量山路的的高度？」詹姆士不理解。

「你看橫斷山脈的源頭區，你看的面積愈大，反映你的位置愈高。」舒小珍說出道理。

忽然間，藏東公路最高地點附近，所有車輛停了下來。公路一側本是懸崖，幾百公尺峭壁之下，分佈橫斷山脈源頭區。但是這片源頭區的地形發生變化。一道山嶺高高隆起，這道山嶺不但分隔橫斷山脈和大喜馬拉雅山區，而且山嶺直接接通藏東公路的最高地點，然烏山口。吉達山谷餵舒小珍吃藥的老婦人沒詳細說明，麵包車將來到然烏，地理環境將發生變化。

大喜馬拉雅山最東側的山峰，崗日嘎布山脈，不但成為兩座大山脈的分水嶺，而且山脈的某一段高峰高高隆起，並且接觸了然烏山谷外的藏東公路。從然烏可以改走叉道，進入崗日嘎布山脈，然後直通緬甸邊境。

為了防止高聳的山道上發生交通事故，交通警察在然烏山谷口管制交通。每隔一段時間，藏東公路暫停通行；讓崗日嘎布山脈的車馬上下藏東公路。換句話說，然烏山谷口，兩條山道交會成為丁字形。

「藏東公路雙線道上的稀疏車輛，分別被交通警察攔住了，但是吉達山谷騎馬出谷的好漢，卻沒被交警攔住。」王師傅就在然烏山谷口管制站兩旁，找到這些好漢和坐騎的身影。

既然高聳的山道上進行交通管制，莊院士等人下車走走。舒小珍身體虛弱，勉強下車，手扶車身，俯觀公路懸崖下的廣大山地。

然烏正是藏東公路的最高點。從然烏往下看，三片天地呈現不同的面貌。第一片天地是夾在高黎貢山和崗日嘎布山脈之間的橫斷山脈；山嶺重重，山谷迂曲，橫斷山脈龐大的山地向下方伸展幾百公里，抵達緬甸國境。又聯結梅里雪山、雲嶺山脈、和大雪山脈，直通石鼓亭。於是橫斷山脈全長近一千公里。目前國內地理界仍沒對這麼寬大悠長的山脈，進行細部命名和調查。

然烏站看見的第二片天地，就是崗日嘎布山脈。這條山脈也悠長複雜，它發源於通麥高地，離林芝市不遠，而終止於緬甸國界。它與橫斷山脈共用一段複雜的分界線。

然烏站看見的第三片天地，卻與莊院士始終沒遭遇的老桑馬登村長有關。老桑馬登由墨脫大橋來去雲南，一路上騎馬，不全走完藏東公路全程而入林芝市。他將走捷徑，由然烏橫貫崗日嘎布山脈，通過墨脫縣的南山腳村前大泥土地，而回自己的牧場。目前老桑馬登一人一馬，走到何地？他搭了便車嗎？

王師傅留在麵包車上，莊士漢等三個人下車。然烏山谷口的交通管制發生變化。然烏山谷是一堵又高又長大峭壁的斷口，斷口內存在複雜的山脊、山谷、草地、和奇特的山路。一個好漢騎了馬，慌慌張張跑出大峭壁的斷口，協助交通警察，延長交通管制時間。

接著，一群人或走路、或騎馬，押解一小群野馬出山。其中四名壯漢走路，不但圍住一匹神駿公野馬，而且四個人共同抓住雙層黑網，用黑網壓住馬頭，防止神駿公野馬逃脫。二公尺多高，體力強大的公駿馬，「胡呀，胡呀」號叫，拼命昂首掙扎，卻掙脫不了四個人抓住的雙層黑網。四個人守在它兩側，拼命催它前行。另外二名壯漢騎馬，不太費勁驅策一群母馬及小馬，緊跟公駿馬而行。一個念青唐古喇山脈野馬家族如此被強行押護出山。這個野馬家族穿過公路，走上崗日嘎布山脈叉路。

不止如此，又一個駿馬家族差不多面臨同樣命運，被押護出山。接著又一個駿馬家族也一路號叫，同樣被壓制而出山。最後一個駿馬家族也哀號出山，送上崗日嘎布山脈叉道。

藏胞捕馬人大舉進入念青唐古喇山脈，這一回足足捕獲多個駿馬家族，送去某一集中地點。

「吉達山谷騎馬好漢，與這批押護野馬隊伍有關。」王師傅宣佈。

「上車，上車。」詹姆士喊叫：「我們轉入叉路，看看捕馬人的動作。」

「我們在怒江上的幫達大橋上，看見二支小馬隊，也和這些捕馬人有關。」身體虛弱的舒小珍衝動出聲。

交通管制取消，藏東公路恢復通行，王師傅的麵包車抓住空檔，切入叉道。多匹公駿馬「胡呀，胡呀」狂叫，一路上掙扎不停，就是掙不出每組四個人步行包圍圈及黑網。但它吸引全部家族成員，推推拉拉走向崗日嘎布山脈某一基地。王師傅的麵包車跟在後面，緩緩行駛。

「大理的土司弄來黑網，協助我的先祖，在洱海及滇池捕大魚。原來黑網原先不用於捕魚，而用於圍捕野馬。」王師傅發現一樁秘密。

王師傅又注意到，這一大批捕馬人，他們全穿綠色，戴綠帽子，穿綠鞋子，臉上塗了黑斑條，手臂也塗雜色，僅僅腰間繫了識別用黃布條。不僅如此，風吹過他們的身子，一陣混合花香傳出。

「他們打扮成綠色稻草人，臉上手背上塗迷彩，搞混野馬群。他們又沾花香氣，以便矇過野馬。」詹姆士表示。

「捕野馬需要高明的技巧，偽裝是高明技巧的一環。」莊院士看出來。

押護多個駿馬家族的捕馬人，壓制公駿馬緩行一公里半，來到崗日嘎布山脈上的溫泉湖基地。崗日嘎布山脈逐漸降低山嶺高度，而在山嶺間的谷地形成天然溫泉池。溫泉池長年維持適當溫度，協助山嶺間生長大面積青草；目前青草轉變為枯黃草。捕馬人在草地上設緊急馴馬場。

王師傅等人見識了緊急馴馬場。馴馬場場地不大。馴馬師先餓全體野馬三天，然後採用類似芒康馴馬場的技術，特別訓練公駿馬，訓練成功，替公駿馬裝上口嚼及轡繩；訓練不成，強綁套頸索。然後一律押護去芒康馴馬場徹底馴服。然烏小馴馬場不徹底馴服所有公駿馬，因為人手有限。他們的主要任務是入山圍捕野馬。

「不但要緊急馴馬，而且要維持野馬的健康。」小馴馬場的馴馬師表示。

「怎麼樣維持野馬的健康？」詹姆士好奇。

「禁食三天期間，不供給草料，只供給水和貝母葉子。」

「我吃過貝母，它治療氣喘。」舒小珍想到吉達山谷的老婦人。

「對，貝母開花能製藥。貝母葉子清通氣管。貝母花及葉子都有香氣，野馬喜歡聞。」馴馬師說明。

原來捕馬人身上沾的香氣，是貝母香。

王師傅等人在溫泉湖邊過了一夜。第二天一早，他們參觀小馴馬場，全部野馬只吃水和貝母葉，沒草料吃。公駿馬和母馬小馬圍聚，野性已減少一部份。他們將在然烏小馴馬場，接受短期訓練，然後被押送去芒康或為四川馬幫而設的馴馬場。

王師傅重新開麵包車，由崗日嘎布山脈公路轉入藏東公路。他們從崗日嘎布山脈公路仰望，從然烏山谷開始，念青唐古拉山脈南麓居然出現巨大陡直的峭壁。相當的奇特。一般高山，山中央隆起高峰，而四周山低。念青唐古喇山脈不一樣，邊緣居然矗立大峭壁。

麵包車由叉道轉入藏東公路。沒開多遠，王師傅發現，公路已經開始走下坡。

「我們駛向林芝，老村長不去林芝。」有氣無力的舒小珍分析：「他從然烏離開藏東公路，完全不去然烏溫泉湖和小馴馬場。他橫貫崗日嘎布山脈和南山腳村前大泥土路，走捷徑回牧場。」

「我們現在開車去林芝，半路上不可能遇見大桑馬登？」莊院士閒聊。

「不可能。不過我們不用多想。他現在騎一匹馬，牽一匹馬，落後我們太多。」舒小珍交談。「希望他愈早搭上便車愈好。」

「老村長管二匹馬，即使他輪流騎，拼命踢馬跑快，也別想追上汽車。追老爺車也不成。」詹姆士對談。

「老爺車爬上最高點了。」王師傅笑出聲來：「現在走下坡，不會出毛病，大夥兒包準進林芝。」

但是麵包車走下坡，如同其他通過然烏交通崗哨的車輛一樣，跳動得厲害。藏東公路又見堅硬多小坑洞的地面。分明這兒經過炸藥強力爆炸，而後勞工高舉十字鎬，一次又一次硬敲，才拓寬了公路。

「對面車道的外側，有山嶺和河流，到底是些什麼？」莊院士再談下去。

「崗日嘎布山脈。它的山嶺離這條公路遠，老桑馬登需要翻越它的山嶺。我們已經看不見橫斷山脈的源頭。崗日嘎布山脈的山嶺，從遠方向這兒一路降低高度，形成特別長的大斜坡，大斜坡的底部就是公路下的易貢藏布江。大斜坡和易貢藏布江一直陪伴我們到底。」舒小珍頭疼減輕，呼吸順暢些，有力氣談久一些。

崗日嘎布山脈和念青唐古喇山脈，共同夾住易貢藏布江，但是易貢藏布江眼前江水不寬，沒淹沒江灘地上一路被遺棄的爛竹架、爛麻繩、太多大小碎石，尤其是燒黑的大石頭。甚至江灘地碎石頭之間，殘留破瓷碗碟。不用說，太多人，可能高達數萬人，曾在江灘地上睡帳篷，煮三餐。他們的工作是，拓寬念青唐古拉山脈南端邊緣峭壁下的藏東公路。

易貢藏布江緊挨藏東公路。現在是枯水期，它的江面比公路低一公尺左右。到了溶雪豐水期，它的江水可能淹上公路路面。無論如何，拓寬公路，不能佔用易貢藏布江江邊，否則江水將長期大淹特淹公路。

拓寬公路，不能向公路一側的江流進行，只好瞄準公路另一側的巨大、奇厚、又高聳的念青唐古喇山脈最大峭壁下手。從然烏到通麥，峭壁地段超過三百公里，中間有若干座裂口及山谷。大致上，公路外側三分之一寬的地面，岩質表面光滑而顏色多變，正是自古以來天然的岩石通道。另外三分之二寬的地面，一律坑坑洞洞，顯然是人力開鑿的結果。

幾萬人長期分段守住大峭壁，搭鷹架，挖大岩壁裂縫，夾放無數炸藥包。接著人員躲藏，引爆炸藥；炸藥包失靈，重新埋過。一寸又一寸，炸藥從峭壁外層炸到內層，勞工舉重工具，打下鬆動的岩塊，並且把岩塊推進腳下易貢藏布江江灘地。花崗岩巨大岩壁，每次炸一層凹洞，等於剝一層皮而已。長期爆炸，勞工必須雙掌掩耳，才能保護耳朵。但是峭壁高處以上，完全沒被剝皮。到了最後，三百多公里長的峭壁，整體底部被炸凹，為公路的地面拓寬留了面積。公路的頂上，巨大奇高奇厚的峭壁保持原樣，反而變成巨大無比的遮陽頂。所以麵包車走在峭壁底公路上，車輛因路面多坑洞而跳動，天然光線因公路向峭壁底凹進而昏暗，天候稍差就得開車燈。山區即使下大雨大雪，內側車道的車輛不受任何影響，因為車頂上有奇厚的岩層遮擋。

茶馬古道經過碩多崗高原及轄多高原，工程單位使用大量炸藥及人力。車輛經過這兩座高原，充分目睹施工單位所投入的大代價。但以上兩座高原開路所投入的人力、物力，與三百多公里念青唐古拉山脈的峭壁凹洞公路相比，相差又太遠。

「這條公路改名為凹洞公路，或者岩頂公路都恰當。另外再取一個名字也無妨。」王師傅表示。

「取什麼名字？」莊院士呼吸通暢了，精神來勁了，有餘力關心多出來的問題。

「煙壁公路。凹洞岩壁上，炸藥黑煙燻得很重。」王師傅說輕鬆事。

「想想那一批公駿馬。」詹姆士回想起麵包車尾隨野馬大出山，跟至然烏山谷對面，溫泉湖的小馬圈所見：「四個人一組，撤掉公駿馬頭上的雙層黑網，公駿馬飛也似的逃進小馬圈中。所有公駿馬撞粗欄干，瘋狂的跑跳，又想踢小馬，卻被母馬攔住。但是一連三天不給草吃，所有公駿馬豈能反抗到底。」

「這些公駿馬挨餓，終久要屈服。雖然它們力氣大，性子野，但是鬥不過馴馬人的頭腦。」舒小珍推想。

「當然鬥不過。人的頭腦太厲害。」莊院士客觀的評論。

王師傅行車良久，預備找一處好投宿地，讓車內全部夥伴陪同大休假。他一直注意，凹洞公路有沒有不必強行爆炸的地段。當然有。易貢藏布江河灘地沒堆積碎石或廢材料，公路地面平軟，車頂上的岩壁消失。大峭壁本身暫時失去蹤影。麵包車來到一個土壤山谷區。公路一直走下坡，莊院士等人呼吸緊促情況消失，舒小珍也能走穩步子。

土壤山谷口連接公路，山谷口停放拖拉機、馬匹、以老舊車輛。莊院士領頭走進去，看見兩排新的木構平房，平房屋頂上的煙囪直冒白煙；山谷更深處更是白煙團團升起。兩排木構平房外，穿著簡便睡袍的老人悠閒的散步。幾名本地青年男女穿了制服忙碌。

「請問這是什麼地方？」莊院士詢問。

「這兒離林芝還有多遠？」心急的王師傅插嘴。

「這兒歸林芝管轄，叫松宗溫泉站。再過幾個小站，就到林芝。」一名小伙子員工解說。

「果然開下坡路段，汽車速度快。」王師傅先反應。

「我們住一宿，有空房嗎？」詹姆士表示。

「有，儘管去登記處登記。」小伙子表示。

「由舒小珍決定。這裡高度降低，高山症自然消失。如果舒小珍需要多住幾天，沒問題。」詹姆士體貼的表示。

「也讓麵包車保養一天，它居然爬上六千公尺的懸崖公路。」王師傅開心的講座車的好話。

（二）

二排木造新平房之間，建立獨立卻四個方向都開放的小房子。小房子前後都設有門，通山谷口及花圃。左右也有門，通二排平房。某位懂園藝的職工留在花圃中，改良花草樹木景觀，讓溫泉療養站增加生氣。

「大山脈的邊緣儘是一堵堵大峭壁，怎麼可能出現溫泉？」莊院士向登記處提出疑問。

「一座全長高過八百公里，西藏野馬最後最大的棲息地，怎麼可能只有岩石和泥土？念青唐古喇山脈溫泉不只流出一地，其他地點也有溫泉。溫泉讓青草長得茂盛，野馬才有食物。」登記處藏族員工聲明。

「然烏山谷對面是崗日嘎布山脈，那兒就有溫泉，我們昨夜住過。」舒小珍身體復原，頭腦也靈活起來。她想通，崗日嘎布山脈的溫泉湖也位於高山上。

「這兒冬天太冷，老年人關節老酸痛，常泡溫泉最好。松宗早就有溫泉了，拓寬公路的工程單位幫忙蓋房子，拉管線，溫泉療養站才適合營業。」溫泉站員工說明。

「溫泉站由林芝地方政府營運？」莊院士多談一些。

「不錯，然而工程單位多老員工，他們也有風濕病，這間療養院特別優待這些老員工。」登記處小伙子解釋。

登記處左右各通一排平房，平房中有溫泉池及臥室，男女分別登記入住或洗泡。天黑以後，松宗附近車馬稀少，溫泉站本身還算熱鬧。溫泉站之後的念青唐古喇山區一片陰暗，龐大的山脈處處是謎。松宗對面的易貢藏布江，一直跟緊藏東公路。眼前易貢藏布江水淺，河灘地多碎石及工程廢棄材料，預備殘留下來自行腐化崩解。

「松宗歸林芝管，自然林芝離此不遠，我們的路程快到終點。花二天時間調查，舒小珍寫考察報告，咱們就完成任務。」王師傅人興奮起來。

「沒幾個人能上西藏。老頭子總算滿足了心願。」

「到了林芝。打電話給愛人；多談一點馬幫和捕馬的細節，愛人就不能抱怨。」

詹姆士想通，事後如何向愛人解釋。一輛老爺麵包車，沒人相信它開得上世界屋脊。外胎磨平，居然墊報廢內胎為外胎增厚，簡單是不可能的事。就是一連串不可能的事，把小考察團拉上世界屋脊。所以四個人心神愉快，分別在男女溫泉池大泡一陣，泡得滿身流汗。然後全身搓洗乾淨，回臥房大睡。

第二天，花圃傳來鐵剪剪花的聲音，木板走道腳步聲沉重，舒小珍才醒來，發現天色大亮。她推門走出去，略一搜尋，找到王師傅等三個人正閒談。

「身體狀況怎麼樣？」詹姆士先開口。

「差不得復原了。洗溫泉人累了，睡得深沉。」舒小珍回答。

「這座土壤山谷樹高草長，咱們散步走進去。」莊院士提議。

大夥兒精神都好，樂意在上午悠閒時光溜達。既洗溫泉又留宿的老人們，也悠遊空曠的山谷。

山谷中不太深入的地方，岩壁中冒白煙流滾水，與瀾滄江邊土丘地帶的情況相似。工程人員把滾燙水引入一個大池子。滾燙水與大池子水混合，水溫降低。再把降溫水引入二排木平房中的池子，住客開冷水龍頭調和，就得到適當水溫。四個人向寬敞的山谷散步，療養老人們不再走這麼遠。山谷兩旁斜坡生長高大樹木及濃密枯草，枯草間野花恣意開放。看起來溫泉蒸氣的溫度，降低山谷中的寒意，協助花木的生長。若干員工走上斜坡，揀拾殘枝斷株當柴火。

「過去經常在野外露天工作及紮營，長時間暴露風霜雨雪中，所以關節僵硬，天溼冷更酸麻。洗了溫泉關節舒服。」莊院士坦率直言。

「關節的毛病就是軟骨僵硬或退化，多洗溫泉能防止軟骨退化。」詹姆士提出一般常識。

「北方人比南方人多關節毛病，就因為北方氣溫太低，寒冷的日子太長。」王師傅也瞭解風濕性毛病。

「今晚留下，再洗溫泉；還是結帳上路？」詹姆士柔聲詢問。

「我們來到地勢低的地點，高山症自動消失。我們出門太久了，不如早日去林芝，動手調查牧場。」舒小珍提議。

其他人贊成舒小珍的意見。所以約定，回頭結了帳，立即上車去林芝。

他們更深入山谷。山谷看不見底，可能通往不少地方。可惜山谷靜悄悄的，不傳鳥雀和貓頭鷹的叫聲。他們更看見，山谷深處，岩縫另外流出滾燙溫泉，又流入地下孔穴；溫泉站尚未充分利用這部份熱流。但是多處岩縫冒出白煙，讓山谷維持較高溫，於是樹木長得高大，草地長得稠密。

但是若干小樹的樹葉及枯草上，沾黏微小黑東西。舒小珍認真檢視。連石頭、草根、溼地、以及野花上，到處沾黏微小黑東西。

「螞蟥、蠕蟲，到處都是。」舒小珍失聲尖叫。

「本來寒冷山區不容螞蟥生長，但是溫泉山谷溫度高，原始腔腸動物生存下來。」莊院士解釋。

「森林裡的鹿、狼、馬、熊等等，全忌諱水蛭。」詹姆士補充說明。

他們不再閒晃，回房收拾行李，結帳離開。

麵包車首先行駛柔軟的地面，其次行駛硬幫幫的岩石公路，導致車輛又跳動。不止如此，又一座大峭壁出現，但峭壁腳被連續的炸凹，而岩頂又替車輛阻擋陽光。岩質公路下方，相差一公尺多，易貢藏布江流動，江灘上又見被遺棄碎石頭和爛施工材料。顯然高大奇厚的巨岩峭壁，仍環抱念青唐古拉山脈南麓邊緣。

「我們從然烏走下來，公路高度降得快，所以行車速度也加快。我們一出松宗，公路高度緩緩下降，車輛速度沒增加多少。」王師傅報告。

他們進入林芝的管轄範圍，但離林芝仍遠。莊院士等人完全沒有呼吸不順暢、胸口悶塞的現象。舒小珍也不擔心呼吸急促，頭疼痛欲裂。他們判斷，公路地面已經低於海拔四千公尺。

「河灘地高處有幾座白塔，白塔上經幡飄揚。白塔再過去，一群馬走動。」王師傅報告。

「不對，然烏離這兒太遠，不可能選這裡當馴馬場。」詹姆士不相信。

「不錯，河灘地有馬圈，我們要不要開下河灘地。」王師傅詢問。公路出現一條叉路，叉路越過易貢藏布江，通往白塔和經幡地。

「下去看看，查明小馬圈中的良駒家族從何而來。」詹姆士提議。

王師傅抓空檔，趁岩石公路交通流量不大，猛調麵包車車頭，轉入河灘地的一座橋梁。駛過橋樑，通過滿佈馬蹄印的砂石地，來到白塔和馬圈邊。白塔是停放大喇嘛坐化靈骨及舍利子的寶座，通常它們建在喇嘛寺內，例如香格里拉松贊林寺內的白塔。若干大喇嘛希望神遊四海。如果大地出現白塔，可能附近建造了喇嘛寺，而喇嘛寺又是藏人聚居地的精神信仰中心。

「這裡是甚麼地方？從然烏起，全部河灘地沒見白塔和馬圈。」王師傅打聽。

「這裡是大林芝地區信徒信仰膜拜的好地方，林芝最大的喇嘛廟建在對面的山谷內。」中型沙地馬圈內，一名悠閒餵馬的壯漢解釋。

馬圈內中小型野馬為數不多，悠閒漫步，親近圈內的管理員。

「這些馬匹不怕生，其中有中小新一代駿馬，圈內水槽和草料槽放了料子，和然烏小馴馬場不一樣。」詹姆士瞧見了。

「它們不是頭目和助手圍捕押出的駿馬，它們是逃命馬，容易親近人。」壯漢管理員說明。離易貢藏布江較遠的河灘地，到處生長轉黃的青草，馬圈就近割草，馬拉板車不斷的載回易貢藏布江的清水。所以馬圈裡悠閒輕鬆。

「怎麼有逃命馬？」莊院士出聲。

「從怒江大橋到腳下的波密鎮，工程單位一直炸峭壁腳，拓寬狹窄的藏東公路。波密鎮的波密大山谷峭壁矮，斷口多，傳入炸岩大聲音，驚嚇了野馬。公駿馬逃走，母馬和小馬不敢翻越危險山脊。炸藥密集爆炸，許多母馬小馬亂逃，跑過喇嘛廟，衝出大山谷，躲進河灘地。咱們一直收留這群流浪的母馬及小馬，它們是逃命馬。」壯漢管理員又說明。

「這些野馬需要馴服嗎？」

「不怎麼需要，人和馬混久，就成了朋友。你急著用馬，才需要馴服馬。其實你和野馬混二個月，就成了好朋友。」

「這個圈內的馬看起來只有百來匹，將來送去哪兒？」

「林芝，林芝正需要運輸工具。野馬幫人做工，人照顧它，彼此都好。」

「現在波密大山谷仍然逃出逃命馬嗎？」

「早就沒新的逃命馬了。公路拓寬妥當，炸藥不再使用，波密山谷安靜了。少數大膽的捕馬人，先進波密山谷，再轉去其他隱密地點捕馬。」壯漢管理員宣佈。

白塔安詳的坐落河灘地高處，草地的青草一年四季枯榮輪迴，易貢藏布江先結冰，又溶解，一年到頭流動。繫在白塔尖頂的韌繩任由經幡一直飄動。馬圈隔江對面的大山谷口，住家排列有序，車馬出入不斷。大山谷口一側，岩石峭壁高度大降，長度驟減。原來念青唐古喇山脈南端邊緣大峭壁地帶，只延伸到波密山谷口為止。過了波密山谷，大山脈的邊緣轉為一般的常見平緩山地。

「我們快走完岩壁公路，我們進山谷看看野馬的老家。」詹姆士建議。

「這裡的野馬與馬幫沒關係，這裡的逃命馬送去林芝。」王師傅說出一個要點。

麵包車離開河灘地，穿過土壤公路，進入大波密山谷口。山谷口巨大，馬匹和馬車進出。二長排碉房沿著平緩山谷斜坡興建，家家戶戶有院子；院子普遍繫了幾匹馬，碉房普遍用料好，塗三種顏色。二樓的窗戶小，卻設有陽台，陽臺上擺放盆景。院子裡多少種了幾棵山茶花和桂樹。眾多房舍後平坦的高地上，果然坐落一所喇嘛寺廟。

麵包車暫停寺廟前，莊院士等四個人通過寬敞的山谷地，走進山谷稍深處。巨大的山谷斜坡上，生長百千年大樹，和茂密的黃草。幾座大羊圈分別圍起一片草地，各羊圈養了幾百隻羊，由於羊圈內就有牧草，羊圈沒人照料。

「這裡本來是野馬棲息地，野馬被爆炸聲嚇跑，大群羊進駐。」莊院士說話。

「大片草地，當然有人利用。西藏的野馬減少，牛羊就增加。」詹姆士交談。

「牧羊比圍捕野馬容易，羊肉羊毛又有用。」舒小珍加入話局。

四個人悠閒，朝寬大的山谷深處走進去。大山谷有主谷地，主谷地兩側分佈小山谷。各山谷樹林成林，草地廣大。老人和小孩就在偌大的山谷地帶牧羊。他們不會迷路，主山谷只有一條而已。大樹林立，小樹靠邊生長。

「即使不圍捕野馬，不牧羊，這兒的居民也不愁生計；砍伐原木就是一種好出路。」王師傅表示。「這座山谷有原木森林，草地又廣，冬天不可能太冷。」詹姆士有感而發。

「對，否則山谷地不可能居住這麼多人，甚至有喇嘛寺廟。」莊院士同意。

「松宗溫泉站的下一個居民區，就是波密。可能有一條山谷，由松宗通波密，與公路平行，而且山谷中生長大量野馬。工程單位爆破峭壁，野馬逃命。它們不走松宗的谷口，那兒螞蟥多。它們由波密山谷口逃命。」舒小珍分析。

「念青唐古喇山脈山高山頭多，不是沒有好處。它庇護最後一大批野馬。」詹姆士得到結論。

念青唐古喇山脈一小部份野馬被圍捕，大部份野馬仍藏匿不知名的巨大山谷中。捕馬隊伍必須更費工夫，才能在冷僻的山谷找到野馬。但是靠山吃山的藏胞出路沒問題。牧羊是新出路，砍伐及種植苗木是另一條新出路。隱藏在山區，為廣大林木提供合適溫度的溫泉，仍有露面的機會。藏東公路拓寬了，許多人可由公路轉入大山脈的山谷口找活路。開發西藏不是難事。

大夥兒上車，王師傅開車，駛出波密大山谷，告別白塔和馴馬圈，返回藏東公路最後一段。公路路面仍鋪柏油，但柏油路受損嚴重。公路一側不再矗立巨大高聳的峭壁，車頂上不再有岩壁頂。麵包車通過了金沙江大橋，瀾滄江大橋，怒江大橋，以及三百多公里長的峭壁腳公路。進入拉薩及林芝的四座障礙物完全被掃除。

平坦寬闊的大道上，行人、馬匹、以及車輛增加，麵包車車速降低，但是王師傅及車上夥伴不著急。念青唐古喇山脈邊緣的這一段，幾座大山丘坐落公路旁，大土丘側邊，行人互相擦肩而過，手上攜帶山區的產品。山側屋舍相鄰而建。易貢藏布江仍依傍公路側邊而往下流動，河灘地面積縮小，但草地面積增加。草地邊緣隆起，濃密的小樹林座座相連。

「車子不能開快，因為行人、牲口、和馬拉板車擠上公路。」王師傅抱怨。

「河流對岸高地，就是崗日嘎布山脈的邊緣，高地上可能種植許多果樹。山脈邊緣之外，就是喜馬拉雅山區。」頭腦清楚的舒小珍，清清楚楚解說藏東公路末段的地理情況。

「妳寫考察報告不成問題，至少妳能把野馬和人文狀況與山嶽河川融會。」詹姆士稱讚。

「照地圖描述不是難事，但是憑記憶重新組織地理及人文特色，再找出精隨，就得有造詣。」莊院士進一步講評。

「這裡比芒康及左貢繁榮發達。這裡有人駕輕便馬車上路，馬車跑動靈活，馬步輕快。林芝不是高山上的小城市。」王師傅報告。

王師傅得進一步減速。公路盡頭出現黃色柵欄，說明公路到了盡頭，必須轉彎改變方向。公路盡頭連接大空地，大空地上人多，房舍紛雜。易貢藏布江離公路遠，也開始轉彎。麵包車抵達大高地上，而易藏布江在高地的腳下轉彎。麵包車抵達林芝外圍城鎮通麥。崗日嘎布山脈的源頭也出現。公路及易貢藏布江都繞過崗日嘎布山脈的源頭，公路再走過另外一座小山脈的腳邊，進入林芝市。易貢藏布江地勢相當低，將流入地勢更低的雅魯藏布江大江灣，最後奔向印度及孟加拉國境。

（三）

一大早，四個人告別松宗溫泉站的螞蟥山谷，在波密河灘地和山谷停留一段時間；直到黃昏時刻，才抵達通麥高地。

四個人有閒空，在通麥高地轉一圈。低於他們腳下一百公尺的地點，易貢藏布江水色變得混濁一些，水流也因地勢降低並轉彎，而激盪濺水花。高於通麥高地的地方，念青唐古拉山的邊緣化為座座小土丘，適合百姓居住。不少藏人就來往於通麥高地及小土丘居民區之間。

四個人開始留心通麥高地本身的狀況。半座高地被鐵絲網圍住，鐵絲網內，一連串鐵皮矮屋排列，阻擋了視線；四個人在暮色降臨之際，分不清鐵絲網內的狀況。其餘半座高地，又有一半面積被兩間大型木造挑高房子及房前空地佔住，房前空地停了拖拉機、馬拉板車、和極為罕見的小貨車。剩下一半面積，卻成了忙碌的地區。

小食堂、小旅館、以及小澡堂一大堆，天黑之後，居然各自點亮油燈營業。

藏東的二個大鄉鎮，芒康和左貢，只在十天一次的市集日才熱鬧，而且白天鎮民及商旅大量進出，市況才熱絡。通麥高地約四分之一面積上，居然一群小店林立，夜間點油燈活動。夜幕下垂，通麥高地的下方，沿低陷的易貢藏布江邊，陸續有人馬及拖拉機上下高地。另一方面，通麥高地本身另有一批騎馬好漢，來往念青唐古喇山小土丘之間。

莊院士等人找到一間小旅店，詢問住宿過夜的問題。

「請問為什麼晚上還點燈做生意，有這麼多客人嗎？」莊院士順便多問一些。

「當然。」小旅店掌櫃交談：「這兒有固定的吊運員工和副食品販賣員工，加上卡車司機、轉運逃命馬騎客、出差人員等，還怕晚上客人不上門？」

「我聽不懂，好像林芝地區各種行業挺忙碌的樣子。」莊院士問得詳細。

「不錯，林芝現在出產大量物品，當然許多行業忙碌起來。」

「不可能，位於眾多高山間的城鎮，哪能出產什麼物品。」詹姆士狐疑。

「沒曚你，這兒四周高山真的多，林芝卻是個地勢低的城鎮。所有大河都流到林芝，你能說地勢不低嗎？地勢低，外來人先不得高山病，然後許多行業發達了。」

「我實在不瞭解，周圍山這麼高，誰還來做生意？」詹姆士搖頭不相信。

「明天天一亮，馬匹和車輛一進出，一切就明白了。」小旅店掌櫃草草談話。

不過通麥高地不致於通宵達旦忙碌。夜深，易貢藏布江轉彎而激盪的流水聲，傳至一百公尺高的高地，高地上的嘈雜聲音靜止，小飲食店首先打烊，接著小澡堂打烊。通麥有旅店，夜間出門的商旅到此不再上馬，連此間小旅店都半關門了。

下一天天剛亮，幾波馬蹄聲響起。莊院士聽見馬蹄聲，趕緊跑出小旅店：幾波騎士離開別家小旅店，奔向公路一側，不太遠的大山脈邊小土丘居民區。接著牽出一大批上了轠繩的野馬，人馬一起快步，跑回通麥高地；不稍行停留，直接沿公路衝向低處的易貢藏布江邊。

「他們奔去哪兒?他們沒奔向芒康馬幫的方向。」詹姆士看不出名堂。

「他們不去芒康，他們奔向林芝。」王師傅想到一些枝節關鍵。

「他們去林芝賣馬，他們晚上住通麥的小旅館。」舒小珍想通了：「波密河灘地馬圈先把逃命馬送到小土丘居民區，這些轉運騎客一早去小土丘居民區領馬，當天送到林芝。波密離林芝太遠，逃命馬在通麥休息一夜。下一天才去林芝。」

「這才合道理。」莊院士補充說明：「林芝地方政府派人員出差，這些人員也在通麥過夜，第二天去波密和松宗等地，通麥是中途站。」

小食堂、小澡堂、和小旅館等商號，佔有通麥高地四分之一面積。這四分之一面積的隔壁，佔地同樣大的，人聲開始鼎沸。在小旅館住宿的人員，以及一早路過的商旅，吃過早餐以後，紛紛向小商店區隔壁的空地走去。他們把為數不少的馬、牲口、板車、拖拉機、和車輛，先停在廣場上，而後去兩幢挑高木造大樓。莊院士等四個人跟著走過去。這種新型式的單層挑高大樓，莫說左貢和芒康，連雲南的昆明市都看不見。它們不像住家，倒像倉庫，不但挑高，而且大樓兩側高處開了通風口。

「中西部有這種新式儲藏兼零售設備，通風良好，現場販售方便。」詹姆士點明。

但是莊院士、舒小珍、和王師傅沒看見過；他們三個人互相對看，搞不清這兩幢大建築的效用。

天色大亮，陽光滑過念青唐古喇山脈的重重山頭，閃過最邊緣的小土丘群和逃命馬圈，照在通麥高地上。來來去去的車馬互相對流，通麥高地活力呈現。兩幢挑高木造樓大門打開，大批顧客湧上前去。

莊院士等人看見，其中一幢大樓前半部，擺放幾個大木櫃，其中部份大木櫃內，分別擺放顆粒狀小麥、青稞、玉米，以及多種白米。旁邊另有相同的大木櫃，分別盛放這些大宗穀物的細粉。許多顧客衝上來，指名購買顆粒狀大宗穀物或細粉。

這兩類穀物大木櫃之後，站立三座奇高的馬口鐵儲放槽；由於這三座儲放槽夠高，所以木造樓建造得挑高。三座馬口鐵儲放槽底部，安裝類似自來水水龍頭的開關。一扭開關，槽內穀物顆粒大量自動流出，賣給大宗購物商旅。馬口鐵鐵皮槽阻絕空氣，防止槽內的穀物受潮沾灰塵。儲放槽邊上架有簡單牢固梯級。穀物車輛開進來，販售人員沿梯級爬上去，打開儲放槽高處蓋子，讓整車穀物移輸儲放槽。

一名穿了制服的中年藏族婦女，率領二名年輕穿制服的藏族大姑娘，一共才三個人，處理這幢大宗穀物銷售樓的一切事務。許多人衝進這幢挑高大樓，迅速買入糧食。大木櫃內的穀物賣光了，三名服務員立刻扭開高聳的馬口鐵儲放槽開關，水龍頭開關流出顆粒補貨。銷售員工又抬來穀物大麻袋，爬上梯級，讓三座馬口鐵儲放槽分別灌進銷售最廣的不同穀物。

「沒見過這種設備，挺方便的。」舒小珍表示。

「還有更大型的。中西部普遍推廣了。印地安人退出大平原，白人接著大開墾、大種植，生產大量穀物，並且發明這種設備。」詹姆士說明。

莊院士上前打聽：「請問這是什麼單位？」

中年藏族女經理答覆：「農業推廣局的銷售站，老先生。都是最新鮮的農產品，本地出產的。」

「妳是指左貢大平原生產的糧食？」莊院士順理成章推想。

「不，不，老先生，左貢離這兒太遠了，左貢的糧食運去芒康鎮。咱們林芝自個兒栽種、自個兒儲放、自個兒銷售。」

「林芝一帶沒有大平原，怎麼搞種植？」舒小珍插嘴。

「能，林芝地勢低，有大丘陵，種什麼都可以。」

「我不敢相信，不是平原，怎能種植？冬天有暴風雪，平常下冰雹，就毀了一切。」詹姆士糾正。

「老先生和朋友們，林芝的大農場和大牧場開始種糧了。」女經理聲明。

大宗穀物銷售大木樓的隔壁，座落同樣尺寸形式的另一幢大木樓。樓內擺放的大木櫃及中、大型瓦缸來得更多。新鮮的和醃漬的農產品種類繁雜，於是更多顧客上門。更多藏族婦女銷售員伺候在旁。

各大木櫃分成幾格，擺放帶土未洗的土豆、紅藷、辣椒、大白菜、捲心高麗菜、西紅柿、蘿蔔、以及小黃瓜等。中大瓦缸內，儲放醃漬的大白菜、雪裡紅，以及劈爛菜片。不僅如此，這幢大木樓挑高的木樑上，掛了大塊馬肉、犛牛肉、山羊肉、和綿羊肉等，分別風乾待售。大木樓正中央擺放玻璃櫃，售貨員當場切肉零售。

「哪來的小黃瓜和西紅柿？咱們北方冬天都看不著？」莊院士走過來，驚訝出聲。

「挺新鮮的，當然是本地種的，昨天才送到。」女銷售員說明。

「別矇我，高山哪來這麼多主副食品？」舒小珍疑問。

「老先生和客倌們，沒聽說，林芝現在叫雪域江南？」

「我更不相信，世界屋脊多冷，冬季嚴寒日子多長，比中西部保護區更惡劣。到了冬天，大小獵物全消失，土地硬得像石頭，河川全凍結。酋長找祭師作法求神沒用。保護區內部落挨餓生病。」詹姆士反駁。

莊院士等四個人全部心中狐疑，走出兩幢大木樓。他們瞧見幾輛大卡車進入一個大場地。昨天黃昏，鐵絲網內的矮鐵皮房擋住，他們沒瞧見那個大場地的樣子。他們走了過去。

佔有通麥高地一半面積的大場地，居然疊起幾大堆原木，每一根原木至少有直徑一米半，長度十米。場內設有鐵架，一批工人把鐵鍊綁在原木上，轉動鐵架下的絞盤，絞起原木，放在大卡車上。大場地上更有兩匹馬一組，馬頸上架了橫槓，一起移動一條原木。

「這麼多巨大的原木，從哪兒運來的？」莊院士詢問看門警衛。

「尼洋河北邊的尼洋小山脈。」警衛答覆。

「原木又大又重，能從尼洋小山脈運到這兒？」舒小珍接口。

「當然能，四名壯漢合力鋸斷一棵大樹，四匹馬就拖一段原木上高地，再從高地運去雲南。」

「前方就是念青唐古喇山脈，山脈裡原木更多，為什麼不砍伐？」

「遲早的事。天天幾卡車運走原木，咱們正到處調查原木。」警衛說明。

一大早，通麥高地全甦醒幹活。小商店區、農產品銷售樓、以及原木場，沒一個地方閒空。昨夜小旅館掌櫃講明了，吊運員工，副食品販賣員、卡車司機、轉運逃命馬騎客、以及出差人員，都先住進通麥中途站。

「我沒法相信。珠穆朗瑪峰高八千八百多公尺，這座冰峰之下的山區能出產東西。」詹姆士表明。

「今天下午進林芝，到時候一切明白了。」王師傅表示。

麵包車追隨人馬、及車輛交匯的隊伍，駛下崗目嘎布山脈源頭，易貢藏布江拐彎的江畔。易貢藏布江流向更低處，注入林芝附近的雅魯布江大江彎。麵包車則緩緩爬上尼洋小山脈的山腳。這座小山脈不高，屏障由林芝到拉薩的西藏核心精華區。

麵包車從易貢藏布江畔低處，經過綿羊放牧的河灘草地，以及果樹成林的崗目嘎布山脈源頭腳邊，爬上尼洋小山脈邊緣。尼洋小山脈上樹林廣大，山頭一片蒼翠，眼前不見冰雪封山，綠野間出現石材碉樓和迂曲的褐色山間道路。

拉薩到林芝的精華公路，完全座落尼洋小山派腳邊，大致陪伴尼洋河。尼洋小山脈上，開始出現眾多小片空斜坡地。幾個人站在一小片空斜坡地幹活。空斜坡地下方的路邊，堆放樹皮橫枝未劈光的原木。空斜坡地不時傳出「嘩啦，嘩啦」大聲響。

「有人鋸大樹，大樹倒下造成聲響。」王師傅發現。

「有人指揮一組二匹馬，倒拉麻繩，防止原木猛烈滾下山。」詹姆士叫出聲。

一般人騎馬用馬，讓馬往前跑。尼洋小山脈上，一組兩匹馬馬頭對準山坡高處，企圖拉住奇重無比的鋸斷大樹幹。但是鋸斷大樹幹太重，一直往下滾；麻繩繫在一組二匹馬的橫槓上，正待拉馬墜下山。兩匹馬強撐而往上拉，畢竟原木重，緩緩滾，雙馬也緩慢倒退下走。這真是新式用馬奇觀。

精華公路突然交通中斷，四匹馬聯結，拖一段原木，橫跨馬路。原木下端墊了汽車外輪胎片，不怕地面摩擦。這麼樣，一組又一組的四馬聯結拖拉原木，慢步走向通麥高地原木作業場。

「我眼花了嗎？到處使用馬匹，不用汽車。難道我們倒回古代？」詹姆士呻吟。

尼洋小山脈多人伐木，更多的古色古香碉樓隱藏樹林間。眾多碉樓用巨大岩塊堆疊，保留石材顏色，敘述過去林芝美好的歲月。不錯，林芝從前贏得西藏瑞士的美名。

「雲南與西藏相鄰。我們從昆明到林芝，花了快二個月的時間，沒人敢相信。」詹姆士抱怨。

街道寬敞，街道兩旁雪松與圓木電線桿輪流排列，電線牽引至附近碉樓住戶的屋頂。街上儘是獨門獨戶住宅，每戶院子花樹盛開；樹下更掛鳥籠，籠中鳥雀鳴叫不已。王師傅不問路，駛進大街道，一直往前開。陽光普照，街道整齊清潔，空氣清新。王師傅看見一座廣場，廣場正中央噴水池高噴水柱，四周圍分佈大型正方形碉樓，全屬舊時代的頂級建築。噴水池與多個花圃連通，各色花朵盛開。

「這裡就是林芝市政府廣場，咱們找墨脫縣駐林芝辦事處。」王師傅大膽的宣佈。

正午才過，天色明亮，四個人輕鬆舒閒觀望大廣場四周的各個大型碉樓。果然市政府辦公廳舍分別設在大碉樓中。有一幢較小的碉樓，集中了轄區內所有鄉鎮駐市辦事處。他們找到墨脫縣駐林芝辦事處及招待所。意外的，他們在這幢較小碉樓內，看見林芝市農業推廣局的招牌。不對，農業推廣局是上級單位，為何與鄉鎮駐市辦事處等下級單位混雜？

詹姆士對一大堆行政單位招牌沒興趣。他東張西望，尋找屋頂上有碟形天線的建築，那是郵電局的明顯標幟。

（四）

雲南祿豐縣政府總機，又接到美國打來的已付費越洋電話，要求詹姆士博士接聽。「我是詹姆士的愛人，我相信詹姆士已經返回祿豐宿舍，請他聽電話。」

縣政府總機轉去宿舍分機，暫住宿舍的研究生拿起話筒：「博士還沒回來，整個地理考察團都沒回來。」

「不是二個月快過去，地理考察的任務該結束了？詹姆士到底在哪兒呢？」詹姆士愛人追問。

「確實二個月快過去，考察團出發前的估計可能偏差，許多方面都打電話詢問。」研究生回答。

「一個考察團，居然行程不明，目前的位置不明，而且無法聯絡，這不是詭異嗎？」

「西藏地方大，情況複雜，我們不敢胡亂猜想，還是耐心點，等莊院士和博士來電話。」

「謝謝你，難道需要我親自飛去雲南或其他地方查看？」詹姆士太太焦急的掛斷電話。

研究生講了實話。九鄉溶洞工地的副隊長，曾經打電話來祿豐。電腦室的黃曼，私底下也打電話查詢。這兩方面談話中流露或濃或淡的焦急成份。莊院士和王師傅的家人，先聯絡九鄉溶洞工地，後打電話到祿豐縣政府，談話口氣倒和平。

莊院士等四個人，找到了墨脫縣駐市辦事處，表明工程隊派來出差考察的身分。莊院表明直接考察的目標，墨脫大橋現有交通狀況，大橋附近動植物近況，墨脫牧場的發展前景。

「工程隊建造了三座跨江大橋，拓寬了藏東山腳公路，林芝首先受益。林芝和香格里拉往來密切，但是暫時輪不到墨脫縣。如果考察團考察出墨脫的重要性，立刻建設墨脫縣，那麼墨脫縣就要翻身呢。」駐市辦事處科長表示。

「北山腳村老桑馬登直接聯絡工程隊，宣佈他的牧場羊隻遭受攻擊，希望考察團的調查範圍包括北山腳村牧場。」莊院士表示。

「北山腳村太小太窮，不如考察南山腳村。那兒地方大，面對大泥土帶，下大雨或溶雪，大泥土帶坑人坑車輛。雨季過去，大泥土帶變成牧場。南山腳村居民上墨脫縣政府，順便就走墨脫大橋。所以考察南山腳村，比考察北山腳村有價值。」辦事處科長說明。

「但是老桑馬燈村長找上了工程隊，抱怨某些不明猛獸攻擊牧場的羊隻，希望工程隊幫助查一查。」莊院士表示。

「他忘記了。」辦事處科長宣佈：「世界上沒有什麼不明猛獸。他的牧場原是荒野雜草地，黑熊一找上門，牲口當然擋不住。狐狸更狡猾，狐狸叼走雞或小羊，甚至不留下腳印。」

「他沒亂說，牧場邊緣的羊圈木欄杆上，留下爪印。」

「西藏現在文明進步，不相信離奇鬼怪事件。禿鷹太厲害了，一隻不太大的羊，被它抓上天空，三公里外吃得剩下光骨頭。」科長解釋，甚至警告考察團，別忘了野狼，一大群野狼攻擊，牧民得多找人手獵殺。

莊院士不能強辯下去。他要求辦事處科長，打電話查一查，大桑馬登出門遠行，回到家沒有。科長立即指示打電話，查明大桑馬登外出好幾個月，一直沒回家，現在牧場由他的兒子丹卡照顧。莊院士等人不感意外，登記了身分，暫住辦事處之後的招待所，聲明最近幾天看看林芝的變化。

四個人放下行李，一起走出來，經過農業推廣局的展示大廳門口。莊院士想了起來，香格里拉的伊拉壩子，大片上好牧草連地皮被鏟起，傳說送林芝市。王師傅也想了起來，他在香格里拉對面的木造樓找汽車修理站，看見木造商業樓的甬道旁，有一間小房間，門口掛了林芝市辦事處的招牌。四個人走進農業推廣局的展示廳，卻發現展示廳展覽奇特的事物，山東省濰坊市所轄壽光市的大棚範圍圖，以及若干大棚內部結構圖。

「壽光市現在變成菜籃子工程示範基地，是不是？」莊院士來自北方，懂得一些北方糧食生產的變化。

「可不是，冬天山東下大雪，壽光市農民用塑膠布大棚阻絕空氣，照樣種植蔬菜水果，起先我不相信。」舒小珍回答。

「別幻想，詹姆士反駁：「我國的農業部建造大型昂貴樓房，佈置空調及可調整燈光，才能在冬天種蔬菜水果，但是實驗室種出來的蔬菜水果太貴了。憑幾個農民，能抵抗攝氏零下十度，甚至二十度低溫，種出蔬菜水果？不可能。」

（五）

不必花大工夫去尋找，多走兩步路就成。市政府辦公大廳群稍遠的街道上，有一幢方方正正的古碉樓，樓頂就安裝了碟形天線。詹姆士考慮一陣。該如何向愛人解釋，才不會在電話中引發爭吵。他想妥了，才走進郵電局，懶洋洋的表示，撥越洋電話去大學城，找州立大學詹姆士太太，由詹姆士太太付費。

「是誰？是誰？」話筒傳來相當焦急的明亮聲音。

「是我，達令，詹姆士。考察團花費二個月的時間，才抵達西藏的第二大城市。」

「是你，我以為你失蹤了。你明白表示，考察團組織失敗，沒人去西藏。我現在以為我應該去警察局辦人口失蹤登記。你確定，你人在西藏？」

「當然，我在林芝市，住墨脫縣駐林芝辦事處，想不到我們看見英國留在印度山區的建築風格。放暑假了，你忙碌嗎？」

「我設法多做一點事，不怕忙碌，免得胡思亂想。朋友們怎麼注意到，放暑假了，你一直沒打電話回來？」

「別太理會別人，有人愛造謠。有一個關鍵因素，汽車。起先沒人相信，考察團能組織成功。後來突然組團成功，卻指派一輛老爺車載運人員，我們祖父時代用過的老爺車。我判斷老爺車最多行駛一百公里。它的外胎磨平了，司機勉強延長汽車的壽命。完全不可能的事，但是老爺車把我們送上世界屋脊，我們最高來到六千公尺高的懸崖公路。」詹姆士詳細找重點形容。

「真的像奇幻的探險故事。但是你不可能逗留林芝太久罷？」

「不可能，短時間內考察工作就結束，然後走下坡回雲南。妳知道嗎？爬上坡和走下坡，速度差太多。」

「當然，汽車走下坡路，輪子像鳥的翅膀一樣起飛。」

「對的，妳很快就得到我回工作崗位的消息。然後我們多談世界屋脊的狀況。」

詹姆士走出郵電局，心頭僅僅輕鬆一會兒，腦中雜亂的念頭又開始激盪起來。不錯，他應付了一次，沒和愛人發生激烈的爭吵，他沒當場難堪。但是愛人什麼細節都不提，裝著沒事的樣子，讓他空緊張。愛人不糊塗，能想像某些男女性同行的特殊場合，他居然輕鬆過關了。

他有機會事前告知一切，例如考察團決定成行之初，舒小珍打電話，鼓勵莊院士做主，多找人參加。他有幾天的時間通知遠方的愛人，但他在猶疑中推辭了主動通電話。麵包車上路，來到香格里拉、芒康，和左貢等，都有機會打電話，但他都提不起勁。於是他和一個有見識的大姑娘相鄰而坐，暢談一切，差不多忘記枯躁乏味的行程。另一方面，心中的矛盾深深潛伏起來。

詹姆士打完越洋電話，心中的矛盾未消除，表面上保持鎮定。王師傅卻宣佈好消息。林芝不愧為大城市，加油站任你充分加油，汽車修理站配合車主，全面檢修和保養汽車。不用二天的工夫，麵包車將徹底整修，以便順利返回雲南。

那麼二天以後，交通工具整修妥當，考察團可以正式作業了。老桑馬登回來以後，他們將陪同老桑馬登，去牧場考察。從牧場擴張檢查範圍，到附近的山區，因為猛獸往往躲在山中。老桑馬登未折返以前，他們坐麵包車，考察林芝市。這個城市地勢低；一方面河川相鄰，一方面四周山嶽團團包圍。是否基於這種優勢，讓林芝發達起來？

莊院士決定充分利用時間，參觀林芝的內外狀況和未來發展的可能性。他進入墨脫縣駐市辦事處，表明參觀林芝建設的初期目標。

「林芝值得參觀，它的建設將是西藏發展的縮影，連墨脫縣也得學林芝。」辦事處科長表示。

「我們從哪兒著手？」莊院士求教。

「當然是大農場和大牧場。通麥高地販賣的主副食品，全部在大農場生產。」

「高山上，放牧牛羊還合理。怎麼能搞大農場和大牧場？平地少，山坡地粗砂和岩石露面，天一冷下冰雹，冬天冰雪期漫長。條件太惡劣，怎麼搞得起大農場？」莊院士依常理推斷。

「開車去看看，親眼看見就會相信。」科長敦促。

（六）

雅魯藏布江流過大拉薩地區和大林芝地區。拉薩和林芝間的精華地區，正是全西藏地勢相當低的江畔地段。北邊高聳的念青唐古喇山脈，以及南邊世界第一高大的喜馬拉雅山脈，屏障這片精華地區。尼洋河以北及拉薩河以北的尼洋小山脈，以及雅魯藏布江以北的工布江達小山脈，又進一步屏障這片精華地區。

神明把尼洋小山脈和工布江達小山脈，賜給精華地區的子民。佔全西藏人數最多的精華地區，自古以來就依賴這兩座小山脈而生存。這兩座小山脈頗多五百年以上的巨木，藏人就砍伐樹木，開挖岩石蓋房舍。這兩座小山脈長出牧草，他們放牧牛羊，然後販賣牛羊肉換得錢財。春夏山頂的青草長高了，他們驅趕牛羊上山吃草，吃到青草剩下粗根為止。夏秋山谷的青草長高變黃了，他們驅趕牛羊下山吃草，甚至冬天剩枯黃草當過冬乾料，於是山谷山腳的牧草也剩下粗根。精華地區的牧人不擔心，神明會讓這兩座小山的山頭及山谷長青草，來年牛羊又有得吃；每家牧人都渴望多存點錢改善生活，但只能多養牛羊，多吃一點草，甚至連草根都吃。

長久下來，牧人驅使牛羊猛吃草，草地承受不起；但高原上氣候相當惡劣，連天生野草都大片枯死，來年復甦的少。有些草地變成荒地及沙漠。其他草地上的草變短變粗、品質變差。尼洋小山脈和工布江達小山脈逐漸變成寒漠，即高寒地帶的沙漠。西藏其他靠天而生產的地區，就算地點不同，神明不再無窮盡的貢獻，各種產業條件變差。天天去喇嘛廟跪拜許願，能改善生產條件的惡化？

另一方面，西藏的大門打開了，大卡車通車了；駛過金沙江，瀾滄江，和怒江，載來西藏需要的東西，載走西藏的出產。很長的一段時間，汽柴油特別便宜，有利於大卡車不遠千里上山及下山。例如運來超重的發電機，安裝在尼洋小山脈高處的尼洋河源頭，利用水電站的流水發電。一旦發電了，林芝家家戶戶及街頭有電。而且鋸木廠開工，把粗大的原木鋸成木條木板；林芝市太需要木條木板。又例如，大卡車車斗加以特殊設計，分成四層，每層排列香格里拉大苗圃培育的樹苗。一卡車能載二千棵稍大的樹苗，種在山谷斜坡上，存活率一半。三十年後，山谷斜坡上生長一千棵大樹，五十年後成長為一千棵巨木。巨木腳邊另長小樹苗，又增加樹林中樹木的數量。

有了電，尼洋小山脈和工布江達小山脈用上質地堅硬，價格昂貴的冷杉及雲杉。林芝幾間電鋸廠開工，日夜鋸出木板及木條，滿足不了訂單的需要量，連鋸木屑都有用。例如，河泥、糞便和木屑混合，得出氣味淡，顏色輕的有機肥料。

林芝管轄的工布江達小山脈山腳下，沿雅魯藏布江畔有大片平原，更大片的丘陵，以及地勢不高的山頭。山腳平原住了大批農牧民，他們看見牧草面積縮小，品質變差。神明不厚待農牧民，嚴冬暴風雪肆虐，平日雪花及小冰雹不定時降落，落得畜牧收入差。

一年多前，只不過一年多前，幾名本地男女青年去山下大城市學習農業、水利、及栽種等專業，畢了業返鄉任職。有的擔任農業推廣局技工，引起了笑話。街坊鄰居嘲笑，林芝哪需要農業，林芝農牧民千百年來靠天吃飯，神明給的氣候條件惡劣呀。

神明給的氣候條件惡劣，又傻又嫩的本地技工託人介紹，找上一名工布江達小山脈下的老農夫兼老牧人。他帶來報紙。

「山東壽光市冬天蓋了大棚，種出蔬菜。」又傻又嫩的技工攤開報紙。

「咱們這兒沒有條件。」老農人及牧人顯示相當豐富的常識：「壽光市蓋溫室，沒啥了不起。但是林芝缺木柱、塑膠布、鐵絲、以及繩子等。咱們拼不過壽光市。」

「笑話，咱們山谷和山坡多的是大樹，林芝的電鋸廠鋸出最好的木柱木板。波密山谷送出了逃命馬，這種馬溫馴能幹活。別的地方有這麼好的運輸勞動工具？」技工講出事實。

「弄不到便宜的塑膠布、鐵絲、和繩索。街上和市集賣的五金材料太貴了。」

「咱們農業局想辦法，從山下運幾卡車上山，所有材料都便宜。而且一半由農業局補助，一半辦理銀行貸款。至於蓋大棚的人工，找親友鄰居幫助。」技工宣佈。

「銀行不會同小農夫打交道，小農夫從來沒去銀行存大錢。」

「都沒問題，農業局幫你辦貸款，買材料，材料送上你家，蓋一間大棚。」

老農夫開始看報紙圖片，找人讀報紙。蓋大棚沒什麼了不起。藏人夯土坯房，蓋碉樓，哪會輸給大棚。關鍵是材料。材料買得到，價格又省一半，由農業局負擔；天下有這麼好的事？

鄰居及親友仍勸老農夫，千萬別辦貸款，一旦你還不起本金和利息，銀行就奪去你的家抵債。

「不找出路，怎麼活下去？」老農夫已經承受長期壓力：「院子種菜，都被冰雹打壞。山頭草太少太差，羊不夠吃，日子難過。」

老農夫拼了，在大棚建造合同上簽字，在貸款書上蓋章。找左右鄰居幫忙清地，移走地下石頭，這方面倒是相當累人。幸虧大棚基地緊挨住房，幹什麼活都方便。

沒幾天，鋸木廠鋸出長短不一的木柱。鐵絲、繩索、塑膠布等材料都運到，農業局技工也遞過壽光市大棚內部建造圖，一切不是騙局。甚至別的鄉親技工也上門，免費交給老農夫好的蔬菜種子。自家留下的壞種子少用一點。在自家土坯房旁搭一間簡單溫室，有什麼難的？

牲口和家人都產生糞便，鋸木廠的木屑又多又便宜，雅魯藏布江及小支流就在不遠處，挖河泥是小事，河泥、木屑、和糞便混合成肥料，氣味不太臭，樣子過得去。

全家人及鄰居小夥一起動手，插支柱、圍鐵絲網，牽繩子連通土坯房和大棚，蓋上透明塑膠布。不必費太大工夫，簡便溫室蓋成。土地已挖鬆，撒一層肥料，然後埋種子。白天天氣好，掀開塑膠布，晚上拉起塑膠布防冰雹。二天澆一次水。每家都有現成溝渠，從山腳下的小支流引水充當家用；替菜園澆水甚方便。

幾天的工夫而已，大棚新土密麻麻發芽，而插老莖葉的紅藷也發幼枝。農業局的農舍及育種技工來瞧過，判定發芽情況正常，肥料調和妥當。過了半個月，大白菜、豌豆、蘿蔔、及紅藷苗全部探出頭。夜裡曾經落下不小的冰雹，但是塑膠布擋住了。鄰人不再冷嘲熱諷。二個月後，所有大棚蔬菜長大長肥，就跟壽光市大棚種出來的一模一樣。

工布江達小山脈腳下的土坯房相連石頭地，能種出上好的蔬菜，蔬菜瓜果是高山上最貴的副食品，少數有錢人才吃得起。一大群人跑出來參觀，看見雅魯藏布江和小支流旁的石頭地，能種蔬菜，簡直從來沒聽說過。連林芝街上的大盤蔬果店東也前來，包買所有大棚裡的青菜。老農夫馬上動手割菜，賣出的現錢足夠還貸款。

壽光市蓋大棚種蔬菜，根本不是大難事。材料夠、肥料足、埋下好種子、二天澆一次水，加上晚上拉塑膠布，那麼二個月一定長出好青菜。老農夫一家肯動手再挖走石頭，清理住家附近更大的地，再建大棚。左右鄰居也照樣幹。整天抱怨這，仇視那，等於浪費時間，只要肯挖地插木柱，就生產出蔬菜。到了冬初，家家的地窖儲備蔬果好過冬，誰家種出多少蔬果，街上店家包了。

「全年十二個月，幾個月可以種大棚？」老農夫打聽。

「全年十二個月都能種，壽光市就是這麼幹。住家和大棚相通，住家產生熱氣就通進大棚。犛牛、馬、羊等，既舍全有熱氣，也通進大棚。有些菜發芽慢，你在最冷的冬天撒種子，過一個月發芽，天氣開始轉暖時，菜長大了。」推廣局技工解釋。

「種蔬菜的農牧人家太多了，需要改種新鮮的，有別的好種嗎？」別家農牧民探聽。

「太多太多果菜可以種。像黃豆、玉米，都能當牲口飼料，絕不嫌多。」技工說明：「咱們想辦法種青稞。大藏區到處種青稞，咱們林芝靠大江的平地和小坡地，怎麼種不出來？」

工布江達小山脈腳下，小規模的大棚冒出一大堆。種黃豆、小麥、玉米、和青稞等糧食，需要大面積的矮棚。矮棚矮，省許多材料本錢，但柱子得多插，以便頂住大面積塑膠布。這些都不成問題。因為糧食一生產出來，玉米和青稞葉子能代替一部份草料，它們的根莖曬乾，成了柴火。糧食曬乾，儲放一年不壞；磨成粉，一沖調就成主食。糧食絕不嫌多。許多農牧人家手邊有閒錢，願意加入合作社，共同蓋矮一半的大面積矮棚。

能為自己賺錢的活，有誰不幹？農牧人讓雙馬連槓，拉一個犁頭，挖走淺層大小石頭。大小石頭在江邊堆成小山。其次，打鬆所有地面及淺層土地。這方面花勞力，但舊地開墾好，幾代人享用。接著找來拖拉機及馬拉板車，大挖江灘淤泥，送到矮棚。大致來說，同樣種一畝地，矮棚的材料成本還比大棚低。材料成本愈省愈好，因為材料是從一千公里以外，大卡車運上山的。

「種太多菜，銷不掉怎麼辦？」農牧民面對新問題擔憂。

「所以改種糧食。菜葉子泡肥料，剩下的菜醃起來好過冬。菜葉配糧食，正好養雞鴨。雞鴨好賣得很；它們先生蛋，蛋的營養好，咱們林芝農牧人家經常吃蛋，吃雞鴨；年節就宰羊了。」推廣局技工表示。

做夢吧，經常吃蛋，宰雞殺鴨，年節烤羊肉，地窖堆了大批蔬果。是做夢吧？

冬天一過，林芝山腳下農地的好處來了。通常氣溫低，沒有小昆蟲為害。其他平地農田，小昆蟲和毛蟲太多，需要灑農藥。林芝的大棚及矮棚不必。既省了農藥錢，又保住健康。

真湊巧，冬季過長，大棚及矮棚保溫不易，尤其夜間棚子內外氣溫都低。尼洋河上游加裝了水力發電機，電力供應增加。於是電力公司採取夜間減價手段。這麼一來，農家的大棚和矮棚牽電線，夜間使用小燈泡照明兼取暖，不怕夜間低溫了。

大棚和矮棚種植面積增加，肥料欠缺是最大問題。街道上的落葉，丘陵地上的爛葉，都被拖進農地當堆肥，所有人和牲口的糞便都有用。搜集肥料的人手增加了，街道農道都乾淨；真想不到，農放人家也能清理出新環境。

但是廣大的尼洋小山脈和工布江達小山脈，都有大片丘陵，丘陵上的牧草令人擔心。牛羊愛吃的牧草長得矮，甚至面積縮小，沒用的茅草愈長愈多；裸露的岩層和砂地增多。大風颳過，丘陵竟激出小沙塵暴。核心精華地區的牧地，有了寒漠化的跡象。

農業推廣局的人員，聚集工布江達小山脈的丘陵上，看見大棚和矮棚推廣有頭緒，想到更大的計畫。

工布江達小山脈的廣大牧地，由世代居住小山脈下的牧民共同改良。更早，電話打去香格里拉遊樂園，請求支援伊拉壩子的牧草地皮，香格里拉同意長期支援。雲南及西藏之間四大障礙，業已排除；卡車滿載材料，牧草地皮，以及種苗，能順利的直放西藏。農業推擴局需要先整理牧地；凡優先出勞力的牧民，享有優先使用新牧草的權利。由於大棚及矮棚搭建成功，牧民有心參丘陵牧草改良計畫。於是一部份年輕牧民，開墾了丘陵間的一片大空地，地下石頭全清走；野草和牧草連根鏟除。另一部份牧民，去大江江灘地挖軟泥，用馬拉板車運來丘陵上。

另外，多輛大卡車由雲南開來，分別載運材料及帶有牧草的黑土地皮。運送過程中，司機按約定，多次替牧草澆水。這麼多輛大卡車達抵工布江達小山脈的丘陵，當地牧民幫忙卸貨。優先動手的，是種牧草地皮，香格里拉的上好牧草連根移植上林芝的丘陵；然後打下木樁，用鐵絲網圍住新牧草，再蓋上塑膠布，用繩子綁牢塑膠布。入夜以後，靠密封的塑膠布阻擋低溫及冰雹，天亮以後，當地牧民掀起塑膠布，並且澆水。

不少人從旁參觀，冷言冷語賭香格里拉牧草熬不過林芝的低溫。三天過去，香格里拉牧草長得好好的，沒被長途運輸扼殺。一個星期過去，香格里拉牧草完全存活下來。林芝農業單位匆匆打電話去香格里拉，報告牧草存活的好消息，要求香格里拉大量鏟起地皮，移來林芝。新牧草生存下來，更多牧民肯合作，共同清理小山脈更大片的丘陵上平地，以便移植更多香格里拉牧草。改良小山脈牧草的規模大，農業局目前投入的人力有限，山下運來的材料及牧草不夠多。無論如何，小山脈丘陵的牧草改良計畫，跨出了成功的第一步。

香格里拉伊拉壩子的牧草雖然好，可惜距離太遙遠，卡車載運量有限。工布江達的牧人居然得到消息，長久以來野馬被捕光，崗日嘎布山脈，易貢藏布江河灘地，尤其是念青唐古喇山脈的山谷，好草地多的是。這些地方離林芝近，拖拉機和馬拉板車大量開出，運回更大片牧草地皮。工布江達小山脈丘陵的草地，意外的增加改良面積。一年過去，由於澆水及防凍得當，小山脈丘陵茂盛的新牧草，大片大片成長。每家出過力的牧民，可以把斷了奶的羔羊送進新牧草地。

王師傅的麵包車全面整修保養完畢。趁老桑馬登尚未返回墨脫牧場的空檔，莊院士等人首先看看，何人能在高原上種菜及改良牧草。麵包車駛離林芝市中心大道，向通麥高地方向出發，插入眾多馬群和車輛中。麵包車來到郊區，切入叉路，改朝林芝大橋的方向駛去。叉路的柏油路面狀況良好，勝過拉薩經林芝，通往通麥的精華公路。叉道沿尼洋河而建，隔了尼洋河就是尼洋小山脈。尼洋河常年流水穩定，因為尼洋河源流的水電站穩定的放水發電。

麵包車如果一直行駛下去，將直通林芝大橋，跨越了雅魯藏布江。但是麵包車通過尼洋河注入雅魯藏布江附近的河口橋，告別尼洋小山脈，切入工布江達小山脈。

蒼翠巨木高挺，茅草叢隨風搖擺，山脊之下岩層露頭。莊院士看見，工布江達小山脈倒是一座悠長的青山，山間小道蜿蜒，連接若干古式碉樓。據說英國殖民印度期間，從加爾各答港築鐵路去喜馬拉雅山麓地帶的大吉嶺。一方面在大吉嶺大種茶葉，另一方面廣建殖民地官員的別墅。這些別墅的式樣如同尼洋小山脈和工布江達小山脈的別墅碉樓。

麵包車突然在山道上停下。前面丘陵地上，出現十幾塊平地，每塊平地大過幾個足球場。平地上綠草轉黃，草質柔細，高及大人的腰部。莊院士、舒小珍、和詹姆士都下車。

每塊綠黃密集高草地中，豎立眾多木柱。每塊大草地的邊緣，塑膠布和繩索捲了起來。每塊大草地上，放牧幾十隻剛斷奶的羔羊。

「這是大牧場嗎？」莊院士眺望出聲。

「周圍的牧草矮小，茅草夾雜，顯然是劣質草。但溫室型綠草轉黃，草葉柔軟如同厚毯子，正與伊拉霸子的天然牧草相同。我相信這些就是林芝開發的大牧場。」舒小珍評斷。

「丘陵上綠樹成林，配合這麼多大黃綠毯子，景觀算得上優美。如果全部小山脈樹林保留，茅草換成黃綠毯子，那麼這裡就是渡假別墅區。」詹姆士批評。

「到了晚上，所有塑膠布都會拉上，蓋住柔嫩的牧草？」莊院士指指點點。

「目前晚上及天氣惡劣的白天，仍需張開塑膠布保護新牧草。一旦全部丘陵生長新牧草，塑膠布就可以撤走。就算每年冬天折損十分之一牧草，全部草地仍有修復能力。」舒小珍分析。

「不必放牧過多的牛羊。一旦全部丘陵長出新牧草，放牧上萬隻牛羊不成問題。」詹姆士也分析。

「我想，大牧場的做法不錯。從別的地方移植好的牧草過來，讓好牧草不斷的擴大面積，那麼寒漠化現象就能控制。」莊院士表示。

不太遠的地方，一群年輕人正忙著清理丘陵上的平地，大小石頭堆在角落上。也許他們就是牧民。他們的羔羊正吃新牧草。他們不必照顧羔羊，抽空開闢新的牧場。

「蓋塑膠棚子阻擋冰雪，並不太困難。中西部的野牛和野馬絕跡了。如果印地安人肯開闢大牧場，他們就能飼養或放牧上萬隻牛羊。」詹姆士聯想。

他們重上麵包車，繞著工布江達小山脈的山腳緩緩行駛。遙遠的地方就是雅魯藏布江。小山脈的山腳下，原本有許多農牧民的土坯房，現在這些土坯房被更多的塑膠布大棚或矮棚包圍。溝渠流過大棚或矮棚邊。

這片山腳平原上的農牧民，簡直沒有閒著發愁。有人澆水，有人收割，有人扶著犁頭指揮雙馬抬槓整地，許多空地堆起石頭小山。

「這麼多塑膠布溫室，看起來有點亂，但是一旦生長蔬果，數量將驚人。」詹姆士評論。

「通麥高地賣蔬菜和肉類，一部份就是從這兒運出去。」舒小珍出聲。

「通麥的販賣樓女經理沒騙咱們，那兒賣的主副食品，都是林芝自產的，與左貢大平原的出產無關。」莊院士表示。

「是不是一直開車進去，看多一點？」王師傅請示。

「我們有時間，所以一直開車進去，看看他們種些什麼。」詹姆士提議。

「小孩，主婦，青年，以及老人，人人都忙。咱們開車慢一點，別打擾他們。」莊院士吩咐。

王師傅開動麵包車，麵包車緩緩滑進塑膠布大棚地帶。眼前天氣好，驕陽高照，所有塑膠布遮棚掀起，大棚內的種植一目瞭然。前一批大棚中，種了小黃瓜、豌豆、西紅柿、蘿蔔、大白菜等常見蔬菜。麵包車更深入，看見大棚改種單一根莖類菜種，例如玉米、土豆、紅藷等。麵包車繼續深入，矮棚出現，每一座矮棚面積是每一座大棚的十倍以上。矮棚種糧食，例如青稞、小麥、黃豆等。每一座矮棚邊，挖出一個大洞，大洞被茅草編織的蓋子蓋住，蓋子下露出細枝枯葉，大洞傳出淡淡異味。看起來是堆肥坑，把糞便，爛菜葉，和河泥混合，又加蓋枯枝葉；時間一久，堆肥稠度夠了，加水攪拌，流入糧食矮棚內，施肥就完成了。

就這麼開車慢行，莊院士發現大棚及矮棚的長度不下五公里。從小山脈山腳到雅魯藏布江邊，寬達數百公尺到一公里多，而長度有五公里。這是一條大產菜產糧帶。顯然種菜種糧，比移植新牧草容易，所以山腳下的平地，一塊又一塊建成了棚子。

王師傅再開車慢行，溝渠繼續流水，矮棚照樣蓋出，棚內大養雞和鴨。有人走進棚內，一籃又一籃的收起新鮮雞蛋和鴨蛋。

「又種菜，又種糧食，又收雞鴨蛋。冬天風雪再大，冬天時日再長，他們不愁吃的。賣掉一部份，不愁沒現款收入。」詹姆士聯想。

「這裡不像是三千多公尺的高山地帶，這裡像江南。」莊院士嘆息。

「芒康的五百高原種馬場，維持了高原草場的風光，這兒山腳下的荒涼曠地，變成了大農場。」舒小珍比較兩個地方。

麵包車再往前開，大農場告終。但是一大群藏族青年，拖拉機、和許多組雙馬連槓馬匹，仍忙得不可開交。顯然他們預備清更多的地，挖出更多淺層石頭，搭建更多棚子，以及挖通更多的溝渠。

第十章　林芝大橋

（一）

林芝管轄許多的鄉鎮，林芝除了本身要開發以外，還得協助轄下鄉鎮的開發。林芝和轄下鄉鎮都有公路相通，包括沿尼洋河和雅魯藏布江的鄉鎮。位於念青唐古喇山脈大峭壁下的然烏、波密、和通麥，原本藏東公路寬只有一公尺左右，只容健馬奔行而不通車。但是各地方的工程隊大會師，無限度使用炸藥和人力，硬把大峭壁腳向內炸凹，藏東公路拓寬成兩線道。於是林芝和大峭壁下的鄉鎮暢通無礙。

林芝所管轄的鄉鎮中，墨脫面積最大，背倚兩部份的喜馬拉雅山脈。縣內雅魯藏布江貫穿全縣轄內土地，雅魯藏布江影響墨脫縣重大。雅魯藏布江流過林芝市郊的林芝大橋，匯集易貢藏布江的江水，形成一個大江彎，再流貫地勢更低的墨脫縣，最後切通喜馬拉雅山脈低處，化為印度及孟加拉國境內的大河。墨脫縣許多地方地勢低，住墨脫縣內的人，不得高山症。但是雅魯藏布江一再阻撓，墨脫主要地區終於與林芝不通公路。墨脫縣內建有跨越雅魯藏布江的墨脫大橋，建橋形式比照林芝大橋，但墨脫大橋尚未發揮功能。

林芝市中心廣場，一幢方正的巨岩大碉樓內，容納林芝所管轄的全部鄉鎮駐市辦事處及招待所，而樓下一部份房間設立農業推廣局。林芝預備與轄下鄉鎮密切合作，推廣農牧業等。但是目前不通公路的墨脫縣，空有龐大面積，前景顯得黯淡。莊院士等人住進墨脫縣辦事處的招待所，看見所有其他鄉鎮與農業推廣局討論地方上農牧業的開發，唯獨墨脫縣被冷落一旁。

「墨脫縣也該有大農場和大牧場。」莊士漢閒聊。

「還得等，三、五年內沒指望。」辦事處科長不耐煩表示。

「林芝的大農場開發得紅火，大牧場開發得有模樣。墨脫依樣學就成了，為何還要等三、五年？」舒小珍開口。

「林芝的一部份經費，由上級撥下。」科長說明：「上級撥款，希望錢用在刀口上。林芝本身才開發一小部份，它得把重要一部份經費投在本身的開發。即使林芝撥款給地方鄉鎮，也希望地方鄉鎮趕快拿出成績來。但是墨脫不可能趕快拿出成績。」

「為什麼墨脫不能短期趕績效？」舒小珍再探聽。

「墨脫縣面積太大，成了致命傷。」科長解釋：「辦什麼，至少先通公路，墨脫沒有公路通其他單位。墨脫的精華在縣政府市區和南山腳村；這兩個地方被二道巨大障礙擋住，雅魯藏布江和喜馬拉雅山脈。林芝想協助墨脫縣開發，就得先考慮打通這二道障礙。你知道，打通這兩道障礙需要投入多少錢？所以林芝市就是不想太早碰墨脫縣這條燙手山芋。」

墨脫就是全西藏海拔最低的鄉鎮，雅魯藏布江一通過林芝，就拐一個大彎，把喜馬拉雅山脈東端切斷；又切穿墨脫，而從喜馬拉雅山脈另一段低陷的谷地，流入印度。大江彎之內，墨脫山多，牧地小，有些牧地就依傍世界第一高大山脈下。大江彎之外，墨脫山域更廣大。山城與大江流之間，夾著一塊巨大的淤積地。雨季及溶雪季，淤積地變成泥濘傾斜平原，乾旱時成為牧場。牧場面積龐大，維持了南山腳村大牧區的生計。大江流以北，即大江彎之內的牧民，居住北山腳村。大江流以南的牧民則居住南山腳村。廣大的山區和淤積地，阻止公路的興建。

「墨脫縣管轄許多村子，你想去哪一個村子，說出村長姓名，由村長安排交通，否則迷路。每一個村子面積都大，一迷路就糟了。」辦事處科長說明。「其他任何村子都有開闊的牧場，唯獨桑馬登家族傳下來的北山腳村下村，被喜馬拉雅山脈支脈夾住，牧場高低不平，交通最不方便。」

一通電話由老桑馬登村長家，打去墨脫縣駐市辦事處，查問來自雲南，有文化水準人士的行蹤。聽筒傳來蒼老而有氣無力的聲音。是他，衰弱的老人，靠八隻腳走路，拜託空卡車給搭便車，翻過許多山嶺回到牧場。

「你什麼時候回來的，身體還行嗎？」莊院士明白他的身體狀況。

「連坐都坐不起來，上半身趴在馬背，輪流由二匹馬載回來。眼睛睜開一條縫，手腕扯韁繩，主要靠九鄉老人們送的馬，把老骨頭馱回家。」老村長描述。人一回家門，由兒子抱抱上床，睡覺或昏迷幾個小時，然後打出電話。要不是想看見香格里拉的面貌，加上別族贈送的馬，來回又搭長途便車，他走不完行程。

「我們四個人坐車，行駛的路線和你騎馬的路線相同，直到高山症爆發的地點然烏。我們繼續走峭壁腳炸凹的公路，你是不是該走別的路？」王師傅接過電話交談。

當然，老村長有氣無力的敘述，他走捷徑，不必經過林芝。舒小珍接過電話，詢問行程細節。從然烏切入易貢藏布江江灘地，翻過崗日嘎布山脈的隘口，走完南山腳村前的大淤積地。進入墨脫縣城，通過車馬冷清的墨脫大橋，闖入大江彎內的喜馬拉雅山區。又走山區不見人影的山路，返回自己的牧場。老村長頭腦還清楚，證實舒小珍從前的路徑推斷正確。

墨脫縣最大的牧場，南山腳村前的大泥土帶，由大江流的淤積泥沙堆積而成。此外南山腳村背後的大山脈，也沖刷山區泥沙而下。這片泥土帶一旦變成泥濘地，人馬走過，腳底陷入爛泥，最妨礙交通。

「我們怎麼會面呢？我們去北山腳村，還是你來林芝？」莊院士在電話中談主題。

「人太累了，馬也累壞了，我去不了林芝。這幾天請辦事處安排，送你們到牧場來。」老村長上氣不接下氣說話。

莊院士不懷疑他耍大牌，逼貴賓上門求訪他。莊院士等四個人都在九鄉溶洞工地，見過這個老人和老馬。當時他只剩一層皮包骨，站不直，坐不穩，臉上全是焦黃皺紋，一心只想看香格里拉。這一趟他回來，一定體力完全透支，只剩下眼珠子能轉，鼻子能呼吸。

這些日子，王師傅開麵包車，送夥伴們上尼洋小山脈，近距離看印度大吉嶺式的巨石碉樓、古樹林、和大批馬匹倒著拉放原木的奇景。他們也進了市場，觀看逃命馬的交易。只要馬送到，價格不離譜，馬上成交脫手。他們又沿公路，走訪林芝轄下的鄉鎮。他們只能行走精華公路的一半路途，但沒去拉薩。

不錯，墨脫縣曾經以為公路修建有望。因為兩座橋樑的各別橋身及十六根粗鋼纜索運到，林芝大橋先建，墨脫大橋後建。幾千人先在挨近北山腳村人多的路徑堆放材料，並壓實馬路；又通過大江彎內喜馬拉雅山脈的一處隘口，修築簡便越山公路。而後大批卡車開來，建好墨脫大橋。墨脫百姓以為脫離孤立無公路的日子度過，墨脫交通將大改進，讓眾多農牧民翻身。可惜後續的經費沒到位，現在少數北山腳村的村民，走那條越山公路去墨脫大橋。那條越山公路成了野草公路。老桑馬登去香格里拉，二次走越山公路及大橋，然後繞著大森林邊緣回家。越山公路方便了同一村上村的遠鄰，對下村二戶牧民沒啥效益。

王師傅對林芝和墨脫之間的交通路線搞清楚，辦事處又安排四位賓客，去老桑馬登牧場附近山區考察的接駁交通；於是王師傅的麵包車載了夥伴們，再一次沿尼洋河走上叉道。他們沒切入朝向大牧場及大農場的山道，仍筆直走叉道，開上林芝大橋。橋下青中帶黃的江水滾滾而流，將環繞大江彎，穿過南山腳村前的大泥土帶或牧地，再流向更低的地方。接著麵包車在林芝大橋彼端的引道系統，找到一條通往北山腳村的叉道。麵包車開下叉道，停在一輛拖拉機邊。

走過雅魯藏布江上的林芝大橋，令人錯以為走過怒江上的幫達大橋。一座水平鐵橋跨越一百二十公尺寬的江面。十六條粗鋼纜，鎖成兩股，垂下粗鐵鍊，吊住水平鐵橋兩側。因此，水平鐵橋本身，加上空中鋼纜的吊力，挺住了跨江大橋。看起來墨脫大橋也以同一方式興建。

專為建造墨脫大橋而開闢的翻山公路，一直沒保養，路面到處大小石頭棄置，不利於王師傅麵包車的底盤。此外，翻山公路為了方便居民人口多的上村，本身大拐彎。又爬上喜馬拉雅山脈大江彎內地段的某座隘口，以接通墨脫大橋，於是距離下村牧場遠了點。

「麵包車不走沒有鋪設過的道路，麵包車只能開到這兒。你們考察完畢，打電話來，我就在這個地點等候，然後一起回雲南。」王師傅約定。

莊院士和他重重握手，互相囑咐珍重。舒小珍一直向他揮手。

「老王，謝謝你，這一趟你幫了大忙。」詹姆士也和他握手話別。詹姆士明白，大夥兒住進辦事處的招待所，等待老村長的時間超過預期。無論如何，老村長回來了，考察任務將正式展開。他估計，去牧場考察，頂多花二天時間；二天以後，老王就在這兒等待，大夥兒將上車，如同回頭馬幫一樣，直放雲南。

駕駛拖拉機的老漢，是北山腳村上村的牧人。他幫忙把三個人的行李提上拖拉機；拖拉機板車上另行放置半桶柴油。

「坐拖拉機太顛簸，還是坐麵包車舒服，下雨下雪天更不一樣，但是拖拉機底盤高，不怕地面太起伏。」老漢司機自我介紹。

他發動拖拉機，引擎達達震動，噗噗叫噢冒黑煙，輪子滾動了。附近有條空置的公路，拐了彎，通往牧地大，戶數多的上村，然後翻過山頭，銜接墨脫大橋。

「我們越過牧場中央，走直線，去森林和山腳夾住的大、小桑馬登牧場。」老漢介紹走法。

「到底北山腳村的上村和下村，有什麼差別？」莊院士一手抓緊板車邊緣扶手相問。

「上村戶數多，牧人多，全部牛羊多，所以翻山公路拐向上村，林芝也配一輛拖拉機給上村。上村的部份牧場靠近墨脫支脈腳下的森林。下村世代只有大小桑馬登家族的牧場，牧場兩側被墨脫支脈腳下的森林夾住。所以森林出現黑熊，大小桑馬登牧場先遭殃。」老漢一開口話不停。

「所以你們相信黑熊跑出來，咬死小桑馬登牧場的羊？」莊院士追問。

「當然，黑熊比野豬和野狼凶，爪子尖銳。一隻小黑熊跟著公熊或母熊，一起爬木欄杆，留下四個爪印。」

「老村長說，不是黑熊幹的，是不明怪物。」舒小珍開口。

「他忘記了，他們叔侄的牧場，原先是森林邊的荒地，茅草長得比人高，野獸溜進溜出。林芝的有錢人來墨脫打獵，就在牧場上的野草矮樹中找獵物。」拖拉機司機明白表示。

「辦事處的科長認為，天空禿鷹撲下，撕裂羊皮，咬走大塊羊肉。」莊院士談下去。

「這也合理。湊巧兩隻禿鷹飛下來，一起抓木欄杆，留下四個爪印。禿鷹在山上的大樹築巢，小禿鷹孵出了，老禿鷹找新鮮肉給小的吃。」

「大小桑馬登不是胡塗人，他們不會弄錯。」

「誰曉得。他們應該叫兒子丹卡和尼瑪，來上村找年輕好手，一起進森林打獵。獵殺黑熊，就沒事了。科學考察不該用於找黑熊。重要的事情太多了。」

「哪些事情重要？」舒小珍插嘴。

拖拉機駛在上村多個牧場的草場上，草場上大小石頭散佈，茅草野花雜生，牧草粗短發黃；與工布江達小山脈上的舊草地相似，遠不如小山脈引進一年的新牧草。

東一群羊，西一群犛牛，還有零星的馬匹，分別守住牧草叢。牧家派出童子照顧牲口，由於牲口在自家牧地上活動，童子不想趕動牲口。

「咱們這兒都是牧人，也在院子裡種點菜。從前林芝的農牧人沒比咱們好多少，咱們的牧地還大得多。現在林芝的窮人翻身了，咱們墨脫還多窮人。考察團來墨脫，第一件事是研究，哪些地方蓋矮棚，把牧草換新的。第二件大事是供給材料蓋大棚，種許多種青菜和糧食。第三件大事是，牛羊要養，雞鴨也要養，因為雞鴨長得快，養三個月就能賣錢。」老漢司機居然全明白林芝怎麼搞大農場和大牧場。

他說出現實的道理，莊院士無從反駁。

上村大草場上，出現連續石頭堆，電話線桿，電話線，矮松樹。

「幹嘛地上有這些東西？」舒小珍開口。

「各家牧場的界限，每戶牧家都是熟人，但是最好不要讓牲口越界吃草。」老漢司機介紹。

莊院士等人看見，廣大草地上出現低窪地，低窪地周圍立了簡單的木欄干，木欄干內有低矮木板房舍。

「這些全是羊圈，每個牧家養羊多，因此蓋了四、五個羊圈。天黑把羊群趕入羊圈，晚上進羊舍過夜。馬匹和犛牛分別有馬廄和牛舍，而馬廄和牛舍離主人住房近。」

行走一段路程，他們瞧見半棄置的翻山公路，以及公路邊上的座座土坯房。

「你看見上村的住家，上村牧人經濟條件不太差，但是養的牛羊不夠多。」老漢司機閒談生活。

「一般牧人滿意日子嗎？」莊院士問道。

「不滿意，不滿意。年年都勞累，卻賺不到錢。有的藏區發達了，像香格里拉，過兩天上村鄰居必須找老桑馬登過來，親口講明白，香格里拉究竟好不好？」

「我們經過香格里拉，進入遊樂園參觀，那兒住家蓋硬磚碉樓，看起來堅固美觀。」舒小珍出聲。

「是真的？是真的？全部藏區，只剩墨脫農牧民過苦日子？」老漢司機抱怨。

「舒小珍，講話用大腦；每個地方都有窮人和富人，妳不能挑少數講。」莊院士糾正大姑娘。

拖拉機板車上，莊院士、詹姆士和舒小珍面對面促膝而坐，彼此看得清清楚楚。舒小珍只介紹香格里拉藏人生活好，倒沒誇大。但她不提，玉龍雪山的壩子，轄多高原的壩子，以及哈巴雪山的壩子，幾乎所有藏人的生活都緊促。

詹姆士突然發覺。舒小珍一向比較樂天，所以容易看見事物美好的一面。通常這種類型的人，沒重心機，不存大野心，所以往往容易交為朋友。詹姆士看見的東方人，大都偏瘦，皮膚黃，臉上的憂煩皺紋比實際年齡多，戴眼鏡。舒小珍不會手足失措，看見陌生人不會手足失措，容易淺笑，淺笑時一臉開朗樣。詹姆士樂意看見一個憂煩輕，心機單純、開朗活潑的姑娘。她頭髮黑，圓潤的臉曬黑了些，反而顯得健康。

拖拉機明明奔馳於枯黃草地上，但跳動厲害，說明牧草生長於石頭之間。老漢司機為了避開任意遊走的羊群，不時改變方向，導致拖拉機搖晃，顯示車齡大。

「牧場範圍挺大，草料夠吃嗎？」莊院士閒談。

「不夠，不夠，秋天割枯草儲備。冬天沒度過，乾草料就吃光。一花錢買乾草料，牧人收入就差。」老漢仍抱怨。

「草地施過肥麼嗎？有水灌溉嗎？」

「牛、羊、馬拉什麼，就是全部肥料，所以施肥不均勻。一入秋，灌溉水缺了些，牧草枯黃得快。」

「林芝市能幫忙嗎？例如，送一點肥料，換水龍頭和水管之類？」

「還輪不到我們，林芝先開發工布江達小山脈的大農場及大牧場，然後才照顧交通方便的鄉鎮，根本輪不到墨脫。」

遙遠的枯草地上，出現比較密集的土坯房群。獒犬聲頻頻傳遠，羊舍仍分散各角隅，馬廄及牛舍出現，家馬及犛牛逗留較好的草地。

遠方出現濃密的綠樹林，更遠方重重山嶽從平地拔起；牧場被森林包圍三個方向，於是面積看起來偏小。

「上村牧場已經看不見了，咱們正接近下村牧場。」好漢司機出聲提醒。

「墨脫牧場有電嗎？能打電話嗎？」莊院士再探聽。

「沒通電，電話容易裝上。牧場上只看見電話線和電線幹，目前沒有電力電杆。」老漢司機表示。

「沒電，日子過得去嗎？」

「林芝全區通電，林芝全部人家有福了。」老漢司機訴苦：「油燈太暗，電燈亮，長時間在油燈下幹活，包你眼睛昏花。點油燈，房間不熱，剛孵出的小雞會凍死。墨脫也盼望，早日裝電燈。」

上村的牧場開闊，不受任何地形或地上物的包夾。下村不同，眾多山脈邊緣的矮山，以及矮山外的森林，開始夾住下村。

「樹林外的山，是喜馬拉雅山嗎？」舒小珍詢問。

「不錯，是喜馬拉雅山。但喜馬拉雅山脈非常長，而且每個地段各方面相差大。墨脫地勢低，老桑馬登牧場的地勢當然低，夾住牧場的森林和山腳也低。可是山腳上的大部份山腰和山峰，突然高高隆起。」老漢司機點明。

他們看見背上染了色斑作記號的羊隻，以及木板羊舍。接著一個身體結實的青年騎馬出來迎接。

「老桑馬登的兒子丹卡出來了。每次他家牧場賣羊，就由他趕去林芝。小桑馬登的兒子尼瑪，往往也陪丹卡去林芝賣羊。他倆是上村許多牧家小伙子的朋友。」老漢司機介紹。

拖拉機又閃過一個羊舍，羊隻悠閒移動，小羔羊亂竄。

「自從小桑馬登的森林邊羊舍被黑熊攻擊以後，小桑馬登不敢讓羊隻留在太遠的地方過夜。結果丹卡也學樣，把位置較遠的羊舍全遷移。」老漢說明。

「真的是森林夾住牧場，森林之後有高山。大小桑馬登的牧場三方面被包圍了。」舒小珍叫出聲。

（二）

羊群咩咩，馬群嘶鳴，獒犬猛吠，丹卡策馬，先回屋外。而後下馬，陪老村長夫婦走出來，迎接拖拉機送來的貴賓。老漢司機沒停留。時間是中午過後不久，他想趕回上村。他卸下行李就告辭。

老桑馬登夫婦和丹卡走出院宅，來到羊舍旁邊迎賓。丹卡已經告別青年時期，剛跨入中年階段；看來負擔家計重任，堅毅的黝黑臉上刻了深深的皺紋。但整個人沉默寡言。奇怪的事，他陪雙親走近羊舍，羊群開始咩叫騷動，似乎喜歡與小主人親近。

莊院士等人向老村長問好，一看都是熟人。老村村長認出沒有架子的博物館籌備聯絡人，穿著深藍發舊的夾克。身材偏高大，米黃色羊毛衫看來優雅的詹姆士，仍讓老村長感到陌生。老村長對舒小珍更感到熟悉，因為他那時時又累又餓，掙扎走進九鄉溶洞工地，就是這名年輕的女孩照顧他多一些。但老村長來到九鄉工地，心中膽怯，對接觸較少的人沒留下深刻的印象。

相反的，莊院士等三個人在工地接觸西藏來的人和馬，留有強烈的印象。人老，中等而奇瘦的身材，焦黃的膚色，鬍鬚長，臉孔及手背全是皺紋和刻痕，背佝僂，說話上氣不接下氣，衣衫襤褸。他沒變多少，而咳嗽多了些。他昨天才回自家牧場。

老桑馬登夫婦和丹卡迎接三位佳賓走進院子，三位佳賓看見兩匹馬。其中一匹站立，能揚首頓足，鼻孔噴氣，雜色毛髮，應該是九鄉老人相贈的代步夥伴。另外一匹臥倒在地，仍能呼吸噴鼻息，全身碓剩一層皮包骨，胸部肋骨一根根顯露，馬頭舉起又臥下，臥了又舉起。它居然能迢迢千里走回老家。

丹卡從廚房搬來椅子，請客人在堆了柴火的空客廳坐下，捧上舊茶盤和舊瓷杯。詹姆士一時不敢喝涼開水，莊院士和舒小珍自然而然的接過舊杯子喝水。

丹卡介紹，羊隻被攻擊致死，發生在小桑馬登牧場，明天就可以前去檢試。小桑馬登牧場相去不太遠，不到二公里；大小桑馬登是親叔侄。兩家的牧場和牧草狀況相似，都被森林和山腳夾住。大小桑馬登擔心不明怪物再次攻擊，都把位於遠處的羊舍往裡處遷移，遷移作業由兩家的小主人丹卡及尼瑪負責。

「辦事處科長和拖拉機司機認定，殺害羊隻的兇手是兩隻黑熊，它們一起行動，所以在木欄干上留下每一處四個爪印。」莊院士提出意見。

「你家的牧場被森林夾住，我們一進來，真的擔心左右野獸窺伺，晚上發動攻擊。」詹姆士表示。

「與黑熊無關。」老桑馬登體力差，讓丹卡說話：「現在雪溶光了。二月底雪沒溶，雪地上全是二隻腳走路動物留下的爪印。」

「再不然就是禿鷹，禿鷹能抓小羊飛上天，或者抓死大羊，撕爛羊皮羊肉。」莊院士又表示。

「小桑馬登，我的堂兄，沒看見禿鷹，但是聽見兇猛的怪聲音。」丹卡又解釋。

客廳一無所有，所以用來放置柴火。但是牆上掛了三樣輕便東西，牆角倚放一樣東西，這四樣東西全用舊布遮住。詹姆士一眼就瞧出了這四樣東西的名堂。

詹姆士指向牆壁牆角問道：「這些東西還能用嗎？」

丹卡掀開沾滿灰塵的破舊布，是一枝槍，二張弓，二個箭袋，和牆角的一根長木棒。槍枝老舊，但常用獵槍瞄準野雁的詹姆士看出來，那是二次大戰前，英軍在印度殖民地使用過的武器。

「槍枝還能射擊嗎？有子彈嗎？弓能拉嗎？」

「槍枝能用，子彈還有一匣。弓能拉，前幾天才試射過。」丹卡答覆。

舒小珍和莊院士從沒受過武裝訓練，也沒上過戰場。他倆頓時明白，自己來到危險地區，必要時得拿起武器。

「牧場的環境感受威脅。這兒其他村子是否也被山腳森林夾住？」舒小珍出聲。

「全部北山腳村，只有桑馬登家族的牧場被夾住，因為這兒平地大一些。其他地方，即使山腳森林夾住平地，平地面積小，沒有人想去開闢。」丹卡解釋。

「喜馬拉雅山脈情況複雜，一方面許多超高山峰遠離人煙，一方面若干山腳地段貼近民居。」舒小珍向莊院士說明。

「明天怎麼去小桑馬登牧場？」莊院士問道。

「我們已經向朋友調來老馬，騎老馬去。」

「不帶武器？」詹姆士問及安全問題。

「不必，尼瑪一家人住那兒，一向平安無事。二月底怪物殺害羊兒，到現在沒再現身。」

「有一條翻山公路，繞過人多的村子，又連接墨脫大橋，那條路一向平安。唯獨大小桑馬登牧場出事，真叫人想不通。」舒小珍出聲。

「我老爹最近才一來一去走那條公路，通過大橋。他說，走那條公路的人馬都少，野草長得比人高，快荒廢了。那條公路離這兒相當遠，我不清楚它的情況。」丹卡表示。

「妳說說看，大江彎裡的喜馬拉雅山是怎麼一回事？」莊院士詢問。

「雅魯藏布江在林芝市郊開始形成大彎曲，把喜馬拉雅山脈東端盡頭的一部份切割納入。大江彎面積相當大，而超過一半的面積由喜馬拉雅山覆蓋，全歸墨脫縣管理。縣境內，有大江經過的谷地，有高聳的山峰，地形怪極了。墨脫縣北山腳村牧場，就位於地形怪異而面積龐大的山嶽下，想認識北山腳村牧場不容易。」舒小珍憑記憶立即報告。

「大江彎面積大，大江流阻絕，山嶽又高又龐大，這些條件適合不明怪物棲息。」莊院士指示：「光是大江彎內山嶽，就值得寫考察報告，我們沒時間及經費進行徹底考察。你向墨脫辦事處討資料，多問地方人士，然後寫考察報告。我們憑這份報告向上級交卷。」

稍晚，馬蹄聲響起，丹卡的親友上門。丹卡逐一介紹，年紀最輕，塊頭最小的是尼瑪，他的堂侄兒，小桑馬登的兒子，濃眉大眼而毛躁。他抱怨他的爸爸小桑馬登和叔公大桑馬登，禁止晚輩闖入夾住牧場的森林。

「連接翻山公路的那一段山區及森林，早就有人進去，結果沒出事。咱們牧場左右的森林，夏天針葉長全，陰森森的，冬天葉子枯萎掉光，看得出森林裡沒野獸。何況咱們在森林邊揀過枯柴。現在不明怪物吃咱們的羊，咱們該闖進去搜查。結果老爹仍不准我闖森林，叔公也不准丹卡陪我闖。」尼瑪向三位來賓抱怨。

「左右都是森林夾住咱們，你闖進去，野獸全部跑出來攻擊，牧場沒人逃得了。」當著三位貴賓的面，身體虛弱的老桑馬登，忍不住斥責毛躁的侄孫。

「由三位大專家做主，該進森林就進，該爬上森林後面的山，咱們不必怕。」丹卡現在站在堂侄尼瑪一邊。

「我從小住森林邊，即使不明怪物來過，我不怕。我帶路，叔叔墊後，非要把左右森林摸清楚不可。」尼瑪大膽說話，

丹卡介紹另一位朋友，赤烈桑渠，鄰近上村的牧人朋友，白胖青年，膚色罕見的白細，愛戴大盤帽擋陽光，人隨和不拘禮。丹卡最後介紹另一位上村的牧人朋友嘎爾瑪，瘦子，有絡腮鬍，皮膚上毛髮長，手背上汗毛多。丹卡特別說明，牧場上的人全是騎馬好手，而赤烈桑渠和嘎爾瑪家中都養犛牛，完全不怕犛牛的一

對直尖角。母犛牛和壯年期以下的母馬，每日產奶，是天然的活動廚房。

赤烈不客氣，解下客廳壁上掛著的弓和箭，當眾撫弄，比手勢試射。他解釋：「三位專家指導，他們四名小伙子配弓帶箭，闖尼瑪牧場左右的森林，直到大山的腳下，沒有問題。幾十公里以外，森林和山頭早就通車，看不出什麼大危險。」

「明天看了殺害羊隻現場再說。」莊院士暫時決定：「博士經常獵野雁，他會提出該不該闖入森林的意見。」

老桑馬登只教訓侄孫尼瑪幾句話，其他時間從旁靜聽。他只能支撐一會兒，然後回房躺下休息。尼瑪慫恿大家走出土坯牆外，找棵樹木輪流射箭。大夥兒走過院子，獒犬對陌生人厲吠。尼瑪和丹卡斥責一聲，獒犬乖乖禁聲坐下。看起來這四個牧場青年，自幼陪家畜牲口長大，簡直和家畜牲口成了朋友。

土坯牆圍住院子，木板與木條相夾成為外門。圍牆外有多棵樹常用來拴馬繫狗。四個藏族青壯年站遠，對準樹木射箭，命中一半，射歪一半。年紀較大的丹卡手腕青筋顯露，能專心沉著瞄準目標，命中次數較多。

「射箭不如用獵槍。」詹姆士提醒小伙子們。

赤烈和噶爾瑪表示，家裡不准他們動用自家的槍支和子彈，因為這兩樣東西是大山下，大森林旁牧場的最後保命武器，平常不准動用。詹姆士看得出來，老桑馬登不是冒險犯難的人，那麼丹卡和尼瑪不大可能取下槍支。

「一進森林，出現狀況，大夥兒分散躲開。一旦有人開槍，子彈誤傷夥伴，非常痲煩。」丹卡說明。

森林夾住大小桑馬登牧場及住家，森林為兩家的牧場帶來好處，例如樹枝及流水。外門木板破了，用木條夾住，木條就是樹枝。牧場本身的欄干，以及圍住羊舍的羊圈欄干，全部取自森林邊緣的落葉松斷枝或枯枝。大小桑馬登各自准許兒子在森林邊緣砍樹枝。

有條溝渠從森林邊現身，半天然半人工挖過，導引流水，先流過小桑馬登牧場及住家，然後流過老桑馬登牧場及住家，提供充分的家用水，以及有限的草地灌溉水。主要的灌溉水還是來自下雨及冰雪溶解。

「你和尼瑪有沒有用過獵槍？」詹姆士閒談。

「很小的時候，大人射殺野獸，順便教小孩子放兩槍。從前北山腳村上村周圍，仍有狐狸、野豬、野狼等野獸，它們常偷咬羊隻。被森林夾住的下村更慘，確實出現過黑熊。林芝的有錢人也騎馬，到墨脫森林邊緣打獵。小時候常吃野豬和野狼肉，味道好得很。多吃一隻野狼、羊群就少受一隻野狼的攻擊。後來我們用弓箭射出，殺死過野獸。」丹卡回憶。

「最早大江彎內的牧場，原本都是喜馬拉雅山野獸的棲息地？」莊院士邊談邊問。

「是的，即使是最高的山，也屬野獸的天堂。人口增加，百姓改善生治，就開發森林荒地，驅趕和獵殺野獸。」舒小珍回答。

每年的八月，盛夏溽暑，早晚炎熱難受。大小桑馬登牧場不一樣，白天乾熱，兩旁森林吹出微風。夜晚他倆的土坯房成了天然的空調，涼風吹遍土坯房所有角落。他倆的土坯房殘破了，沒搗泥補破洞，森林的涼風穿透破牆壁而吹入。這方面對詹姆士來說，毋寧算是好事，空氣流通，多少帶走臭騷味。

北山腳村不通電，家家戶戶點馬燈，老舊的牆壁於是黃中染黑。大桑馬登家中傢俱欠缺。於是附近大樹死亡傾倒，牧人砍樹幹當桌面或椅子。廚房燻黑了，碗櫥奇破，碗碟不全。鐵桶裡放紙袋，紙袋裝青稞粉或麵粉，成為日常的主食。院子裡種菜，養雞鴨，但青菜及雞鴨全部生長不良。

茅草莖硬葉粗，枯牧草整棵軟。丹卡動手，砍茅草剁細，平鋪地面。另外用麵粉口袋裝枯牧草，放在茅草上，就成了客廳地面上的墊料。莊院士等人不敢太耗費主人，攤開毛毯，鋪在墊料上，就成了床鋪。晚上風涼，這麼和衣睡地面，將就過去，何況舒小珍不計較。詹姆士傻眼，只能依樣忍耐。忍耐二個夜晚。這是中西部印地安人式的生活方式，因為印地安人出遠門，只帶一條野牛皮毛。

老桑馬登土坯圍牆和所有房間都漏風，夏天的夜晚不是壞事，因為風從各個縫隙吹入，涼而不冷，沒什麼妨礙。三個客人和衣分頭睡客廳地面，陪伴他們的是柴火、槍枝、和弓箭。半夜以後，從外頭吹進來的風變冷，也不煩人。

莊院士和舒小珍介意，但勉強忍耐過去；詹姆士幾乎無法忍耐，就是夜晚留在柴房客廳中，躲不開的濃重混合臭騷味；獒犬、雞鴨、馬匹、和大批羊兒，每一種都有臭味。多種臭味混合而成臭騷味，令人反胃作嘔。所以詹姆士倒希望客廳牆壁裂縫大，多吹進涼風，沖散臭騷味。

另一方面，他驚訝，同行的夥伴能忍住一切艱困臭騷的環境。一個是院士，兼博物館籌備處聯絡人；另一個是公營單位的女初級工程師。兩個專業人士，不計較偏遠的貧窮牧人住房。

詹姆士愛人心思純正，儀表整潔。他和夫婿做禮拜，參加教會慶祝活動，捐一些錢，衣著體面高貴，做文明人，不與可憐的印第安人為伍。詹姆士夫婦的大學城住房清靜幽雅，花園綠樹包圍，看起來差不多是半隱密的別墅。如果詹姆士愛人得知，丈夫睡在地上，聞臭騷味，牆壁漏風，詹姆士相信愛人會憎惡。

但是莊院士忍住了，舒小珍也忍住了。詹姆士在惡劣環境中無法合眼，輾轉反側到半夜，才迷迷糊糊睡去。他提醒自己，只熬二個晚上，一行人就回林芝的招待所。

（三）

大桑馬登牧場兩側，大部份被高山森林夾住。莊院士等三人上馬，由丹卡上馬陪同，走訪小桑馬登牧場；他們看見，小桑馬登牧場更特別，三個側面被高山森林夾住。它的後側連接叔父的牧場，所以森林沒完全包圍它。一個牧場三個側面陷入高山及樹林的雙重包圍。內行的人判斷，當然野獸加以攻擊的機會大增。

四個人一早上馬前行，立即發覺馬步不穩，因為地面上小石頭多。馬蹄一再踩在石頭上，或踢走小石頭，步伐就亂了。

「高山上的平地，怎麼有這麼多石頭？」詹姆士反映。

「神明不公。」丹卡表示：「牧場土質硬，石頭又多，牧草不可能生長得好。」「林芝的大農場和大牧場，開發的第一件事，就是清理土地，挖走石頭。」莊院士表示。

「我們應該清走石頭，平日再忙碌，也要一塊地一塊地的清理。」丹卡有了一丁點心願。

「老村長身體的疲勞狀況，會改善嗎？」舒小珍關心表示。

「他慢慢復原，年紀大，復原得慢。香格里拉太遙遠了。」

「何況由香格里拉到九鄉，距離也遠。」莊院士說明。

「幸虧他一輩子出門騎馬。由牧場到林芝，只能騎馬。他來回又搭了便車。」丹卡解釋。

小桑馬登牧場左右寬近二公里，夠寬，所以桑馬登家族捨不得離開。牧場的頭部也被森林擋住。從老桑馬登家，到小桑馬登家的常走通道，都位於牧場的正中央，距離左右側森林各約一公里。晚上老小桑馬登互訪，左右側有幽深的森林，令人心神緊張。

小桑馬登一家人一起走出來，在馬蹄踏出來的中央沙土小道上等待。尼瑪牽了馬陪伴雙親。

「先去看舊羊舍地點，回頭才進房商討。」丹卡說明。

五個人一起騎馬前行，小桑馬登跑步回屋牽馬，然後策馬追上。

一深入小桑馬登牧場，莊院士等人除了感受森林的壓力以外，也感受墨脫支脈的壓力。墨脫支脈就位在牧場頭部的正前方，森林的後面。他們看不見支脈的腹部，卻看見了幾座大山頭拱出的大山腰，山腰之上更有山峰。墨脫支脈的山峰有二座，一座呈現黃色，另一座呈現黑色。

小桑馬登是丹卡的堂兄弟，尼瑪的老爹。他的個兒比丹卡小，外表蒼老皺紋重；丹卡頭髮全黑，小桑馬登頭髮中央變白。他走到木欄干邊，指認一組四個爪印，爪尖朝向牧場內部。又指認另一組四個爪印，爪尖朝向森林。進入盛夏八月，木欄干內外分別是砂土及草地，冬雪早已溶化，沒留下佐證。單憑木欄干上的二組爪印，無法斷定何種猛獸或猛禽來過。

「它們不是棲息森林中，就是棲息墨脫支脈。」莊院士抬頭觀望推斷。

「從前這座牧場到底是什麼？」詹姆士發問。

「原先只有大桑馬登牧場。家族人增加，只好鏟除小樹和野草，擴大草地，才有了我名下的牧場。」小桑馬登說明。

「一座約四公里長，二公里寬的牧場，面積不算小。從前長小樹野草，誰會來呢？」詹姆士又問。

「林芝的有錢人，帶了獵犬來，在森林邊緣打獵；據說在我現在的牧場上射殺最多獵物。」

「他們射殺了哪些獵物？」

「我小時候親眼有見，有大角山羊、狐狸、黑熊、野豬、和麝香鼠。春天和秋天帶走的獵物不同。冬天東西不夠吃，堂叔帶我們打獵，獵槍結構差，我們瞄不準，只獵過野兔和野豬。」小桑馬登回憶。

「什麼是麝香鼠，北極圈有大型麝牛，有相似的地方嗎？」詹姆士問下去。

「是一種大型老鼠，生長在寒冷高山上，」舒小珍補充說明：「一般人叫麝香鼠，北方人叫林麝。它們身上的麝香囊珍貴，獵人常獵林麝，所以高山上少見林麝。」

「看起來附近沒有猛獸，人多的話，進森林追查不危險。碰上猛獸，例如黑熊，我們打不過，回頭再商量。怎麼樣？」莊院士徵求大夥兒的意見。

「我天天來這兒。」尼瑪表示：「這兒的羊舍已經搬去其他安全地點。我帶路進森林。附近山區早有牧人進去，翻山公路也開通了，就算有黑熊也不用怕。」

「如果組團進去森林搜查，妳願意參加嗎？」詹姆士問道。

「算我一份，幾個男人走前面，我怕什麼？」舒小珍表明。

森林三面夾住小桑馬登牧場。森林中生長什麼動植物？森林之外的高山，又有什麼具體形狀及性質？不接近它們，找不到答案。

大夥兒沒查出不明怪物的性質，走牧場中央小道，去尼瑪家坐坐。馬行約三公里，花不了太多時間。小桑馬登佈置羊舍的方法，以及土坯圍牆，院子，和土坯房，和叔叔的房舍相近。詹姆士聞出來，空氣中流動臭騷味都一樣。詹姆士不反對進森林搜索。在林子裡露營，可以逃開臭騷味。

他們重回丹卡家。莊院士利用老村長家中的電話分機，與招待所的王師傅聯絡。他告知王師傅，現場考察已經展開了，馬上組團進森林；將有牧場小伙子陪伴保護，連大姑娘同行也不擔憂。

大小桑馬登家人互相來往，步行或騎馬，只走二家牧場的中央小道。這麼一來，等於走直線，最省力。五個人由森林邊緣回老村長房舍，尼瑪和丹卡從尼瑪家各抱起一隻肥羊，然後綁在馬背上。丹卡宣稱，二家即將各賣四隻羊，尼瑪家的羊先送二隻過來。這對堂叔侄默契倒強。

老桑馬登表示，莊院士同意組隊進森林，他也贊成，由兒子丹卡安排參隊名單和所需物品。莊院士和舒小珍都聲明，他倆各出一份錢，交給丹卡使用。詹姆士更慷慨，出較多的錢。丹卡說明，牧場本身籌錢就是趕林芝大市集，由買家出較多價錢，買較好的肥羊。他和尼瑪不能等下一次市集。他倆隔一天就送肥羊找林芝大盤商賣。

下午，尼瑪和老爹騎馬，各送來一隻肥羊。丹卡和老爹商量好，明天賣羊，後天割草儲放，第三天全團出發，全團名單很快出爐。

下一天，天沒亮，尼瑪摸黑騎馬趕到。尼瑪和丹卡共驅趕八隻羊，前去林芝販售，然後買回相關的食物及用品，其中一部份食物符合詹姆士的胃口。尼瑪說，羊兒行動慢，他和丹卡各揮長棍子趕羊，羊群就走快，早一點趕到林芝。入夜了，尼瑪和丹卡才買回頗多物品，趕回老村長牧場。赤烈桑渠和嘎爾瑪來訪，四個青壯年高談闊論，一副天不怕，地不怕的樣子。

出發日的前一天，大小桑馬登土坯房頗忙碌。尼瑪和丹卡買回一大堆穀物顆粒，全都得磨成粉，炒熟，這部份分別由兩個家庭勞動完成。他倆又買回林芝大農場出產的醃菜；由於醃菜中放了辣椒粉，醃菜比較容易保存。小桑馬登家另外負責攪拌犛牛奶，取出脂肪部份做香酥油。為了招待三位貴賓，老桑馬登家宰了一隻大肥羊。大肥羊的羊皮連毛整張剝下，用麵粉揉搓消油，剩下的就是上好的羊皮毛。大肥羊的部份肉和骨立即做餐點，其餘部份肉煮熟調味，掛起來陰乾，就成為肉乾。此外，預備參團的人，急忙整理行李，清洗曬乾衣被。於是大小桑馬登宅子亂成一團。

別人動手忙，舒小珍坐下來絞腦汁。她得整理整理，憑記憶擬出幾份大綱，針對每份大綱寫出草稿，以便將來據以寫若干份考察報告。由於她的記憶猶新，回憶若干地點的風土人情不難。如果她拖延不寫大綱草案，她將遺忘若干細節。

赤烈桑渠和嘎爾瑪都騎馬趕犛牛而來。他倆分別呼喚「葉先，葉克」，犛牛不必被牽繮繩，自行跟著小主人走動，而且背上掛了小主人的行囊。犛牛出現，如同獒犬向陌生人狂吠一樣，讓詹姆士特別緊張。犛牛的一對角或彎或直，而且犛牛張大眼瞪人。其實犛牛沒瞪陌生人。它們的眼圈四周長白色短毛，於是看起來犛牛翻白眼瞪人。

赤烈和嘎爾瑪一到，他們立刻和丹卡談武器，於是詹姆士也加入他們三人的話局。他們都有牧人打獵用或自衛用武器：一根長木棒，一張弓，一隻盛滿了的箭袋，以及一把彎刀和一把短刀。他倆聲明，不攜帶前英軍在印度使用的來福槍。詹姆士仔細檢查掛在客廳牆壁上的來福槍，它確實是早期一再射擊過的槍枝，連子彈也老舊；如果不設法遮目防身試射，小心槍膛炸開。所以詹姆士不堅持攜帶槍枝。

他們各自試射自己的弓和箭，顯示弓和箭耐用，他們的箭法夠水準。丹卡自己的弓箭也合用。他們又從刀鞘中抽出彎刀，刀長一公尺，刀刃成弧形；倒握長彎刀，反刀尖有短鉤，藏人一向腰掛長彎刀出入山林及草莽。他們拔出腰間短利刀，這是平日切肉的工具，鋒利堅固。三個青壯年看見武器，精神振奮起來。他們把長短刀磨利。舒小珍卻看呆了。丹卡表示，尼瑪也有家傳武器，他會自行配上。

老桑馬登仍多休息少勞動，說道：「小伙子們一起出動，黑熊野狼之類嚇不了他們。」

「別忘了犛牛，犛牛不會惹黑熊，黑熊別想嚇四頭犛牛。」赤烈桑渠宣佈。

犛牛就留在老桑馬登牧場。明天一早，赤列桑渠和嘎爾瑪趕來，大夥兒出發。走牧場中央小道，與尼瑪會合。

「進森林搜查是對的，藏族青年心甘情願保護自己的牧場。」莊院士有感而發。

「當然，想不到小伙子們什麼都不怕。」詹姆士表達同感。

第十一章　念青唐古喇山的野馬

（一）

墨脫縣駐林芝辦事處的招待所內，電話分機鈴響了。王師傅一個人暫駐那兒。他的夥伴莊院士和詹姆士，去大江灣內的牧場幾天了。

「我是下村的老村長桑馬登。莊院士等人先去羊隻死亡現場檢查，今天一早出發，然後進牧場外的森林搜查。」

「應該的，徹底把森林的狀況摸清楚，然後解決問題，總共幾個人去？食物帳篷齊全嗎？」王師傅注意聽著。

「莊院士等三個人，加上牧場四名好手，一共七個人，騎七匹馬；連大姑娘也不怕，背後插了一根短木棒，跟上隊伍。另外有四頭犛牛也跟去，一路上馱背袋。」大桑馬登看見六個人及六匹馬，去自己侄兒的牧場會合尼瑪，就撥出電話。

「犛牛也參加，有什麼原因？」「犛牛能馱重物走遠，又是母犛牛，七個人又騎母馬，所有的牲口每天多少都能擠奶，所以他們帶著活動廚房。」

「太好了，帶著活動廚房，肚子就管飽了。」

「犛牛還有好用途，膽子大，頭上有一對角尖。四隻犛牛一發狠，連熊呀狼呀都不怕。」

「這就更好了。他們預計搜查幾天？」

「森林可能又深又密，搜一天，晚上出森林，在山腳下過夜。下一天搜索山腳的山洞，天黑以後露營，或直接趕夜路回來。我估計，花二天二夜的工夫。」

「差不多，差不多，專家配上勇猛青年，沒什麼好怕的。再打電話來，我去接他們。」王師傅談完電話。

一早，赤烈桑渠和嘎爾瑪騎馬趕到，喝口涼水之後，全隊出發，陽光仍沒從森林上、山脈邊出頭。嘎爾瑪上馬領頭走，呼喚「葉克，葉克」，家中帶出來的犛牛自動依序跟上。赤烈也呼喚「葉克，葉克」，另外二頭犛牛也依序跟上。丹卡邀請，莊院士走第三，詹姆士走第四，舒小珍走第五，丹卡上馬墊後。犛牛動作慢，卻貼緊主人，讓詹姆士驚訝。全隊的速度緩慢，馬兒輕抬前腿，彷彿外出散步。前面詹姆士慢行，後面丹卡擋住，舒小珍心中篤定。而全隊一上路，三名藏族青壯年不交談嘻笑，全心握繩騎穩。一長列人、馬、犛牛隊伍行走，馬蹄聲清脆，犛牛不時踢走石頭。

這一長列隊伍走完大桑馬登牧場範圍，跨入小桑馬登牧場的中央小道；小桑馬登和全副武裝的尼瑪正等候。小桑馬登揮手告別，尼瑪領路，走向被森林夾住的牧場頭部。由於犛牛速度慢，他們不能浪費時間，踏出穩定的步伐前行。隊伍沉默，偶而主人叫喚「葉克，葉克」。

隊伍走過羊舍已被移走，目前剩下小窪地的周圍，又穿過斷裂不完整的木欄杆；木欄杆上的二組共八個爪印暫時沒人理會。木欄杆外有條五十公尺寬的砂土帶，分隔森林及牧場。前一個冬天，這條五十公尺的砂土帶中央，上面不但冰雪覆蓋，而且也有二組共八個帶血而凌亂的爪印。尼瑪不在分隔砂土帶上停留片刻，領著隊伍走落葉松稀疏的地段，筆直闖了進去。

從前他們從外觀察森林的邊緣，心中有了畏懼及好奇。現在踏入夾住牧場的落葉松帶，內心嚴肅鄭重。其他松柏終年長青，入秋掉下小部份枯針葉及毬果。即使隆冬漫天大雪，仍保持半棵樹葉綠不落盡。但是落葉松幾乎如同樺樅，春天滿樹針葉生長迅速，夏天綠蔭遮地，秋天全樹針葉迅　速變黃，入冬大枝小枝斷裂，枯針葉脆弱不堪。

目前的落葉松林，低層的針葉簇開始變黃，於是光線反射清楚，地面東西可以明白分辨。詹姆士嫌犛牛步伐慢，整支隊伍行進有如散步踏青。他立即警覺，慢走也有好處。落葉松長不高，細枝往往橫生，地面根脈隆起。如果走快，馬上騎客往往壓低頭，閃避橫生細枝，而馬蹄容易被根脈絆住，讓馬上騎客摔落。

落葉松枝不繁葉不密，陽光容易穿透。尼瑪看見小山、地洞、樹洞，以及石塊堆，警覺而停下了腳步。身後的赤烈桑渠及嘎爾瑪迅速閃出長列隊伍，會同尼瑪檢視，結果森林中的大洞小洞不見任何動靜，甚至樹幹樹枝間不見鳥雀鳴叫跳躍。這片落葉松帶地面及樹冠不見任何動物。馬蹄及犛牛蹄重重落地，地面發出低沉的沙沙聲。落葉林中常有大小空地，空地生長孤單的樺樹樅樹，但這兒的空地左右也不見小動物。

「怎麼是沙沙聲，不是踏石啼聲？」詹姆士打破沉默，回頭看看身後的膽大大姑娘。

舒小珍看看地面，森林間的半明亮光線照出地面散亂碎片東西。舒小珍出聲：「牲口蹄子沒接觸堅硬地面或大石頭，它側踏在鬆脆落葉上；而針葉枯敗，又厚密又脆，於是牲口蹄聲沙沙。」

墊尾的丹卡觀察地面，證實地面果然佈滿厚密的腐敗枯針葉。丹卡開始瞭解，身前的大姑娘反應迅速機敏，超過各級學校的教導訓練。

「為什麼樹林中不見一隻鳥雀？」詹姆士又考問。

丹卡想到，冬天太冷，不適合鳥雀在森林中棲息，於是其他季節也迴避。

舒小珍又出聲：「這座森林不在候鳥飛行路線上，除非森林中供應充分的食物，否則連鳥雀都不停留這兒。」

「鳥雀避開這裡，野獸會棲息這裡？」

「不大可能。野獸活動範圍廣，如果一群野獸躲在樹林中，它們會東跑西吼，早就驚擾牧場。」

尼瑪也聽見同隊中大姑娘的分析。她分析得準，尼瑪這一趟一直沒找到可疑目標。他不再理會草堆、野花、藤蔓等糾結成簇的事物。

尼瑪拉緊韁繩，夾緊馬腹，提示坐騎走快。他的坐騎突然腳步一頓，帶水的腐敗針葉碎片打在他臉上。

「地面有水，水淹上馬匹的關節。」尼瑪叫出聲。

赤烈及嘎爾瑪回頭打量，犛牛腳短，表面漂浮腐敗碎片的水，沾濕犛牛腹部下垂的長毛。

「這是積水地帶，腐敗針葉浮在水面上。」舒小珍提醒。

「水有沒有毒？」莊院士著急開口。

詹姆士和丹卡都注視她，等她解決難題。

「沒有毒，沒有毒。」舒小珍突然清清楚楚地斷定。

「為什麼？給個合理的答案。」莊院士嚴格要求。

整支隊伍停下，其他人盯緊舒小珍，等待她說出道理。

「這裡有低窪地，所以積水，連腐敗枯葉也飄浮在水面上。但是這裡的積水一直滿溢，經過溝渠，先流去尼瑪家和尼瑪的牧場。尼瑪一家人天天喝這裡的水，一家人沒事。」

果然有道理。全支隊伍松一口氣，人人心情輕鬆，開始閒談。

「有些人說，森林中有黑熊，有禿鷹，事實上沒有。」莊院士回想。

「當然沒有。我老爹第一個聽見奇怪聲音和動靜，我跟著趕來。滿地冰雪，四隻羊慘死，和黑熊及禿鷹沒關係。」尼瑪回憶。

「我也知道，羊隻死去，確實是不明怪物幹的。」丹卡附和。

他們走了一陣子，走出積水區。犛牛腳短，腹部長毛接觸積水表面的敗葉，結果長毛全部佈滿碎葉末。整支隊伍走快一些，仍傳出沙沙聲音。

落葉松針葉不茂盛，無法形成樹冠層。樹頂空隙多，他們抬頭仰望，墨脫支脈開始清楚入目。他們只需對準墨脫支脈前進，不可能迷路或白繞圈子。

「改天再走森林，返回尼瑪的牧場，會迷路或白兜圈子嗎？」莊院士又出問題。

「全部墨脫支脈面積大，找目標太籠統，你對準黃色尖峰走，回程時背對正黃色尖峰，包準不迷路。」舒小珍說明。

「現在放心了，只要不是夜間返回牧場，咱們都不會迷路。」莊院士心平氣和宣佈。

「妳知道嗎？印地安人勇士集體外出打獵，隊伍及秩序相當嚴明，以便保證逮住獵物。」詹姆士聯想。

「有這麼一回事？」舒小珍輕鬆愉快交談。

「必須如此，才能獵得大群獵物和大量皮毛。妳認為咱們的隊伍及秩序嚴明嗎？能夠找出真正的怪物？」

「目前看起來是一盤散沙，效用不大。將來就不一定。」舒小珍隨便設想。

「妳認為這支隊伍有潛力？」詹姆士對她的特殊見解，產生興趣。

「熱心是解決問題的關鍵。你注意，尼瑪和丹卡十分熱心。」

「因為不明怪物直接關係他們牧場的安危。」詹姆士表示：「光有熱心嫌不夠。咱們這支隊伍對森林及墨脫支脈瞭解多少？基本野外求生知識夠嗎？有沒有受過訓練，以便解決特殊的困難？等等問題需要解決。」

舒小珍明白，倉促間去荒野高山逗留長時間，可能面臨危險。莊院士和她屬於室內動腦型人士，不算野外求生的高手。詹姆士懂得槍械子彈，比她和莊院士強。尼瑪等四名藏族青年在牧場成長討生活，也許更適應野外求生。

「博士放暑假，有沒有帶槍度假打獵？有沒有進入危險地區？」舒小珍大膽反提問題。

這支隊伍中，她的體力最弱，應該膽子最小；所以行進中，她的前後都有最強壯的男子照顧。其次，莊院士年紀大，不是打鬥搏力的好手。這兩個人即使背後插了長短木棒，大致上自衛能力嫌差。至於尼瑪等四人，憑長彎刀及弓箭，對付兇猛野獸不見得夠份量；尤其他們得分心照顧老人及女子，於是拼搏力量分散。至於詹姆士，體力相當夠，猛獸攻擊，他敢搏鬥。但最好他手中有槍枝和子彈，而且有時間和距離瞄準，可惜他手中沒有獵槍。

「中西部大學城外的湖泊樹林區，仍然屬於半原野狀態，起初是印地安人的漫遊玩樂區。」詹姆士描述：「我們住小木屋度假，小木屋相當簡陋，而且位於杉木及橡樹混合林子中。幸虧車隊長，朋友同事多，才敢一停留半個月到一個月。大樹林和零星高大的樹木阻擋視線，我們必須在幾個空曠地點插木桿旗子，才能辨識位置。幾個人結伴出去打獵或釣魚，一定得掛獵槍，甚至多帶子彈。另外砍柴刀也插在腰間，增強緊急防衛能力。這樣子才能談安全，快樂享受遊獵的日子。更重要的是，我們帶獵犬。主人身上掛了槍和柴刀，獵犬也就大膽，搶先向前搜索，先驚嚇野豬野狼之類。」

「去野外，槍枝和獵狗絕對不能少？」

「妳說對了。二隻或三隻獵夠開路，合力對付野豬，野外行動才萬無一失。」詹姆士肯定而自在的表示。

這麼衡量，他們七個普通人出行，又攜帶行動慢吞吞的犛牛，簡直馬虎荒唐。

大夥兒輕鬆眺望遠方，打量四周，暢快的任意閒談，連領路的尼瑪也頻頻回頭閒扯。

尼瑪問重要賺錢副業：「還有機會上山捕野馬？」

「丹卡詳細介紹吧，我也有興趣。」嘎爾瑪開口。

「誰捕過野馬？難道他和印地安人勇士一樣勇猛大膽？」詹姆士興趣衝上心頭。

「我的叔叔當了幾次捕馬頭目的助手，每一趟都嫌回一匹好馬。由他詳談捕馬的過程。」尼瑪興趣更濃厚。

「十幾年以前，兩藏野馬仍多，連尼洋小山脈、工布江達小山脈、崗日嘎布山脈，以及南山腳村前的泥土帶，都生存不少野馬。野馬多，躲在平地或樹林裡，一大群人包圍，馬頸套繩，就捕回一批野馬，捕馬容易；四川和雲南的馬幫接著年年入藏買馬。這種好日子過去了。」丹卡詳談捕馬經。這一長列隊伍停止閒談，緩慢行動，聽丹卡談下去。

「用炸藥炸念青唐古喇山脈的峭壁腳公路，嚇壞了波密山谷的野馬。小部公駿馬拼命翻過大山谷中的分支小山谷，逃得不知蹤跡，波密山谷中留下來而被嚇壞的母馬及小馬，以及逃出山谷，流浪河灘地的逃命馬，都容易被圍捕。林芝一帶農牧人家得到的新馬，全是溫馴的逃命馬。」丹卡再敘述。

「你只捕過逃命馬？」嘎爾瑪關心丹卡的捕馬經，不叫喚他身後二頭犛牛。

「逃命馬容易被捕，不稀奇。我跟隨頭目進入最後，也是最大的野馬聚集地許多次。那就是念青唐古喇山脈秘密山谷的大膽行動。在這種大山脈的秘密山谷捕野馬，需要技巧及力量，更需要運氣。這樣的捕馬才刺激。」丹卡又敘述。

「談下去。難道你不明白，中西部汽車卡車開始流行，許多農莊牧場仍買大草原野馬？」詹姆士興趣更濃。

「西藏賺大錢的行業非常少，幾百年來捕野馬的世家最賺錢，他們住波密山谷和林芝的碉堡別墅。他們捕小山脈和河谷的野馬，輕鬆賺大錢。最後他們悄悄的溜進念青唐古喇山脈，記下各種山谷和山嶺的地形及特徵，以及駿馬的聚集及遷徙狀況。累積了多年的調查知識，而一般山林的普通野馬消失之後，頭目們才在林芝一帶找得力助手。為了防止大山嶽山嶺谷地分佈的狀況外洩，他們隔一年才臨時通知助手。至於一般新手，只出蠻力打雜，太容易找到，他們全都臨時拉人上山。」丹卡從容敘述。

其他人傾聽丹卡回憶當頭目助手的經過，行走更緩慢。

「大家以為念青唐古喇山最高、最龐大、情況最複雜。其實，捕馬世家的頭目們，手中帶了幾年間的山區調查資料，安排入山的行走路線、食物、衣物蓬毯、藥品，以及雨具等，全部預備充分。他們放棄兩頭通的活山谷，公駿馬會逃出活山谷。許多山谷一頭有草地通路，另一頭是山嶺陡坡，公駿馬不會逃走。能找出這種死山谷，入山捕野馬就成功一半。」丹卡分析深山捕馬要領。

「你對念青唐古喇山脈一竅不通，別想當頭目。」尼瑪開始明白時下捕駿馬的行業祕訣。

「我在牧場上管牛羊，晚上林芝的朋友騎馬來了，邀請我們立即一起集合，一批人進波密山谷，食物、水壺、雨具都準備好了。進了波密山谷，我們收起外衣，換上綠色帽子和衣褲，腰上只插防身用短木棍。頭目們把助手帶在身邊，新手一大群跟在後面，彼此不准交　談。所有綠衣人員走秘密路線，不管活山谷。我們騎馬走一天，甚至二天，來到完全陌生的山谷。那就是祕密的死山谷。一座死山谷，我進去過二次，到今天我仍找不到它。念青唐古拉山脈山高山谷低；樹木和青草長得好，而山谷有香氣，那就是貝母灌木的花香及葉香，野馬天生愛吃貝母葉而強健。」丹卡描繪入神。

「但是它和蜂蜜、紅景天等混合煎熬，味道就不香。」舒小珍會心苦笑。詹姆士也失笑，自己曾把它當毒藥。

「死山谷外，我們聽見公駿馬宏亮的嘶嗚聲，以及母馬及小馬低沉得多的叫聲。全部人員下馬，所有坐騎老馬趕進山谷中。全部人員分散，喝水吃東西，倒在樹下或大石頭邊休息，只有頭目和助手走動，觀察山谷內的大概情形。我們發現，野馬團體不公平，快長大的公馬不受歡迎，被驅逐至山谷口過單身日子，等待長大後憑力氣吸引母馬。我們的母馬坐騎進山谷口草地吃草，快長大的公馬就會個別接近調情母馬，連坐騎身上的韁繩和馬鞍也分不清。」

「過了大半夜，所有捕馬人臉上及手臂上塗偽裝黑斑點，沾香水。頭目們約定，大致天亮一陣子，濃霧消散，就動手捕公駿馬，行程最遠的頭目，帶了一名助手，二名新手，摸黑出發。然後第二組四個人出發。每一可以亮手電筒，手電筒上用綠布包住，於是綠光不刺眼。每個人穿綠衣，憑腰間白布條或黃布條辨識。每一組走得分散。助手得機伶，認頭目綠衣而保持平行位置。深入死山谷深處後，我們瞭解，公駿馬左右總有一匹、二匹，甚至三匹母馬包圍，更外圍有一群小馬。助手指揮身後新手等待。」丹卡再回憶並敘述。

「像松宗溫泉站山谷，經常下雨起霧，但松宗山谷生長螞蟥。」舒小珍回憶。

「我們來到一個公駿馬家族地點，悄悄等待。天亮了，下小雨或起霧，對我們更有利。頭目揮手，我這個助手帶一名新手開始彎腰走路，藉樹木或濃密青草掩護，包夾一匹公駿馬。不會太難，母馬及小馬會讓公駿馬分心。捕馬人在任何情況下，只動手不出聲，所以我們口中塞了手帕。頭目帶了一名新手，也接近公駿馬。」丹卡講得出神。原來捕野馬還是由機伶的人發動。

「一個公駿馬家族怎麼反應？」尼瑪聽得出神，沒發現落葉松森林分佈變得稀疏，前方山嶽的高聳面目豁然開朗。

「捕馬的人運氣不會次次大好。母馬小馬會擋路，公駿馬也會噴鼻息走開。我們只盯公駿馬，對母馬小馬沒興趣。頭目比手勢，仍帶著新手潛行，我這名助手帶新手遠遠跟上。助手的價值，就是他能不能變通了又變通，隨時與頭目齊頭潛行。我們又夾住另一匹公駿馬。通常第二次行動會成功，再不然，進行第三次包夾，耐心是必要的。」丹卡嘆氣說明。

「原來運氣不可能來得好，公駿馬也不可能匹匹笨拙。」詹姆士瞭解了情況。

「第三次，悶聲不響的四名捕馬人，往左右側接近了一匹公駿馬。頭目的真本領使出來，他雙手一舞，撒出雙層黑網。平時他練習撒黑網，修理黑網，每天練習幾十次，他不能失手。雙層黑網飛向公駿馬頭頂。

公駿馬一震驚，我這名助手躍出，猛抓雙層黑網的綁角勒繩。我必須抓緊，頭目也抓緊，雙層黑網壓下，公駿馬長聲嘶鳴，抬馬頭馬頸，前肢躍起，就想逃跑。一剎那間，它的力氣巨大無比，他居然能挑起兩個角落綁繩上的兩名壯漢，向前跑一段落。而頭目和助手抓網繩，死也不放；絕不能放，否則前功盡棄。還好，二名新手跟上，也抓另二條網繩，四個人各以雙臂力氣死抓網繩，公駿馬跑不了了。」丹卡說到這兒，額頭青筋顯露，手腕發抖。

「我們　在然烏山谷口看見，每四個人抓一張雙層黑網，強押一匹公駿馬走出山谷口，後面一群母馬小馬失神落魂跟著，只需一名騎客驅趕，就管得住那群母馬小馬。」詹姆士向舒小珍提示。

「公駿馬胡呀，胡呀慘叫，企圖擺脫雙層黑網，但是四個人抓牢網繩四條，死也不放。時間一久，一匹馬抵抗不了四個人，它們被強押出谷口。其他同一座巨大死山谷中，別的各組人馬大致也得手。每一匹公駿馬，胡呀胡呀慘叫，走入隊伍中；其他母馬小馬多至十匹不等，它們不甘心卻不得不跟著公駿馬行走，所以這麼多跟班母馬小馬，只需一個人騎馬在後追趕。走出山谷，相當累人，必要時中途停留過一夜。這時三個或四個繩圈套在公駿馬頸上，繩索們綁在大樹上，母馬小馬圍住公駿馬哀叫，全體捕馬人草草過一夜。第二天，又是四個人一組，雙層黑網罩頂，強押公駿馬家族走出山谷。別的捕馬人走出然烏山谷，去然烏溫泉湖小馴馬場。我們這一組走出波密山谷，來到白塔附近的逃命馬收留場。因此，每四個人抓住一匹公駿馬，連帶接受五、六匹母馬小馬。如果你捕到一匹母馬，其他公駿馬和家族馬逃跑不顧，你的收穫太少了。」丹卡說完全部故事。

尼瑪聽完，默不出聲。

「你想進入波密山谷捕野馬，而當新手，跟著頭目及助手打雜，帶回沒人騎的押馬人坐騎，問題不大。您想當助手，隔一年頭目再找你，你得想通二件事。第一，你能不能抓空檔，潛行至公駿馬身邊。第二，頭目的黑網撒下，你能不能抓住，而且死抓不放。如果這二件事辦不了，別想當助手。」丹卡警告尼瑪。

「每次捕回一群野馬，頭目怎麼分配利益？」莊院士開口。

「助手分給一匹公馬，值十隻羊。新手得一匹小馬，值五隻羊，其他打雜新手分得更少。入山一趟，花去五、六天時間，賺一匹馬，收入不錯，下一回頭目再通知你。一年頭目通知你五次到十次，這一年你過的日子不錯。」

「這一年你入山十次，你應該認得路，你自己帶隊去捕馬。」詹姆士想像。

「辦不到。念青唐古喇山脈，豈能說，想進去就進去。山高路遠，每座山谷相似又不同，你不專心進山摸路幾年，休想平安進去，平安出來。你帶一批助手和新手入山，先得花一筆錢。你有錢嗎？」丹卡冷靜分析。

「我們去過波密山谷，那兒逃命馬跑光，草地改養羊。山谷中的草長得又嫩又高，捕馬不成，不如養羊。」舒小珍回想。

「如果有這麼好的草地，捕野馬太風險，養羊倒穩當。」舒小珍建議。

「我進出波密山谷太多次，知道那兒青草的生長情況。野馬跑光了，當然能養羊。」丹卡回話。

落葉松森林突然光線大亮，照射在每個人身上，這支隊伍走出了森林，沒碰上野獸或禿鷹。他們看見幾條淺溪通往森林中，淺溪流水淙淙，溪邊有變黃的草苗。橫亙在他們面前的，是一座山腳大丘陵。但是森林邊緣另一側，溪流的水漫溢，形成一片濕地，濕地上水草成長濃密。

「我們讓馬和犛牛先過去吃草，我們休息一會兒。」詹姆士建議。

「妳認為我們走過的落葉松森林，到底有多深？」莊院士問話。

「二公里到三公里，但是森林的其他地段，情況並不全同。」舒小珍猜測。

「雖然我們走過的森林，不見鳥雀或野獸，但是有沒有其他資源？」莊院士追問。

「有，而且不少。」舒小珍不假思索就回答。

詹姆士在樹林邊坐下來，不禁慎重打量身邊的女性夥伴。他自己和二名長時間夥伴，全部穿著深色秋季衣服，額角冒了汗，遮陽帽沾了汙水葉渣。馬鞍上掛了小件行李，其餘行李全掛在犛牛背上。這三個人全是老百姓，其中老人和女子毫無戰鬥力。這三人想參加探險團，調查大自然的秘密，太狂妄了。如果碰上印第安人勇士，這三個人一露面就戰敗，休想繼續硬闖。

至於尼瑪等四名藏族青壯年，縱使身上有長彎刀，弓箭，和長木棒，基本上是牧羊人，算不上獵人，牧羊人能闖山林？不太可能。

然而連他自己共七個人，安全順利通過森林，行進秩序不亂「下一步怎麼走？」尼瑪請示。

「丘陵上沒有危險，如果七個人分散，一起往前搜索，就可以觀察大面積情況。行嗎？」莊院士表示。

「這是最好的選擇，那麼現在大家分散排齊。」詹姆士同意。這個方法好。今天考察團將充分認識夾住尼瑪牧場的森林及丘陵。

（二）

赤列桑渠及嘎爾瑪，根本不管他們分別帶來的犛牛尖角，分別把所有人的行囊掛在牛背上，同時呼喚「葉克、葉克」。四頭犛牛就分開，跟住了小主人。七個人坐在七匹馬上，互相間隔五十公尺左右，其中二個人身後跟了二頭犛牛。這支古怪的雜牌軍就同時併行，往前搜索大丘陵。詹姆士是打獵好手，深知荒野狩獵的嚴肅性，而眼前的雜牌軍毫無準備就展開行動。

「剛才牲口吃的枯草是上品，強過牧場的草料，明天早上擠的鮮奶一定又多又醇。」赤烈桑渠開心的表示。

「丘陵有幾條淺溪，溪邊長的枯黃草地也好，牲口吃草喝水都方便。」嘎爾瑪附和。

但是其他人閉口，專心搜索地面。廣大丘陵上，砂石與土壤混合，大小石頭林立。若干石頭大如馬廐牛舍，下端有小洞。隊伍中的藏族青壯年跳下馬背，拔出長木棒戳洞，小洞內不見反應。石頭邊長出高大茅草叢，長木棒打在茅草叢中，也沒有動靜。丘陵上另外生長樟、樅、杉、和矮松樹，但不見任何鳥雀及松鼠跳躍攀爬。夏秋白天應有蟬鳴蟲叫，天空應有老鷹盤旋。七個人上馬搜索了半座丘陵，不見任何大小動物。

「冬天這一大片石頭上應該堆滿冰雪，冰雪上就留下不明怪物的痕跡？」莊院士推測。

「我們疏忽了，二月底我們看見羊隻死了，就應該搜索到這裡。」尼瑪說話。

下午太陽投射明亮的陽光，丘陵上的巨石及零星樹木拖出長陰影，所有陰影方向一致。全部隊伍仍配合犛牛的步伐前進，逐漸接近墨脫支脈山腹岩層底座腳下，丘陵接近盡頭。

「矮松樹上掛有小東西，細小的東西。」尼瑪大叫。

距離最遠的舒小珍和丹卡策馬趕來。莊院士從丘陵盡頭的一棵矮松樹上，取下一片藍色的剪風羽毛。附近岩層基座腳邊岩層中，有一些裂縫。丹卡和尼瑪拔出長木棒，一一試探所有岩縫。岩縫不見動靜。

「顯然是某種鳥類留下的，與黑熊無關。禿鷹有藍色羽毛嗎？」莊院士提出疑問。

「有些禿鷹喉下有藍鬚，但沒有藍色剪風羽毛。」詹姆士否認。

「天色不早了。大家搭帳篷，疊石塊灶台，邊吃邊談。」

赤烈桑渠和嘎爾瑪果然是牲口的好朋友，他倆先招喚四頭犛牛去淺溪邊喝水吃草，然後牽走所有馬匹去淺溪另一段。所有行囊馬鞍都已卸下。尼瑪和丹卡動作迅速，短時間內架好所有帳篷。

大夥兒圍住石塊灶台坐下。

「這麼空曠的地方，牲口守住有水有草的地方，不會溜遠，晚上不必拴住。」赤列點明瞭牲口的處境。

「馬匹也不用拴。天一黑，除非別處有水有草，馬匹不會走遠。」嘎爾瑪也說明。

「森林和丘陵都沒有猛獸。從此我和丹卡的牧場熱鬧了。不但我們兩家，其他上村的牧家，都會走我們牧場的小道，進樹林採枯樹枝。」尼瑪指出。

「馬匹多走幾步，還能穿過森林，吃溼地上的好水草。」丹卡指出。

「每年秋天，割過備冬的草料，牧場的草就不夠吃。我們騎馬牽馬來森林這邊吃草。割幾綑回去，十分方便。」赤烈主張。

「淺溪邊的草太少太小，就不必理會。任小草長高。」嘎爾瑪暢談。

「森林中還有更好的東西，是嗎？」莊院士眼睛盯住大姑娘。

「有。首先是水。枯水季水不夠用，你們不妨把森林低窪地的水引進溝渠中。」舒小珍看出來了。

「水相當重要。冬天積雪雖厚，大部份流失了。」尼瑪抱怨。

「牧場土地太乾，石頭太多，留不住水。清走石頭，挖河泥填洞，牧場的土壤多了，會留住水。」舒小珍分析；「河泥送到，最好馬上混入肥料。」

「找不到肥料呀！糞便和剩菜飯只夠肥菜地，不夠肥牧草。」丹卡也抱怨。

「森林三面或兩側夾住牧場，取肥料真方便，而且牧場每一個角落都能施肥，那就是森林的腐植土。」舒小珍解釋。

詹姆士正面注視她，看出她見識廣泛，能細心思考，而融會貫通。但為人不火爆躁動，不急於顯露鋒芒。只是不明白，她負責寫考察報告，進度如何？報告內能否提出具有啟發價值的見地？

「我們穿過森林，聽不見啼聲。犛牛和馬踏在腐敗樹葉上。到底有多深？深及馬腳關節或犛牛肚子？積水窪地也有腐敗樹葉，而且無毒。還有，墨脫支脈下雨及溶雪，流水帶了山嶽的腐敗物營養。流水經過丘陵，又帶走丘陵的腐敗物營養，然後送進森林。從來沒人消耗這一切營養。」舒小珍分析精細。

「營養累積了千百年。」詹姆士加一句話。

「對。全部大江灣內，森林都累積了營養，但是尼瑪和丹卡最方便，森林夾住牧場。你們從牧場邊緣進入森林，輕輕鬆鬆挖堆積腐敗物，只通過五十公尺砂土帶，就運回牧場。」舒小珍表示。

「森林另一側有溼地，那兒水草豐富，明天早上喝馬奶和犛牛奶，就知道溼地上的水草好不好。別一下子耗光水草，連草帶土鏟起：一片片移植去牧場，你們不必等待香格里拉伊拉壩子的牧草。」其他人注視不開口，舒小珍再說下去。

「我看出來，森林中有死樹斷枝，暴風雪過後更多。我們先進丹卡的牧場，再走一小段路，馬上進入森林砍柴火。」赤烈桑渠立刻聯想更多。

「北山腳村牧人，從此人人都自由進入森林砍柴。但是我們砍了柴，放在丹卡牧地上，砍的柴最多，然後一綑一綑慢慢拖回家。別家牧場都說，尼瑪和丹卡最倒楣，牧場被森林夾住，怪恐怖的。驅趕羊隻去林芝市集，走路最遠。現在尼瑪和丹卡要走運。」嘎爾瑪也想出下一步計畫。

「花幾年時間，把石頭挖走，搬河泥來，混入森林腐植土，林芝的大牧場就會派人來參觀。」莊院士做出結論。

他們不是雜牌軍，拼不過想像中的黑熊或野狼。詹姆士陪同這群老人、女子、和青壯年，坐在營火邊聊天，心中有所感受；也許這個黃毛丫頭，真的能替林子夾住的牧場帶來好運。

夏天走入尾聲，天氣仍晴朗。山腳下丘陵邊，不傳青蛙或蟋蟀聒噪聲。山風隱約，吹過丘陵及森林，傳出輕微呼嘯聲。氣溫下降，涼快，令人感覺舒適。太好了，土坯房瀰漫的臭騷味消失。森林及天幕都幽黑，但是滿天星辰閃爍。詹姆士等人鑽進帳篷，睡得安穩。

莊院士等三個人的帳篷，搭建在山腳石壁外。更外圍，四名藏族青壯年搭建二座帳篷，用意是守外圈，防守猛獸夜間攻擊。

詹姆士舒舒服服倒下，腦子一時沒休息，腦子浮現石灶燒起的一團火，火光映出一張剛成熟、剛沉穩卻和善的稚臉。她總是對人微笑，和和氣氣，不強行爭辯。詹姆士與她相處二個多月了，瞭解她溫和，不挑日常生活或觀念見解上的毛病；但她個性堅定，遇到困難不退縮。

她不算貌美，身體也不如一萬公里之外的愛人。就是脾氣好，對任何人客氣有禮貌。她真的夠大膽，從北方老家跑去九鄉溶洞，又從溶洞跑上世界屋脊，不喊苦叫怕。看來把她丟去印第安人保護區，她也不知道畏懼。莊院士對待她頗嚴厲，一直逼考她，不管她的學習專業。但是旁觀者明眼。看得出來，老院士正考難她，訓練她；教她多閉口忍耐，學習如何與長輩和普通人相處。詹姆士明白，一個大姑娘光聰明還不夠，她得虛心學習，多體貼旁人。截至目前為止，她能體諒老院士的苦心，證明她不是嬌生慣養，圖享受的小姑娘。

這二個月來，詹姆士差不多忘卻一萬公里之外的愛人。暑假期間，她忙著趕自己的研究；但州立大學生物系學生免不了邀請她去巨石荒原，去樹林湖濱區，她怎麼安排？

她來到大學城，比詹姆士更早。她是教會型的女子，與大學城的教會執事和支撐教友相處好，所以順利地從州立大學的教師團體基層往上爬。她對授課本職盡責，常參與教會及校系活動；又提出專業論文，警告自己別偷懶落後。詹姆士的同事向詹姆士祝賀，她是女強人，將一步一步往上爬。她不是甘心過懶洋洋生活的下層職業女性，而能在資本主義社會及典型正派教會傳統中，適應並生存下來。

免不了的，她對課堂授課及督導學生相當費心。又美貌，健康、敢恨敢愛，直覺心重；耐心少一些，背後對人的批評多一些，她將是州立大學教師團體的好成員。而詹姆士也有一點野心。東方的恐龍及古爬蟲化石出土多，恐龍及古爬蟲蛋更大量成窩出現。詹姆士自願擴充州立大學的古生物授課內容，甚早暫別州立大學，向東方探路。他負有責任，把東方的洪荒世界及殘留物，通過州立大學，介紹給全中西部。

於是詹姆士回想州立大學的校舍，整齊美觀的大學城社區，以及教堂的尖頂及鐘聲。

（三）

舒小珍在清涼的帳篷內，一夜睡到天明。她聽見外邊有潑水聲及洗刷聲，穿著清潔的深色秋季衣衫走了出去。赤烈和嘎爾瑪利用方便的淺溪，為全部馬匹洗身，詹姆士幫忙汲水潑在馬身上。赤烈及嘎爾瑪再替馬刷毛，然後拭乾馬身。七匹母馬甩頭甩尾。顯示十分受用的樣子。氂牛毛髮底層有細絨毛，不能打溼。赤烈及嘎爾瑪用粗毛刷沾清水，刷乾淨氂牛的外層粗黑毛。氂牛長腹毛沾了泥砂碎葉，他倆蹲在氂牛肚子下，洗淨長腹毛。他倆又爬上氂牛背，呼換「葉克，葉克」，乾刷氂牛頭。丹卡及尼瑪收起帳篷。他倆又割來枯黃的乾草，讓洗刷後的牲口飽吃一頓。

赤烈和嘎爾瑪又擠奶，鮮奶在石頭灶上煮一下，立刻分給所有夥伴試嘗。四名本地青壯年和莊院士不計較食物可口否，他們也就不苛評鮮奶味道。詹姆士和舒小珍喝了，都沒皺眉頭，反映鮮奶夠味，昨天牲口吃的水草品質好。鮮奶有剩，放在水壺中帶走，路途中當飲料。

詹姆士找了一方大石頭爬上去，順手把莊院士和舒小珍也拉上去。三個人站在大石頭上眺望。朝陽明顯的灑入落葉松帶，落葉松帶一個角落上，溼地伸展入丘陵，溼地上的豐美水草油綠反光。他們三個人身前的丘陵，乃是泥土、大小石頭、茅草、以及溪流組成的曠野。昨天晚上不見任何猛獸攻擊帳篷，看起來落葉松帶是死寂的森林，丘陵也是死寂的曠野。

那片藍色的剪風羽，留在莊院士手邊。他打量山腳石壁前的矮松樹，這棵松樹留下一片羽毛而已，昨夜不見其他鳥類棲息。山腳下石壁凹凹凸凸，部份地段有岩石裂縫，但岩石裂縫沒躲藏任何生物。石壁之上就是廣大凸出的墨脫支脈山腹地帶。山腹地帶不但撐起多座山體，這些山體的中上段形成墨脫支脈的山腰；而且岩石與樹林互相緊貼，而組成了林野。繁茂蒼翠地帶及石壁下，不見大小洞穴，很可能沒有猛獸躲藏。否則猛獸從樹林及草叢中爬出，一定猛烈攻擊帳篷。

但是莊院士等三個人沿著山腳下石壁打量，發現石壁下有狹窄的天然沿壁小路，小路環繞大石壁，通往較高的山腹拐彎處下端。

「冬天暴風雪來臨，森林這一邊的山嶽腹部及丘陵，會不會大積雪？」莊院士先模擬二月冬季尾聲中，墨脫支脈的冰雪分佈情況。

「一定到處積雪，山嶽腹部的樹林岩石區，完全被冰雪覆蓋。」尼瑪毫不懷疑的回答。

「那麼不明怪物不會從山腹冰雪帶上直飛向上，飛到山腹低處，等於向上直飛近二百公尺。它得找一條路線又飛又跳，逐級往上逃。」莊院士分析。

「它只能沿山腳下石壁狹路飛騰，直到山腹拐彎處下端。我們沿石壁追。」詹姆士提出唯一爬山的路徑。

丘陵盡頭，赤烈及嘎爾瑪已經洗刷好牲口，牲口也清閒吃草吃飽。丹卡及尼瑪收拾好帳篷，一切行囊也放在氂牛腳下。詹姆士現在瞭解，尼瑪等四人處理一般事務，真是簡單實際。別看他們沉默寡言，做起事來幹練如老手。

舒小珍跳下大石頭，向尼瑪提示：「準備妥當了，我們沿石壁下的狹路走，直到拐彎處。」

每個人牽馬，赤烈及嘎爾瑪分別叫喊氂牛，沿山壁下的石質狹路前行，尼瑪牽馬領頭。他們的頭上是二百公尺高的山腹，樹林及草叢密集茂盛生長，岩層多處露面。山腹地帶分明生機盎然。

尼瑪牽馬，沿山壁下狹路緩步前進，發現路上多落石，狹路本身緩緩升高。尼瑪走完窄狹石頭路，到達山腳拐彎處，狹路變得寬大，凌亂的山腹下端岩層凸出，形成不成章法的台階。尼瑪沿山腹腳登上凌亂的岩層凸出臺階，居然進入一方小平地。尼瑪多走幾步讓路，赤烈桑渠既牽馬，又引領二頭犛牛進入小平地。接著嘎爾瑪人馬和犛牛也進入。莊院士、詹姆士、舒小珍、和丹卡都進入小平地。實際上，墨脫支脈山腹之下，既有不算高陡的山壁，也有小平地。小平地面積既小，而且僅比山腹下的石壁腳稍高而已。小平地之下，仍是丘陵的一部份。

丘陵本身也呈緩緩上升狀態，所以幾條淺溪的流水向丘陵低處滑去，而流入落葉松帶。丘陵既上升。小平地的地勢也稍高；站在小平地上環顧，他們看見夾住尼瑪牧場和丹卡牧場的森林頂部，但看不見這兩座牧場的草地及土坯房；更遠方，其他牧家的牧場因距離遠而模糊起來。其他方向，仍是森林頂部落入視野。

他們抬頭看見墨脫支脈。由山腹腳拐角處的小平地打量，山脈明顯分成三部份，頂部是一黃一黑二座巨峰。中央部份佔全部山嶽斜坡的大部份，也就是許多座山頭形成的山腰。底部就是樹林草叢生機盎然的山腹。但從小平地近距離打量生機盎然的山腹，才發現山腹不單純。

小平地之上的山腹固然樹林及草叢生機盎然，但多處山腹樹林及草叢被破壞，以致於部份山腹外表的岩層及砂石層外露。很明顯，更高處的落岩及雪崩打在山腹上，破壞大片樹林及草叢，以致於岩土外露。岩土不規則的從山體表面外露，似乎形成狹窄彎曲的山道。更嚴格的說，山腹表面看不見一條完整的山道，而是多處落腳地。以前從未有人循破碎的山道上山或下山。尼瑪不敢跨出步伐，等待莊院士決定，如何爬上山腹間的破碎山道或落腳地。

「博士認為爬得上去嗎？」莊院士徵求夥伴的意見。

廣大的中西部平原，不乏石頭地帶、荒草區域，以及溪流。但印第安族經常通過中西部平原，擴大搜索野牛及野馬。博士個人沒有輕易退怯的道理。詹姆士問道：「爬上山腹，不可能平安順利，妳上得去嗎？」

「沒問題，連犛牛和馬匹都上得去，我一定能。」舒小珍不退縮。

「危險不能預測。現在開始爬山，人人照顧自己及牲口，妳不能指望別人分心照顧妳。」莊院士考慮實情而勸告舒小珍。

「當然每人照顧自己，我不求任何人盯住我。」舒小珍堅定的表示。

「但是尼瑪敢帶路嗎？」莊院士又查問另外一個重點。

「試一試，前半段路好走安全，後半段山道高了，稍微危險點。」尼瑪認真觀察。

他們站立的山腹下端小平地，位於山腹拐彎處，比大丘陵稍高而已。小平地上有露頭岩石，變黃的枯草，白黑斑點相間的野菇，以及小樹林，山道倚靠山腹。犛牛和馬匹掛了行囊和馬鞍，這群牲口仍就地吃起發黃的枯草。小平地上看不見地洞或山腹岩洞，沒野獸築穴。

「黑白小傘頂是蘑菇，犛牛見了就吃，沒毒。」赤烈桑渠說明。

「不必全部人馬爬上山腰。小平地看得見全部丘陵和森林頂部，又能眺望山腹和山腰的狀況。小平地有草地。不妨留下人馬，在這兒接應把風。」莊院士提議。

「我留下，坐騎和犛牛也留下，這二頭犛牛聽我的話。」赤烈桑渠宣佈。

「只有一個人守在這裡，不怕太孤單？」詹姆士提醒他。

「不會，牧場的人一向一個人，在大草地上忙。」

就這麼決定，他一個人帶牲口，獨自生活兩天。小平地有土壤的地方就長草，山腹岩角有流水，蘑菇多，人和牲口都容易過活。沿山腹搭帳篷也方便。丹卡腦筋一動，抽出腰間短刀，飛快割蘑菇裝一袋。顯然有營養的腐敗動物屍體，一直被沖至小平地上，屍體的養分讓蘑菇生長。

赤烈解下兩頭犛牛背上的行囊，移至其餘犛牛背上。他們的行囊大而輕，犛牛輕易馱起。尼瑪牽馬上路。不只小平地上的青草變黃，山腹廣大樹草地帶，可能其中雜有楓槭，葉已轉黃發紅，枯葉飛舞。山區秋意來得早。

踏上小平地上方的山壁岩層伸出地，尼瑪輕鬆抬腿往上走。他不再說話，專心注意從未被野獸踏過的破碎山道。或者山壁土石崩裂，樹木倒塌腐敗，留下落腳窄路。或者隣近地點被滾落的巨石亂砸，砸壞草叢野花簇，形成破碎凹洞。常年流水亂沖亂侵蝕，結果把不相干的山壁切開而連成一氣，於是破碎小道形成。小道窄的地方僅有一公尺多寬，寬的地點不超過二米；小道邊緣甚至留下大小不一的石塊斷片。起初山道下就是生長樹林及茅草的緩坡，走過小道毫無危險。山腹其他稍高地點，也見滾石亂砸，破壞山壁平順的草叢露岩；尼瑪沿破碎山道稍走高，開始感受天然爬升而損傷的凌亂落腳地潛伏危險。

晴朗天氣走山腹地不難，一旦冬天積雪堆積，遮蔽破碎山路的缺口，腳步可能踏空。尼瑪說出感想。

走上山腹，爬升垂直距離約二百多公尺而已。但沿著山腹找破碎山路，逐漸繞山走，全程距離增加幾倍。尼瑪往上走，不得不抽出長彎刀，砍斷向外露頭的樹根或草叢根。許多中小石頭顯露，虛嵌山壁不穩，尼瑪也得撥落踢開。尼瑪不計較開路幹些雜活，因為回程就走順。他也無心牽馬，他甩掉韁繩，任馬匹跟上。莊院士以為馬匹無人牽，可能失蹄滾落，結果馬匹能分辨落腳地。加倍馱行囊的犛牛，走得搖搖晃晃，也沒滾下山坡。

這支隊伍走上了軌道，詹姆士認為，不輸給印地安人勇士隊。山道上，枯樹倒塌擋路，或者大石頭正停留山壁下。嘎爾瑪也去下韁繩，幫尼瑪砍樹推大石頭。然後大夥兒小坐半刻，喝冷鮮奶。尼瑪上路。山道中斷，尼瑪和嘎爾瑪合力，挖走山壁間砂石土壤，或敲掉岩層突角，填補山道的缺口。

「真的幸運，小道看得清楚，有障礙就清除。如果冰天雪地才走山道，積雪遮住山壁不要緊，砂土硬得要命，長彎刀砍不進去。」尼瑪和嘎爾瑪說笑。

「回頭你得磨利長彎刀和短刀，它們都鈍了。」嘎爾瑪也說笑。

再走下去，尼瑪說笑不出來。他們爬上山腹中途，山道開始變得陡峭，山腹岩層面積增加，野草仍多，樹木減少，但處處仍見秋葉轉紅。尼瑪閉緊嘴，一再砍斷擋路的岩層外凸角，枯葉掉在他衣領上。他開路吃力。犛牛左右腳跨距大。只要犛牛通過陡山道，莊院士以後的人馬就悠閒輕鬆。

墨脫支脈的山腹及山腳體積龐大，尼瑪等人開始走上去，來到山腹的半高處，尼瑪仍忙於開路。破碎山道只夠一個人或一隻牲口通行，別的人無法幫忙。他們向下俯視，清楚瞧見被森林夾住的兩家牧場，以及上村其他人家的牧場。夏末秋初，牧草來到茂盛繁多的階段，牲口吃得盡興，牧人得開始大割草料；先曝曬一天，然後打包儲藏，以便過冬。此際天乾地熱，在牛羊待吃的草地上灌溉，草莖才柔軟好咀嚼，因此山下北山腳村的牧家，家家忙碌不已。丹卡和嘎爾瑪看見大片牧場的大概面貌，看不清個別親友和牲口的動靜。同樣的，牧場的人知道地理考察團入森林上丘陵，卻不知考察團得爬上山。

山腹一半之上，滾石砸出的路變陡變窄，岩層突出更多。尼瑪被迫手扶砂土山壁或岩石山壁，不停的砍掉突出岩角片。小道天然堆放更多石塊斷枝，尼瑪顧不了腳下的障礙物，交由嘎爾瑪搬開踢走。尼瑪和嘎爾瑪一手扶著山壁，另外一隻手為清理山道而忙；他倆顧不了馬匹和犛牛。牲口也得貼緊山壁而動，以免墜入山腳丘陵上的石塊地，莊院士等也都得手扶山壁，跟著犛牛往上爬。

他們的頭頂上，山腹的高處，岩壁出現窟窿，分明從前被滾石強襲而打凹；加上後來的風化作用，岩壁出現薄片懸空的現象。如果頭頂上的懸空薄岩片墜下，他們之中有人得掛采。尼瑪使勁清路，火急閃開，後續的夥伴也匆匆通過。尼瑪倒握長彎刀，用厚刀背砍斫，手臂酸麻。再往上看，山壁伸出一長排樹根。分明不太久之前，山壁上岩土外突，上頭生長小樹林；這些小樹林被砸爛掉落，剩下岩土中的樹根。尼瑪和嘎爾瑪等人累了，也無法休息。兩人又不顧馬匹，尼瑪大砍粗樹根，嘎爾瑪砍細樹根。

「岩壁凹洞及樹林殘根，到底怎麼形成的？」莊院士皺眉開口。

「雪崩時，大塊硬冰狹帶石頭，碰上什麼，什麼就斷裂。」詹姆士反應。冬季中西部冰雪凍結，一塊大冰雪巨大如房屋，一旦滾動，任何土壤擋不住。

「長期雨水侵蝕地基，地基鬆了，大雨強烈沖刷，山壁的一個角整個塌下。」舒小珍聯想。

「丘陵上到處是大小石頭，它們都是從墨脫山脈上滾下來的？」莊院士出聲。

「大自然沒有一年　會休息。丘陵上生長了樹林，地貌就穩定下來。不然的話，十年或二十年就改變面貌。」詹姆士表示。

「如果不是樹林夾住，大小桑馬登牧場將被滾石破壞？」丹卡出聲。

「恐怕是的。雪崩及洪水的力量不能小看。」舒小珍交談。天色轉暗，下午過了。一座山腹，垂直高度不過二百公尺而已；他們繞山腹走破碎山道，領路人不斷的砍掉障礙物，居然用去一天的時間。回程時，這條山腹山道將容易通過。尼瑪看見山道一邊，視野開闊，全部北山腳村牧場在望，但微小如縮圖。他的腳下則是山腹下的樹木頂，許多地方秋紅替綠野染色。另一側上方，草莖綿密排列，不停地搖晃。尼瑪太累，顧不了坐騎，撐著疲乏身子踏上密草中。他領頭爬上山腹，進入一片黃草遍地的谷地。他找了一個大石頭坐下。坐騎自己爬上山谷。接著夥伴們及牲口，全部平安登上山谷。

尼瑪休息不動。嘎爾瑪叫喚犛牛，替犛牛卸下背上行囊。這二頭慢動作傢伙，撐開八字腳走路，左右搖晃，馱住絕大部份行囊，就跟著主人上了山。它們提供的冷鮮奶，還充當簡便的午餐。

「不是雜牌軍，」詹姆士叫道：「是正規登山部隊。」

但詹姆士也沒得閒。他加入夥伴們，搜索墨脫支脈山腰下的淺山谷。樹底下、草叢中、石頭底、淺岩洞等，全都檢視過。又是死寂的山腹頂和淺山谷，遍地枯黃嫩草發出草香，牲口樂了。不見不明怪物蹤跡。

淺山谷生長零星杉木及柳杉，不見高齡而高大的古樹，小樹木叢生，遍地黃草。大石頭多，土壤有堅硬部份及鬆軟部份。尼瑪和嘎爾瑪匆忙磨銳短刀和長彎刀，匆匆吃了晚餐，就鑽進帳篷休息。六匹馬和二頭犛牛不必拴住，谷地低處清水流過，草料豐富，除非牲口急於爬山，否則不可能走遠。

上了山腹頂的淺谷，莊院士少問口，神色沉重。他無心俯望；赤烈停留山腹底的小平地，正等待他們下山。牧場的大小桑馬登、林芝的王師傅、以及嘎爾瑪家，預期考察團外宿一夜或最多二夜，就折返牧場。現在考察團將度過第二個晚上，全團六個人仍滯留深山中，找不到殺害羊群的兇手。山下有關親友等不免開始擔憂。

帳篷搭好，晚餐用過，牲口自由自在走動吃喝；其餘六個人守著石頭堆餘火，無不心中煩悶。尼瑪和嘎爾瑪費了大勁道，清理出垂直高度只有二百多公尺的山腹破碎山道，兩人幾乎累垮。站在他們面前的，大致上有三座山頭的半山以上峰頂，全部相加的垂直高度超過一千公尺。高度如此之大，不能期望尼瑪和嘎爾瑪又賣力砸岩石角砍樹根，騰空山道。以後的爬山才吃力。

不止如此，他們正前方的三座半山以上峰頂組成了大山腰；大山腰之上，還有一黃一黑二座山峰，這二座高峰高度不低於五百公尺。不明怪物蹤跡不明，他們六個人將追去上方何處？有必要全部六個人都追上去？詹姆士、嘎爾瑪、尼瑪、加上丹卡，四個人體力沒問題，院士自己和大姑娘卻是包袱。一個包袱就拖累團體，有必要讓二個包袱拖累人？

「明天爬山，才是勞累和危險的開始。不必全部人員爬上去。有人牽馬下山，和赤烈會合，甚至與赤烈結伴，回牧場報平安，才是理智的做法。」莊院士暗示。

「爬上墨脫支脈高處，在地理考察報告中，寫出支脈的地貌及天氣狀況，以及對於北山腳村全體牧場的影響，是我的責任。不止如此，墨脫支脈俯視墨脫大橋和雅魯藏布江，意義相當重大。大夥兒爬山腰，我不缺席。」舒小珍明白院士的用意，聲明自己的立場。

「為了她的安全，為了有人向赤烈報訊，能讓舒小珍冒險？」莊院士詢問別人的意見。

「她的個性強硬，而且由她寫報告，我們不能命令她退出。」詹姆士為難，突然想出怪理由：「我個人不敢反對她參加，我怕她在報告中寫我的壞話。」

這幾句話一出，在暮色中守住殘火的其他人都失笑。

莊院士腦子一轉，問話：「你一直跟在舒小珍後面，你認為她的體力支持得下去？」

丹卡輕笑回答：「看起來我們五個人幫她一把，她有能力應付困難。」

「好吧，既然沒人反對，明天起咱們六個人一起幹。至於赤烈和山下朋友擔心，由他們去。」莊院士做出決定。

（四）

從支脈山腹頂的山谷眺望晚霞，感受份外不同。雲朵散佈於四方八面。下午金色耀眼的太陽，黃昏之初化為血紅火球，照得天際所有雲朵外層紅光反射，中心黑暗，而眾山頭反射紫光。血紅太陽墜入山頭之後，四周天際紅色雲朵變黑，眾山頭失去輪廓。四個人守在殘火邊，注視三座山腰間的山頭陷入漆黑中。

「妳記得我們路過梅里雪山的情況？」詹姆士爬山一天，人不疲倦，閒聊打發黃昏後剩餘時間。

「那座山海拔六七四〇公尺，但位於瀾滄江彼岸，叫卡瓦格博峰。我們在瀾滄江這岸的山腳走，哈巴雪山、白馬雪山、和大雪山山脈北端，都比我們低。我們呼吸有點困難。」舒小珍回憶。

「許多高山的峰頂、山脊、斜坡、以及山谷等，居然完全排列在我們的腳下，我們像飛鳥一樣，俯瞰廣大山嶽。」詹姆士回想。

「不錯。但是麵包車通過怒江上的幫達大橋，來到念青唐古喇山脈邊。公路愈爬愈高，爬到然烏最高點，沿路橫斷山脈的所有源流山頭，又完全排列在我們腳下，其中不乏大山嶺。那樣的景色才壯觀。」舒小珍進一步回憶。

「不錯，鳥瞰山嶽的機會太希罕。但是當時我快喘不過氣來。」詹姆士表示

「我卻頭疼頭快裂開。結果麵包車開進低海拔的林芝，頭不再疼痛欲裂。」

「現在我們看不見許多山頭奇觀，但是明天爬上山腰，高度上升一千公尺，許多山峰又會排列在我們腳下。」詹姆士展望。

「明天爬山不吃力，才有心情欣賞山景。看看尼瑪，現在只想休息，沒心思談天說笑。」舒小珍世故的表示。

天空及山嶽完全陷入黑暗中，滿天星辰開始閃爍。丹卡累了，告辭退下。莊院士連連打哈欠，也退下休息。山上氣溫下降，風聲增強，每座帳篷輕搖，舒小珍也告辭回帳篷。詹姆士打熄火苗，最後一個鑽帳篷。

莊院士對於考察團被困在支脈上，感到煩悶，有心讓舒小珍下山報訊。詹姆士對此心中獨自憂煩。他從林芝打越洋電話回大學城，第一次直接告知愛人，他已經深入西藏；當時愛人可能忙於個人的研究工作，沒心計較詹姆士的行蹤延遲聯絡作為。詹姆士獨自心中矛盾。

詹姆士從林芝打出的電話中，明白爽快的表示，考察工作將即起展開，迅速結束；全部考察團員將走下坡路，不久將返回雲南。可能不必太久，愛人就打越洋電話去祿豐縣，與他談某些事。

結果呢？老桑馬登一人二馬返回牧墨遲了。考察團趕去墨脫牧場會合，什麼事都延誤。包括現在，居然被困在山腹頂，找不到不明怪獸。一切都拖延了。愛人一旦電話打去祿豐，他怎麼解釋？

從登山冒險的角度來說，這支業餘的登山隊，每個人的表現超過預期，他不但沒有怨言，反而甘心與夥伴們共進同退。就個人的私心感受來說，和大姑娘朝夕相處，相當順心愉快。如同其他東方人一樣，她的物質欲望相當低，少要求別人，多督促自己。個性溫和，不發脾氣，相處容易而融洽。但詹姆士太太不一樣，對自己對別人要求都高，批評人頗尖銳，常想主控一切，擔心別人騙她，佔她便宜。

詹姆士太太如果參加巨石荒原挖掘行動，或在湖濱樹林區渡假，她不參加曬太陽，或蘆葦中涉水尋找獵物的苦差事。她暗示學生，一切先行作業弄好，連木炭都燒紅，她才接手，一下子烤出美味。但她也有好處，她和詹姆士享受一切行動中精華的一部份，其餘大部份仍還給同事及學生。她不想讓詹姆士教授受一點委屈。她希望頭銜和社團地位一致。她自己經過長久努力，才爭得教會及州立大學的地位，她希望外人看見這一點。形式必須與內容一致，地位與權威合而為一；別人休想僥倖而佔上風。

她自己憑努力爭取到社會地位，深信世間沒有便宜的成功，因此對別人要求嚴苛，甚至包括詹姆士在內。如果詹姆士爬上最高階梯，詹姆士一家人都將分享成功的喜悅。

因此，一旦她得知詹姆士睡柴房客廳的地上，聞臭騷味一整天；進入深林及丘陵之後，尋找一對殺羊兇手；兇手們只殺死大小共四隻羊，她免不了氣炸。堂堂正教授，委屈到這種地步。誰欺矇好心的詹姆士博士？

這一支沒受足夠訓練及欠缺適當裝備的登山隊伍，因機緣巧合而湊在一起。他們像業餘登山人士一樣，不識憂煩而放心熟睡，睡夠了自然起床。詹姆士發現，嘎爾瑪、丹卡、和尼瑪倒像是受過正規訓練，早一些起床，其次不浪費一點時間，準備好早餐，尤其是一杯活動廚房擠出來的鮮奶。

「你仍能帶路爬山？」莊院士品味熱鮮奶，說出第一句話。

「能。昨夜睡得好，體力恢復了。」尼瑪自然而然的作答。

「妳有沒有改變主意？」莊院士說出第二句話。

「沒有，大夥兒一起行動。」舒小珍回答。

吃過早餐，丹卡和嘎爾瑪迅速收拾餐具，嘎爾瑪走遠叫喚犛牛。莊院士、詹姆士、舒小珍和尼瑪共四個人，站在淺山谷的高地，開始打量墨脫支脈山腰間，第一座與淺山谷聯接的半個山頭。昨天繞過而登上的支脈山腹，樹林草地廣而岩壁少，山腹坡度小。現在矗立在四個人面前的高山，岩壁陡而岩層大量外露，山道也破碎狹窄。這座高山的正上方不見更高山，所以外來滾石砸撞山壁的機會少。當然不致於有人或野獸跑出山道。於是不妨推論，這座高山的破碎山道，乃是山壁本身大量剝落而勉強形成。

詹姆斯和莊院士第一次找出，舊日本軍官使用的雙筒望遠鏡，，詳細觀察破碎山道的每一部位。

「昨天你用長彎刀砍樹根岩角，今天你得再用長彎刀，砍破裂的山壁。」詹姆士警告。

全支隊伍依照昨天的行進順序排列，仍由丹卡熄火後墊尾。嘎爾瑪叫喚犛牛，他和犛牛昨天排第二，犛牛成為山道安全寬度的試驗品。尼瑪踏出有水有草的好谷地，捨棄附近其他無路相通的山頭，轉入黃草稀疏的狹路。

山壁上有裂縫及凹洞，也生長雜草小花；較遠的地方，大塊岩層露頭。岩層頂端，孤單的樺樹全部變黃，枯葉夾在岩縫間。岩層如千萬片薄瓦壓擠，水流由薄瓦中滲出，水質清澈；稀疏野草生長於潮溼的薄瓦縫上。薄瓦層大塊大塊的內凹，因而留下落腳地。

薄片巨岩出現巨大崩塌現象，幾條幾乎互相連接的狹路，直通山頭低處，而接近山腹綠野帶。尼瑪等人不相信不明怪物活動於山腹林野帶，所以捨棄如此簡便好走的山路。他們得往高處走，或者曲曲折折的往高處挪移。密集瓦片岩層區廣大，但落腳地互不相連；詹姆士藉雙筒望遠鏡觀察，已經看出領路人應該如何行動。尼瑪抽出長彎刀，倒握刀柄，用厚刀背猛敲緊密相疊的瓦片團。他的單手抓瓦片突起方便，另一隻手不是砍掉擋路的瓦片塊，就是下刺低處凹陷瓦片壁，擴大落腳地。尼瑪任由坐騎跟上，嘎爾瑪仍不時叫喚「葉克，葉克」。莊院士等人知道，走危險山腰間的狹路，牲口可能躁動而跌落下方。

「山壁上不可能棲息怪物，怪物不會生活在危險不便的地點。」莊院士仍悠閒，低聲交談。

「當然，除非它們是鳥類。任何動物都居留食物多的地方。」詹姆士表示。他觀察腳下的山腹林野帶，沒發現任何劇烈騷動景象。

「你認為動物必須在食物鏈中生活？」舒小珍低聲談話。

「動物有什麼食物鏈？」墊後的丹卡低聲詢問。

「太多，太明顯。像我們吃雞肉，雞吃蚱蜢蚯蚓，蚱蜢蚯蚓吃小蟲泥土。」舒小珍說明。

無數瓦片擠壓層之後，礫石黏土層出現。原本山壁上嵌有無數巨石，一旦雨雪侵蝕劇烈，巨石底部鬆動，巨石容易墜落。於是在山壁上留下凹洞，凹洞外緣土塊殘留，凹洞底部就成為落腳地。黏土塊比較鬆軟，尼瑪仍用刀背猛砍，清除地面及正前方土石擋路障礙。他揮舞長刀動作大，坐騎居然隔了距離跟隨。

「現在開路吃力，回頭下山好走。」嘎爾瑪偶而幫忙清路，大部份時間盯住二頭犛牛。

「山路不連貫，不平坦。冬季到處冰封，不明怪物不能一路跑上山。怪物不可能是四腳走路的野獸像黑熊野豬。」莊院士簡單的推理。

「當然不是黑熊野豬。能飛的動物，像老鷹或禿鷹，才能飛上飛下這座山頭。」詹姆士也推理。

「猿猴爬得上這種地形。有可能是猿猴嗎？」舒小珍跟著動腦筋。

「猿猴都爬樹，摘水果吃，偶然吃蜜蜂窩，餓得很吃老鼠。這裡沒有猿猴的食物。」丹卡開口。

「你等於說這裡沒有猿猴的食物鏈。」舒小珍交談下去。

其他夥伴步子悠閒，感覺風冷了起來。尼瑪為了闢出犛牛可以通行的路，揮舞彎刀砸山壁；小石子迸出，嘎爾瑪退步閃躪。落腳地逐漸升高，山壁不生長樹木；茅草半傾斜下垂，長葉脈變黃。莊院士安慰，開路太累不妨休息一下；尼瑪不停下，嘎爾瑪打開水壺讓尼瑪喝水。

礫石黏土層一帶，茅草頑強生長，長葉脈伸展擋路。一段山壁上，尼瑪砍掉擋路的茅草叢。山壁間仍多大小石頭滾落後留下的凹洞，尼瑪利用這些凹洞當落腳地，一再清理腳下黏土凹凸處，繼續開出狹窄的山道。

山壁傾斜度近六十度，小樹只能生長在山壁深凹的洞口極小地點。山壁間生長的茅草，以及小樹的枝葉伸出擋路。尼瑪瞧見前方落腳地上，一棵矮樹橫落狹山道上，附近另有一棵矮樹斜立山壁間，矮樹從中折斷。

「兩棵矮怪樹。」尼瑪大叫。他不砍斷丟棄擋路的草樹。他往前走一小段路，讓夥伴們及牲口依序趕來觀察。

莊院士不費太大力氣，拔起橫落山路上的矮樹。矮樹身留有爪印。詹姆士踮腳尖，觀看從中折斷的另一棵斜立矮樹。

「冬天山壁上當然附著冰雪，這兩棵矮樹生長山壁間。一隻怪物跳過，企圖抓住物體，穩住急衝中的身體。它的爪子抓住小樹，但體重及衝力相加，小樹被拔起。另一隻怪物抓另一個物體，抓住矮樹，但身體太重，把小樹折斷。」舒小珍分析。

仔細看，兩棵矮樹殘葉上，都留下抓痕。

「二隻怪物居然和我們走同樣的路線上山。它們能跳能抓，所以不必走完整無缺的山道。」詹姆士進一步分析。

尼瑪心直跳，不明怪物第二次留下蹤跡。它們可能就活在上方不遠處，而且一大群相聚。

尼瑪走過礫石黏土混合山頭的腰部，繼續往前舉步。山壁狀況變了。傾斜角度六十度不變，山壁由無比巨大的岩石構成，呈灰色及白色斑紋相間排列狀。山壁有許多裂縫及裂紋。一旦冰雪黏附岩壁，不明怪物難以抓附。是否發現山壁裂縫不明顯，不明怪物分別抓住那二棵矮樹，而且觀察了一陣？

尼瑪不用觀察，他繼續揮舞長彎刀，砸斷山壁厚薄不一的岩片；看起來堅硬的岩石突出片板，居然應聲而斷，「嘩啦，嘩啦」墜入山腹林野中。尼瑪硬是從灰色及白色相間岩壁上，砸出一條通路。他爬上稍高的岩壁，發現自己繞過了一座樹少草多的岩層及土壤混合山頭，來到二座山頭之間的狹谷地。他開好了路，牲口及夥伴們身體摩擦岩壁，依序攀上狹谷地。馬匹及犛牛步伐穩，跟定各主人爬高。尼瑪疲倦了，仍搜索怪物。怪物族群沒攻擊他。

莊院士和詹姆士輪流用雙筒望遠鏡近眺遠望，互相觀看搖頭。第二座灰白斑紋相間的山頭，仍然沒有現成好道路。山頭草多樹少，流水沿岩層側緣流下。大夥兒手掬涼水灑臉，降低體溫。

「要不要換一個人開路？」莊院士開口：「所有走過的山頭中，我們正面對的灰色條紋岩石山最陡，山壁上的山道接不起來；怎麼走下去，眼睛近距離看見才算數。」

「仍由我開路。原先以為怪物成群躲在這座山谷中，結果不見影子。它們躲去哪兒？如果它們逃走了，一定有山路。」尼瑪胡思亂想，想出一番道理。

「尼瑪夠資格當山地兵。有沒有山路，他推算出來。」詹姆士打趣。

「不錯，不錯，當然有路，不然怪物跑去哪兒？」丹卡也打趣。

尼瑪休息一會兒，走向灰色及白色斑紋相互排列的山頭。果然山頭陡直，山路陡升。明明一段寬敞的山路，突然收窄。莊院士用望遠鏡看過，似乎山路中斷了。由這座多峭壁山頭往下走，山路明顯在目，但與尼瑪的走向正相反。他只能往上看。他看出來了，陡直而有呈白色及灰色夾雜排列的峭壁，多的是四分五裂的大塊岩片。一處岩片崩落，就殘留淺山路。岩壁上仍有裂紋，再砸裂紋，又一層岩片掉落，山路變寬。

「退遠，別叫岩片砸頭。」尼瑪警告身後的嘎爾瑪。

尼瑪站在窄山道上，一手扶岩壁，一手猛砸裂紋多的陡直山壁，閉上眼睛。果然大片岩片崩落，直墜低陷的山腹綠野帶。尼瑪上衣沾了碎岩粉塵，但眼睛保持滑潤。山道拓寬了。他抓住要領。

原來山壁表面不完整，一層一層被侵蝕。敲擊一次，岩片掉落一層，厚達十公分以下，可能怪物不需要比較寬敞及完整的山路，但馬匹及犛牛卻需要。尼瑪的坐騎也機伶，跟在落塵範圍外。尼瑪用心觀察陡峭的山壁，猛砸四分五裂的岩石表層。「嘩啦，嘩啦」，岩片不斷的下墜，尼瑪往前開路，牲口及夥伴們跟上。嘎爾瑪不斷的叫喚二頭聽話的犛牛。

「岩壁一片一片崩落的部分，是氣溫劇變時的迎風面。」舒小珍想出道理，出聲通知：「白天太陽曬熱了，突然下雨，入夜結凍。這麼循環千萬年。岩壁表面不夠堅硬的話，就一層一層剝落。」

原來如此，山壁本來就外層剝裂，一旦有人猛砸，整片岩塊就剝離。尼瑪瞭解了，心中沒有懸念。看見山道太窄，山道中斷，他就砸峭壁找答案。他打中岩壁裂紋深的的部位，岩壁冒出碎粒；他再次擊下，一層岩壁就依附不穩，岩片一塊接一塊墜落，山道接通。他用腳一踢，山道上的碎片被掃落。尼瑪找到爬向高處的山道，就砸落路途中岩壁的岩片，讓低處山道連接高處山道。

尼瑪耗盡臂力，忍受乾渴，在天色又轉暗前，繞過灰色及白色斑條紋交雜的光禿多岩山頭，登上另一座多草的谷地。谷地位於背風區，不但黃草繼續生長，而且出現多條叉路，通往較低山谷及斜坡地帶。各山頭矮草生長不斷，他們眼見牲口草料豐富，心情安定下來。

天邊之外，濃雲密集，落日霞光受阻，山區暗的快。尼瑪一個人有權先休息。其他人匆忙搭帳篷，卸下行囊，準備晚餐。

「這裡地勢較高。山腰只剩下一座山頭。牲口能爬升的路子有限，大夥兒不必找太遠的目標。」莊院士安慰疲憊已極的領路人。

天黑以後，薄霧包圍了高山，細雨及小冰雹降落。但帳篷仍檔得住水氣。氣溫降至冰點以下，山谷中的流水出現結冰現象。牲口吃了草，也喝了草上的冰珠，坐下來休息。嘎爾瑪和丹卡找出毛毯，蓋在牲口的身上，臨時擋一點雨。

整個晚上，山頭不但小雨冰雹不斷，而且山風吹的急，所有帳篷急搖晃。除了詹姆士以外，其他人心中沒有牽掛，睡得安穩，不擔心帳篷被山風捲走。詹姆士白天與舒小珍談天說笑，陪夥伴們謹慎爬陡峭山路，忘記俗事的矛盾及煩惱。一旦一個人躺在帳篷中，就想到如何向愛人交代的藉口。事實頗明顯，全部考察團被拘留在高山中，返回雲南遙遙無期。一旦暑假結束，愛人的個人研究工作告一段落，就有閒功夫找他。他人在何方？怎麼答覆？

夜晚詹姆士在帳篷內輾轉反側一陣，才能定下心來入睡。但夜深風急中氣溫降得多。詹姆士睡的深沉，被外頭嘈雜的叫喚吵醒。

嘎爾瑪發現，昨夜天冷結冰。牲口蓋了毛毯，保住了體溫，但毛毯上結了一層厚冰。因此他讓所有牲口站起，用力揉馬匹的頸子，刺激馬匹抖動全身肌肉，甩掉蓬鬆的冰屑。犛牛皮膚上的毛髮，最內層有細絨毛，足以防水防冰，保持體內溫度。嘎爾瑪找來毛刷，大刷犛牛的外層毛髮，刷得犛牛受用。牲口草料未凍爛，擠出的奶相當爽口醇厚。

前二天，尼瑪大費力，清出山腰及二座山頭的山道，協助夥伴們順利繞過山頭。他們爬過的礫石黏土混合山頭，高度極高，山道也陡。接著他們爬白色和灰色斑紋依序交雜的山頭，全山高度更可觀，他們行走的山路也更陡。他們已經過了墨脫支脈巨大山腰的大部份地段。前面只剩下一座山頭，越過這座山頭，他們就到達大山腰的最高點。那兒地勢甚高，幾乎全部墨脫支脈的一般山嶺全位於他們腳下。至於全部雅魯藏布江大江灣內的山嶽及樹林，也分別陳列於他們的腳下。

他們前面的最後一座山腰山頭，不構成威脅。牠是一座純石頭山，四周斜坡長滿黃草。有一段斜坡，由山頭直通他們腳下的山谷，這段岩石斜坡簡直是天然的康莊大道。

「問題只是風大，昨晚下雨下冰雹，又吹強風。今早雨和冰雹停了，強風仍吹。人爬上最後山腰山頭不難，牲口能抵抗這麼強的山風？」莊院士提出小疑問。「小事，小事。」詹姆士表示：「中西部秋天常有強風，印第安人不騎馬，風沙颱太猛，騎馬看不見路。他們牽馬走，根本不怕強風，直到強風停歇為止。」

「不錯。」嘎爾瑪贊成印第安人的應付方法：「山頭風大，讓牲口自行爬上山，四隻腳的比二隻腳的站著穩。我們貼著牲口的肚子走，牲口反而替我們擋風。」

「這麼方便的話，大夥兒排隊，快快樂樂爬上大山腰的最後一座山頭。」莊院士宣佈。

所有小件行李綁在個別馬鞍上，所有行囊掛在犛牛背上，然後全部夥伴一起邁開步伐。這些天尼瑪出力最多，他有權利走在最前頭。他牽了繮繩走在坐騎的側邊，「唷唷」叫喚，通知坐騎由山谷走上天然大斜坡。強風吹來，坐騎不但自行走穩，而且替主人擋風。嘎爾瑪同樣牽馬前行，口中呼喚「葉克，葉克」，犛牛跟上。一匹馬和二頭犛牛替嘎爾瑪擋風。嘎爾瑪順順當當爬上褐色岩石山頭頂部。同樣的，莊院士、詹姆士、舒小珍、和丹卡，都藉馬匹擋風，爬上最後一座山頭頂部。

最後一座山頂空曠單調，根本不見任何一隻野獸。山頂岩石呈褐色，形狀略似大鍋蓋。正中央最高，四周斜滑。可能當年山風旋轉，帶動冰雪旋轉，黃褐色山頂岩石表面現出一條條螺旋紋。山頂遺留不少大岩石。但是大岩石不是近前二座巨峰的滾落物，而是岩石山頭經千萬年風化後，遺留下來的殘餘物。它們的底部和山頂岩層連成一體。岩石山頂不長一棵青草。岩石山頂連接黃色巨峰的峭壁腳，峭壁腳也不長一棵青草。

「其他山頭、山谷、和斜坡都有草料，唯獨這座山頭不長草，我和尼瑪先去割草。」丹卡聲明。

「怎麼割草法？」莊院士詢問。

「我和尼瑪各騎一匹馬，牽一匹馬走下山頭。我們讓四匹馬馱滿草料回來。」丹卡說明。

嘎爾瑪分心照料犛牛，舒小珍不必太理會坐騎。他們二人把坐騎交給丹卡和尼瑪。丹卡和尼瑪二個人與四匹馬，又循原路匆匆下山。

「山頭不見猛獸，我們走去黃色山峰峭壁腳下。」莊院士宣佈。

全部四個人二匹馬，二頭犛牛，走過這座褐色山頭的光禿頂部。風吹的急，但岩頂螺紋有助於穩住腳步。

「這座山頂光禿禿的，只留有大石頭和螺紋，但是暗藏危險。」嘎爾瑪表示：「這座山頂有一座小石橋，通向黃色巨峰峭壁腳，另有一段岩石斜坡通往山谷。一旦天氣惡劣，雲霧包圍山頂，危險就來了。」

「當然，雲霧一出現，找不到道路參考物。」嘎爾瑪又指出：「小石橋對準峭壁腳盡頭，上下小石橋，千萬別衝出峭壁腳盡頭，否則墜落懸崖下。岩石斜坡斜斜對著白色和灰色斑紋交錯的尖峰。一旦雲霧遮住白色和灰色斑紋交雜的峰頂，找岩石斜坡千萬得當心。」嘎爾瑪說出他對新環境的感受。

「到底怪物是何種猛獸，從牧場爬上支脈的山腰，身體一定十分強壯。居住高山山頭上，沒有懼高感？」舒小珍感嘆。

褐色山頭的山頂上，強風吹拂有力，用雙腳走路的登山客，不貼緊四隻腳的牲口，幾乎被山風吹倒。嘎爾瑪扶著坐騎，加快步伐通過山頂。黃褐色的山頂天然伸展一座約二公尺寬石樑或石橋，連接黃色巨峰的峭壁腳下。所以走石樑去峭壁腳下的微小平地，千萬得當心，別衝出峭壁腳尾巴，墜入萬劫不復之地。

嘎爾瑪小心謹慎，拉坐騎和犛牛上下峭壁腳下狹窄的微小平地；接著仍小心翼翼拉莊院士、詹姆士、和舒小珍，以及他們的坐騎，全部通過石樑，擠在峭壁腳下微小平地上。螺紋岩石山頂一直吹強風，讓登山客站立不穩。他們移去峭壁腳下小平地，峭壁本身擋不了多少山風。他們打量峭壁腳下一帶，不禁人人心頭又顫抖。

墨脫支脈最高的二座巨峰，就矗立在他們身前。後一座巨峰呈黑色，山勢不明顯，但顯然比黃色巨峰高。黃色巨峰一半是角錐狀岩石粗山峰，岩石粗山峰溝痕縱橫，眼前看不見冰雪。除了猿猴，任何動物爬不上角錐狀岩石峰頂。

巨峰一半以下，溝洞裂縫較多，分佈在傾斜角三十度的峭壁上。峭壁一直往下降落，直到相鄰褐色光禿山頂的外圍為止。這座峭壁腳留有斜長三角形平地。峭壁腳與光禿山頂的外圍拱住一方微小平地，即三角形平地。三角形平地頭部寬二十多公尺，盡頭連接褐色石樑，只剩一公尺而已。三角形長度有三十多公尺。六個人，六匹馬，以及二頭犛牛，無法安逸的擠在小三角形平地上。

三角形平地邊緣也有天然殘留的邊石，看起來邊石不夠牢固，但它們根部與三角形平地連為一體，它們也防護三角形平地。也可以說，四名登山客上了一小片夾縫三角形地。黃色峭壁腳和幾塊邊石夾住三角形地。

舒小珍站在夾縫地上，恐懼油然而生。她關心邊石是否牢固，仔細打量每一塊邊石。她瞧見，一塊邊石上，有一攤黑色的印痕。

「黑色墨跡，不是岩石的本色。是鳥的糞便？」舒小珍出聲探詢。

其他三個人回頭注視。詹姆士激動的開口：「血跡，不是糞便。」

「血跡變黑了，血是從羊肉身上滴下或擠下的。」莊院士確認黑色印痕性質。

「它們沒聚集褐色鍋蓋形山頂，當然不會留在三角形夾縫地上。它們躲去哪兒了？」舒小珍發抖說話。

詹姆士四下張望，眼光停在前方孤單的黃色巨峰上：「它們只能躲在那兒。」

「它們能爬傾斜四十五度的長峭壁？從三角形夾縫地走出去，只有一小段路有立腳地，其餘是需要手爬腳蹬的峭壁。它們怎麼爬過去？」舒小珍懷疑。

「它們爬上了山腰的礫石黏土混合山頭，也爬上了灰色及白色斑紋交雜岩石峭壁山頭。為何爬不過四十五度角峭壁？」詹姆士冷靜分析比較。

「不急，等丹卡及尼瑪回來，大夥兒商量。」莊院士表示。

三角形夾縫地下方，相差二十多公尺到十公尺為止，是褐色光禿鍋蓋形山頂。再過去，一座天然石樑隆起，連接三角形夾縫地和鍋蓋形山頂的邊緣。三角形夾縫地不生長任何草樹，它簡直是死亡之地。夾縫地的頸部寬二十多公尺，頸部之外是幾百公尺高的峭壁，直接通向山腹林野區。夾縫地的尾巴寬一公尺而已，它的外邊連接褐色山頂的部份斜坡，其間相差幾十公尺。可以說，三角形夾縫地也是死亡的懸崖。

丹卡和尼瑪牽馬而回，馬背上滿載乾草料。他倆卸下所有乾草，又加上嘎爾瑪，共三個人，牽出六匹馬下山。他們三個人得用麻袋裝回石塊。所有牲口睡在夾縫地頭部，然後疊起石塊分隔，六個人睡在夾縫地後半段。

丹卡及尼瑪忙碌一整天，分次載回乾草料及石塊，才知道災禍來臨，大夥兒來到死亡之地，死亡懸崖。

「難道我們追蹤錯誤，不明怪物把我們引誘到死亡之地，死亡懸崖？」尼瑪哀叫。

「沒那麼嚴重。你一路上砸岩層角，砍岩石片，打通了山道。我們回頭下山，走的是通暢的好路。」詹姆士指出事實。

他們來到三角形夾縫地，心情沉痛鬱悶。草草吃過飯，坐在石塊間隔的三角地後半部，討論將來的行動。

「馬和犛牛不可能爬峭壁，它們得留下，或者分批移去山下安全的地點。」莊院士表示。

「只有我能盯住犛牛，我留下，照顧馬匹和犛牛。」嘎爾瑪宣佈。

「妳呢？爬峭壁太危險，妳留下幫嘎爾瑪。」莊院士指示。

「最後關頭我不缺席。傾斜角四十五度的峭壁沒什麼了不起，我爬得過去。」舒小珍抗議。

「黃色巨峰的峭壁，外表上不太危險。」詹姆士分析：「從三角地出發，手扶岩壁，挪移腳步一小段路，進入峭壁區。從峭壁區橫爬，爬上半座峭壁腹部，抵達我們現在看不見的某個部位。從那裡，我們觀察黃黑二座巨峰，再也不需要爬去其他地點。我們行程終止了。所以我們面對的，是由峭壁腳爬半個山腹，到達對側山腹高點。」

「二座巨峰之後，遙遠的地方，還有一座更高峰。」尼瑪指出。

「南迦巴瓦峰，高七七八七公尺，真正大江灣內第一高峰，但離這兒太遠；怪物弄了一攤血跡在這兒，不可能跑去那麼遠的高峰。」舒小珍說明。

「我們斜斜爬至對側山腹高處，爬一公里半至二公里，不算太累太危險。然後我們又倒爬回來，或留下在對側某地點過夜。我們必須回來。」丹卡動腦筋分析。

他們頂多在對側某處停留一夜。他們攜帶的食物太少了，又離開了活動廚房。

「你們爬過去，我陪活動廚房，餐餐吃飽，三天養白養胖。」嘎爾瑪說笑。

三十公尺長三角形夾縫地，六匹馬和二頭犛牛佔領頭半部大面積，然後疊石相隔。六個人及背袋佔尾半部小面積；地太硬，搭不起帳篷，所有人露天休息。詹姆士仍以為死亡之地不太差，避開了牧場土坯房的臭騷味。大夥兒近距離和衣而臥，大姑娘就擠在眾人身邊。

「我們等於睡在騎兵隊戰鬥坑中。」詹姆士說笑。

「為什麼？」舒小珍就在身邊探問。

「為了防止滾落褐色鍋蓋形山頭，我們四周都堆放石塊擋身。中西部的騎兵隊為了防止印第安人攻擊，也在陣地四周堆石塊，晚上睡石頭矮牆內。」詹姆士解釋。

「明天一早，我們弄出兩天份的食物，弄好就出發，明天查出不明怪物的巢穴。」莊院士睡前交代。

「二頭犛牛和六匹馬的鮮奶，養我一個人，太豐富了。明天起，我當皇帝。但是牲口每天吃二次草，一點也不能少。明天天一亮，我騎一匹、牽一匹，下山割草。草割得夠，牲口勉強能在夾縫地留二天。明天你們出發時，分隔石頭堆高一些，別讓牲口跑走。」嘎爾瑪交代。他不空閒等待，他首先關心牲口有沒有草料。他不敢浪費任何短時間。

黃色巨峰峭壁一直流動薄薄清水，說明巨峰上仍殘留冰塊。三角形夾縫地位於支脈大山腰的最高點，也就是二座巨峰的最低點。他們留在爬山行程中的最高點。這兒夜間氣溫低，峭壁上的流水結冰，天亮了才逐漸溶解。不分白天晚上，山風吹拂強勁。冬天在死亡懸崖上降臨得早，六名登山客都穿上初冬顏色暗的厚輕裝。

第十二章　二座最高峰

（一）

駕駛麵包車的王師傅，知道自己荷包的大小，任何開支都得計較。撥一次長途電話回九鄉，費用不低，王師傅自已負擔不起。為了報告地理考察團的狀況而撥長途電話回九鄉，指定溶洞工地付費，管理會計財務的單位包準抗議。

王師傅舒舒服服進出墨脫縣駐林芝的招待所，已有一段時日。他等待大桑馬登由雲南返回北山腳村，又送三位考察團人員到林芝大橋；他安心的住招待所，原以為三、五天之後，老村長就會捎電話來，通知他去林芝大橋接人。他暫時不必打長途電話，向九鄉工地報告現況。

三天過去了，五天過去了。王師傅左等右等，老桑馬登沒撥電話。市內短途電話便宜，多打幾次無妨。王師傅等不及，從招待所打電話去老村長家。「哦，哦，王師傅，知道你會打來。」大桑馬登在話筒中表示：三位專家，加上四名本地藏族青壯年，還有一批牲口，全都沒有進一步的消息。」

「怎麼可能呢？專家們追查到什麼地方了？迷路了？」王師傅開始心急。

「我也急了。迷路不大可能。他們明明走出侄兒的草地，進入森林中。搞不懂他們留在森林中，還是上了山？四個牧場好手，不致於把事情搞砸。」老村長交不出答案。

「他們帶了多少食物？」

「大包的糌粑、炒麵粉、肉乾，省著吃，能管一個禮拜。帶了母馬和母犛牛出去，給牲口吃草喝水，牲口天天泌乳，所以食物不成問題。」

「能不能由牧場找人，進森林或爬山搜一搜？」

「再看看。雅魯藏布江是大江，喜馬拉雅山是大山，怎能隨便進去？再等幾天。牧場缺人，別家牧場都開始割草儲料，我這兒欠缺人手。」

桑馬登村長建議別著急，多等幾天看看，可能大江彎中的喜馬拉雅山脈儘管是尾段，但山嶽情況仍模糊。王師傅在林芝的招待所裡又等了兩天，顧不了長途電話的帳單，撥電話回九鄉溶洞。

電話輾轉接撥，九鄉溶洞工地總機回話：「王師傅，全工地等你們的消息呢，你想報告誰？」

「報告工程隊副隊長。」王師傅交代。

「副隊長經常去地下洞窟指揮，最好不要擾亂他。換個人可好，比方電腦室的黃曼。」總機服務員也懂得各職工的職務關係。

「王師傅，王師傅，你們準備回雲南了？」黃曼拿起話筒，爽快交談，不明白地理考察團被困在高山上。

「我先說個大概，請你向各單位解釋。我們坐麵包車，老村長騎馬，我們搶先平安抵達林芝。」王師傅擇要說明：「我們當然行程快，等老桑馬登返回墨脫。老村長也回來了，三位賓客去墨脫牧場，幾天以後組隊，由四名藏族青壯年陪同，進入森林調查。到此為止，考察團進展順利。但是進入森林之後，音訊全斷，至今情況不明，我一直留在林芝聯絡，老村長表示，還不到派人進入森林搜索的地步，所以我只能等。」

「這就有點難辦。」黃曼看不出問題嚴重，穩當的回答：「除了九鄉工程隊上下關心，舒小珍的老爹又打來電話，追問閨女的下落。現在我們只能讓舒老爹苦等。」

「看來各方面亂了套。」王師傅鎮定自己，澄清大局：「現在還沒出大麻煩，我不能單獨一個人開車回去，我留在這兒，觀看事情的發展。」

但是墨脫縣駐林芝辦事處卻呼叫王師傅，一通已付費越洋電話找詹姆士博士，辦事處卻找停留在招待所內的王師傅代接。王師傅詫異，他沒有美國方面的朋友，從未聯絡美國任何人士。

「我是詹姆士太太，找詹姆士先生。」話筒傳來清脆的女子英語對話。

「詹姆士先生？」王師傅不能說英語，結結巴巴無法回話。

越洋電話中立刻換了一個人說話：「對不起，詹姆士太太恐怕語言不通，臨時找我翻譯，我就站在她身邊，用普通話轉達她的意思。」

「我明白了。」能用普通話交談，王師傅鬆了一口氣：「現在詹姆士不在墨脫縣辦事處。」

「自從上次他打電話回州立大學，確定他人到了林芝市，二十天過去了。考察案子應該完結並歸檔，為什麼詹姆士毫無音訊？」某名翻譯員現場一五一十代轉詹姆士愛人的意思。

「詹姆士博士可能遇上小麻煩，我們正在等待。」王師傅回話。

「他有小麻煩？他是不是躲避我？」話筒中，某翻譯員模仿詹姆士愛人說話中的焦躁口氣而轉述。

「躲避誰？我不清楚他躲避誰。全部考察團都不躲避誰。」王師傅一時沒抓對詹姆士愛人的意思，迷糊的回答。

「詹姆士和那名女工程師，一起躲去什麼地方？」翻譯員仍轉達詹姆士太太的意思。

王師傅開始明白，詹姆士去牧場考察，沒及時打電話去大學城，引發詹姆士愛人的懷疑，其中含有吃醋的意味。王師傅明確的表示：「不可能，不可能，地理考察團全部團員一起行動，執行任務，沒必要誰躲避誰。」

「現在詹姆士太太不怎麼信任詹姆士。」翻譯員誠實轉述：「詹姆士一再說話不誠實，詹姆士太太開始懷疑、思索。是否年輕貌美的女郎兼有文化水準，她稍一賣弄，詹姆士孤獨寂寞，彼此就親近了？」

「不致於，不致於。」王師傅弄懂情況，強調：「務必轉告詹姆士太太，千萬別想到極端方面，詹姆士和其他六名團員一直專心考察，沒人會破壞紀律。」

「詹姆士太太要求，再說一次，要求詹姆士快現身，不但立刻聯絡他的愛人，而且儘快結束或離開考察團。基金會的合約快到期了，詹姆士得回州立大學。」

「當然，」王師傅在電話中答覆：「調查團暫時行蹤不明，許多有關方面都緊張。但是調查團中不乏有能力的專家，他們能解決問題。一旦調查團現身，我要求詹姆士先生立即聯絡他的愛人。」

「謝謝你，王先生。」站在詹姆士愛人身邊的翻譯員，忠誠的轉述：「詹姆士太太心頭亂。相距一萬公里，基本情況模糊。她不知道能等待或忍耐多久。或者她親自飛去拉薩，把錯誤的事情糾正過來。」

（二）

夜間，黃色巨峰峭壁腳及褐色鍋蓋形岩石山頂接觸，形成三角形夾縫地，低空的風時斷時續吹掃這塊夾縫地。天稍亮，嘎爾瑪起身，首先替母馬及母犛牛擠奶。他自己大喝一杯，看見夥伴們起身，搬開擋身用石塊。他牽起二匹馬，謹慎的走下石樑來到褐色鍋蓋形岩石山頂。他打量一下四周，白色及灰色斑紋交雜的山頭在晨曦中出現，標示了斜坡的位置。嘎爾瑪騎上一匹馬，牽起另一匹的韁繩，然後快速跑下斜坡，尋找有草料的地點。

只要是土壤覆蓋的背風山谷及斜坡，就有生長情況良好的枯草。嘎爾瑪是牧場出身的好騎手。三角形夾縫地附近有水草，牲口不一定吃得到；他必須把握時間，多儲備乾草料。夥伴們來到極高之地，天氣不穩定，風雨隨時交加。夾縫三角地得到黃色巨峰峭壁的有限屏障，但本身位置險惡。夥伴們都要追蹤留下一攤血的怪物，包括體弱膽大的姑娘。嘎爾瑪這幾天沒人能幫忙。而六匹馬加上二頭犛牛，食量相當大。種種情況壓迫嘎爾瑪，他瞭解，必須儲備大量乾草料，才能熬過許多難關。

不明怪物先留下羽毛，其次扳倒矮樹，又其次留下一攤黑血。經過這三次現出蹤跡，路途又到了墨脫支脈的最高二座山峰下，不明怪物不能再躲避。嘎爾瑪挑起看守牲口的擔子，不敢浪費一點時間，天一亮就匆匆外出割草。嘎爾瑪明白，攤牌的時間就來臨。五個人，其中有老人及女子，將一起面對挑戰。截至目前為止，全部五個人表現了山嶽部隊的堅忍作風，尤其領路的小伙子尼瑪不苟且，把路開通得順暢。接下來就看五個人怎麼合力對付不明怪物。

其他五個人似乎也同樣生出警覺心。他們喝飽馬奶及犛牛奶，剩餘的奶裝進水壺，然後包起大部份乾糧。他們檢查裝備，戴上手套和軟帽。最後他們搬動石塊，隔開三角形夾縫地的牲口區和主人睡眠區。這塊夾縫地面積太小，以石塊擋住躺倒的身體，也嫌太簡陋。但他們只能這麼做。五個人一走，嘎爾瑪一個人睡半段夾縫地，空間夠寬敞，但是他變得孤單。也罷，一天或二天以後，夥伴們就返回。

莊院士和詹姆士都戒備起來，胸前掛了舊日本軍官用雙筒遠望鏡。外衣多加一件。太陽露臉，山風仍吹急。

「我們出發了。」莊院士對所有夥伴關心的笑一笑。

他們五個人，按照這一陣子的順序，由少年郎尼瑪領路，離開夾縫地。尼瑪走過一小段窄路，來到無明顯上升落腳突出地的峭壁。奇怪的是，如果尼瑪預備往下爬，回到大山腰的低處，卻隱約有條斷續的峭壁間小路，送他們快速下山。但不明怪物不住山腰低處。他們得斜斜往上爬，爬過黃色巨峰的腹部峭壁不明顯山路。傾斜角四十五度左右的峭壁，若干地段更平緩些，其他地段更陡峭些。岩壁另有凹洞或突出部。如同其他山嶽的山壁一樣，黃色巨峰表面不規則。

尼瑪尋找的是手抓腳蹬的洞穴或裂縫。不明怪物沒在丘陵或大山腹留下屍體，說明它們能安穩返回棲息地。那時是冬末冰雪未溶季節，攀爬山嶽更吃力，不明怪物成功攀爬，所以峭壁間必有手足可以抓靠的地點。尼瑪尋找峭壁上，往斜上方分佈的洞穴或溝痕。一旦這些洞溝排列有規律，而洞溝邊緣粗糙有不規則突起，尼瑪斜斜橫移的速度就加快。否則他得花時間尋找。不止一次，溝洞先向下方分佈，而後才落在上方岩壁上，尼瑪就得花較多的精力去抓方向。

五個人爬在岩壁上，強風陣陣吹來，令登山客感覺冷。尼瑪不急於趕路。這名一向在牧場與牲口打交道的少年郎，深知人在險境，必須一手一腳都落穩，才能安全挪移。尤其隊伍中有老人及女子，一旦五個人爬得同樣慢，每個人才有安全感。他們不欠缺時間，有一整天時間，讓他們由峭壁腳，爬過半邊峰腰，來到對側的峰腰某高處。

尼瑪攀爬費時，找洞穴更費時。必要時他往下爬一段，再依溝洞的天然分佈，往上方攀爬，於是更費時。他閉口不出聲，緩緩挪移身體，斜斜往上爬高。跟在他後面的莊院士和詹姆士，迅速發現尼瑪曲曲折折爬動，符合了峭壁上的洞溝實際狀況。這個少年郎沒魯莽行動。

尼瑪像蜘蛛一樣緩緩移動，舒小珍開始流冷汗，因而感覺山風來得冷。在山壁上移動，手指及腳板特別吃力；舒小珍發現自己的手指及腳板發抖了。她一再深呼吸，減低追隨詹姆士的速度。她落後一些。她有點緊張。

「不必趕，我們都沒落後，妳爬過了最危險的地段。」墊尾的丹卡開口，語氣沉穩。

舒小珍立刻發覺，她不孤單，老院士仍然安排丹卡跟住她，必要時幫她一把。只要不趕路，不擔心落後一些，舒小珍還是有力氣緩慢上爬。她找不到溝洞，丹卡會提醒她。

黃色巨峰腹部的峭壁，一再出現大小凹洞；尼瑪和莊院士等人，都曾俯臥凹洞中，休息幾分鐘。舒小珍看見凹洞，真像遇到救命繩子，牢牢抓住休息的機會，讓手腳恢復一點力氣。丹卡沒休息，站在峭壁上，注視大姑娘休息久一些。詹姆士也看出大姑娘體力差一點，他不趕著爬，他減低速度，靠近大姑娘些，讓她安心。

一前一後都有人沉默協助，舒小珍心中安定下來。較遠方，尼瑪和莊院士靠得近，變成一組登山客。莊院士如此追緊尼瑪，省卻了自己尋找洞穴的工夫。落後的詹姆士、舒小珍、和丹卡，變成另一組登山客。這麼一來，詹姆士吃虧，他沒緊跟莊院士，於是被迫多花時間，尋找可以抓蹬的溝洞。

正午時分，陽光照得明亮，舒小珍看見了全部黑色巨峰，知道自己轉過黃色巨峰的半側峭壁，完成了一半多攀爬路程。詹姆士和丹卡二人逗留在她前後，而尼瑪和莊院士快接近某一處終點。

「別管他們二人，跟著我慢慢移動，我們一定能爬過黃色峭壁。」詹姆士安慰大姑娘。

「如果妳覺得吃力，叫一聲，我替妳拿背包。」丹卡從後面安她的心。

山風冷，前後二個夥伴口氣溫暖，舒小珍內心更安定。不勞丹卡替她拿背袋。她盯緊詹姆士抓踏過的洞溝，自己的手腳有節奏的交替移動。爬峭壁不是太難太吃力的事。

到了下午，尼瑪已經完全看不見褐色鍋蓋形岩石山頭和詹姆士三人一組，當然更遠離三角形夾縫地上的峭壁腳。他知道自己快抵達終點，而莊院士緊緊的跟住他。他不敢分心，打量終點的外貌。他知道，通過危險地段，切忌最後分心，最後一步踏錯。他必須先結結實實踏上終點，才能談其他。他也知道不明怪物也無路可躲，不明怪物群體發動攻擊的時間近了。

尼瑪告誡自己，剩下二步可走。第一步是踏上終點，第二步是抽出武器備戰。他的身後，莊院士喘氣加劇，但機警的跟緊領路人。山風穩定的吹，太陽照得暖和；下午時分，尼瑪抓住峭壁上的一個突起岩角，爬上平坦的地面。他迅速打量地面一帶，沒看見一群猛獸攻擊地。他伸出手來，拉莊院士上平坦的地面。他又瞧見詹姆士三人一組，也爬高，離平坦地面不太遠。

尼瑪和莊院士二個人立即展開搜索行動。他們來到一黃一黑二座巨峰之間的岩石山谷。山谷長近二百公尺、上面不見一樹一草。山谷低窪的部份流動清水，清水來自二座巨峰。山谷內沒有洞穴，沒有巨石，是光禿而灌風的山谷。

尼瑪打量二座巨峰。其中黃色巨峰一半峭壁直通峰頂，不見任何巢穴內，另一半峭壁已經被他們爬過。至於黑色巨峰，比黃色巨峰高，全峰分成三段，即大斜坡，陡峭山壁，以及前側是凹凸不齊的陡坡、後側是波浪狀起伏至峰頂的岩石山脊。下午陽光偏斜，照著黑色巨頂下的波浪狀岩石山脊，而岩石山脊對側的凹凸不平峰頂一側陰暗不明。

「看不見怪物。它們消失了。」尼瑪沮喪開口。極遠方，南迦巴瓦峰靜謐不動，峰頂接觸雲朵。但它與不明怪獸沒有關係。

「它們一定在某個地點，但就是不現身。」尼瑪一再打量出聲。

「我也不瞭解，等其他夥伴上來再說。」莊院士口氣平和。

下午陽光轉暗，天邊反映彩霞；詹姆士沒說錯，他們三個人一組，也爬上二百公尺長左右的岩石山谷。

「有沒有怪物的蹤跡？」詹姆士劈頭就問。

尼瑪和莊院士搖頭不說話。他倆不可能看錯。他們追到二座巨峰間，怪物反而消失了。太陽落至較低山嶺之後，黃色及黑色巨峰的峰頂轉暗，他們不可能從這些峰頂看出名堂。

「這二座巨峰的岩石成份是什麼？」莊院士無可奈何找話題。

「黃色山峰由純花崗岩構成，黑色山峰由純玄武岩構成，都是堅硬的火成岩。」舒小珍回話。

「山峰中沒形成大小山洞？」

「不太可能，何況山峰中得不到食物。」

的確如此，不但二座山峰光禿，連二百公尺山谷也光禿，完全沒有食物鏈的影子。

「我們盡了力，做完一切該做的事。今天晚上在山谷中馬馬虎虎過一夜，明天一早下山，許多方面都等待我們。」莊院士做出決定。

「大家分一點早上擠出來的冷鮮奶。乾燥的食物也只能吃二天。明天不下山不行。」丹卡開口。

「如果半夜一群怪物攻擊我們，我反而高興。」尼瑪勉強安慰夥伴們。

天一黑，山風增強，從山谷的兩頭灌入。山谷內岩石堅硬如鐵，帳篷上的抓地尖木頭無法打入岩石中。他們無法睡帳篷，勢必露天而眠。大夥兒分別找出毛毯，和衣倒下，毛毯裹住身子。詹姆士則鑽睡袋。

「往好的方面想，嘎爾瑪一個人喝不完鮮奶。明天咱們下山，又看見活動廚房。」莊院士安慰大夥兒。

（三）

奇怪，強風吹颳了大半個夜晚，黎明前忽然停止，氣溫回升一些。太陽爬升，更帶來較強暖意。一黃一黑二座巨蜂之間，長二百多米，寬四十多米的空蕩蕩岩石山谷，居然安靜下來。空蕩蕩岩石山谷中的五名登山客一夜半睡半醒，心頭激動之後，心情趨向低落，肚子酸苦。午夜過去良久，才酣睡一陣。黎明前醒來，明知天快亮了，任務已經宣告失敗；他們就待下山，此後不再有急事纏身，所以不必急於起身。時值深秋，半夜高山上頗有涼意。他們沒搭帳篷，用毛毯、帳篷或睡袋裹身，睡得暖和，所以人人不免賴床。

五個人中，尼瑪最年輕，雖然考察任務失敗的陰影也籠罩他，他的精神恢復得最快。他只賴床一下子，不想再睡，爬了起來，草草捲起毛毯及蓋身帳篷；把身上的衣裳拉緊，信步走動一下。眼前風停了，光線夠亮。昨天他才爬上四十五度傾斜角的黃色山脈峭壁，來到二座巨蜂之間的山谷；今天將仍由他領路，爬下同樣的山脈峭壁，沒什麼難事；所以尼瑪心頭比較輕鬆，他想趁夥伴們賴床之際，在岩石山谷中活動一下。

昨天白天及夜晚，根本不見怪物攻擊他們。怪物到底怎麼了?尼瑪不太在意。屬於喜馬拉雅山脈的墨脫支脈本來地勢就高，支脈上的二座巨峰當然高上加高；而他腳下的岩石山谷，當然也是地勢奇高的地方。陽光照得明亮，尼瑪看過了沒有洞穴及怪物的山谷，接著打量黃色巨峰。好高聳的岩石山峰，從來不曾有人攀登；由於峰腹是傾斜四十五度峭壁，不算太難攀爬。峰腹之上是黃色岩石三角錐形山頭，高度約一百多米。這部份山頭上有不連貫縱橫溝槽，不利於手抓腳蹬，不利於登山客冒險攀爬。

尼瑪接著站在大山谷中，端詳黑色的第一高峰。黑色巨峰比黃色巨峰高得多，全峰外表結構也比較複雜，大約由下而上觀察，全峰外表大致可以分成三部份：大斜坡、峭壁、及山脊。尼瑪心中沒負擔，心平氣和打量。大斜坡面積及高度均大，不難攀爬。峭壁高約五十多公尺，傾斜六十多度，對一般登山者是一種挑戰。山脊頗長，高度約二百多公尺，不太陡，所以不難爬上爬下。

尼瑪再打量黑色巨峰峰頂，而岩石山脊像是連續性波浪梯級，一個波浪圓頂高過另一個波浪圓頂。最高的波浪圓頂，離巨峰峰巔不遠。巨峰峰巔是黑色削尖巨岩的頂部，它的正面對準陽光，尼瑪只能看見峰巔斜側面。陽光照耀黑色峰巔，似乎有長條物體移動。尼瑪以為自己眼花，看錯東西；那兒應該只有黑色岩石，不存在會移動的東西。

陽光照在黑色巨峰峰巔，峰顛正面似乎有洞口，似乎有長條東西爬出洞口。尼瑪的心碰碰的跳。他眨眨眼，再仔細打量；陽光正面照耀，照出一個大洞口的側面模樣。一個灰黑長條東西爬出洞口，這個東西的顏色近乎岩壁顏色，所以他會看走眼。他再看，第二個灰黑色長條東西也爬出洞口，而且這長條東西的背部，長了二排密集的長骨板，彼此互相平行。怪，什麼東西會長出兩排平行密集的骨板？尼瑪一生從未見過。

尼瑪再盯梢，第二個灰黑色長條東西不但爬出洞口，而且跳入空中；他的二排平行密集骨板自行扳平，變成平面飛翼；藉著平面飛翼，它滑翔至峰頂正面洞口旁邊的岩石山脊最高處。尼瑪看得清楚。「有大蜥蜴，有大爬蟲！」尼瑪人震驚，出聲大叫：「快起來看！」他的尖叫聲，驚動了心情差而賴床的四個夥伴們。丹卡第一個爬起，急掀毛毯及當成蓋被的帳篷，靠近堂侄身邊。

「黑色尖峰上有洞口，有洞口，大爬蟲由洞口爬出，昨天我們疏忽了。」尼瑪手發抖，指向二隻大蜥蜴出現的位置。丹卡看見一部份陽光照耀的洞口，又看見一隻爬遊洞口邊岩壁上的大蜥蜴，以及另一隻滑翔至附近岩石山脊最高岩頂上的同類大蜥蜴。這二隻蜥蜴都是黑灰背部及黑斑長尾巴，全長四十公分，表面顏色接近黑色山峰本身，容易令人混淆不辨。丹卡高叫：「有怪物，大蜥蜴！」。

兩個人的高叫聲更驚動人。詹姆士衝了出來，接著老院士和舒小珍也掀起蓋被跑出來。他們置身的半空中強風停歇，深秋的朝陽暖意不夠，光線倒明亮。確實二條大蜥蜴爬遊岩壁及岩石山脊上；他們目前沒滑翔，背上各長出二排平行長骨板，這二排平行長骨板居然有三十公分長，只要一扳平，就變成平面飛翼。由於他們能爬遊岩壁，說明它們的四肢掌心有吸盤。它們反應遲鈍，沒被五個人的身形及叫聲驚嚇。「長箭蜥，最古老的爬蟲！」詹姆士大叫。「少數地點遺留化石，現在卻活著出現。」莊院士附和。

他們五個人更看見，黑色巨峰峰頂洞口，探出一個有尖長喙、羽冠及藍色羽毛的鳥形頭，鳥形頭大小如鴕鳥頭。都因洞口方向偏斜，昨天下午光線差，才讓他們疏忽。現在沮喪的心情一掃而空，不管肚子餓，就想追上去。五個人不約而同，匆匆轉身，迅速打包毛毯、帳篷、睡袋、小東西、以及腰包；尼瑪及丹卡背好弓、箭袋；大夥兒背插長短木棒。走過二百公尺長岩石山谷，來到黑色巨峰腰部下方。

「你上得去嗎？」丹卡慎重詢問領路的侄兒。「沒問題。原來怪物一直和我們走相同的路線，來到最高山峰上。如果怪物剛攻擊牧場羊隻後，冰雪未溶前，我們就追蹤上山，我們一定看見更多線索。」尼瑪說明。同一條繩子綁死在五個人腰間，彼此相隔近二十公尺。詹姆士看看身後的大姑娘，舒小珍毫無退卻的模樣。來到地勢太高的山谷，任何人不可能孤單遺留下來。五個人的命運綁在一起。就要爬黑色巨峰峰腰以上部分，舒小珍雙手發抖，強行擠出僵硬的笑容，毫不撒嬌。詹姆士明白，這個女子個性也頑強。

五個人心情安定，看見眼前二座巨蜂矗立；大夥兒的下方是多個分別聳立的山頭，這些山頭全體形成綠野與裸岩交錯的大山腰。大山腰之下有更大的山腹，山腹上綠樹林、楓紅林、以及黃草叢互相鄰近分佈。大丘陵、落葉松帶、以及最廣大的北山腳村牧場，卻不能分辨。遙遠的南迦巴瓦峰孤零零的探入半空中，高峰的岩石部份反射陽光。五個人曾經考慮過，有無遠去南迦巴瓦峰的必要。由於可能他們追查的怪物已現身，他們沒必要遠行南迦巴瓦峰。

尼瑪比手勢，踏上黑色巨峰的大斜坡。就是這片環形大斜坡，托住巨峰峰腰以上部份。他們知道，嘎爾瑪和一批牲口仍留在前面黃色巨峰峭壁腳邊的夾縫地，眼巴巴盼望他們下山。他們目前急於追蹤，顧不了嘎爾瑪。

黑色巨峰下端的大斜坡，一看全是粗糙有裂痕的岩表，傾斜度小。斜坡上佇立一大堆形狀怪的大中型岩石，像是岩層表面生長出來的大蕈菇。這些岩石蕈菇看來快滾落，其實他們是岩層外表長時期風化後的殘留物，完全根植於大斜坡本身，不容易根斷而滾動。尼瑪手腳並用，爬上表面粗糙的大斜坡，沒遭遇困難。偶而身體不穩，雙手一抓岩石蕈菇，立即獲得支撐。舒小珍和莊院士同樣手腳並用，一步一步爬上傾斜度小的斜坡，動作也不遲緩。腰間繫在同一條繩子上，他們不可能跌倒滾下。他們必要時也扶住岩石蕈菇，而岩石蕈菇不會斷裂滾落。詹姆士和丹卡也依序緩步往上爬，體力消耗不大。

五個人雙手偶然碰觸岩石蕈菇根部，手指觸感冰涼。原來蕈菇的根部仍黏附殘冰未全溶。因此墨脫支脈較低部位的流水，到了秋末，主要來源僅剩這片地勢高的大斜坡上。大斜坡差不多完全環繞黑色巨峰的底部。尼瑪蛇行於眾岩石蕈菇之間，爬升速度緩慢，讓身後的老人及姑娘順利跟上。他們快要爬上全部大斜坡，確定岩石蕈菇根本不會滾動。尼瑪站上了大斜坡頂部，身邊有石蕈菇頭，下邊其他夥伴仍往上爬。他抬頭往上看，詹姆士稱呼的長箭蜥仍爬遊於陽光中。

五個人爬上大斜坡，仰視大斜坡之上的黑色岩石峭壁，不禁倒吸一口冷氣。又見峭壁，東凸西凹，大致傾斜角度六十度，峭壁上溝洞累累，凌亂分佈；登山者得碰運氣東挑西碰，才能找到合適溝痕，藉以爬上高度約五十公尺的峭壁。全部峭壁成桶形，包圍黑色巨峰較高的峰體。此外別無其他捷徑可攀爬。莊院士和舒小珍對看，六十度傾斜的峭壁可不是鬧著玩的。他倆心中不安。

「我和尼瑪爬上去沒問題，博士力氣也夠，上得去。院士和姑娘真得想上去？」丹卡匆忙問道，沒時間去思考。「當然，老頭子絕不缺席。」老院士聲明。「可以吊他倆上去。」詹姆士迅速想出解決方法，正與丹卡的想法相同。「這麼辦，我先爬上去，從峭壁頂丟下繩子。」丹卡堅定說明：「尼瑪腰間綁繩子。尼瑪爬上去以後，憑兩個人的力氣，足以吊一個人上去。」

丹卡不浪費時間，稍一整理背帶袋及用具，立即找溝洞，手抓腳踏往上移動。其他四個人心神頓時緊張。丹卡抓一處岩石邊凸起，踏一個溝洞，完全是逐個摸觸。從四個人站立的下邊，無法看清所有的岩壁上大坑小洞。更壞的是，所有能手抓腳踏的部位，不出現在一條直線上。丹卡攀登這座峭壁，大部分的合用洞溝不難找到；若干洞溝必須東摸西探才找著。爬一段冤枉路，才能重回斜向直線上爬的位置。而這種攀爬路線歧走的情況，後繼的登山人也得遭遇。僅僅垂直高度五十多公尺的峭壁，丹卡實際爬上去的距離，多出直線距離一倍不止，而且花費的時間也超出估計。下邊四個同伴一再看見，丹卡不是斜斜直線往上移動，反而一再橫移，甚至下移。他遷就岩壁洞溝的分佈位置，而彎曲上爬。幸而丹卡爬上了峭壁頂上的懸崖，從環形懸崖上抛下繩子。

尼瑪接繩，腰間繫繩，不浪費時間，就大膽上移動。前面的夥伴已經證實，攀爬確有途徑，但尼瑪得自己找出來。大斜坡上仰觀的三個人明白，萬一尼瑪失手，峭壁頂上的丹卡不一定拉得住尼瑪，反而很可能被尼瑪拉下懸崖。但是尼瑪一直注意叔叔爬上並橫移的路線，對於摸索岩壁溝痕有心理準備。他的腰間繫了救命繩；萬一他失守，上邊有人救生。尼瑪心中感覺安定，爬上去反而比較順利，花費的時間也較少。「院士，院士。」峭壁頂上二個人叫喊。「能爬上多少算多少，半途失手，上邊兩個人會拉你。」詹姆士從旁協助，莊院士腰間繫死繩子。

莊院士爬了一半高度，手腳摸不到坑洞，剛一著急，上面巨大力量傳下，硬生生被拉上懸崖。輪到大個兒詹姆士，他體力好，一直冷靜觀察岩壁坑洞狀況；他如丹卡一樣，完全不藉外力，自己順利爬上去。最後輪到舒小珍。舒小珍不但雙手發抖，連雙腳也發抖。她只爬一小段路，雙腳落空，峭壁上四個人拉她，她像坐直升機，就垂直被吊上去。舒小珍只能爬一小段路，峭壁上的詹姆士心跳得厲害，生怕這個性子頑強，體力不夠頑強的女子失手或失足而墜落。但是上邊足足有四個人相拉，舒小珍不可能墜落，他過度憂慮了。等到舒小珍如同坐直升機飛上懸崖，詹姆士才放心下來。繫牢在五個人腰上的同一條繩子，不只是牢靠的繩索，而且是命運相連的繩子。

當五個人站立在黑色巨峰峭壁頂上，向前方張望，發現黃色巨峰的三角錐狀峰頂，與他們腳下平高。因此黑色巨峰的黑石山脊，完全高出黃色巨峰。向黑色巨峰峰頂望去，洞口偏向不復見，第三隻長箭蜥卻爬出，但大鳥型頭怪物不再出現。它逃不了的，五個人追來了。舒小珍大膽的問道：「你真的想追個水落石出？」「當然，好機會一定要握住。」詹姆士簡單肯定答覆：「想一想，滅絕的長箭蜥居然生存在某地，它們的生存環境是什麼樣子，太不可思議了。」「要追蹤滅絕的生物，不會輕鬆方便。現在冒險爬上來，以後的道路會平順嗎？」舒小珍又懷疑。

不錯，擺在眼前的，至少是條高不可攀的岩石山脊，根植於黑色絕峰上。墨脫支脈其他山嶺都不能比高；雅魯藏布江大江灣內，僅僅南迦巴瓦峰比他高。岩石山脊地勢如此之高，五名登山客不能不膽寒。黑色巨峰的桶狀六十度傾斜角峭壁之上，朝陽上午照耀的部分是頗陡直的岩壁，岩壁上溝痕深陷，似乎夾有冰塊，僅僅容許具有吸盤的大蜥蜴爬遊。上午背對太陽的部分就是岩石山脊。岩石山脊像波浪一樣起伏，山脊低處位於他們剛爬過的峭壁頂上，而後逐浪推升，一個浪頭或圓頂高過另一個。最高的浪頭或圓頂，離峰頂洞口相當近。看起來攻擊牧場羊隻的一對怪物，最後也爬上岩石山脊，才跨步進入峰頂洞口。「山脊地勢高，岩石表面粗糙，腳站得穩；山脊不頂陡，手扶住波浪圓頂，爬上去稍遠了些。」詹姆士觀察判斷。

丹卡解下繩子，要求五個人又依序，用一條繩子繫腰。五個人連成一體，腳步更穩，信心更增。「走吧，老頭子倒想看看，為何滅絕的爬蟲類及怪物出現在這麼高的地方。」莊院士指示。尼瑪舉步，手扶山脊上的岩石圓頂，腳踩岩石圓頂腳邊突起，繼續走向更高處。

上午陽光照在峰頂洞口方向，岩石山脊反而位於山峰陰影中。山脊路不難走，地勢太高，自然而然叫人膽戰心驚。下午太陽偏轉，繞過峰頂洞口，開始直接照在岩石山脊上。五個人看不見峰頂洞口和三隻長箭蜥。「我們走快一些，不能在山脊上過夜，爬進峰頂洞口才安全。」尼瑪表示。「沒問題。」莊院士進一步提示：「太陽不再照射洞口，我們倒想看看，大蜥蜴有沒有被激發體能，短時間內保持新陳代謝。」「秋天半天的陽光，足夠讓一般蜥蜴活動一天。冬天陽光太弱，他們就得冬眠。」詹姆士推測。尼瑪加快速度，沿著岩石山脊往上爬；前方的黃色巨峰峰頂，遙遠落在他們的腳下。爬了許久，尼瑪才登上岩石山脊最高的圓頂腳邊突起。他翻過圓頂，來到山脊另一側。尼瑪腳踏最高圓頂腳邊突起處，不遠處就是峰頂洞口。「能跨進洞口嗎？」丹卡高聲問道。「不成問題，反正我的腰間繫了繩子，我失足，你們拉住。繩子救我。」尼瑪豪壯的表示。

他的腳就踏在粗糙的最高岩石圓頂腳邊突起，伸手一探，抓住峰頂洞口邊的岩角稜紋；手一用力，身體移位，切進洞口，不太費事。他的腰間繩子和別人繫在一起。如果他剛才失足墜落，別人會拉繩救他。現在他鑽進洞口，他反而能幫助下一個夥伴。

「院士翻過山脊圓頂，站在另一邊，跨步過去。前後都有人幫助。」詹姆士通知。

莊院士不膽怯，仿照尼瑪，伸手抓洞口邊緣岩角，跨大步。尼瑪伸手，接他過洞，而身後的詹姆士隨時會幫助。團體登山就有這種好處，整個團體互相伸出援手，一起度過難關。詹姆士切入洞中，舒小珍也不費力，忍著膽怯心虛過洞。最後丹卡也過洞。

暮色降臨，太陽已經西沉消失，黑色巨峰的峰頂洞口也轉暗，三隻長箭蜥已經失蹤，大鳥形頭怪物也沒現身。

「長箭蜥沒停留在洞口，它們去哪兒了？」詹姆士打量洞口內外狀況。

「這兒可不是一個洞窩，洞口通過一條隧道，通往其他地方。」舒小珍說明。

「怎麼好好一座山峰，會出現洞口和隧道？」詹姆士向莊院士看齊，有事就問大姑娘。

「我得先進去看看隧道。我不走遠。截至目前為止，我也是一頭霧水。」舒小珍不敢隨便猜測，找出手電筒，走下一段隧道，向隧道岩壁照亮。她不敢走太遠，夥伴們不怎麼關心隧道內部的情形。舒小珍站直走一段不成問題，隧道空間夠寬敞。靠近洞口的一段，隧道岩壁不成形狀，到處凌亂炸開，大片小片岩片剝離，任何部位都有深裂紋。仿佛多個炸彈在黑色巨峰內部爆炸，炸出凌亂不堪的隧道，隧道內部岩壁支離破裂。

「怎麼樣？」天快黑了，其他四個夥伴各佔一個位置休息，詹姆士替大姑娘選了一個過夜位置。

「山峰內部發生一連串小爆炸，支撐的地層本身安定不變，保住了全體山峰。內部許多小區域炸空了，勉強形成一條主隧道。」舒小珍暫時解釋基本現象。

「從前有人偷偷溜進山腹內，點燃炸藥爆炸？」詹姆士開點玩笑，準備睡覺。

「不可能，」舒小珍隨便談話：「有可能地層互相擠壓，埋下了未來爆炸的種子。有可能火山岩內部成份改變，內部安定力量消失，引發了小範圍爆炸。」舒小珍解釋。

從早到晚，五個人爬大斜坡、爬峭壁、走岩石山脊，最後進入峰頂洞口，五個人累壞了。吃了一點東西，就想睡覺。五個人都離洞口不遠，選一個地點躺下。隧道內空氣流通，氣溫暖和，當然不用搭帳篷，地面稍微光滑的地方就是好臥榻。

「嘎爾瑪還在三角形夾縫地等我們。我們在山上睡了二個晚上，嘎爾瑪辛苦等待。」尼瑪倒在地上，隨想隨說。

「明天下隧道探一探，後天一早下山。嘎爾瑪只需再等二天。」莊院士表示。

「怪物就在隧道上某處棲息，二天內足以找出它們。快的話，明天半天就弄清楚，明天下午就下山。」詹姆士也認為，高山上的隧道沒什麼了不起的事。

五個人都睏極欲睡，不再交談。隧道內一片漆黑，不傳任何聲音。

「卡卡，卡卡。」輕微的怪聲音傳來。

沒人理會太輕微的怪聲音，五個人沉沉睡熟。

（四）

嘎爾瑪對於自家牧場帶出來的一匹馬和二頭犛牛，熟悉得不得了。他擠母馬奶，又擠母犛牛奶，牲口毫不畏懼；於是又擠其餘五匹母馬的奶，也沒有困難。馬和犛牛認主人，更認水和草料；主人早晚各供應大量的水和充分的草料，牲口就馴服悠閒。

墨脫支脈大山腰最高處，也就是黃色巨峰的黃色峭壁腳，天然形成三角形夾縫地，幾塊大天然邊石稍微屏障夾縫地。一塊寬二十公尺，底一公尺，長三十公尺的懸崖高地，除了嘎爾瑪自己一人之外，還要留下堆草料的小區；剩下的面積收留六匹馬和二頭犛牛，實在太狹促了。相反的，赤烈桑渠在山腹腳的小平地，照顧一匹馬和二頭犛牛，地方實在寬裕。另外，死亡之地沒有一棵花草，山腹下小平地儘是枯草及蘑菇。

起初三天，嘎爾瑪忍耐，因為五個朋友爬過傾斜角四十五度的黃色峭壁，必定會迅速返回。嘎爾瑪完全深信不疑，因為活動廚房留在死亡懸崖上，讓嘎爾瑪一個人享用鮮奶，他們五個人一滴鮮奶也喝不到。結果三天過去了，不可能呀？後二天五個人沒得吃，誰受得了。到了第四天，嘎爾瑪感覺不對，五個朋友就是不下山。嘎爾瑪被迫拿定主意，解決夾縫地空間不足的問題。他必須把一部份牲口移交給赤烈桑渠。

他們六個人上大山腰，尼瑪辛苦開路，總共費去三天二夜的時間。如果採用如此的速度移交一部份牲口，來回需六天四夜的時間；但他這麼離去，夾縫地的剩餘牲口乏人照顧，危險太大。他只移交二匹馬，不帶犛牛行動，速度當然可以加快。何況他去時走下坡路，而尼瑪已經把路拓寬。他決定冒險，來回各用二天一夜的時間。

五個朋友爬過黃色峭壁，卻遲遲不歸，不但令嘎爾瑪擔憂他們的裹腹問題，而且令嘎爾瑪為氣溫的變化而發愁。嘎爾瑪一個人露天陪牲口過夜，深感秋季天晴暖和的時間嚴重縮短。白天夾縫地多風，經常吹強風，飄小雪及冰雹。晚上，氣溫降至冰點以下，露天睡不暖。他一早張開眼睛，看見毛毯上水氣結成冰。牲口也露天而臥，儘管軀體綁了氈毯，牲口頭上露出的毛髮也結冰。懸崖上的流水結凍，天明良久才開始溶化。嘎爾瑪知道，五個朋友不下山，冬天逐漸逼近，災禍就會發生。

嘎爾瑪別無選擇，拼命騎馬牽馬，奔向較低的山谷及背風斜坡，割回多量的草，順便搬回中小石塊。嘎爾瑪爬過墨脫支脈大山腰間的三座山頭，知道這三座山頭不缺黃草，也多石塊。只要他能外出走遠，帶回草料及石塊不成問題。

嘎爾瑪把三角夾縫地打掃乾淨，用石塊疊高，分隔馬匹及犛牛。他又準備多量的水及乾草，然後把夾縫地的中央橫地大疊石塊，防止牲口溜走。他趁天一亮，騎上從自家牧場帶上山的坐騎，利用長短繮繩牽了二匹別家牧場的馬，立即往純岩石山頂的鍋蓋形山頭疾走。一人三馬高速快跑於大山腰被拓寬後的山道。嘎爾瑪冒了風險，其中任何一匹馬失足墜落山腹上的樹林頂上，根本沒有援救的可能。尼瑪拓寬的路，路況夠好嗎？三匹馬怕不怕危險山路？嘎爾馬必須冒一切危險，因為死亡之地上，另有三匹馬及二頭犛牛沒人照顧。

嘎爾瑪趕快跑下山，還有一個理由。他已經多次下山割草，他不相信自己的記憶夠好，能分辨一切方向，分清一切主道及幹道。他深知，一旦天氣劇變，山路的面目就全非。例如鄰近三角夾縫地的純岩石鍋蓋形山頂，本身一無明顯地標。它依賴鄰近的灰色及白色斑紋交錯山頭當指標，指示下山的斜坡；它又依賴黃色峭壁腳尾，提供連接夾縫地的石樑位置。嘎爾瑪逐漸在常用途徑的緊要地點，佈置紅布識別記號。

在高山上臨時認路，不免浪費時間。提前標示路徑一事馬虎不得；一旦走錯路，輕則浪費時間，重則走上不歸路。嘎爾瑪已經佈置了認路標幟，他就不需要再花時間認路。所以嘎爾瑪大膽，騎一匹馬，牽二匹馬，從一座山頭，繞山路，來到另一座山頭；又繞山路，抵達山谷地。當天黃昏，一人三馬抵達大山腰之下的谷地。谷地多牧草，業已全部變黃。三匹馬跟緊騎術高明的嘎爾瑪，冒著危險在狹山道狂奔，一旦身軀劇烈摩擦山道邊的岩壁，牲口就有跌落山腹的危險。結果三匹馬跑狹山道的本領，不輸給主人們，全部平安進入谷地。最危險的路段通過了，嘎爾瑪心神稍微安定。

晚上嘎爾瑪裹了毛毯，一個人露天而眠，任由三匹馬找水吃草。它們跑了不太寬的各段山道，居然沒出事，令嘎爾瑪驚異，嘎爾瑪決定，晚上不拴住它們，任由它們活動。

大山腰之下的谷地，不但草多，而且樹木也多。道理很簡單，大山腰間，各山頭多岩層岩石，少土壤，不利樹木的生長。由這座谷地再往下走，大山腹多土壤，平均地勢低，自然有利於樹木的生長。

墨脫支脈大山腹腳，即生長蘑菇的小平地，赤烈桑渠只看守一匹馬和二頭犛牛，負擔相當輕，而鮮奶充分。小平地草好野菇多，下邊的丘陵更有淺溪，和較低矮的枯草。赤烈每天大吃鮮奶，從未察覺鮮奶的味道走樣。赤烈追究原因，不外乎有二。第一，母馬及母犛牛都健康，健康的母牲口供應優良的鮮奶。第二，草料有營養，牲口吃了身軀好。

赤烈估計，短則一星期，長則半個月，六個朋友都得下山。他們帶了活動廚房上山，液體飲料不缺。但他們必定把乾燥食物消耗光，於是一定要下山。

一旦莊院士等人下山，他們停留大小桑馬登牧場的日子就有限。他們提供了好的建議。一旦他們告別，四名藏族青壯年就會開始大幹一場。大姑娘已經指出，落葉松森林夾住大小桑馬登牧場，可能暗藏某些好事。

噗通，噗通，大山腹間的破碎山道，似乎有石頭滾落而發出聲音。

赤烈桑渠心中一動，腦子一個念頭閃過，朋友們下山了。赤烈桑渠快步踏上岩石小台階，走過小平地上的帳篷邊，來到另一側的小斜坡上。他看見一個人騎馬，牽了二匹馬快速移動。不對，應該有六人六馬，以及二頭犛牛，組成一個隊伍。

赤烈退了下來，認為破碎山道上移動的，是別家人馬。他回頭打量身邊的馬匹和犛牛，它們的食物飲水充份，天天走下小平地運動覓食，情緒及健康狀態良好。

大山腹間，石頭繼續滾落，落石聲離小平地更近一些。赤烈悠閒的走去小斜坡高處，再次向遠方眺望。是一個身材瘦的人騎馬，有點眼熟。赤烈不離開，他迅速想起一個朋友。再過了一會兒，他認出來了，是上山追查不明怪物的朋友嘎爾瑪。赤烈不敢嚷叫，避免擾亂快跑中的人騎。山腹間的山道狀況不夠好，地面凸一塊缺一角，另有落石佔領狹路，遠方的人馬得專心認路。

赤烈一個人等候一陣，看見全副緊張模樣的嘎爾瑪，以及鼻孔真噴氣的馬兒。另有二匹馬，一前一後節奏緊湊跟上。不錯，嘎爾瑪一向這麼樣上馬奔馳。

嘎爾瑪呼吸急促，下了小斜坡，停在小平地上，赤烈桑渠接過繮繩說話：「讓所有馬匹在草地上吃草，我們進帳篷喝鮮奶，談談上山調查的狀況。」

「看來你悠閒，我緊張，我先躺一下。」嘎爾表示。大腿夾馬腹，屁股一直顛簸，大半天下來身體酸累。

「別的人呢？為什麼不一起下山？」

「五個朋友都爬峭壁追查去，截至昨天一早，沒傳回任何消息。」嘎爾瑪表示。

嘎爾瑪敘述，他們六個人和牲口，爬上了山腹上的谷地，找到好草地，天氣也晴朗舒適。他們爬上大山腰間的第一座礫石及土壤混合山頭，在轉入純岩石山壁前，發現山道上二顆矮樹被扯倒及扳斷。他們在大山腰第二座灰色及白色斑紋山頭下的小谷地過夜，然後爬上第三座純岩石鍋蓋頂山頭，自此以後找不到草地。

他們走石樑，踏上峭壁腳和鍋蓋頂山頭共同頂住的三角形夾縫地，並且在邊石上發現一小攤黑色血跡。五個朋友爬峭壁追查，食物早已耗光，不下山，嘎爾瑪自己一個人無法在一根草不生的危地照顧所有牲口，所以必須移交二匹馬。

「可以移交更多牲口。下邊地方大，草地廣。」赤烈說明。

「暫時這麼辦。五個朋友餓肚皮下山，需要大量的鮮奶。其中老人和姑娘需要坐騎。看情況，他日考慮再移交二匹馬。」嘎爾瑪說出自己的打算。

當天晚上，嘎爾瑪心神不寧，胡亂留在山腹下小平地上的帳篷過夜，因為總共二天二夜，死亡三角地留下三匹馬和二頭犛牛乏人照料。

赤烈要求嘎爾瑪分析，五個朋友不下山的可能原因。嘎爾瑪判斷，他們由黃色峭壁腳爬上傾斜角四十五度的岩腹，抵達對側某一落腳地，距離稍長一些，安全不成問題。但一群不明怪物聚集在落腳地；必定發動攻擊。不是老人，就是女子受傷。其他三個壯漢暫停某洞穴，等受傷的人情況固定，然後設法帶受傷人下山。

「沒聽見淒厲或兇猛的咆哮吼叫聲，說明不明怪物群不太凶暴，放過了五個朋友，而五個朋友不免打傷或打死小怪物。」嘎爾瑪研判。

五個人吃小怪物的肉過活，在某個落腳地逗留一週到十天。

「不錯，這種想法最合理。人最多三天不吃東西。五天不進食，人和牲口都一樣，不發瘋才怪。」赤烈同意嘎爾瑪的看法。

赤烈睡在小平地上的帳篷，鮮奶又夠吃，白天騎馬領著犛牛，外出喝水吃草，日子好過得很。但是嘎爾瑪只有睡一夜的福氣。小平地上，夜晚同樣氣溫低，嚴冬的腳步不遠了。

第二天一早，嘎爾瑪一人一騎，告別赤烈和三匹馬，冒險迅速往破碎山道快跑。白天出太陽，山風吹得又急又涼，天色暗一些，山腹地帶草木到處染紅，落葉不斷飄下。嘎爾瑪內心沉重。五個朋友必須下山，因為食物壓力大，天氣也將轉壞。

嘎爾瑪奔跑一天，不但越過山腹上的谷地，而且抵達不明怪物拔扳二棵矮樹的岩石峭壁下狹山谷，在狹山谷過了一夜。這座山谷另有不起眼的多草路徑，通往其他背風長草的斜坡。嘎爾瑪曾用石塊夾樹枝，在樹枝上綁布條區別路線。

夜裡，露天而眠的嘎爾瑪淋了一些小雨，但他準備了雨衣，馬匹身上蓋了氈毯，他們沒淋透全身。天亮之後，嘎爾瑪再度快馬，奔波窄狹半人工山道上。他和坐騎不時摩擦岩石山壁，跑過尼瑪清理出來的岩石山道，登上另一座淺山谷。他突然看見三匹馬，悠悠閒閒找水喝，找草吃，不明白它們溜下三角形夾縫地多少天了。明顯地，這三匹馬輕易頂落堆石矮牆，走下石樑，來到淺山谷，自行吃新鮮的草。馬性活潑，就是攔不住。

既然所有馬匹都溜了下來，不用急，嘎爾瑪沒向它們吆喝，任由他們溜達吃草。嘎爾瑪自己大割草。他足足割了八大綑草，分別掛在四匹馬背上。嘎爾瑪鬆了一口氣。他牽了二條繮繩，邊走邊吆喝，率領四匹馬爬上純岩石鍋蓋形山頂。他心中又一緊。

二頭犛牛也離開三角形夾縫地，跨過橫隔石頭堆，走下石樑，在螺紋岩石山頂閒晃。嘎爾瑪叫喚「葉克，葉克」，讓犛牛跟隊，走回夾縫地。橫隔牆被馬匹頂倒，於是連犛牛都出走。

二匹馬移走，三角形夾縫地擁擠情形大為改善。嘎爾瑪把二十公尺長的三角地頭部，分隔成三間，每間容納一對牲口。剩餘一點角隅，用來堆放乾草。

出發移交馬匹前，嘎爾瑪擔心，上頭二座巨峰落腳地間，五個朋友和不明怪物族群互相搏鬥。尼瑪或丹卡的長彎刀厲害，殺死了一隻或二隻小怪物，而己方的老人或姑娘負傷。他返回夾縫地，沒瞧見負傷的老人或姑娘。於是嘎爾瑪更擔心，老人或姑娘不治，不久以後可能只有四個朋友下山，另外一人被埋葬某處。

無論如何，牲口除了吃草以外，還需要運動，如同人一樣。不然它們自己溜出去閒逛。這種看法增加了嘎爾瑪的心頭負擔。馬嘴少二張餵食，但近處的黃草已割光，他必須去較遠的地點割草，花更多時間於來回趕路中。他如何匀出時間，牽著牲口運動？

第十三章 大爬蟲

（一）

「天亮了？」光線透入，但不夠明亮。舒小珍醒來，沙啞的嗓子擠出聲音。

「是的，已經天亮了。」詹姆士也醒來，感覺肚子餓，四肢酸累。他開始明白，前一夜餓著肚子酣睡。

「我們睡在隧道中，隧道本身向下傾斜，陽光照射及反光的深度有限。」舒小珍仍躺著說話，聽出其他四個夥伴的呼吸。

「我去洞口看看。」尼瑪醒了，亮起手電筒，立刻照出隧道頂部，緩慢爬遊的幾隻長箭蜥。

「昨天晚上這幾隻爬蟲就在我們身邊活動，但沒咬我們。」舒小珍的口氣含了恐怖的情緒。

「它們吃腐肉，我們沒發出腐敗的臭味。」莊院士一醒來就開口。

「它們每天的工作，就是曬太陽、找食物和交配。」仍臥倒的詹姆士躺著說話。

手電筒光線有限，只照出瘦長體型、三角頭、以及長尾巴的大蜥蜴。尼瑪走近洞口，朝陽照了過來，他開始看清楚。從頭到尾端長近五十公分，三角形頭，額頭隆起，後腦勺也突出，鱗片皮膚呈青色，夾灰斑條；四肢長，每隻腳有五個尖指，確實像大鬣蜥。最奇特的仍是背上兩排平行的骨板，平均長四十公分，呈淡橘色。洞口外，一隻長箭蜥正爬遊岩壁上，另一隻爬附於洞口左近的岩石山脊最高圓頂，顯然藉滑翔而由峰頂洞口飄飛過去。

尼瑪瞧見的長箭蜥背部皮膚，看來是鱗片相疊，但有粗糙突起，似鯊魚的粗皮。它們的嘴邊也有米粒般突起。

「真像加拉巴哥群島上的鬣蜥，但不知能游泳否？我相信達爾文希望見識已經滅絕，實際上生存的古老大蜥蜴。」詹姆士說出尼瑪聽不懂的話。

隧道內，尚有其他長箭蜥，大致排成一列，爬向洞口，迎接洞口陽光。

「它們只會翔滑，不可能飛去尼瑪的牧場，咬死四隻大小羊兒。」舒小珍點明事實。

「它們的動作緩慢，力氣比羊兒小太多。」尼瑪想通了：「我看見羽冠鳥頭怪物，它啄咬大蜥蜴，它才是殺害羊隻的兇手。」

「肚子問題得解決，不然沒力氣追下去。」詹姆士苦笑說話。

「牧場上，許多小蜥蜴皮有毒，爪子裡有細菌，最好別碰。但是長箭蜥不一定有毒，至少羽冠鳥頭怪物碰啄它。」丹卡開始思索。

「我們順著隧道往下走。長箭蜥和羽冠鳥頭怪物都有族群，需要吃東西。我們找到它們的棲息地，不怕它們不出現。」莊院士鼓勵夥伴們。

「帳篷太重，隧道內用不著帳篷，放在洞口附近。」丹卡建議。

「不錯，帳篷又大又重，就把帳篷留下來。」莊院士同意。

大夥兒都飢餓，人人甘心卸下帳篷，減少體力負擔。尼瑪借助手電筒燈光，領路向下方前行。隧道更內段，長箭蜥仍依賴四隻腳的腳掌心吸盤遊走。

「咱們呼吸不困難，說明隧道內空氣流通。」舒小珍反應。「空氣不只從峰頂洞口流入，也從其他洞口流入。」詹姆士推測。

除了黑色巨峰峰頂洞口之外，黑色巨峰內部也發生一連串迸裂情事，導致管狀隧道出現；管狀隧道逐漸向下伸展，隧道內的岩壁凌亂不堪。東一條縱紋，西一條斜溝；尼瑪揀最大的迸裂孔道向下探索。腳底踩的，先是粗糙的層層凸起的岩表，接著卻是光滑的平面。

「怎麼有這麼凌亂的隧道？」莊院士皺眉有疑難。

「火山融岩冷卻，卻吸入大量碳元素，變成黑色玄武岩。」舒小珍解釋：「玄武岩內成分複雜，密度大，內部某種連續性成份一旦消失，就發生多次內部大迸裂以及許多次小迸裂。」

長箭蜥四隻腳腳底，有吸盤，爬行於內部大迸裂所產生的斷續性主隧道，然後躲藏憩息於小迸裂所產生的隧道分支裂縫。由於隧道並非直通到底，所以處處岩層牢牢銜接，巨大無比的整座山峰得以支撐住。

「這種隧道對舒小珍有利，她不會撞破頭。」詹姆士不再把大姑娘當學生晚輩看待，互相熟悉而以平輩關係輕鬆閒聊：「對我最不利？我撞頭了。」

舒小珍個子最嬌小，當然在半摸黑狀態中少撞頭碰肩。詹姆士個兒最高大，手電筒光線有限，一旦任何部位的岩壁凸起過大，他就撞了一下。

他們的走法簡直像小火車下高山，先向東斜進五步，又向西倒退三步。長箭蜥列隊享受不到光線照亮的指引，卻沒一再冤枉走分叉隧道。

「分叉隧道空氣沉悶而溫度高，因為末端是封閉的。長箭蜥選擇空氣最流通的部位走，呼吸了新鮮空氣，恰巧爬遊於主隧道中。」舒小珍分析。

突然尼瑪腳尖撞上地面上僵硬的東西，步伐踉蹌一下，肩膀撞上側面岩壁。尼瑪用手電筒往地面照，照出一副乾皮囊。

莊院士戴了手套。他蹲下來，拿起乾皮囊仔細端詳。乾皮囊已乾扁，但體表二排長骨板未斷裂，有三角形頭，長尾巴，粗糙鱗片狀外表，全長四十多公分。正是不折不扣的大長箭蜥。莊院士摸遍乾扁皮囊全身，找到腹部大裂口，裂口邊緣有不規則啄刺及撕裂的痕跡。體內剩下骨頭架子，肌肉完全消失。

「某種動物嘴尖而銳利，刺入它的肚子，吃掉體內主要的肌肉。」莊院士判斷。

「它的肉腐敗了，黑暗中長箭蜥群嗅出臭味，把它體內的內臟及剩餘肌肉吃光。」詹姆士接著研判。

「分支小隧道內，可能遺棄其他長箭蜥的屍體。所以長箭蜥死前吃腐肉，一旦死亡，變成其他長箭蜥的食物。嘴銳利的動物就是這條黑暗隧道的老大。」舒小珍進一步研判。

「這一對老大，吃長箭蜥不過癮，飛跳去山下，吃我家牧場的肥羊。」尼瑪也想通道理。

「長箭蜥的肉，不會像砒霜那麼毒。」丹卡肚子太餓，想法不同於夥伴們。

舒小珍膽子大了，戴著破手套，摸一摸乾皮囊，觸及較軟腹部外表的尖刺及硬疣。

尼瑪用手電筒照隧道四周的岩壁，發現部分岩壁發生變化。原本凌亂無章的大小溝紋稜角，其中一部分被一大片新的立體規律組織取代；這些立體規律組織有如一大堆方磚，半截插入岩壁中。

尼瑪仍帶頭，忍著餓肚子，緩慢向下行走。主幹隧道與分支隧道交纏；他們為了區分隧道的主幹及分支的差別，一再消耗時間。有時分叉隧道比主幹隧道寬敞，他們走了進去，才發現隧道未滿封閉；於是被迫倒回重走。他們逐漸發現，黑色巨峰內部，只有一條東轉西扭的主幹隧道，以及無數條一端封死的分支隧道。長箭蜥聰明，主要遊爬於主幹隧道上；在特殊情況下躲進大小分支隧道。

他們看見兩條大小不一隧道的接通處，大隧道連接小隧道；接通處正有巨大牢固岩層支持山峰內部岩石。接通處的巨大牢固岩層，證明黑色巨峰發生多次內部大迸裂，但沒破壞巨峰的內部結構。五個人走累了，坐在二條隧道接通處的台階上休息。「卡卡，卡卡」微弱而刺耳的摩擦聲傳來，沒人加以理睬。可能飢餓中耳朵出現虛無的雜音。

「有臭味，從遠地方飄一些來，但臭得很。」鼻子靈敏的舒小珍出聲。別的人正忍耐肚子餓，不理會她。

就是主幹隧道，也不見得完全寬敞。往往東一片岩壁突起，讓尼瑪額頭撞上；西一處岩壁拐彎，讓尼瑪半邊身體碰觸。走了一大段路，又看見岩壁上的小長箭蜥。

自從尼瑪的腳被乾扁的長箭蜥皮囊絆了一下，他不敢走快，他的手電筒主要照亮隧道頂部及地面，讓他的頭及腳能適當的應對。他走對了路，或閃過了障礙物，後面的夥伴也就避開了危險。

尼瑪的手電筒又照出地面上一堆青色外表東西。尼瑪機警的止步。身後莊院士蹲下觀察。四十多公分長的重東西，不是空皮囊，是死去不久，肌肉大部分保留下來的長箭蜥。腹部又被啄破，內臟被扯出吃光，體內的肌肉大部分完整。

「原來殺死長箭蜥的怪物，分次吃光肌肉，但優先吃柔軟的內臟。由於先吃內臟，肌肉不易腐敗，其他長箭蜥沒聞出腐味，暫時不吃剩下的肌肉。」莊院士說明。

尼瑪手電筒一直照亮，照出死亡長箭蜥的粒狀突起牙床上，咬住一片藍色的羽毛。莊院士找出掛在丘陵盡頭矮松樹上的剪風羽，兩片羽毛一比對，顏色正相同。

「就是那隻怪物，殺死了牧場的羊兒，又殺害長箭蜥，長箭蜥反咬，咬下了一片羽毛。」莊院士拼湊出一段故事。

「肉沒腐敗，最近怪物還在隧道中活動，殺死長箭蜥。尼瑪站在兩百公尺長的岩石山谷，抬頭發現它；它才逃走，丟下死長箭蜥不管。」詹姆士也想通故事的一部份內容。

丹卡等不及，接過沉重長箭蜥屍體，拔出腰間短刀，刺入死屍體內，割下一片肉。詹姆士嚇住，想伸手攔住。丹卡太餓，根本不考慮後果，一口咬住長箭蜥肉，咀嚼幾下，吞進肚子。

「你不怕有毒？」詹姆士警告他。

「進深山捕野馬，幾匹馬全部馱乾食物。」丹卡表示：「一個星期之後黑網罩住公駿馬，你抓起乾食物就吃。十天以後快出山，你還是抓起食物就吃，想都不想。」

一段時間之後，丹卡沒臉色發黑倒地。

「叔叔敢吃，我也吃。」尼瑪拔出自己的短刀，割下一塊肉，咀嚼吞下。

過了一會兒，尼瑪表示沒毒。莊院士、詹姆士、和舒小珍都各分得一大片肉，個個咀嚼快吞。五個人全飢餓，一次割完所有長箭蜥體內的肌肉。五個人肚子填下食物，精神好轉起來；丟下屍體，充當其他爬蟲同類的食物。

「我們有食物來源了，我們大膽的追下去，闖進牧場的兇手就在前方。」莊院士聲明。

「捕野馬的人簡直不要命。」舒小珍感嘆出聲。

「當然，深山中的公駿馬，一定機警敏感；身邊大群母馬和小馬圍繞，它就遲鈍。捕野馬的頭目潛伏前進，助手必須同時蹲下走草叢。看見頭目挨近公駿馬，助手一定得穿過母馬和小馬群，也挨近公駿馬。大膽是捕野馬的第一樁秘訣。最好第一次就用黑網罩住公駿馬的頸。你讓同一匹公駿馬溜走二次，它養成警覺習慣，從此妳別想挨近那匹公駿馬。」丹卡表示。

五個人吃了大蜥蜴肉，精神及體力都好轉。尼瑪更有信心領路。手電筒照出，原先半截磚頭插入岩壁的大片天然排列狀況，發生了顯著的變化。多處隧道岩壁上，出現薄得多的岩片，仍然半截插入，而這種岩壁結構面積增大。

「我們離峰頂洞口相當遠，但是呼吸正常，所以這條隧道另外有裂口，接納外邊的空氣。」詹姆士留心周圍環境的狀況。

「我們五個人，消耗的氧氣不多。但是屬於冷血動物的大蜥蜴，消耗的氧氣更少。」莊院士補充說明。

隧道地面上，儘管玄武岩岩石表面凹凸劇烈，容易讓人絆腳；但岩石顏色一律偏黑，差別在於表面粗糙或光滑。但是手電筒照出，隧道地面散佈白色粉末，甚至部份白色粉末溶解，形成白色黏團。

「白色粉末屬於石灰岩。從峰頂到這兒，一直存有石灰岩脈。空氣中含水氣，水氣溶解石灰岩。突然黑色巨峰內，石灰岩層的抵抗力消失，巨峰接著發生一連串迸裂現象，隧道就形成了。」舒小珍推理。

「石灰岩是海洋中的產物，這裡是高山，妳別把海洋和高山混淆。」詹姆士提醒。

「高山中含有海洋產物不稀奇。」舒小珍堅持：「點蒼山脈是高山，但蘊藏了海洋形成的大理石。香格里拉也是高山，但巨大的白水台屬於海洋形成的結晶石灰岩。」

「一大批岩石磚頭，變成一大排岩石刀鋒。」尼瑪照亮岩壁，發現薄岩片排列再生變化，成為極薄的岩石刀鋒排列。這麼多岩石刀鋒結構，仍然一半插入岩壁中。

五個人走累了，坐下來休息片刻，彼此不交談。「卡卡，卡卡」摩擦聲又傳來。尼瑪用手電筒照過去，照出一隻大長箭蜥爬過刀鋒狀岩石排列。

「就是這種摩擦聲，協助兇猛怪物一直追蹤長箭蜥。」舒小珍大叫。

「到底是怎麼一回事？」莊院士迷惑不解。

詹姆士、丹卡、和尼瑪驚訝地注視大姑娘。

「有光線的地方，兇猛怪物追獵長箭蜥，當然合理。山峰內，隧道黑暗，分支小裂縫多，兇猛怪物怎麼一直跟住長箭蜥不放？原來半截磚頭結構變成薄岩片，又變成更薄的岩石刀鋒片，長箭蜥爬過，肚子上的剛毛及硬疣刮在岩石刀峰上，發出卡卡摩擦聲，兇猛怪物就追上攻擊。」舒小珍想出全部道理。

「但是更上面的一段隧道，半截磚頭厚，剛毛及硬疣刮不出聲音，兇猛怪物怎麼辦？」莊院士追問。

「長箭蜥不再發出卡卡摩擦聲，兇猛怪物已經知道它們的存在，亂碰亂跳亂頂，還是有機會逮捕大蜥蜴。我猜測，凶猛怪物是中大型動物，可能體型類似人。」舒小珍大膽下結論。

可能嗎？一對兇猛怪物，身高近二公尺，在隧道亂跳亂碰，逮到了動作遲緩的大爬蟲？

那麼那對兇猛怪物，一向追獵長箭蜥，吃長箭蜥的肉，追到峰頂洞口。它們誤打誤撞，才光臨小桑馬登的牧場？

「你跟在舒小珍後面，吃力嗎？」莊院士突然問奇怪的問題。

「還好，她照顧自己，照顧得不錯。」丹卡出聲。

「花點精神是值得的，舒小珍有能力回報你。」莊院士提出忠告。

（二）

「我們進入隧道多久了？」尼瑪問道。

同伴們無法回答。整天處在隧道中，人人緊張，完全與外界隔離，不知時間的消逝。五個人彼此相距近，只靠一支手電筒的光線，行走於迸裂而不成形狀的隧道，特別耗費精神。幸虧尼瑪學得領路的技巧，多照阻礙部位，防止同伴撞壁，大夥兒才走得順暢些。

五個人經常手扶岩壁上的凌亂岩石稜角，或岩石刀鋒排列，以便爬下較陡的下坡地段。此時尼瑪得停下來，將手電筒回頭照，讓所有人順利攀爬而下。大夥兒走累了，坐在凸起的岩石上休息一會兒。

「赤烈和嘎爾瑪一定等待我們，等得焦急不堪。」尼瑪休息時，多想一些外邊有關的朋友。

「赤烈不成問題，嘎爾瑪的位置惡劣。他和牲口同時有吃草和安全的問題。」丹卡推測。

「嘎爾瑪鮮奶多得喝不完，但他需要外出割大量的草，而且別讓牲口跌落懸崖。」尼瑪交談。

「一個人不可能帶領六匹馬和二頭犛牛，長時間逗留那麼小，那麼高的地點。最多等待三天，我們不回去，他一定得離開。」詹姆士表示。

「嘎爾瑪帶領所有牲口，撤下山，和赤烈桑渠守在一起？」舒小珍如此想像。

「或者他移交幾匹馬給山下的赤烈，他陪較少的牲口留在夾縫地。」尼瑪推測。

「如果他能先移交一部份牲口下山，為了躲避危險，他就會分次移光所有牲口下山；然後挑選安全的位置等待我們。」詹姆士依常情判斷。

丹卡沒出聲爭辯。他思索，尼瑪的看法比較合理，只移交一部份牲口下山。詹姆士主張，嘎爾瑪考慮自己和牲口的安全，一定一次或分批撤退下山。詹姆士的想法太極端。因為萬一他們五個人下山，五個人必定又餓又累，活動廚房正好派上用場。

休息了一會，尼瑪照亮周圍的岩壁形狀，繼續往下謹慎行走。

「我聞到臭味，很臭。」空氣由下向上流通，夾帶了惡臭。尼瑪出聲。

舒小珍早已聞出，而且通知了夥伴們。夥伴們直到現在才承認。如果下面某一地點，長箭蜥死亡腐敗，屍體不致於發出如此惡臭。

尼瑪不但聞出，奇臭味陣陣傳上來，而且空氣變涼。

「現在我們走一段水平隧道，水平隧道延伸遠。」尼瑪又點明。

水平隧道的盡頭，光線突然射入，照亮一條分支隧道劇烈變小的尾端。他們彎下上半身，查看那條分支隧道走平而變窄的狀況。原來主幹隧道在此拐彎，拐彎點卻衝破岩壁，天光就從岩壁裂口射入，新鮮空氣也由此流入。原來漫長的山腹內隧道，除了峰頂洞口之外，又半途在岩壁裂口得到流通的空氣。

這個裂口只有十多公分高，幾十公分寬，強風不時從這個窄洞口吹入。裂口之外隱約可見岩石草樹，反映裂口位於某處山谷間。長箭蜥是否慣於通過這道窄縫爬出去，或曬太陽，或尋找食物，則不得而知。

更特別的是，窄裂口內，居然散落幾具乾枯的屍體，和幾攤黑泥，惡臭就從黑泥中發出。

莊院士蹲下走幾步，挨近岩壁裂口，借助天光檢視屍體群和黑泥攤。共有二大三小五具屍體，最大屍體長三十公分，已完全乾枯，外形像是黑色大老鼠。毛髮細，毛髮呈現黑底白斑色。屍體就位於三攤黑泥旁，黑泥緊緊黏在岩石地表上。

「是哪一種老鼠類？」詹姆士開口。

「馬幫經常從西藏帶回一種稀罕的商品，拿去大理或麗江的大市集出售，可能就是這種老鼠。咱們北方高山上也出產，但是數量奇少。北方人叫林麝，南方人叫麝香鼠。」莊院士說明。

「林芝的有錢獵人，從前來墨脫荒野打獵。他們想追蹤狐狸，希望由狐狸找到麝香鼠。」尼瑪補充說明。

「獵人真正有興趣的是麝香囊，麝香囊賣給化粧品廠，製成名貴的香水。」舒小珍表示。

「可能這五隻體型大的老鼠，一味躲避狐狸，逃到高山山谷，卻餓死在隧道裂口內。墨脫支脈從此不見麝香鼠。」詹姆士聯想。

「二隻大的，加上一隻成年的麝香鼠，麝香腺發育完整。麝香濃液流出，變成三攤黑泥，麝香由奇香變成惡臭。」莊院士再判斷。

「從前獵人來墨脫荒野打獵，成績好，獵物死光光。」詹姆士又分析：「牧場沿森林邊緣建立，阻止野生獵物進入主人的土坯房。雅魯藏布江又隔絕，野生動物不能從其他方向進入墨脫支脈，所以墨脫支脈從此不見大小動物。」

「五隻麝香鼠腐敗了，肌肉和內臟被長箭蜥吃掉。」舒小珍進一步探究。

「為什麼長箭蜥不少爬行一段路，就從這個裂口爬出去；卻爬太長的路，從峰頂洞口爬出去？」詹姆士提出一個簡單的問題。

莊院士不回答，從裂口附近退回，站直身子。

「長箭蜥有的是時間，它不在乎遠近。它需要充分的陽光，而這個岩壁裂口外陽光不充分。」舒小珍解釋。

五個人避開麝香鼠腐敗後發出的惡臭，沿著拐彎的主幹隧道行走。他們走累了，和著衣服，各自尋找平坦的岩石外面，倒下來睡一覺。惡臭仍輕微傳來。「卡卡，卡卡」摩擦聲不絕於耳。

「這條隧道的好處是沒有蚊子，閉上眼睛容易睡著。」詹姆士合眼談二句話。

「蚊子早就被大蜥蜴吃光。我們找不到蚊子，大蜥蜴卻有靈敏的耳朵抓蚊子。」舒小珍對談。

其他夥伴疲倦，無心參加閒談，合眼不久睡著了。

五個人無法控制睡眠時間，睡夠了，自然而然醒來。繼續走下岩壁突出稜角或岩石刀鋒狀排列的隧道，緩慢向下深入。隧道的傾斜度轉小，他們才能走快一些。

隧道的地面潮溼，顯然麝香鼠死亡的岩壁裂口，也流進雨水或溶雪。

尼瑪緩慢領路行進，提出一個淺顯的問題：「長箭蜥能滑翔，為什麼不滑翔至牧場，曬大太陽，吃蚊子和蟑螂？」

「長箭蜥能滑翔平飛及向下飛，不能像鳥類一樣飛高。它爬得慢，遲早被牧人或獒犬打死吃掉，很快就集體死亡。」舒小珍想像。

「長箭蜥能夠生存下來，至少有幾百隻到幾千隻。這麼多的數目，需要大面積棲息地，大量食物來源，合適的生蛋孵蛋區。殺死長箭蜥的強壯兇手也一樣。這二種動物都不可能輕易離開棲息地和覓食區。」詹姆士談生物基本需求。

「我們五個人很快面臨尋找食物的問題。」莊院士提醒：「雖然長箭蜥的肉無毒，我們不能光吃它，讓它絕種。」

「儘量尋找多種食物。墨脫支脈上，林麝絕跡了，黑熊野豬也絕跡了。別讓古老的大爬蟲也絕跡。」舒小珍表示。

「像北美洲，曾經擁有二千萬頭野牛，幾百萬匹野馬，幾乎落到絕跡的狀態，太殘酷了。」詹姆士感嘆。

五個人走向山腹內低處，長箭蜥數量減少，但仍爬遊於主幹隧道的岩壁上。長箭蜥現身，讓他們感覺走對了。不過隧道開始縮小，岩壁間的分支隧道數目及形狀變化也減少。五個人又看見巨大無比的岩層支撐台座，台座表面光滑，顯示岩層內部結構嚴密。五個人誤以為隧道就要在岩層支撐台座邊閉攏斷路，尼瑪背部貼著岩壁，手扶支撐台座，手電筒燈光轉向，照出另一條較大的隧道，但是岩壁顏色由黑色轉成灰色。

「我們沿著隧道往下走，走了相當長的時間，該到盡頭了嗎？」莊院士發問。

「這裡發生新的山腹內部迸裂情況，我不知道是不是最下方的迸裂。」舒小珍說明。

新隧道內部情況變得單純，只有一個側面岩壁色調濃黑，生長無數半截岩石刀鋒片，岩石刀鋒片排列得亂中有序，全體岩石刀鋒的表面像海面波浪一樣，一起升高又一起降低。隧道岩壁的其他三個側面，包括腳踩的地面，大都是平滑的岩石表面，但岩石表面分佈無數大小裂紋。顯然岩層迸裂現象已經緩和下來。

尼瑪仍領路，先走一大段平緩下坡路，無數岩片刀鋒呈現水平突出。他的腳底受大小裂紋及潮溼地面的影響，不致於滑跤。五個人手扶岩石薄片，走得穩當。接著隧道地面傾斜度變大，五個人更需要手扶岩石薄片。無數薄片由水平狀態變成斜斜翹起。

尼瑪走下去，腳底碰觸薄層岩質碎粒，夾雜白色黏稠顆粒，水仍沿斜坡流下。手電筒照出，隧道末端半個側面，岩石刀鋒分佈不絕。另外半個側面，岩壁上，磚頭般大小的岩突與深溝痕交錯分佈。隧道底部則是一團黃泥混合物。

「隧道見底了，你爬得下去？」莊院士提醒。

「可以，院士拿手電筒。我一手扶岩石薄刀，腳踩磚頭岩壁上，隧道雖然陡，爬下去沒問題。」尼瑪宣佈。

他爬下傾斜達六十多度，側邊是岩壁有岩磚凸起的隧道。附近有長箭蜥的身影，沒走錯路。尼瑪大膽下移身體，結果雙腳踩在爛泥巴中。尼瑪吃了一驚。一手仍抓住岩石薄片，另一隻手摸空。

「怎麼了？」尼瑪一時驚呆，莊院士照亮他全身而詢問。

「一個洞穴，小開口，地面有爛泥巴。」尼瑪結結巴巴回話。

「我們可以下去嗎？」莊院士出聲。

「先下來一個人，這裡只能站兩個人。」

莊院士扭亮另一支手電筒，照出塊塊磚狀突起的岩壁，以及一部份插有許多岩石刀鋒的岩壁。莊院士也腳踩一個淺窪地，窪地上儘是爛泥巴。尼瑪試摸，一部份插有岩石薄片的岩壁突然中斷，留下一公尺多高，一公尺半寬的天然橢圓形洞口。尼瑪再摸索這洞口，發現洞口有三十多公分長的岩石薄片，岩石薄片之上是奇厚無比的懸空岩壁。

「你鑽得過去嗎？」莊院士詢問。

「我坐在爛泥巴中，勉強鑽得過去，但是丹卡和博士只能在爛泥巴中爬過去。」尼瑪一直摸索橢圓形洞穴口，試探拓寬洞穴口的方法。

「爬爛泥巴不好，長箭蜥已經爬了過去，兇猛的怪物也坐下擠了過去；有沒有其他辦法？」莊院士催促。

「除非砍掉三十多公分長的岩石薄片。」尼瑪再摸索一次，藉助微弱燈光，用長彎刀的刀背強砸。碰的一聲，岩石薄片斷裂，洞口變成一百三十多公分高，尼瑪低頭彎腰，輕易鑽了過去。

莊院士和舒小珍都輕易矮身鑽過。詹姆士和丹卡低頭，彎腰、又曲膝，吃力的鑽過去。每個人雙腳都泡在爛泥巴中，爛泥巴淹過膝蓋。

二支手電筒緩慢照亮，照出一個混亂的大迷宮。由於燈光亮度有限，照不出大迷宮的邊緣，看起來大迷宮大過一個籃球場，或者略小於二個籃球場，整體邊緣形狀難定。

(三)

黑色巨峰內部長隧道的盡頭，天然洞穴口已經增為一百三十公分高；底部是低窪地及爛泥巴。莊院士一鑽過天然洞穴口，他突然被尼瑪緊緊抓住。強烈的腐敗氣味衝入鼻孔，膝蓋以下泡在爛泥巴中，頭頂上烏黑的傢伙倒看爬遊。莊院士一時目瞪口呆。尼瑪受震驚，雙腳發抖，喉頭打結，說不出話。

詹姆士、舒小珍，和丹卡依序鑽了過去，每個人都被嚇住，舒小珍甚至抓住身邊的詹姆士。尼瑪受刺激最深，因為他的膝蓋額外碰上一堵硬東西。爛泥巴與硬東西攔住他，他不敢舉步。

二支手電筒分別上下左右四方照亮，照出頭頂上倒爬的一隻，不，前後共兩隻長箭蜥，五個人心神才稍微安定下來。

「長箭蜥向下爬過薄片岩突表面，側著身體，用腳下有力的吸盤抓住岩石薄片，翻過洞穴口，然後爬上黑色岩壁，最後倒爬這座混亂大迷宮的頂部。我們跟著鑽進新洞口，來到大迷宮內，我們沒走錯路。我們走在空氣流通的途徑上。」詹姆士首先理清混亂的頭緒，企圖找出一條線索，用手指頭比畫，向同伴們解釋。

舒小珍順著他的手指頭方向觀察。隔了一會兒，心神安定下來，抓住詹姆士的手才放開。她看出來，長箭蜥爬過的岩壁是黑色的傾斜岩壁腳，分明屬於這幾天他們置身隧道的同樣山體結構；換句話說，隧道與黑色岩壁腳同屬於玄武岩黑色巨峰，前者位於巨峰內部，後者位於巨峰外側；而黑色岩壁接觸了其他岩土結構。

五個人都聞出強烈的腐敗味，這種腐敗味濃重不散，刺激性強過麝香變臭氣味的十倍。

「吸引長箭蜥來這座大迷宮的，不是麝香鼠的惡臭味，而是大迷宮中的氣味。長箭蜥聞腐臭味，卻找不著食物，它們才鑽進隧道，碰上死亡變臭的麝香鼠群。」舒小珍也開始認清一些混亂大迷宮。

一近一遠二隻長箭蜥在迷宮頂倒爬，分別暗示，大迷宮至少應有二個洞口。其中一個洞口剛被五個人鑽過，另一個洞口難以分辨。因為擋在五個人面前的，像是大迷宮，又像是巨大的混亂蜂窩狀結構。眾多粗細不一的泥支柱林立，每一根支柱本身形狀凌亂無章；太多堵圍牆夾雜，每一堵牆形狀及厚薄截然互不相同；許許多多窗戶及門斜立，空留泥框架，不見玻璃及木板；許多房間落地，全無規格大小，猶如鴿籠、雞籠，以及大房間亂疊。這麼多的混亂蜂巢狀迷宮，所有細部物體幾乎全由七、八公尺高洞頂，直接通往地面。所有的支柱、牆堵、門窗、以及籠子房間等，外表塗留黯淡斑斕的色彩。

「整體洞穴被中空的房間佔滿，看不見走道，看不見另外一個洞口，怎麼走出去？」尼瑪在迷惑中哀叫。

沒人能回答尼瑪，或指點尼瑪。丹卡及尼瑪完全搞不清混亂蜂巢式大迷宮的來龍去脈。莊院士、舒小珍、和詹姆士藉著微弱的手電筒燈，一直觀察、思索、等待做出決定。強烈腐敗氣味刺激鼻孔，深及膝蓋的爛泥巴磨損耐心。

「用長木棒打倒所有的支柱、牆堵、門窗、以及籠子房間等，再找另一個洞口？」又慌又急的尼瑪，想出簡單而原始的找路方法。

「不行，長箭蜥走了出去，兇猛怪物也走了出去，它們沒破壞洞穴內牆柱，我們也不能破壞。」舒小珍出聲阻止。

「就算所有支柱和牆堵是岩石被侵蝕後殘留的東西，長木棒還是打得爛。」尼瑪不改變想法。

「它們不像是岩石殘留物，它們是黏土變乾後的半硬半軟物體，它們像我們腳下的爛泥巴，所以顏色那麼烏黑古怪。」舒小珍判斷。

大迷宮的洞頂，原本有兩隻長箭蜥倒著爬動。五個人一直苦思發呆，一隻長箭蜥失去蹤跡。

「一定有一條路，不必碰觸大迷宮的牆柱，通往另一個洞口，凶猛的怪物就這麼樣出去的。正如迷宮頂的一隻長箭蜥，也不碰觸任何牆柱，輕輕爽爽倒爬出去。」舒小珍自言自語。

「眼前這一切黏土牆柱，能支撐迷宮頂的重量嗎？」詹姆士想到一個關鍵。

「當然不能，它們沒有任何支撐力。」舒小珍答覆。

五個人開始發現，除了長箭蜥以外，混亂蜂巢式大迷宮內，另有其他較小蜥蜴，不但倒著爬過迷宮洞頂，而且爬上黏土牆柱。它們全部都能自由自在進出另一個洞口。

一種約三十公分長，三角錐形頭，額頭明顯隆起的蜥蜴，耳下兩邊各有三根尖刺，四肢爪子尖長，橘色背上有二排分裂式黑斑條，腹部有黑疣。第二種蜥蜴長約二十公分，但四肢及全身均修長，背黃腹黑，是一般常見的小型動物。第三種蜥蜴更小，十多公分長而已，細身細肢真像腹蛇。這三種蜥蜴到處亂爬，輕盈的身體不壓壞黏土蜂巢狀房間門窗。

「它們到底是什麼？」舒小珍腦海中開始閃爍亮光。

「它們依序叫高額蜥、林蜥、和岩蜥，都是石炭紀的生物，算是爬蟲類的元老。」詹姆士辨別。

「它們生存的年代和長箭蜥差不多？」舒小珍又問道。

「都差不多，都應該滅絕了。」

「這就對了，這就對了。」舒小珍腦中迸出亮光。她先閉上眼，整理頭緒，然後解釋：「也許我能解開混亂大迷宮的謎。你認為長箭蜥先爬過大迷宮，還是那對兇猛的怪物？」

「當然是長箭蜥。兇猛的怪物追蹤長箭蜥而已。」詹姆士幫忙她解開謎團。

「長箭蜥走正確的路，全不破壞大迷宮的一門一窗，凶猛的怪物才辦得到。長箭蜥不是天才，有走迷宮的本領。它利用四肢吸盤吸住洞頂岩壁，伸出長舌頭，不斷嘗試找出路；它的身體輕碰黏土牆柱，不致於強行破壞黏土牆柱。它有的是時間，它爬遊洞頂幾十次至幾百次，終於找出了安全的出路。」舒小珍分析。

莊院士和詹姆士不反駁，尼瑪和丹卡半信半疑。

「用手電筒照洞頂。洞頂不是堅硬的花崗岩或玄武岩，好像是砂岩及石灰岩混合物。這種混合岩不夠堅硬，尤其極長時間遭受水或水氣的侵蝕。長箭蜥的吸盤吸不牢，但是它還是能倒著爬行在洞頂上。」舒小珍進入生物克服環境障礙的奧秘。

「吸盤失靈，長箭蜥怎麼倒著爬洞頂？」莊院士又開始碰及線索。

「它有爪子，它用尖銳有力的爪子，抓住洞頂有凹有凸的岩表，終於能順利的完全爬進爬出混亂大迷宮。長久以後，所有長箭蜥都懂得走正確的路。因為它留下了記號。」舒小珍想通了關鍵。

「它留下什麼記號？」詹姆士追問。

「爪印，它的爪子抓洞頂，支撐全身重量，爪子終於刺入砂岩和石灰岩混合物中，留下整整一條路的印記。其他長箭蜥也爬同樣的路，抓同樣的混合物表面，更進一步刻出一條路。」

又一支手電筒亮了，總共三支手電筒照向大迷宮洞頂，照出洞頂上，一條隱約現出白色條紋的彎曲路線。舒小珍沒料錯，許多長箭蜥長時間用爪子抓不太堅固的洞頂岩壁，終於緩緩抓出一條路徑。

「但是我們不能像大蜥蜴一樣，在洞頂倒著爬。」尼瑪仍未滿意。

「後來兇猛怪物追蹤長箭蜥來大迷宮，到處黑漆漆的，它怎麼認路？只有二種方法，長箭蜥在七公尺多高的洞頂爬，爪子抓岩表凸出物而移動，發出聲音，微弱的聲音。兇猛怪獸追蹤微弱聲音而行動，也在大迷宮中走對了路。第二種方法，大迷宮的地面爛泥巴中，經過幾百年到幾千年，形成了一條硬梆梆的路。兇猛怪獸聽頭頂上的聲音，腳踩硬梆梆的路，也通過了大迷宮。」舒小珍得出結論。

尼瑪立刻察覺，他的膝蓋一直碰觸一道硬東西。尼瑪鼓起勇氣，踏了上去，不錯，正是一段硬梆梆的路。

「抽出長木棒，試探硬梆梆的路，慢慢摸索走下去。」丹卡通知他的姪兒。

「為什麼爛泥巴中，形成一條硬梆梆的路？」莊院士再疑問。

「因為洞頂的成分是砂岩及石灰岩混合物。長箭蜥長期抓落石灰岩粉及砂粒，爛泥巴中也有砂粒，爛泥巴的水不多，不會稀釋某些物質。長時間以後，石灰岩粒、砂粒、和黏土互相作用，形成類似混凝土一樣的硬東西，就成為硬梆梆的路。」舒小珍解釋了全部道理。

「如果我走硬梆梆的路，而頭頂上有長箭蜥，我就會感覺，灰塵掉在我的身上。」詹姆士說笑話。

但是眼前他的頭頂正上方，不見長箭蜥爬行，沒有白粉黑砂粒灑落。尼瑪用長木棒探路，不踩入爛泥中。他似乎走對了路。混亂迷宮中，各種顏色斑爛、形狀古怪的柱子、牆堵、籠子、房舍、以及門窗，東橫西直淩亂分佈，完全沒有章法。尼瑪的長木棒探出硬梆梆的路，在微弱的光線中，穿過太多又薄又脆的黏土物體之間的空間，緩緩移動腳步。偶然手電筒照向洞頂，洞頂正有一條上下互相對應的白色路線，反映舒小珍的推理不離譜。

五個人發現，基本上由黏土構成的蜂巢式迷宮，近距離觀看，外形更雜亂，任何一堵牆或一根柱子，表面黏附泥團。即使出現一個黏土小籠子，小籠子的骨架斷裂。許多空房間東倒西歪，於是佔領大迷宮中的空間。似乎只有尼瑪探摸出來的路，才不破壞迷宮中的或縱或橫竿狀或板狀黏土物體。

尼瑪斜走、橫走、進五步、退三步，走得昏頭轉向，避開了任何碰撞黏土物體的舉動，終於通向一個大洞口。他帶領其他四人，全程走在硬梆梆的路面上，腳底仍沾了爛泥土，褲管保持清涼。高額蜥、林蜥、以及岩蜥就在他們身邊的黏土結構上走動，但沒抓咬他們。尼瑪不清楚他們一夥人在隧道底的洞口外側，即大迷宮的那端入口處，觀察了多長的時間；也不知道舒小珍推敲彎曲硬梆梆道路的走法，用去多少時間；更不明白，他自己用木棒探硬路，曲折彎走，不破壞黏土物體，又耗去多少時間。他走出了混亂蜂巢式大迷宮，進入另一條寬敞的隧道，只想坐下來休息。

五個人都疲倦，顧不了強烈的腐敗氣味，和沉悶的空氣，都坐下來休息；甚至背倚粗糙的岩壁，閉上眼好好放鬆休息一番。

「到底混亂大迷宮是什麼？我們從中通過，我才想出答案。」詹姆士坐下，閉上眼，心情輕鬆下來，開口閒談：「它的面積不算大，可能不超過二個籃球場。地面上有爛泥巴，空中是黏土支柱或牆堵。它是遠古多條河流的匯集地，也可能是個湖泊。許多河流挾帶泥沙、枯樹、草堆、動物屍體，集中在一起。經過太久的時間，草樹枯死，動物屍體腐敗，與泥沙混合。後來匯集地地面升高，水分流走，本身開始乾燥定型，終於形成爛泥巴的地面，洞頂下殘留黏土迷宮架子。」

「它不是岩層，它支撐不了洞頂。」舒小珍心神安定，也分析蜂巢式大迷宮的周圍情況：「它本身是孤零零的土地，被兩塊大岩層夾在中間。」

「哪兩塊大岩層？」莊院士異常疲倦，迷迷糊糊出聲。

「一塊就是黑色巨峰的底部。這個底部有缺口，卻連接了連環大迸裂形成的隧道。這個巨峰底部的缺口，倒成了進入混亂大迷宮的洞口。」舒小珍分析。

「另一塊大岩層呢？」詹姆士低聲含糊問道。

「砂岩大岩層，可能夾有小部份石灰岩質。這塊岩層直接碰觸黑色巨峰底部，成為混亂大迷宮的頭頂岩壁，讓長箭蜥群長期用爪子抓爬，製造一條安全通過大迷宮的路。」舒小珍說著，沒精神再分析下去。

沒人理會舒小珍複雜的理論，就想大睡一場。

「祿豐縣的丘陵崩塌地，也是水流聚集區，那兒土質軟，經不起大雨沖淋而崩塌，卻發現了板龍化石及迅猛龍化石。」詹姆士腦中浮現一個念頭，含混說了出來。

沒人理會詹姆士。

「高額蜥、林蜥、和岩蜥的肉可以吃嗎？」丹卡迷迷糊糊提出問題。

「你最好別碰它們。許多爬蟲全身有毒，萬一你吃下肚子，休想返回牧場。」詹姆士胡亂提出警告。再也沒人講話。濃厚的睡意困住全部五個人。

（四）

東西燒焦了，臭焦味傳來；鼻子尖的舒小珍醒來，不但感覺臭焦味刺激人，而且她自己呼吸急迫，有如麵包車曾經開至藏東公路的最高地勢那一站，然烏山谷口；當時她得了高山症，同樣呼吸不順。她一再深呼吸，扶著粗糙的岩石表面站起來，精神才穩定多了。

舒小珍藉深呼吸解除呼吸急迫的壓力，鼻子同樣察覺二種強烈的異味，陳年腐敗味和燒焦味。她想了起來，陳年腐敗味來自混亂大迷宮，詹姆士推測為遠古多條河川匯集地，動植物腐敗之後發出了異味。她不明白，為何臭焦味久久不散。

舒小珍用力進行深呼吸，詹姆士迷迷糊糊醒來，聽見了大姑娘的輕微動作。他也聞出燒焦味，低聲通知：「是火災嗎？真的有東西燒著了。」

尼瑪醒來，同樣感覺呼吸不暢。他照亮手電筒，大隧道岩壁光滑，呈現大轉彎現象，岩壁上殘留團團黏土；長箭蜥和高額蜥依賴吸盤，緩慢爬行於岩壁上。地面流水緩緩流走。

「岩壁上有黏土團，從前混亂大迷宮的爛泥巴隨著水流而擴散，於是少量爛泥巴留在隧道岩壁上。砂岩質地不堅固，長期被強烈水流沖刷，形成岩壁平滑而大彎曲的隧道。」舒小珍解釋。

其他人都醒了，都聞出燒焦味，都感覺呼吸不順。長箭蜥和其他較小蜥蜴在附近岩壁爬行，讓他們安心。他們收拾背袋，插上長短木棒，繼續追蹤行程。

原本灰色砂岩中，夾有白色顆粒，證明石灰岩混入砂岩中。才走一小段路，岩壁不見白色顆粒，純粹由砂岩組成。強烈的水流，長期沖出大彎曲隧道，隧道岩壁大體平順，迴其於岩壁多磚狀或刀鋒狀排列的黑色迸裂隧道。但砂岩本身粗糙，手摸大體平順的砂岩隧道，不難接觸岩壁細部的砂狀小突出。

「在這條寬敞但黑暗的隧道中，長箭蜥爬行不出聲，那對強壯而兇猛的怪物，如何追蹤長箭蜥？」尼瑪提出疑問。

在這條砂岩隧道中，吸盤能牢牢黏附岩壁，不發出任何聲音，不提供兇猛怪物密切跟蹤大爬蟲的機會。而在混亂大迷宮中，長箭蜥倒爬於砂岩石灰岩混合洞頂上，爪子一再抓落白粉出聲。

舒小珍想不出答案。詹姆士代答：「這裡只有一條寬敞的隧道，那對怪物完全摸黑行走，相當謹慎；一直往前走，不會迷路，直到聽見爪子抓下砂粒聲音為止。」

那麼，不辨認具體目標的位置，一對怪物瞎摸黑，真的能找到獵物？

「一對怪物同行，彼此膽量增加，誤碰獵物的機會也增加。何況一路上多隻長箭蜥爬行，怪物們不求獵殺特定的一隻，只需獵殺誤碰的一隻。」舒小珍補充解釋。

燒焦味更強烈，隧道的表面狀況也發生變化。隧道整體空間變小，岩壁上出現質地軟的短凸起物。尼瑪不習慣燒焦味，放慢了腳步。五個人的鞋，不時踏進淺薄流水中。隧道內的溫度升高，五個人身體流汗。

隧道的形狀突然改變，有如遭受壓擠。一個兩端有通道的球形洞穴出現；岩壁仍是整體平順的砂岩，但含有質地軟的多層凸起物。尼瑪通過一個球形隧道；稍拐彎，進入另一個橢圓形而兩端又有開口的隧道。他陡然發現前方發出淡紅光線，耳中聽見「絲絲」聲。

「有光線，我們是不是走出隧道，找到各種蜥蜴及兇惡怪獸的老巢？」尼瑪停下腳步出聲。

「走出去瞧瞧，大夥兒就等待這一刻。」莊院士表示。

尼瑪跨出步子。他進入一個圓形隧道，光線照出細部砂粒突起的岩壁，岩壁中夾有多層厚薄不一的瓦片式岩石，地面流水淙淙，而明亮的光線來自另一個長圓形隧道。那兒不是隧道的出口，太陽下的田野，那兒居然有火舌；火舌燃燒，不但發出燒臭味，而且傳出「絲絲」輕微燃燒聲。五個人自從醒來以後，一直聞出燒焦味，一直呼吸不暢，原來這些球形或橢圓形連環洞穴中，多條火舌一直燃燒，而洞穴中空無一物。

多條火舌閃動光線，比手電筒光強多了。尼瑪關掉了手電筒，走進長圓形隧道，不明為何岩壁無緣無故自燃，一隻高額蜥倒著爬進洞穴頂，除此之外不見其他兇猛怪獸。尼瑪沒感受什麼威脅。其他四名夥伴也驚訝。

尼瑪藉著火舌群的光線，順利走進另一個橢圓形隧道，仍看見一群輕輕搖動的火舌。兩個洞穴內，合計約十條火舌，自行從岩壁上燃燒。

「隧道本來空氣不多，這麼多火團燃燒，又消耗不少氧氣，所以呼吸困難。」莊院士表示。

「這裡屬於砂岩及頁岩混合地層。砂岩多氣孔，頁岩由多層黏土或薄岩石疊成。頁岩不是蘊藏石油天然氣，就是夾住動物的屍體。」舒小珍解釋。

「幸虧這裡沒蘊藏石油田或天然氣田，否則燒出巨大火球。」詹姆士點明：「這裡是遠古動物的墳場，動物死亡腐敗，化為天然氣，一遇高溫，就自行燃燒。」

「兇猛怪物走到這裡，清清楚楚看見長箭蜥群，所以它們大膽的在下一段砂岩隧道中，摸黑追蹤大蜥蜴，直到蜂巢式大迷宮為止。」舒小珍替一個疑團找答案。

遇上一群火舌，瞧見球形或橢圓形洞穴的面目，尼瑪內心更安定，繼續走下去。

「頁岩多瓦片式層層疊壓，地質不穩，怕水流破壞，怕空氣侵蝕。頁岩隧道內部容易剝落，外側發生裂口。」舒小珍說明。

「隧道很長，我們走了幾天幾夜，還沒走出去。」丹卡抱怨。

「當然。」莊院士開口：「喜馬拉雅山脈不是小丘陵。我們從黑色巨峰的峰頂爬下來，一路上東拐西彎，可能來到某處低地方。我們花去很長的時間。」

「水一直流動，地勢一直降低。一旦水流不動，我們才踏上平地。」舒小珍再說明。

五個人走過火舌自燃洞穴群，呼吸順暢起來，氣溫反而降低一些。

隧道變小，而且隔一小段路就左彎右拐；有如天然氣自燃的橢圓及球形連續洞穴，遭受外力擠壓，各弧狀洞穴左旋右轉。隧道不斷的不規則小轉彎，岩壁的結構也發生變化。岩壁上半部仍屬砂岩性質，下半部及地面多層層瓦片相疊的岩層，甚至岩壁間滲水。不止如此，地面殘留一層瓦片粉，瓦片粉浸溼，正是岩壁下半部頁岩風化粉碎的結果。尼瑪走下坡，開始用一隻空手扶住岩壁突出的厚瓦片層，另一隻照手電筒。尼瑪行走速度減低。

尼瑪聽見了比較響亮的流水聲，其他夥伴也聽見了。他們感覺空氣轉涼。

隧道本身變得更窄，岩壁最高處及岩壁頂，仍保留偏黑的砂岩結構。岩壁內側大部份面積，以及全部地面，完全是層層疊高的瓦片岩石或黏土片。隧道由凌亂的弧形小轉彎，變成有夾角的銳利轉彎。岩壁恰巧出現或厚或薄的瓦片稜角突出。這些瓦片稜角突出有時橫攔通道。不得已，尼瑪抽出長彎刀，砸斷瓦片稜角擋路的部份。時間一久，其他夥伴輕鬆涼快，尼瑪累出一身汗。

隧道的地面，本身是頁岩的稜角，向任意方向突出。長期以來地面的稜角遭受侵蝕，尖角部份磨平。兩側岩壁上，頁岩片的一部份斷裂，落地摔成碎粒。大夥兒走過，自然而然放慢腳步，以免手背、腕背、膝蓋、以及腳底被划破。領路人吃力。

天然氣自燃洞穴群一帶，地勢平緩向下傾斜。進入砂岩及頁岩混合帶，地勢向下傾斜角度加劇。尼瑪一邊注視陡斜的稜角突起地面，一邊砍斷攔路的岩片，時間一久，尼瑪被迫坐下休息，夥伴們不太累，也陪他休息。他們抬頭一看，林蜥及岩蜥也爬過砂岩頁岩混合隧道，反映他們走往某處生物棲息地。

「流水聲更明顯。」尼瑪聽出來。但是他的腳下，少量水繼續向陡坡下方流去。

休息了一會兒，尼瑪手抓長彎刀，繼續走下傾斜多稜角突起的地面。隧道仍呈現銳利角度轉彎。岩壁間大量頁岩片墜地，地面鬆滑。隧道本身仍狹窄，但因兩側岩片大量剝落，隧道變得寬敞一些。

尼瑪踩在厚頁岩碎粉上，隧道顯得更寬敞，風化作用劇烈破壞頁岩層。

「前面有亮光，有強烈水流。」尼瑪出聲警告。

「我先走過去，提防兇猛怪物攻擊。」丹卡快走兩步，超越尼瑪。丹卡走過一個拐角地，迎面明亮光線刺激他的眼睛，那是陽光。丹卡走進陽光下，大量流水沖出，淹過他的小腿。

他來到隧道的大裂口，大裂口通往一座小山谷，強烈的風和大量的水，就從這座小山谷湧入隧道的大裂口，加速破壞頁岩及砂岩混合地段。他們能從天然氣自燃洞穴以下，沿路呼吸新鮮空氣，多種蜥蜴得以在隧道上遊走，都依賴小山谷的強風。

五個人全都走出頁岩大裂口，站在小山谷中。秋深，天湛藍，但雲層厚，光線明亮而天氣陰涼。小山谷兩側岩壁高聳，但有手抓腳蹬的岩縫及岩角突起。水沿著岩壁流下，岩壁長了青苔，部份地段滑溜。小山谷內，土壤層殘存，長出枯黃草料。土壤層邊緣生長幾棵雲杉，其中一棵雲杉樹幹高大，又枝橫生。

「樹身及枯草有小東西。」詹姆士提醒。

詹姆士撥開枯草，找到螞蟻塚，螞蟻搬運死蚯蚓；草根中，馬陸列隊爬動。詹姆士揭開雲杉外皮，樹皮內，蟲蛹捲曲而吸食樹汁。枯草中更見蚱蜢跳躍、蚊子飛動，蜘蛛結網。

「這裡有食物鏈，所以一批蜥蜴爬來這裡，順便爬去混亂大迷宮及黑色巨峰山腹內隧道。詹姆士說明

「強風及流水攻破了頁岩外側岩壁，岩壁崩塌，逐漸形成頁岩隧道。但是風冷，陽光照射時間短，岩壁滑，長箭蜥、岩蜥、和高額蜥不從山谷的斜岩壁溜出去。」舒小珍推敲。

「別忘了強壯的怪獸，它們守在這裡，光線充分，看見中小動物就獵殺。」莊院士分析。

「可能食物鏈就在附近地區，強壯怪獸不會離開覓食區和繁衍區。」詹姆士進一步剖析。

「你能爬上岩壁，逃出小山谷？」莊院士慎重詢問。

「花點工夫，爬上去不成問題，岩壁下的雲杉有幫助。」丹卡觀察一陣之後答覆。

「我們走了長時間，離兇猛怪物巢穴不遠，但是危險也出現。有人想脫隊，丹卡可以幫他。他爬出小山谷，找到赤烈，又聯絡嘎爾瑪，一起先回牧場，通知外界的親友。」莊院士宣佈。

結果沒有一個人想脫隊。

「秋天就要過去，冬天來臨，停留深山中危險。」莊院士再警告。

強風向小山谷岩壁頂端吹下，水從四方八面匯流，小山谷內昆蟲靜悄悄的活動，雲杉的枯敗殘葉飛落。

仍然沒人想脫隊。

詹姆士獨自心中黯然。他沒出山，沒打電話去州立大學，愛人不免氣昏了頭，他又一次嚴重失信。愛人絕不相信，他闖進大山嶽中，與爬蟲、怪獸、昆蟲、自燃火糾纏。尤其考察團中有年輕的姑娘。詹姆士甩頭，暫時忘記遠方親密的人；一切事情一段接一段發展，完全超出估計。

詹姆士站在山谷中，涼水淹過他的小腿，侵入褲管內，他才清醒過來。抬頭一看，全部考察團，包括大姑娘，儀容全走調。四個男子都一樣，髮長沒梳理，鬍髭像軟刺，臉孔沾污泥，褲管儘是灰色爛泥巴，厚外衣的袖口和褲子膝蓋磨破，臉龐焦黃，眼有紅絲，嘴唇龜裂，身子削瘦。個個像街頭流浪漢。唯一的女子舒小珍，滿臉汗漬髒亂，頭髮糾結黏纏，白晰的頸子帶了一圈汗汙，除了神情活潑，簡直外表像鄉下老太婆。衣衫到處破洞，鞋面蓋了臭灰泥，深藍布料洗出白底，哪有端莊淑女的模樣。尤其背上插短木棒，真是不倫不類。

「沒有人想脫隊，都想冒險，大夥兒追下去。」莊士漢宣佈。

尼瑪轉身，帶頭走向頁岩大裂口，重新進入滿地顆粒及碎粉的頁岩隧道。

舒小珍拉詹姆士手臂，沙啞嗓子開口：「該走了，詹姆士。」

她臉上帶了髒泥，卻笑了一下，露出潔白的牙齒，仍然表現活潑親切的神情。詹姆士振作起來，轉身告別陽光小山谷。

（五）

五個人重回隧道，每人的鞋子踏上崩壞的黏土性質岩片碎粒及粉末。大裂口本是頁岩片構成的岩壁，內含少量泥砂。大量地面急水及雨雪天氣破壞了岩壁，頁岩片跌落散開，形成大裂口。長期之後，大裂口擴大，於是附近地面堆滿粉渣。小山谷排出急流，沖走一部份黏土粉粒。但是岩壁新碎片又崩落。

大裂口以下的隧道，迅速轉成一片黑暗，坡度仍陡，岩壁及地面未改變頁岩的性質。倒是流水又多又急，沖走褲管及鞋子裡外的泥沙。

尼瑪又照亮手電筒，他管不了頭頂上的岩壁狀況。左右側岩壁仍多頁岩片大量突出，岩片角仍保持鋒利狀態，暫時抵抗住風化作用的破壞。傾斜地面長期遭受水流沖刷，頁岩稜角完全磨平，成為平滑而附有微凸溝紋的半硬路徑。尼瑪等人走得緩慢，不時扶住岩壁岩片角，以免滑跤。

隧道寬約二公尺，即使大裂口大量涼水湧下，地面水位應該降低。其實不然，岩壁低處藏有縫隙，溫水從縫裂中流出，令尼瑪等人感覺舒服。岩蜥、林蜥、以及高額蜥，繼續爬遊岩壁高處。舒小珍感覺裸露的手背癢了起來，耳邊掠過極輕微的嗡嗡聲。舒小珍認為蚊子寄生在黑暗隧道中。

隧道不再出現銳角轉彎，岩壁的瓦片突出也變短，尼瑪不必一再砸破攔路岩片，省了不少力氣。但是較低處的頁岩隧道，仍呈現小幅度東扭西轉的現象。即使大量溫水沖刷，重疊岩片形成的地面仍夾有碎顆粒。

「從天然氣自燃洞穴走下來，走了很長的時間，腿走酸了。幸虧水是溫水，好像不髒，不妨洗一次澡。」尼瑪抱怨。

「別忘了，我們走出大裂口，曬了陽光一陣子，佔用一些時間。」莊院士提醒他。

「小山谷流進隧道的水不但沒這麼多，而且是涼的。現在水多，又變溫，好現象。」舒小珍在黑暗中高聲表示，以免被流水激盪聲淹沒。

「為什麼？隧道裡的水不尋常？」詹姆士不明白。

「這裡沒有溫泉，大量的水卻是溫的，那麼大量的水是地下水，所以溫度高一些。」舒小珍說明。

「地下水有什麼奧妙？」尼瑪反問。

「地下水來自地勢低的地下，不會出現在高山或山腰上。我們離山腳不遠了。」舒小珍再解釋。

「到了山腳又怎麼樣？」尼瑪仍沒想通關聯性。

「到了山腳，我們不會再往低處走長路，我們接近平地上的目標了。」詹姆士激動的表示。這個姑娘能從尋常現象中，找到緊要的道理。

不只詹姆士，連莊院士和丹卡都激動。大夥兒已接近山腳，再走一段路就是平地或山谷。兇猛的野獸，你們一直不現身，但是你們別想再躲了。

「我們得先休息一下，想一想怎麼對付那對兇猛的野獸。」尼瑪說話。

「不只二隻，可能有一大群。」丹卡提醒。

「二隻或一大群，我都不怕。」尼瑪大聲說話：「它們來得近，咱們用木棒對付；它們離得遠，咱們射箭。讓它們瞧瞧，牧場的小子不是好惹的。」

尼瑪說氣話，腳步有點踉蹌，看起來他真的累壞了。

他們再走一小段路，隧道變得寬敞，岩壁上的重疊瓦片減少，地面上的水流不再沖激。尼瑪走在前面，步子安穩起來。

「隧道地面不陡峭了？」莊院士自己也走穩，安心的閒談。

「是的。」舒小珍恭恭敬敬的回答：「看看牆壁，灰色的重疊瓦片牆變白，地面的過水流得平緩。」

尼瑪突然腳步一頓，另一隻腳跟不上，幾乎滑跤。

「丹卡，讓尼瑪睡一下，咱們也都歇一下。」莊院士交代。

丹卡走上前，找個乾燥的角落，放下尼瑪的背袋及木棒，讓他臥倒。這名逞強不怕吃苦的領路人，一下子睡著，其他人各自找乾燥的地方休息，但全部人的雙腳泡在溫水中。

其他四個人睡了一陣子，都醒了，卻不想出聲，驚擾體力透支的年輕小伙子。從登上墨脫支脈的大山脈，一直到走下頁岩隧道，領路的尼瑪開出道路，一直劇烈消耗體力，其他人走現成的安穩路。他應該休息久一些。由於腳邊緩緩流過溫暖的地下水，先醒來的人安靜的擱地下水，擦洗骯髒的皮膚。

稍微洗一下臉、手、腳，令人舒服些，但遠遠不能達成洗浴的慾望。因為自從告別小桑馬登牧場，進入落葉松帶以來，他們完全沒上下身徹底洗一次。身上累積了污垢和汗臭，內外衣又黏又溼，人人渴望好好洗一次澡。如今腳下全是溫水，溫水含白絲狀溶液，但清潔無異味，真是洗浴用的好水。

尼瑪醒來，堅持親自對付兇猛的怪物族群，所以仍由他帶路出發。隧道狀況變的單純，沒有重疊的片狀岩層，更沒有片狀黏土稜角突起，連砂岩的表面粗糙顆粒也沒有。隧道的岩壁顏色轉為白色，隧道本身呈現長距離大弧度緩緩轉彎，不勞尼瑪動手砸掉阻攔物。而且大轉彎中的隧道，空間寬敞得足以容納二人以上並肩行走。隧道頂，又見長箭蜥爬遊。五個人仍走向大量遠古生物的棲息地。

隧道的地勢傾斜度小，水仍充沛，緩緩流向更低處。水仍溫暖，正是全身好好洗透的上好用水。五個人認為隧道該來到盡頭，但是盡頭仍未出現。

尼瑪睡了一覺，精神轉好些，體力恢復一部分。他的叔叔丹卡，始終走在舒小珍身後，一直沉默寡言，理智充分控制情緒，任由尼瑪開路當領頭羊。他的穩重和尼瑪的年輕衝勁，正好形成對比。

白色寬敞隧道經過幾次長距離大轉彎，本身形狀突然轉變，隧道空間收窄，隧道出現一個急轉彎，大量的水升高，水勢變得湍急。

尼瑪瞧見，白色隧道來個急轉彎；尼瑪不思索，跟著來個急轉彎，進入一個天然矮平洞穴。地面流水因隧道寬度劇減而流動湍急；流水急轉彎，也沖入這個天然矮平洞穴。矮平洞穴完全呈現白色，地面滑溜，離洞頂最高約二公尺左右，位於洞穴中央。洞穴的四周則洞頂平滑落地，矮平洞穴地面流水急，流向一大一小兩個門戶。大夥兒打量，天然矮平洞穴只有半個籃球場大。

「白色的洞頂，沒有牆壁，流水清澈透明，地面光滑。整個洞穴像白色大廳。」尼瑪看不出名堂，喃喃自語。

舒小珍環顧一圈，對於白色新洞穴似懂非懂。其他三個人不瞭解眼睛看見的一切。

「我看見過這種洞穴，看見過一大堆，不希罕，將來一定有大批遊客參觀。」舒小珍開口不可能，大夥兒剛走了進來，分不清怎麼一回事。大姑娘居然主張，她已經見過洞穴，甚至見過一大堆。尼瑪和丹卡以為大姑娘瘋了。

「在哪裡看見的，說呀。」莊院士催促。

「別逼她，她太累了。」詹姆士挺她。

「同樣黑暗的地下，同樣大量的流水，純白色岩壁，那兒有許多小燈泡，這裡一盞也沒有。」舒小珍仍喃喃自語。

「我有沒有去過？」詹姆士溫柔的低談。

「你有沒有去過？」靈光閃過她的腦海，她大叫：「你去過，九鄉溶洞的結晶穴。」

「不錯，我們去過。」莊院士人客觀，反應更快。

「我也去過，參觀一整天。」詹姆士完全贊同。

「這兒也有整塊石灰岩，長期遭受水侵蝕，形成鐘乳石，這個洞穴是鐘乳石變型。」舒小珍想通。

「尼瑪，走進去，這兒是石灰岩自然的變化，沒危險。」莊院士提示。

「地面太滑了，幾乎站不穩。」尼瑪舉步，腳下滑溜。

「結晶體的表面當然滑溜，小心點。」舒小珍指點。「水沖得太凶了，但水是溫暖的。」尼瑪表示。

「我抓住你，我們走慢一些。」丹卡開口，腳步也滑溜，但抓住了侄兒，兩個人都走穩，一起走向出口。水流匯集，流向出口。

詹姆士、舒小珍、和莊院士互相扶住肩膀。洞穴頂不怎麼高，高個兒詹姆士低頭走，仍碰觸一隻高額蜥。它利用吸盤，倒附洞頂爬遊，根本不沾水。

手電筒弱光照出半個籃球場大的洞穴。洞頂是岩塊剝落後剩下的粗糙不規則的殘岩，但地面上的落岩已被沖走。水流洶湧，沖破岩壁，形成一大一小兩個洞口，兩個洞口邊緣形成結晶門柱。詹姆士高大，通不過小洞口。丹卡找出繩索，牢牢綁在粗大的結晶門柱上。

丹卡綁好繩索，仍抓住尼瑪，叔侄倆用手電筒照向下方。下方有水潭，更遠方有岩壁；初看之下，下方是一個更大的黑暗洞穴。微弱的燈光照出，這座洞穴的大洞口之下，流水匯集而沖下，流入水潭。一座岩石台階由大洞口通往水潭底。

莊院士等三個人見識過九鄉溶洞的地下大小洞穴，對於眼前的情況不擔憂。莊院士聲明：「看不出來有危險，老頭子願意第一個先下去。」

「我先下去。」尼瑪宣佈。他抓住結晶門柱上的繫繩，向流水淹沒的台階走下去。

但是結晶台階表面光滑不規則，尼瑪抓繩力量不夠強，整個人順水滑落，跌入水潭中。水潭水不深，溫暖，尼瑪心狂跳，但大洞口上的手電筒燈光讓他安心一些。

「我站穩了，水不深。」尼瑪大聲喊叫，不顧全身濕透。

「水－不－深」，大洞穴傳回回聲。

「我下去了。」莊院士抓住繫繩，往下走。他也走不穩，筆直滑落水潭中。他站起來，站在尼瑪身邊，全身也濕透。

詹姆士情況好一些，抓緊繫繩，向台階走下一步，走穩，才移動另一步。他走過半截十多公尺高的台階，仍滑跤，墜入水潭中，衣衫半濕。舒小珍情況最壞，才走一步，筆直滑落，栽入水潭全身濕透，詹姆士及其他人合力撈出她。丹卡墊後，有了警覺心，每走下一步，就先探出臺階上的凹痕蹬牢，再探下一步，手牢牢抓住繫繩。丹卡平安走下去表面滑溜而無章法的結晶台階，僅僅褲子半濕。

「先照洞頂，尋找蜥蜴。」詹姆士提醒。

尼瑪的手電筒往頂上照，洞頂高五公尺多，逐漸升高，大約接近大洞穴中央，洞頂高二十多公尺。由於巨岩從頭頂上的岩層崩塌，洞頂遺留岩層殘根。不只一支稀疏蜥蜴長列隊，而是二支稀疏蜥蜴長列隊，在洞頂上倒爬，五個人來到生命旺盛的地方。

「舒小珍，你和尼瑪一起帶路，看看全身濕透的夥伴怎麼辦？」院士指示。

舒小珍不推辭，鼓起勇氣，與尼瑪一起並行，她們一直踩在小石塊上，那是溶洞落岩分裂後的殘餘物。水流緩慢，水溫暖，水清澈，有遊絲狀溶液。他倆腳步一停，碰上一大塊落岩。落岩的角隅已經鈍化，不至於割破皮膚。落岩上，除了天然的灰白石頭圓座、石頭破凳子以外，居然生成結晶石筍，以及半截結晶石柱。她們再往前走，燈光照出另一個較大的落岩小山。

舒小珍身體又髒又癢，其他夥伴肢體也又癢又痲。

「我們休息一陣，利用現成的溫水洗澡，洗衣服，放在石頭上晾乾，小睡一下。」舒小珍建議。

「正好全身濕透，就趁現在洗個澡，換上乾淨衣服，檢查背袋，找個大石頭躺一下。」莊院士指示。

儘管肚子奇餓，五個人還是先檢視背袋，然後徹底洗一次溫水澡。大花力氣搓洗髒得發臭的內衣褲，找大石頭晾曬。大蜥蜴分成二列，在頭頂上爬遊，這座結晶造型粗糙的溶洞，倒富含生命。五個人幾乎變成流浪人。疲倦的流浪人各自尋找一處平坦乾燥的地點，閉眼休息片刻。但洗了澡，身體舒服，包括尼瑪在內，居然沉沉的熟睡。自從進入落葉松帶搜索以來，這一次大夥兒睡得最沉最久。溫暖的大洞黑暗，無風，無聲音，只有最靈敏的耳朵聽出淙淙流水聲。

五個人熟睡久了醒來，又再沉睡長時間。舒小珍首先醒來，知道一夥人置身溶洞中，但情況迴異於忙碌異常的九鄉大型連環溶洞。舒小珍挪移身體，來到落岩小山邊，拔雙腳浸入溫水中。

「這兒真是一大塊石灰岩層，由於內部岩石大崩落，形成大溶洞？」詹姆士出聲。

孤單單一人，來到陌生地，聽見熟悉的談話聲，令人心中安慰。

「正是這樣，石灰岩層內部發生大崩落。」舒小珍說。

「真是黑暗的地方，但看得見若干物體的輪廓，這個大洞穴不同於漆黑一片的長隧道。」詹姆士對這個陌生的地下世界略有感受。

「是嗎？等大夥兒睡醒了，咱們一起走動瞧瞧。」舒小珍回話，仍閉眼養神。

隔了一會兒，她張開眼睛，感受溶洞內確實另有微弱的光源。她懶洋洋坐起，懶洋洋四方張望，看見陽光從某個地點高處射入。

「是陽光，不錯，比手電筒亮。」舒小珍驚喜出聲。

詹姆士迅速坐起，四下打量，也看見大圈陽光投入溶洞中。其他三個夥伴也醒了。

「溶洞有窗戶或門，陽光照射進來。」詹姆士慎重提醒。

其他夥伴全起身，發現陽光在遠方投射。五個流浪人瞬間心神震動。

「背上背包，準備刀箭，咱們走過去瞧瞧。」莊院士交代。

五個人涉水走過流動的溫水，膝蓋以下浸水。他們發現更多的落岩堆，落岩堆上結晶鐘乳石少。又發現溶洞地面傾斜，一小部份地面乾燥。他們走向陽光射入的那一側，那兒岩塊崩塌情況嚴重但地面乾燥。他們來到陽光射入的洞口之下，擋在他們身前的，是灰白色岩壁，岩壁表面粗糙，有岩脈稜角突起及凹陷溝痕。離地二十公尺，接近洞頂的地方，陽光照出一個破洞口，破洞口凌亂不成形狀，足以容納二個人同時坐下。一長列稀疏的蜥蜴，通過破洞口，爬向洞外。另一長列稀疏的蜥蜴，也通過破洞口，由洞外爬進破洞內。破洞口下的地面上，遺留太多大小碎裂的石塊。

「你爬得上去嗎？」莊院士輕聲問問。

尼瑪仔細觀察石灰岩壁剝落情形。道道突起稜角紋路不夠強，凹陷處不夠深，手腳抓蹬不穩，尼瑪搖頭。近二十公尺的破洞口太高了。

「我試試，先堆石塊，幾個人並排，扶牆壁站在石塊上，我爬過同伴的肩膀，再爬上去。」丹卡要求。

所有人戴上手套，搬大中石塊。石灰岩裂塊不太重，幾個人就近從破洞口下方的岩壁內側地面，大搬石灰岩塊，互相疊高。連舒小珍也出力，搬來填縫用小石塊，一陣子而已，居然把裂石堆疊成下大上小，像金字塔型台座，高八米以上，而且是以容納三個大人並肩扶牆站立。看起來，體格狀的人，爬剩下的高度八、九米，都不成問題，包括尼瑪在內。

丹卡爬上裂石堆上三個夥伴的肩膀，克服了平滑岩壁的下半段。上半段岩壁層層岩脈有凸有凹，足以著力。丹卡背上背包，抽出繩圈，開始攀爬。大夥兒估計正確，三個人站在裂石堆上，加上攀爬人自己的身高，約合十二公尺多。剩下待爬的高度只有六公尺多。由於岩壁呈薄金字塔型，丹卡爬了上去，而且坐在破洞口上。他發現岩壁外側比較削平，較難攀爬。他坐在薄岩壁上，昨天大夥兒睡覺的洞穴，就靠近整塊岩層的外側。

外面陽光明亮，平地廣大，草樹生長繁茂，連破洞口外上方，都有野草長葉懸垂。

第十四章　綠色簾障

（一）

墨脫支脈的多座山頭聚攏，共同形成一座大山腰，其中最內側山頭頂端，就成為大山腰的最高處。支脈更有一黑一黃兩座巨峰，黃色巨峰下半段全是峭壁，峭壁腳碰觸大山腰的最高處。峭壁腳除了本身的天然殘留生根的邊石之外，幾個流浪人又搬來了一堆邊石。於是三角形夾縫地看來安全一些。

二頭犛牛來自嘎爾瑪牧場。外型凶惡的犛牛，緊緊跟隨主人上高山，居然爬上夾縫地。但是主人每日供應足夠的水及草料，又經常帶它們走下石樑運動，它們服服貼貼在危險高處住下來。馬的性子及腳程遠比犛牛活潑。它們不甘心被橫石堆擋路，即使位在夾縫地，它們也想溜下石樑大散步。母馬泌乳少，味道也稀薄。嘎爾瑪每天喝奶不匱乏。

嘎爾瑪起先擔憂，女團員被不明怪物咬傷，同伴們為了穩住她的傷勢，延誤了下山的行程。不料一個星期過去了，二個星期過去了，山上的朋友們仍不見身影。嘎爾瑪原先想，一個身體輕的人受傷，四個男人設法，勉強能帶她爬下峭壁；嘎爾瑪擔憂，一個老人和一個女子受傷，三個男子帶他們爬峭壁，根本不可能。

秋天已經度過一大半，一入夜，氣溫降得低，以毛毯及疊起的帳篷裹身，保不住暖。那麼，山上的朋友們，靠什麼保暖？不久之後，寒冬降臨，他們豈能熬過？一旦暴風雪掃過，天昏地暗，冰雪封山，包括嘎爾瑪自己一共六個人，怎麼辦？

日子無情，一天接連一天過去，五個朋友仍不現身。墨脫支派高處，白天陽光慘淡，夜晚斷續落雪，夾雜或大或小冰雹。這一陣，只要天氣允許，嘎爾一定騎一匹馬，另牽一匹馬外出大割草，順便讓二 匹馬自行吃天然枯草。嘎爾瑪逐漸有了麻煩，較近較好的枯草，業已被吃掉或割走。嘎爾瑪被迫跑去較遠，也較難走的地方，一面餵馬吃草，一面大割草。對他和對馬匹來說，奔跑山路愈遠，一方面愈困難，一方面愈花時間。時間可重要，因為另外二匹馬就留在死亡之地，僅用橫石塊攔住，而這些馬可有踢走橫石塊的紀錄。

無論如何，三角形夾縫地儲放的枯草相當充分，足可維持一段時間。這方面嘎爾瑪稍感安慰，當然，他每天獨享四匹馬及二頭犛牛的鮮奶，他的營養嫌過剩。試比較一下，赤烈桑渠守在山脈下小平地上，只有三匹馬和二頭犛牛提供營養，嘎爾瑪的伙食比山下的朋友豐富。所以嘎爾瑪不抱怨自己遠離活動廚房。

他想到一個對付不安份坐騎的方法，輪流騎馬及牽馬出去吃草及割草，也就是隔一天就操勞馬匹一番，讓馬匹天天或隔天跑短距離，其實適合馬的性子。馬群一天不動，它們反而坐立不安。天氣轉惡劣，山區光線差，他無法去遠山谷或遠斜坡餵馬割草。他設法領著全部牲口，走下石樑，走過褐色純岩石鍋蓋形山頭，來到草莖草根猶存的山谷，主要是讓牲口活動筋骨，其次讓牲口練習自行找草根的本能。冬天雪地不長草，野馬連帶土草根都吃。

嘎爾瑪沒資格放自己一天假，向來北山腳村的牧人全不享受這種資格。因為牲口早晚各進食一次，不是主人供給草料，就是主人領著牲口外出吃草。馬廄和牛舍得清理，把糞池肥轉成菜園或草地肥料。此外，擠奶、照顧小傢伙生下來，趕市集賣羊隻，修理羊圈、羊舍和牛舍、以及剪毛。忙得牧場大人小子團團轉。

一個禮拜又過去，山上的五個朋友仍不返回；嘎爾瑪發現自己犯了錯，他應該再移交一匹或二匹馬給小平地上的赤烈。他早該這麼做，結果他等待了又等待，終於讓許多晴朗的日子溜走。天色昏暗，奔馳於狹窄山道危險。他再也不能只花二天一夜，趕去赤烈的看守地。如果他在來去的半途中，遇上一場強降雪，他連自己的命都掌握不了，別說安全領牲口返回夾縫地。

五個朋友一直不現身，嘎爾瑪更擔憂，他們遇上麻煩，天大的麻煩。任何人不吃飯，一個禮拜就倒下去。但是嘎爾瑪不敢斷定，五個朋友全遇難。嘎爾瑪自己食物有剩，他知道如何保存奶品。在鍋子裡用力攪拌，時間長了，犛牛奶浮出一層油脂，上好的油脂呈現金黃色，就是犛牛乳酪，又叫香酥油。一小塊香酥油的營養及熱量，抵得上一杯脫脂奶。味道可口得不用說。嘎爾瑪每天在漫長黑夜中，攪拌出香酥油，放在陰暗的黃色峭壁腳陰影下。萬一五個朋友下山，除了鮮奶以外，香酥油等著呢。四匹馬都溫馴，萬一其中的老人及姑娘受傷了，或者太疲乏，馬匹都能載他們二人下山。

嘎爾瑪盤算自己的處境，考慮天氣的變化，不能不察覺，自己走向生死的界限上，五個朋友甚至可能掉落生死界限外的深淵。身邊的牲口則與主人的命運相同。

時間拖長，白天短，黑夜變長。嘎爾瑪卻需要輪流騎馬牽馬，奔向越來越遠的背風地找草料；何況他還得下馬，在各種高山草地叉路口豎立布條記號。在尋找乾草來源的壓力下，嘎爾瑪寄望的，只剩下枯草的營養。墨脫支派大山腰背風地的牧草，顯然從未被牲口啃嚼過。它們每年生長、枯萎、死去，一直輪迴，營養保持下來。像北山腳村的牧場，談不上施肥及更換草種，牧草外貌及品質都差，牲口吃得再多，長不出豐滿的肉，甜美的肉。大山腰上的枯草不一樣，品質是上選，不輸給林芝大牧場引進的外來草種。牲口少吃一些好的高山牧草，不損害他們的成長。

那些是幻影嗎？黃色巨峰峭壁腳，僅僅依賴厚實但不夠理想的峭壁擋點風雪，又依賴不及大人高度的邊石及人工小石塊堆，防止人員滾走。長時間下來，死亡之地留住了一個人和一群牲口。大山腰間，天色趨向陰暗，山風吹落小石塊和碎石粉，居然有一人二馬，匆匆奔跑於山道上，馬背掛了綁緊的草綑；那些是幻影嗎？

那真的是幻想？一條人影經常站在三角形夾縫地頭部，凝望黑色及黃色巨峰。他眺望的是什麼？下午一人二馬組成的幻影，走在褐色岩石鍋蓋形山頂上，眺望遙遠而模糊的南迦巴瓦峰，海拔七七八七公尺。太遙遠了，難道五個人組成的幻影，去了南迦巴瓦峰？身邊沒有乾糧，沒帶活動廚房，去得了那麼遠的地方？

那條幻影想到，他該爬過傾斜四十五度角的黃色巨峰下半截峭壁山腹，協助五個同伴？他一條幻影幫得了忙？他一走的話，四匹馬及二頭犛牛等幻影，由誰照顧？這條幻影想來想去，得到的結論是，守住三角形夾縫地最好。就算是老人及女子，他們也會安排行程，何必由不明白究竟的幻影去干涉？

世界屋脊上的天氣，沒人料得準。盛夏天氣最好，也為時較長。盛夏的上午及下午，明明天氣照暖，輕風吹過藍天下的山頭及高原，令人舒服懶散。不過某一個時辰起，天空飄來一堆黑雲，遮住太陽。天黑得快，氣溫陡降，強風吹掠。不用太久，下起毛毛雨或小雪，雨雪中甚至夾了小冰雹。這種常見的短時間劇變，叫做一日有四季。

春天及秋天來得短，更容易變天。盛夏氣溫開始轉暖，青草迅速生長，針葉林長出新芽。小心，突然間強風旋轉吹颳，天色變得慘淡，可能接連三天驟雪陣陣，濃春倒退，寒天籠罩。

只有一個季節，一定折磨藏胞，就是冬季。年年冬季漫長酷寒。冬季甚至在秋末提前光臨，或者佔有初春的日子。可以說，任何人逗留雪域高原，第一個敵人就是冬天。應付得了冬天，才能在雪域高原平安生活。

五個朋友滯留二座巨峰上，久久不下山，嘎爾瑪的第一個大敵隱約現身。西藏的冬天來得比平地早。十月中旬，平地秋高氣爽好出遊，西藏迎來了冬天。整天天色陰沉沉的，日夜吹寒風，正午可能保持攝氏零度。晚上氣溫又降幾度。白天晚上，衣物沒穿夠，中小冰雹沒頭沒腦打下，身子冷極了。沒有遮棚的蔬菜及樹苗，必定承受不了冰雹的摧殘。然後大風雪與更低溫相伴而來。

三角形懸崖上的幻影，不搭帳篷，怎麼一直露天過夜？馬及犛牛光圍毛毯，擋不住整夜低溫，為何不建有屋頂及圍牆的馬厩及牛舍？

墨脫支脈的大山腰背風山坡，多少生長松、杉、柏和樺樅等巨大喬木，然而嘎爾瑪的長彎刀砍不斷、劈不開大樹，何況他也無力拉原木上夾縫地。他缺乏鋸子、大砍刀、鐵絲、鐵釘、和塑膠布等材料，所以建不成木板馬厩、木板牛舍，以及自己過冬的小窩。

但他是牧場的一切包辦好手，早就學成應付風雪的方法。拿不到木柱木板，何不大疊石塊。因此嘎爾瑪外出餵草割草，一直帶回石塊。他挑選有稜有角的石塊，不理睬滾圓的石頭。他想到疊石成屋。

從山腹底小平地上，到褐色岩石鍋蓋形山頂，嘎爾瑪強砸不少攔路的岩石及草樹；證明長久以來，風雪雨雹業已破壞高山岩層外表。嘎爾瑪仔細觀察峭壁，凡是岩石表面多裂紋，甚至岩石外層有所剝落，嘎爾瑪考慮學尼瑪，向峭壁腳砸洞穴。

十月中旬以後，壞天氣日數增多，白天短而光線差，風大，降冰雹，奔馳山路危險。嘎爾瑪先引領牲口散步活動，然後改幹泥水匠粗活。他把橫石牆移去更下端，象徵性圍住牲口。然後在三角形夾縫地頂部砌隔間牆。他預計堆砌四堵牆，當三間㕩舍的支撐牆。

實際上，堆砌隔間牆的工作是粗活，消耗嘎爾瑪的力氣，比騎馬牽馬外出跑山路安全。牲口臨時過冬的㕩舍不必考究，但需要相當多的石塊。花了幾天的功夫，嘎爾瑪在三角形夾縫地頭部，堆砌出四堵高低不一的隔間牆。他拆開帳篷的若干部位，臨時拉平帳篷，依情況移用做臨時屋頂。三間克難㕩舍草率完工，每間各容納牲口一對。從此以後，不管日夜降下冰雹，牲口多少得以避開，先讓牲口少受點活罪。嘎爾瑪繼續等待屋頂材料的出現。

嘎爾瑪使用帳篷，當牲口㕩舍的臨時屋頂，便宜了牲口，嘎爾瑪自己少了夜晚睡眠時，蓋頭遮身的材料。夾縫地下半截面積太小，牲口散步走動需要走道，嘎爾瑪不能替自己蓋任何房舍。

他一再觀察三十公尺長的黃色巨峰峭壁腳，尋找岩壁表面起裂紋的部位。觀察良久，他找到一小塊位置。一條高山絕地上的幻影，舉起石頭，往岩壁猛砸。一砸下去，幻影就閃開，石頭滾動，被天然及人工邊石擋住。這幾塊邊石的原本用途，是擋住夜晚幻影睡眠時，身體不會滾落下方岩石山頂。如今增加用途，擋住砸岩壁的石頭。

舉起雙臂及石頭，砸龜裂的岩壁，絕不省力。可能幻影找到了峭壁腳脆弱的部位，開始在峭壁腳砸出小凹洞。幻影雙臂酸了，雙腳痲了，腦子昏沉發脹，仍慢慢拓寬凹洞，砸深凹洞。一日又一日，嘎爾瑪幻影在絕地上，就攻擊岩壁，凹洞逐漸攻深。幻影累極了，但是過冬有眉目了。生死的界限停在幻影的身邊，幻影不甘心沉淪下去。

幻影忘記時光的流逝，乾草料高高堆放，臨時的馬㕩牛舍初成，甚至幻影上半身可以塞入的岩壁洞穴砸出。每個生命處在危險中，運氣悄悄浮現，幻影似乎抓住了運氣。幻影和牲口勉強可以準備過冬。天天有鮮乳，香酥油也捏成一大團；苦等五個朋友下山，下了山不怕沒東西吃。

（二）

莊士漢等五個人走過了漫長的頁岩隧道；行程中路過一個隧道大裂口；他們曾走出大裂口，進入緊挨隧道的小山谷，看見陽光和螞蟻、蜘蛛等小昆蟲。接著他們五人通過另一條岩壁光滑、而走道呈現大幅度彎曲的長隧道。這座長隧道頗長，讓身體疲乏的五個人大花時間休息。五個人休息夠了，繼續走完岩壁顏色偏淡的長隧道，赫然進入一個洞穴；一個大小像半個籃球場、牆壁呈現白色，整體形狀像鍋蓋形的洞穴。舒小珍一進入那個白色洞穴，一時之間驚呆了。大夥兒發現地下水是溫的，大量匯集於白色洞穴或房間；而後在白色洞穴的出口，看見一大一小兩個結晶石門框。他們把繩索牢牢綁在較大結晶石門框，五個人分別抓繩，走下一座不規則的結晶石台階。只有丹卡一人順利走下滑溜的石台階，其他四個人都滑過石台階，落入水潭中。

其實，他們滑倒於淺水潭中，他們進入的是一個石灰岩層大崩塌而形成的溶洞。溶洞內有滑溜的石台階，落岩小山、不算多的鐘乳石等。五個人走完隧道，進入一個比足球場稍大的洞穴；他們起初沒警覺，這個溶洞直通一個遠古洪荒世界。

比足球場稍大的溶洞，位於石灰岩層中，而這塊巨大的石灰岩層正位於一座大峽谷的一堵大峭壁外側邊緣。石灰岩靠外側的內部，由於嚴重崩塌，溶洞形成。溶洞地面傾斜，溶洞地面大半面積浸水，小半面積乾燥，浸水或乾燥地面堆滿落岩碎片。溶洞內鐘乳石結晶物不多，所以溶洞本身不成熟。這個大洞穴太靠近峭壁外側，大洞穴內部崩塌太嚴重，落得岩層外側只剩一堵薄岩壁；薄岩壁離地面二十公尺高的部位，形成一個破洞口。不分白天晚上，一列蜥蜴通過破洞口，爬進溶洞內部，更深入五個人剛走過的隧道。另外一列蜥蜴也通過破洞口，爬上大峭壁，直接接觸洪荒世界。五個人利用溶洞內的溫熱地下水清洗身子，好好大睡一場；睡醒之後，發現黯淡陽光射入離地面二十公尺高的薄岩壁洞口。五個人搬石塊，堆放破洞口下。四個同伴站在岩塊堆上，手扶薄岩壁。丹卡先爬上岩塊堆，又爬上夥伴們的肩膀，再手抓腳踩薄岩壁上殘留的稜角及溝紋，爬上破洞口。

「看見什麼？看見什麼？」莊院士控制不了自己，激動的叫嚷。其他三個人，站在破洞口內側，也殷切的等待丹卡報告。丹卡一連多月，僅在丘陵和山嶺間攀爬，又置身於漫長的頁岩及石灰岩隧道中，靠手電筒燈光摸索黑暗空間。他一時適應不了突然呈現於眼前的廣大新景物，無法開口敘述。稍稍喘一口氣，心情平靜一些，丹卡才結結巴巴敘述：「綠色簾帳，一道綠色簾帳，隔開太多景物。大草地，樹林，岩石、、花簇、矮灌木叢、以及飛來飛去的小東西，都活在綠色簾帳外邊。」「我們怎麼上去？你能爬下外邊嗎？」莊院士仍激動的說話。

破洞口外側上方，峭壁裂縫間，野草叢生，野草長脈葉就垂下，多少遮蔽一些破洞口。破洞口外，地面匍伏生長濃密爬地植物。稍遠處，巨大的平原長滿綠中帶黃高草。一個側面方向，高大及矮小樹林密集生長，猶如一堵綠圍牆，掩蓋綠圍牆中及更外層的景況。而丹卡望得最清楚的，是大草原及遠方開闊的平原上，零星樹木、小樹林、長列大樹林，逐一排列開來，形成綠意盎然的世界。丹卡心神安定一些，看得更分明。

「我拋下繩子。先拉尼瑪上來，其他人一個接一個上來。」丹卡交代。繩子垂下，尼瑪站在夥伴們肩上，丹卡往上拉，尼瑪藉微弱天然光線，腳踩薄岩壁上或凹或凸處，爬上破洞口。丹卡不停頓，把尼瑪吊垂下破洞口外側地面。尼瑪站在破洞口下的匍伏葉片上，配合丹卡，兩個人拉繩，拉上了莊院士，旋即放莊院士落在匍伏葉片蓋住的地上。接著詹姆士和舒小珍也分別來到溶洞的外側。丹卡把繩子繫著在破洞口內外側下方的岩壁突起處，自己緣繩爬下。

他們瞧見一堵奇高無比的巨型峭壁，隔離了一個新世界。這堵峭壁上到處生長野草及小樹，野草長脈葉及小樹樹葉懸垂低空中。若干瀑布分別從高不可攀的峭壁頂流瀉而下，撞擊匍伏植物及地面上，發出「轟隆，轟隆」聲音。他們身邊的薄岩壁及破洞口，僅僅是大峭壁的微小一部分而已。

他們站立的前方，倒沒有高大、中等、以及矮樹木攔阻。大峭壁的其他部位前方，不乏台階狀高、中、矮樹木的分佈。大峭壁長久以來，外測岩石表面發生風化剝落情形，以至於大峭壁腳下留下岩塊土堆。岩塊土堆崩爛流失，導致黑色沙土向大峭壁前方的大平原擴散，形成黑色土壤。一座廣大的草原，生長高及胸肩的青草或黃草，就展現於眼前。

「這裡的青草枯草，不比香格里拉的牧草差。」舒小珍叫嚷。「比我們牧場草地強太多。」尼瑪讚嘆。「我們走遠一些看看，順便找點食物，土地裡總會生長一些。」莊院士建議。五個人的一側，密壓壓生長一長列樹林，從峭壁腳一路延伸到大草原深處，可能這一長列樹林密不透陽光。五個人不想冒然闖向長列密林，而朝向開闊得多的另一側走去。「一路上沒看見羽冠大鳥頭怪物，它們會棲息在這座大平原上？」莊院士沒忘記他們長途跋涉的目的，追查某一對怪物。「有可能，只要食物鏈和棲息地都具備。」詹姆士回應。「墨脫支脈山區一片死寂，這裡可不一樣。」舒小珍補充一句。

聽，這兒有開闊的空間，不容易形成回聲。但是遠近瀑布沿大峭壁墜地，「轟隆，轟隆」作響。「嘎—嘎—」尖銳叫聲傳來。「咕嚕，咕嚕」嘈雜聲不絕於耳。大峭壁下的大草原不平靜。新世界的下午，光線昏暗。五個人猶記得，墨脫支脈高峰上的下午，陽光明亮耀眼。相差幾天而已，不同的世界有不同的天光。但新地方氣溫高。

「有水，有草，還怕地裡不長地瓜、土豆。我沿峭壁腳找找看。」莊院士表示。尼瑪解下背後的長木棒，提在手裡，陪同老院士尋找。他倆的前方，大壁峭本身長出雜草，大峭壁腳下葉片繁茂；離大峭壁腳幾公尺之外，高、中、矮樹木形成台階；再外邊，就是廣大的草地和各種情況的樹木。

「我們走進大草原看看。」詹姆士提議。詹姆士才開口，舒小珍等不及，跑進黑土地大草原中；她個人彷彿重遊香格里拉大草原、大花園、和湖泊串。丹卡緊緊追上，詹姆士皺眉頭，也追了上去。「這個姑娘瘋了，什麼地方不看明白，就亂闖。」詹姆士邊跑邊向丹卡抱怨。

大峭壁下，許多瀑布先在峭壁間碰上突出岩角，後在地面炸開，水花為之四濺。水氣沿峭壁腳擴散，凝結所有綠色植物的反光，所以丹卡最初看見茫茫薄綠光，以為綠色簾帳阻隔眼前大片景物。

莊院士和尼瑪沿著峭壁腳，向景物開闊的一側搜尋。他倆瞧見瀑布、到處橫生的野草和藤蔓、高矮不一的樹木、以及滿地野花高草。「我尋找地面，你注意樹木，有些果子能充飢。」莊院士交代。「這兒的草地又大，草又高，羊隻和犛牛牽來這兒，不但牲口長得肥，擠的奶也多。」尼瑪搬出他熟悉的畜牧經。

悠長無盡頭的大峭壁腳，生長一長列無盡頭的低矮植物。黑砂土及斑駁落岩上，覆蓋青苔及地衣；接著羊齒、多種蕨類、山棕、蕈菇蓬勃生長。稍高處就有筆筒樹、蘇鐵、以及桫欏。陽光一天之內移動，陽光照射過的地方，綠色莖葉爭奪每一束陽光。莊院士半蹲半跪，翻開稍大的葉片，仔細檢查砂土岩塊間的根塊。尼瑪手持木棒，一邊協助院士觀看地面根葉，一邊打量大峭壁邊的高、中、矮樹木。能找到一棵果樹，果樹上結了幾十個果子，最理想不過。

舒小珍衝在前面，詹姆士和丹卡相隨，深入大草原。大草原一側，一長列樹林太茂密，一片蒼鬱氣氛，他們三人不想涉足，於是朝反方向奔跑。又深又密的青草黃草中，也雜生黃色及白色野花。丹卡知道，牛羊不止吃青草，也吃多蜜的野花朵；眼前大片草地，足可放牧一千隻到一萬隻牲口。而且草地間有溪流、枯死倒塌大樹、零星的櫟樹、柳樹、以及扁柏。到處有岩石堆。

有幾株高聳瘦長的獨幹喬木，直挺而孤單生長，枝梢長出大葉叢，葉叢間有盆型花。由於這種喬木單獨的樹幹長太高，樹幹梢的葉叢及盆花太沈重；這種喬木一搖晃，樹幹彷彿將從中折斷。詹姆士停下腳步，撫摸這種獨幹喬木。「是什麼樹？椰子樹？檳榔樹？」舒小珍邊跑邊問。「都不是，它是滅絕的科達木，想不到我看見生長中的柯達木。」詹姆士開口。「從前大量的科達樹埋入地層，變成煤炭，這類煤炭火力低。」舒小珍談現實問題。「我真想移植一顆或二棵活的科達木去州立大學。但是樹高越過三十公尺，樹幹這麼細，運輸中容易折斷；何況海關不會讓國寶樹木通關。」詹姆士感嘆。

大草原上不只零散分佈科達木。零星的喬木如水杉、銀杏樹、和柳杉等，也任意生長。許多獨立的大樹枝葉茂密，細枝低垂，整體枝葉形成一個大樹傘，大樹傘的濃蔭不妨礙底下青草的生長。「這裡還有小湖泊、野花叢、岩石乾燥地。」丹卡提醒。

莊院士和尼瑪只沿著峭壁腳走動，踩在鬆軟的黑土上。砂土本來不是黑色，匍伏植物的葉根死亡腐敗，增加土壤的濃黑顏色。「黑土地最肥沃，能不長出好的土豆、地瓜？」莊院士發表初步的觀感。

大峭壁腳下的羊齒、南國薊、以及茵陳蒿等原始植物，莖粗而葉大，其中枯老的部分留下了大型牙齒咬痕。莊院士翻開這些古老植物的大葉片，發現一座座小螞蟻塚。無數又大又黑的螞蟻，排成彎曲長列，爬進爬出岩塊下的螞蟻塚。低矮的植物上，悄悄站立純青色的綠蛙，以及背上有白斑條的雨蛙。類似蜈蚣的馬陸，拖起半乾蚯蚓的屍體，預備鑽入地洞。地上遺棄了死蝴蝶，一群蟑螂大咬死蝶翅膀。細長而動作敏捷的岩蜥，嘴角吞了昆蟲卵，它發現昆蟲卵比嫩葉小花更營養。毛毛蟲到處爬移。

莊院士避開螞蟻、蟑螂、以及雨蛙等低等動物，翻開一叢叢羊齒和矮蕨類；試試黑土壤中，是否球莖露頭。他看見一堆小白花分別爆開的菜種，可能是野蔥；他刨出蒜粒似的球莖，聞出球莖散發臭味。莊院士和尼瑪都一再深聞野蔥球莖，發覺臭味難當。他們也找到葉脈又寬又長的韭菜類，但是韭菜長條葉子長出小刺，尼瑪看了搖頭。

天色轉暗，不太遠的高、中、矮樹木間，「嘎—嘎—」及「咕嚕，咕嚕」叫聲頻傳，夾雜翅膀撲撞聲。「什麼聲音？」莊院士專心翻葉刨根，不理會兩種相互對抗的聲音。尼瑪也不想分心，他看見幾片大心型葉子，心型葉子中央有白色斑條。他幫院士把球莖拔了出來，外型有點像芋頭，體積有點偏大。「像芋頭，也像有毒的山芋，但是我們有辦法處理。」尼瑪表示。「如果是芋頭，太幸運了，明天拔一整袋，食物就夠了。」莊院士說明。「回去一試就知道。有了充分的食物，我們安心走回頭路下山。」尼瑪表示。天色更暗，匍伏地面的植物不易分辨。他倆東翻西翻，放棄臭野蔥和有刺韭菜，找出四個大芋頭，起身折回。仍沿峭壁腳走。「離天黑還有點時間，我們找乾木柴燒火，順便搬石塊，把破洞口下的地面墊高。」莊院士交代。「就算山芋有毒，多換水煮幾次，不碰煮過的水，少量山芋還是能吃。」尼瑪發表他的芋頭食物經。

舒小珍等三人衝進草原，急於尋找食物。詹姆士注意打量幾顆瘦高的科達樹，以及樹身奇高、枝葉奇茂密的水杉。舒小珍不等他，邊跑邊觀望四周。高草地上，蚱蜢跳動，白蛾飛舞，螳螂準備捕捉小昆蟲，野蜂振翅飛行。舒小珍不關心這些平凡常見的小東西。野草上頗多毛毛蟲及蝸牛，才讓大姑娘稍稍退縮。高草叢不停的搖晃，低沉的「咕嚕，咕嚕」聲頻傳；偶爾螳螂蜜蜂亂跳亂飛，才刺激了她們三個人。「草叢裡有小東西，我們得小心。」丹卡提醒。

她們跑了長時間，發現一片野花地，野花地邊上有岩石堆。野花地一部分是開了小朵黃花的金梅草，另一部分長出花朵細長而花瓣發紫的紫花苑，野花地外圍圈子卻簇生紅色散花瓣和赤色花蕊的石蒜。更遠的地方，純白的杜鵑花和血紅的映山紅佔領大片黑土地。不知不覺之間，舒小珍匆促奔跑，來到一座大密林外草地上。青草黃草長得稀疏，附近有大片岩石地。大密林傳來強烈的「咕嚕，」叫聲。

稀草急晃，突然竄出一群小動物，分別猛啄三個人小腿或腳背，舒小珍隔了褲管仍被啄痛，詹姆士和丹卡踢開它們。「它們是大母雞。」丹卡驚奇叫出聲來。這群大母雞似的小傢伙，比起一般母雞，喙更長更尖，雙腿更長，雙翅大而多羽毛。它們機警火速竄回野草中。詹姆士驚訝注視。突然間，一群黑壓壓的小動物跑出草叢，追向大母雞似的小傢伙，「吱吱」叫喚。「它們是大老鼠。」丹卡又驚奇叫出聲來。詹姆士更驚訝注視，舒小珍則皺眉頭。一般老鼠沒這麼大，沒這麼長的觸鬚，眼睛沒這亮，除了北方農田地洞裡的黃鼠狼例外。黃鼠狼一般有黃毛，眼前的大老鼠黑毛亮的發光

不僅如此，草叢大晃動，竄出兩隻較大動物，追逐大母雞群和大老鼠群。「它們是獵犬。」丹卡大叫。簡直像肯塔基州賭狗場的比賽犬，又叫灰獵犬；渾身短毛，四肢修長，嘴鼻突出，白牙森森。這一隊灰獵犬似的猛獸，看見三個雙腳站立的人，其中一個是女性，抬頭露牙，喉頭抖動，就待撲咬。丹卡反應快，一手抽出背後長木棒，舉起欲打。這兩隻類似地面上奔跑最快比賽犬的中型動物退後，突然轉身，向大母雞群和大老鼠群追去。

舒小珍吃了一驚，一時手足失措，理不清頭緒，迷迷糊糊求證：「大母雞、大老鼠、和灰獵犬等，是人家養的嗎？農田野地生長的？」詹姆士鎖眉反駁：「它們不是大母雞，不是大老鼠，更不是灰獵犬。」丹卡慌張起來，注視詹姆士，不明白他的意思。「到底它們是什麼？」舒小珍追問。「到處是羊齒和蘇鐵等原始植物，該滅絕的長箭蜥和高額蜥復活，更古老的科達木生存下來。這裡不可能出現大母雞、大老鼠、或灰獵犬等現代動物。」詹姆士顯得心神不安。「就是大母雞、大老鼠、和灰獵犬，我不會弄錯。」丹卡囁嚅出聲。

「大母雞應該叫似雞龍，大老鼠應該叫漸突獸，灰獵犬應該叫禿頂龍，偷蛋龍的一種。這些全是爬蟲類，卵生，牙齒咬合力奇大無比。」詹姆士降低聲調解釋。「它們應該活在六千五百萬年前的白堊紀？」舒小珍追問不已。丹卡完全弄迷糊了。詹姆士苦苦思索不回答。「它們應該活在一億三千五百萬年前的侏羅

紀？」舒小珍仍追問。詹姆士慎重回答：「天有點暗，我需要好好想一下，找食物才要緊。」

事實上，大母雞正是似雞龍，從鴕鳥般大的卵孵化後，三個月內處於成長期，翅膀和雙腳未長齊，在草地中生活。外型像黃鼠狼的黑東西，正是漸突獸，卵生，喜歡多曬太陽，群居而逗留樹根下的乾燥地洞中。另外兩隻像比賽犬的禿頂龍，由於體型不夠大，拼搏力不夠強，而選擇偷蛋及攻擊小動物。這兩隻偷蛋禿頂龍因為逐漸長大，食量太大，被大峽谷另一半平原，黃土平原上的禿頂龍家族排擠。這兩隻尚未成年的禿頂龍，跳過冬天大峽谷正中央大江流上的流冰，來到黑土大草原流浪。大峽谷中有水的地點就有小動物，它倆揀拾小動物塞牙縫不成問題。但是它倆動作敏捷，一直磨練偷蛋和攻擊小動物的技巧。

天色趨晚，未長大的小似雞龍群返回孵化地過夜，大密林中的大似雞龍歡迎。一群大老鼠，就是漸突獸，仗著數量多，追上岩石堆，企圖偷吃似雞龍蛋。二隻禿頂龍也追了上去，完全不出聲，更想抓住機會偷蛋。小似雞龍不甘心，「咕嚕，咕嚕」叫喚，拼命與漸突獸和禿頂龍搏鬥。大密林內，猛烈的「咕嚕，咕嚕」一聲響起，林中一群大似雞龍平飛而出，飛不遠而落地，又平飛撲下，幾隻漸突獸被抓傷而逃下岩石堆，流血鑽入草叢中。相同時間，其他大似雞龍猛抓兩隻禿頂龍，抓傷它倆的背部，兩隻禿頂龍火急流血逃命。大小似雞龍絕不放過敵人，一起追逐受傷的漸突獸和禿頂龍，岩石堆空了。

「快追上去，岩石堆上有名堂。」詹姆士大叫。他跑了上去，丹卡和舒小珍也追了上去。岩石堆上僅是孵化後的碎蛋殼，詹姆士和丹卡匆促間沒找到蛋，舒小珍卻翻出兩個與鴕鳥蛋同般大的似雞龍蛋。「晚上有蛋吃了。」舒小珍高興的表示。天黑了，大峭壁變成一團黑影。丹卡找出手電筒。「可能我們晚一些回破洞口，但是我們帶回了食物。」舒小珍爽快交談：「等半天才等到兩個蛋，找食物不容易。」「但是妳有運氣，有運氣的人不會餓肚子。」詹姆士取笑她。

三個人借助手電筒燈光，慢慢跑回薄岩壁破洞口下。莊院士和尼瑪等待已久，不但找了一綑乾柴火，而且搬了一堆石塊，堆在破洞口外側下方。「帳篷留在峰頂洞口，我們不能在外邊空曠地上，搭帳篷過夜。」丹卡表示。「沒差別，溶洞內過夜也不差，洗手洗臉喝水都方便。」莊院士不計較。「我們在薄岩壁外側，立一個灶台，燒煮方便。」舒小珍建議。「不成，外邊是否安全，還不明朗，別留下強烈氣味。」詹姆士反對。

五個人合作，重新爬上破洞口，進溶洞，就在溶洞內吃了一頓不錯的熱飯。大夥兒先試吃一點，口舌不發麻，證明四個芋頭全非山芋。「不採有臭味的野蔥和有刺的韭菜，因為葉菜攜帶不方便。」莊院士解釋。「看起來找食物不難。我們明天查明了怪物的真相，再挖一大袋芋頭，揀幾個大蛋，就順利的回牧場。」舒小珍表示。「天黑得太快，為什麼？」尼瑪問問。「一定有原因，不難查明。」詹姆士表示。

（三）

為什麼新地方，天黑的這麼早？這是大家共同想到的問題。尼瑪和丹卡不必愁，反正考察團裡有文化水準高的專家，由專家解開謎題。其他三個也不急，先填飽肚子再說。

避免在薄岩壁外搭帳篷，或露天升火燒煮，不算壞主意。因為生活離不開水，大溶洞提供清潔溫暖的水，準備餐點，洗浴等都方便。破洞口外的大草原只有淺溪，方便性差得多。

破洞口離內外側地面，約有二十公尺高。薄岩壁內側，尋找一大堆大中碎石容易，碎石堆面積略大，高度約十公尺。只要朋友們互相協助，由薄岩壁內側地面爬至破洞口，不算難。薄岩壁外側，尋找大中碎石難，於是堆起的石塊堆積得矮。朋友們互相合作，一個人爬上夥伴們的肩膀，再攀緣繩索而進破洞口，尼瑪辦不到，丹卡輕易辦到，詹姆士也成。薄岩壁係緊鄰外側的岩層，發生多次大崩塌，不但形成了大溶洞，而且形成了薄岩壁及破洞口。破洞口內外邊緣附近，都有天然岩石突起。所以一條繩子橫過破洞口繫牢於內外邊緣附近的突起部位，暫時保留不拆走。

莊院士和尼瑪帶回了芋頭，證明他們不是有毒的山芋。詹姆士、丹卡和舒小珍帶回了鴕鳥般大的厚殼蛋。簡單的煮熟，灑一點鹽，肚子填飽，五個人都滿意。破洞口位置高，薄岩壁是天然屏障，溫水洗淨全身，太美滿了。五個人吃飽了，覺睡足了，精神相當旺盛，當然樂意互相幫助，爬上爬下破洞口。

「我們這一側，大峭壁高度約有一千公尺。大峭壁外更有重重高山。上午到了十點左右，朝陽光才能垂直射入。所以我們這一側，上午十點左右天亮。」詹姆士畫圖解釋：「如果另一側沒有一千公尺大峭壁，大峭壁後尚有高山，下午的太陽和夕陽一直斜射，我們這一側到了下午五點多才天黑。」

「所以另一側也有一千公尺左右的大峭壁。我們來到一座峽谷。」舒小珍解釋。

尼瑪和丹卡多少聽懂一些。至於峽谷有多長、多寬，峽谷中有沒有大河流，峽谷中有何種生物；則需要進一步考察。大致上，先認識峽谷，找到兇猛的怪物，其次儘量尋找搜集一批食物，然後五個人離別回家，這是五個人共同的目標。吃飽、睡足、武器隨身，詹姆士和莊院士掛了日本軍官用雙筒望遠鏡，在初陽直照中，爬出薄岩壁上的破洞口。

他們爬下薄岩壁，確認破洞口外不生長高、中、矮樹木，然後回頭仰望他們這一側情況。破洞口和薄岩壁都不大，只不過是他們身後大峭壁的微小一部份；薄岩壁內側的大溶洞，當然體積不大，是大峭壁後山嶽基層構造微小一部份。詹姆士似乎估計大峭壁有一千公尺高，但他沒加以證實。五個人仰望，看不見大峭壁的頂端，但是大峭壁的盡頭是陰沉沉的秋末，或初冬天空。至於破洞口兩側的峭壁各有多長，連雙筒望遠鏡也看不盡。假設它總共長二百公里。如果組成大峭壁的各段岩壁，總長二百公里，高度一千公尺，當然不可能全部峭壁完全垂直，也不可能任何部位平整光滑，大峭壁整體像一面鏡子。

五個人稍一打量，不太遠的一側，樹林密佈而延伸長，整體的外貌陰沉蒼鬱，樹林中不知生存何種生物，所以他們不想冒然探訪。大峭壁前另一側，樹林的分佈來得雜亂稀疏，由一座碩大的草原陪伴，視野開闊而富含生命力。五個人預備前去走訪。

莊院士等人背了背袋，帶了水壺，尼瑪和丹卡全副武裝，一起走向大草原邊上的一方巨石。大夥兒爬上巨石，正式開始打量新天地。離這方巨石最近的，仍是大峭壁。就在他們身邊，一塊巨大無比青中帶黑花崗岩巍然矗立。破洞口和薄岩壁就被崁在這塊青黑花崗岩底層。青黑花崗岩表面留有無數深淺凹洞及裂縫。藉雙筒望遠鏡觀察，單單這塊青黑花崗岩高到一千公尺，長到約五公里。但是青黑花崗岩的中低處，小樹及雜草生長於岩壁凹洞中，附近垂落瀑布，正前方生長高、中、矮樹木。

向視野開闊的側面看過去，青黑花崗岩的鄰近邊，出現黃褐色花崗岩。黃褐色花崗岩沒有削直的峭壁。

黃褐色花崗岩的高度以及長度，都遜於青黑色花崗岩。黃褐色花崗岩與青黑色花崗岩接合得不緊密。於是兩塊堅固巨岩間，夾雜其他岩石及土壤，當然夾雜其間的土壤長出削直的大樹。

更過去，與黃褐色花崗岩碰撞的，是全體高度矮一些的灰色玄武岩峭壁。灰色玄武岩峭壁表面，大部分是縱橫溝紋交錯的破碎岩質，小部分是垂直的柱狀節理和眾多岩石磚頭的排列。

大峭壁的其他部份，尚有巨大白色岩層，高幾百公尺，長數公里，岩質不純粹。白色岩層大抵與石灰岩有關，能溶於水，甚至形成溶洞地貌。

莊士漢等人站在巨石上張望，首先注意到大峭壁。他們誤以為大峭壁屬於單一地層。其實，大峭壁是巨大花崗岩、玄武岩、石灰岩和其他岩層的相連複雜地層。遠古時期，洪水與冰塊作祟，長時間破壞，削出了近乎垂直站立的大峭壁。水與冰具有大威力，長時間下來，無法把複雜地層切割成整齊划一的峭壁，卻削出了一座多瀑布的凌亂峭壁。

太多瀑布流過高山中幾個山谷，沿峭壁頂眾多低窪口傾斜噴下，流過大峭壁表面，遠看像白練。峭壁間偶然突起大岩角，形成半途攔截物。瀑布流下，居然碰上突起大岩角，於是白練迸裂，化為漫天水珠。一旦瀑布群不遇攔路障礙，直接墜在峭壁腳的岩石地上，就發出轟隆巨響。轟隆巨響更引發強烈的回聲。

單由瀑布回聲判斷，正對面某處，理應站立一座大峭壁，以便形成回聲系統。一般而言，水和冰塊的威力不容小覷；長時間內，它們能切割任何擋路的堅固硬層，於是世界上若干座大峽谷形成。

站在大草原邊緣巨石上的五個人，看見不下數十條瀑布，從他們身側的大峭壁傾瀉而下。但是他們看不見，這麼多條瀑布挾帶了泥沙、斷木殘枝，以及動物的屍體等。這些物質改變了瀑布的顏色。瀑布的顏色又影響大峭壁，於是長時間下來，大峭壁上出現古怪的斑駁條紋。

五個人回到陽光下，陽光充分照出他們的面目和衣著。五個人都消除了疲倦的神色，臉孔有了光澤，動作有了活力。莊院士年紀大，皮膚發黃多皺紋，但是神情安祥，態度溫和。尼瑪則精力充沛，帶有稚氣的臉，流露幹勁與膽量。丹卡穩重，少談笑，精力內斂。詹姆士皮膚白中透紅，五官輪廓鮮明，有營養，有社會地位，於是人自然而散發某種吸引力。尤其他不炫耀，不擺架，容易相處。

年輕的大姑娘舒小珍也有本錢。睡眠夠了，營養補充了一些，又洗浴梳理好，臉孔恢復一些白嫩的光采；眼睛清澈明亮，待人和氣多禮，溫和的微笑令人歡喜。她不世故，態度沉穩又不失嬌羞純真。更重要的是，大自然就這麼安排，精力充沛的男女長時間相處，彼此自然而然產生依戀心情。

他們身側的大峭壁不完全安靜。瀑布群日夜奔流，高高墜落地面，引發轟隆巨響，以及稍遲的回聲。詹姆士持望遠鏡環視，某些地段、峭壁前分佈高、中、矮喬木，峭壁上的洞穴外，某種中大型威猛動物飛掠跳躍。「院士，注意峭壁上，有的東西爬動，有的東西跳動。」詹姆士提醒。

莊院士也用上雙筒望遠鏡。依照老朋友的手指方向眺望。大峭壁表面絕非光滑如鏡。相反的，大片垂直岩壁上，裂縫、凹坑、和突出的岩角參差分佈。離地約五十公尺高的的花青色岩壁上，居然出現一對似鳥非鳥的動物。更遠處還有一對相似的動物。不。乾燥不掛瀑布的岩壁上，多的是這類動物。較高處，小得多的一大群東西爬遊。

莊院士把日本軍官用望遠鏡遞給丹卡和尼瑪，詹姆士也遞交舒小珍。大夥兒清清楚楚瞧見，小得多的一大群東西，各自零散爬附岩壁上。其中若干隻自由自在掉落，卻扳平背脊上兩排平行骨板，成為小平翼，滑翔於低空中。正是長箭蜥。長箭蜥的棲息地就在大峭壁上。遠比長箭蜥大的各對動物，棲息的洞穴或裂縫低一些，它們抓牢洞穴邊緣的凸角，向左右及下方顧盼。突然一隻領先，另一隻相隨，展開不夠大的翅膀，笨拙的滑翔而下，先落在高大的喬木梢頂，又撲跳落在中等的喬木上，最後展翅落在矮樹樹枝上，啄食矮樹間的蜥蜴。它們每一次分次飛撲而下十餘公尺，最後落在矮樹上；同樣的，他們似乎也不可能一次飛上四十多公尺高的峭壁巢穴。它們由矮樹樹梢飛跳，登上中等喬木的樹梢；再飛跳而上高大喬木的樹身，最後振翅返回峭壁間的洞穴。

這類飛翔能力不充分的中型動物像短頸鴕鳥，橢圓形大頭生長羽冠，有大眼睛，身上色彩鮮艷，而以青頸毛、青背毛、藍色翅膀羽毛、藍色扇狀尾羽居多。眼眶皮膚呈赤色，尖長喙、大鼻孔長在上喙之上，一張開嘴，上下牙齒齒列尖銳。不幸的，它們都拖了一條太長太大的藍尾巴。長尾巴往下墜，促使他們無法自由展翅高飛。長尾巴分走了精力及營養，削弱了翅膀的威力。

「就是其中的一隻！」尼瑪大叫：「我不會忘記。它從黑色峰頂洞口探頭，啄咬會滑翔的大爬蟲。它頭上有一列羽冠。」「他們不是滅絕了？怎麼會出現在峭壁間？」莊院士沒下斷言。「林蜥、岩蜥、和高額蜥等，生存的時期比它們早，全都滅絕了。結果卻在與世隔絕的隧道中出現。長箭蜥也一樣。」詹姆士表示。「化石中的始祖鳥體型小，這兒的始祖鳥體型大得多，看起來強壯兇猛。」莊院士感嘆。

「除了長尾巴，始祖鳥太像鳥類。只要它們的基因再演進，尾巴大大的縮短，翅膀力量增加，就能飛出這兒。」舒小珍表示。「你比較小始祖馬化石和奔龍化石，雙方的特徵更接近。它們的翅膀太小太弱。」詹姆士分析。「它們飛得到尼瑪的牧場？」丹卡提出疑問。「它們飛一半，跳一半；爬起山來，比我們強一些。墨脫支脈只有一條上山路，我們一路上遇見它們留下的痕跡。它們到得了牧場，也上得了高峰。」莊院士表示。

「峭壁上還有名堂。」詹姆士又把望遠鏡遞給舒小珍。丹卡和尼瑪也各藉軍官的望遠鏡注意瞧。在長箭蜥和始祖鳥的巢穴邊，各有較小洞穴和岩邊突起，岩邊突起上各有小的圓東西，比鴕鳥蛋稍小的圓東西。「蜥蜴蛋和始祖鳥蛋。生在峭壁上，增加蛋的安全性。」舒小珍說明。「曬太陽孵蛋。」連丹卡都看出來。「這裡是它們的棲息地，沒錯。始祖鳥飛掠撲下牧場，自己大吃羊肉，還帶羊肉回巢，給小始祖鳥吃。」莊院士表示。

始祖鳥巢穴的下方，從近處到極遠處，生長零星的科達木、水杉、雲杉、銀杏、樟樹等高、中型喬。附近更有楓、槭、柳、銀樺等矮喬木。但是薄岩壁的破洞口前，不生長這些不同高度的樹木。

「晚上睡在大溶洞中，身邊溫水流過，不冷。上午爬出大溶洞，外邊也不冷。牧場怎麼樣？赤烈和嘎爾瑪怎麼樣？」莊院士因找到這一陣子困擾已久的問題答案，而爽快輕鬆的談話。「開始冷了。牧場和赤烈沒問題。」尼瑪搶先回答。「嘎爾瑪呢？他會死守三角形夾縫地？」詹姆士關切這一部分。「他遭遇很大的壓力。那座懸崖高地連屋頂都沒有。」丹卡內心沈重出聲。「冬天來到，氣溫降至忍耐的極限，就算街頭浪人，也要找庇護所。」詹姆士依實際體驗說明：「三角形夾縫地既沒有庇護所，也沒有地下排氣管。沒人能逗留那兒。」

詹姆士完全實話實說。墨脫支脈的高山一定比中西部的大學城嚴酷。冬季一到，大學城內外的土地全鋪上了冰層；矮樹、枯葉、以及仙人掌，無不掛起冰條。冷風掃過大學城街上的外出人員，猶如鋒利剃刀刮面。連印地安人中的老人和婦孺，也裹緊鹿皮外衣，躲進野牛皮帳篷，等待印地安人勇士帶回獵物。

「望遠鏡能看多遠？」舒小珍現在幾乎能和詹姆士談任何話題。「站在高地上，三公里內看得清楚，十公里內看見模糊的狀況。」詹姆士詳細說明。「上下午的陽光照明時間，差不多同樣久，反映遠方對側，也有一堵極高大的大峭壁。假設這是一座兩岸對稱的大峽谷，於是中央有一條大河。大河到兩岸峭壁的距離，不妨看成相等。例如我們這一側，大峭壁到中央大河若有十公里遠，那麼大河的對岸，也應有十公里深的平原。總而言之，二座大峭壁之間深二十公里。」舒小珍猜測。「哪有這麼簡單的演算法。」詹姆士絕不認為地理地貌這麼簡單。「圖書館查不到資料，我們不妨自行調查。」舒小珍幻想。

實際上，這座大峽谷兩側各有峭壁，峭壁各有起落、傾斜、以及斷口，並非完全對稱。大峽谷從頭至尾的距離，大約二百公里。雅魯藏布江貫通大峽谷，本身並非成絕對直線，從頭到尾也沒流過大峽谷的正中央。嵌有大溶洞及破洞口的大峭壁一側，背後正是墨脫支脈的山嶽。隔了雅魯藏布江的大峭壁另一側，背後卻是南山腳村前的大泥巴地；大泥巴地在多水季節一片泥濘，夏秋季變成大牧場。老桑馬登來去雲南，各通過大泥巴地一次。大泥巴地讓墨脫縣難以建造公路。重重山嶽以及大泥巴地帶，對於各別大峭壁的影響，當然絕不相同。關於這一點，舒小珍個人有一點見解。

「真的有一條大河，把大峽谷切成兩半，每一半各有特色？」詹姆士狐疑不信。「至少大峽谷內沒有山嶽，不然望遠鏡看得見。我們筆直走，只花一天走十公里，馬上返回，沿路觀看一番就夠了。」舒小珍提出新主張。「我不奉陪，大草原有大母雞、大老鼠、和獵犬等。我不冒險。」詹姆士率直拒絕。「我一個人去。來回用大峭壁的某一條瀑布當目標，不會迷路。我頂多耗用兩天一夜。」舒小珍賭氣表示。

「老桑馬登騎馬走長路，幾乎活活累垮；妳想步行，下場差不多。舒小珍，不光是為了妳的安全，也為了別人不被拖累，老頭子不准你單獨行動。」莊院士嚴厲斥責。舒小珍注視詹姆士和丹卡，希望得到支援。這兩個男人都板起面孔不通融。他們從未見老院士發脾氣，尤其從來未見老院士如此嚴厲對待大姑娘。

（四）

母犛牛長相兇惡，對幼仔及主人卻穩重，不會用一對略彎的尖角亂頂。草料一直供應充分，主人親切叫喚靠近，母犛牛心甘情願擠出小半桶奶。主人能幹的話，攪拌犛牛奶半小時，奶上浮起油脂。

母馬看起來不凶惡，看見陌生人卻閃開。母馬泌乳挑時間，身邊沒有小於半歲的幼駒，泌乳量自然減少。因為母馬天生精力旺盛，不是被公駿馬吸引，就是躍躍欲跑；它的精力移用他處，所以產奶減少。此外，母馬奶稀，易於消化，所以幼駒吸吮馬奶，成長迅速。由於母馬奶稀，所以藏人不用馬奶打香酥油。

墨脫支脈山腹下，一方小平地上，赤烈桑渠一個人照顧三匹母馬及二頭犛牛，充分瞭解這二種牲口鮮乳的特性。赤烈桑渠不必擔心食物匱乏，草料稀少，或地點危險，尤其嘎爾瑪親自移交了二匹母馬。赤烈擁有的活動廚房，不比嘎爾瑪遜色多少。他開始擔心嘎爾瑪和尼瑪等六個人。他不能區別嘎爾瑪和其他五個朋友面臨什麼不同的困境。嘎爾瑪移交二匹母馬之前，嘎爾瑪短時間內和五個朋友失聯。嘎爾瑪返回三角夾縫地以後，六個朋友是否會合了？嘎爾瑪不能描繪二座巨峰之間的狀況，他卻詳細解說三角夾縫地的困難。一旦入冬，尋找距離近的乾草料困難，夾縫地上的人和牲口將進退維谷。

赤烈曾明明白白向朋友表示，嘎爾瑪認為有必要，不妨再移交若干牲口下山，小平地這兒收容沒問題。但是嘎爾瑪沒照辦。赤烈逗留大山腹下小平地上，小平地有一小片樹林，因流水全年不斷又背風，牧草長得好，甚至長出不少蘑菇。赤烈一住久，天氣變動了，雪域高原的大敵來臨。陰沉沉的日子愈來愈多，即使白天陽光懶洋洋照射，仍不能散發光明及溫暖。山風逐漸轉強，氣溫下降。入夜之後飄小雪，落小冰雹，丘陵及小平地上的淺溪流結冰。小平地上的樹林中，部分樹葉轉為枯黃，甚至落葉飄零。赤烈以為六個朋友受困於食物，不用太久就會下山，所以沒替牲口多做安排。三匹馬守住小平地一端，二頭犛牛守住小平地另一端，他在附近靠山腹的一側搭帳篷；彼此距離近，所有牲口不繫繮繩。

春天、夏天、以及秋天前半季，牲口露天在野外過夜，大抵不成問題。秋季下半季，白晝及夜晚氣溫降至冰點，低溫不利於牲口。牲口比人耐寒，但耐寒有限度，得了肺炎，治療花錢又麻煩。主人為牲口裹上毛毯，一個毛毛雨夜過去，毛毯打濕，需換乾毯，否則濕毯發揮不了保暖的作用。赤烈的手邊沒這麼多乾毛毯。

其次，小平地及丘陵地草料多，至少牲口能找到牧草根啃。但是牧場的經驗相當明顯，大風雪一到，草地及曠野被冰雪封蓋，他不能臨時扒雪找草料。所以赤烈桑渠也得儲備乾草料。為三匹馬和二頭犛牛準備乾草料，儲備數量由六個朋友的歸期決定。牧場的經驗警惕赤烈，倒楣的事遠比好運多，乾草料的儲備宜多不宜少。

儲備乾草料當然從遠地方著手，那就是落葉松森林這一側某角落的濕地，濕地上水草豐美。到了秋末，濕地的水草全枯黃，但又嫩又有營養，深受牲口的喜好。赤烈完全不嫌儲備乾草料辛苦。他牽一匹馬或騎一匹馬，讓另外兩匹馬自然跟上。他呼喚「葉克，葉克」，二頭犛牛也跟來。他讓犛牛隨意在丘陵的淺溪吃草喝水，帶三匹馬來到濕地。三匹馬吃豐美的水草，他開始割乾草。割完打包成綑，讓馬匹馱回去。赤烈不嫌累，牲口既運動了，又喝水吃草了，最後他也割了不少草。辛苦之後回小平地，鮮奶任他吃個夠。

當赤烈帶著三匹馬來到森林邊緣的濕地，感覺森林中傳出陣陣寒意。不用說，寒意出自森林中央部位的積水區，積水區原本深及犛牛肚下毛或馬的膝蓋，如今可能上半層全凍成冰。幾天以來，山區一天比一天冷，冬天的腳步明顯的走近。赤烈已經走過落葉松帶積水區。他相信，不用太久，積水區大部分較淺上層將全部結凍，連殘枝落葉都凍結在冰層中；剩下深水層底部活水流動。

如果這時候嘎爾瑪等六個朋友下山，單單通過森林積水區半凍冰層，不厚不薄的冰層對載人或馱背袋馬匹不利。旅人走路通過森林結冰層，由於穿了厚褲、厚襪、厚鞋子，不怕裂冰的尖銳鋒口。馬套了厚鞋套，尤其是皮鞋套，也沒危險。否則光馬蹄及光馬腳踝，難保不被冰鋒畫破，甚至流血。天氣冰冷，馬血一流出就凝結，主人不立即包紮敷藥，就引發凍傷。但牧場一般都欠缺凍傷藥膏，也沒紗布繃帶，更沒空檔讓坐騎馱馬休息。

所以森林積水區結冰不厚不薄，半凍半不凍，對負重馬匹不利。如果拖到隆冬時節，大約十二月下旬到一月底，氣溫降至攝氏零下二十度，落葉松帶積水區結凍得又大又厚，區區馱馬踩不破，反而不傷馬蹄。

當初尼瑪帶路，七人七坐騎穿過落葉松帶，他們只走一條路線，搜索小範圍。既然森林外側的濕地培養出豐美的水草，赤烈相信，大江彎內山嶺及森林面積太大，森林內外其他地點，也可能培養出濕地及豐美的水草。可惜基於太多原因，赤烈桑渠沒進入森林大探索。

小平地不同於三角夾縫地，赤列帶牲口外出，運動、吃草、和割草並行，赤烈享受自己和牲口一起走下小平地的樂趣。但是冬天低溫的殺傷威力，不分高山及低地，赤烈得建造馬廄牛舍。氈毛毯裹馬身，既怕弄濕，又怕蓋不了牲口的頭頸。乾草料和牲口全都得移進有屋頂的廄舍。

大山嶽的大山腹，以及山腹下的小平地，岩層與林野混雜，此時多處林野轉紅。凡背風地區，松、杉、樅、樺等針葉樹或闊葉樹，因為樹幹質地鬆軟，一向是藏人常砍伐的木料。赤烈在小平地上，挑選樹幹粗細適中的杉木；抽出長彎刀，從三個不同的方向砍入樹幹，沒多用力，一棵樹倒地，留下被削尖的樹幹斷口。

赤烈桑渠砍除倒地樹幹上的分叉細枝，於是得到一根光溜溜的樹身。赤烈把長彎刀夾進光溜溜樹身的斷口中央，豎立樹身，用大石頭重敲刀背，再從頭部及刀把部位敲擊，長彎刀就把光溜溜的樹幹剖半。有了一大堆剖半的樹身，當馬廄和牛舍牆壁的材料就有了。又砍出挺直的樺樹長樹身，當馬廄牛舍四個角落的支柱。剖半的木料也適合充當屋頂材料。所有這些樹木的樹皮都強韌，勉強可以當作繩索，用來綑綁剖半木料等。木板廄舍的屋頂多間隙，不妨用剛落地而不脆的針葉填充。丘陵上多野草，赤烈割回野草，剁成碎段，充當牲口臥倒用的墊地料。

從中秋到冬初，赤烈獨自一個人忙碌，草草蓋成一間大馬廄，附細枝連葉編成的草率門板，讓三匹馬一起避寒過夜。接著又蓋出一間牛舍，解決二頭犛牛遮風避雨的問題。過去他在自家牧場幹許多類似的活，尼瑪、丹卡、和嘎爾瑪都曾幫過忙。當時大夥兒說說笑笑，一起幹活，事情辦得快。如今山腹下的小平地上，只有他一個人幹活，他只能獨撐下去。

可是他自己過冬的地點呢？帳篷只配擋小風小雨，擋不住大團驟雪及重重打下的一堆大冰雹。大風雪來臨，他的帳篷在小平地上撐不住。他怎麼辦？他想到了山腳下，丘陵盡頭的岩層裂縫。岩層裂縫前的一棵矮松樹，曾經掛了一片羽毛，增強了莊院士一行人追蹤怪物的決心。他們也曾經懷疑山腳下岩層裂縫是否藏了怪物。

岩層裂縫能夠弄大，是絕好的天然臥房，不怕大風雪；而且裂縫既然現成，不難弄大。缺點是離小平地稍遠，從山腳下快步走向馬既牛舍，需花一些時間。但赤烈不缺時間；草料充分的話，主人不需每天看顧牲口二次。

長彎刀是祖傳的寶貝，不妨用來對付樹木，但能否對付石頭？赤烈隨手在丘陵上找到幾個趁手的石頭，從上方砸下，從邊上側擊，人臥倒，臉上蒙布，倒著向上砸。山腳下有幾處相鄰的岩層裂縫。一有空，赤烈或站、或蹲、或睡下，從不同方向攻擊石頭縫隙，累得雙臂發麻，腰酸背痛。

一個牧場上帶著羊群和少數犛牛長大的好手，怎麼變成另一個幻影，向岩層底砸打。終於碰上一處岩質較軟的裂縫，硬是用石頭死搥活打弄大。怎樣幻影包住全部面孔，用野草紮成的粗掃帚掃出了碎石及石渣？怎麼墨脫支脈山腰上高處，以及山腳下岩縫，都有幻影建造避寒冬窩？

相去遙遠的雲南九鄉工地，則聚集五千人，使用鐵工具，例如十字鎬、圓鍬、鑽子、鋤頭等，在地下巨大溶洞進行最後階段敲鑿工作。

一通電話從北方打來，不但聲明發話方付長途費用，而且指明找電腦室。

「黃姑娘，黃姑娘，我是舒小珍的老爹，小珍人在工地嗎？」蒼老的聲音問話。

「哦，舒老爹，小珍還沒回九鄉工地，她仍留在西藏某個地點。」黃曼客氣的回話。

「怎麼還沒回來？不是出門很久了？自從上次我打電話過去，半個月又度過。到底她有沒有出事？」

「沒事，沒事。我們這邊的王師傅，開車送考察團去西藏。眼前沒事，遠地方辦事耽擱了，常有的事。」黃曼安慰老人家。

「怎麼辦呢？能不能派人去追查？」蒼老沙啞的聲音建議。

「只好再等一等。大風雪就來了，他們不出山可不成。西藏方面除了森林，又有高山，派不出那麼多人手。」黃曼委婉解釋。「我等不及了，全家就只有這麼一個閨女，我打算親自跑一趟九鄉，弄清楚真相。」口氣流露煩躁。

「北方離九鄉太遠了，長途坐車累人。老伯還是留在家裡，小珍的情況一清楚，就打電話過去。」

「我只能再等幾天。到時候沒有野丫頭的消息，我就去九鄉等，看起來這把老骨頭預備去西藏。」老人家焦慮不安，掛斷電話。

第十五章 遠古植及森林

（一）

明明過了上午九點鐘，薄岩壁上的破洞口，沒透入任何光線，於是薄岩壁內的大溶洞一片漆黑。破洞口已被敲大一些，不但足以容納二個人同時坐下，而且能接第三人上破洞口，又垂吊出破洞口。

接近上午十點，冬天轉弱的陽光才射入大峽谷。因為上下午白天的時間等長，反映大致上兩座對稱的大峭壁互夾，大峽谷才存在。向來大溶洞內冷空氣難流入，溫水作用強，裡面暖和。薄岩壁外轉冷，陽光弱，天空烏雲濃密。尼瑪和丹卡全嘟囔，雪城高原的最大敵人來了。

莊院士等人摸清楚了，大溶洞面積略大於一個足球場，全部地面地勢傾斜，靠近破洞口的地面乾燥，但碎石塊散落地面。大塊的崩解岩石堆浸在溫暖流水中，五個人都涉水而過，登上岩石堆睡覺，頭髮身子洗得乾淨。在黑暗中安睡，肚子塞了芋頭和略小於鴕鳥的腥味稍重煮蛋。蛋殼沒鴕鳥蛋那麼厚，蛋上紋路像蠶繭外表。詹姆士宣稱，這種可以孵化的大蛋遠比硬梆梆的恐龍蛋化石珍貴，應該送去農業實驗室孵化養大，並且設法進行無性生殖。結果大夥兒需要營養，硬是把美麗紋路蛋殼煮熟敲碎，把嫩蛋吃掉。詹姆士搜集了二個大蛋的蛋殼碎片，光憑這些碎片放進背袋，他相信自己這一趟不虛此行。世界上鴕鳥蛋殼比比皆是，不太費錢就能買進一個。回州立大學，拿出自己背袋中的美麗花紋蛋殼碎片比較，將掀起一股古生物學術討論熱潮。

天一亮，五個人分別被垂吊，或自行攀繩，下了破洞口。清晨氣溫低，人人上下身套了衛生衣、毛褲、棉襖或羊毛絨外套，全都是灰黑或深藍冬衣的顏色。帶黑手套，黑色無耳毛線帽子。這些全部針對世界屋脊的高山或高原條件而準備。但是碩大無比的大峽谷，由於潮濕土壤好，大平原上不是又高又深的好草好花長得繁茂，就是零星樹木及大小樹林，也都枝葉濃密，花草遍地。相對林木如此蒼鬱的大峽谷整體而言，由破洞中落繩而下的五個陌生人，只不過是毫無光采的陰影而已。

陰影之一的詹姆士心情比別的陰影好，因為別的陰影一旦告別大峽谷，背袋中沒有美麗繭紋蛋殼碎蛋殼碎片。此外，他注意到，院士強烈斥責舒小珍，不允許她亂闖大草原，企圖窺視想像中的雅魯藏布江。舒小珍沒賭氣，沒出惡言，維持慣有的禮貌。詹姆士心中安定些。

「始祖鳥偶然才飛掠而下小桑馬登的牧場，它們不會再找尼瑪家羊隻的麻煩。咱們下一步怎麼辦？」丹卡請示。

「該回家了，大夥兒離家幾個月了，家人和朋友都掛念著。」老院士毫不考慮就指示。

「回家最好，嘎爾瑪和赤烈單獨分別留在山中，急壞了。把馬匹和犛牛都帶回牧場，咱們有一大堆事去做呢！」尼瑪顯得高興。

「回家的時刻近了，和大姑娘才熟悉幾天而已，就要分手了。」詹姆士心中獨自浪潮起伏。

「剛經歷患難，彼此才熟悉而已，怎麼就分手了？以後怎麼辦呢？」舒小珍腦子裡波濤激盪。

「我們不耽擱了。大夥兒需要什麼？」丹卡說話冷靜，心中單獨平靜。

「找食物，當然找食物。我們吃過，不是有毒的山芋，是平常的芋頭，不難找，裝一大袋沿路吃。」尼瑪宣佈。

「還有比鴕鳥蛋稍小的似雞龍蛋，蛋的營養既完整又充分。」舒小珍表示。

「我相信是似雞龍蛋。如果再找到幾個，想辦法帶下山孵化，至少保持蛋殼的完整。我建議，舒小珍和院士至少各帶一個下山，它們將來會有價值。」詹姆士表示。

「挖多少芋頭？」尼瑪請示。

「整整一袋，更多一點也無妨。一挖回來，就先煮熟，相信熟芋頭比新鮮芋頭容易保存。」莊院士宣佈。

「我們有五個人，加上嘎爾瑪，一共六個人。準備六個人，半個月的食物就離開。」丹卡補充說明。

「當然愈多愈好。外邊下起了大雪，不容易找食物。嘎爾瑪管活動廚房，可能冬天保存鮮奶和芋頭都容易。博士認為峭壁下的土壤夠肥嗎？」莊院士心中沒有雜念，認真談細節。

「土壤應該夠肥，生長植物和蔬菜容易。能採四個芋頭，當然有機會採一整袋。何況另外還有兩種蔬菜。」詹姆士拋開紛雜的念頭，正式面對問還

「野蔥和韮菜，有的有臭味，有的有刺。」尼瑪記得清楚。

「先採大量的芋頭，芋頭不夠，不妨採野蔥和有刺的韮菜，我們先少吃一點，舌頭不麻，頭不暈眩，野蔥和韮就沒毒。」莊院士指示。「我們集體行動，還是分組行動？」舒小珍也恢復神智，冷靜出主意。

「我看見過大母雞、大老鼠、和二隻獵狗，都不算猛獸。」丹卡提出意見。

「分成二組，一組去峭壁下挖芋頭，一組去大草原揀蛋，必要時獵殺大母雞。」舒小珍建議。

「我們不分開，一起行動。」莊院士斷然否決：「我們採夠芋頭，立即回大溶洞，準備離開，所以不能分組行動。採摘食物不容易，最好集中我們全部的力量。」莊院士堅定的表示。

五個陰影避開樹林長得太濃密的一側，仍走較開闊的一側。尼瑪領路，其他四團陰影跟隨，沿大峭壁腳下出發。尼瑪記得，他和老院士曾經發現茂盛的羊齒和多種匍伏地面的蕨類。他倆曾翻開密集的草葉，看見

螞蟻、青蛙、和馬陸。在附近樹梢嘈雜聲不斷之中，他倆放棄野蔥和有刺韮菜，拔出芋頭，芋頭葉呈心形，中央有白斑條。

現在兩個老陰影舊地重遊，心中只想挖起一滿袋芋頭，不顧峭壁間及樹梢上，嘈雜聲此起彼落。大峭壁腳下，青黑色岩石破裂崩解，形成碎石粒；風和雨水把腐敗的樹葉草根亂吹送，加上匍伏植物死亡了又生長，於是黑土壤形成。黑土壤甚至從峭壁腳，滾過狹長岩質地面，流入大草原中。可以說，從大峭壁腳到大峽谷中央的雅魯藏布江，巨大的黑土平原已經形成。

「我們可以稱呼這片平原為黑土地帶？」詹姆士隨口說說。

「沒問題，頂肥沃的土壤，不愁根莖類蔬菜不生長。」舒小珍贊同。

「像落葉松森林中的腐敗樹葉層？」丹卡也學會了。

峭壁腳漫長走廊地帶，夾在大草原邊高、中、矮樹木及峭壁腳之間，匍伏植物及灌木叢太茂盛，尼瑪和莊院士不能立即找到前些天尋獲四個球莖的地點。他們兩人分成一批，詹姆士等三人分成一批，有的翻開落地大葉片搜尋，有的專心區別心形白斑紋大葉子。這二批陰影隨地找到綠葉紅梗的地錢，二公分高而每一小柄頂住一片單葉的土馬騌，寄生於腐敗木頭上的菇蕈，以及黏附潮濕地面或岩側的黑白木耳。峭壁腳最容易流過瀑布群漫溢的薄層水流，各地點只有大潮濕和小潮濕的差別而已。地面及岩縫泥土與碎石過半。於是大型蕨類繁衍興旺，就是桫欏及筆筒樹。除此之外，陰暗地面儘是葉小而圓的伏石蕨，綠葉成羽狀的鳥蕨，毛絨絨羽葉密集的金粉蕨，含羞草似的鳳尾蕨，以及具有扇狀葉的鐵線蕨。

他們又發現一簇又一簇半個人高，莖長葉多而排列規律的毛腎蕨，以及後來普遍被人們當成一般蔬菜或盆景的山蘇。所有這一切全屬原始孢子植物，不開花、結果、散佈種子。只生長繁多葉片。每片葉子背面或邊緣生長孢子囊。葉片成熟，孢子也成熟；孢子囊自動破裂，孢子隨風飄走，掉落濕土地而生根成長。奇怪的是，峭壁腳眾多蕨類及原始植物的葉片，似乎都有牙齒咬過的痕跡。什麼動物咬嚼蕨類的綠葉？

「我們蹲下來找食物，附近有兩種動物的對抗聲及鼓翅聲。」尼瑪回憶。

「前些天我們跑進草原，小腿還被尖嘴巴叮咬，丹卡叫做大母雞。」舒小珍閒談。

大峽谷兩側的大峭壁，各有眾多瀑布直接落地，或半空炸開，發出「轟隆、轟隆」聲，掩蓋「刷刷」撲翅聲。

「影子，太多影子，從空中跳下，從高大樹梢跳下。」詹姆士忽然大聲警告。

丹卡警覺，突然站起來，向四方八面張望。詹姆士更緊張，也抽出背後的長木棒。其他三個陰影蹲下，專心翻尋心形白斑條葉片。

「嘎—嘎—」淒厲的啼叫聲響起。中型及矮喬木梢頭，大批羽毛鮮艷而各不相同的猛禽，從高空中大舉撲向三個蹲下的陰影；只有少數成對的猛禽，攻向兩個持有木棒的陰影。一對黃背褐色翅羽及尾羽的猛禽，各自翅膀鼓動強大氣流，各別銳利如鐵鉤的雙爪，突抓莊院士面目，鐵喙猛啄莊院士腦袋。莊院士分不清事情的狀況，跌倒羊齒矮蕨中。又有一對灰背黑羽猛禽，趁莊院士剛站立，又探爪張嘴猛抓，猛咬莊院士肩背。莊院士又跌倒。

一對粉紅背赤紅翅膀的猛禽，卻向舒小珍頭部抓咬，舒小珍慌張舉起手臂保護眼睛；另一對青背黑翅的猛禽鐵爪狂抓，撕破舒小珍棉襖。舒小珍在地上連滾幾次。

尼瑪更慘，四隻大型猛禽，分佔尼瑪的四側，猛抓尼瑪的身前身後。尼瑪抵抗不了四隻猛禽的撲下重量，也倒在黑土地的粗根隆起處。他有戒心，不立即站起；抽出背後長木棒，連連揮動護臉，身上沾了碎葉斷枝。

一群猛禽由矮樹梢撲下，攻向詹姆士，巨大的風勢壓緊詹姆士，銳利的爪子抓向詹姆士的臉。詹姆士揮棒敲打回擊，如同打在沙袋上。換過另一批猛禽，繼續狠抓詹姆士的胸前，抓破了他的外衣。丹卡的處境同樣惡劣，一群羽毛顏色不同，但都鮮艷的同類猛禽，居然同時從三個側面，狠抓丹卡的頭頂及上身。丹卡衣裳破裂。詹姆士和丹卡稍有抵抗力量，沒滾落地上蕨類中，看見更多的猛禽自峭壁間撲下，落在最高的水杉及科達木樹梢上，接著輾轉跳在中等喬木樹梢。莊院士躲在尼瑪身後，尼瑪替他擋住正面的攻擊，莊院士想抽出自己身後的長木棒，但身側利爪一再抓頂，他只能抱住頭部，讓猛禽抓厚外衣。太多隻猛禽狂啄尼瑪，尼瑪承受不起，揮動木棒保護兩人，一再緩步後退。他退得穩健，短時間內不致於倒下。

舒小珍毫無抽棒自衛的能力，她機警的手抓詹姆士衣服，隨詹姆士步步後移。丹卡守在她的另側，持續揮舞長木棒，專門對準猛禽的圓形頭反擊。丹卡和詹姆士力氣大，比尼瑪守得更穩。攻擊丹卡和詹姆士的猛禽們，暫時停止正面的攻擊。

「連一個芋頭都沒找到，始祖鳥就攻擊了。」莊院士慘叫。

「我們闖進始祖鳥的地盤，它們的數量太多了，力氣太大了，我們抵抗不了。」詹姆士大聲警告。

「我們怎麼辦？」舒小珍全身發抖，口氣中全是恐懼。

「只好後退。我們三個人舉棒抵抗，院士和姑娘站在我們後面倒退，一步一步倒退。」丹卡出主意。

「全部倒退，暫時不找芋頭了。」莊院士同意，雙腳站不穩。

舒小珍移動身體，抓住莊院士臂膀，兩人互相扶持而站穩。

「尼瑪移過來，咱們三個人抵抗，始祖鳥難以全體攻來。」詹姆士高聲提醒。

尼瑪邊抵抗、邊移步，來到詹姆士身側。如今三個強健陰影，繼續持長木棒回擊，保護了二個弱小的陰影。五個陰影衣袖及前杉破裂，頭髮散落，同時移動。一群始祖鳥仍抓啄不停，另一群始祖鳥站在峭壁腳，怒視陌生的陰影。它們身側的峭壁洞穴中，許多小始祖鳥露面，等待大始祖鳥帶回食物。

「它們攻擊不停，我們支撐不了。」尼瑪哀聲求救。

「因為我們還留在始祖鳥的地盤內，我們應該向草地上撤退。」詹姆士想出辦法。

「尼瑪，向草地撤退。」丹卡大聲通知侄兒。

「我們離始祖鳥遠了，它們還攻擊不停，為什麼？」尼瑪哀叫疑問。

「因為大峭壁上有它們的蛋，有幼鳥，它們對峭壁下的活動陰影看成天敵。長箭蜥的巢穴也在峭壁上，它們也追殺長箭蜥。」詹姆士舉出理由。

詹姆士聯想得對。長箭蜥常出現在始祖鳥孵蛋區附近，所以有些始祖鳥一路追殺長箭蜥到底。為了追殺長箭蜥，找錯對象，撲向山下的牧場。

詹姆士、丹卡、和尼瑪防護莊院士和舒小珍，向草地方向撤退，逐漸的，較少始祖鳥攻擊他們。他們五個陰影退入草地深處，方擺脫始祖鳥的環攻。但是成雙成對的始祖鳥，穩固的長腳或站在地面上，或抓住中、矮喬木的樹枝，紛紛往深草中移動的陰影怒視。它們的爪子尖銳如鐵鉤，它們的翅膀外側，各殘留一副尖爪。它們的一雙大眼睛流露暴戾的神色，尖長嘴及鼻孔膜一張一合。大始祖鳥，身高低於二公尺，體型嫌大，又拖了一條無用的長尾巴，所以威力大減。

五個陰影都受驚嚇，只有舒小珍一直發抖。

詹姆士低聲說話，有心安慰舒小珍。

「這一趟白來，沒找到一個芋頭。」尼瑪抱怨。

「一定有，黑土壤肥沃面積大，根莖類和葉菜類蔬菜一定多，咱們去別的多水地方找。」莊院士判斷。

五個陰影披頭散髮，外衣撕破，手背及額頭流血，身體上沾了臭汗及汙泥爛葉。他們一路喘息，避免再度接近峭壁腳。繞小圈子走深草地，返回薄岩壁破洞口。每個人皮膚都有或深或淺的划傷。尼瑪一個人護衛老院士，手臂上的抓傷深了些。詹姆士的清涼藥膏派上用場。

「我們再也不能走峭壁腳走廊。如果我們進入大草原，免不了繞圈子走冤枉路。」尼瑪又抱怨。

「我們只好避開始祖鳥。我們這一側的大峭壁，始祖鳥洞穴相當多，全部始祖鳥不下一千隻。一千隻猛禽的威力太大了。」莊院士宣佈。

「我們走大草原，揀過二個蛋。大草原上沒有始祖鳥。所以大草原安全得多。」舒小珍表示。

「別忘了大母雞、大老鼠、和獵犬，它們都會攻擊。」丹卡警告。

「應該叫似雞龍、漸突獸、和禿頂龍。它們小的時候攻擊力弱；一旦長大，都變成狠角色。」詹姆士糾正。

「大草原的草又高又密，我們一蹲下來，野獸找不到我們。」舒小珍想像。

「我們也看不見野獸。居住大草原的野獸，當然更會利用草地的特性。最重要的是，大峽谷中一定有獵殺流血情事。」詹姆士廣泛想像新環境。

「博士說得對，」莊院士進一步分析情況：「我們闖入原野，目的不是躲避求平安，而是找食物。所有動物找同樣的食物，免不了互相攻殺。但是為了活下去，我們必須冒險去爭，去搶。」

「圍捕野馬也一樣。為了靠近公駿馬，頭目和助手隨機應變，尤其甘願冒險。你不冒險，母馬和小馬豈能讓你通過，機警的公駿馬豈能讓你接近。」丹卡也表示冒險的必要性。

「連中西部的印第安人都懂。印第安人勇士臉上塗條紋，身上綁樹葉牛皮，就是想騙過中西部的野牛和野馬，獵得大量獵物。」詹姆士也瞭解生存離不開冒險。

「印第安人主宰中西部大草原幾百年，或一千年，享受吃不完的野牛、火雞、野兔、和野馬等。」舒小珍粗淺的一提。

「白人移民來了，使用來福槍，組織民兵隊，甚至派出騎兵隊，印第安人就一敗塗地。」詹姆士提到後來的故事。

「印第安就這麼倒下去？」莊院士討教。

「不，最後是炸藥爆炸，傳遍蒙太拿的原野。騎兵隊使用炸藥修建要塞陣地，白人淘金開路也使用炸藥。炸藥嚇壞最後一批野牛、野狼、和野馬等，太多人獵殺了原野上的獵物，從此印第安人打獵空手而歸。」

（二）

由於薄岩壁破洞口被砸大，大峽谷的冷空氣開始日夜流入大溶洞中，大溶洞追隨外界而日夜氣溫降低。大草原上，較多的深草枯萎，楓、槭、樺、樅之類的樹木變紅。但大峽谷內沒強風，枯萎的落葉直接掉落枯草上。另一方面，氣溫徘徊於冰點附近，大草原上廣大的花海，開放得更嬌艷。

出發前，詹姆士、尼瑪、和丹卡小坐一下，讓莊院士和舒小珍為自己及同伴們，縫補被始祖鳥群撕破的深色棉襖外套。

想不到，一位國家的老院士，能親手補衣物。再看看，當了初級女工程師的大姑娘，能穿針眼，耐心的補破衣褲。詹姆士心神震動，看見一個嬌美的夥伴動針線，心情不禁轉為平和。

「難道妳還會踩縫紉機？」詹姆士多問一句。

「能呀，家裡有老掉牙的勝家縫紉機，老爹的破衣物，都是我和老媽輪流上縫紉機補。」舒小珍毫不嬌柔做作說明。

詹姆士誤以為大草原完全平靜下來。他個人心中相當的柔和。大姑娘又排在他後面，大夥兒穿上縫補後深色冬季輕柔棉襖，走入大草原找食物。他們一深入草地，發現寒冬中綻放的鮮艷花海，靜悄悄展示繽紛色彩。但是高及肩胸的轉黃枯草，依然不時顫動。

「妳記得揀蛋的地點嗎？」莊院士低聲詢問。

「記得，當時我跑快一些，詹姆士和丹卡從後追趕。我們看見五彩大花圃，遠方有岩石堆，詹姆士發現岩石堆上有名堂。」舒小珍仔細觀察多座花圃情況。

「那時小似雞龍，漸突獸、和禿頂龍接連出現。」丹卡學得詹姆士的說法。

「大峽谷陽光最寶貴，大草原上的岩石堆，得到最多陽光，所以許多生物佔用岩石堆。」莊院士認定。

五個冬季輕裝色彩偏灰暗，外衣表面卻屬撕破又補的陰影，第二次集體外出尋找食物，來到草原深處。遠方長度稍短的密林，傳來「咕嚕，咕嚕」強烈嘈雜聲。

「我記得聽見過這種聲音。」尼瑪起了狐疑。

「我也熟悉這種聲音。」丹卡也感覺似熟悉又不頂熟悉。

忽然一群小動物從草叢中竄出，猛啄五個人的小腿或腳背，尤其對身體偏嬌小的舒小珍叮啄得凶。

「就是它們，一群大母雞。」丹卡學會又忘了它們的正式名稱。

「鳥類不會出現在這裡，母雞是鳥類，這些叫似雞龍。」詹姆士糾正。

五個陰影踢腳吆喝，用力趕走這群大膽的假母雞。六十公分長，雙腳硬挺而不夠強健，雙翅小而鬆垮；雞冠小，嘴尖短，啄咬力弱，僅能憑數目眾多而惹惱陰影。所以尼瑪和丹卡不怕小似雞龍，詹姆士再皺眉頭。

這群大母雞嚇不倒五個陰影，「咕嚕，咕嚕」叫嚷，竄進密草中。濃密的大草地，天氣涼颼颼的，風吹得稍急。但是蜻蜓、蝴蝶、白蛾仍在草尖上飛舞。蚱蜢、金龜子、和螽斯跳躍，螳螂作勢欲捕，蛛蜘結網了，青蛙在草根間捕捉蚊子，蝸牛爬上草莖，昆蟲並不鑽入泥土中冬眠。昆蟲等繼續活躍，增強了五個陰影的信心。他們朝前方走，更接近櫟樹及柳樹混合林一些，瞧見小似雞龍群在附近較高地面出現。

舒小珍被小似雞龍咬過二次，僅僅皮膚小痛輕癢。她欺負小似雞龍不夠兇猛，懷疑高起的地面有名堂，毫不顧忌的跑了過去。丹卡皺眉頭，跟了過去，抽出背後長木棒。

那兒卻是大岩石堆。小似雞龍站在岩石堆邊緣，不怕奔跑而來的舒小珍。舒小珍和丹卡先後衝上大岩石堆，小似雞龍退後，岩石上露出鴕鳥般大小，圓滾滾的東西。舒小珍不但熟悉它們，而且正準備揀拾它們。

「有一天群蛋，像鴕鳥蛋一樣大的蛋。」舒小珍大叫。

其他三團陰影也跑上岩石堆，確實看見繭殼花紋的鴕鳥蛋。

舒小珍和尼瑪開始揀蛋。小似雞龍群不撤退，僅退後一些，繼續鼓噪。更響亮的「咕嚕，咕嚕」叫聲，來自混合密林。漫天黑影騰空，超過一百隻大似雞龍，羽毛比家雞鮮艷，攻擊強度超過看門狗；先落地，又跳起，攻向岩石堆上的五團陰影頭部。它們不接觸地面，以免波及堆堆鴕鳥蛋。舒小珍和尼瑪不敢揀撿蛋，抽出長短木棒護頭反擊。不僅如此，無數小似雞龍趁機竄前，猛啄五團陰影的小腿及腳背。

「小似雞蛋一再接近岩石堆上，大批比鴕鳥蛋稍小的大蛋，大似雞龍不加以攻擊，它們是同類。」莊院士想通一些道理。

「鴕鳥般大的蛋，孵化了，進深草地吃草，變成小似雞龍。再長大，成為似雞龍，躲在混合森林中。它們的蛋生在許多岩石堆上，似雞龍遙遠監視保護。」詹姆士想通一切相關細節。

他們沒看見，草太高太密，小似雞龍一進入草地，頭尾均失蹤，只剩深草亂搖。成年後能跳能半飛的似雞龍，悠悠閒閒在深草中漫遊，身高一百五十公分；從頸子到尾巴，軟羽毛及絨毛上多斑點，頭頂上肉瘤隆起，眼睛變大，長喙更尖更有力，爪子也有尖趾。野草每每掩飾似雞龍。它們啄食蚱蜢、金龜子、螳螂、蜘蛛、和蝴蝶等，向周遭的小似雞龍示範。大峽谷多蘇鐵，那是一種灌木型蕨類，灌木的莖部被層層纖維包住，內有澱粉柱。蘇鐵頂部長羽狀葉片，葉片堅硬有尖刺；頂部所有葉片拱一盆花朵，花朵內黃色花瓣及黃色花蕊含有最甜美的花蜜，是野蜂最喜好的採集對象。而似雞龍卻懂得看蘇鐵灌木叢而沿路等待，野蜂飛來採蜜，似雞龍攔截啄食。除此之外，牧草野草也飄落芒絮，芒絮內有種子，正好成為似雞龍的散步啄食點心。食物來源充沛，似雞龍族群繁衍昌盛。

因此，除了混合密林中，監視生蛋孵蛋岩石堆群的似雞龍外，草地上漫遊分散的似雞龍，也紛紛集合，從前後左右攻擊五團陰影。三隻似雞龍的殺傷力，不及一隻始祖鳥，但是似雞龍數量太多，四方八面「咕嚕，咕嚕」叫嚷；從空中低飛的，用爪子抓五團陰影的頭。站在平地上的，用尖喙強啄，莊院士和舒小珍抵抗，後腦勺及後頸被啄破流血；手背也流血，補綴過的深色外套又破裂。尼瑪，詹姆士、和丹卡三人，早已被迫走下岩石堆，仍被太多短頸鴕鳥攻擊。

「太多似雞龍，我們抵抗不了，不撤退不行。」莊院士哀叫。「舒小珍和院士留在內圈，我們三個男子守外圈，向來路移動。」詹姆士高聲慘叫。

尼瑪和丹卡無一不受傷，深色外套殘破；加上詹姆士，拼全力把老人和大姑娘擠入內圈；一再揮舞硬棒，一步一步後撤，緩慢的離開岩石堆。丹卡、尼瑪、和詹姆士太累，勉強揮舞木棒，打退太密集的短頸鴕鳥，每個人手背血跡斑斑，額頭被划破，口舌乾燥叫不出聲。

小似雞龍仍低頭專叮小腿腳背，力氣差一點的似雞龍，被敲打幾棒，「咕嚕，咕嚕」慘叫，退出攻擊行列。最高大威猛的族群悍將，仍狂啄不放。

「退快一些，我們支撐不下去了。」丹卡慘叫。

其他人都想抽身逃跑，但是不能丟下老人及姑娘不管。老人及姑娘一直揮棒，雙臂及雙腿累壞，無法快跑。五團陰影再後退，又離岩石地遠一些。若干似雞龍體力業已透支，離開了攻擊的行列。最後剩下十來隻似雞龍，爪子最堅硬，雙腿最耐跑，尖喙最銳利，咬住五團陰影不放。

「這一帶一定還有生蛋區，所以似雞龍仍攻擊外來侵犯的敵人。」舒小珍沙啞的嗓子，說中一種真相。

「似雞龍居然採用雞海戰術，壓垮了我們。」詹姆士喘息哀叫：「印第安人勇士最後築起抵抗線，但是白人民兵及騎兵隊的槍支像海一樣多，所有槍支一起射擊。印第安人勇士大部份倒下，小部份逃回部落，從此失去抵抗力。」

最後十來隻最強壯勇猛的似雞龍，體力猶在，集體猛烈一衝。全部利爪和鋼喙抓啄，五團陰影守不住，全部分別滾滾草叢中，連帽子都散落，頭髮全部披散。

「躲著，不要現身。」詹姆士剩下一口氣，想到攻擊性武器。他慘叫：「丹卡尼瑪，弓箭有沒有壞？」

「沒有，沒有。」他倆解下背後弓箭，試拉一下，試拗一下，全都正常。

「我現身引誘，你們射箭，舒小珍和院士準備好，一起低頭彎腰開溜。」詹姆士通知。

這團高大的陰影，喘了幾口氣，突然從密草中站立，揮舞長棒，大聲叫嚷，拔腿就跑。他沒跑直線開溜，而向同伴們藏匿的地點蛇行。他成為唯一明顯的目標，所有十來隻最強壯的似雞龍，向他追去，他的背後飛起團團鳥影。他已經疲倦，跑不快，一旦一打強壯似雞龍追上他，他難逃劫難。

「射箭，射箭。」躲在草叢中的莊院士有氣無力的哀叫。

尼瑪迅速站起，深拉弓弦，一箭射出，落空了，箭支射入草叢中。

丹卡起立，迅速瞄準，一箭射出，射中一隻似雞龍的腹部，似雞龍中箭後拖著腳步跌跌撞撞亂走。走了一陣，流血過多，倒地死亡。其他似雞龍嚇呆，轉身離去。

「我們射死一隻特大母雞，還是找到了食物。」舒小珍指出。

「先回大溶洞，弄一頓雞肉吃。」莊院士指示。

「它是似雞龍，讓我們嘗龍肉。」詹姆士表示。

「看我的，我會把皮毛剝下來，把肉切薄一點煮熟。」舒小珍人疲倦微笑出聲。

這一天，五團陰影兩次受創，身體疲憊已極。有氣無力的合作爬上破洞口；然後分工合作，有的補衣，有的擦外傷藥膏。丹卡解下鋒利的刺刀，和舒小珍合力剝殺似雞龍。

「你看得出，它和一般家禽有何不同？」舒小珍大大方方與丹卡談天。

「體型大很多，身體也強壯得多。」丹卡分辨。

「最重要是爪子和尖嘴。」舒小珍點明：「似雞龍的腳像丹頂鶴腳一樣修長有力，但三根爪指真尖銳。它的嘴也是，像刀鋒一樣鋒利。」「別忘了全身的骨頭。家禽像雞鴨，骨頭是真空的，所以骨頭輕，飛起容易。似雞龍像爬蟲長箭蜥，骨頭是實心的，太重，我判斷，始祖鳥也有實心骨。」詹姆士加一段話。

「始祖鳥和似雞龍攻擊過我們，萬一下次相遇，它們會攻擊更兇猛？」舒小珍心中深深擔憂。

「當然，大自然的一切殺手，攻擊本能愈磨愈銳利。」莊院士解釋。「看看始祖鳥，它一向攻擊長箭蜥，必要時追進黑色巨峰的隧道。始祖鳥攻擊過我們，下一次不會放過我們。」

似雞龍被清煮，灑上一點鹽，五團飢餓的陰影，一次吃掉半隻，剩下半隻，只能維持一天而已。大峭壁下的走廊，被上千隻始祖鳥盯死。櫟樹楓樹混合密林的前方草原，推測多岩石孵蛋區，成為千隻以上似雞龍的地盤。五團陰影怎麼尋找球莖食物？

「只有一條路，繞過似雞龍混合密林。」詹姆士指出。

「你能繼續領路嗎？」莊院士詢問。

「能，尼瑪見識了始祖鳥和似雞龍的攻擊手段，以後懂得怎麼閃避。」

大溶洞內，用枯枝燒煮，火光熊熊，照亮簡單的石頭灶及每個人發紅的臉。冷空氣從砸大的破洞口流入，石頭灶周圍卻溫暖。丹卡和舒小珍不但順利的剝下似雞龍的皮毛，而且甚少戳破整張皮毛。丹卡射箭穿過似雞龍某部位，當然那個部位出現傷口，但傷口附近的羽絨沒太染血。

「似雞龍不但全身血液少，而且血色不紅，反映紅血球含鐵狀況差，循環壞。這一點又像爬蟲類。」莊院士表示。

「一雙翅膀的邊緣，都留下小指爪的結構，它的進化不徹底。」詹姆士表示。

「天氣一天比一天冷，咱們的衣服愈來愈破，保暖將成問題。因此，似雞龍大衣歸舒小珍穿。」莊院士裁決。

「它能穿嗎？血肉沒乾，沒裁剪，沒袖子，沒鈕扣，穿不上身。」舒小珍抱怨。

「自己動腦筋，將就套在身上。下山時，到處冰天雪地，這件短大衣是寶貝。」莊院士指示。

「大似雞龍重五十公斤。可以吃的肉有二十公斤，咱們已經吃掉一半。它的皮太厚、太重、太堅韌。」詹姆士估計。

「別嫌似雞龍的皮毛難看，帶下山，不但保暖，而且將來變成寶貝。似雞龍的腿骨、爪子、和頭部，將來都是稀奇珍品，都值得帶下山。」莊院士指出。

（三）

貫通大峽谷的雅魯藏布江，把大峽谷分割成兩個平原，大黑土平原及大黃土平原。遠古時期，雅魯藏布江流過林芝市，形成大江彎。雅魯藏布江因轉彎而流速減低，江中大量泥沙向江流外側堆積，形成南山腳村前的大泥巴地。大泥巴地堆積太厚，泥濘季節爛泥，反而向較下游的大峭壁流動。這麼一來，大泥巴地下端的大峭壁，不但瀑布數量少，而且水質濁黃。

濁黃的瀑布群日夜流瀉，黃泥土首先改變大峭壁的外貌。大峭壁上多汙黃的大斑條，改變了大峭壁間多種岩石的顏色。其次，大峭壁上原本也多凹洞、崩岩、以及裂縫。如今其中若干洞穴被黃泥塞住，導致岩壁間蜥蜴及猛禽的數量遠比彼岸大峭壁少。

大峭壁上的黃泥瀑布流入峭壁腳走廊，再流經廣大平坦地區，最後注入雅魯藏布江；於是形成黃土大平原。黃土大平原也有若干條約略平行的溪流，以及若干座約略平行的森林。所有平行溪流及森林之間，遠古的動植物蓬勃生長繁殖，不遜於黑土平原帶。

由於大峽谷中，上午及下午的陽光照射時間相等，詹姆士推斷大峽谷兩側各有一座高聳的大峭壁。舒小珍推斷，雅魯藏布江貫通大峽谷頭尾；她的構想不離譜。這條大江各離大峭壁三十至二十公里。雅魯藏布江江水滔滔，波濤拍岸，若干地段河床低陷而江面漩渦洶湧。雅魯藏布江像一條巨蛇，蜿蜒流穿大峽谷中央一帶，河寬一百公尺到二百公尺不等。這像巨蛇大江的洪水及巨大冰塊，歷經億萬年，配合形成黑土平原及黃土平原。

這兩座平原愈接近大峭壁處，地勢愈高。峭壁上瀑布群流瀉至地面，再由平原地勢高的峭壁腳走廊，流向地勢最低的大江流。樹林、草原、花海、昆蟲、中大動物等，年復一年生長、死亡於其間，終於培育出肥沃的黃土平原及黑土平原。

兩側大峭壁之下的岩質走廊，最底層生長青苔、地衣、及地錢等。上一層則鋪蓋山蘇及矮蕨類。較高層是筆筒樹及桫欏等灌木叢。黑土大平原及黃土大平原上，各種草類擁有嫩莖嫩葉，有助於昆蟲的繁殖。大草地間多地勢略高卻仍潮溼的小片空地，空地上花海似錦。而蕨類屬的蘇鐵，尤其分佈廣泛。蘇鐵單獨的頂部大花朵中，密集生長無數針狀花蕊，形成吸引力強烈的蜜源。另外草地上，開小黃花的蒲公英，開紫色及純黃色的野菊花，開淺黃的藤蔓薔薇，加上開喇叭形紫花的牽牛花，延伸至空曠地，說明大峽谷生機無限。

雅魯藏布江貫穿大峽谷。由於江流太湍急，冬季上游帶來太多大冰塊，江流本身沒孕育太多生命。長久以來，江水氾濫，江中泥沙淤積於兩岸低地。另一方面，大峽谷兩側各有一堵大峭壁，每堵大峭壁各有數十條或上百條瀑布，由峭壁頂向大峽谷谷底流瀉，將泥沙沖向谷地低處。於是大峽谷谷底平原形成，平原上的溪流、湖泊、和濕地，才孕育眾多生命。谷底溪流及湖泊上，小葉片而並生的水萍，繁殖得興旺，幾乎佔滿淺水區。同樣微小的單葉青萍，葉片容易腐爛，也放肆而大佔多水地帶。繁殖力最驚人的布袋蓮，大量漂浮任何有水地點；布袋蓮也侵入大江流的岸邊淺水區。青萍及水萍浮葉之下，蝌蚪、青蛙、小螯蝦、黑螈、小蜥蜴、和多種蝸牛暢快爬遊。最原始的水生植物，向淺溪及大小湖泊擴充地盤。金魚藻莖細，葉片小如羽毛，開微小白花，就冒出淺水地區的水面。木賊沒有綠葉，細莖成節，細莖頂端附生肉眼難辨的棒狀孢子，也在多水地帶繁殖興旺。

淺溪流及小湖泊中，往往殘留大石頭。大石頭縫隙下，隱藏黑蛤蟆、斑點軟鯢、黑背橘色肚皮的黑水蜥、以及原始的黑土鰻。另有黑蟾蜍，排出黏糊糊卵，依附水萍或青萍底下。

舒小珍曾經企圖窺探雅魯藏布江，被老院士嚴厲斥責；至於大江流另一側大平原，她更別想親睹。由於南山腳村前，大泥土帶水源較少，大泥土帶下方的大峭壁不但瀑布數量少，而且總體瀑布水量也少。大泥土帶的黃泥巴往往混入瀑布中，向大峭壁流瀉，於是大峭壁間的裂縫往往被泥沙填滿，而瀑布下的平原變成黃色。簡單的說，大江流一岸是黑土平原，莊士漢等五個人就闖入黑土平原。大江流另岸是黃土平原，莊士漢等五個人完全不知道黃土平原。

黃土平原上的草原和眾多平行樹林，與莊士漢等人看見的草原及樹林大不相同。黃土平原通常土地比較乾燥，反而適合大面積森林的生長，諸多平行樹林中，有座櫟樹、樟樹、及柳杉混合林。柳杉和樟樹生長快，樟樹尤其能長成高大喬木，而櫟樹葉子柔軟，黃花多蜜。黃色瀑布流下，大峭壁顏色多黃褐色，峭壁下的岩石及泥土也覆蓋黃泥土。但匍伏植物充分適應任何土壤，多種蕨類植物廣泛繁殖。櫟樹、樟樹、及柳杉混合林總被多個禽龍家族佔用，而黃色峭壁下的蕨類地盤，被其他多個家族佔用。櫟樹及樟樹混合林的深處，尚有更多的禽龍家族。整個白天，禽龍大舉走動覓食，不局限於固定小棲息地。

「勃勃——」大禽龍叫嚷，表示全家族佔用一處綠葉地帶，其他禽龍家族，尤其其他吃草恐龍族群，最好迴避開來。巨大的蛇形頭、粗頸、寬大的背部及腹部、以及有力的粗尾，隱藏巨大的力氣。禽龍張開大嘴，環狀上下兩排齒列，配合有力的頸子，門牙夠削薄銳利，臼牙夠多，什麼枝葉都能切斷磨碎。禽龍長成約八公尺，四肢落地有力，腳底皮厚，硬蹄無比堅固，因此其他恐龍不敢招惹禽龍。尤其禽龍講究集體行動。一群禽龍出現，往往發生地震，其他恐龍退避。

其他族群不敢招惹大禽龍。小禽龍不夠堅固的硬蹄，卻經常搔刮大禽龍粗皮，而後興沖沖尋找嫩葉。小禽龍胃口奇大，消化力強，生長迅速。禽龍是多產家庭，一家有小龍五至六位。母禽龍每年生一窩蛋，全窩只有半打大蛋。蛋殼厚薄不一，薄蛋殼先吸收充分的陽光，先孵化。厚蛋殼晚孵化。各種蛋殼厚度不一的蛋，隔二個月孵化一個，避免同一時間內大量小禽龍同時爭搶嫩葉。禽龍體型巨大，力氣大，生蛋多，孵化率高。但禽龍面對若干天敵，阻止它們數量過剩。大峭壁之下往往有落岩堆，落岩堆居住一大族群，偷蛋禿頂龍。禽龍的蛋有薄殼，最適禿頂龍的胃口。黃土草原上，禿頂龍家族約有十多個。禿頂龍族群不夠興旺，原因是太早把未成年禿頂龍逼走。未成年禿頂龍還沒學夠生存技巧，就被迫自行莽撞偷大型食草恐龍的蛋，而被食草恐龍壓扁或打死。

成年禿頂龍只有一米多高，太像賭狗場的灰獵犬，全身瘦而結實，腿長，跑起來像一陣風。三角形長嘴，大眼睛，尾巴特長，快跑時以尾平衡身體重心，所以適合急轉。全身毛少，皮膚粗而強韌，適合進出枝葉多的密林偷蛋。禿頂龍喜偷蛋，偷了蛋就溜走，避免纏鬥。有一個禿頂龍家族，一家五口，其中二口未成年就被逼走，剩下一家三口。三口之家六隻眼睛，密切窺探一個禽龍家族，因為這個家族有個太頑皮的小龍。

六隻小龍跟著二隻大龍，一共八口之家的禽龍家族，向一座小樹林走去，那座樹林顏色特異，是紅橘色。它們良久棲息的大密林多櫟樹，櫟樹長不高。某一季節葉子變黃，然後掉落，並且散落有尖刺的小果子。一旦櫟樹葉子轉黃，葉子纖維粗而乾，吃起來沒味道。隔了一片空地，秋天葉子變得火紅的楓樹長成小樹林，而楓樹也長不高。公母大禽龍真正中意的，乃是爬上小楓樹的大片藤蔓植物，藤蔓類如山葡萄，生長快，葉子柔軟多汁。公母大禽龍快樂叫喚，通知六隻小龍跟上。一隻小禽龍看見幾隻大鳳蝶，在草地中的茂盛野草上飛舞，居然擅自落單碰鳳蝶。

一家三口禿頂龍跳下落岩堆，撲向小禽龍，從不同方向猛咬，動作快如疾風。小禽龍慘叫，全身三大塊肉被撕裂。其他七隻禽龍趕來搭救，眼看小禽龍流血痛苦死去。最後小禽龍肉還是餵了這個禿頂龍家族。

黃泥塗汙的大峭壁腳下，普遍低矮植物的莖葉層層密佈。形似含羞草的小毛蕨，不分黃土黑土，有養分就繁殖。葉片奇嫩的過溝菜蕨，每枚小葉片形似小刺刀，連陰暗岩縫也爬附。適應性最強的是假蹄蓋蕨。小假蹄蓋蕨高只有十公分，大的假蹄蓋蕨高有四十公分，這種植物葉子幾乎與葉柄連為一體。翻開假蹄蓋蕨背面，多的是褐色隆起小豆。一支葉柄連葉片，含小豆數十個，其實那是孢子囊。孢子迅速成熟落地，在潮濕土壤中發芽生長，結果假蹄蓋蕨到處分佈。不僅如此，汙黃大峭壁下的岩石及淤泥交界地帶，大量生長筆筒樹。自古以來，商家買來整棵矮筆筒樹，挖光每個環節內的澱粉質髓心，曬乾切斷粗莖部，就成了一節節外表氣根交纏的筆筒。而筆筒樹可說是喬木型蕨類，比蘇鐵高一些，葉子密集生長於頂部。有人任意切斷筆筒樹的樹皮，利用樹皮多氣根而種蘭花。

一種比禽龍體型更大的巨無霸，叫山東鴨嘴龍，整個族群守住小毛蕨，過溝菜蕨、假蹄蓋蕨，以及筆筒樹地帶。大山東龍全長十二公尺，高二公尺半，嘴扁平，嘴上有一雙大鼻孔，但眼睛偏小，視力差。鴨嘴龍力氣巨大，扁長嘴一張一合，咬下大量嫩葉。塊頭大的山東鴨嘴龍還有一項本事，母龍一年產十二個蛋，排在一個蛋窩內。鴨嘴龍蛋殼厚而脆，孵化率高；但是龍丁太旺，糧食壓力大。黃土平原上，許多棵樹被折斷，就是成年山東鴨嘴龍幹的。為了吃樹梢嫩葉鮮果，山東龍後腿踮起，尾巴落地協助支撐，大背大腰趴在樹身上；全身四噸重量壓下，硬頸連連用力，鴨嘴咬住樹梢末端，硬把樹幹扳斷。

山東鴨嘴龍和禽龍體型力氣都大，又是集體行動。身高只有二公尺的迅猛龍，也不敢輕易加以獵殺。所以這二類食草龍數量最多，各超過千隻。

黃土大平原上，若干隆起的土地出現或高或矮的岩石堆；黃泥大峭壁下，落岩堆更多。多座落岩堆有狹縫隙，體型小的偷蛋禿頂龍就守住狹縫隙落岩堆，它們躲進狹縫隙中，包括小禿頂龍藏身其中，獲得天然的庇護。大落岩堆，內有大縫隙，成了奔龍的棲息地。大峽谷中，始祖鳥、奔龍、及恐爪龍合稱迅猛龍類三大族群，各有特殊的演化過程及本事。奔龍或捷龍體型及重量小於恐爪龍，高一百五十多公分長三公尺；後腿特別修長有力，奔跑起來其他恐龍追趕不上，而且能跳過四公尺小河；雙眼大而視力強，能分清地形及獵物特性。前肢瘦而力氣小，適用於抱蛋及撕裂獵物。口鼻部突出，內有尖銳環形牙列，頸部粗而有力。奔龍撲上獵物，利牙狠咬，頸子狠甩，於是獵物大流血及失去一塊肌肉。奔龍有缺點，家族成員不多。主要原因有二，一是奔龍遊蕩獵殺，長時間離巢，留下未孵化的蛋，蛋卻不知去向。二是奔龍產蛋少，蛋殼薄，孵化率低。

黃土草原的溪流及湖泊數目小，水位低，因為黃泥大峭壁瀑布少，瀑布集水也少。入秋以後，大峽谷遇上經常性枯水期。許多草食恐龍需要找湖泊。一個山東鴨嘴龍家族全家大小共七口，朝棲息地附近湖泊出發。於是黃土草原某一地區發生小地震。一隻小鴨嘴龍不跟上全家族隊伍，硬想折斷一棵粗筆筒樹幹，吃樹幹中的澱粉髓心。大奔龍輕鳴，其他二隻奔龍瞭解，紛紛跳下大岩石堆，從二個不同的方向撲向小鴨嘴龍。小鴨嘴龍抵抗，又抓又咬。三隻奔龍咬斷了它的腿，各啣粗腿和腹下肉逃走。小鴨嘴龍慘叫，母鴨嘴龍奔回相救。晚了一步，小山東鴨嘴龍死去。接著大小鴨嘴龍繼續尋找湖泊水源，三隻奔龍則徹底撕裂瓜分它的屍體。

黃土平原上最大的兩個族群，山東鴨嘴龍及禽龍，有時為了爭地盤、水源、及綠葉藤蔓，而彼此爭鬥扭打；一旦其中少數受重傷，則淪為肉食天敵的食物。若干大型吃草恐龍亂發情而叫春，若干中小吃草恐龍意外喪失伴侶；大批青少年恐龍來到成熟期。吃草恐龍數量多，族群內引發食物不足的恐慌。「勃勃－勃勃－」禽龍族群發出莫名其妙的慘叫。「波噗－波噗－」，山東鴨嘴龍族群也發出強烈的哀號。一小群禽龍及山東龍離開舊棲息地，向黃土草原深處行進，一年一度的覓食及擇偶大遷徙展開。更多的禽龍及鴨嘴龍加入，也許其他吃草恐龍族群也加入。遷徙大行列聲勢浩大。莫名其妙的地震發生了。

恐龍大遷徙的陣容混亂異常，沿路彼此爭奪食物而推擠撕咬，不少中、小恐龍被擠死或壓死。行軍途中看見湖泊，彼此又爭水，一小批恐龍又被淹死。有些參加遷徙的吃草大傢伙，反而中途折返舊棲息地。數量多，體型龐大的吃草恐龍，一旦陷入混亂中，肉食恐龍的機會來了。體力差的禿頂龍及奔龍，溜進草食恐龍產蛋區，不是偷偷抱起大蛋，就是現場戳破蛋殼而大吸特吸。體力強的禿頂龍及奔龍，從峭壁下、草原上、以及其他地點，跟蹤遷徙的隊伍。落單的衰老恐龍、糊裡糊塗混入同類行列的小恐龍、互相推擠踐踏的受傷恐龍，紛紛被一群肉食天敵獵殺。遺棄地面的肢體，被峭壁上的始祖鳥及大小蜥蜴揀食。最後螞蟻及蟑螂等分一杯羹。草食恐龍年度大遷徙是大峽谷的一件大事。舊的平行樹林群及其他棲息地得到清理。一部份出走的草食恐龍會返回老家。若干不幸的個體或家族在遷徙過程中橫死。一部份較強壯的，去遠方建立新的棲息地。

（四）

「大峽谷內好像發生地震。」舒小珍察覺。

「墨脫牧場從來不曾發生地震。墨脫和林芝的農牧人不知道地震這回事。」尼瑪表示意見。

「有輕微遙遠的地震。」莊院士也察覺有異：「河北唐山發生的才慘重，震得天崩地裂，死傷數十萬人。」

「另外有回聲，奇怪遙遠的回聲。」詹姆士聽出異樣聲音：「含有興奮的喊叫、悲傷哀痛的呼號、以及淒厲的廝殺吼叫。」

「大峽谷空曠，卻傳來回聲，那麼發聲地點經歷過強烈的變故。」莊士漢冷靜的分析。

「天然的地震發生幾秒到幾分鐘，否則震情嚴重。遠方發生的地震持續得久，不像天然的地震。是動物引發的？大峽谷難有大批野牛、野馬？」舒小珍推測。

「我們不知道。依妳的看法，一條大江切開大峽谷，我們無法得知那條大江對岸的情況。」莊院士表示。

詹姆士自己也外表狼狽，仍能親切的注視大姑娘。她曾主張，直接跑過黑土平原，來到大江附近，親眼見識傳說中的大江；她願意一個人單獨冒險前去。莊院士曾經當場斥責她，警告她別拖累夥伴們。當時她顯示不滿的情緒反應，卻沒賭氣，沒說惡話。現在遙遠的大峽谷某處發生變故，大姑娘倒不計較算舊帳。是不是就在今天，先經歷峭壁腳始祖鳥群的撲殺，接著又被太多似雞龍群圍攻；大夥兒被叮得滿頭皰，大姑娘再也不敢提一個人單獨闖大草原的事？

五團陰影吃完半隻似雞龍肉，坐在石頭灶餘火周圍，享受餘火和溫水保留的大溶洞內暖意。詹姆士的清涼草藥膏，對治療外皮刮傷有效，同伴們的流血部位都止血平復了。

「還會疼嗎？」詹姆士溫柔的詢問。

「還好。」舒小珍嫣然一笑，溫柔的回答：「一路上我魯莽了。」

「別介意，連老頭子也魯莽。」莊院士插嘴。

「原來峭壁上的始祖鳥，和草原混合密林中的似雞龍，一直互相糾纏叫囂。」尼瑪想通了，為何「嘎嘎」和「咕嚕」兩種叫聲互相對抗，又傳翅膀撲打聲：「我們走近峭壁巢穴下，走近混合密林外的孵蛋岩石堆，都大膽闖入鳥獸的地盤，被這兩種鳥獸攻擊。」

「明天還是要挖芋頭，黑土壤到處能長大量的芋頭，和其他蔬菜。」莊院士表示：「避開始祖鳥和似雞龍的地盤，繞圈子走點遠路無妨。」

「走草深的地方，有危險就蹲低躲避。這樣做有好處，小似雞龍一直叮咱們，咱們趁機抓幾隻，馬上殺死放血都成。碰上岩石堆，小心接近，摸幾個蛋。」舒小珍打如意算盤。

「逮小似雞龍沒什麼，咱們看見就抓，抓五、六隻。」詹姆士欣然同意。

「交給我，馬上殺了放血，回大溶洞後燒煮拔毛。」丹卡樂意動手合作。

五團陰影再一次爬出薄岩壁的破洞口，向大草原出發。遠方從大峭壁腳，進入大草原，直到地平線為止，一座陰森蒼鬱的長樹林冷冷的座落，不知是否野獸藏匿其間，五團陰影根本不考慮擅闖。他們深深走入大草原花圃地帶，迴避似雞龍的地盤。果然櫟樹及柳樹混合林中，似雞龍「咕嚕」連叫，不平飛攻擊。遙遠的地方，仍傳來輕微的地震，以及各種哀號叫嚷混合雜聲。

五團陰影管不了遠方發生的事情。手邊有正事待辦。他們倒希望小似雞龍前來叮啄，愈多愈好。每個人帶了手套，準備看見大母雞群就抓。尼瑪領路走前面，大部份時間注意腳邊草叢。那些圓形頭部一聳一聳的，黑眼珠轉呀轉的，鼻孔露出，尖喙就待啄下。尼瑪準備突然竄前，一次抓一隻不夠，企圖抓一雙。昨晚大夥兒分吃煮過的大似雞龍肉，灑了鹽，味道真像一般雞肉，是一般藏區農牧人家的一盤上好菜肴。如果抓了一打小似雞龍，先殺煮一隻，夠大夥兒吃一餐，不輸給芋頭或似雞龍蛋。

有，附近草叢中，大母雞的頭出現，眼珠機伶的轉動；高草晃動，幾隻背毛呈麻點狀的小傢伙，向其他方向逃奔而去；遠方草叢中，「吱吱」聲不斷傳出。莊院士和舒小珍追不上小傢伙們。詹姆士、尼瑪、和丹卡腳程快，如果一路狂追，分別都能抓住小傢伙。但是這三團陰影不敢現身，避免狂追而接近似雞龍的地盤，又引發上百隻似雞龍的圍攻。

五團陰影也發現，即使離混合密林遠一些，每隔一段距離，仍有大小不一的岩石堆。其他四個陰影不動，藉深草掩護，唯獨一個領頭陰影急竄上去，迅速檢視岩石堆。許多呈現蠶繭花紋的蛋殼，被遺棄在岩石堆中，似乎都是孵化後的碎蛋殼。而新的母似雞龍不再前來生蛋。岩石堆上不見未孵化的受精卵，看起來混合密林中的大傢伙也不遙遙監視。

尼瑪自白檢視幾座岩石堆，詹姆士和丹卡急著想抓小似雞龍，舒小珍和莊院士走遠一些，手套帶著，不放過任何膽敢前來啄腳的小傢伙。不知不覺之間，五團腳步匆促的陰影繞過了櫟樹楓樹混合林。前面居然橫亙一座更長更深的高大喬木森林。兩座森林之間夾雜一塊枯草較疏較矮的草地，草地由大峭壁腳一直延伸到大草原中，寬約半公里。

五個陰影不遠處，「吱吱」叫聲清楚，一群大老鼠現身，而且追逐少數幾隻小似雞龍。小似雞龍體型比大老鼠大，每隻小似雞龍的尖嘴也比披了鬚毛的大老鼠突出嘴鼻兇猛；所以小似雞龍原本不必害怕大老鼠。但是大老鼠數目多，長身、長額頭、短腿，樣子就是猥瑣。

「如果再繞過一座新森林，挺費時間體力。」莊院士停下腳步張望。

「樣子看起來像黃鼠狼，但是上下兩排馬蹄形尖牙及臼牙，分明有鱷魚兩棲爬蟲類的特徵，愈看愈像侏儸紀早期的漸突獸。」詹姆士說明。

「食物缺乏時候，牧場的人也抓老鼠吃。咱們先抓幾隻漸突獸。」尼瑪請示。

「別碰它們。」莊院士警告，「也許它們本身無毒，但是像老鼠一樣生活在陰暗地方，身上攜帶病菌。」

「我們碰上敵手。漸突獸偷吃似雞龍蛋，圍攻小似雞龍。它們的數量多，晚上都能動手，還比我們佔優勢。」舒小珍氣憤。

這群漸突獸碎步，跑進半公里寬的矮草地，反而領頭跑動的小似雞溜得無影無蹤。

「它們比我們更會找食物嗎？」莊院士徵求夥伴們的意見。

「當然，我們不妨跟蹤一段路。我們不繞新的森林，太吃力了。」詹姆士也打算省事。

尼瑪聽明白，丟開捕捉小似雞龍的主意，輕輕鬆鬆跟住漸突獸群。混合密林內，似雞龍暫時沒飛撲而出攻擊。五團陰影放鬆心情。

「似雞龍棲息的混合密林，估計有多長？」莊院士閒談。

「二公里左右。」舒小珍回答。

「我們繞過了二公里左右的密林，面對另一座更長的密林。妳能估計新森林的長度？」老院士再閒談。

「現在不能。它一直伸入大草原，全長一定超過二公里。」舒小珍眺望身側遠方，看不見新森林的盡頭。

天空分佈烏雲，光線差，烏雲頻繁翻滾。大峽谷陰暗清涼，五團陰影走久了，身子出汗，不感覺熱。半公里深的低草地，地勢些微低陷，某些地段積水，像一小截未完全乾涸的河床。

靠近新森林的矮草地，大部分地面較高，沒積水。漸突獸行走選擇乾燥的地面，卻走近一處地勢最高地面。那兒有大岩石堆，岩石堆正中央座落頂部平坦的大石塊，大石塊左右是零星中小石頭。大石塊及中小石頭縫隙潮濕。岩石堆附近殘留不少倒塌、腐爛的樹幹樹枝。岩石堆四周圍散佈灌木群，引來嗡嗡飛舞聲。

潮濕的石頭縫，長出厚密的苔蘚，和淡紅色匍伏植物紅岩梅。倒塌腐敗的樹幹樹枝上，爬滿灰面白背的木耳及竹菇。腐敗的土地悄悄爬出菟絲子，這種惡劣的淺青髮絲狀寄生植物，依附灌木叢包圍過去。幸虧多營養的地面不只菟絲子橫行，傘部鮮豔的蛇菇，紅斑菇，和彩竹茸也冒出地面，展示菇蕈類爭生存的耐力。

環岩石堆生長灌木叢，包括多簇變葉木，叫黃邊百合竹，葉片修長像竹葉，葉片具有綠底、白條紋，及黃邊緣。灌木型樹蕨相鄰而生存，短枝長葉向四方八面舒張，根部卻有金色絨毛。另有低矮的二歧鹿角蕨，每條短莖長出許多小枝，每一條小枝只挺住二片較肥大的綠葉。此外尚有蘇鐵及散尾葵叢。

「又傳來輕微的地震。」尼瑪叫出聲。

「大批動物正走動，土地震動不搖晃。但是似雞龍密林方向安穩平靜。」詹姆士向半公里寬低草地左右，似雞龍森林及另一座大森林觀望。

一長列漸突獸加快步伐，穿過蘇鐵叢和散尾葵叢，爬上乾燥地面高處，甚至衝上岩石堆。

「岩石堆中央的平頂大石塊上有蛋窩。」尼瑪謹慎通知身後四團陰影。蛋窩正與他們主要的食物來源有關。

漸突獸群爬上平頂大石塊及其他中型石頭上。五團陰影也爬上中大型石頭邊。平頂大石塊上，散佈一批破碎的銀色蛋殼，正與詹姆士保留起來的二個鴕鳥蛋般大的破蛋殼同色同大。此外有幾個凹陷變黑的死蛋。幾隻漸突獸仍用力吸舔變黑發臭的死蛋。

「許多似雞龍孵化成功，啄碎了蛋殼，其他發黑死蛋是天生的，還是漸突獸咬壞的？」舒小珍開口說話。

尼瑪站在石頭堆上向下打量。四周有幾十棵成人般高，莖部纖維層濃密的蘇鐵，以及較稀疏的散尾葵。蘇鐵頂部盛開黃色盆花，散尾葵頂部開出盆盆白色花朵。這兩種古老植物都屬灌木，一律花大蜜濃。

看不見完好的大蛋，五團陰影全失望，走下石頭堆。「嗡嗡」鼓翅聲響起，大群野蜂從黃色和白色盆形花飛出，分別撲向五團陰影。就在這個節骨眼上，一群似雞龍從混合密林中平飛而出，先落地，又騰空，撲向岩石堆上的五團陰影及漸突獸。原來似雞龍族群並未放棄矮草地中央的乾燥高地。

野蜂群從頭頂上向下螫，一群似雞龍從身後撲來。他們的退路被切斷。漸突獸群向更長而多高大喬木的森林逃竄，隱約的地震未中斷。

「白鴿子樹林，對面樹林有一千隻白鴿子。」尼瑪驚奇叫出聲。

「快逃進去，快逃進去，猛禽攻來了，根本沒白鴿子。」莊院士以腕護頸，斥責領路陰影。

「一千隻白鴿子，我沒亂說，它們都在樹上搖曳。」尼瑪再次說真話。

其他四團陰影只想逃避啄螫，跟隨漸突獸，逃進高大的喬木森林。就在衝進喬木森林邊緣的瞬間，莊院士瞧見極多白鴿子，站在喬木高處搖晃。他們衝進喬木林，野蜂掉頭飛走，似雞龍群返回自己的密林，漸突獸跑得無影無蹤。

這座頗長的大森林，不但高大喬木成林，而且未長高的低齡小樹生長蓬勃，低垂的枝葉落地，任何生物不現身站在空曠地面上，就被蔥鬱的樹林遮蔽。

這座森林發生地震。某族群的一批大型成員走動，踏過遍地是枯草的地面，留下許多圓足印。族群中的小成員，每隻擁有四根尖骨刺的尾巴，走動時輕掃地面的野花或草結。

五團陰影衝進高大喬木的邊緣，被尼瑪形容的一千隻白鴿子和地震弄昏了頭。突然多隻巨獸現身，身軀摩擦樹幹，強烈噴出鼻息，每一個腳步引發「咚」的一聲悶響。膽小的舒小珍驚訝，正想出聲叫嚷，嘴巴突然被詹姆士的手蒙住。尼瑪轉頭張望，看見巨獸們背脊上長了二排斜斜外張的骨板，軀體大過亞洲的巨象。

尼瑪也想叫喊，嘴巴硬是被莊院士蒙住。尼瑪想逃跑，身子被莊院士按住。丹卡緊張，抓住詹姆士的衣服。五團陰影穿了暗色輕冬裝，外衣補了又補，頭髮披下，半遮或白或黃的面孔。尤其他們站在小樹林間，不敢動一下，陰沉的樹林氛圍包裹了這五團陰影。全身長骨板的大傢伙，大搖大擺走出喬木密林，同類小傢伙跟緊。尼瑪和舒小珍幾乎嚇昏，丹卡也全身乏力。詹姆士和莊院士強自壓抑各自心中的恐慌，拖動三團陰影夥伴，靜悄悄的挪移鉛重般的腿，躲在樹葉低垂及地的小樹林中，沒發出聲響。

詹姆士從密葉低垂的縫隙中，勉強按捺狂跳的心，抬頭注意方才從身邊走過的巨大怪獸群。總共二大一小三隻巨獸，大型巨獸有大形蛇形頭，小眼睛，由頭至尾全長超過八公尺，肚子及背部都龐大，尾部由粗大急縮而轉小。從頸部到尾巴半部，長出由小到大，由大到小的二排銳利骨板，尾巴尖端則另有四根尖刺。這些大傢伙的背脊骨板，立刻令人聯想到長箭蜥的二排平行背脊骨板，可以變成平板滑翔板。這些巨獸隻隻膚色粗糙濃重，正好吸收陽光。四隻腳滾圓粗大如柱。由草地上被印出的圓足印來看，它們的腳底有圓硬蹄。

莊院士心情稍微放鬆些，抓緊尼瑪的手鬆開。他抬頭看看高大的喬木，果然看見許多白鴿子站在樹梢上，一直隨風搖曳。大峽谷荒野不可能有這麼多白鴿子。莊院士再仔細看，高處樹葉間站立的，其實不是白鴿子，而是朵朵大型白花。每朵白花只有兩片白色大型花瓣，每片白色花瓣都像一隻白鴿子。每二片互相連接的白色花瓣之中，生長墨綠色的孢子囊。一旦孢子成熟，孢子囊就自動張開，孢子拋出而落地繁殖。高大的樹身高處，樹葉之中，生長數百朵白花，竟似數百對白鴿子。

「原來是珙桐樹。」莊院士低聲說話。

「不錯，過去以為滅絕，後來在中國大量發現，現在居然出現於大峽谷中，而且成長成高大的喬木。」詹姆士低聲交談。

五團陰影躲藏的地方，就在小珙桐林內。小拱桐樹沒開對對白鴿子花，但蒼翠的葉子全呈闊卵形，類似巨大喬木珙桐的大片葉子。

這座森林沒有多少空曠土地。小珙桐林鄰近羅漢松林及喜馬拉雅山脈丘陵常見的菩提樹林。這些闊葉樹無不枝葉低垂，足以讓五團陰影及其他物體，藉樹葉遮蔽而開溜。且慢，膽大的東西出現了，一長列漸突獸又鑽出草叢，小碎步列隊走向高大喬木森林深處。

白鴿子樹森林邊緣，二隻大華陽龍，劍龍的一種，走向矮草石頭堆，那兒引發一陣小地震。它們的身後跟了一隻小華陽龍。它們走上乾燥高地，低頭吃起木耳及竹菇。由於它們硬拔細嚼，乾蕈菇從它們的口中發出「沙沙」碎裂聲。

尼瑪比手勢，表示四周安全不見巨大的猛獸，大夥兒快開溜。舒小珍和丹卡蹲久腳麻木。她們伸伸手腳，活動全身，準備溜出小珙桐林。外邊又發生地震和粗糙軀體摩擦樹木聲音。莊院士匆忙拉住尼瑪，詹姆士匆忙擋住舒小珍和丹卡。五個陰影又蹲下來，從低垂的枝葉向外窺伺。

二個華陽劍龍家族又走向嫩葉多的小樹林。地面上，蕨類和野花混合生長，卻一再被圓足印踏過。蜘蛛結網，蜻蜓及蝴蝶飛舞野花上。一個華陽劍龍家族含有二隻快成年的，渾身是勁猛獸，以及一隻東遊西盪的小華陽劍龍。這三隻華陽劍龍悠閒，東咬小珙桐樹嫩葉，西扯菩提樹多葉樹枝。不僅如此，地輕微震動，又一個華陽龍家族大搖大擺走來，只含一公一母雙巨龍，看準濃密翠綠的林葉。

二隻巨大的公華陽劍龍，互相止步對峙，全身背脊骨板扭動，小圓柱形長嘴張開，上下齒全部臼牙，互相露白而顯示拼鬥的傾向。二個公龍對抗一會兒，全身肌肉走動，背脊的骨板簌簌作響，血戰就待展開。「噗赤，噗赤」二隻母華陽劍龍哀號一陣子。它們終於沒拼鬥，其中一個劍龍家族選擇退讓。於是先到的一個劍龍家族開始吃小珙桐林嫩葉，另一個劍龍家族的二隻成年劍龍走向小菩提樹林。五個陰影恐慌起來，他們先後被三個不同的華陽劍龍家族絆住；他們不但眼前不能動彈，而且不知何時才能離開這座完全陌生的白鴿子樹林。

莊院士和詹姆士懂得身在險境，無論如何不能妄動的道理。詹姆士不出聲，一再向丹卡及舒小珍搖頭；丹卡懂得特殊環境中忍耐的重要性，用腦子克服情緒，甘心不妄動不壞大事；舒小珍看見詹姆士又搖頭又苦笑，感染了他的苦心。年輕氣盛的尼瑪就想拼命往外逃跑。莊院士輕拍他的肩膀，暗示他別慌張。尼瑪勉強制止自己慌亂失控的情緒，人坐了下來，渾身發抖不已。實際上，全部五個陰影　都發抖。

在外邊石頭堆吃木耳及竹菇等菇蕈的劍龍家族，吃一陣停下來找低窪地喝水，然後再進食，悠閒的不得了。守在小珙桐林外圈，以及守在菩提樹外圈的二個劍龍家族，也是吃一陣，停下來側臥一陣，又翻身站立，找另一處嫩葉。時光悠悠，天地恒久不變，它們邊遊樂邊覓食，自由自在隨意生存下來。整座巨大漫長的白鴿子樹密林內，幾十個華陽劍龍家族都一樣，逍遙遊玩與進食同時進行。小劍龍追隨母龍進出若干地點，部分原因是一起喝水，樂得不時「噗赤，噗赤」快樂叫嚷。

其中二隻不同家族的小華陽劍龍，頸肩互相摩擦較力一番，然後側臥在小珙桐樹林邊，居然半側睡抓低垂的樹葉。莊院士和詹姆士大為吃驚，側臥在草地上的小劍龍，眼角可能瞥見小樹林內五個陰影，首先有可能小腿和鞋子被這二隻小恐龍瞧見。詹姆士腦筋一轉動，緊急小心折斷帶葉樹枝，也比手勢讓丹卡照辦。莊院士迅速明白，也替自己和尼瑪折枝。小忙一陣，他們的腳邊堆放雜亂的嫩枝，到底逃過了二隻小華陽劍龍側臥地上，而亂移動的眼睛視力。

光線轉暗，到了先喝水，然後各個家族返回小棲息林地的時刻。守在小珙桐林外及菩提林外的二個華陽龍家族，為找水而離去。在外邊啃食木耳竹菇的華陽龍家族三成員，因為喝夠了低草地中低窪處的積水，悠哉悠哉重回白鴿子高大喬木密林，卻在小珙桐林留下過夜。

喬木珙桐樹林中，到處小地震傳開，差不多林子密的地點，都見劍龍家族勾留。莊院士示意，五團陰影不回石頭堆，不與華陽劍龍相鄰過夜。他們從頭頂密葉中眺望，確定大峭壁的指標方向，一起向不見大傢伙出沒的其他樹林悄悄挪移。地震未停，華陽劍龍紛紛回巢。他們才走出小珙桐林，進入某些羅漢松及菩提樹邊緣。天色全黑，氣溫下降。他們不敢在黑暗中亂闖，找了一處草叢包圍的乾燥地點休息過夜。遠方小劍龍遊鬧呼叫，母劍龍出聲安撫。五團陰影在寒夜中露天而眠，懷念大溶洞內充沛的溫水和安寧的環境。

「我們向外奔跑逃命，哪隻劍龍敢擋路，我們的長木棒及長彎刀打砍，不相信開不出一條路。」尼瑪吃了點煮熟但變冷的大蛋，發狠抱怨。他出聲重，丹卡提醒他小聲。

「一個華陽龍家族至少有三名成員，周圍還有一大堆同類，你拼得過？」詹姆士勸告：「我們五個人被劍龍族群發現，必死無疑。」

「我們回到了侏儸紀？」舒小珍恐慌增強。

「運氣壞，碰巧回到侏儸紀。但是妳以為自己的腦子，比不上一批批恐龍？」莊院士警告。

「沒什麼大不了的。你不偷蛋，不惹小劍龍，躲得遠遠的，大傢伙根本不理會我們。」詹姆士判斷。

「半夜華陽龍睡了，我們有手電筒照，一定要想辦法逃出森林。」尼瑪幻想。

「手電筒在密林中不管用，根本照不出方向。燈照亮，萬一我們闖進華陽龍地盤，太離譜了。」莊院士忠告。

整個夜晚，五個陰影聽見附近華陽劍龍噴鼻息的聲音。他們一整天繞過似雞龍森林，切入矮草地及岩石堆，又誤闖白鴿子樹林，身體幾乎虛脫。夥伴們挨緊和衣而臥，沉沉入睡。

大峽谷白天特短，夜晚冗長。五個團陰影從黑暗中醒來，感覺身體冰涼。他們察覺，為了尋找食物，行程失去控制，幾乎變成流浪人。流浪於峽谷森林的陰影，穿著深色冬季服，裹了一張毛毯而已，本來熬不過酷寒的夜晚。幸而大峽谷沒被大風雪入侵掃蕩，流浪人才平安睡著，平安醒來。

五團流浪陰影睡不著。坐一下，躺下來，又坐一下。喬木大密林安靜，但是大小華陽劍龍隻隻側睡，隻隻噴重鼻息，反映它們就滯留附近。這麼一理解，五團流浪陰影頭腦冷靜下來，他們仍身在險地。

「一群高大的珙桐樹聚集在一起，樹頂就長出一堆白鴿子一樣的花，為什麼？」尼瑪睡不著，低聲問道。

「許多年以前，國內普遍認為，最古老的孢子喬木已經滅絕。結果在許多鄉間山區發現，才知道珙桐樹沒滅絕，想不到大峽谷內也找到珙桐樹。巨大喬木珙桐開花多，咱們躲藏的小珙桐林，葉子茂盛翠綠，替咱們遮住小華陽劍龍的眼力；小珙桐樹卻少開花。」莊院士解釋。

「正常的話，孢子植物都低矮；像匍伏地面的蕨類，全用孢子繁殖。而珙桐的每一朵花有大孢子囊，本身卻高大。」舒小珍嗓子沙啞，但說話口氣卻柔和。

柔和的口氣刺激了詹姆士敏銳的記憶。他接下話題：「白鴿子代表和平，各國人民普遍愛好和平。各國人民聽說，白鴿子樹沒滅絕，大量殘存於深山中，於是紛紛要求移植白鴿子樹。瑞士日內　瓦湖濱多國際機構，這些國際機構提倡和平。瑞士政府從中國移出一批珙桐，種在日內瓦湖邊。珙桐開花季節，無數對白鴿子在大樹高處搖曳，彷彿和平之鴿飛來了。瑞士居民和參加國際會議人士，紛紛環湖觀賞白鴿子花帶來的訊息。」

「你現在還能輕鬆講故事，你不怕周圍還有幾十到幾百隻華陽劍龍？」舒小珍刺激他。

「還好，還好。」詹姆士在黑暗中苦笑：「牛、馬、羊等吃草的動物攻擊性不強。你不惹吃草的劍龍，它們不害妳。」

「萬一劍龍攻擊我們，我們怎麼辦？」舒小珍抱怨。

「不能有萬一，我們必須完全躲避華陽龍。即使人人緊張，也得忍耐。我們去蒙太拿巨石荒野，經過印地安人保護區，看見持長矛，騎戰馬的印第安人酋長及勇士。我們害怕，但印第安人酋長及勇士不會攻擊我們。我們也別害他們。」詹姆士比較說明。

五團流浪陰影醒了好一陣，天才明亮，大峽谷的景物依稀可辨。蒼白光線穿透高大喬木洪桐林，再射入其他小樹林，照亮草叢一帶的景物。這時五團流浪陰影才發現，昨夜沒照亮手電筒亂闖是對的。小桐、菩提樹、和羅漢松之間的草地，到處花草糾結成簇，看似繁複旺盛，實際上容易絆倒人，尤其樹根任意隆起，黑夜中更容易絆腳。

儘管莊院士和詹姆士一再說明，華陽龍不會輕易攻擊流浪陰影，尼瑪仍然按捺不住，急於離開。五個人捲起毛毯或睡袋，整理衣裳，起步離開。他們抬頭瞧見大峭壁，最明顯的地標。他們仍與大峭壁平行前進，不曾迷路過。這座大森林的樹木確實繁多，到處灌木叢和喬木叢林立，提供理想躲藏之地。五團陰影不時遙望大峭壁，與大峭壁保持平行的走法。

五團陰影加快腳步，從草地野花叢上快步行走，沿著新看見的樹蕨灌木叢和零星菩提樹前行。忽然「噗赤」一聲響起，小華陽劍龍一早就調皮玩鬧，從各別棲息地呼喊鬥鬧。大華陽龍也離開過夜棲息地，紛紛朝某個共同地點出發。森林引發較強烈的地震，龐大而背插大片骨板的傢伙，從五團陰影的前後左右現身。

「躲避，躲避。」詹姆士倉促警告。莊院士推尼瑪，詹姆士抓住舒小珍和丹卡的手，躲進樹蕨灌木叢。一個劍龍家族，威風凜凜走過，小傢伙搖尾追鬧，擦過樹蕨邊。又一個華陽劍龍家族大闊步，小劍龍身軀直撞樹蕨外緣。五團陰影躲在樹蕨深處，幾乎嚇破了膽。

附近其他角落，一個劍龍家族接連另一個劍龍家族，全部走在蒼白朝陽中，向共同目標走去。

「華陽龍不只是晨起活動；它們一早匆忙趕去哪兒？」莊院士表示。

「是去吃草嗎？明明每個家族棲息地不缺食物。」詹姆士想不出道理。

而偌大的白鴿子密林，蒼白光線照亮，也未平靜下去。一個個華陽劍龍家族，引發小地震，大傢伙帶領小傢伙，就近在棲息地附近覓食、喝水、以及閒蕩。

「這座大密林一定不缺河流或湖泊，因為任何一隻華陽龍都得喝大量的水。」舒小珍表示意見。

「劍龍一定逗留有嫩葉，又有水源的地方。它們咀嚼夠了，就喝涼水，然後休息玩樂，真快活呀。」莊院士完全掌握遠古大動物的奧祕。

逗留大密林棲息地的華陽龍族群，各自尋得覓食地，「沙沙」聲傳出，悠閒自在享受食物及平靜林野。一早趕赴遠方不明地區的龐大華陽龍族群，大致擦擦碰碰，走得無影無蹤。

躲進小樹林及灌木區的五個陰影，從細枝密葉中站起來，發現左右不見大傢伙擦身而過，處境安定下來。上午光線有點晦暗，氣溫稍稍回升。大峭壁靜靜的座落遠方，他們完全不擔心迷路。

「不會撞見劍龍了，咱們怎麼走下去？」尼瑪請示。

「當然找食物，有水而匍伏植物多的地方，應該同時生長球莖或綠葉蔬菜，那些就是我們尋找的食物。」莊院士保持原有看法及目標不變。

「不必擔心食草恐龍。你不偷蛋，不惹小恐龍，能躲避忍耐，食草恐龍根本不關心流浪陰影。咱們大膽往前方搜尋。」詹姆士宣佈。

五團流浪陰影這二天東躲西躲，頭髮披落，小遮臉孔。所穿著的冬季輕裝不夠保暖，但卻屬黑、褐，以及深藍色；此外，老舊之餘，又增重重補丁。他們遙遙望見骨板巨獸，就隱沒起來。他們仍與大峭壁平行，差不多追隨一早興沖沖遠行的大群華陽龍，往陌生地探究。巧得很，白鴿子樹大密林某一地段出現空檔，除了極少數逗留棲息樹林的劍龍外，這一地段不發生地震，不見大傢伙招搖駐足。漸突獸群嗅出平安的氣氛，也溜出來列隊前行，方向與流浪陰影一致。

「昨天一跑進白鴿子樹林，咱們就苦等，一直等到快天黑。咱們等待的時間真久。背上長銳利骨板的傢伙，一直在咱們身前擦過。人都給嚇壞了。」尼瑪抱怨。

「但是咱們保住命了。咱們又認識華陽龍的舉動。現在咱們知道，吃草恐龍不會害咱們。」莊院士開導他。

「我現在想，吃草恐龍不怎麼危險，別招惹它們就成。但是它們身體實太大太重，背上的骨板能割破咱們的喉嚨，尾巴的尖刺能釘死咱們。萬一被它們一擠一壓，咱們變成肉餅。」舒小珍哀叫。

「所以咱們必須一直躲著，千萬別惹惱它們。大傢伙保護蛋窩及小恐龍仔，生起氣來兇得很。」詹姆士勸告。

這裡全是高大的白鴿子樹，有幾十棵。地面儘是樹根，不少樹根高高隆起，而形成地洞。一列漸突獸碎步鑽進樹根下的洞穴。另一列漸突獸列隊，則由樹根下洞穴鑽出。大致上樹根下地洞的數目不下半打。

「原來這兒有漸突獸的老巢穴，可能其他地點的漸突獸，都由這兒移出。」詹姆士分析。

離地洞群較遠的地面，散落小骨頭，大片硬肉皮，以及芋頭剩皮。

「它們帶回肉塊及球莖食物，它們知道蔬果長在哪裡。」尼瑪表示。

「不太遠的地方有芋頭，咱們追下去。」丹卡信心增強。

面對全身黑毛茸茸的大老鼠，至此流浪陰影們興趣轉強；甘心前往陌生地找尋蔬果；或者簡單追蹤漸突獸，直到撞上球莖類的芋頭為止。

五團流浪陰影心情鬆弛，腳步放輕；告別漸突獸洞穴，繼續追蹤一早出門遠行的華陽龍。一列漸突獸居然相伴而行。突然間，「吱吱」叫響，漸突獸各自竄逃，躲入草叢中。尼瑪收腳，比手划腳，提示同伴們躲去眾多樹木後。

剛過正午，烏雲滿天，陽光微弱，大峽谷內流動雲朵的陰影不時飛馳而過。大峽谷一側的大峭壁之下，有一片廣大的灌木叢。若干地段灌木叢地勢低陷，大淺水池塘侵入部份灌木叢邊緣。但灌木叢大部份面積保持溼潤。眾多成年華陽劍龍就停留灌木叢邊緣乾燥地面，悠閒進食休息。眾多小華陽龍跟隨母劍龍小進食一陣，大多數時間溜下淺水池塘玩水。水花四濺，潑水聲四起。

五團流浪陰影遙遙瞧見大群懶散的華陽劍龍，不得不各自尋找樹幹樹枝稠密的地點，躲了進去。漸突獸行列不畏懼，大老鼠們走出樹林邊緣，憑藉身軀小，挨近草叢向前爬行。它們也不敢直接闖入華陽龍活動圈；躲躲藏藏，找低草掩護，瞧見空檔，分散開來溜了進去，消失於大灌木叢中。

五團流浪陰影又躲進另一處小珙桐林中，小珙桐的低垂枝葉足以掩蔽五團流浪陰影。五團流浪陰影悄悄的抬頭張望，看見遙遠的大峭壁，以及高大的幾棵白鴿樹、幾棵科達木、以及孤獨而最高大的水杉。這些高大喬木，加上樹小枝葉多的小珙桐林，構成這座大密林的邊緣景觀。五團流浪陰影終於穿越華陽劍龍的地盤。

五團流浪陰影再打量午休大傢伙們滯留的地方。大群大劍龍側臥野草地，野草地一半變枯黃，分隔白鴿子密林和比成人頭稍高的灌木林。灌木林外表綠葉油綠，吸引華陽劍龍前來的，正是被扯亂了的翠葉布幔。但是五個流浪人相離甚遠，不清楚翠綠布幔是什麼。

不僅如此，灌木林邊緣乾土地上的小龍們，向濺水聲響起的地點擠過去。五團流浪陰影看不見濺水區的景色，也不懂小華陽龍群集合於濺水區，到底幹些什麼。

「前面的矮樹林面積非常大，外表蓋了翠葉布幔，我從沒見過。」尼瑪低聲通知同伴。

「椰子樹，全部是椰子樹。」丹卡判斷。

「椰子樹生長在熱帶海邊，這裡是高山間的峽谷，不生長椰子樹。」詹姆士反駁。

「它們生長太密集，距離又遠，所以我們看不清。大群華陽龍經常來這兒進食，然後濺水聲傳出。這裡沒有怪東西，只不過咱們沒搞清楚。」莊院士聲明。

「咱們又要在小樹林裡等下去？」尼瑪口氣中含有抱怨的成份。

「當然。這裡不是華陽龍的棲息地，華陽龍下午會離開，到時候一切就明白了。」莊院士勸告。

下午，光線轉暗，風增強，毛毛雨飄落。五團流浪陰影苦守小珙桐林內，不敢現身走動。一長列漸突獸闖入外表近似椰木林的灌木叢，不再返回現身。小華陽龍全部聚集濺水區，大華陽龍不擔心。大華陽龍紛紛懶洋洋站起來，然後埋首於近似椰子樹林上。它們吃得開心，連躲避於遠方小珙桐林的流浪陰影都聽見。然後大華陽龍搖擺龐大的身軀，輪流進出大池塘似的濺水區，加入小華陽龍的喧嘩行列。看起來像是喝水洗浴。

五團流浪陰影躲在小珙桐林內，仍不敢現身或發出聲響。毛毛雨下了一陣，每團陰影的頭髮及衣領衣袖沾溼。詹姆士頭髮上的雨絲，結成水滴，流過面孔，滑入衣領內。舒小珍想掏出手帕，替他拭乾水珠，但終於沒在其他陰影面前有所舉動。

「草陽龍該返回棲息地了？」詹姆士輕聲說話。

「看起來已經吃飽了。喝夠了，該回去了。」莊院士輕聲回話。

「噗赤—噗赤—」各母華陽龍發出相同叫聲，但彼此音色不同，音調不同，小華陽龍輕鬆區別出來。

「噗赤—噗赤—」小華陽劍龍也叫喊。各個劍龍家族憑叫聲聚集，小華陽龍渾身上下淌水，追隨母龍告別披了綠布幔的灌木林，朝五團流浪陰影躲藏的小珙桐林走回。若干身軀最龐大的公劍龍們，甚至邊走邊碰撞，嘴中低聲咆哮，拖累了大群巨獸的回程速度。

土地發生輕微震動，沉重的腳步踏過小珙桐林邊緣。五團流浪陰影保持安靜。這群大小華陽龍，姿態及威儀猶如恐龍中的國王，踏著沉重的腳步，遠離小珙桐林。它們居然能掌握時間，預計在日暮時分抵達各別棲息地。

五團流浪陰影走出小珙桐林，快步進入草叢地帶。他們看見一大片高約二公尺的灌木叢，以及翠綠的布幔。灌木叢其實是桫欏和二歧鹿角蕨，這兩種全是灌木型樹蕨，擁有細樹幹，甚少分叉樹枝。像椰子樹一樣，葉子全長在樹頂，每片葉子有尖刺邊緣。

「它們是不是椰子樹？」丹卡開口。

「不是，其中絕大部份是桫欏，小部份是二歧鹿角蕨。」舒小珍說話。

「遠古時代爬蟲類和猛禽大吃桫欏，桫欏葉子纖維粗糙，但是恐龍能磨碎消化，長成大個兒。」詹姆士表示。

「其實，侏儸紀以前，世界上大部份樹木都矮小，像桫欏和樹蕨。」莊院士探討洪荒世界狀況。

「為什麼高大樹木不常見？」尼瑪問道。

「因為高大樹木長得慢，又挑生長環境，容易遇上災難，例如被泥石淹埋，被恐龍吃掉。桫欏和樹蕨生長快，三、五年就長大，到處繁殖壯大。」舒小珍解釋。

「像野馬，生長慢，山野間野馬就少。羊生長快，牧場上羊就來得多。」丹卡比喻。

他們看見桫欏林上翠綠的布幔。若干地段翠綠的布幔被扯下咬斷。大華陽龍其實不衝進桫欏林內部，也不吃它們老祖宗嗜好的粗纖維桫欏葉片。它們為翠綠布幔而來。桫欏林上，生長茂盛的藤蔓植物；這些藤蔓植物由潮溼地面往上生長，爬上桫欏林頂，結果藤多葉繁，終於像一層厚實的綠布幔，蓋在桫欏林上。這些藤蔓植物有爬牆虎，莖卷鬚粗短而多分叉。有五爪藤，卷鬚二分叉，葉片呈五指出掌狀。有山葡萄，也是卷鬚二分叉，有毒。有一般未改良的高山小果葡萄。有小葉黃鱔藤，一種半藤半灌木植物。更有牽牛花，以及有刺的藤蔓。總而言之，大峽谷內到處生長藤蔓，但每種藤蔓都在這片桫欏林大量生長。

這些藤蔓植物生長翠綠葉子，葉子柔軟翠綠，大小華陽龍輕易大口咀嚼。第一次吃過，以後永遠不忘記。大劍龍扯下藤蔓而大吃嫩葉，小劍龍找落地藤蔓葉吃。因此，愈來愈多華陽龍年復一年，捨棄棲息地附近的嫩葉，跋涉遠途來到白鴿子密林邊緣。

「晚上我們在哪兒過夜？小珙桐林，還是桫欏林？」天快黑了，莊院士徵求意見。

「漸突獸巢穴反映，漸突獸帶回芋頭過。白鴿子樹林沒有芋頭繁殖地。漸突獸進了桫欏林，我們也追進去看看。」詹姆士建議。

「今晚不進桫欏林，明早大小華陽龍又帶著家族吃藤蔓嫩葉，我們將再一次被擋在桫欏林外。所以今晚提前進去才對。」舒小珍表示。

「好，決定在桫欏林過夜，尼瑪能帶路嗎？」莊院士表示。

「大華陽龍走光了，再也沒有猛獸，用骨板割皮，用尾刺螫人，用大腳壓扁傷人。現在我知道怎麼帶路。劍龍再見了。」尼瑪拔出長彎刀，大步撥開藤蔓綠布幔，走入高二公尺左右的杪欏林。杪欏林頂上，藤蔓綠葉覆蓋，杪欏林一片漆黑。

杪欏樹幹細，林內細樹幹密麻麻生長，沒留任何走道。尼瑪不費腦筋，長彎刀左砍右劈，理出一條道路。尼瑪走到一處地勢高的地點，大砍附近的杪欏灌木叢，闢出充裕的空地。五團流浪陰影就倒在充裕的空地上。杪欏林部份外圍，大淺水池平靜無波，水質混濁。

「今晚華陽龍不在身邊，大夥兒可以安心睡覺。」舒小珍慶幸新遭遇。

「如果肚子能填飽，更能真正安心睡覺。」詹姆士呻吟忍耐：「身體太疲倦，能入睡二個小時；然後肚子餓了醒來，飢火燒胃，四個小時之後才能安下心來。」

「天下沒有一件事比飢餓更難忍受。」沉默寡言的丹卡說實話。

「眼前就有現成的食物，而且多得不得了，就是杪欏。杪欏的莖部中心有髓心，髓心由澱粉組成。食草恐龍消化力強，能同時吃杪欏粗葉和杪欏髓心。人的消化力不夠強，杪欏髓心必須先煮熟。」莊院士提出消除飢餓的祕方。

「我們辦得到。我們有火柴，馬上點火煮髓心吃。」尼瑪樂於立即升火。

杪欏林漆黑，天空陰沉黑暗，連大峭壁也不見影子。杪欏林內的五團流浪陰影動彈不得。

「不行，太危險了，我們一直不在薄岩壁外燒煮。你想吃杪欏髓心，不妨砍幾段，帶回大溶洞。」詹姆士反對。

「找不到芋頭，就砍一大綑杪欏，方便得很。」丹卡提折衷辦法。

五團流浪陰影睡在人工闢出的杪欏林內空地，附近杪欏樹根不平靜。「吱吱」聲不斷，漸突獸能感受紅外線，在黑夜中活動。舒小珍不喜歡黃鼠狼之類，但肚子餓，沒精神管漸突獸。

無論如何，五團流浪陰影太疲倦，即使飢餓折磨，他們睡得仍算安穩。

每團陰影都飢火燒人，但在天亮之前醒來。

「妳能走下去嗎？」舒小珍聽見溫柔的撫慰聲音。

「還好，但是你忍得住？」詹姆士聽見溫柔的撫慰答覆。

「我忍得住。以後幾天穿過吃草恐龍的地盤，我更不怕。」詹姆士說真心話。

「有了這種體驗，我們都能走出它們的地盤。」莊院士表示意見。

天亮之後，五團流浪陰影收拾好背袋，採取與遠方大峭壁平行的方向，朝前方行走。藤蔓植物多得像綠色布幔，蓋住桫欏林邊緣而已。廣大的桫欏林內圈，除了漸突聲的「吱吱」叫聲以外，保持寧靜狀態，所以五團流浪陰影聽清楚尼瑪砍攔路枝葉的雜音，以及大夥兒的腳步聲，地震，兩種不同節奏的地震傳來。

「華陽劍龍族群又來吃藤蔓嫩葉，像昨天早上一樣。」領路的陰影表示。

「華陽劍龍步伐穩重，另一種步伐急促。」舒小珍仔細從腳底感受。

不久，五團流浪陰影聽見濺水聲，以及「噗赤—噗赤—」叫聲。

他們接著聽見另一處濺水聲，以及「勃勃—勃勃—」叫聲。

「小華陽劍龍玩水，高興的呼喊，另一種小動物也玩水，高興的呼喊，是什麼？」舒小珍提出疑問。

「向發聲地走，看看小華陽劍龍怎麼玩水。」莊院士交代。

尼瑪調整方向，不再砍掉攔路叉枝，向發聲地前進。他看得見大峭壁，不怕迷失方向。走了一段路，頓住了腳步。從桫欏林邊緣樹枝間隙中，他們看見一個大型多草淺湖泊。幾十隻小劍龍偶而吃藤蔓綠葉，大部份時間在淺湖泊中翻滾，快樂的叫喊，濺水聲傳出。

莊院士推一把，讓尼瑪繼續朝另一處濺水聲來源走去。五團流浪陰影赫然發現，另一種龐大的小恐龍，逗留另一個多草淺湖，吃翠葉吃得少，玩得樂，「勃勃—勃勃—」連叫。

多草淺湖水旁邊，仍有廣大的乾燥草地。一大群身軀更龐大的恐龍，也吃桫欏林另一側的藤蔓翠葉。桫欏林外側傳出地震。

尼瑪臉孔變色，呼吸急促，倒退走路，說不出話來。

「是什麼？」舒小珍焦急的疑問。

詹姆士和莊院士蹲下，由桫欏林邊緣的間隙往外窺探。他倆觀看了水中嬉鬧的小恐龍，以及乾燥地面上，吃藤蔓葉的大恐龍。

他倆大致瞧見，更龐大的食草恐龍出現。大華陽劍龍，身長八公尺，背高二公尺。眼前的巨獸有大蛇形頭，身長十公尺，背高三公尺。全身皮膚顏色及結構真像鯊魚魚皮，四肢比華陽劍龍細長些，卻肌肉結實有力。後肢附近，軀體肥大，並且用力支撐在有力的尾巴上。每隻腳掌有三趾，另長後趾，這三趾及後趾堅硬強勁。

它們的頭部光滑少毛，眼小，有耳孔及鼻孔，聽力差一些，視力弱一些。但一張開大嘴，嘴內兩排白臼牙咬磨銳利。後肢比前肢發達，它們能輕易用一雙後肢走路。甚至踮後肢，加上粗大而削尖大尾巴，形成三角支撐，它們就抓咬高處物體。

「是侏儸紀數量最多，與鴨嘴龍數量相等的禽龍嗎？」詹姆士低聲耳語。

「就是禽龍，每一個家族成員多，看起來它們渾身是勁，連尾巴都有甩拍致死的力氣。」莊院士耳語回話。

「它們當得起慈母龍及社交龍的稱號？」詹姆士又耳語。

「我們觀察了就明白。」耳語回答。

不湊巧，五團流浪陰影的背後，被吃藤蔓和戲水的大小華陽劍龍擋住，不能折回小洪桐林。前方逗留一大群也吃其他藤蔓翠葉和戲水的大小禽龍，讓五團流浪陰影被包夾而動彈不得。

「先坐下觀察，現在沒空檔溜走。」莊院士耳語傳話。

仔細觀察，小禽龍不但在多草淺湖嬉戲，而且用長嘴撈淺湖中絨狀小草吃。「勃勃－」母禽龍呼喚了。有的母禽龍扯下一大截藤蔓翠葉，有的踏入淺湖中，用長嘴咬住大團絨狀水草，然後回頭往另一座面積更大、林木更蒼鬱的森林走去。如果這些口啣的嫩草葉是餵森林中的有關小禽龍，它們的確配稱社交龍及慈母龍的雅稱。

五團流浪陰影退後一些坐下，提防兩種大型恐龍衝入桫欏林邊緣。詹姆士看見舒小珍白晰頸子露出來。陰影們太無聊，詹姆士拔起幾束草，交給大姑娘。

「插在領口內，掩蔽皮膚的顏色。」詹姆士比手勢。

也好，閒著沒事，大夥兒紛紛拔草，折樹葉，掩護身上任何顏色或形狀太突兀的部位。幾束草綁在腳踝之上，正好遮住鞋子及褲管。這麼一來，即使小華陽龍側臥，眼睛四下打量，也看不見陰影們的腳背上下部位。

新的巨獸群確實有資格，獲得慈母龍及社交龍的美稱。中午過後，「勃勃—勃勃—」叫聲急促。小禽龍無奈何走出淺湖。母禽龍們不是大咬藤蔓翠葉，就是跳進淺湖，大咬絨狀水草。禽龍族群一起返回森林內部棲息地。母禽龍口中塞了嫩草葉，沒餘力叫喚。桫欏林一側空蕩了。

「追進去，我們不能再被包夾於桫欏林邊。」莊院士指示。

五團流浪陰影站起來，每個人身上或多或少插了草葉，不妨稱為半個稻草人。他們肚子奇餓，不得不追隨慈母龍群，進入新樹林。天色灰暗，風呼嘯，大峽谷內發生多次令人驚異的事故。五團流浪陰影誤以為，湖泊分佈廣，森林內不缺水，某處黑土平地免不了生長一大片芋頭或野蔥。森林內部，「勃勃」叫聲不斷。五團流浪陰影不認識地形，找一處深草堆躲起來。

「肚子真餓，真想切斷大的桫欏木，挖出髓心煮來吃。」尼瑪抱怨。

「只能再忍耐。草莽曠野，找食物真難。」莊院士安慰。

「咱們先繞過似雞龍密林，其次切入白鴿子樹林，其次留在桫欏林過夜，現在又進入禽龍地盤。為什麼大峽谷中，森林一座一座單獨出現？」莊院士又提出疑問。

沒人能回答。

舒小珍先注視頭頂上的景物。頭頂上一座密林的樹冠層遮蔽光源，大小樹木又交錯阻撓，她看不見禽龍族群的活動狀況。每團影子急於找食物，只得專心掃視潮溼地面的生長情形，於是分不清樹林內的喬木及灌木分佈狀況。

「大夥兒再忍耐，我們弄得到食物，回得去大溶洞。」老院士安慰同夥伴。

五團流浪陰影再次遇上一個難熬的夜晚。飢火熊熊燃燒，叫人坐立不安；勉強喝水，澆不息旺盛燃燒的飢火。一直到夜深，才能勉強入睡。

「勃勃」快樂的叫聲，吵醒了破曉猶沉睡的陰影。密林內又有地震。尼瑪張眼隨意掃視，看見一大群高大喬木葉片上銀光閃閃。太意外了，藏族婦女多用銀子做衣飾，銀子是值錢的物品。

「樹上有銀子，樹上有銀子。」尼瑪叫出聲。

丹卡斥責：「胡說八道，樹上只有樹葉，根本沒銀子。」

舒小珍插嘴：「有幾棵大樹，針葉扁長，略像柳葉。」

「那些叫柳杉，是藏區最常見的杉木。」丹卡說話。

一大群小巨獸出現，四公尺多長，一公尺半高，頂著蛇形頭，向密林深處走去。後面緊跟著十來隻龐然巨獸，保護小巨獸而行動。小巨獸歡樂的叫，二隻公禽龍卻互相使狠勁扭打，彼此都慘叫。此外二隻母禽龍也互相狠咬打鬥，呼喊連連。

「沒錯，樹上有銀子。」尼瑪又叫出聲。

「它們的外號叫慈母龍或社交龍，但是看起來它們的內部也有爭執打鬥。」詹姆士驚訝的分析。

「免不了的，例如公的和公的爭風吃醋，母的和母的搶奪小傢伙之類。」莊院士依常理推斷。

「更嚴重的，該是青春期公母禽龍，追求配偶的壓力不容小覷。」舒小珍插嘴。

「當然，當然。生物面臨的最大壓力是食物及繁殖，包括我們人類。」

這座森林處處傳來地震的跡象，大小禽龍又在森林多處大空地及桫欏林邊的淺湖泊嚷叫，森林不平靜。但是五團流浪陰影不能長久等下去，他們餓極了，他們也想避開數量多，體型巨大的吃草恐龍。

五團流浪陰影走出高大的喬木樹林，仍採取與大峭壁平行的方向前進。才走幾步，尼瑪指出，銀子高掛的樹林就在附近。莊院士稍加打量，看出樹上沒掛銀子。那是白天閃動銀光的高大喬木銀杉，銀杉高至二十五公尺，樹身挺直，叉枝多。銀杉的針葉棒上，鱗狀葉片簇生，每片葉子有明顯的氣孔，氣孔上天然分泌白色細粒子；陽光一旦照射，每片葉子銀光閃閃，於是這種高大杉木被稱為銀杉。五團流浪陰影正走在銀杉及柳杉喬木混合林中。除此之外，這座大密林多小櫟樹林，小扁柏林，以及小樹蕨林。

前方突然「勃勃—勃勃—」吵鬧叫喚聲響起。五團流浪陰影瞧見前方地勢開闊，卻天然出現岩石堆，岩石堆上有一群蛋窩。每個蛋窩有六個蛋，竟比似雞龍蛋大。但每一窩六個蛋，其中不乏孵出而遺留的碎殼。禽龍多產，每一隻母禽龍一年只產六個蛋；若有天然大量損壞災難，母禽龍可能再產一窩。這座岩石堆生了許多窩蛋，說明多個禽龍家族共同棲息、共同繁殖。

不僅如此，一大群中小禽龍，守在岩石堆外圍，共同遊戲，共同進食。中小禽龍叫鬧，互相推擠比力氣；互相疊高，以便咬斷喬木高處枝葉；共同在空曠地上翻滾，小石頭摩擦它們的皮膚，有助於搔癢、刮寄生蟲。它們簡直開辦禽龍少年營。怪不得歡樂叫聲遠傳。

禽龍少年營的周圍，竟然有多座嫩草堆，少年禽龍玩累飢餓了，正能安心共同進食。怪不得禽龍族群興旺。一半大禽龍守住這處共同家園，悠閒環繞家園巡遊；另一半大禽龍外出，一方面自己進食，一方面帶回軟草嫩葉，供少年營食用。大禽龍採集食物，遠比中小禽龍外出採集安全。

五團流浪陰影望見禽龍共同家園忙碌歡樂，他們悄悄舉步，企圖繞過這處共同家園。不巧，一群大禽龍採集回來，幾隻體型大的公禽龍一路上互相推擠咆哮，甚至互相扭打倒地，軟枝嫩葉撒滿一地。由於半數大禽龍輪流外出，先自行咀嚼，後咬住帶回，他們的隊伍分佈長，懶洋洋行動。整整一個上午，五團流浪陰影只繞過一處禽龍共同家園，他們遙遙瞧見共同棲息地中央的蛋窩。蛋窩中多大型厚殼蛋，真是令人垂涎的好東西。丹卡看得手癢氣喘。他們太餓了。

（五）

又一個晚上，五團流浪陰影發現銀杉及柳杉混合密林不安寧。小禽龍上午共同遊樂，下午共同外出喝水。幾個禽龍家族共同行動，阻斷共同家園四周的通道。到處是小禽龍高興的嚷叫及頑皮搗蛋聲，五團流浪陰影才現身就必需立即迴避。天空漆黑，大峽谷內微光照射，月亮滑過烏雲堆，從狹小的雲中縫隙撒落微光。

禽龍聯合棲息地，傳出粗糙毛躁「勃勃，勃勃」叫聲，然後林中出現禽龍打群架的混亂狀況。即使名叫社交龍或慈母龍，禽龍棲息地常傳喧鬧抗爭聲。

「月光會刺激野馬，尤其是母野馬；難道月光刺激了禽龍？」丹卡半睡半醒。遠方禽龍棲息地失控，不少禽龍仰天號叫；丹卡想起深山中黑網罩住公駿馬，反而母馬企圖衝撞捕馬人。不過捕野馬的頭目懂得如何去閃避，用公野馬擋母馬，避開了麻煩。難到禽龍也有類似公母野馬的行為？

莊院士和詹姆士告知陰影伴伴們，一見恐龍的身影，不是快速藏匿，就是靜止不動。但是長時間忍耐躲避，領路陰影受不了了。

「禽龍玩它們的，走它們的路，我們趕自己的路，雙方不相干。」尼瑪表示。

「沒那麼簡單。這些身長十公尺，背高三公尺的食草龍，力氣巨大無比。它們一生氣，咱們沒路逃。」莊院士警告。

「看不出它們有力氣；身上沒骨板，樣子比華陽龍差多了。」尼瑪抱怨。

「你看看周圍，許多大樹頂部折斷，就是大禽龍的傑作。你惹惱一隻禽龍，全樹林的禽龍都生氣，咱們別想混了。」詹姆士也警告。

「咱們已經變成流浪人，回不了家。天這麼黑，風大，牧場上會有大風雪。」尼瑪再吐怨言。

「只要你活著，就回得了家。想和禽龍鬥，別傻了。」詹姆士勸他。

鑽進小樹林中，躲外出的大禽龍，多少有好處。身體躲藏，頭探出來，觀察地面的情況，也許能碰上芋頭和野蔥之類。

這一次，五團流浪陰影，老老實實躲起來。對面的林子業已安靜些。小禽龍找下垂近地的嫩葉吃，大禽龍趴在樹幹上，企圖扳彎枝葉，邊遊戲邊進食。「沙沙」臼牙磨枝葉聲頻傳。兩隻大禽龍聯手，扳彎一段粗枝，以便吃枝梢的嫩葉尖。它們一時失手，彎曲的粗枝「碰」的彈直。兩隻大禽龍跌落地面。沒扭斷脖子，沒折斷手腳，連外皮都沒割破。禽龍骨骼之健壯，皮膚之強韌，由此可見一斑。

「我們之中的任何人，妄想和禽龍角力，立刻全身骨頭斷裂。」莊院士對尼瑪耳話。躲在茂盛草地及小樹林的五團流浪陰影，不想再乾耗下去。

「乾脆身上插樹枝，頭上套草把，扮稻草人，騙騙禽龍。」丹卡忽然出主意。這樣的事容易辦。細草捲成一圈，套在頭上。身上連綁幾段連葉細枝，五團流浪陰影變成流浪稻草人。大禽龍午間休息，小禽龍繼續在小圈子裡，互相倒臥推擠，五個流浪稻草人緩緩走動，居然躲開禽龍族群的注意，五個流浪稻草人終於加快腳步。

小禽龍扭動推擠，「勃勃」快樂叫喊，大禽龍閉眼休息。

五個流浪稻草人像活動小樹，不斷的移動，禽龍沒長時間加以注意，簡直稻草人與林內草樹化為一體。附近正巧有個龍丁稀少的禽龍家族，二隻公母禽龍，率領一隻小禽龍遊蕩。五個流浪稻草人欺它們成員少威脅性小，走近三隻龍家族附近草叢。孤單的小禽龍，聽見不遠處某少年禽龍營熱鬧，小禽龍叫喊一聲，快步跑出林子，衝向少年禽龍營。它的奔跑動作快，惹急了兩隻大禽龍。兩隻大禽龍一時疏忽，不監視蛋窩，稍後叫嚷急追小禽龍。

「偷蛋，偷蛋。」才氣縱橫的州立大教授詹姆士，再也忍耐不住肚中的飢火，高聲通知夥伴們。

丹卡反應快，瞧見三隻禽龍組成的家族，發現它們的蛋窩留有大蛋。丹卡再也忍耐不住！箭一般全身跑動，他終於得到垂涎已久的好食物。丹卡、尼瑪、和詹姆士都餓得頭昏腦脹！拼命衝入這個小禽龍家族的產蛋地，三個稻草人各自抱起二個大蛋。舒小珍和莊院士動作慢，沒抱走蛋，追隨其他稻草人逃出小地盤。稻草人們偷了大蛋，躲去附近一座樹林中。

「現在我們偷來六個大蛋。立即躲起來吸蛋汁。」莊院士吩咐。

他們戳破二個蛋的殼，然後輪流吸蛋汁。對於飢餓如火的探險家來說，先讓五個流浪稻草人吸吮二個大蛋的蛋汁，當然份量嫌不足。但他們尚有一大段路要走，他們不能不節制進食。還有四個大蛋放進背袋中，讓流浪稻草人大感寬心。

不止如此，禽龍蛋是上淺下深粉紅色，而後深淺分界線有波浪捲尾花紋，風格又與似雞龍蛋不同。詹姆士主張，猛禽及大傢伙蛋是寶貝，愈完整愈好，將來下山時，大夥兒平均分配。

「我沒得到恐龍蛋、疊層石、床板珊瑚、以及科達木化石。如果我帶回相當完整的新鮮恐龍蛋殼，我將能向州立大學交代。」

因此，自此以後，大夥兒躲避禽龍，不必太緊張，分心玩玩帶有美麗色彩及花紋的新獲恐龍蛋。這些古老的野獸，居然能在蛋殼上勾繪奇妙圖案。二個禽龍蛋只戳了小洞，無損蛋殼完整性。只可惜二個似雞龍蛋煮熟後裂成多塊，喪失完整性。

五個稻草人繼續前行，碰上了一列漸突獸。漸突獸行列鑽進一個乾燥地洞，又從同一個乾燥地洞鑽出來；看起來漸突獸增加了一個巢穴。它們的總巢穴仍設在白鴿子樹林的老樹根地洞中。

五個稻草人的步伐突然又被打斷，他們得躲進柳杉及桫欏林，偷窺幾個聯合禽龍家族的把戲。地勢突然隆起，形成大斜坡草地。附近有淺溪。幾乎所有小禽龍不守秩序，推推擠擠從側面陡坡爬上去，從大斜坡草地溜滾下來。小禽龍快樂的嚷叫。甚至小禽龍躲在母禽龍懷中，一起從大斜坡滾下。一對對禽龍快樂呼喊。公禽龍排隊，前往附近樹林地帶，帶回綠葉嫩枝。它們玩夠就進食，進食之後去淺溪洗浴，然後倒臥休息。公禽龍採集食物範圍廣泛，流浪稻草人的途徑暫被封死。等到這幾個禽龍家族玩夠，日暮時分散去，流浪稻草人才能舉步。

「禽龍森林太大，大傢伙又多，我們被耽誤太久了。」尼瑪抱怨。

「但是至少我們保住了命，而且現在搜集了八個恐龍蛋殼，我們多少有收穫。」莊院士鼓勵。

「如果我們的身上多綁枝葉，打扮得很像稻草人，我們就可以大搖大擺在禽龍面前橫行。」舒小珍表示。

「妳不可能打扮成真的稻草人。妳有背袋，你帶了短木棒，至少這二樣裝備礙眼。」莊院士表示。

「不用急，來到遠古世界，一切事情慢慢來。一切講究保命。別讓禽龍向我們一撲，我們全成肉醬。」詹姆士勸告。

五團流浪陰影突然聽見水流爆炸聲。他們在銀杉和柳杉混合林邊緣看見溼地及河流。他們打量大峭壁。

大峭壁不動如山，一條大型瀑布由一千公尺高的峭壁頂，直接傾瀉而下，在峭壁腳炸開，這就是水流爆炸聲的由來。

「我們走出了禽龍地盤嗎？」尼瑪求證。

「不錯，大瀑布流下，我們將進入多水世界。水多，土地黑，一定能長出好根莖食物。」莊院士表示。

「我們沒找到芋頭，卻偷了六個禽龍蛋，運氣不壞呢。」舒小珍心情放鬆下來。

五團流浪陰影由於身上又插又綁枝葉，頗像麥田中的稻草人，用來嚇跑麻雀烏鴉。他們在後背多綁枝葉，用來掩飾背包及長短木棒，效果卻最差。這一陣子缺食物，淨喝水，沒吃東西，所以水壺都快空了。現在耳中聽見瀑布墜地聲，峭壁腳應有河流流入森林中，他們也急於裝滿水壺。但是禽龍居住的銀杉柳杉混合林面積頂大，河流很可能流進禽龍的地盤；他們在林子裡，東拐一座小樹林，西繞一塊枯黃草地，卻不能來到清水流過的河畔。他們不敢現身空曠土地或短草上，以免暴露身形。大夥兒胡亂綁插樹枝，頗像肥胖稻草人，企圖蒙混眾多禽龍。

禽龍密林平靜下來，小禽龍經常胡鬧的聲音消失，天黑，大小禽龍都開始倒下休息。五團流浪陰影坐下來，依照約定，一天二餐，每餐總共吸吮兩個粉紅浪花圖案硬蛋，然後喝水。五個稻草人分吃二個大蛋，蛋味略腥，毫無鹽味，剛吃下時肚子小飽。但是他們走動不停，蛋汁容易消化，沒多久肚子又餓起來。所以總共六個大蛋，只管二天不到而已。他們仍急於尋找其他食物。

由於詹姆士估計新鮮恐龍大蛋值錢，睡覺前，最後日光未消失，他們找出禽龍蛋殼，觀賞捲浪粉紅花紋。大蛋在手，疑問就來。雞是先進的鳥類，雞蛋的蛋殼沒任何花紋；連鵝蛋和鴨也同樣平淡。但是恐龍類的蛋殼不一樣。蠶繭銀白花紋好看，粉紅捲尾浪花紋更好看，也略像肥皂泡沫擠成一堆的花紋。

「現在還怕不怕華陽龍和禽龍？」莊院士輕鬆問道。

「仍有點怕，尤其太靠近它們的時刻。所以一撞上大傢伙，就得等待幾個小時，急死人。」尼瑪回答。

「我們都一樣忍耐再忍耐。我們希望趕緊碰上生長蔬菜的地方，挖一大袋土豆或芋頭就走。」莊院士說明立場。

「當然大峭壁腳下的蕨類走廊有芋頭，但是那兒被始祖鳥看守。希望別的地方也繁殖，別讓咱們的等待落空。」舒小珍心中徬徨不安。

這一夜流浪陰影們全身冰涼，輕冬裝及一條毛毯或睡袋保不了暖，仍能安穩入睡。五個稻草人中，詹姆士和舒小珍互相凝視，心情趨向平和，不抱怨行程太緩慢。其他三個稻草人一直都勉強忍耐。

又是一個陰晦的夜晚消逝，矇朧的黎明來到，五個稻草人被冷醒。真是一個晚上比一個晚上冷。天亮醒來，由於露天而睡的關係，他們頭髮上居然掛了小冰條。

「波噗—波噗—」新的喧嘩聲激烈的傳出，濺水聲不絕於耳，五團流浪陰影被驚嚇一下。他們終於走出了龐大的禽龍地盤，卻碰上另一群猛獸。五團流浪陰影匆匆收拾行囊，分吸禽龍蛋汁，摸摸蛋殼上的花紋。五個稻草人走出巨大喬木的微薄遮蔭。

他們昨夜來到幾棵大樹下，這幾棵大樹都能讓三個人張臂合圍。他們現在有心情打量環境，才發現這幾棵樹頗高大，超過四十米，比科達木高，枝梢間針葉繁密，因此在大太陽之下容易形成樹蔭。但是現在天氣惡劣，烏雲快速飛過大峽谷頂，即使白天光線也差，根本形成不了樹蔭。

「這幾棵是水杉，樹齡幾千歲的不在少數，而且枝繁葉茂長得高，所以植物界給了『世界爺』別號。」莊院士提示。

「它們的質地好嗎？」舒小珍問下去。

「相當好，質地重而細密，材積又大紋路優美，所以成為最優良的木材。」莊院士說明。

「如果每單位材積的水杉價值高，那麼眼前一棵巨大的水杉，價值相當高？」

「當然，大塊水杉材積，只有鉅富大官才買得起。」

「我們住不起水杉蓋的宮殿別墅，用不起水杉材料傢俱，至少讓我們坐下，望著世界爺吃蛋汁。」詹姆士打趣。

水杉林邊上，就是整棵葉子茂密的銀杏樹群，而且葉子翠綠。銀杏群下散落大石頭。五團流浪陰影找大石頭坐下，抬頭就看見高聳的水杉林。五團流浪陰影掃視地面，發現地上有厚密的扇形小枯葉、乾果、以及圓形大腳印。

「原來是銀杏樹林，銀杏的果子又叫白果，白菓煮熟是好食物。」莊院士解釋。北方的人清楚，古老的銀杏結小果子，年年樹葉生長凋謝，年年落果又結果；但是白果鹼性重，不容易消化，需弄熟。

「先別吃早餐，咱們揀銀杏落果，拼命揀，別叫其他怪獸弄走。」詹姆士建議。

五個稻草人都彎腰，推開扇形落葉，迅速揀地上的乾白果。「吱吱，吱吱」叫喚，一群黑東西從草地竄出，也來吃乾白果。它們的鼠牙銳利，消化能力強，找著白菓就啃嚼。

「漸突獸能追蹤食物，果然不錯。咱們別理它們。」莊院士匆忙翻枯葉找落葉。

舒小珍已經多次見過這些大老鼠，不再畏懼它們。

「波噗—波噗—」叫嚷喧鬧聲傳來，土地輕微震動，一群巨獸跌跌撞撞走來。大巨獸十二公尺長，背高三公尺；小巨獸六公尺高，背高一公尺多。隻隻背厚肚子大，挺住粗壯中等長度尾巴。鴨形巨頭高舉，鴨形扁嘴突出，上嘴後有明顯鼻孔。一雙前肢略弱小，一雙後肢粗而強健。每隻腳前有三個硬趾，後有一個尖趾，如同禽龍。但是後肢的前三硬趾間有厚皮連接，因此這種巨獸往地上一踩，蹭出一個圓足印。

「山東鴨嘴龍，快躲。」莊院士匆促低聲指示。

五個流浪人瞧見附近的草叢，仗著自己外表像稻草人，小跑步躲進草叢中，吃地上白菓的大老鼠們也一哄而散。

躲進高草中，五個流浪人心中安定下來。每個人揀了一小包乾菓，等於掌握了一些食物來源。不久，更多龐然大物駕臨，小山東鴨嘴龍吃地上的乾果。大山東鴨嘴龍以尾巴及一雙強健後肢支撐，踮起較弱前肢，大吃銀杏果葉和乾澀小果子。它們的犬牙小而尖圓，臼牙又多又大，所以咀嚼能力特強。它們利用一雙後腿及粗短尾站立，嘴構得著較高的食物，所以吃得軀體雄渾有力氣。

「禽龍和山東鴨嘴龍，都是侏儸紀數量最多的生物。」詹姆士耳語。

「不錯，尤其它們消化力強盛。」莊院士說明。

「為什麼似雞龍密林，華陽劍龍森林、桫欏森林、全都有秩序的排列？」莊院士加問一句話。

「我現在想不出道理。等我想想再說。」舒小珍表示。

「我也不知道有關的道理。也許道理淺顯。」詹姆士動腦筋。

大群山東鴨嘴龍專吃銀杏樹葉及生、乾銀杏果，它們強健的四肢或後肢移動，漸突獸不敢現身爭奪食物。五團流浪陰影也一直躲著。水壺空了，附近明明有溪流，但被鴨嘴龍群佔領。他們分別揀了一小包乾白菓，暫時不能吃。他們被迫在水杉及銀杏混合樹林過夜。

天黑之後，混合樹林任何一個角落都亂，小山東龍「波噗」叫嚷，大山東龍相陪，分別往近距離地點快走，於是混合林地輕微震動不已。

「到處漆黑，它們幹嗎跑來跑去？」舒小珍疑問。

「最好咱們別停留它們的路徑上，不然咱們活活被踩扁。」尼瑪抱怨。

「可能山東鴨嘴龍保持某種特別習慣。」莊院士判斷。

「爬蟲類的許多特徵和習慣，可能隔代在其他族類出現。」舒小珍聯想。

「舉例來說，爬蟲類的特徵，怎麼在其他族類出現？」詹姆士樂於與大姑娘暢談。

「例如山東龍的鴨嘴，與野雁的鴨相似。例如公母禽龍帶食物回共同棲息地，與咱們哺乳相似。」舒小珍比較。

大群山東鴨嘴龍上半夜東碰西碰，直到下半夜才平靜下來。五個稻草人躲藏，也惶惶不安，生怕鴨嘴龍走來，沒頭沒腦把大夥兒踩死。

「英國的坦克開進了印度，英印聯合遠征軍想把坦克開進西藏，征服全部藏區，結果英國坦克爬不過喜馬拉雅山脈。禽龍和山東鴨嘴龍就像坦克，任何動物抵抗不了坦克恐龍。」丹卡這麼形容這兩種龐然大物。

若干地段，小山東龍鬧了上半夜，下半夜之後安眠，直到次日天明。五團流浪陰影起身，預備用河水先灌滿水壺，然後再搜尋芋頭等蔬果一次。一條水量充沛的瀑布高掛大峭壁上，向下傾瀉炸散，重新匯集而流入黑土平原。五團流浪陰影判斷，瀑布河不難尋找，河邊可能多根莖蔬果，他們有機會大量挖出食物。

五個流浪稻草人收拾背包，找出水壺及布袋，預備裝滿瀑布河的清水及芋頭，然後展開回家的行程。尼瑪得到指示，大膽走向河邊，沒什麼大不了的危險。

尼瑪流浪人領路，走進水杉及銀杏樹混合林較深處。五個流浪人發現，瀑布源頭高掛大峭壁上，而後直線下墜。炸散的水團會重新匯流，方向略微改變，斜斜流入混合林。五個流浪陰影聽出來，到處「波噗，波噗」歡喜的叫聲及用力的搏鬥聲交雜。

他們通過混合森林地帶，發現一條斜斜的開闊路線，那就是瀑布河的流淌地。尼瑪突然收腳，比手勢，退入小樹林中。

整條斜淌的溪流，全被山東鴨嘴龍群族佔滿。原來混合林內，幾乎所有山東龍家族緊沿瀑布河建立棲息地，包括瀑布河的本流、支流、以及小湖泊。

小山東龍經常涉入水中，與其他小山東龍戲水。大山東鴨嘴龍也涉入河中，享受長時間洗浴之樂。怪不得瀑布河或支流經常傳出歡樂的叫聲。

但是太多的山東龍家族擠向斜淌的小河，許多鴨嘴龍家族抓狂了。青壯年公母鴨嘴龍數目不成比例，雄壯的公鴨嘴龍展現強烈的佔河慾望。他們企圖強佔淺河灘地，以及就食方便之地。他們甚至擁抱相鄰家族的母山東龍，毆打別家的小山東龍。隱密的荒野洩漏狂亂的生物本質，莊院士和詹姆士等躲在層層濃厚綠葉之後，用望遠鏡觀察，難以大窺遠古生物的本性。

大峽谷中央的雅魯藏布江，近來頻頻出現古老寄生植物。這些古老寄生植物如木賊，青萍、水萍、以及布袋蓮等，逐漸向瀑布河上游蔓延。厚密的寄生植物之下，生長蝌蚪、青蛙、黑鯢、以及水蛙等。眾多山東鴨嘴龍家族佔據河川湖泊邊，除了喝水洗浴，也大吃柔軟易消化的食物。

「看見芋頭葉了？看見野蔥了？」莊院士詢問。

丹卡、尼瑪、和詹姆士都搖頭。河面漂浮綠色小葉片，與芋頭野蔥無關。河岸長出低草和開紅花的馬齒莧等，也與心型白斑紋葉子無關。

「找不到食物怎麼辦？」莊院士痛苦的表示。

「至少有生銀杏。」舒小珍提議：「分成兩組，分頭再尋找，至少碰碰運氣。」

「不能分散。這兒離薄岩壁太遠，我們一旦分組，就不容易集合。一旦確定找不到食物，我們就馬上撤退，火急回家。所以五個人一定隨時集合，一起行動。」詹姆士警告。

明明瀑布河斜斜流淌，清水近在眼前。但是太多鴨嘴龍家族佔領河岸，他們找不到空檔取水。

「至少把水壺裝滿。這一點辦得到。」丹卡提醒同伴們。

「當然，一定要取得水。否則由這兒到似雞龍地盤，沒有乾淨的水。」

五團流浪陰影，在瀑布河附近的小樹林偷窺，沒看見鴨嘴龍族群離去的跡象。

「我們往下游走，能裝滿水壺最好。不能的話，設法渡過瀑布河下游，去對岸找取水的機會。」詹姆士建議。

「也看看瀑布河下游的蔬菜生長狀況。真希望運氣好轉。」莊院士表示。

五團流浪陰影又開始在水杉銀杏混合林，漫無目標流浪起來。他們完全算不清，大夥兒自從繞過似雞龍密林以後，一共在大峭壁下的多座樹林裡，流浪多久了。最大的森林是禽龍居住的銀杉和柳杉混合林，那兒的禽龍數量多。小禽龍差不多建立了幼兒園、少年營等。一座又一座共同家園組成，於是禽龍令他們五個稻草人一再繞圈子，躲避穿梭來去的大禽龍，而滯留太久。

五個稻草人感覺，水杉及銀杏樹林面積也大，山東鴨嘴龍數目也驚人。他們再也不能一味膽小，一直躲避，消磨了時間。他們是流浪陰影，有資格採取大膽的逃脫手段。

瀑布河的下游寬度增加，水流寬度也增加。瀑布河流到下游末端。鴨嘴龍大量消耗，河水減少，一片濕地出現，上面生長了野草，野薑花，和牧草。卻不見芋頭或野薑的影子。濕地水混濁，不能裝入水壺。鴨嘴龍家族沒分佈濕地上。五個草率的稻草人在這兒通過濕地，抵達瀑布河的對岸。天色暗、光線差，濕地來到盡頭，地面開始隆起而乾燥。五個草率稻草人約略看見，一長列漸突獸和兩隻獵犬似的瘦長動物，追隨他們，也遷徙到對岸。

五個草率稻草人沿著瀑布河下游往回頭路走，耗用了許多時間。來到對岸，低草野花地面積減少，喬木如水杉及銀杏，灌木如蕨類及桫欏，面積卻逐漸增加。

突然間，不少公鴨嘴龍失控了，走起路來東倒西歪，頻頻撞樹踏草。若干母鴨嘴哀號，迷迷糊糊叫喊。小鴨嘴龍則躲進小樹林內，以免被失去分辨能力的大鴨嘴撞傷。五個草率稻草人必須閃入蕨類或杪欏林中，以免被坦克恐龍撞死。

「出了什麼大事？公鴨嘴龍發瘋了。」尼瑪報告。

「出了什麼大事不清楚，但是大批公母鴨嘴龍失常，則是明顯的事實。」詹姆士反應。

「現在口渴了，卻沒裝到水。飢餓加上口渴，叫人好不舒服。」舒小珍口乾舌燥，嗓子沙啞。

「忍耐一下，今天晚上或明天早上，一定裝滿水。」詹姆士安慰。

上半夜中，整座水杉及銀杏混合林不平靜，到處鬧哄哄的，小地震頻頻發生，而小鴨嘴龍嚎叫不停，東奔西跑不歇息。直到下半夜，公鴨嘴龍就是嚎叫，憑聲音追上而踩死小東西，這是大峽谷常見的情緒失控現象。五個草率稻草人弄不清楚原因，圍在一起休息一夜。自然而然的，他們也到了下半夜才睡熟。他們沒感覺，一長列漸突獸和兩隻獵犬也追了上來。

五個草率流浪人又迷迷糊糊度過一個夜晚。他們已經吸光六個禽龍蛋的蛋汁，比鴕鳥蛋稍大的禽龍完整蛋殼，分別保管於每個草率稻草人的背包中。

「堅持尋找芋頭，是錯誤的做法，完全浪費了時間。我們該回頭了。」莊院士宣佈。

「這方面不能怪誰，我們沒到走投無路的地步。我們再揀乾銀杏果，這件事容易辦。我們再砍杪欏，挖髓心，也不成問題。」詹姆士不責怪任何人。

「先揀乾果，再裝滿水壺，最後砍杪欏。」舒小珍同意。

「還有一種獵取食物的方法。」詹姆士進一步建議：「如果我們帶了來福槍，射殺似雞龍或小似雞龍容易。用弓和箭也成。請院士和大姑娘避的遠遠的。我去招惹似雞龍，尼瑪和丹卡就在半路攔截拉弓，不愁射不到一隻似雞龍或兩隻。抓小似雞龍更容易些。」

「不急，不急。不到走投無路，不使出這一招。」莊院士明白其中的凶險。

五團流浪陰影再度出發，目標是尋找落地乾銀杏果。水杉銀杏樹混合林內，多的是銀杏樹，而且愈是高齡高大銀杏樹，結的白果愈多愈營養。於是流浪陰影更應在銀杏落地枯葉中尋覓乾果。

到處有地震，不是過去一貫輕微的地震，而是急促失控的地震。五團流浪陰影閃避大舉外出的鴨嘴龍家族，尤其閃避公山東鴨嘴龍；他們感覺混合林內秩序大亂。公鴨嘴龍哀號，「波噗—波噗—」，走路東倒西歪，有如醉酒。公鴨嘴龍雙眼通紅，張牙切齒，絕不允許任何動物擋路，連家族內的母鴨嘴龍及小鴨嘴龍也得閃避。

不僅如此。白鴿子樹林內，銀杉及柳杉樹林內，公華陽劍龍和公禽龍，一部份失控了，亂撞亂壓，連小龍仔也分不清。

五團流浪陰影知道乾白菓的重要性，每個人低頭彎腰猛幹活。每個人都揀了一小包。漸突獸和兩隻禿頂龍出現，漸突獸為了吃乾菓而來。禿頂龍則追隨漸突獸，尋找任意偷蛋吃肉的機會。

禿頂龍不吃乾白菓。它們睜大眼睛，張嘴而白牙齒外漏。它們先盯住年老的莊院士，其次盯住舒小珍，丹卡舉起木棒警告。二隻禿頂龍閉嘴退下。

「找水去，裝滿水壺就返回薄岩壁。」莊院士指示。

五團流浪陰影向瀑布河前進。他們的走路速度緩慢，以便讓路給公鴨嘴龍。

幾乎相同時間，白鴿子樹森林狂叫了：「噗赤，噗赤」。

銀杉柳杉混合林內，另一種野獸狂叫了：「勃勃，勃勃」。

五個稻草人滯留的水杉銀杏樹森林狂叫了：「波噗—波噗—」

混亂情況持續了一會兒，有關聯的三座森林內，地震引發。各種公恐龍狂叫之後，大步跨出，走出個別的棲息地，投向大草原。至少半數以上恐龍家族，臨時湊成一支隊伍，向森林外的大草原找生路。黑土平原上，一年一度的恐龍大遷徙終於爆發。

各森林內，先誘發全面性而急促的地震，彷彿整座森林將翻覆。所有恐龍，不分公、母、或幼仔，無不狂喊亂叫；眼睛發紅，急喘氣，仗著皮粗骨硬，什麼都不顧，亂撞死推，凡擋路的都推倒壓平。

五團流浪陰影各揀一小袋乾白菓，漸突獸及禿頂龍出現。丹卡抽出長木棒，嚇退張牙切齒的禿頂龍。五團流浪陰影下一步就是設法走近瀑布河，裝滿所有水壺。

忽然間，舒小珍大叫：「為什麼一座森林接著一座森林排列，我想出原因了。」

「什麼原因，什麼原因，你說呀。」詹姆士心急催促。

他們置身的水杉銀杏混合林，地震動、樹木搖晃，草葉亂飛，幾乎全部樹林被擾亂。所有漸突獸和禿頂龍慌張向外逃竄。五個流浪稻草人不明究竟，昏頭轉向繞圈子，身上的偽裝草葉大部分掉落。

「它們發瘋了，它們發瘋了。」尼瑪慘叫。

巨大的鴨嘴龍軀體，到處亂碰亂撞。小樹木被撞倒，草叢整堆被拔起，巨大的粗尾亂甩。

「快逃命，逃出鴨嘴龍森林，不然我們會被踩死。」詹姆士勸告。

「怎麼逃？怎麼逃？」尼瑪著急，失去方向。

「跟蹤大老鼠，跟蹤大老鼠。」莊院士指示。

第十六章 初見恐爪龍

（一）

大約每年五月，西藏的冷空氣吹進鄰近的雲貴高原，導致雲南雨季來到。滂沱大雨連連，逼迫祿豐縣坍方丘陵的現場挖掘作業中斷，研究生乃進行室內作業。每年十一月，西藏嚴寒氣流飛進雲貴高原，雲南進入冰冷季節。進入十二月，雲南的九鄉天天光線晦暗，強風挾帶寒氣吹颳，小雪大雪輪流飄落。

來年一月，是一年之中最冷的月份，彝族開始慶祝篝火節，也就是過年。彝族農田收割完畢，家家戶戶打掃，整修門窗家園；裁剪新衣，醃肉曬菜，研磨米麥，蒸煮糕餅；甚至宰羊殺豬，以便好好迎接下一個年頭。

雲南九鄉的溶洞工地，篝火節期間只停工兩天，讓彝族員工好好過篝火節，一年之中最重要的節日。但工地只停工兩天，若干職工不可能搭長途客車，回遠方老家省親。但是地下溶洞某些緊要關頭工程不能中斷，有關部門乃在大節慶期間照常施工。拖拉機照常載送主副食品，民營單位送來施工材料。地下溶洞的前後大門仍有人員進出。地面工地一側，大馬圈的馬匹減少許多。辦公室連絡電話不停的響，堆棧場繼續堆放新材料，文件報表送進送出。

篝火節之前，一名北方老漢，頭戴舊遮耳皮毛帽，身穿多層棉內衣及衛生衣，外加厚棉襖；褲子內層是軟絨褲，中間是卡其褲，外套舊毛長褲；鞋子破舊起毛。北方老漢一身疲倦及煩惱，來到溶洞工地木大門外。工地露天部分，到處堆積冰雪，工地大門的進出道路泥巴亂濺，辦公室四周地面泥濘。但是清水河及人工運河不結冰。

「找誰呀？老人家。」穿厚棉襖及藍制服的警衛，詢問上門造訪的北方老漢客人。

「我是舒小珍的老爹，來看閨女。」操北方土腔的老漢表白。

「原來是舒老爹。舒工程師出差還沒回來，連司機王師傅也留在遠地方。」大門警衛客客氣氣說實話。

「怎麼去陌生的地方，一去就不見人影？我可以見電腦室的黃工程師嗎？」外貌老邁，嗓子啞的老漢請求。

「可以，請老人家先去會客室坐坐，我去通知電腦室。」大門警衛送北方老漢進會客室，然後走向辦公室。他一隻手斜垂，顯得活動不靈光，負過傷似的。

一會兒，黃曼跑出來，領舒老爹進辦公室，向同事們介紹客人。

「這兒是我和小珍辦公的地方。外邊雪下個不停，北方是不是天寒地凍？老爹怎麼趕來這麼偏僻的地方？」黃曼親切的相問。

「她出門太久了，咱們周圍全不明白西藏的情況。到底發生了什麼事？」老漢追問。

「開車的王師傅人仍在西藏的林芝，他沒說出事了。考察團裡的專家，包括小珍和兩位學者，都沒有音訊，連同行的藏胞也失聯。」黃曼和盤托出全部情節。

「她仍在西藏嗎？」老爹就問這個骨節眼上的問題。

「錯不了。王師傅人在林芝，其他團員不可能去其他地方；尤其冰雪天，沒汽車，不可能擅自行動。」

「沒有閨女的消息，咱們老兩口子一刻也坐不住。所以咱老遠跑來這兒，情願留在九鄉。這兒離西藏近，一有消息，咱就趕去。」這是老爹的計畫。

「也好，我就設法安排你住吊腳樓，那幢吊腳樓離小珍的住處近，然後大家看著辦。」黃曼只能配合安排。

（二）

州立大學採一學年兩學期制。農學院的生物系加開若干課程，任由全校學生選修古生物的課程，甚至允許學生修雙學位。當紅的詹姆士博士，出國擔任交換學者滿一年，如今還得等一年，才能返回州立大學。她的愛人擔任別科系的教師，對學生的成績管得嚴。她本人有專業背景，不但按進度發表論文於期刊，而且樂意參加課堂外的一些活動。所以選課學生對她膽戰心驚，教師評等會議卻給予好評。她屬於模範教師那一類型。

詹姆士太太等待良久，連打越洋電話去祿豐縣政府追查，發現詹姆士悶聲不響去了西藏，讓她隔洋憂煩。暑假過了一半，詹姆士才從林芝打電話到州立大學，報告自己突然進西藏考察，這通電話令詹姆士愛人歡喜又疑惑一陣。

還好，詹姆士承諾，考察業務將順利展開，沒多久，走下坡路，仍坐一輛氣喘吁吁的老爺車，返回祿豐的工作崗位。因此，詹姆士愛人忙著自己的研究計畫，按捺心中的疑慮，沒追究下去。其實，詹姆士愛人心中憂煩迅速增強。媒體一再報導，時下異性間的愛情或情慾氾濫，分居或離婚案子普遍；詹姆士愛人被遠洋分隔，不安的情緒滋生。但她的信仰熱烈純正，分離兩地的日子度過快三分之二，她逼迫自己別疑心，州立大學課堂環境好，師生頗敬重詹姆士夫婦，她們擁有好住宅及資歷，甚至婚姻美滿。沒一件事能阻止愛人在東方順利工作，然後按合約返回大學城。

結果，再一次，悶聲聲不響的，詹姆士又不知道一頭栽進何方。他久久不來電話。比預定時期晚一個星期、二個星期，他完全沒音訊。詹姆士人品好，社會地位高，從前他不乏愛慕追求者。他出軌了？考察團中，有女性呢。

不對呀，天下哪有什麼複雜棘手的考察工作，需要額外耗用半個月的時間？通常考察工作一天至二天就應完成，其次花一至二個小時寫報告。由雲南去西藏，走上坡路，花較長時間。回程走下坡路，可快得很。半個月過去，詹姆士該回到祿豐，並且打電話。

詹姆士太太心中鬱悶，又苦等一個星期，甚至更久，電話仍然不響。有人欺負她人在遠地，管不著，公然越軌了？懷疑與憤怒同時相伴而生，於是一股無形的力量腐蝕她的心懷。突然強烈的念頭萌生，她不能任由別人擺佈，她得主動攻擊。於是她就近在大學城找了一名熟悉中國普通話的人，現場立即直接翻譯，她打越洋電話去林芝的墨脫縣辦事處，找地理考察團的詹姆士。不料接電話的人竟是王師傅，而王師傅一勁兒聲明，所有團員都入山考察，卻沒有下山的音訊。這話矛盾，行遠路一定需要汽車。王師傅駕駛老舊麵包車上西藏，王師傅本人正留在招待所，為何詹姆士不在那兒？他憑空消失了？於是她想到，親自飛去拉薩或林芝，才能查明真相。越洋通話結束，送走了翻譯員，詹姆士愛人久久心中不能平靜。

一個月，居然足足一個月，詹姆士仍沒音訊。一萬公里是遙遠的距離，一萬公里之外，等待的心念何其強烈。不可能的事，冬季考察團滯留喜馬拉雅山脈，沒吃的，沒保暖的，連一天都熬不下去。詹姆士愛人開始懷疑，林芝方面有人，懂得利用她不在場，合力欺騙她。她不能再相信電話，她得親自飛去揭穿真相。詹姆士愛人甚至疑心，州立大學的教職員、學生、左右鄰居等，都看她的笑話。她內心生氣，她和愛人全是誠實正直的基督徒，彼此之間不使壞心眼。其他的人卻說不定。

進入十二月，詹姆士愛人懷疑及忍耐到了極限。仍沒電話來。考察團還滯留在世界屋脊的深山中？不可能。連中西部的大學城，都變成冰天雪地，任何人不可能長時間逗留戶外。真的有人欺騙她，她將採取行動。她從新聞報導得知，北半球氣候不穩定；北極圈內可能發生嚴酷低溫大震盪，把酷寒氣驅散至亞洲，歐洲，以及北美的高緯度地區。北美不免大風肆虐，公路、鐵路、輪船，以及飛機停擺。交通中斷的陰影加重詹姆士愛人的心頭負擔。

日子一天一天過去，一萬公里之外，就是不來電話。現實生活卻經常折磨人，大學同事、左右鄰居、甚至若干學生見了面，就問到詹姆士博士返回大學城的日期。幼稚園、小學、中學、以及州立大學，都配合教堂安排十二月末的最重要節日的活動。提出現款，買聖誕禮物及賀卡，佈置聖誕樹及裝飾，住宅內外大清理。尤其住宅外冰雪堆高了，一定得化錢找同學鏟冰。

有生以來，親友努力克服人生爬升途徑中的障礙，差不多他們從事的一切都艱苦卻順利。詹姆士愛人如今也遭遇大挫折。她心頭厭煩起來，勉強保持授課的水準，推辭許多教會的課外活動。整天腦子鬧轟轟的忘了這個，忘了那個，不想與任何人交談。夜晚回到優雅卻死寂的住宅，心神不安定，什麼都不想做。眼睛直盯天花板。

死寂，有關於她的各方面，就是死寂沒變動。她不能憑空煎熬下去。她向學校辦理請假手續，而將若干課程提前傳授。她是負責的教師，不延誤學生的學期課業。她交出照片及證件，辦理機票及簽証手續。

進入十二月中旬，大風雪狂掃中西部，冰雪堆積大地及城鎮，許多地區交通大打結。惡劣氣候中，教堂按常規敲響，基督信徒們想到平安夜、聖誕節以及新年。州立大學各科系熱烈籌辦派對晚會，辦公室紛紛各別佈置聖誕樹，聖誕樹披上一明一滅的聖誕燈泡，人人選購聖誕卡及聖誕禮物。教堂的唱詩班勤練若干首詩歌，以便在平安夜及聖誕節前後，各種教堂禮拜上表演。

州立大學所在的大學城，漫天白雪飛舞之中，每天冷得發抖的居民，學校工友，加上工讀學生，清掃汽車通道及人行道。當然，不久之後，大學城的主要教堂，將敲響年末活動的鐘聲。

如同往年一樣，詹姆士太太仍對教堂及街頭浪人捐款。但她沒買聖誕禮物，不寄聖誕卡，不佈置聖誕燈泡及聖誕樹，也不採購聖誕節期間的燒烤美食材料。甚至不裝滿糖果及巧克力玻璃罐，一旦鄰居小孩上門報喜訊，詹姆士愛人將冷面孔草草打發。像近來一段日子的過法一樣，也勉強支撐，好好授課，早一些處理好課內學生的評分。然後茫茫然進入死寂的住宅，只想接電話。接不到電話，心中猶如鼠齧。

為什麼，接著她心中油然而生疑問，大學城公認的一對美滿婚姻，出現了裂痕？她倆之間的熟悉及親密不夠深？延誤孩子的出生，拆毀了夫妻之間的橋樑？她應該聽其自然，在一萬公里以外的地方空等？還是花錢、花精力、以及花時間，去遠方查看，找出原因來？如果有第三者，她將採取什麼應對的手段？

詹姆士曾經多次似有若無的向她提及，蒙太拿荒野的印第安人過上大麻煩了，但印第安人沒採取行動去應付。她能像印第安人一樣，讓一切機會溜走？

護照、簽證、以及機票辦好，詹姆士愛人準備好自己的和詹姆士的禦寒衣物一大箱，親自拖拉它。孤單女士一個人，登上飛機，展開一萬公里的旅程，飛越太平洋，由最大城市轉飛至次大城市，最後光臨高海拔機場。

詹姆士太太走下一架老舊的客機，踏上拉薩機場的停機坪。她看見漫天飛雪，陽光昏暗，強風逼得人難舉步。跑道上的降雪優先清理，其他地點的冰雪稍後清理。掃雪的服務員和推車來回忙碌。天氣惡劣，氣溫奇低，風強勁。但這班飛機幸運；起飛、航行、及抵達平安順利。詹姆士太太在這一方面放心了。心中擔心的是語言問題。她走出海關驗證櫃枱，通過行李檢查櫃枱，看見出關服務台。

「我第一次來拉薩，在住宿及交通方面需要幫助。」她用一般美語接洽出關服務台，懷疑櫃枱後的女性服務員得上忙？

「沒問題，太太，我們樂意提供一切服務。」女性服務員說牛津腔英語。

詹姆士太太心頭輕鬆多了，說出自己的要求：「能介紹一間好旅館，找一輛安全可靠的汽車，例如計程車？」

「市中心有招待貴賓的大旅館，但是無法介紹汽車或計程車。道路積雪太多，視線不良，汽車出門困難。馬車反而隨時出勤，馬車駕駛認識路，又懂得應變。」服務員流暢的表達。

「如果馬車夠安全的話，請召一輛車。」

另外一名服務員，引領詹姆士愛人走出機場大廳，向一輛舊式華貴卻老舊的遮篷馬車駕駛打招呼。年老的駕駛力氣相當大，輕鬆將詹姆士愛人的大皮箱拎上馬車廂踏腳上，然後吆喝策馬行駛。單馬拉車，本應揚起輕快的馬蹄聲，但是寒冬的狂風掩蓋一切小聲音。

下午時分，天黑如墨，雪急飄。道路寬敞，但道路上冰雪任意堆積，馬車放慢速度，一路上左轉右旋不已。道路兩旁碉樓及機關店家難以區分。路況差，馬車反而比汽車好用。詹姆士愛人穿著厚實，全身包緊，仍感覺刺骨的寒意。所以她必須親自飛來查驗，任何機關不可能在這種天候中出門考察。馬車經過一片曠野，轉入市區中心大道，路燈已經通電，路旁出現幢幢碉樓。馬車停在一間外有廣場，燈火照亮的大旅館前。

詹姆士太太心中安定多了。她拎起大皮箱，顯示良好的體力。走向大櫃枱，表示訂房住宿。

「有舒適的單人房，沐浴方便，按鈴就有女服務員進去，連餐飲都供應。」櫃枱人員又操牛津英語交談。

「我真正急需的，是一名女性翻譯員，我預備去一個遠地方，身邊需要兼通英語及當地語言的翻譯員。」

「我們能介紹這麼一名翻譯員，她甚至協助妳處理一些民間的事務，而且隨時，長時間陪伴你。」櫃抬人員答覆。

詹姆士愛人放鬆下來；她想像中的大問題，都能一一解決。她進一步談女性翻譯員付費細節；很快瞭解，為何外國賓客光臨拉薩，不存在語言障礙。自古以來，喜馬拉雅山脈雖然高峻險惡，藏人及印度人仍找出山區羊腸小道，利用晴朗適當天氣，冒險騎馬帶驢行走，翻越了大山脈。

十八世紀末期，英國不但殖民印度，而且決心翻越喜馬拉雅山脈，在西藏建立據點。英國駐印度貿易官員，Bogle及Turner首次完成翻山壯舉。他倆由印度人士介紹，拜訪西藏重要人士。這二名英國殖民官員折返印度之後，隨即向敦倫當局提出，有關西藏經貿、政治，以及交通方面的總體性報告。

一九〇〇發生八國聯軍進攻天津，焚燒圓明園事件。此後英國及印度殖民政府，加強對華、對西藏的民間及官方活動。西藏商人也增強對印度北部商業及宗教人士的交流。英國甚至修建由加爾各答港通喜馬拉雅山區大吉嶺的鐵路；西藏、印度、及錫金之間往來頻繁。

近二百年來，從西藏到北京的便捷路線，不走中國內陸多個省的陸地；而是組成大隊人馬，由大山上的住戶帶路，翻越多座絕峰，來到大吉嶺；換乘火車，直通加爾各答港；再登上郵輪，走海上路線，抵達天津港。

比較之下，印度與西藏之間交通便利；於是西藏商人少去內陸省分經商交流，多與印度商界合作。英國殖民了印度，印度政商界普遍說英語；於是藏人也學英語，甚至去英國留學。

一九〇四英國軍官Younghusband，率領一支英印聯合軍，先坐火車到大吉嶺。然後翻越喜馬拉雅山脈，不但揮軍進入西藏，而且開始長期經營西藏的邊城，亞東及江孜。這二個城鎮的郵電、海關，以及銀錢通匯事務，都由印度籍官員經辦。來西藏的印度商人、官員、以及民間膜拜高山神靈的信徒，普遍說英語，讓英語成為西藏地區的強勢外國語。西藏富裕人家大都通曉牛津腔英語。而詹姆士愛人想找英語譯員，就不成問題。

墨脫縣駐林芝辦事處附設的招待所中，王師傅逗留得夠久、夠煩心。他深知沒事比忙碌更折磨人。麵包車很早就檢修妥當，加滿了油，幾桶額外的汽油也準備好，只等地理考察團一下山，全部團員就上車。未來行駛的路線，絕大部份是下坡路，考察團不用多久返回雲南。王師傅從招待所聯絡老桑馬登村長。老桑馬登的答覆千篇一律，七名考察成員及牲口，一直不明蹤跡。

王師傅知道，考察團行蹤不明，問題就嚴重。先是秋末乾燥強風橫掃林芝，大街上飛砂走石，行道樹的闊葉及針葉狂落；而招待所好心通知王師傅，強風沒停，少出門為妙。接著整天烏雲低垂，冷風呼嘯。招待所警告王師傅，殘酷的冬天來臨了。突然間大雪狂倒，氣溫向下探底。街道、機關住家、田野，以及河流，不是冰雪堆積不溶，就是表面橫鋪冰塊。行人膽敢出門，雞蛋般大的冰雹打下。王師傅自己留在招待所，整天無聊煩心。考察團全團逗留高山上，怎麼辦？

從拉薩到林芝，沿工布江達小山脈北麓，精華公路曲曲折折通行，全程實際行走里程超過六百公里，沿公路一帶是西藏的核心精華地區。暴風雪來襲，核心大公路交通混亂，冰雪成天掃不完。全公路分成十幾個路段，道路維護人員日夜以人工鏟雪及掃雪。反而路旁各空地，堆出一座座冰雪小山。所有公路邊的行道樹及附近山丘，全被白雪包裹。長途客車巴士停駛，市內汽車不開出。少數幾輛老舊馬車，由老駕駛操控，成為對外聯絡的主要工具。

但是一輛豪華老舊轎車，悶聲不響，由市中心大旅館開出；冒著強風驟雪，離開拉薩，馳向林芝。老爺車走一段，停一段。車內衣著莊端貴重的女士，神情不再那麼嚴峻呆滯，偶而露出笑容，和身邊的翻譯員聊天。

「妳去過林芝嗎？」外頭大風大雪正吹颳，遠近到處雪丘堆積，景色沉悶單調。華貴衣著女士出聲。

「去過，而且不止一次。那兒風景壯闊秀麗。尤其這兩年變化大。」女翻譯員直接以牛津腔英語回答。

「它管理一個山地縣，山地縣內有牧場，是嗎？」

「是的。不過西藏多山地，多牧場。山坡山谷適合放牧，不適合農耕。」

「墨脫縣的牧場，有特別值得考察的地點嗎？」

「這個問題難回答。西藏地方大，地理外貌變化大。過去傳統與迷信支配一切，現在開始接受科學觀念。在複雜的情況下，考察也許是必要的。」

「西藏的風俗純樸嗎？男女關係混亂嗎？」

「除了若干宗教及傳統因素之外，這兒的風俗非常純樸，甚至男女不交往。因為生活不容易，沒時間沒機會亂來。」

詹姆士太太寬心一些。的確，詹姆士人和氣，不是花心大少爺，又是虔誠正直的基督徒，熱心於職務及工作，不致於荒唐亂來一通。詹姆士值得信任。問題是，他經過起誘惑嗎？他周圍的男性女子值得信任？詹姆士太太沉思。

入冬第一場暴風雪正肆虐，豪華老爺車師傅經常開開停停。雪片狂飛，幾乎遮蔽一切風光。工布江達小山脈的走向與核心精華公路一致，小山脈的山嶺貼近低層的雲朵，真像印第安人的神山落磯山脈。

詹姆士太太乘坐的，是老式大馬力轎車，年齡大，保養卻好，性能優異。詹姆士太太欣賞這一類古董車。本來它應該平穩而高速奔馳於風景秀麗的好公路上。不幸暴風雪天，豪華古董車停二步，走三步，掙扎閃避前行，完全壓抑它良好的性能。一路上風雪交加，古董車本身到處沾了雪。天黑之後，路燈轉趨明亮，整齊的街道及端莊的舊碉樓密集出現。詹姆士太太喘了一口氣，林芝到了。

王師傅守在招待所房間內，被暴風雪擋住，老桑馬登不可能傳來好消息。

辦事處的門房突然敲門，通知他：「王師傅有客人訪問，外國女士。」

「我在這兒沒有一個親人朋友，根本不可能外國女士來訪。」

「沒錯，二個女子，其中一個是高貴的外國人，現在就在辦事處，快去。」門房重說一遍。

王師傅心中狐疑，整理一下儀容，走了出去。他走進辦事處，看見一位穿著華貴的大衣，像貌高貴威嚴的女士；女士旁邊是一位穿了普通小羊毛大衣的藏族女子。他都不認識。

「詹姆士太太找王師傅。」女翻譯員替端莊貴重女子傳話。

「我就是王師傅。」王師傅吃驚的迎接二位女士。

「現在詹姆士在哪兒？太太馬上要見他。」翻譯員轉述。

「他不在這兒，我自己一直等他。」王師傅仍搞不清情況。

「你聽得出太太的聲音嗎？太太倒認出你的聲音。她曾經從美國打電話給你，通過現場翻譯人。」翻譯員又代轉。

「我想起來了，我說過，誰都不會躲避誰。當時我據實說明，詹姆士和考察團沒有音訊。」王師傅終於明白了情況。

「就是這樣，就是這樣。今天由拉薩來林芝，風雪可怕，考察團怎麼可能滯留高山上？」女譯員又傳話。

「我沒打誑，我陪兩位看看詹姆士和院士住過的房間。」

他們走進一個雙人分床房間。床桌沒擺任何東西，角落上留下三包小東西。王師傅解釋，三包小東西分別屬於莊院士、詹姆士、和舒小珍。詹姆士愛人認出丈夫的東西，對於舒小珍的老舊東西不屑一顧。

「是真的？他們一直到今天，仍停留高山上？」詹姆士愛人口氣平和些，坐下來，通過女譯員傳話。

「確實是真的。三位科學家和四名藏族青壯年，以及一批牲口，留在墨脫牧場附近的深山，到現在情況不明。」

「他們如何得到食物及衣被？」

「他們帶了冬季輕裝及毛毯或睡袋上山，無法補充衣被。至於食物，他們只能依靠七匹母馬和二頭母犛牛的奶。」王師傅說明。

「所有牲口的奶，不見得一直擠得出；而牲口不一定抵抗得了暴風雪。」女翻譯員轉述。

「對，對，各種情況不明朗。」　王師傅瞭解了，眼前的大學教師能抓住許多細節。

「他們從八月初就上了山，對不對？因為詹姆士八月初打電話來州立大學。」女譯員又轉話。

「不錯，八月初我們抵達林芝。八月中旬末，考察團去墨脫。近八月末，考察團上山，考察團停留山上接近四個月。」王師傅回憶。

王師傅拼湊出時間的利用情況，而這個重要因素困擾了詹姆士愛人。詹姆士愛人開始沉默下來，思考考察團的困境，王師傅與她正面相對，才有心思認識這位遠渡重洋而來的堅毅女性。

瓜子臉，眼睛呈褐色，大而明亮，皮膚白淨，鼻樑挺直，輕擦眼影及口紅。嘴唇薄，經常閉緊；雖然通過女譯員而說話，但用字遣辭簡明扼要而犀利，流露剛硬個性及才華。栗色金髮過肩，額角垂下幾絲劉海；頸上套珍珠項鍊，耳部懸吊小珍珠耳環。打扮高雅大方。身材高挑，與詹姆士搭配真好。

詹姆士愛人穿棗紅厚毛衫，暫先脫下銀灰皮毛大衣，腰下著灰色厚呢外褲，褲管顯得筆挺。雙手戴黑色羔羊皮手套，更內層是純白絨毛手套。腳上穿內有捲毛的長統褐色皮鞋。她的冬裝華貴，既能禦寒，又襯托優雅的修養。似乎詹姆士說過，她也在州立大學任教，夫妻暫不生孩子。

「除非躲進山洞或木屋，否則人和牲口不可能露天過夜。」女譯員代轉。

「當然，除非四名藏族青壯年能找出生路。」王師傅完全同意詹姆士愛人的憂煩。

「那麼王師傅建議，下一步詹姆士太太應該怎麼做？」翻譯員轉話。

「今天不早了，大雪天黑夜出門不平安。我們請辦公室打電話，向林芝唯一的大旅館訂房間，我們陪太太去大旅館，只走幾步路。明天我們聯絡老桑馬登村長家。」王師傅建議。

「好，這麼辦。下一步，由林芝直接去桑馬登牧場，行嗎？」女譯員代轉。

「詹姆士等人曾坐拖拉機去牧場。沒公路，汽車去不了牧場，連麵包車都不行。現在暴風雪正吹颳，恐怕連拖拉機都通不了。」

王師傅親自送二位女士去林芝唯一的大旅館，就位於政府大樓區一角，走幾步路就到了。豪華轎車暫時留下過夜，向太太收取出租費，明兒單獨自行開回拉薩。

的確，這個冬天第一場暴風雪來襲，西藏的公路交通幾乎一半停擺。詹姆士太太完全明白，嚴寒地帶上，冬季暴風雪一發威，空中、地面、及水面交通癱瘓。即使風雪消散，天氣放晴，地面積冰堅硬，開車仍有顧忌。

她現在安心些，詹姆士沒欺騙她，躲避她。但是天氣如此惡劣，詹姆士為何不下山？

王師傅回招待所。詹姆士愛人和女譯員走了一小段路，親自體驗暴風雪的威力。短短二十分鐘，頂著風逆走，全身就被雪包裹，變成一個雪人。她和女譯員清理大衣，心中安寧得多，但憂煩增加。

「告訴我，王師傅會隱瞞我嗎？」詹姆士愛人心中存有最後的疑慮。

「不會，隱瞞什麼對他沒好處。」女譯員回答。

夜間暴風雪稍微停一下，沒有終止的跡象。第二天上午，詹姆士愛人企圖進一步瞭解考察團行蹤。她仍由女譯員相陪，冒著風雪，從林芝大旅館步行去墨脫招待所。

「村長，村長。」王師傅從招待所打電話，向老桑登說話：「詹姆士太太和翻譯員，來墨脫駐林芝辦事處，我請她倆直接和你通話，談談這二天考察團的狀況。」

村長弄糊塗了：「什麼詹姆士太太？哪來的翻譯員？」

「就是有文化水準的美國人，他的愛人從美國坐飛機，親自來咱們這兒看丈夫。她擔心語言不通，在拉薩找了一位女翻譯員，一起到了林芝。」王師傅說明全盤狀況。

「我懂了，許多人捲了進來。我們急死了。天氣糟透了，但是七個人和牲口就是不回來。」

翻譯員接過話筒，先用藏語聯絡一番，然後代主女人轉入正題：「詹姆士太太希望知道，她本人和我能不能去村牧場。」

「現在暴風雪發威，出門危險，不適合來下村。」

「如果暴風雪停了呢？」

「拖拉機還是不能出動。冰雪蓋住地面，萬一拖拉機撞上大石頭，馬上報銷作廢。」老村長對風雪天交通實況加以說明。

「其他任何方法都不成？」翻譯員再轉述女主人的意思。

「那倒未必。妳肯花時間全程走路來，連小雪都不怕。再不然，熟悉下村大概狀況的人，騎慢馬，於是行走速度快一些。還有一種笨方法，貴客騎馬，本地人走路牽馬，速度好比全部人走路。」

「你等一下，我與詹姆士太太商量。」翻譯員表示。

翻譯員向女主人報告聰明的走法，全部人員騎慢馬，速度快一些。笨的走法，貴賓上馬，本地人步行牽馬，等於全部人走路，速度最慢。

「關於騎馬去下村的方法，詹姆士愛人不反對。一旦大風雪停止，詹姆士太太方面就出發。妳能提前聯絡馬匹和帶路人嗎？」翻譯員代轉。

「下村的牧場已經派出四個青壯年好手，七匹好馬，以及四頭好犛牛，協助考察團，目前人及牲口全沒回來。我們的牧場騰不出新人手和牲口。詹姆士太太想來牧場，陪伴的婦女不容易找，只好向上村牧場調借，有點費事。老實說，林芝條件好，牧場條件差，最好太太守在林芝的旅館。」老桑馬登建議，

由老村長的話判斷，考察團確實滯留山上，詹姆士愛人懷疑過度，甚至白飛拉薩一趟。眼前除了王師傅以外，連老桑馬登也勸她別去墨脫，不如留在林芝等消息。

留在林芝，每天空等待，像王師傅一樣？詹姆士愛人不是一切聽天由命的人。不知道為什麼，她突然念頭急閃，要求女翻譯員向王師傅打聽：

「考察團裡的女工程師，年紀多大了？」女譯員代轉。

「二十多歲吧，離開學校不太久。」王師傅說實話。

「她在什麼單位服務，佔什麼缺？」

「在工程隊溶洞工地服務，擔任初級工程師。」

「她脾氣好嗎？出自富裕家庭嗎？」

「一個剛長大的姑娘，普通脾氣，不像是有錢人家出身。」

「最後一個問題，她長得漂亮嗎？身材健美嗎？」

「不算漂亮，沒有健美身材，她只是初踏入社會的員工，工作努力最重要。」

（三）

「勃勃──勃勃──」禽龍大族群狂叫了。

「波噗──波噗──」山東鴨嘴龍大族群哀號了。

早一步，對岸大峭壁下，黃土草原接近大峭壁的邊緣上，二個最大吃草恐龍族群，禽龍及山東鴨嘴龍，每年內部的無形壓力升至最高點。成熟的母禽龍，每年生一窩十二個蛋；成熟的母鴨嘴龍，每年生一窩六個蛋，生太多，孵化成功比率高，於是幼嬰龍數量急增。但樹林及草地的面積沒增加多少，吃草恐龍群族迅速感受，青草綠葉的供應變得緊俏。

不僅如此，愈兇猛的公禽龍及公山東鴨嘴龍，本身已有配偶，仍慣於向別個家族的母龍獻殷勤。另外，若干家族中，成對的猛獸失去了配偶。更尖銳的是，發育剛成熟的青年雌雄龍，強烈發出或感受異性同類的誘惑力。它們急於佔領新棲息地，去固定及新出現的食物來源地覓食。

食草恐龍蒙受食物及繁殖的雙重壓力，拖久了，一年一度的棲息森林先發生瘋狂大暴動，接著引發地震。成年龍、剛發育成熟龍、甚至似相干不相干的嬰幼龍，幾乎全部陷入歇斯底裡狀態，不斷的哀號，碰撞、以及亂闖。食草恐龍的棲息森林固然面積大，但恐龍的數量夠大，幾乎整座棲息森林被掀翻，森林內沒有平安的地點。

棲息森林經歷一日一夜的騷動，某一個角落一個家族逐漸平復，那個角落才安息下來。接著，又一個角落安息下來。安息的大小吃草龍守住棲息地及蛋窩。相當數量的一小部份食草龍，卻受不了族群內部壓力，衝出舊棲息森林，向新的地盤遊行。遊行的隊伍也瘋狂，互相仇視、求愛、哀號，以及碰撞。引發地震、受傷、以及死亡。極少數吃草龍會返回原有的棲息森林；大多數向大草原出發，企圖尋找新的地盤，這就是一年一度的恐龍大遷徙。恐龍大遷徙涉及求生、繁殖、競爭、以及死亡。一向依賴食草龍為生的肉食恐龍，大都跟蹤食草龍大遷徙隊伍。禿頂偷蛋龍、捷龍、始祖鳥、以及大峽谷殺手族群恐爪龍，沿路攫奪新鮮肉或衰老肉，享受便宜大餐。連行動遲緩的蜥蜴等，聞出血腥或腐肉，也追蹤而來分一杯羹。食草龍的每一塊肉，都不可能遺棄黃土草原上。

大峽谷另一側大峭壁下，黑土森林中，相同的戲碼不免重演。白鴿子樹、菩提樹、和羅漢松混合大樹林內，華陽劍龍群醞釀一場混亂的風暴。各家族的公劍龍群，除非有血源關係，從來就不曾平安共處。為了爭嫩葉最多的小珙桐林、菩提樹、和羅漢松等，公華陽龍彼此互相敵對；一旦母劍龍及小劍龍現身，公華陽劍龍才壓抑不鬧事。公華陽劍龍僅在面對血親公龍時，才安靜下來

入秋以後，墨脫支脈高處，上一冰雪季殘留的冰雪溶解殆盡，流入白鴿子樹林內的溪流快乾涸，各溪流邊的湖泊，也面臨淺水位。身軀龐大的劍龍，每日飲用大量的水。一旦各淺溪及湖泊水位下降，華陽劍龍就敏感。公劍龍之間的仇視情況加重。白鴿子樹林的騷動開始升溫，「噗赤—噗赤—」哀叫傳遍全森林。

銀杉及柳杉密林中，禽龍面對不同的壓力。禽龍棲息森林固然大，禽龍生蛋力強；經常幾個禽龍家族共組小圈子，一大群大禽龍共同帶回軟枝嫩葉，共同照顧嬰幼禽龍；禽龍內部覓食及繁殖壓力巨大。禽龍更有不相干的外敵問題。禽龍和華陽劍龍部吃素，各有不同的覓食區，原本各自生活不起衝突。

但是禽龍密林和華陽劍龍密林之間，存在一座大桫羅林。桫羅林內大部份是原始植物桫羅，另有二歧鹿角蕨，山蘇、葉子似乎被黑鐵絲串起的鐵線蕨等。這些都是世代以來消化力特強的食草龍的主要菜餚。但是桫羅林外表長出厚厚一層綠色布幔，那是新近演化成功的藤蔓匐伏植物。藤蔓植物的嫩葉翠綠幼嫩，容易消化，贏得愈來愈多劍龍及禽龍的喜好。這二族群各扯食桫羅林一側翠綠藤葉，就快互相碰面攻打。

禽龍體型大，力氣大，數量多，一向不怕其他食草龍或食肉龍。但是華陽劍龍混身有骨板甲冑，強而有力粗尾巴各有兩對尖刺。一旦華陽劍龍為爭奪桫羅林中的綠色布幔而攻擊，一場血戰難免。

不僅如此，桫羅林外有大湖泊，湖泊上漸漸浮出開紫花的布袋蓮。布袋蓮多汁又柔軟，可口程度不亞於藤蔓類的翠葉。一大群小華陽劍龍，以及一大群小禽龍，都跳進大湖泊各一角落戲水，喝水，吃布袋蓮。大龍吃桫羅林綠葉布幔完畢，也加入喝水洗浴行列，日暮時兩個族群分頭回棲息地。但愈來愈多華陽小劍龍及小禽龍跳入大湖泊各一部份。佔有大湖泊的雄心正滋長，禽龍和華陽劍龍之間的爭奪戰難免。

還有一座大森林，同時也醞釀不安的氛圍，就是山東鴨嘴龍佔領的水杉及銀杏樹混合林。山東鴨嘴龍每

年生十二個蛋，生育力更強，混合林簡直龍滿為患。但山東鴨嘴龍更喜好大峭壁下的瀑布水潭及瀑布河。混合林內另有若干淺溪及小水塘。山東鴨嘴龍族群密集分佈於河湖旁邊，不然集中於近水的樹林中。水中多柔軟的水生植物如浮萍及布袋蓮，又有附帶的點心蝌蚪及小螯蝦，這些都易於消化。愈來愈多山東鴨嘴龍向瀑布河及淺溪等集中。公鴨嘴龍率領全家族，搶奪水多的河岸地帶。它們身體長而高大，河水愈深，泡水洗浴愈方便。它們的皮下脂肪厚，根本不怕水面上的薄冰。天生的大鴨嘴，正適合猛掃水面上的浮萍及水中的蝌蚪。全身泡水洗滌，反而刺激山東鴨嘴龍的原始慾望。

當莊院士等五團流浪陰影穿過瀑布河下游濕地，來到瀑布河對岸，預備找機會汲水，順便查看黑土壤是否生長芋頭及野蔥等。水杉及銀杏樹混合林內，數量眾多的鴨嘴龍先是狂奔亂撞，接著東碰西搖，最後歇斯底里的哀叫。「波噗—波噗—」，混合大密林一片瘋狂。

隔壁的銀杉及柳杉混合林內，全部禽龍號叫，亂咬亂扯枝葉，但卻不碰觸蛋窩。聰明的小禽龍聚集蛋窩間，避免被大禽龍碰傷壓扁。

而在白鴿子樹林內，「噗赤—噗赤—」，華陽公劍龍也一時失控，它們勉強避開小劍龍和蛋窩，而朝其他公華陽龍猛撞，尾刺猛掃，甚至亂抱亂咬母劍龍。華陽龍皮膚又厚又韌，能阻絕背脊骨板。華陽劍龍側臥側碰，背脊骨板彼此都不能划破皮層，整個白鴿子樹林內，小珙桐樹亂倒地，菩提樹密集的闊葉飛舞。突然間，劍龍、禽龍和鴨嘴龍的號叫到達頂點，樹林草叢動盪如波濤，土地明顯震動。大部分草食恐龍不分大小，在棲息地內東奔西突，碰上任何物體都碰撞壓倒，巨大的重量壓扁它們所碰撞物體。

小部份草食恐龍在瘋狂氣氛中，走向棲息森林外，其中有孤單或成雙的大龍、剛成熟的雌雄龍，以及莫名其妙的大群嬰幼龍。它們糊裡糊塗組成隊伍，不分族群，不分性別及大小。任意拼湊，只想離開舊棲息地，向大草原另外尋找機會。起先一路上喊叫哀號不已，走得跌跌撞撞。地開始震動，草叢被任意踐踏。它們不分辨食物，碰上什麼吃什麼。看見水池，一擁而上搶水喝。幸而大草原愈遠，地勢愈低，流水愈匯集，瘋狂大遷徙的隊伍不愁吃愁喝。

大群遷徙隊伍走了一天，餓了，渴了，隊伍內狂亂的成員逐漸冷靜下來。暫時不嚎叫，所有的華陽劍龍、禽龍、以及山東鴨嘴龍，恢復了神智，懂得同一族群混合在一起。

它們棲息的平行樹林盡頭外，朝向雅魯藏布江，正是奇大無比的原始草原。若干地段青草或枯草又高又茂盛，草地之間有花圃及零星喬木；例如杜鵑花、杭菊、以及蕨類，又例如科達木、水杉、柳杉及樟樹等。天氣冰涼，溪流及小湖凍結成薄冰，倒不影響皮厚肉多的恐龍。它們冬天頗能以冰代水。

軀體最大、較量最多、食物選擇最多樣的鴨嘴龍，走在隊伍最前面。首先看見大草原中一座無獸棲息的櫟樹林，面積中等，部分鴨嘴龍進駐。其他吃草龍無力搶地盤，暫時停留櫟樹林周圍。

遷徙隊伍中，華陽劍龍數量最少。混亂抓狂的階段已經度過，小劍龍不亂跑，逗留族群中，避開左右偷窺猛禽的銳利眼光。黃昏時刻，大峽谷上空的濃密烏雲短暫散開，晚霞從烏雲隙縫照射而下，一條小溪流上的薄冰反射紅光。幾隻青蛙沒冬眠，在紅光薄冰上跳躍。石頭縫及草叢中有蚊子，青蛙的目標是蚊子。蚊子飛行發出「嗡嗡」聲音。青蛙吐舌黏蚊，命中機率高。

一隻精力旺盛而好動的小禽龍，還不到三公尺長，一公尺高，英名其妙混入遷徙的隊伍中。它跑出剛停步歇息的同類圍聚圈。不太遠的草叢中，二對銳利的眼睛終於鎖定它。小禽龍瞧見紅光薄冰，以及跳動吐舌黏蚊的青蛙。小禽龍打算逗青蛙玩。

最龐大的大草原某地段，不定期跑來大峽谷的殺手，恐爪龍。成年的恐爪龍，身高超過二公尺，橢圓形頭、圓頸，頭頂有小撮短硬毛；鼻部突出，鼻孔大，嗅覺敏銳。一張大嘴內，藏有兩列牛排刀般尖牙，這兩列尖牙咬合力驚人。一雙上肢略退化，但爪子又堅硬又銳利。每隻四肢各有三個指頭，以及一隻尖後指；一雙後肢奔跑如風。憑著上肢尖趾及強勁的後肢，促使恐爪龍獵殺成性。

突然間，一大一小兩隻恐爪龍跳出草叢，撲向落單的小禽龍。大恐爪龍狂抓小禽龍肩膀，猛咬小禽龍頸子。小恐爪龍猛抓小禽龍肚子，利牙咬住小禽龍大腿。小禽龍慘叫，頸動脈被咬斷，內臟被掏出。大恐爪龍撕裂它的胸下肉，小恐爪龍撕裂它的大腿肉。留在櫟樹外圍的食草龍慌亂，但不見大禽龍出隊營救，小禽龍慘死了。

一隻小禽龍的肉，超過三百公斤，足夠一個恐爪龍家族吃三天；而且讓小恐爪龍藉切撕肉的時機，練習獵殺的技巧。小恐爪龍吃了一次過癮，從此最愛獵殺小食草龍。「噢兀，噢兀」，大恐爪龍叫喊，通知家族成員集合。草叢溼土上有青蛙、蚯蚓、及蝸牛，小溪流中有蝌蚪、螞蟥、黑鯇。這些哪能算獵物？小禽龍之類肉多恐龍，才算是獵物。

休息夠了，吃草恐龍隊伍維持了秩序，繼續走向草原深處，尋找另一處喬木或灌木林。黑土草原上，大、小樹林不稀罕，闊葉木及針葉木兼存。唯有大樹林能收容較多的食草龍，而大樹林得兼有河流或湖泊，以及多樣的食物來源。

遷徙的隊伍中，山東鴨嘴龍走在最前面，部分鴨嘴龍停留樹林中。其他食草龍秩序恢復些，各族群歸隊，憑群體的力量及機運尋找新領地。恐龍由爬蟲進化而來，恐龍心臟跳動強，血液循環快，體內大量的肌肉有力而協調性好，完全不需要冬眠。山東鴨嘴龍群步行良久，全身發熱了。它們瞧見一個淺水湖，湖畔不乏枯草及盛開的野花。湖泊內飄浮絨狀水草及浮萍，湖底遊動蝌蚪及小土鰻。

大約二十來隻大小鴨嘴龍，分屬二至三個家族，因軀體發熱而習慣性大步走入湖泊中；其餘華陽劍龍、禽龍、以及鴨嘴龍停步，各自圍成小圈，咬食遍地枯草及野花。到處有淺溪及小湖泊，它們不缺水源。

水生植物不但比青草及樹葉嫩，而且生長密集又量大。鴨嘴龍的鴨形扁嘴，最適合撈濾水生植物及小遊動生物。小鴨嘴龍更喜歡趁機玩水。

但是大峽谷不是盡情嬉戲的樂園。深草中、岩石上、以及腐敗樹幹圈，許多兇猛的圓眼睛張大監視。「噢兀—噢兀—」淒厲的叫聲傳開，二個恐爪龍家族判斷湖泊中的恐龍快樂得失去戒備心。這二個恐爪龍家族分別躍入湖泊中獵殺。

一隻大恐爪龍鎖定小鴨嘴龍。小鴨嘴龍泡水太開心，扁平嘴塞滿青萍。湖底有爛泥，大恐爪龍暫先落水，預備再跳起，抓小鴨嘴龍的背部。但是湖底爛泥太軟，撐不起大恐爪龍的衝力，大恐爪龍一隻後腳陷入爛泥中，一時拔不出來。

二隻大鴨嘴龍不畏懼，它們寬大的腳底，壓得住湖底爛泥，能迅速反應。它們的身長超過十公尺，有強壯的四隻腳，粗大的臼牙。大恐爪龍後腳太瘦長，一時不能從爛泥中拔出，於是一隻前爪被絨狀水草攔住。

二隻大鴨嘴龍合力壓住它，猛咬它的背部。大恐爪龍張嘴，想利用自己尖銳的牙齒回咬；湖水居然灌入，嗆住大恐爪龍的嗓子。二隻大鴨嘴龍拼命把它往爛泥壓，它吐出氣管中的水，回咬二隻大傢伙的韌皮；由於它的下半身陷在爛泥中，臉頰顎骨用力不夠，咬不破敵人的韌皮。大恐爪龍上肢抓刮，牙齒咬切都失敗，二隻大鴨嘴龍居然折斷了殺手的一隻前肢，殺手的皮膚多處裂開。

大恐爪龍反手攻擊失敗，一隻前肢被折斷；它拼命從湖底爛泥中掙扎，擺脫了兩隻大鴨嘴龍的重壓狠咬。它帶著傷痛爬出湖泊，狼狽地落荒而逃。從此它失去峽谷殺手的威名，日子相當難過。

其他恐爪龍沒錯估爛泥的破壞力，分頭攻擊魁武的大傢伙群得手；就在淺水湖中咬死一隻小鴨嘴龍，重重咬傷另外一隻小鴨嘴龍，然後所有攻擊中的恐爪龍，暫且撤離淺水湖。一死二重傷的小鴨嘴龍被遺棄於淺水湖，最終成為恐爪龍家族的食物。

其餘大多數遷徙中的草食龍繼續行走，尋找新的樹林或特殊地域。它們要繁殖下去，尋找新的棲息領域。不可避免的，它們的天敵將一路跟蹤。至此為止，恐爪龍已經二次攻擊遷徙隊伍，僅能有限度獵取一些弱肉，恐爪龍本身也有折損。看來食草恐龍長期生存有指望。

大多數華陽劍龍、禽龍、和鴨嘴龍沒遷離，或者稍遷離又返回。有關的平行森林幾乎瘋狂了，森林群內部如同爆發狂風雷擊，大樹枝梢折斷，小樹樹葉被扯光，草叢連根被拔起，野花紛紛被踐踏。不遷離的大小食草龍，莫名真妙哀嚎慘叫，走路奔跑不長眼睛，長時間也胡衝亂撞。

水杉及銀杏混合森林內，五個草率稻草人橫走瀑布河下游溼地，繞回瀑布河對岸，躲在小樹林中，預備把水壺都灌滿。明明瀑布河就在眼前，一遇空檔，稻草人伸手就能用水壺裝水。但是水杉及銀杏混合密林也遭受一年一度恐龍大遷徙的波及，混合密林每個角落都混亂，大小鴨嘴龍不停歇，沒頭沒腦亂轉亂碰，連小鴨嘴龍都得保命躲避。

「森林發瘋了，我們快逃。」尼瑪恐懼慘叫。

「快逃命，任何一隻鴨嘴龍一撞一壓，我們就被壓扁。」舒小珍慌亂哀求。

「當然馬上逃命。幾天之內，這麼混合密林不會恢復平靜。」詹姆士判斷。

一大群大老鼠和二隻獵犬，沒工夫監視盯梢五個流浪稻草人，慌慌張張閃避斷枝走石，避開幾乎完全失控的大小鴨嘴龍，朝背離瀑布河的方向逃命。

「怎麼逃命？」尼瑪仍恐懼慘叫。

「跟著漸突獸跑。多靠近大樹。」莊院士匆忙指示。

瀑布河兩岸是鴨嘴龍聚居的地帶，一向走動最多數的鴨嘴龍群，所以眼前瀑布河兩岸最混亂危險，漸突獸和二隻禿頂龍朝相反的方向逃。漸突獸和禿頂龍不能一口氣直線往外逃命。遠離瀑布河的地方，仍有小溪流淌水，少數鴨嘴龍家族剛瘋狂不久，就在樹林中或草地上嚎叫亂衝，不瘋狂碰撞到精疲力盡，不可能平復大自然引發的衝突和創傷。漸突獸和禿頂龍緊挨濃密的草堆，先觀望後奔跑，避免被一再突然衝出的大傢伙踩扁。五團流浪陰影跟緊小動物們的路線，又挨近眾多大樹幹，躲一陣，跑一陣，逐漸離開鴨嘴龍地盤的中央地帶。但是他們頭腦沒亂，一再眺望大峭壁，校正自己的位置。

挨近大樹幹而逃命是對的。漸突獸和禿頂龍身體瘦，迎面看見草樹橫飛，或大傢伙衝來，它們能及時閃入密草，躲過災難。五團流浪陰影，如今完全不配稱稻草人，已經糊裡糊塗地弄丟了身上的草葉裝束。他們的閃避動作不夠快，所以不能遠離大中型樹木的樹幹。經常大小鴨嘴龍橫向衝來，他們就得貼緊大樹幹，否則大傢伙的肢體或尾巴一甩來，他們就得永遠躺下。

天色昏暗，密林幽深。大騷動困住水杉及銀杏混合林，到處樹枝及石塊橫飛。五團流浪陰影跑一陣，躲一陣，僥倖一整天保住性命。天黑以後，大小鴨嘴龍未完全平復，繼續哀嚎慘叫，混合林不平靜。「吱吱」聲停止，漸突獸和禿頂龍也躲進陰暗小洞裡喘息。

五團流浪陰影也不敢大意，嗅出混合密林不平靜，找到一座銀杏小樹林，躲了進去。銀杏樹幹夠粗，足以替他們擋住大小鴨嘴龍。銀杏樹的落葉中，可能雜有乾的白菓。他們希望光線充分時，多撿拾一些乾白果。真正困擾他們的，是二天沒喝水，口渴得很。真諷刺，連二天都沿著瀑布河河岸樹林走，卻沒喝水。

入夜以後，鴨嘴龍族群的哀號聲減輕，混合密林卻不平靜。五團流浪陰影躲進銀杏樹林躲對了。整個上半夜，他們躲避的銀杏林附近，輕微地震及碰撞聲沒終止。是經常性的動作？還是一年一度食草龍大遷徙引發的？

「森林還是瘋狂，大小鴨嘴龍連夜晚都匆忙走動，明天不走出這座森林不行。」尼瑪抱怨。

「真不明白，快到半夜，為何鴨嘴龍還不睡覺。」莊院士摸不著頭緒。

「明天先逃出這座森林，整個情況混亂。」詹姆士表示。

到了下半夜，水杉銀杏混合樹林趨於平靜。哀嚎慘叫聲終止，土地不再傳任何地震。大小鴨嘴龍巨獸也不再摸黑碰撞。氣溫下降，混合林中的淺溪流結冰了。

「有臭味，不很臭。」舒小珍躺著，輕聲說話。

「當然有臭味。任何地方都有臭味，別計較它。」詹姆士安慰。

「我的鼻子太靈，這不是好事情。」舒小珍低聲介紹自己。

由於昨天白天逃命奔跑一整天，昨天上半夜大小鴨嘴龍不停的走動，一直驚擾銀杏林中的五團流浪陰影；所以昨天下半夜，五團流浪陰影沉睡，一直到下一天天亮以後才醒來。

「昨天我們沒在瘋狂森林中倒大霉。」舒小珍醒來之後慶幸。

「今天還是辛苦的一天。大夥兒將一起逃命，相當辛苦。」詹姆士表示。

「一定有原因。」莊院士苦思：「為什麼食草恐龍會瘋狂一陣子？難道它們年年都如此？」

「口渴，我們去不去瀑布河裝水？」舒小珍提出重要問題。

「那得馬上回瘋狂的森林中心，大鴨嘴龍會踩扁我們。」尼瑪想來心悸。

「暫時別接近瀑布河，鴨嘴龍聚集地太危險。」莊院士裁決。

清晨空氣清爽陰冷，樹倒石頭橫飛的亂象已經停止。五團流浪陰影利用天微亮的空擋，匆匆蹲地，撿拾乾銀杏果。沒多久，混合密林引發地震，僅僅一小部分鴨嘴龍加入食草龍大遷徙行列，大多數的鴨嘴龍留了下來。

「波噗—波噗—」，大小鴨嘴龍哀叫，然後開始行動。它們又東碰西撞，尤其公的鴨嘴龍，看見另一隻公的鴨嘴龍，莫名其妙扭打起來。但公鴨嘴龍懂得閃避母和小鴨嘴龍。另外，最常發生的河岸地段爭奪戰，因一部分好戰份子遷徙出走，爭奪不再那麼惡劣。所以食草龍年度大遷徙，對族群的發展是有利的。

「吱吱」叫聲想起，漸突獸和長久跟蹤的禿頂龍，也從深草叢中現身，繼續向外逃逸。幾座平行森林之外的大草原中，劍龍、禽龍、和鴨嘴龍共三種食草龍組成的隊伍，繼續進行二天的遷徙行程。幾個鴨嘴龍家族，總共二十多隻身軀龐大的鴨嘴龍，精神平復一些，溜進一座淺水湖。而二個恐爪龍家族，捨棄其他三個露天暫留的食草龍族群，向淺水湖中的鴨嘴龍發動攻擊。

「我們得趕快逃命，森林又發瘋了。」尼瑪慘叫。

「沒那麼嚴重，但是逃命要緊。跟住大老鼠群，離大樹木近一些。」莊院士同意。

「有臭味，還不到噁心的地步。」舒小珍叫嚷。這是野外野獸棲息地的常情，所以別的陰影都不理會。

遠離瀑布河的小樹林，仍有少數幾個鴨嘴龍家族棲息；它們都失常，跑出棲息小樹林，在空曠地段橫衝直撞，口中不停的哀叫。漸突獸和禿頂龍能認清環境，迴避鴨嘴龍的衝撞路線，然後溜出濃密的銀杏樹林，失去了蹤跡。

臭味增強。一個鴨嘴龍家族胡亂衝撞，幾乎撞飛五團流浪陰影。陰影們分別閃去銀杏樹榦之後，任由鴨嘴龍從身邊走過。尼瑪抬頭，看見大峭壁，證明大夥兒行走路線一貫。尼瑪心神慌張，往外衝出去，撞上一對臭東西。對一直在牧場照顧牛羊的尼瑪來說，這堆臭東西不陌生，正是大團糞便。舒小珍一再聞出臭味，顯然由這兒傳散出去。不只尼瑪，其他跟隨在後的人，也踏近糞堆中。尼瑪大感倒楣。

「噢兀—噢兀—」他們從未聽見的淒厲叫聲，就在它們身邊響起。但是它們沒心思理會，腳步仍往前移動，尼瑪抬頭一看，幾棵高大喬木高處，稠密樹葉上，幾十對白鴿子迎風搖曳，尼瑪對它們甚感熟悉親切。

「白鴿子樹，白鴿子樹。」尼瑪大叫：「我們跑出平行森林了，我們離薄岩壁破洞口不遠了。」

莊院士反應慢一些，跟隨尼瑪筆直跑出去，跑進一座三百多公尺深的雜草地。詹姆士跟隨在後，記得住耳中響起，「噢兀」淒厲的叫聲。他也踩進一堆黏呼呼的黑東西，顯然是大群動物共同拉出的大便。他抬頭看見幾棵珙桐樹，珙桐樹上幾十朵對稱大白花搖曳，但他不相信尼瑪興奮的說法，大夥兒跑出平行森林了。詹姆士跑進三百多公尺深的雜草地，舒小珍和丹卡跟在背後。尼瑪和莊院士仍慢跑。

詹姆士抬頭張望，「呀─」，不禁張口驚呼。剎那間，詹姆士感覺天旋地轉，全身血液幾乎凝結。詹姆士驚叫出聲，除了尼瑪以外，其他三個夥伴都聽見了。其他三個夥伴止步，向四方張望，都看見了危險的對象。

一大塊草地隔開鴨嘴龍地盤和蘇鐵灌木區，山東鴨嘴龍地盤就是偌大的水杉及銀杏樹混合林區，尼瑪等陰影剛逃出那兒。蘇鐵灌木區面積也大，它的三個側面被草地包圍。正側面被三百多公尺深的草地隔開，正側面對準了幾棵白鴿子樹和鴨嘴龍的糞堆，尼瑪等人剛從白鴿子樹下竄出。蘇鐵灌木叢區右側面更是無限大草原的一部分，這個右側面目前不平靜，三隻黃褐色虎紋恐爪龍正現身威脅右側面。灌木叢區左側面，目前呈現真空狀況；這兒有草地、小樹林、以及零星大樹，直通大峭壁腳。蘇鐵灌木叢區正後方，是一座矮樹林，棲息大量野蜂。

蘇鐵灌木叢區的正前方，三百多公尺深的矮草地分隔，草地上蟠據四隻青黑虎紋恐爪龍。這些正是大峽谷中殺手的成員，身高二公尺，大蛇形頭，一張開大嘴，露出切牛排用的尖牙。頸胖、身體健壯結實。一雙前隻略弱於一雙後肢。前後肢各有三個尖指，三個尖指殺傷力大；更附有後指，後指也尖銳。

新近青黑虎紋恐爪龍四隻成員，正與蘇鐵灌木叢區的一大族群，雙角龍對峙。而雙角龍群的右側面正遭受黃褐色虎紋恐爪龍的威脅。雙角龍體型大過犀牛，卻有一雙犀牛式尖角，這雙尖角及坦克般身體也嚇阻多個恐爪龍家族。在青黑虎紋恐爪龍，以及黃褐色虎紋恐爪龍的威脅之下，雙角龍族群生存不易。雙角龍地盤的後面，極多凶惡野蜂飛進飛出，反而成為雙角龍群的背後屏障。

尼瑪等陰影逃出鴨嘴龍地盤，切入三百多公尺寬的短草地，也就進入雙角龍蟠據地的正側面，共四隻青黑色虎紋恐爪龍相去不遠。四隻恐爪龍立即盯住這五個新來的衰弱目標，尤其其中有老人衰弱目標及女子衰弱目標。尼瑪及莊院士不但切入矮草地，而且向蘇鐵灌木叢區左側面，面對大峭壁的虛弱防線滲透。詹姆士追了過去，遙遙與恐爪龍群照面。詹姆士立即想到耳內仍刺痛不已的淒厲叫囂聲「噢兀，噢兀」。詹姆士想撤退，來不及了；尼瑪渾然不覺，舒小珍及丹卡又湊上來。詹姆士只好硬著頭皮衝上前。

正與青黑虎紋恐爪龍群對抗的雙角龍，發出「勒呼─勒呼─」叫聲。憑著它們強韌的皮膚，頭頂上的尖角，以及數量上的大優勢，它們能與恐爪龍正面互相抗衡。突然五個衰弱的目標預備切入地盤上的左側面；但是五個衰弱目標顯然體力不強，不構成威脅，雙角龍群原先不想防衛。但是一隻恐爪龍改變位置，向五個衰弱目標逼近。雙角龍群立即調整陣容，分出一部分大雙角龍，看住地盤的左側面。一隻大恐爪龍正向地盤的左側面滲透，對準新來的五個衰弱目標。

尼瑪等五人切入雙角龍地盤的左側面，然後找草地以便休息，他們輾轉來到地盤內部的後側，背後不太遠處有野蜂林。明明他們的頭頂飛過一大群野蜂，但野蜂不叮螫他們。

「蜜蜂不盯咱們，咱們這一次走運。」尼瑪開口。

「一定別有原因，咱們得找出原因。」莊院士提示。

「老師曾經問過，為何一座森林與其他森林接連排列。我現在想通了。」舒小珍突然開口說明。

原本雙角龍的地盤，蘇鐵灌木叢區，右側面及正前方側面上，出現最大的威脅，各有一個恐爪龍家族緊緊壓迫雙角龍族群。五個衰弱目標突然切入地盤的左側，雙角龍群根本無意防備五個衰弱目標，但是一隻大青黑色虎紋恐爪龍改變主意，向地盤的左側滲透，企圖捉拿五個衰弱目標。雙角龍群緊張，挪出十多隻公雙角龍，填塞地盤左側的空擋，防止一隻大恐爪龍滲透。這麼一來，五個衰弱目標的退路卻被切斷。

蘇鐵灌木叢區的低空，無數野蜂飛過。不知形勢危急的尼瑪，向更深處橫移，發現頭頂上野蜂少了，才停下腳步。

「現在安全多了，野蜜蜂到底沒叮螫咱們。口很渴，身上及鞋子沾了髒東西，沒水可洗。」尼瑪抱怨。

「現在完全不安全。到底有多危險，不用多久就明白。」詹姆士的口氣中充滿焦急與憂愁。「不會呀。我好像看見一大群大象似的動物，它們的頭上都有兩隻尖角，但它們完全沒有攻擊咱們，像犛牛一樣。」尼瑪仍沒察覺危險。鴨嘴龍幾乎發瘋，尼瑪帶頭逃出，心神混亂；衝進糞便堆，令他懊惱不已，心神進一步迷失；看見幾棵白鴿子樹，誤以為來到華陽龍地盤，沒頭沒腦歡喜起來。因此，尼瑪接近頭腦混亂狀態。

莊院士頭腦清楚多了，而且看見了四隻青黑色虎紋恐爪龍；它們正與雙角龍群在正面對峙。

「是一種迅猛龍？」莊院士心中憂慮突然升高。

「是迅猛龍中最厲害的一種，因為一雙前肢殺傷力強，所以稱為恐爪龍。」詹姆士口氣中的痛苦增強。

「我們能抵抗嗎？」丹卡詢問關鍵性要點。

「完全不能抵抗，完全沒有勝算。」詹姆士表示。

「好像一共有四隻，其中二隻是父母恐爪龍，另外二隻是快成年的少年恐爪龍。」舒小珍曾照面，因而加以判斷。

詹姆士和莊院士點頭認同。舒小珍和丹卡充分瞭解他們面對兩種大敵，雙角龍群和恐爪龍群。而雙角龍體型像大象，一雙尖角插在額頭上，形成直接的傷害力，威脅性強過劍龍、禽龍、或鴨嘴龍。尼瑪開始懂了，這一次他帶錯了路。

「我們逃得出去嗎？」尼瑪焦急起來。

「噢兀—噢兀—」淒厲尖銳的叫聲，從不太遠的右側面傳來，幾乎刺破了他們的耳膜。舒小珍痛苦地用手掌掩住耳朵。其他四團流浪陰影，聽了如此尖銳的聲音，連臉孔肌肉都扭曲。

「是其他的恐爪龍？」尼瑪開始全身發抖，臉色蒼白，說話時上下牙齒互相碰撞顫抖。

「二群恐爪龍包圍了我們，其中任何一隻足以輕鬆殺害我們。」莊院士表現極度的恐懼。

「我們不但被雙角龍包圍，而且被恐爪龍包圍。」詹姆士也聲音發抖。

五團流浪陰影雙腳無力，坐了下來，全身仍顫抖。過了一會兒，夥伴之間的親近氛圍支撐，他們才漸漸鎮定下來，有心思觀看環境。

他們身上，從上衣、褲子、到鞋子都沾了糞便。舒小珍一再聞出臭味，就是鴨嘴獸地盤邊緣糞堆的氣味。

「我明白了。鴨嘴龍地盤白天晚上一向不平靜，因為它們有公共衛生習慣，成員全去棲息森林邊緣排便。」舒小珍解答一種現象。

不僅如此，他們的腳下新增了白色的黏液，而這種白黏液發出別的臭味。無疑的，他們又沾了新的糞便。

莊院士和詹姆士站在較高地點，用遠望鏡觀察周圍的情況。他們躲在蘇鐵灌木叢區，也就是雙角龍的地盤上。雙角龍群保衛地盤，等於保衛五個衰弱目標。但是萬一情況沒發生變化，雙角龍可能阻擾他們逃生。

雙角龍的軀體小於禽龍和山東鴉嘴龍，大於非洲犀牛，稍大於華陽劍龍。全身皮膚粗糙似犀牛皮，他的武器簡單明顯，就是額頭上突出的一對長尖角，令其他恐龍不敢正面對撞他的尖角。一對尖角之下有大鼻孔，但偏小的眼睛，導致視力較差，像犀牛。但鼻下卻有奇特的鸚鵡嘴。尾粗而小。總而言之，雙角龍就是能衝；它壓低頭，雙角對準前方的敵人。目前它是五團陰影的敵人或保護者。

經過望遠鏡觀察，五團流浪陰影確定，兩個不同毛髮顏色的恐爪龍，盯死了地盤的三個側面。地盤的右側面被三隻黃褐色虎紋恐爪龍盯住。地盤的正前方一側，被三隻有青黑色虎紋恐爪龍盯住。地盤的左側，可能被一隻青黑色虎紋大恐爪龍盯住；它正想滲入雙角龍防備較弱的一側，然後獵殺五個衰弱目標。

「為了挖一大袋芋頭，結果陷入雙重陷阱之中，食物真難尋找。」莊院士懊惱表示。

「看起來芋頭只生長在大峭壁腳下，漸突獸弄到了芋頭碎片，可能也從大峭壁腳下咬來。」舒小珍說明。

「不只是食物難找，現在連水也沒有，渴的要命，水比食物更要緊。」尼瑪抱怨。

「我們回到鴨嘴龍森林，一定想辦法弄瀑布水。」丹卡開口。

暮色降臨，無數野蜂飛過蘇鐵灌木區，投入他們背後的小樹林，仍沒盤坐在草地上的五團流浪陰影。

「尼瑪，你踏上鴨嘴龍糞便，又加踏雙腳龍糞便，可能是件好事，你不必懊惱。」詹姆士安慰。

「為什麼？」舒小珍出聲。

「我猜，臭味嚇走了野蜂。」詹姆士解釋：「蜜蜂採花蜜，花蜜又甜又香。我們身上的糞便臭，蜜蜂避開臭味。」

他們的背包中只剩空蛋殼和乾銀杏果，都不能吃。水壺空空，口渴難受。

「趕快離開這兒，先找水，再找食物。食物找不著，砍桫欏，挖髓心。」舒小珍主張。

「當然，當然，越早逃出越好。但是二層猛獸包圍，怎麼逃出去？」詹姆士沉思。

黑暗中不能逃亡，否則一誤入雙角龍休息區，被雙角龍發現，大軀體一壓，逃亡人變肉餅；或者一雙尖角一頂，逃亡人肚子被戳洞流血。白天逃亡，既不能被雙角龍看見，又不能被任何一個恐爪龍家族逮住。唯一安全之路是向野蜜蜂棲息小森林方向逃，但那麼一逃，離薄岩壁破洞口更遠，該繞道何方，以便重回破洞口？

詹姆士苦思。比較起來，雙角龍威脅小，他們一直全心全力對抗恐爪龍。真正的死敵是恐爪龍。一旦被這些冷血殺手瞧見，劫難就到。

而且不能耽擱太久。每團陰影都餓壞了，都乾渴極了。馬上得喝水，水就來自水杉及銀杏混合林內的瀑布河水。鴨嘴龍發瘋的日子應該度過了，將水壺裝水不會太難。更要命的是，一隻青黑虎紋恐爪龍親眼瞧過五個衰弱目標，現在它正追蹤而來。如果它不偷蛋，不吃嬰幼雙角龍，它滲透地盤不難；一旦在地盤內逮到五個衰弱目標，尼瑪等人大限來臨。

所以五個衰弱目標不能拖，得馬上逃離。萬一猶豫不決，黃金逃亡時間溜走。

他們面前的灌木叢，才是雙角龍地盤的特色。一公尺半高的蘇鐵，可能超過千棵以上，大量開花了。附近更有大片花圃，包括大樹杜鵑、山茶花、和抗菊等。也開得鮮豔。無數蜜蜂飛來採蜜，然後飛回一公里左右之後的小樹林。由遠望鏡看去，小樹林內吊了梨形灰色東西一大堆。由於距離遠，光線弱，那一大堆東西是什麼，暫時不能斷定。詹姆士一個人苦思，獨自搖頭、點頭。其他夥伴們不清楚他的舉動，舒小珍猜測他的腦子正兜圈子。看看他的腦子能不能帶領大夥兒逃走。

「雙角龍棲息這片灌木地區，其實有原因。」詹姆士想通一些：「雙角龍找一片樹林棲息，不成大問題。但雙角龍守在這兒也成，無數野蜜蜂嚇退其他猛獸，保護了雙角龍。」

「野蜜蜂攻擊任何闖入地盤的動物，為什麼不螫雙角龍？」舒小珍反問。

「雙角龍皮粗得像犀牛，體型像大象，從頭到尾皮厚，蜜蜂螫不進。」

「小雙角龍生下來，皮不粗糙強韌。蜜蜂叮得進。」

「恐爪龍長期守在地盤的外圍，一找到機會就攻入圈內。」詹姆士找到線索，緊張的神情放鬆些：「小雙角龍不敢離開地盤，以免被恐爪龍吃掉。小雙角龍在圈內若干角落排便，但是日子一久，糞便擴散開來，小雙角龍身體沾了糞便而發臭，反而驅走野蜜蜂。」

「說得通，我的身上沾了最多臭東西，沒一隻野蜜蜂叮我。」尼瑪贊成這種說法。「也許我們有逃走的方法，但得冒幾次險。」詹姆士表示。「當然得冒險。在死山谷捕公駿馬，不冒險穿過母馬和小馬群，怎麼能接近公駿馬？」丹卡贊成冒險。

詹姆士和莊院士解下雙筒望遠鏡，交給尼瑪和丹卡。指示他們兩人爬上樹木，觀察四方較遠的事物，尤其要找到三百公尺多深的短草地，幾棵白鴿子樹，以及鴨嘴龍的糞堆。丹卡和尼瑪各自爬樹，詹姆士再苦思，他的額頭冒汗。

其次，詹姆士催促，他們三團流浪陰影馬上往後小跑，以便觀察小樹林內掛了什麼東西。他們三團陰影沒接近小樹林邊，就看見無數蜜蜂抱住一大堆蜂窩，準備過夜。小樹林中，蜂窩又多又大。

「妳用手捧過大蜂窩嗎？」詹姆士沒頭沒腦說話。「我不敢捧。蜜蜂飛出來，會叮死我。」舒小珍恐怖的說話。

莊院士也苦思，他的想法接近了詹姆士的打算。

「我們三面被包圍，沒地方逃，只好冒險。而且愈快愈好。」詹姆士臉色蒼白，聲音發抖，說道：「天冰冷，我們都穿了厚衣服、戴手套、戴帽子。只要我們遮住頭，就不怕野蜜蜂攻擊。」

「我不懂，為什麼遮住頭？」舒小珍問道。

「我們用野蜂窩當攻擊武器，每一個蜂窩飛出幾千隻瘋狂的蜜蜂。」

舒小珍嚇壞，張嘴說不出話來。

莊院士想通了：「我們要逃出去，只剩這個方法。」

「天快黑了，我們拔野草、羊齒葉、杜鵑花葉等，一人抱一大堆回去。尼瑪和丹卡等著我們。」詹姆士表示。

腳下就有細草、長葉雜草、大小綠葉黃葉、以及小枯枝。他們的背包裡有繩索。三團陰影拔草、折斷枝葉，綑成大包，往回頭路走。「我們在劍龍、禽龍地盤流浪，度過不算短的日子；但是我一直不擔心，遲早我們還會溜出去。現在不同了。雙角龍和恐爪龍從三個側面包圍了我們，如果我們明天逃不出去，就永遠別想逃生。」詹姆士沈痛表示。「詹姆士說得對，我們逃出去的機會太小，太小了。」莊院士同樣講真心話。

（四）

「前面看見了什麼？」莊院士詢問爬樹、觀察、然後奔回的二個夥伴。「前面、左邊、和右邊，雙角龍和恐爪龍互相對峙叫嘯，沒停止過。大約公母雙角龍守在地盤外圍。內圈有一大群小雙角龍，小雙角龍總數達到二百至三百隻。最內圈是岩石堆，岩石堆上留下大蛋，大約幾十個。」丹卡憑記憶敘述。「你看清楚了，岩石堆上真的有蛋？」詹姆士急切的追問。「部份蛋窩被別的石頭遮住，我看不清楚，但至少有幾十個蛋。」丹卡又敘述。

「你呢？白鴿子樹和糞堆在哪裡？你看見了嗎？」詹姆士問下去。「我看見了，都在雙角龍地盤的正前方，被矮草地隔開。但是三隻恐爪龍在矮草地上巡邏，根本擋死了路。」尼瑪敘述。「只看見三隻恐爪龍，不是總共四隻嗎？另一隻去哪兒了？」詹姆士口氣中流露更恐懼的味道。「那一隻恐爪龍等不及，開始追蹤我們。恐爪龍家族殺小雙角龍不容易，殺我們五個人容易。」莊院士的口氣中也流露恐懼的意味。

天開始黑下來，氣溫也降低，五個流浪人內心已經涼透了。他們五個人的三個側面被雙重殺傷力包圍，而背後樹林懸吊了太多的野蜂窩；他們完全陷入絕境。五個流浪人心中恐慌已極，雙手一直發抖，雙腳幾乎癱瘓。詹姆士強自鎮定，謹慎問道：「大雙角龍長得怎麼樣？小雙角龍又長得怎麼樣？」「大雙角龍有三公尺多長，一公尺半高，頭大，像犀牛；身軀也大，體型像大象。全身皮膚粗糙像犀牛皮。頭上頂著一雙尖角，比犛牛的雙角更兇猛；眼睛小，看起來眼力差；有特大的鸚鵡嘴。」丹卡形容。「一般鸚鵡的尖嘴，能啄開西瓜子或南瓜子。野蜜蜂吸蘇鐵盆形大花的花蕊蜜，接著雙角龍的鸚鵡嘴啄開蘇鐵花蕊下的種子硬殼，它們彼此共用蘇鐵花朵。何況雙角龍的鸚鵡嘴，還能剝開蘇鐵莖部層層韌皮。所以雙角龍找到了新食物和好棲息地，定居了下來。」莊院士分析。

「小雙角龍樣子又怎麼樣？」詹姆士詳細查問。「年幼的，大約一公尺半長，七十多公分高，雙角尖而短，有較小鸚鵡嘴。最小的，大約不滿一公尺長，四十多公分高，雙角剛從額頭冒出。」丹卡又說明。「看起來小雙角龍殺傷力小得多。小雙角龍有沒有跟緊母親？這一點十分重要。」詹姆士再問。「沒有，小龍全部集中在地盤中央，圍住岩石堆。」丹卡再說明。「地盤核心圈沒有大雙角龍，沒有！」詹姆士臉色和緩一些。他閉上眼睛，苦苦思索。

「恐爪龍太厲害，全部公母大雙角龍都集中在地盤的外圍邊緣，防止恐爪龍侵入。」莊院士補充說明。天完全黑了。幾棵白鴿子樹木以及幾堆鴨嘴龍糞堆以外廣大的矮草地和廣大的蘇鐵林，都恢復平靜。雙角龍群「勒呼，勒呼」出聲噴鼻息，準備臥倒睡覺。地盤三個側面之外，傳出「噢兀—噢兀」比較和緩的號叫，似乎互相通知位置。詹姆士苦思之後，說出了逃生的計畫：五個流浪人中，一個膽大強壯的人，背包中裝了若干蜂巢，手中也捧了蜂巢，走進小雙角龍臥倒圈，登上孵蛋岩石堆。天一亮，這個冒險的流浪人，把全部蜂窩丟向小雙角龍圈，而其他四個流浪人也趕到，都把手中的蜂巢丟向小雙角龍。上了岩石堆的人不妨偷蛋。然後大家全學恐爪龍尖叫，又用各別隨身木棒戳小雙角龍，特意造成大混亂。五個流浪人利用大混亂，陪伴向正前方衝的小雙角龍，利用小雙角龍擋住公母雙角龍，衝進山東鴨嘴龍森林。希望大小雙角龍向四方八面狂奔，一片慌亂中，監視雙角龍恐怖大尖角的恐爪龍群疏忽，五個流浪人逃之夭夭。詹姆士提出計畫，震驚其他四個流浪人；四個流浪人恐慌，自己提不出代替方案。他們明白，逃命的時間太短促，即使做錯了，也比留下來等死強。「老頭子贊成，全憑詹姆士安排，最大的關鍵是野蜂群不會螫捧蜂窩的人。」莊院士迅速果斷的表示。「我們在禽龍森林，曾經用青草樹葉綁在上半身上；但進了鴨嘴龍森林，把草葉裝束弄丟了。」丹卡迅速回想。「妳敢捧蜂窩嗎？你敢戳小雙角龍的背部或肚子？」詹姆士慎重詢問每一個人。「我敢，我不會坐著等死。」舒小珍強行克服恐懼，表明心意。「妳能學恐爪龍尖叫嗎？」詹姆士又加問了一句。「我當然能，而且我尖叫得比別人大聲。」舒小珍痛下決定。其他人聽她這麼一說，不禁笑出聲來。

「誰單獨闖進雙角龍核心地盤，又丟蜂窩，又偷蛋？」莊院士想到最大困難處。詹姆士詳細談重要細節：這個人得抱著蜂窩，天亮前單獨一人穿過小雙角龍區，天亮時爬上岩石堆，向小龍群丟蜂窩，丟得愈分散愈好。然後模仿恐爪龍尖叫。別的同伴正好趕到，大家一起尖叫，最後偷蛋，加入夥伴們，向白鴿子樹逃跑。

全部五個流浪人一時沈默下來。太多人闖入雙角龍地盤內圈，反而容易誤事。但是只有一個人闖？任何一隻小龍或大龍，一雙尖角一頂，或幾噸體重一壓，他就當場橫死。單單一隻小龍，體重就有三至四百公斤。誰擋住得？核心圈中的核心，生蛋孵蛋區，那麼容易闖進去？另一方面，其他四名流浪人趕到，其中有老人及女子，正好由二名男子照顧，他們四個人的處境又好多少？

天色更暗，一個人牙齒顫動相碰，喉嚨打結乾燥，吃力的出聲：「我一個人去辦，只有我一個人看見過岩石堆上的蛋，比鴕鳥蛋大得多；我想吃蛋，吃蛋得付出代價。」其他人心情沈重，說不出話來。「我帶尼瑪出牧場，應該帶他回牧場。如果我不能親自帶他回去，別人幫一點忙。」丹卡說明。其他人鬆了一口氣，仍然說不出話來。

「尼瑪，」他的叔叔冷靜一些，沈痛的交代：「進深山圍捕野馬的人，用頭腦時必須聽頭腦指揮，該使力時就出力氣；少用頭腦，會害慘捕馬隊。」「任何場合都一樣，先用頭腦，後用力氣，就不會輸。」莊院士附和說道。

「這是一次難關，以後還有更多難關。我和尼瑪太多事不懂，所以專家出主意，我們出力氣。」丹卡再說話。「雙角龍的鸚鵡嘴，能咬破蘇鐵莖部層層韌皮，吃裡面的髓心。」舒小珍打破僵滯的氛圍，開口：「雙角龍能咬斷我們的骨頭？」「它們有多種條件，所以擋住了恐爪龍，保護小龍及蛋窩。它們當然為了自衛，能咬斷我們的骨頭。它們也能壓扁或戳死我們。但是我們不會坐著讓他們攻擊。」莊院士解釋。

「我們該做一個細草頭罩，防止野蜂叮螫臉面及頸子。」詹姆士談細節。「乾脆全身綁樹葉，流浪人變稻草人，更容易騙過恐龍。當初我們草草打扮成稻草人，卻在山東龍森林扯丟了樹葉裝扮，結果被恐爪龍家族撞見。打扮成稻草人，只不過是舉手之勞。」莊院士想到更多細節。

「這個主意更好。小心使用手電筒，現在趕緊拔草砍樹枝。我們互相幫助，今晚準備好全身稻草人裝束，明天醒來就偽裝全身。」詹姆士安心一些，他的計畫破綻能彌補一些。夜深一些，按照習慣，恐爪龍群和雙角龍群都丟開一切，放心睡覺。只有五個人憑藉一點微光，又割草，又砍濃密葉子。丹卡和尼瑪腰間的兩把短刀，輕易割砍一堆草葉。五個人躲進高草叢內，試編細草頭罩及綠葉外裝。細草頭罩編得不夠細密，就多編一層，不容一隻野蜂穿過。五個人忙碌試編、試穿戴、試綁紮，忙碌中緊張的心情放鬆一些。

「看看我，妳的頭罩能層層遮住臉和脖子，卻又能看見人？」詹姆士和其他流浪人照亮手電筒，一一進行辨識。忙碌了好一陣，每個人的頭罩及全身偽裝，全部編織綁緊好了。這些新行頭放在身邊，大夥兒才稍微放心休息。

明明分隔鴨嘴龍樹林和雙角龍蘇鐵地帶的矮草地上，蟠據四隻恐爪龍，但是丹卡爬上樹張望，只發現三隻恐爪龍。那麼不是有一隻恐爪龍等不及，開始潛入他們的側面，搜索他們五個流浪人？現在它來到那兒？被大雙角龍攔住？這個問題糾纏五個流浪人，他們無法鬆弛酣睡。人累了閉眼一下，然後又驚醒。夜深氣溫冰冷。天空漆黑如墨。烏雲如此濃密，想來大峽谷以外地區必定有漫天大雪，甚至世界屋脊完全被冰封了。

「眼前的蘇鐵帶平靜，鄰近的山東鴨嘴龍森林不一定平靜。」睡不著，舒小珍忍不住開口。「為什麼？」詹姆士小聲交談。「因為鴨嘴龍早晚得去棲息地邊緣排便，這種習慣維持棲息地的衛生，卻逼它們來來去去。」舒小珍閒聊。「本來鴨嘴龍發瘋，水杉銀杏森林騷亂，尼瑪逃跑時，心裡就不舒服。又踩了鴨嘴龍的糞便，人更惱火了大半天。」詹姆士回憶。「踩了糞便，不見得是倒楣事。糞便變成氣味保護色，讓野蜜蜂嫌臭迴避。」莊院士也睡不著，閒談兩句。

「什麼是古老的地理原因？妳為什麼說，快找到原因了？」詹姆士心神安定，頭腦清楚，想起大夥兒逃出山東鴨嘴龍森森時，舒小珍突然冒出來的幾句話。「老師曾問過，為什麼從似雞龍密林開始，森林一座一座有秩序的排列。於是我開始想這個問題。後來我想通了，道理就是簡單。」舒小珍表示。「是嗎？說來聽聽。」莊院士出聲。「我們這一側，許多瀑布從大峭壁頂流下，分別流進黑土草原，變成河流，最後注入大江流。」舒小珍解釋：「大致上，除非地形變化大，否則黑土草原上的河流走捷徑，彼此互相平行。有了許多平行流動的河流，那麼黑土草原被分割成許多平行的土地；這些土地生長樹木，就形成許多大致平行的樹林。」這個道理簡單，瀑布怎麼流瀉，河流就怎麼發展，而土地被河川分割，平行樹林群就形成。

「更重要的事有二項。」舒小珍開始顯示她的推理能力：「平行森林群行成二種結果。第一種結果，一座樹林提供掩護，所以食草恐龍先遷入平行森林，而後吃肉恐龍加以獵殺。不可能吃肉恐龍先佔領平行森林，又獵殺無家可歸的食草恐龍。否則食草恐龍得不到森林的庇護，又被吃肉恐龍攻擊，食草恐龍早就滅絕了。」這種推理有道理。要不是吃草恐龍先得到森林的保護，五個流浪人不會遇上那麼多吃草恐龍。「平行森林群形成以後的第二種結果，就是吃肉恐龍的一般棲息位置。它們不會棲息平行森林群挨近大峭壁的那一頭。相反的，它們的棲息地位於平行森林接近大草原的一端。」舒小珍推斷。

舒小珍膽子小，體力差。尼瑪和丹卡卻不敢小看她。五個流浪人在大峽谷內闖蕩，單獨她一人已經推測出，哪兒會潛藏猛禽。眼前她的想法就得到印證。三隻恐爪龍組成一個家族，盯住雙角龍地盤的一個側面，間接威脅他們五個流浪人。這三隻恐爪龍就橫行於草原上。另外一個恐爪龍家族，也橫行於草原上，其中三隻從正面威脅雙角龍及五個流浪人。另外一隻暫時消失了，但詹姆士和莊院士都推測，它從另外一個側面搜索五個衰弱目標。可以說，正面、左側、以及右側，都橫亙死亡之牆，短期內預備奪取五個流浪人的命。他們的背後是樹林中懸吊的許多蜂窩，蜂窩中的太多野蜂，會狂螫他們至死為止？

半夜，氣溫降至攝氏零度左右。五個流浪人衣物不夠厚暖，各蓋一條毯子，仍保不住體溫。他們手腳凍僵，但心頭更寒冷。華陽劍龍、禽龍、山東鴨嘴龍，以及雙角龍，體型夠大夠強壯，但你不正面招惹它們，它們不傷害你。但是恐爪龍呢？「恐爪龍到底怎麼兇猛？我們五個人對付不了一隻恐爪龍？」丹卡說出疑問。「我們五個人中有老人及女子，老人及女子需要額外的保護。請問剩下三個男子怎麼去對抗一隻恐爪龍？萬一它夠聰明，專門找空檔殺害老人及女子，怎麼辦？」詹姆士鋪陳殘酷的現實：「成年恐爪龍，高超過二公尺，體重超過一百三十公斤。後肢強健，奔跑速度快，雖然跑不過奔龍。它的前肢就比捷龍強壯，爪子堅強銳利，所以贏得恐爪龍的名稱。它的骨骼是中空的，而頭顱和骨盆特別堅固，所以耐撞。鼻孔大，鼻腔深，像狗一樣，嗅覺發達，能追蹤空氣中的氣味。最可怕的是，它們天生具有聯合攻擊能力，全部家族成員從不同方向獵殺一個目標。我們五個流浪人打算對付一隻恐爪龍，結果它一叫嘯，其他三隻同夥就趕到了。

「它只會發出一種叫嘯聲，能召喚同夥？」尼瑪發問。「當然能。僅僅一種叫嘯聲，有強的、緩急的差別。加上這個族群慣於遊蕩，所以它們懂得地域及時機。僅僅一種叫聲傳出，它的夥伴懂得示威、追蹤、集合、或者聯合攻擊。」莊院士補充說明。「令人頭痛的是，它不光是為了食物而獵殺，而是不斷的磨練獵殺的技巧，尤其訓練小恐爪龍去獵殺。一直戲弄獵物，最後才咬死獵物。雙角龍是它的長期獵物，它會暫時饒過雙角龍。新的衰弱目標出現，它追蹤動手，絕不半途停止。」詹姆士表示。

詹姆士戴了手錶，蘇鐵帶和矮草叢一片漆黑，五個流浪人閉不上眼睛，詹姆士通知大夥兒準備。五個飢餓的流浪人整理背包和腰包，其次套上細草長葉片頭罩，然後綁上全身枝葉裝，彼此互相檢查。午夜過去了，黎明不太遠，五個衰弱的目標提前準備一切。遙遠的地方，那堵大峭壁幾乎與黑夜結合成一體，多少能協助他們辨識方向。五具標準的稻草人走向他們後側沉睡中的幽暗小樹林。五具稻草人提防野蜜蜂大舉攻擊闖入地盤的移動小樹，結果野蜂毫無動靜。好運氣。五具稻草人心臟全部猛跳，而丹卡及舒小珍幾乎喘不過氣來。五具稻草人腳步沉重，勉強穿過草叢花堆，接近小樹林。手電筒照亮之下，看見小樹林中懸吊的眾多蜂巢。太好了，野蜂仍沒飛出。

尼瑪每個人都帶了手套。把一隻照亮的手電筒綁在叔叔手腕上。同伴們互相幫助綁上稻草人裝扮，相信細草頭罩足以阻止野蜂爬上臉孔。五個人打開背袋，摘下蜂巢，野蜂在黑暗中仍蟄伏不動，蜂巢輕如草莖。丹卡的背袋留下空間，全放蜂巢。丹卡又手捧兩個最大的蜂巢，最大但輕盈；他利用手電筒的弱光，小心舉步往回頭路走。其他人照樣辦。野蜂仍無動靜。舒小珍心狂跳，勉強按捺。他們發現了蜜蜂的生物秘密。第一，只有少數蜜蜂鑽入蜂窩內過夜，大多數蜜蜂留在外頭，一層擁抱一層；可能外層蜜蜂留有通氣道，把蜂窩抱得大大的，但蜂巢內有空氣。所以用手摘蜂巢，手摸到的，全是毛茸茸的留外蜂群。第二，黑夜間，即使出現微光，蜂巢外層的蜜蜂不起飛，頂多挪移微小的身體，他們是純晝間活動的昆蟲，而且一直抱著巢穴。

五具稻草人抱了蜂巢，回頭經過昨夜試穿稻草裝及過夜的草叢。詹姆士已經算準時間。丹卡不停留，頭腦極力控制情緒及行動，筆直往前走。頭昏沉，心猛跳，手足軟，也得走下去，不然下場更糟。生與死只有一線之別。他走過叢叢野花，堆堆閉攏的野花；走過零星雜樹，然後來到分佈廣大的蘇鐵帶；野蜂如此喜好蘇鐵盆型的大花及花蜜，又是生物上的一種奧秘。天亮之後，野蜂將大舉飛臨蘇鐵帶，但是眼前天黑，不見一隻野蜂出現。

丹卡的微弱手電筒亮光，照出幾個臥倒在地的大雙角龍，可能是母雙角龍。由於他們地盤的背後，一向由野蜂群把關，所以雙角龍族群沒有這一側佈置有力的防線；它們根本不把偶然侵入的五個流浪人看成大敵。何況天沒亮，慵懶的母雙角龍不想起身。

丹卡看不見侄兒和夥伴們的動向，但他們看見丹卡穩步走進雙角龍禁區。他們只落後十分鐘。他們集體行動，內心比較安穩，腳步應能快一些。丹卡居然走進小雙角龍圈。天似乎快亮，小雙角龍分別相隔幾步臥倒，有些小雙角龍開始扭動身體，「勒呼，勒呼」小聲叫，幾乎碰撞悄悄溜進來的一具稻草人。這具稻草人幾乎暈倒，僅靠意志力和頭腦支撐。手電筒光刺激了少數小雙角龍，它們分不清發生了什麼事。一棵小樹移動，也令它們疑惑。尼瑪等四具稻草人也來到禁區的邊緣。幾隻母雙角龍挪動龐大身軀，沒起身。

天邊透出弱光。突然間，分隔兩個食草龍棲息地的矮草地上，一隻母恐爪龍淒厲尖叫，「噢兀—噢兀—」，通知遠方進行追蹤搜索的公恐爪龍。尖銳的叫聲幾乎撕裂五具稻草人的心臟。但是丹卡勉強忍住，走上岩石堆，向外丟出大蜂窩。他的手臂幾乎發軟。他又翻開背袋，向其他地方丟出較小的峰窩。他看見一大堆蛋，而背包已經騰空，於是發抖的雙手捧起蛋，塞進背袋中。

母恐爪龍淒厲一叫，雙角龍地盤陷入恐慌中。眾多蜂窩分散丟下，天全亮，野蜂飛起，「嗡嗡」鼓翅，亂叮亂螫。「尖叫，戳肚子。」詹姆士開口，話說不清。莊院士自己模仿淒厲叫聲，沙啞叫喊，其他稻草人也尖叫，其中一種叫聲最尖銳。公恐爪龍在天亮之後迅速衝刺，跑進稻草人過夜的草叢。它撲空了，時間只差半個小時而已。

丹卡聽見其他四具稻草人的叫聲，也放聲模仿尖叫。詹姆士提醒稻草人抽木棒，戳小傢伙的背或肚子。

小傢伙完全混亂，「勒呼，勒呼」哀號，向任意方向狂奔。丹卡加入了四具稻草人陣容。他們遠遠瞧見正前方高大的世界爺水杉及枝葉濃密的銀杏樹，尤其看見幾顆白鴿子樹。短草地雙角龍地盤上，秩序一片混亂；大雙角龍也亂了套，沒頭沒腦亂奔跑。它們一再碰撞小龍，卻沒刺傷或刺死小龍。五具稻草人追隨一群小雙角龍，由沒頭沒腦的大雙角龍近處相陪，奔向白鴿子樹木。大雙角龍的雙角太尖銳了，三隻青黑色虎紋恐爪龍不敢硬碰，躲進某處樹林中，等待搜索五個衰弱目標的公恐爪龍叫喚相招。另一側，三隻黃褐色虎紋恐爪龍受不了混亂雙角龍群瘋狂的衝撞，暫時也往後撤退。滿天飛舞的野蜂中，其中一部分失去了蜂窩，立即利用蘇鐵花中的蠟質，在原有小樹林另築蜂巢。

大小雙角龍一接近水杉及銀杏樹混合林，地域直覺馬上滋生；它們不衝進混合林，行動逐漸恢復常態，重新返回地盤。五具稻草人一衝進混合林，腳步沒停，繼續向林中深處跑去。他們渾身流冷汗，全身幾乎虛脫，停住腳步，猛烈喘氣，然後找樹蔭坐下。恐爪龍沒直接進來，五具稻草人暫時安全了。

「這個家族一共有四隻恐爪龍，能察覺五個流浪人消失了？」尼瑪問道。「當然能，它們是追蹤獵物的高手。」詹姆士回答。「從此它們不再追蹤我們了？」丹卡開口。「不可能，它們一定追到底，因為它們活著，就是追獵弱小的目標。追殺獵物是它們最重要的天性。」莊院士表示意見。「它們不知道我們在哪裡，如何追蹤下去？」舒小珍出聲。「它們瞭解大峽谷，先摸索一番，最後知道如何下手。」詹姆士往最壞的情況猜測。

五具稻草人目前平安，暫時忘記青黑色恐爪龍家族。他們抬頭，打量混合林。野草到處被壓扁，滿地斷枝殘葉，藤蔓莖葉拖地，這座樹林幾同暴風雪掃蕩過。這種情況反映，前一天山東鴨嘴龍的遷徙和擇偶行動，曾經進行得何等的瘋狂。五具稻草人當然看不見，禽龍和華陽劍龍，相同時間參加了遷徙及擇偶行動，也在各別棲息的森林中發瘋、狂叫、以及亂撞亂碰，然後加入混亂的食草恐龍大隊伍，離開棲息地。

另一方面，眼前的水杉和銀杏樹混合林，山東鴨嘴龍數目減少，尤其其中衝動囂張份子遷離，地震平息了，瘋狂的號叫及衝撞平息了。遠方樹林間、空曠地上，以及草叢中，傳來若干山東鴨嘴龍「波噗，波噗」的叫聲。它們繼續在大地盤內活動，但恢復了他們正常的秩序。五具稻草人朝密林中的林蔭深處挪移一下身子，靠攏坐在隆起於地面的樹根上，雙手不再劇烈發抖，眼皮不再連續跳動。丹卡口乾舌燥，解下背袋；裡面放了五個厚殼巨蛋，比鴕鳥蛋大，比禽龍蛋小。

五具稻草人餓壞了，短刀刺進蛋殼，發抖未全停的雙手捧著，輪流吸吮濃稠的蛋汁。吃了蛋汁，身體才鬆懈下來。昨夜時間長，他們忙於編綁稻草人裝束，更擔心一隻大恐爪龍黑暗中搜索過來，整夜沒能酣睡。此時再也不能抵抗睡意，滯留大樹濃蔭下閉眼入睡。

五具稻草人離開的矮草地及蘇鐵帶，經歷過一場雙角龍群引發的小地震，大面積草叢、許多蘇鐵灌木、以及零星小樹木，都被亂踩亂撞，景象一片混亂。但是一批母雙角龍首先返回、巡視岩石堆，看守孵蛋區。其他眾多的大小雙角龍也紛紛返回棲息地。雙角龍灌木叢區平靜下來。一個青黑色虎紋恐爪龍家族共有四隻猛禽，另一個黃褐色虎紋恐爪龍家族共三隻，分別躲開混亂危險的雙角龍地盤，逗留在深草堆中休息。

身體感覺冰冷，水滴滴在皮膚上，迅速凍結成小冰塊，令皮膚收縮疼痛。稻草人因冰凍刺激而醒來。發現半夜過去，大密林內漆黑。稻草人動動手腳，扭動頭和脖子，站了起來，發現身體的疲倦恢復多了。他們口渴，想喝水，水壺卻空了。前幾天，他們沒在同一座森林內灌滿水壺。

「鴨嘴龍地盤內有溪流，水清，我們會經過哪兒。」莊院士說話。「你能走下去？」尼瑪問道。「當然，只要吃過東西，什麼問題都能解決。」丹卡表示。黑暗尚未消退，他們繼續休息，體力更恢復一些。

天快亮，混合森林中傳出「吱吱」細碎叫聲。不久天亮了，五具稻草人看見，一群大老鼠，就是真像黃鼠狼的漸突獸，也溜回混合林。不僅如此，二隻獵犬似的乾瘦動物，背上明顯留下抓痕，張大眼睛狠狠瞪住五具稻草人。丹卡舉起木棒對準它們。這群漸突獸溜走，二隻禿頂龍也跟住小傢伙們溜走。

「小獵犬追蹤我們？」舒小珍出聲。「它們不是追蹤稻草人和糞臭味，它們追蹤食物，尤其是蛋。」詹姆士解釋。「偷偷摸摸不出聲，偷蛋龍就會悄悄的行動。」莊院士表示。「我們原先想在這座森林灌滿水壺，順便看看水多的地方長不長芋頭，結果禽龍、劍龍、和山東鴨嘴龍大遷徙，我們逃走，水壺仍是空的，芋頭完全沒找著。」舒小珍回憶。「灌滿水壺第一優先。」莊院士交代：「找不到芋頭，看見臭野蔥或有刺韭菜，拔一堆也成。」「這座森林有溪流，有湖泊，但到處有小鴨嘴龍，打水很費時間。」尼瑪抱怨。

「沒水不行。」詹姆士說明：「不喝水，剩下路程走不下去。」

（五）

「五個雙角龍蛋，都沒破，丹卡偷蛋技術好，我們的肚子總要填進東西。」莊院士安心說話。

「只戳破一個洞，從洞口吸吮蛋汁。又有五個寶貝蛋殼可以分配，這幾個蛋的外表花紋好看嗎？」詹姆士表示。

「綠色，有菱形圖案，挺有規律。三個不同的恐龍蛋賣出去，價值不只增為三倍？」舒小珍表示。

「增為六倍？比我們趕羊去林芝市集賣更賺錢？」丹卡說話口齒不清。

五具稻草人太疲倦，吸了蛋汁，飢火澆熄一些，連口渴都消除一些。逃出雙角龍及恐爪龍的雙重包圍圈後，緊張的心情突然放鬆下來。眼皮撐不住，五具稻草人倒地睡熟。

他們睡在小樹林內，避開鴨嘴龍上半夜前可能的行走路線。他們知道，鴨嘴龍族群養成了良好的衛生習慣，把糞便排在棲息森林的邊緣。黑夜中，大小鴨嘴龍必須摸黑走路，從棲息樹林走到排便地。它們應該有認路的本領，否則它們應有厚皮膚，以便黑夜行路時碰撞岩石或樹身。

果然不錯，逗留下來沒遷徙的鴨嘴龍，經常在水杉及銀杏混合森林走動，而且瘋狂的情緒未全消失。天沒亮，五具稻草人已經醒來；他們不敢躁動，以免被莽撞的鴨嘴龍碰上。

「恐爪龍會追蹤我們嗎？」舒小珍忍不住查問這種猛禽。

「它們可能暫時放棄雙角龍，二個族群盡全力追蹤我們。新鮮的衰弱目標成為它們的獵物首選。」莊院士分析。

「它們會戲弄獵物，等於向小恐爪龍示範獵殺的技巧。恐爪龍熟悉平行森林，巡遊速度快，能憑運氣追蹤我們；即使追上我們，不會一口吞下我們。」詹姆士判斷。

「我們現在是稻草人，騙得過恐爪龍？」舒小珍瞭解偽裝的好處。

「只能欺騙一會兒，一會兒而已，你一行動，它們就察覺。」詹姆士表示。

「勒呼—勒呼—」遙遠的蘇鐵灌木叢區，雙角龍逐漸由騷動中平復下來，發出行動的指令。「波噗—波噗—」近在身邊的小鴨嘴龍開始活動。「噢兀—噢兀—」淒厲尖銳的呼嘯聲，深深刺入耳中。

「聽起來好像想追蹤我們。」尼瑪感到惶恐不安。

「我們該出發了。沒有必要的話，我們不耽擱，儘快回破洞口。」莊院士堅定而委婉地下達指示。

五具流浪稻草人企圖快速行動，實際上只能一步一步回頭走。五具流浪稻草人一再眺望大峭壁，確定行走路線大致與大峭壁平行。然後朝瀑布河接近，以便汲取清水。但是鴨嘴龍偏偏沿河川或湖泊建立棲息地，於是他們撞上這群大傢伙的機會大增。他們認識食草龍發狂的威力，幾乎把棲息森林翻過來。所以它們不敢亂闖，一感覺小地震或兩個重物摩擦撞擊聲，就止步躲藏。直到大傢伙們閃開，或者它們繞路，才繼續行走。這樣的走法當然速度慢，但卻安全。隊伍中有老人及女子，他們只能緩慢而安全的行動。

「我們帶了寶物，必須走得安全。」詹姆士開玩笑。

「哪來的寶物？」舒小珍樂意與他交談。

「就是空的恐龍蛋殼。最好別壓碎它們。」

「如果恐爪龍家族闖入鴨嘴龍地盤，恐爪龍能奔跑嗎？」尼瑪詢問。

「恐爪龍沒必要奔跑，除非它們找到獵殺的對象。它們一直都在大峽谷巡遊，一向悠閒自在的找空檔前進，大恐爪龍帶小恐爪龍平安的旅行，不可能到處胡亂惹事。」詹姆士分析。

「恐爪龍不知道我們溜走了？」

「當然不知道，否則不火急追來才怪。它們看見我們由白鴿子樹下衝出去，自然而然從白鴿子樹下，切入鴨嘴龍地盤深處。這是掠食者簡單的追蹤反應。」

「看起來恐爪龍就是有可能追上我們。」舒小珍內心憂煩。

「不錯，不然它們不配稱為食肉龍中的殺手。」莊院士感嘆。

「你看，我們能逃脫嗎？」

「只要不犯錯，我們就有機會。像在雙角龍地盤內，如果我們因馬虎慌亂而多停留一個晚上，那隻大恐爪龍就追上我們了。」

偌大的水杉及銀杏混合林內，他們一再為躲藏而停下腳步，被迫留在陰暗地點過夜。年輕氣旺的尼瑪，在專家的協助之下，逐漸學得忍耐及潛伏的重要性。在巨大食草龍身軀的壓力之下，他們長時間忍耐不動，直到大傢伙先行離開，他們才起身走動。所以如同先前一路上逐一進入平行森林群，他們停留太多的晚上。如今走回頭路，也得停留太多的晚上。

幾個晝夜下來，幾乎每具稻草人身上的細草頭罩和繞身枝葉，都扯落不少。於是臉、上身、以及下身，都露出原形。但他們沒必要去修補，而背上的背包及木棒和弓箭等，最難加以偽裝。

五具流浪稻草人緩慢行走，一再被迫滯留過夜，五個人自然而然發展成三個小團體。尼瑪和丹卡是叔侄，在逃亡過程中互相關心，形成一個小團體。舒小珍和詹姆士相處融洽，談得攏，也形成一個小團體。莊院士成為單一領導階層。但五具稻草人仍合作默契良好。

「我們五個人體力不強，但能合作、有頭腦，我們不會輸給無腦猛獸。」詹姆士給大姑娘及其他夥伴打氣。

「大峽谷之外，一大堆親人及朋友等待我們，我們必須平安回家。所以我們不能走錯一步路。」莊院士指示。

又一個夜晚，他們五人滯留低垂的樹葉後躺下，裹緊毛毯或睡袋，以便多保留一分暖意；他們聽見似無若有的流水聲。

「看起來我們走到這座大叢林的中央，瀑布河小拐彎，由兩座森林之間的分隔低地，流到這兒。再流下去，就是河流末端的濕地。」莊院士回憶。

「一定要取水，口太渴了。」尼瑪嗓子全沙啞，其他人全難受。

「再摘樹葉，切樹枝，打扮得像一棵小樹，預備裝水。」詹姆士提醒。

再一次，五個流浪人互相照顧，盡力裝扮出五棵古怪的樹木。天亮之後，「波噗—波噗—」小鴨嘴龍快樂的叫嚷，完全忘記大混亂與大遷徙的瘋狂情景。一個鴨嘴龍家族，逗留瀑布河中段。附近其他河岸區，全被其他鴨嘴龍家族佔領。「往下游方向移動，觀察空檔。」莊院士提示。

湊巧，五具稻草人腳下，一大群大老鼠和二隻禿頂龍也出現，它們都要喝水，都要渡河。看起來，鴨嘴龍地盤發生大騷動，它們逃了出去，沒在其他地區找到食物和清水，命運如同五具稻草人。如今五具稻草人重回水杉和銀杏混合林，它們也折回，急於弄到清水和食物。

瀑布河兩岸都是黑土壤，生長短草或高草。若干河岸地段有大片岩石，鴨嘴龍族群就由光滑岩石上下河水，保持四隻腳的乾淨。河岸的短草或高草區，成為鴨嘴龍少光顧的地點。

詹姆士警告同伴，別在河岸草地上走動，那是鴨嘴龍沿河行動的走道。儘量靠近河岸樹林邊活動。目前該向瀑布河下游溼地移動。詹姆士收集了五個空水壺，吩咐丹卡跟來。他倆全身稻草人裝束齊備。他們等在深草叢一帶。

一大群漸突獸及二隻禿頂龍等不及了，它們從二具稻草人的腳下跑過，爬下光滑岩石河岸，進入河水區，開始大喝瀑布河水。鴨嘴龍家族視河水如命，不但不准別的鴨嘴龍染指，而且絕對仇視入侵搶水的競爭者。

大群漸突獸和二隻禿頂龍在光滑岩石入水坡道上，大喝特喝清水。河水中戲水兼吃浮萍的鴨嘴龍發現，一起趕來驅走入侵者。但河水涼中透冷，太好喝了。鴨嘴龍驅前一步，入侵者後退二步。鴨嘴龍急了，全家族上岸，合力驅趕入侵者。兩大類型生物，負有看水和搶水互相矛盾的任務，無意間全離開光滑岩石河岸。

詹姆士比手勢，偕丹卡立即行動。二具稻草人不站起，蹲著行走，潛入河岸高草地。趁著河水中鴨嘴龍家族全上岸，與老鼠及獵犬們抗爭之際，他倆把水壺分別投入水中，匆忙取水。河岸短草高草相憐，新增兩棵樹團，樹團偶有晃動，也不搶眼。實際上，丹卡及詹姆士相當緊張，勉強克制，迅速汲滿水壺；分別提在手中，蹲著慢移。不遠處，舒小珍和莊院士躲在小樹下，無不焦急。

這個河岸地段的鴨嘴龍，僅能把動作靈活的漸突獸等趕遠，少掉了分享清水的敵人，歡天喜地的返回。它們沒看見其他敵人侵入，沒損失任何東西，所以不憤怒哀號。而五具流浪稻草人一集合，分別猛喝水，各自喝掉半壺水。剩下的半壺，供行走其他平行森林之用，必要時臨時補充。

五個流浪稻草人知道，即使是性子溫馴的食草龍，例如山東鴨嘴龍，也不允許任何其他動物侵入地盤、分享食物清水。五具稻草人身上綑紮了樹枝樹葉，往往仍有偽裝蒙混的功用。白天天暗寒冷，晚上更是氣溫冰涼，他們身上多一層偽裝草葉，多少提供一些保暖功用，所以他們一路上偽裝成古怪小樹到底。

五棵古怪小樹不敢頂撞或刺激鴨嘴龍，一路上潛伏，找空檔移動；來到瀑布河下游溼地。濕地水少，水色差，不能裝進水壺。顯然的，大老鼠和二隻獵犬喝了濕地的水，然後開始尋找食物。它們的行列行走目標，與五具流浪稻草人一致。

「它們回白鴿子喬木下的樹底洞穴。咱們也經過那兒，仍有機會與它們碰面，對不對？」舒小珍開口。

「這方面由雙方的速度決定。漸突獸和禿頂龍屬於天然野性動物，它們行動靈活，膽敢大大方方行走樹林間。咱們是小樹，行動也沒慢多少。」莊院士表示。

「大老鼠們怎麼回白鴿子樹林的地洞？」尼瑪提出疑問。

「咱們盯住大峭壁，就不會迷失方向。它們嗅自己留下的氣味，包括排泄物，也不會迷失方向。」詹姆士判斷。

五具流浪稻草人通過水杉及銀杏樹混合林中央部分，告別了瀑布河河岸。混合林內乾燥地段，仍居住較稀疏的鴨嘴龍族群；它們天天去較遠的溪流及湖泊區，享受淡水帶來的效用。它們傾全家族成員，遠行去覓食喝水區。除此以外，即使返回原有居住地，它們也去森林邊緣排便。因此，除了下半夜，其他時刻鴨嘴龍仍頻繁出現於地盤。這麼一來，五具流浪稻草人快速通過混合叢林無望。他們看定大峭壁，走走停停，不太耗費體力，天黑了就擇地過夜。五具流浪稻草人過的是野人的生活，但五個野人都平安，互相扶持，企圖平安的走完全部平行森林。

五具稻草人行走速度太慢，雙角龍蛋很快吃光，保留空蛋殼，一再觀看諧調的青色菱形花紋。其他能到手的食物，只有各角落銀杏樹掉下的乾白菓。他們走到銀杏樹下，趁休息之際，撿拾枯葉中的乾果子。

又一次，五具稻草人碰上銀杏林，林內多枯葉及乾果。五具稻草人止步，分散開來撿拾乾果。「吱吱」

聲響起，大老鼠群和二隻獵犬現身，也現撿現吃乾白果，連禿頂龍也吃乾白菓。

「真湊巧，咱然一直碰見這群流浪小獸物。原來彼此目標相近，尋找食物的方法也相近。」莊院士表示。

「跟住它們行動，讓它們替咱們帶路。」詹姆士說明新立場。

「這樣子行走省事。隔一段距離追蹤。它們叫嚷，排隊行進，咱們也行動，不會跟空。」尼瑪表示。

從頭和臉的形狀，以及從頭部到尾部的形狀觀察，漸突獸像北方農地上的黃鼠狼。但是從四肢的形狀觀察，短腿，搖搖擺擺的走路方式，漸突獸更像臘腸狗，這種短腿狗最適合鑽洞，但不以高速奔跑見長。二股流浪隊伍湊巧遙遠連成一隊。臘腸狗似的漸突獸，嗅出自己留下的氣味，往老洞穴奔走。但邊嗅邊走，拖累了速度；它們慣於挨著草叢洞穴走，一遇危險就矮身躲避。其次，認識黑土平原遠不如恐爪龍族群的二隻禿頂龍，為了偷蛋，跟隨了漸突獸，而且貼近草叢行動。比較落後的是五具流浪稻草人，他們挨近樹林邊行走，一遇危險就閃向樹幹之後，或樹葉之中。

忽然漸突獸「吱吱」叫響聲增強，這一大群臘腸狗似的黑色動物大膽衝向前，從多個方向攻向一處棲息地。棲息地附近不見河流湖泊，但是遙遠的地方，似乎隱約傳來戲水叫鬧聲。一處空地中，土地隆起，地面只生長稀疏短草；幾窩蛋就留置隆起地面邊緣。空地附近一帶的草叢花圃，早已被巨大腳掌採平，成為臥倒休息地。更外圍一點，是稀疏的樹木。這種棲息地類似一般不傍水的鴨嘴龍居住地，空地大，適合大家族居住。但是眼前只有二大一小，總共三隻鴨嘴龍，守住一處棲息地。

大老鼠們看出機會，一擁而上，就想立即咬破蛋殼吃蛋，解除肚子裡的飢火。二隻禿頂龍更飢餓，欺棲息地看守的猛獸不多，企圖偷得一個大蛋。

「跟上去，挨近樹林別行動。」詹姆士交代。

大老鼠和獵犬們正面衝來偷蛋，三隻鴨嘴龍毫不畏懼，就守在蛋窩邊，猛咬、猛抓、以及猛踏。衝在最前面的幾隻漸突獸，沒避開鴨嘴龍靈活的身體，當場被踩傷或踩死。其他漸突獸一哄而散，暫時逃遠而逗留下來，仍想吃蛋。一隻小鴨嘴龍衝出去，攻擊一大群漸突獸。

二隻禿頂龍太飢餓，飛快抓空檔衝近蛋窩，分別拼命張嘴，各叼起一個大蛋，然後往外逃脫。二隻大鴨嘴龍分別直追，速度不慢，往外追了出去。本來禿頂龍腳步夠快，逃得出去，但是厚殼蛋太大，沒叼牢，居然從它們的口中滾出。它們捨不得，停下腳步重新叼蛋。二隻大鴨嘴龍趕上，分別重打禿頂龍。一隻禿頂龍的腹部大出血，另一隻禿頂龍的前肢被咬裂。這二隻負重傷的禿頂龍撐住傷痛，搖搖晃晃逃散。二隻大鴨嘴龍叼回大蛋。

「快拿蛋，拿了就跑。」莊院士火急交代，他學會詹姆士的招數。

五具流浪稻草人趁蛋窩附近不見防備，分別大膽取蛋。漸突獸群趁機當場咬破蛋殼吃掉。三具流浪稻草人各抱了二個大蛋，舒小珍和莊院士各抱了一個大蛋，拼命往外逃奔。

三隻鴨嘴龍都折返，叼回二個大蛋而已，而一批大蛋被咬破，一半蛋汁被吸光，另一半蛋汁流在土地中。另有一批大蛋不翼而飛。這三隻鴨嘴龍放聲哀叫：「波噗—撥噗—」。

三隻鴨嘴龍的哭叫聲刺激了整座密林，其他鴨嘴龍也開始放聲哀叫，甚至亂跑亂撞。整座密林陷入大騷動中。

五具流浪稻草人躲入水杉大樹幹之後，不敢隨意妄動。他們又有新鮮柔軟食物。他們小心謹慎，把二個黃皮鱗片狀花紋的大蛋鑽洞，享用營養好的新鮮食物。鴨嘴龍蛋最大，蛋殼的花紋不同於其他食草龍。當然空的鴨嘴龍蛋殼，是另外一種寶貝，值得小心收起。

水杉及銀杏森林內，因為大量大蛋被咬破、被偷走，整個鴨嘴龍族群動盪哀傷，不斷的奔跑碰撞。另外鴨嘴龍族群一向保持遠地排便的習慣。整座密林大小龍奔走，漸突獸和稻草人們都不敢妄動，又都被勾留了一個夜晚。下半夜之後，混合密林才開始平靜下來。

「不要招惹食草龍，更別想同它們打鬥。咱然拼不過，只有枉死的下場。」莊院士勸告：「該忍耐，該躲藏，咱們就忍耐躲藏，這樣子才能保命。」

「像坦克一樣重的巨獸，一直在身邊走來走去，嚇死人，只想逃跑。」尼瑪抱怨。

「你跑不遠，反而驚動全部森林。從那一天起，你就被迫一直躲著不動，一動就被坦克巨獸包圍。」莊院士描繪問題的嚴重性。

「恐爪龍呢?恐爪龍不敢碰這些坦克巨獸?」尼瑪再質疑。

「你想想，食草龍數量多，吃肉龍數量少;食草龍體型大很多。所以恐爪龍必須找機會獵殺倒楣落單的坦克巨獸。食肉龍不會笨得天天去森林挑戰大傢伙。」詹姆士分析。

五具流浪稻草人長時間蟄伏，大傢伙走遠了才移動，終於瞧見從大峭壁流下的瀑布。瀑布的水流入黑土草原邊緣，然後斜斜流入水杉及銀杏混合森林的中央，吸引眾多鴨嘴龍家族去居住。五具稻草人明明白白望見瀑布，清清楚楚聽見猛烈濺水聲，又看見一片草地，他們平安的走出鴨嘴龍地盤。

隔壁是另一座平行森林，五團流浪陰影曾在森林內偷過禽龍蛋，空蛋殼還留在他們的背包中。他們來到鴨嘴龍地盤的邊緣，感覺禽龍地盤也有強烈碰撞聲及地震。

「妳聞到臭味嗎?」詹姆士開口。

舒小珍用力吸氣，沒聞出異味。

「這裡沒有糞堆，上半夜前，大小鴨嘴龍不會輪流來這兒排便。今夜咱們好好休息，明天進另一座大密林。」莊院士宣佈。

五具稻草人吸吮鴨嘴龍大蛋;這種蛋大過禽龍蛋和雙角龍蛋，蛋殼內的蛋汁也多。他們無法區分這幾種大蛋的味道，似乎彼此氣味及味道相似。他們把玩巨大的空蛋殼，以及觀賞黃色魚鱗片狀花紋。

「如果我們每一個人，擁有四個不同的大蛋，而且全部大蛋的蛋殼保持完整。等到我們離開大峽谷，我們會發財。」詹姆士聲明。

「可能嗎?一個大蛋殼，會比一匹公駿馬值錢?」丹卡懷疑。

「博士沒騙人。一個空心大蛋殼，值一百匹駿馬。四個不同的大蛋殼，值一千匹公駿馬。」莊院士確認。

「甚至超過一千匹公駿馬。四種大蛋，外表有神奇的花紋，消息傳出去，尼瑪牧場和丹卡牧場會轟動全世界。」舒小珍更進一步想像。

「那麼咱們沒白來大峽谷？」尼瑪腦中生出幻想。

「只要你能逃出去，帶著空蛋殼，包你走好運。」莊院士鼓勵小輩們。

（六）

五具流浪稻草人躺著，利用大峽谷特有的長夜，多睡眠一會兒。他們想到白天的觀察結果，天空烏雲密佈，無法透出陽光。大峽谷內的變化只不過氣溫降至冰點，樹葉、草尖，以及岩縫中的水，凍結成小冰塊而已。

「墨脫支脈以外的天氣狀況會如何？」莊院士躺著開口。

「天完全被烏雲遮住，白天光線差，是暴風雪來臨的跡象。」尼瑪說明。

「暴風雪侵襲，爬下墨脫支脈困難嗎？」詹姆士出聲。

「很難說，但是一定比無雪的夏秋天困難。」丹卡補充說明。

「只要天空壅塞烏雲，連大峽谷內夜晚的氣溫也下降。」尼瑪訴苦。

說到這兒，臥倒地面，只裹一條毛毯或睡袋的五具稻草人，確實感覺日子一天比一天寒冷，整晚經常冷得醒來，牙齒顫抖。

「妳睡得暖嗎？」詹姆士溫柔的探詢。

「身體當然冷得受不了，但是想到一個問題，就不嫌毯子薄。」舒小珍牙齒顫抖出聲。

「想到什麼問題，說來聽聽。」莊院士加入閒聊話局。

「我們的背包容量有限。」舒小珍解釋：「如果我們多帶一條毛毯或冬衣，我們睡得暖一些，但背包就少裝二個空蛋殼。我寧可多裝空蛋殼，少塞一條毛毯。」

舒小珍這麼解釋，其他同伴們都有同感，不再抱怨衣物不夠用。

五具流浪稻草人多躺一下，聽見遙遠的地方，「噢兀——噢兀——」微弱而淒厲的叫聲，深深刺入耳中。「噢兀——噢兀——」微弱而淒厲的應答聲接著響起。即便微弱而淒厲的叫喚聲暫時不構成威脅，五個流浪稻草人睡意全消，坐了起來。

「收拾行囊，天一亮，馬上出發。」莊院士指示。

「割一點枯草，塞入背包內，防止空蛋殼互相磨破。」詹姆士建議。

這個建議好，與財產的價值有關。尼瑪和丹卡大量割草，交給全部夥伴，以便塞滿背包內。

天邊只洩露一絲光芒，五具流浪稻草人起身，走入兩座平行森林之間的分隔草地。「吱吱」叫聲不絕，漸突獸也加入折返出發地的行動。尼瑪使用手電筒，補充冬天淩晨光線的不足。他們走下水杉銀杏混合森林邊緣的高地，進入兩座密林之間的分隔草地。分隔草地仍積水，漸突獸和五具稻草人不挑選分隔草地隆起的地段，逕行踏進水草中，快速通過，踏上對岸高亢地面。

「大膽走進去，千萬別停下來。」憑著突如其來的直感，詹姆士催促。

天邊光線明亮一分，大峽谷上空初現曙光。領路的稻草人尼瑪，發現若干高大杉木上銀光閃閃。他想了起來，夥伴們曾告訴他，樹上的銀光不是銀子的閃光，而是銀杉的葉片氣孔顏色。每一葉片氣孔都有銀白色線條，一旦葉子全部顫動，全樹就顯得銀光閃閃。

尼瑪不但進入銀杉和柳杉混合林區的邊緣，而且在詹姆士催促之下，透入混合林深處。天色更明亮一些，大峽谷冬季的白晝正式來臨。地面引發輕微的地震，軀體呈灰色，長八公尺，高近二公尺，大蛇形頭，背脊骨明顯展現於厚皮膚下，背上多短黑斑的禽龍，出現於高大銀杉喬木和中矮型喬木柳杉之間。它們每一隻腳有尖銳的三趾，以及往後翹起的第四尖趾。它們的肚子多軟皺紋皮膚。當母禽龍生蛋及孵蛋時，肚皮的軟皮能保持禽龍蛋的平安生下，以及安穩在黏土質蛋窩中豎立。

大小禽龍一現身，龐大的身軀嚇住領路的尼瑪，五具流浪稻草人靠近銀杉的大樹幹，保持完全靜止不動。禽龍家族穿過樹木，前往各覓食區，只發現若干大樹樹幹多了一團樹葉，樹葉之中多出一段木棒而已。此外沒有其他怪異的地方。每一段樹幹上黏附的樹葉團，雜有青草、綠葉，及蕨類葉子，這類大雜燴不合乎禽龍大吃專一嫩葉的胃口，所以大小禽龍不理會五具稻草人。大小禽龍在五具稻草人身邊摩擦而過，「勃勃，勃勃」聲震動稻草人們的耳朵，但他們沒被撞扁。

因此，五具稻草人一抓住空檔，就倚靠大樹幹，往森林內部深入一步，逐漸脫離銀杉柳杉混合林的邊緣地帶。尼瑪既緊張又詫異，不明白詹姆士為何如此急於趕路。至於眾多禽龍家族，紛紛前往棲息森林邊緣，尋找最翠綠柔軟的嫩葉及積水區。

「噢兀——噢兀——」淒厲的叫嘯響徹鴨嘴龍森林，傳入禽龍森林。

不止廣大的鴨嘴龍群族被驚嚇，而且被激發出防禦天性。「波噗——波噗——」鴨嘴龍群族叫了，一大群公鴨嘴龍組織起共同防禦牆。

分隔積水草地這一邊，銀杉柳杉混合林內；「勃勃——勃勃——」叫聲響起，禽龍族群也警覺外敵入侵，一大群公禽龍放棄內鬥，共同組織對抗牆，守住分隔積水草地邊。

尼瑪這才警覺，五具稻草人行動快，早一步走出邊緣地帶，沒被禽龍的共同對抗牆擋在外面。尼瑪現在瞭解，詹姆士的直覺正確，他們必須遠離恐爪龍，不惜在禽龍森林冒險。如果他們反應遲鈍，就會被困在二百公尺寬的分隔積水草地上。

五具稻草人衝出蘇鐵灌木叢區，逃進水杉銀杏混合林。之後他們在混合林揀拾乾銀杏菓，設法替水壺裝水，又偷鴨嘴龍蛋。在這段不算短的日子內，青黑色虎紋恐爪龍家族一方面與雙角龍族群繼續對抗，一方面多方尋找五個衰弱目標。它們踏遍分隔草地，搜索蘇鐵林區，直到大峭壁腳下為止，一直沒查出五具稻草人的蹤跡。隔了許久，它們才通過幾棵白鴿子樹及鴨嘴龍糞便區，正式進入鴨嘴龍的地盤。

恐爪龍不但是大峽谷的終極殺手，而且是大峽谷的巡遊家族，經常漫遊平行森林中的任何一座，甚至來到雅魯藏布江。它們獵取食物太容易了，所以從不缺乏食物，有餘力到處漫遊。它們對於獵取衰弱目標最有興趣。大恐爪龍不急於殺死並且吃掉衰弱目標；反而慢慢戲弄折磨，讓小恐爪龍學習獵食的技巧。這方面恐爪龍比偷蛋禿頂龍聰明。恐爪龍長時間訓練小龍，帶小龍到處巡遊，教導小龍如何進行全家族的協調性攻擊。而禿頂龍沒教會小龍如何偷蛋謀生，就把小龍趕出棲息地；結果小禿頂龍沒學會一切獵食技巧，就被迫獨立外出獵殺，反而被強大的敵人殺害。

二隻被家族趕出的禿頂龍，追蹤漸突獸群，來到鴨嘴龍地盤上，瀑布河尾端的溼地。走過溼地之後，漸突獸群發現。有三隻鴨嘴龍守蛋窩，留下了空檔。漸突獸群放膽，二隻禿頂龍追隨，攻向幾個草地上的蛋窩。小部份漸突獸當場咬破蛋，吸舔了一部份，流失了一部份。五具流浪稻草人取巧，漁翁得利，偷走八個大蛋。二隻禿頂龍完全沒收穫，叼走二個蛋又掉落，被二隻大鴨嘴龍追打。結果一隻禿頂龍腹部被咬破流血，奄奄一息，走過瀑布河下游溼地，進入離瀑布河不遠的乾燥地點，另一隻禿頂龍一隻腿被重咬，拖著步子喘息逃命。

四隻青黑色虎紋恐爪龍，搜尋遊蕩良久，最後隨意切入水杉及銀杏混合林。一大早，公母恐爪龍互相叫嘯聯絡，它們輕微的叫聲傳到三百多公尺寬的草地邊，驚嚇了詹姆士，他催促尼瑪及全部夥伴們匆忙逃亡，以免被恐爪龍家族碰上。

肚子大失血的禿頂龍，撐到瀑布河不遠處的草地上，流光血而倒下等死，血腥味緩緩傳散，四隻恐爪龍闖入，聞出血腥氣，嗜血凶性大發。立即衝上前，撕裂禿頂龍而分食。禿頂龍頗有份量，足夠恐爪龍全家族大吃幾天。一家族四口，胃口大開，天上掉下來大塊肉，不吃白不吃。它們吃了主要部份，丟下皮和骨頭，把剩餘的大塊肌肉塞入口中，然後循禿頂龍流下的血跡腥味追蹤，追到鴨嘴龍棲息地前。鴨嘴龍因破蛋失蛋而大哀傷，正待找仇敵報仇。四隻恐爪龍送上門，彼此尖叫威脅。尼瑪等稻草人第二次聽見淒厲的叫聲，就是恐爪龍正式槓上大傢伙而發出。

實際上，五具稻草人在禽龍防禦牆之後，第二次聽見恐爪龍兇猛尖銳的叫聲，他們剛逃脫一場死劫。漸突獸和禿頂龍偷蛋吃蛋，死傷慘重。詹姆士督促火急偷蛋，卻成功摸走八個大蛋。這八個大蛋不但解除稻草人新鮮食物短缺危機，而且激發鴨嘴龍家族及森林的大騷動，甚至阻止了恐爪龍家族的快速行動。

如果五具稻草人不冒險偷蛋，他們不但得不到食物，而且不能激發鴨嘴龍族群對抗恐爪龍家族。一來一去，差別有多大。如果五具稻草人只以一般速度通過水杉銀杏混合林，恐爪龍也以它們的一般速度通過混合林，五具稻草人能逃脫？真是生死只有一線之隔。

四隻青黑色虎紋恐爪龍追蹤禿頂龍的血跡，追到鴨嘴龍家族前，雙方對峙下來。這個鴨嘴龍家族叫嘯，召來其他同類鴨嘴龍相助。四隻恐爪龍不想正面與大傢伙們火拼。它們東閃西躲，專抓空檔，終於靜悄悄抵達三百多公尺寬的積水草地邊。

然而四隻恐爪龍與大群公鴨嘴龍對峙之際，第二次淒厲的叫嘯，不但刺激公鴨嘴龍組織防禦牆，也刺激禽龍組織防禦牆。四隻恐爪龍暫時被擋在兩座森林之間的積水草地上。再一次，詹姆士督促尼瑪，冒險快速進入禽龍地盤上，他做出了正確的判斷。

銀杉及柳杉混合林內，每見多個禽龍家族聯合，組成一個超大團體，共同生蛋及養育小禽龍。這種超大的共同棲息圈，阻止尼瑪快速逃奔。他不能率領全部稻草人，在大小禽龍面前狂奔，這麼一來將激怒禽龍。他仍得扮做流浪人，不確定目標，不趕路，以躲藏及潛伏為要，緩慢的穿越混合林。五具流浪稻草人，前些日子就被迫採用這種方法，通過山東鴨嘴龍的地盤。難道他們還得用同樣的方法，耗時費日，通過禽龍的地盤？五具稻草人如今面對的禽龍森林，已經發生劇變。挨近鴨嘴龍地盤方向的半座禽龍森林，不再是遊樂的天堂，讓小禽龍玩樂區當中心，大禽龍既守衛玩樂區，又外出採菓實。外敵入侵的警報已響起，大峽谷的殺手趕來。生活於殺戮荒野的食草龍如禽龍，不遜於雙角龍，也以組織防禦牆為重心，將許多大型禽龍共同圈子調整。眾多公禽龍圍成一堵牆，防止恐爪龍侵入，其次，眾多母禽龍組織第二堵牆，支援第一堵牆。第二堵牆之內，才是一大群小禽龍及孵蛋區；小禽龍自行圍聚遊樂，自行去遠處樹林及水源區覓食，自行返回。

五具稻草人目睹公禽龍組織防禦牆，幸而他們已抵達母禽龍等二堵牆之內。他們看見母禽龍互相輪值，互相外出迅速覓食喝水，快快返回。其實公禽龍組織的第一堵防禦牆，也以同樣的方式維持。小禽龍玩樂區內，大批小禽龍仍互相推擠、疊高以及扭打為樂，蛋窩就位於附近岩石堆或高草地上。

「大禽龍不在，我們再偷禽龍蛋。」尼瑪悄悄的請示。

詹姆士搖頭。莊院士答覆：「不成，千萬別欺負小禽龍，它們一叫，母禽龍趕來，我們沒地方逃。」

「我們何不溜過小禽龍玩樂圈，更深入森林內部？」尼瑪再悄悄的請示。

「不行，公禽龍，母禽龍，和小禽龍交互出現在每一個角落。我們一現身，就會驚動警戒中的禽龍。留在原地，等禽龍調整防禦佈署，我們才能動。」詹姆士指示。

於是五具稻草人必須潛伏不動，不激怒任何一隻禽龍，他們保住了性命。到了黃昏，公母防禦牆才分別拆散，大禽龍返回棲息地過夜，以便下一天繼續對抗強敵。禽龍的防禦圈子解散，天色黝黑，五具稻草人才趁機繞走幾座小樹林，然後躲進其他小樹林休息。的確不錯，他們五個人繼續在銀杉及柳杉混合林活動，行走速度緩慢。山東鴨嘴龍及禽龍的地盤太大了。

莊院士和詹姆士多費精神，阻止尼瑪冒失亂跑。舒小珍和丹卡不反對，明瞭大夥兒置身的危險。

下一天，五具稻草人看見，公禽龍組織較薄的防禦牆，防止強大外敵入侵。五具稻草朝樹密草濃的地段緩緩滲透，花去半天時間，然後碰上母禽龍組織的防禦牆，又用去半天的時間。那天夜晚，氣溫降得低，五具稻草人找到一處樹葉充分低垂的地點，躲了進去過夜。他們看得見大峭壁，知道沒偏離路線。

「恐爪龍沒叫嘯了；它們還追蹤而來嗎？」莊院士出聲。「它們也摸索許久。」詹姆士沉思後說話：「我們一直找最好的逃亡路線，很可能恐爪龍湊巧也走這條路線。」「我們沒法子趕快路，對不對？」舒小珍擔心。「當然。趁禽龍不注意我們才溜過。我們只能等待機會，利用機會。恐爪龍也一樣，利用機會圓滿穿透森林。否則二隻小恐爪龍雖逃禿頂龍的命運。」詹姆士說明。

白天天亮前，天光稍稍照射一些，樹林中寒冷，升起一陣薄霧。前一個日暮前，他們已經觀察好樹林草叢分佈的情況，利用禽龍未起身，薄霧籠罩的機會，五具稻草人提前摸索出發。大小禽龍倒在草地上翻轉軀體，「勃勃、勃勃」互相叫喚反應。五具稻草人挨近樹枝草叢，從半睡中的禽龍窩邊溜過。五具稻草人的心，幾乎跳出身體。他們即將通過禽龍建立的第二道防禦陣線。五團流浪陰影一再偽裝成稻草人，長時間下來，偽裝得真像，幾乎能騙過自己人。這批心急的趕路稻草人，難以觀察前面全部自己人，所以只盯住前方的一具稻草人而已。墊後的丹卡感到吃力，一方面得抓住身前舒小珍稻草人的位置，一方面費神注意這個有時太大意的姑娘的安全。

五具稻草人一起行動，只比手勢，一律禁聲。到了中午，天空厚雲集結成團，天光難以照射。這種光線有好處，禽龍眼力不強，一旦光線差，它們分不清靜止及移動的小樹。這種光線也有壞處，稻草人難以輕易分辨前一具稻草人。

他們來到禽龍大地盤的中央地段，防禦陣線和快樂地區的分界地。森林中出現密集的扁柏林，大部分扁柏略高於二公尺，針葉頗蒼翠濃密。尼瑪依正常步子走，莊院士根據尼瑪背上露出的木棒頸，順利跟上。詹姆士意志力強，始終抓住莊院士行走的特色，穩穩跟住莊院士。舒小珍往往無謂的害怕，突然失去詹姆士的稻草人影子。舒小珍有時驚嚇，幾乎想大叫求救。這時有人重拍她的肩膀，用手指指示前幾具稻草人的方向。丹卡一直注意較大範圍的情況，及時提醒了糊塗的大姑娘。

「你走得太快，後面的人跟不上。」詹姆士低聲提醒。但是尼瑪抑制不住心中的緊張。公禽龍和母禽龍分別組織防禦牆，小禽龍們躲在二道防禦牆之後嬉戲，根本不用恐懼憂愁。唯一的變化是，牠們餓了渴了，得自行找綠葉或藤蔓，自行尋找淺溪小湖泊區。被蒼翠濃密的扁柏林隔開的，就是正開溜的五具稻草人。尼瑪明白，小禽龍比大禽龍更麻煩，牠們邊走路邊吵鬧，往往無緣無故撞上幾棵扁柏，可能殃及逃命的稻草人。

不遠處，樹身高處銀光閃閃，銀杉又大量出現；銀杉是禽龍地盤的主要樹種。銀杉也有落葉及落果，但是銀杉的枯毬果完全乾癟，不能吃。一旦銀杉消失，五具稻草人就走出禽龍的地盤。扁柏小樹林的尾端，太多棵扁柏針葉糾纏在一起，變成扁柏樹團。扁柏樹團太陰暗，附近小禽龍也叫嚷亂撞。舒小珍一急，失控急跑，抓住詹姆士的草葉裝束。詹姆士任她抓住，繼續盯住前一個稻草人行走。但他突然警覺，回頭一看，丹卡沒跟上。大姑娘一奔跑，讓丹卡一時跟丟了。到處都是綠樹黃草，稻草人丹卡人在何處？

詹姆士腦子一轉，吩咐大姑娘火速通知最前端的二具稻草人止步。他自己抽出手電筒，向地面照射回頭走。他回頭走了四十步，發現手被丹卡抓住。二具稻草人會合了。丹卡跟丟了大姑娘，一時頭冒冷汗；丹卡幾乎心神喪失，直想大喊大叫求救。但他警醒，不能驚動小禽龍。他忍耐，等待，直到詹姆士的手電筒照來。朋友們沒互相背棄。

「你走得太快了。環境愈複雜，你愈得走慢。」莊院士提醒。「對！」尼瑪承認：「我怕恐爪龍跟上，不用腦就走快。」尼瑪承認。「大家都打扮成稻草人，辨識困難些，後面的人容易看走眼，」詹姆士建議：「多回頭看看，尤其找到墊尾的叔叔。」五具流浪稻草人在扁柏小樹林會合及休息，打量一下周遭的環境。

小禽龍群的打鬧聲已遠去，他們通過了禽龍設置的二道防線。可能他們穿過了半座森林。前面喬木樹葉銀光閃閃，大片銀杉在望。他們只來到原有的新天地，小禽龍快樂的遊玩區。

「沒聽見恐爪龍的尖叫聲，它們不再跟蹤咱們了？」尼瑪猜測。「它們根本不知道咱們來到這兒，所以不急於追蹤咱們。它們到處巡遊，碰到什麼就獵殺什麼。」莊院士分析。

「它們會放棄巡遊，退出山東鴨嘴龍和禽龍地盤？」尼瑪再思索。

「不可能，除非它們在森林裡，和鴨嘴龍及禽龍大打出手，它們受重傷吃了悶虧。否則大峽谷的殺手不會退縮。」詹姆士判斷。

沒瞧見恐爪龍的身影，沒聽見它們淒厲的叫聲，尼瑪安心些。再度領路，溜入銀杉林。一進銀杉林，尼瑪就得停步，往路邊的小樹林鑽。先是一批公禽龍出現，彼此互相擺架子鬥氣，怒喝連連。它們採了一批綠葉嫩枝，充當小禽龍的食物。它們的動作緩慢，吵吵鬧鬧而行，阻止五具流浪稻草人起身邁步。他們走光以後，五具稻草人企圖奪路而行，前進方向與大哨壁平行。沒走多遠，大批母禽龍出現；母禽龍彼此不爭風吃醋，採集大量幼嫩草葉，當小傢伙群的食物。五具稻草人又被攔住。

接著大批小禽龍結成隊伍，東遊西蕩，無拘無束遊玩。公母禽龍遙遙跟著，注意小傢伙的安全。看見眾多小禽龍出遊，五具稻草人知道，今天的行程告一終了，別想再移動半步。這兒是和平快樂地區，恐爪龍的威脅陰影沒傳到這兒。小禽龍的左右必定出現大禽龍，任何其他動物休想爭路，否則大禽龍必定追殺。

五具稻草人在銀杉林一角落過夜。「勃勃－勃勃－」小禽龍叫得歡樂，大禽龍應聲走動照顧，禽龍的共同棲息圈忙亂而安樂。

「你說說看，禽龍配不配稱慈母龍，社交龍？」莊院士睡在地上，低聲交談。

「有那麼一點影子，禽龍真會過團體生活。」舒小珍回應。

「但它們只對同類友善，對稻草人完全沒好感。」尼瑪因行動受阻而抱怨。

下一天，五具稻草人趕早搶路，溜進柳杉林。他們沒走多遠，碰上一個更大的禽龍共同家族，被迫中斷行程。公母大禽龍護送小禽龍去附近有水有樹林的地方，「沙沙」聲傳來，大小禽龍大吃嫩葉及野花。又喝水玩水。邊玩樂邊覓食，直到中午，才返回共同棲息地午休。整整一個上午，五具稻草人又被困住而動彈不得。天空陰暗，陽光稀少，禽龍的地盤氣溫偏低，但大小禽龍不怕冷。或許它們白天盡情活動，正是禦寒的好辦法。

一連多天，五具稻草人受困於禽龍的和平快樂區域，行走的距離相當短。但這正是避免激怒禽龍族群的唯一方法。五具稻草人身體這麼瘦小，力氣這麼微弱，卻想在禽龍的地盤活下去，唯一的方法仍是忍耐，潛伏安全時才行動。

「你相信嗎？就算恐爪龍這麼兇猛，進了禽龍的地盤，也得埋伏躲藏？」尼瑪抱怨。

「不錯。你去非洲看看，獅子多兇猛，但獅子不敢在大象的地盤撒野。」詹姆士比較不同時代的動物。

許多個晝夜過去，五具稻草人耐著性子，在巨大的銀杉柳杉混合林兜圈子，終於發現銀杉及柳杉生長稀疏，空曠地多了起來。桫欏、樹蕨、蘇鐵、筆筒樹等灌木大量分佈，土地變得潮濕。

「看起來我們將走出禽龍的地盤。」舒小珍悄悄的開口。

「快了、快了，我們離家又近了一步。」詹姆士溫柔的回答，心中鬱悶不樂。

「出門這麼久，牧場的獒犬和羊兒將認不出小主人。」尼瑪悶悶不樂。

「一定能回家，你看，恐爪龍沒追上咱們。」丹卡出聲安慰。

五具稻草人再也不想白等待，被迫晚一些起床，根據大小禽龍的活動方式，他們才採取對策。他們記得，偽裝仍有必要，每個人身上的草葉裝必須齊備。

五具流浪稻草人揹上背包，紮好全身上下草葉裝。突然銀杉林起了一陣騷動，大小禽龍亂撞樹枝草叢，斷草敗葉滿天飛；然後土地震動起來。

「禽龍想幹嗎？都想離開棲息地？」尼瑪悶聲抱怨。

「一大早有動作，當然是集體覓食。問題是去什麼地方覓食？覓食的時間有多久？」莊院士表示。

「我們跟在後面行動，讓禽龍替我們開路。」詹姆士提示。

大量公禽龍在前，小禽龍居中，母禽龍墊後，向同樣的方向出發。土地震動不已。禽龍族群不走彎曲的草地路徑。它們筆直穿過銀杉林，柳杉林、樹蕨叢、雜草堆等，甚至推倒擋路的橫枝石塊，肆無忌憚的前行。

禽龍族群緩慢而穩定的行走，連小禽龍都不敢嬉戲胡鬧。五具稻草人遙遙跟在後面，大大方方走出去。這支大隊伍走出了銀杉林和柳杉林，前方瞧不見任何喬木。前方的樹林甚至比公禽龍矮。莊院士突然伸手，抓住領路的尼瑪。詹姆士也轉身一攔，阻止舒小珍和丹卡前進。

「進小樹林去，躲一躲。」莊院士催促。

五具流浪人躲進一座小柳杉林。從柳杉林張望，他們看見一座奇大無比的椰子樹似灌木林，灌木林上鋪了一層綠色布幔，但綠色布幔破綻多。

「桫欏林和藤蔓植物旁邊有大淺池塘。」尼瑪瞧得清楚。

不錯，這兒正是華陽劍龍地盤和禽龍地盤的分界地，五具稻草人曾走過這兒，並且在桫欏林內遇見大老鼠，又在桫欏林內過夜。他們終於平安的通過禽龍的地盤。

「我們在小樹林內休息。黃昏禽龍走光了，我們才進入桫欏林。」莊院士交代。

「避開山東鴨嘴和禽龍，不到安全的時刻不趕路。我們保住了平安，也完成了一半的路程，對不對？」詹姆士表示。

「不錯。」舒小珍承認：「鴨嘴龍和禽龍都不凶。即使你闖進它們的地盤，你不偷蛋，不殺害幼仔，大傢伙不會為難你。」

「更重要的是，不是鴨嘴龍和禽龍闖進我們的牧場，而是我們闖進它們的地盤。所以我們不能惹它們生氣。」詹姆士解釋。

「它們是主人，我們是客人，客人不能刺激主人。」丹卡承認。

「對、對，我們躲避它們，千萬別惹它們。」莊院士勉勵大家。

不太遠的桫欏林邊緣，公禽龍和母禽龍大吃藤蔓植物的翠葉。它們邊扯移藤蔓植物，邊監視小禽龍。小禽龍已經淌入桫欏林畔的一個淺水池塘，一邊玩水，一邊咀嚼水池中的浮萍植物。小禽龍大吃之餘，玩得歡樂，可想而知，桫欏林對側，大小華陽劍龍也吃得開心，玩得開心。

直到下午時分，一日的歡宴才結束。母禽龍和公禽龍都淌入淺水池，吃喝嬉鬧一陣之後，陪同小禽龍返回棲息森林。地又開始震動。大小禽龍經過小柳杉林，根本不理會林中躲藏的五具流浪稻草人。對尼瑪個人而言，他對於大傢伙的恐懼感，消退了不少。

大小禽龍的背影消失，地震漸輕，五具稻草人才溜出來，走乾燥草地進入桫欏林。但是桫欏林的綠葉布幔不完整了。經過大小禽龍長期的扯食，藤蔓部份變老又殘缺。翠葉部份更殘破，許多條藤蔓無力爬附桫欏灌木，天天嫩葉被啃食，枯萎死去的日子不遠了。

不僅如此，桫欏林邊的淺水池，不但池水變淺變濁，而且池中的浮萍蓮花幾乎被吃光。

「靠近白鴿子樹的那一側，藤蔓植物及淺水池的情況會緩和些嗎？」舒小珍出聲。

「可能一樣慘。華陽劍龍和禽都龍得另覓食物來源。」莊院士表示。

五具稻草人鋪起毛毯或睡袋，就在桫欏林內過夜。他們終於走出禽龍的地盤。他們離回家之路又近了些。

「恐爪龍還是沒追上咱們。到底它們來到何處？」五具稻草人閒談之中，總少不了恐爪龍下落的問題。

四隻青黑色虎紋恐爪龍像兩棲類或爬蟲類一樣，能一次吃一星期的食量；而後一星期不吃東西，只喝水，慢慢消化肚子裡的食物。它們把一隻肚子被咬破的禿頂龍吃掉，吐掉粗毛皮和骨頭，追蹤禿頂龍的血跡，來到損失太多大蛋而哀痛的鴨嘴龍棲息地前，雙方叫嘯而對峙起來。肚子裝滿禿頂龍肉的四隻恐爪龍，無心和山東鴨嘴龍陣線硬拼。它們往旁一竄，鑽入草叢中，又移去小樹林中，瞬間消失了。它們的行動能力比五具稻草人強太多，而且皮膚色彩具有天生保護色，所以閃避敵人陣線輕而易舉。

它們不知道五個衰弱目標的位置，根本沒追蹤五個衰弱目標。它們一路巡遊，來到鴨嘴龍地盤和禽龍地盤之間的三百公尺寬積水草地，五個衰弱目標溜去禽龍第二道防禦牆之後。恐爪龍不急，一直在積水草地邊緣巡遊，直到禽龍放棄任何防禦牆，它們才輕易滲透，進入禽龍地盤。五具稻草人一天下來，往往走累，全身酸痛不堪。但恐爪龍輕閒漫遊一天，完全不會累。它們的後肢骨骼、肌肉、以及全身神經，不僅發達有力，而且協調性良好。它們是天生的奔跑猛獸。它們在大峽谷享受頂級掠食者的生活。

當五具稻草人費盡力氣，平安進入桫欏林；四隻恐爪龍輕而易舉，滲透至禽龍地盤的中央部位。四隻恐爪龍常嗅出空氣中的新舊氣味，以便決定追蹤方向。凡是有抵抗力的舊氣味，它們捨棄不追蹤，凡是沒有抵抗力的舊氣味，尤其含有腐敗死亡的氣味，它們一遇機會就追蹤。它們必定追蹤新出現的氣味。這種氣味傳來了，是一種水流和腐敗食物混合的新氣味。其實那是漸突獸留下的線索，漸突獸憑自身留下的線索找到回家之路。

臭酸線索彎彎曲曲，經常為了閃避大傢伙，而轉入草叢、甚至地洞。四隻恐爪龍追蹤臭酸線索，既繞圈子，又東拐西彎，浪費不少時間。相當湊巧，臭酸氣味線索有時與五具流浪稻草人的行走路線重疊。幸而稻草人行走，沒留下連續的氣味線索。漸突獸依賴簡單的五官反應而行動。稻草人卻依賴專家意見，以及集體協商而後行動。總體而言，他們體力甚差，跑跳拙劣，卻懂得用腦子控制行動。

在大桫欏林邊緣，因疲倦已極而酣睡的五具流浪稻草人，半夜時醒來。天地像掉進墨汁團一樣，任何地方都漆黑，伸手看不見五指。

「這種天氣代表暴風雪襲擊，雪片及冰雹又大又重，淹沒房舍及牧場，方向不能分辨，人人避免出門。」尼瑪躺著說話。

「我們行走太慢，但是我們活著，恐爪龍還是沒追上我們。」莊院士表示。

「我們回到了桫欏林，明早華陽劍龍會來吃桫欏上的藤蔓葉子。我們剩下白鴿子樹林，似雞龍森林，以及大草原要通過，然後就回大溶洞。下一步我們怎麼辦？」舒小珍出聲。

「回家的路已經走完一半。讓我想一想，我們有什麼機會。」詹姆士表示。

「我們還是要當稻草人，割草折樹枝很簡單，偽裝效果好。」莊院士提議。

（七）

兩隻獵犬似的偷蛋禿頂龍，追隨一群漸突獸，企圖闖入只有三隻山東鴨嘴龍看守的孤單地盤偷蛋。其中較大的一隻禿頂龍，被鴨嘴龍打成重傷，內臟外流，向外逃逸，被四隻青黑恐爪龍吃掉。較小的一隻禿頂龍，傷勢也不輕，一拖一拐，勉強走出鴨嘴龍森林，來到雙角龍地盤外圍的低草圈。瘸腿的小禿頂龍走不動了，倒在草地上苟延殘喘。它所處的位置，本屬四隻青黑恐爪龍的蟠據地，監視大批雙角龍。這批恐爪龍巡遊長時間，終於進入山東鴨嘴龍地盤，碰巧追蹤五個衰弱目標。原本雙角龍地盤另側，棲息了三隻黃褐色恐爪龍家族；它們躲開了雙角龍棲息地的一場大混亂，然後重回原窺伺區，順便接收了四隻青黑恐爪龍遺留的蟠據區，繼續大範圍盯緊雙角龍族群。

這三隻黃褐色虎紋恐爪龍撞見大腿重傷的另一隻小禿頂龍，毫不留情加以撕裂，把血肉吃得精光。單是一隻小禿頂龍肉，不能滿足二大一小共三隻猛禽的胃口。它們追蹤小禿頂龍沿路留下的血跡腥氣，晚一步闖進山東鴨嘴龍森林。

公青黑恐爪龍首先撞上腹部出血將死的小禿頂龍，發出一般性叫嘯聲，通知其他家族三隻龍，前來分享食物。這種同類的通知性叫聲，令三隻黃褐色恐爪龍止步，它們認識同類恐爪龍的厲害，它們不想進行同類肉食恐龍間的火拼。四隻青黑恐爪龍追蹤血跡，追到大失蛋的山東鴨嘴龍地盤上，發出淒厲叫嘯，與這個鴨嘴龍苦主家族對抗。淒厲的叫嘯聲刺激了黃褐色恐爪龍家族。似乎前方某處有獵物，分享獵物的機會來了。

三隻黃褐色恐爪龍打算觀看同類獵殺某種獵物，趁機訓練家族中唯一的小龍認識森林。所以這三隻黃褐色恐爪龍繼續前進，避開同類開闢出來的危險路徑，悠悠閒閒走新路。許多座平行森林的尾端，或深或淺連接大草原，遙遙面對雅魯藏布江。大致上，這些平行森林的尾端，草食恐龍聚集的數量較少，黃褐色恐爪龍走平行森林尾端，較少引發血戰。一旦時機成熟，它們就能迅速趕上前，分享其他地區猛獸火拼後留下的血腥獵物。於是三隻黃褐色恐爪龍差不多遙遙與同類家族平行前進，專心等待收拾殘局。

果然不錯，四隻青黑恐爪龍在山東鴨嘴龍領域引發騷動，連帶也在禽龍地盤引發騷動。這兩種食草恐龍都組織大龍對抗牆，與四隻青黑恐爪龍對峙。而三隻黃褐色恐爪龍遙遙平行前進，沒遭遇強烈的對抗陣線；樂得它們更悠閒行動，決心大收漁翁之利。

杪欏林內，五具流浪稻草人以為只有一個恐爪龍家族追殺他們。卻不知時機湊巧，第二個恐爪龍殺手家族也遙遙漫步而來。

半夜醒來的五具流浪稻草人，無法再入睡，聽見了「沙沙」的嚼食聲，以及「吱吱」的叫聲。

「用手電筒照它們，我們跟著它們走，老鼠本來就能在半夜走動偷東西。」尼瑪出聲。

「不成，它們可能去任何地方，我們這一路上跟隨它們行動，吃了不少虧。」詹姆士反對。

不錯，漸突獸在許多地方出現，它們的走向和五具流浪稻草人的目的不一定相同。五具流浪稻草人只好躺下來苦等天亮。

苦苦等待是件痛苦的事，但卻是人人經常遇見的事。

「嘎爾瑪在高山夾縫地，赤烈桑渠在山腹下的小平地上，都苦苦等待我們。」丹卡想到大峽谷外的朋友們。

如果他倆真的苦苦等待夥伴們下山，他倆等待的時間必定相當漫長，忍受的痛苦相當巨大。

「我曾經以為，他倆不會空等待，尤其嘎爾瑪不可能長時間空等待。」詹姆士說道：「我們和尼瑪、丹卡相處久了，現在我相信，嘎爾瑪很可能留在死亡懸崖上。」

「我一直相信他們會等待朋友。」莊院士說明一己的真心看法。

「他們會等待。」舒小珍表示相同的意見。

遙遠的地方，似乎有動靜。黎明前，天色依然漆黑如墨。

「我們走，向那個方向慢慢前進，賺一點時間。」詹姆士建議。

「如果我們走向禽龍森林，豈不是倒退走？」舒小珍開口。

「我們這兒離禽龍棲息地近，小禽龍一向鬧翻天，如果禽龍森林有動靜，我們一定聽得清楚。現在遠方有一點點動靜，模糊不清，很可能來自華陽劍龍方向。」詹姆士分析情況。

「我們慢慢走，走錯路可以矯正過來。」莊院士贊成立即行動。

五具流浪稻草人照亮一支手電筒，在桫欏林內摸黑前進，完全看不見大峭壁指標。但是他們身邊不寂靜，腳下有漸突獸小碎步跑不停。五具流浪稻草人不交談，用耳朵注意聽取遠方微弱的聲音。

四周黑暗，除了手電筒光線，其他地方完全陰森。溫度低，而五具流浪稻草人流冷汗。四隻恐爪龍追來了嗎？它們會在前方攔截嗎？這個問題幾乎壓迫他們喘不過來。天邊雲層似乎破裂了，露出微弱光芒。大峭壁隱約現身了；他們的方向稍有偏差，但稍微糾正就可。看見大峭壁，知道大夥兒走對了方向，五具流浪稻草人繃緊的心情放鬆一些。

「我們快跑，跑去桫欏林邊緣，一會兒華陽劍龍就會圍著桫欏林吃藤蔓葉子。」尼瑪催促。

「沒有用，你會白跑。」詹姆士提醒：「你跑去藤蔓葉多的地方，正好撞上劍龍，那麼你白跑一趟。我們慢慢走，然後觀察，哪一處邊緣部份看不見劍龍吃嫩葉，我們才向那個方向走去，包準那兒嫩葉早就被吃光了。」

「我們一邊走路，一邊找方向？」丹卡驚訝開口。

「正是這樣。走快，卻走錯方向，反而誤事。用腦去想，用眼睛協助腦子去判斷。」詹姆士強調。

「對，這樣子行動才最快，別盲目亂跑，冒不必要的險。」老院士贊成博士的看法。

天亮了，桫欏林內仍昏暗，但方向可以辨識。大峭壁完全現身，給了方向指引。五具稻草人加快腳步，卻忘記桫欏林面積廣大，桫欏生長密集，讓他們難以快步走直線。尼瑪甚至抽出長彎刀，一再砍除擋路的橫樹枝，以便小樹狀稻草人得以通過。他們居然花去半天多的時間，才穿過雜亂而密集的矮樹叢，來到可以觀察桫欏林邊緣的地點。某個方向桫欏叢震動得東搖西晃，代表那兒藤蔓綠葉多，華陽劍龍正努力在那兒拉扯。相反的，其他方向桫欏林邊緣完全不搖動，反映那兒藤蔓嫩葉已被吃光，劍龍不再加以理睬。

尼瑪正待加快步伐，向平靜不搖動的邊緣方向快走。詹姆士拉住他，向他耳語：「絕對慢慢移動，五棵小樹不能飛快移動。」

莊院士伸出一隻手，拉著尼瑪的背後繩圈，提醒他別驚慌亂動。大群華陽劍龍走老路，來到桫欏林邊緣，大吃嫩葉嫩莖。地上出現漸突獸，「吱吱」叫響，大致排隊，從平靜地段溜進高大的白鴿子樹林，因而多少分走華陽劍龍的注意。不見劍龍大啖嫩葉的地段，幾棵小樹緩慢移動。一棵小樹伸出一隻手，拉住最前面的一棵小樹。

五棵小樹排成列，似動非動。華陽劍龍離它們近一些，它們保持靜止。劍龍群貼著杪欏林邊緣走遠一些，五棵小樹都動了，朝向白鴿子樹林挪移。多列漸突獸，紛紛「吱吱」叫，避開華陽龍的大圓腳掌，都向大喬木林移動。看得出來，漸突獸繁殖了，數量穩定的增加，於是分別走不同的路，朝外界多個方向活動。眾多的漸突獸的確分散劍龍群的注意力，五具稻草人抑制猛烈的心跳，離覓食中的劍龍不太遠，完全走出杪欏林。不遠處的淺水湖中，小劍龍甘心涉水，兼吃水中浮萍及部份藤蔓的翠葉。更遠處，小禽龍在另一座淺水湖嬉戲進食，大禽龍也大啖藤蔓植物。

明明是寒冷的冬天，五具流浪稻草人個個流冷汗，而尼瑪走在前面，劍龍背脊上的兩排鋒利骨板，以及靈活尾巴上的尖刺，就在他身邊不遠處晃動，只要其中任何一隻華陽龍身軀一歪，向他靠過來，他就得皮破血流。但是尼瑪忍住了，找小樹草叢挨近，讓杪欏林周圍地區的樹木替他遮擋一些。五具稻草人慢慢移動，慢慢移動，滑向高草矮樹混合的地點。尼瑪幾乎喘不過氣來，走進高草矮樹地點，雙腿一軟，跌倒在地上。其他四具稻草人體力也不支，紛紛倒地，猛烈的呼吸。他們終於平安進入白鴿子樹林。幾十雙，甚至上百雙巨獸的眼睛，掃射杪欏林邊緣；連地都輕微震動，小劍龍「噗赤，噗赤」叫喚。五具稻草人和多排漸突獸，硬是切入華陽劍龍的地盤。

「我們會經過大老鼠的洞窩群？」尼瑪苦苦回憶。

「不錯，好像位於幾棵最高大的白鴿子樹下，而且那兒地勢高一些，乾燥不進水。」莊院士也回憶。

他們曾經來到白鴿子樹林，沒在林中找到芋頭或野蔥類。接著他們離開白鴿子樹林，走進杪欏林，然後闖入禽龍世界。如今又回白鴿子樹林，他們真感覺有如隔世。

他們心中安定些。隱約籠罩在他們頭上的陰影，是四隻青黑恐爪龍，這四隻恐爪龍位置不明，又不出聲嘯叫。無論如何，杪欏林兩側，禽龍和華陽龍都會替他們攔阻那四隻恐爪龍。

五具稻草人在杪欏林內走了一天，身體無不疲乏。多列漸突獸不疲倦，不需休息，分頭前行。

「趁華陽龍還沒折返棲息地，咱們再走一程。」詹姆士提醒。杪欏林外及淺水池中，大批華陽劍龍一直覓食遊戲。

「走罷，天色不早了，劍龍馬上就要回來。」尼瑪開口。他站了起來，抬頭望見大峭壁和高大的白鴿子樹，帶著夥伴們走出高草矮樹叢。整天天色陰暗，全部珙桐樹林路徑與草叢難以區分。五具稻草人重回白鴿子樹林，不必擔心身影曝光。相反的，他們必須注意的，是滿地隆起的樹根，別叫樹根絆倒。尼瑪擔心跟隊的人跌倒，行走得緩慢。

沒多久，小劍龍嚷叫了，地震了，華陽劍龍結隊返回棲息森林。五具流浪稻草人分別靠近大樹幹，讓路給華陽龍群。這些背插鋒利武器的巨獸，悠悠閒閒返回，移動速度緩慢，地一直輕微震動。巨獸們擦過樹幹，大搖大擺行走，直到天黑才走光。地面樹根隆起不斷，為了避免絆倒，五具稻草人不再趕路，夜晚將就在劍龍地盤中間歇息。

「背上有骨板保護，尾巴有尖刺攻擊，華陽龍的威力足以嚇倒其他恐龍。」舒小珍感嘆。

「每一個族群都有特長，才能生長繁衍。雙角龍有一雙尖角，禽龍和鴨嘴龍力氣大，又集體行動，它們不輸給劍龍。」莊院士表示。

「我們在禽龍地盤內兜太多圈子，一再被迫停留過夜，結果吃光了所有的大蛋。」尼瑪憂心。

「找不到芋頭了。但是前面有華陽劍龍和似雞龍地盤，不怕碰不到食物。再不然，進大草原砍杪欏，取澱粉髓心。」詹姆士估計。

「不必擔心食物，只要夥伴們平安，食物不成問題。」莊院士安慰。

「至少可以抓小似雞龍，獵大似雞龍。」丹卡宣佈。

進入華陽劍龍的地盤，五具稻草人仍然無法快速行動。高大的白鴿子樹分佈廣，小珙桐樹林分佈密，這些樹木附近的地面，樹根隆起於地面，任何生物倉皇跨越，一走快就容易絆倒。大峽谷內氣溫最低保持冰點左右，不算太低溫，但是日子一久，草原大面積枯萎，而枯草外形像樹根，行走枯草樹根上，地面狀況難分辨，天色甚暗，增加密林間通行的困難。

其次，華陽劍龍覓食地域廣大。有的家族去桫欏林及藤蔓區，有的家族偏好小珙桐林及菩提樹林多嫩葉的地方，有的家族尋找倒塌腐敗的大樹幹，吃寄生的蕈菇。從早到晚，大小劍龍穿插行走，引發地震，阻止五具稻草長時間走出小珙桐及菩提樹林。他們又面臨相似的情況，稻草人在密林內流浪，東走一段，西繞一圈，一天下來沒走多少路，幾天下來才繞過一處劍龍的棲息地，前進一小段路。在劍龍地盤附近，任何生物得小心，避免接近小劍龍。

不僅如此，連領路稻草人尼瑪也領悟，人類來到巨獸區，千萬魯莽不得。雙方體力相差太大，人類只有迴避等候的餘地。尤其來到生蛋區和小傢伙活動區，巨獸們反應靈敏又粗暴，接著全部族群感應而動員。所以勇猛強健如恐爪龍，也不敢在巨獸的地盤上胡鬧。

唯一膽大妄為的族群，就是漸突獸。眾多的大珙桐樹從地面隆起一大堆大根，一座座小珙桐林及其他小喬木林，從地面隆起成串小根。大老鼠們沿著隆起的樹根進出老巢穴，連華陽劍龍對它們也無可奈何。巨獸群養成迴避樹根洞穴的習慣。

五具稻草人在劍龍地盤內，昏天黑地流浪多日，來到一座巨大的白鴿子樹林。樹林地面因隆起而乾燥，樹根肆意隆起，樹根之下隱藏大洞小洞，眾多大老鼠進出不已。他們曾經走過這座大樹林。這兒不見骨板巨獸的身影。

「我們通過華陽龍地盤的一半面積。」尼瑪悄悄說話。

「這裡大老鼠真多，而且大洞小洞前不髒亂，大老鼠們懂得如何堆放食物，如何外出排泄。」舒小珍悄悄觀察回應。

「大老鼠們有頭腦，它們沿路先排泄，先丟掉腐敗食物，才乾乾淨淨進入地洞內。它們養成了好的衛生習慣。」莊院士表示。

漸突獸學會做一舉兩得的事。沿路拉撒丟廢物，一身乾乾淨淨回巢穴，保持巢穴的衛生。它們走過的路線，又隱約散發腐臭味，讓它們外出時找得到舊路，甚至不妨夜間出行。

在珙桐大樹根隆起的小區域上，華陽龍家族嫌惡而迴避，大老鼠們和五具稻草人得以快速通過。稻草人們走出珙桐喬木林區，看見漸突獸分散開來，分別列隊，行走不同的路線；這方面反映，猥瑣的小傢伙族群其實興旺發達，它們的領域擴充至遠方。五具流浪稻草人又看見深草叢、由小白鴿子樹及羅漢松等組成的小樹林，以及攀附在桫欏林和樹蕨上的藤蔓類殘遺禿藤等，分佈於眾多大樹之間。華陽劍龍出沒於大小樹林中進食漫步。稻草人抬頭眺望，大峭壁在白天慘淡的光線中露面，顯示他們沒迷路；他們行走的路線，與大峭壁保持平行。帶路的尼瑪，看見不遠的地方，大劍龍全身肌肉抖動，猛噴鼻息，身軀龐大，背脊上兩排銳利的分散骨板嚇人，揮動尖刺尾巴的樣子更嚇人；小華陽龍就在大龍雙親之間亂吃亂碰。然而如今尼瑪不再恐懼虛弱。

尼瑪能控制速度，遙遙瞥見背上長了鋒利骨板的傢伙，就放緩腳步，挨近小樹叢或深草叢。他領路，看見漸突獸形成一列小隊，通往某一空曠地區。他又看見，前方高大樹林減少，四周儘是矮樹叢及或高或低的草叢，草叢上生長藤蔓類，而周遭不見眾多劍龍出沒。接著尼瑪首先聽見，前方傳來歡喜的「噗赤，噗赤」叫聲，以及密集的濺水聲。

五具流浪稻草人來到一座草地的邊緣，看見一個灌木叢及低草交雜的小區域，小區域之外有一面紫色灰暗大鏡子，大鏡子中頻傳濺水聲。天空雲層奇厚，不見像樣的太陽光照下，樹林中光線昏暗。詹姆士急走幾步，上前拉住尼瑪的手。詹姆士比手勢，大夥兒慢慢蹲下來，避免暴露身影。一群漸突獸小碎步不停，「吱吱」叫喚，向前行動。稻草人的周圍不見任何一隻恐怖的劍龍。

仔細打量，原來幾個華陽龍家族合併，棲息於百公尺之外的湖泊邊。他們看見的紫色灰暗大鏡子，其實是一個結了薄冰的淺湖泊。湖泊上生長密集的布袋蓮，布袋蓮中紫色的小花簇綻放；不少大小劍龍就逗留布袋蓮湖泊中，大劍龍享受這種最軟嫩的膨鬆食物。小劍龍吃一口布袋蓮，然後嬉戲，揮動尾刺，掃動紫色小花簇。它們全不怕結冰的湖泊。薄湖冰像灰色的大鏡子。

不僅如此，緊挨淺湖泊的地方，土地隆起一些，因而土質乾燥。隆起的地面被黃草、野薑花、及野草包圍，隆起的地面中央有幾窩大蛋。特別誘惑人的大蛋。五具流浪稻草人背袋只有一大堆空蛋殼。然而兩隻高大健壯的華陽劍龍，正看守這個產蛋區。這兩隻大劍龍具有食草恐龍國王般的氣勢。

「我們偷蛋，把背袋騰空，其他人蹲下別動，丹卡跟我來。」飢餓的詹姆士匆促交代。他和丹卡騰空背袋，卸下棍棒及弓箭，調整稻草人裝束。

地面上漸突獸走動，紛紛湧向草叢乾土地上的孵蛋區。詹姆士拉著一頭霧水的丹卡，居然往回頭路走，藉稻草人裝束避開遠方出沒的華陽龍視線。他們逆著眼前漸突獸的碎步路線，切入樹幹林立地區。只不過幾十分鐘光景，回到高大白鴿子樹下的幾個地洞口，許多漸突獸正進進出出。

「背袋裝滿大老鼠，袋口關緊，帶去嚇劍龍。」詹姆士解釋，立即動手捉大老鼠。

丹卡完全弄糊塗，接著就明白一些，這真是最奇怪勇猛的計畫。丹卡大抓不斷進洞出洞的大老鼠，手腳比詹姆士快。才幾分鐘而已，兩個人的背袋裝滿，袋口封緊，袋內漸突獸「吱吱」叫，背袋外表蠕動。

尼瑪、舒小珍、和莊院士都坐在深草叢邊，分不清怎麼一回事。接著莊院士想通了。良久以後，兩棵小樹從外移動過來。

詹姆斯和丹卡不止步，特意彎腰，緊貼草叢及野薑花，移向那片乾土地附近，離孵蛋區只有四、五十公尺。詹姆士解開背袋口，丹卡學樣，超過四十隻漸突獸溜了出來，它們嗅出酸臭路線，部分「吱吱」叫，往回頭路走，部份大老鼠加入其他同類，湧向生蛋區。兩棵小樹彎腰，緩緩移向前方。舒小珍等三人完全明白了，心狂跳。灰暗鏡子般薄冰湖中，其他華陽龍仍然大吃大玩。

大群漸突獸逼近幾個蛋窩，二隻威風凜凜的大劍龍上前阻止，大腳踩不準大老鼠。大老鼠爬進蛋窩上。大劍龍用尾巴掃蕩，不敢掃蕩太低，太猛，以免打破大蛋。大劍龍低頭，企圖用嘴咬。幾隻漸突獸順勢爬過它們的口鼻，來到它們的頸上及背上，亂咬亂搔。有兩排背脊骨板擋住，漸突獸不會掉下來。兩棵小樹悄悄接近蛋窩。

二隻國王般威風的大傢伙，急於擺脫背上的小東西，開始全身亂甩亂搖。蛋窩邊，一隻漸突獸嘴小，叼不起大蛋。突然三、四隻大老鼠合作，推動大蛋，幾個大蛋分頭往外滾。二隻大劍龍全身慌亂，尾刺仍然不敢低甩，以免打破大蛋。大老鼠滾蛋速度加快，幾個大蛋分別滾遠。會移動的兩棵小樹又移向前，二隻手悄悄伸出，揀蛋塞進背包中。

詹姆士和丹卡彎腰走回，匆忙分蛋給其他稻草人。每個人整理背包及箭袋，插好木棒，調整稻草人裝束。立即全體彎腰離開，退回小樹林地帶。

二隻國王般威風的劍龍，終於甩掉背上骨板間的小東西，發現幾個大蛋分別往外滾，無法收回；返回孵蛋區一看，大批蛋消失。大華陽龍開始狂叫，「噗赤—噗赤—」。薄冰湖中的大小劍龍匆匆趕回，發現大蛋不是滾遠，就是失蹤。這一群華陽龍開始狂叫。然後整個白鴿子樹林傳出猛烈的叫聲。

「在全樹林瘋狂的情況，最好別走動，否則被劍龍一碰就受重傷。找個隱密的地點過夜。」詹姆士與莊院士商量後，通知其他三具流浪稻草人。為了弄食物，稻草人就得惹惱森林中的巨獸。稻草人怕事一直偷偷溜逃，不招惹巨獸，下場就是餓肚皮。

五具流浪稻草人抓空檔，溜進一座密集小樹林，整夜忍受華陽劍龍的號叫。一種號叫，多種情緒的反應。大小華陽劍龍整夜又在密林內東碰西撞，引發小地震。

「也許明天有安全逃走的機會。」躲在小密林中，詹姆士說話。

「不可能有逃走的機會，我們一現身，劍龍甩尾或一撞，我們立刻斃命。」舒小珍反駁。

「明天許多劍龍找漸突獸報仇，劍龍憤怒行動，就看不見稻草人。我們必須找機會離開。」詹姆士提出意見。

不錯，下一天白鴿子樹林不平靜。大老鼠已成樹林中的常客，它們沒警覺，憤怒的大傢伙正要報仇。幾個失去蛋的劍龍家族，守候大老鼠橫行的路線，不是甩刺尾殺死揹了黑鍋的大老鼠，就是用大腳猛踩。若干漸突獸負重傷或橫死。

更多漸突獸逃奔，吸引了華陽龍群的注意力。就在大傢伙和大老鼠追殺、逃奔之際，五具流浪稻草人專門找森林中的死角。樹幹的背後，陰影下藤蔓嫩葉之後、以及深草叢中央或邊緣，一群稻草人冒險遙望大峭壁而逃脫。在密林混亂之際行動，是相當危險的舉動。一旦華陽劍龍起疑心而追打追殺，流浪稻草人逃脫的機會小。但是萬一他們不行動，更大的危險將接踵而至。

五具流浪稻草人甘心冒險，趁大傢伙急怒失神之際，看準大峭壁位置，躲躲藏藏，走出白鴿子樹林的中央地區，也就是漸突獸最大地洞潛藏的附近地區，逐漸走向華陽龍地盤的邊緣。

尼瑪看見小白鴿子樹、羅漢松、和菩提樹形成的小密林，又看見其他灌木叢外表爬滿藤蔓。再往外看，珙桐林長得高大密集，珙桐林濃密的樹葉上，棲息幾百對白鴿子。尼瑪立即想到，他們早先就是從這一帶進入華陽劍龍的地盤。他們回到白鴿子樹林的邊緣。

但是單單走這一程不算遙遠的路，花去他們一整天的時間。這一整天內，五具流浪稻草人注意漸突獸的情況而行動。大小華陽龍專門注意地面上，大老鼠們的出沒。看見大老鼠就狂踩猛甩尾，報復大老鼠的滾蛋偷蛋。漸突獸「吱吱」尖叫逃命，劍龍就追逐。

五具流浪人趁大老鼠和劍龍群鬧得不可開交之際，冒險往外挪移。從一座小樹林移向另一座小樹林，從大草叢鑽進小草叢。華陽劍龍一現身，他們就枯守不動。華陽劍龍一追逐大老鼠，他們就迅速衝過空曠地。

如果大小劍龍發現，二具流浪稻草人偷了大批的蛋，它們一定追殺全部五具流浪稻草人。於是五具稻草人不可能溜出劍龍的地盤。

「坐下來休息。我們走出了所有大型吃草恐龍的地盤。我們犯了許多錯，妄闖恐龍世界。幸虧我們糾正了錯誤。我們的背袋裡有一些食物。現在不妨討論怎麼樣走完最後一段路。」莊院士強掩緊張的表情，儘量溫和的說話。

「打開背袋，檢查蛋有沒有破。留兩個大蛋馬上吃。其他的大蛋用草包裹保護。一回破洞口，就把所有蛋和乾銀杏果煮熟。」詹姆士交代。

前方有低草地，低草地上有岩石堆、爛樹幹、蘇鐵等灌木。低草地分隔白鴿子樹林及似雞龍密林。明天一早，某個華陽龍家族也許又去低草地上的爛樹幹，吃腐敗木頭上的木耳及竹菇等寄生植物。似雞龍密林，「咕嚕，咕嚕」叫聲頻傳。五具流浪稻草人生吸蛋汁，此外沒有其他食物。大峭壁開始溶入黑暗中，天空烏雲密佈，完全不見星辰及月亮。氣溫又下降。

第十七章　進出大密林

（一）

五具流浪稻草人二次聽見恐爪龍家族的厲啼，魂飛魄散之餘，拼命趕路逃亡。當他們提前一步，冒險火速進入銀杉柳杉混合林的邊緣，繼續深入禽龍大森林。四隻恐爪龍不知道五個衰弱目標就在前方不遠處。它們悠閒的漫步，被禽龍新組成的防禦陣線擋住。

五具流浪稻草人在禽龍地盤走走停停，一步一步的深入；四隻恐爪龍白等了二天，終於利用禽龍地區安靜的情況，溜進禽龍地盤。它們追蹤漸突獸新近留下的酸臭氣味線索，既繞若干小地盤的圈子，又迴避大禽龍群。它們的速度幾乎與二隻腳行走的稻草人同樣慢，錯失逮住流浪稻草人的時機。

五具稻草人曾經互相失聯，最後走出禽龍的地盤，溜入桫欏林。四隻恐爪龍不費力氣，抓住漸突獸，一口吞下一隻，塞塞牙縫，然後再根據酸臭氣味線索，繼續沿漸突獸主要擴充地盤路線前進。五具稻草人在桫欏林邊緣休息一夜；半夜以後聽見華陽劍龍方向有動靜，他們才冒險趕路。四隻恐爪龍又錯失逮住五個衰弱目標的機會。

四隻恐爪龍追蹤氣味線索，也進了桫欏林。桫欏樹身矮，樹幹分佈密集，漸突獸能輕易通過。黑暗中恐爪龍的頭及軀體一再碰觸桫欏細而密的樹幹。碰觸多次，黑暗中方向又不明，恐爪龍不再硬闖，在這座矮樹林休息一夜。它們不知道，五具流浪稻草人不久前，找到林子邊緣沒有藤蔓綠葉的空檔，從空檔中溜過華陽劍龍的吃嫩葉陣線，並向漸突獸的主要地洞巢穴前進。

四隻恐爪龍利用白天光線好一些，通過桫欏林中心地區，沿路仍抓大老鼠吃，跟著酸臭氣味路線兜圈子走。因為在桫欏林中，漸突獸找方向困難，於是到處亂撒尿、亂丟食物碎屑片，因而誤導恐爪龍的行走方向。實際上，漸突獸不是分辨方向的高手，也不是尋找空地以利快行的聰明動物，後來它們完全被老鼠取代而滅絕。

四隻恐爪龍行動不快，還有其他原因。小恐爪龍居然對漸突獸有興趣，看見漸突獸就先作弄它們，作弄一段時間之後，才殺死吃掉漸突獸。對於較大的獵物，小恐爪龍往往遲疑不前；先由大恐爪龍動手，等較大獵物撐不住了，小恐爪龍才跳上前補一刀。

小恐爪龍看見一大群漸突獸，好奇心大發，東作弄一隻，西作弄一隻，然後殺死一堆。但漸突獸不笨，它們會一哄而散，四下逃竄，令小恐爪龍抓不勝抓。小恐爪龍沿路與漸突獸捉迷藏，拖累了大恐爪龍的速度。

來到杪欏林另側邊緣，大群華陽劍龍卻趕到，守住所有方向，大吃嫩杪欏及樹蕨葉片，尤其吃攀附藤蔓的綠葉。五具流浪稻草人不斷的觀察，找出劍龍不咬食的部位，從那兒緩慢溜出去。恐爪龍不知道有這麼一招。它們畏懼劍龍的背脊骨板和尾刺，不願正面衝突，只有空等。等到下午華陽龍吃夠後返回地盤，恐爪龍才能告別杪欏林，進入白鴿子樹林。

意外事故發生了。一群漸突獸想偷蛋，但人手不足，二隻大劍龍看守地盤仍算嚴密。忽然幾十隻漸突獸趕到，人手充足了。甚至漸突獸想出新招數，既然叼不起大蛋，不如三、四隻漸突獸合作，分別滾一個蛋，把蛋滾去巢穴附近；大劍龍不敢大肆掃殺大老鼠，恐怕波及大蛋。最終漸突獸滾蛋成功，幾個蛋滾去巢穴邊，但是更多的蛋失蹤了。白鴿子樹林引發地震，大小劍龍慌亂得亂走亂撞，整座樹林不安全。五具流浪稻草人躲進小樹林中過夜，第二天開溜，晚上抵達白鴿子樹林的邊緣。四隻恐爪龍卻被困住，躲在某個陰暗角落，不敢與骨板猛獸對峙。於是五具流浪稻草人和四隻恐爪龍，相隔有大半個白鴿子樹林。

小恐爪龍樂了，許多地點出現漸突獸屍首，令四隻恐爪龍沒動手，就有大群鮮肉等著。大恐爪龍不一定喜歡幾兩重的肉，小恐爪龍對一點點肉卻滿意。在它們幼小年紀，有得吃，比花力氣獵食有意思。無論如何，橫死漸突獸的鮮肉，尤其濃厚的血腥氣伴隨，送上門來，大小恐爪龍相當滿意，一找到空檔就揀肉吃，而大小華陽劍龍完全不吃肉。等所有橫死的漸突獸死屍被吃光，四隻恐爪龍才會循著酸臭味道線索，繼續追蹤下去。

（二）

十二月初，西藏絕大部份地區，墨脫支脈隱密的大峽谷例外，出現年年狂襲的暴風雪。這場暴風雪足足延續了半個多月才停止。從拉薩到林芝，處處遺留暴風雪過境的痕跡。街道、廣場、住家屋頂、田園和河灘，到處堆積冰雪。其實，初雪鬆軟，容易掃走。初雪不及早鏟除，天氣持續變冷，初雪變成堅冰；堅冰愈大，鏟除愈棘手。

詹姆士太太在聖誕節前飛來西藏。她避開了本國中西部的暴風雪。但她明白，世界屋脊上的天氣可能更壞。她一下拉薩機場，就見識這場將長達半個多月的勁風狂雪威力。她僱車，從拉薩趕去林芝，一路上交通混亂，道路清潔及保障人員忙翻天。詹姆士太太一早由拉薩大賓館出發，入夜後才與地理考察團成員之一的王師傅會面。他們在墨脫縣駐林芝辦事處，由女翻譯員居間轉話，彼此暢談無礙。她甚至由王師傅口中揣摩，丈夫和女工程師全都因公同行與男女私情無關。她安心些。但是丈夫是從墨脫牧場出發，去陌生的高山考察。墨脫牧場是什麼的地方？詹姆士愛人來陌生的高原，目的是尋找丈夫，於是精明的她決定親自去牧場看看。出乎她意料之外，林芝與墨脫牧場平日不通汽車，暴風雪前後期間更不用提。

汽車不通，騎馬行。所以詹姆士愛人同意，請老桑馬登安排，組成小馬隊，送詹姆士愛人及女譯員去墨脫牧場。

王師傅懂人情世故。像詹姆士太太這麼一位儀容出色，穿著尊貴的女士，突然現身陌生貧窮地區，不能不考慮人身安全問題。他和女翻譯員私下商談若干細節，順便提出女貴賓的安全問題。

「我沒去過那地方。我想，連汽車都不通的地方，任何人去那得顧及安全。」王師傅自行提出問題。

「當然。」女譯員代轉：「你的考慮真周到，是哪方面的安全？」

「那麼詹姆士太太出門，不要帶貴重的財物，尤其大把鈔票不露白。」王師傅說個明白。

「你的建議相當好，詹姆士太太出門前，把財物交給賓館櫃枱保管。」翻譯員傳話。

而大桑馬登村長從電話中說明，就是一直不見地理考察團的蹤跡，但是牧場歡迎二位女士到訪。既然大風雪已經歇息，於是某一時刻，若干婦女和馬匹在林芝大橋下的老地方等待。而王師傅曾載三名男貴賓，在林芝大橋下方老地下換車輛。

詹姆士愛人由女翻譯員作陪，又訪問墨脫縣駐林芝辦事處。她清楚了老村長的安排。對她個人而言，這種安排相當特殊。女翻譯員發表個人意見，老村長的安排行得通。

詹姆士愛人有想像力。對美國一位中產階級白領女性而言，東方相當特殊，高原城市拉薩及林芝更特殊，而墨脫牧場必定超級特殊。理智上她能推理，實際的感受則暫時出自想像。她想像，陌生的事物將折磨人，折磨的程度尚不明朗。

詹姆士愛人當著女譯員及王師傅的面，果決堅定全盤接受大桑馬登的安排，包括出發日期在內。

美國中西部，包括州立大學及大學城，隆冬氣溫都低至攝氏零下二十度，而低溫中小城及農村曠野化為冰雪世界。世界屋脊冬天必定更冷。至於其他酷寒狀況，免不了更肆虐於墨脫牧場。此時丈夫行蹤不明，詹姆士愛人內心煩躁，甚至愁苦，於是拿定主意親自前去處理。丈夫過去曾去巨石曠野挖化石，冬季度假時騎馬入雪山，以及滑雪玩樂，她都曾相陪。她相信詹姆士需要她。

預定出發的日子到了，詹姆士愛人把個人財物交櫃台代管，然後偕同女譯員，步出林芝大賓館的大門。

大風雪不再肆虐，林芝天空陰暗，飄小雪片，降落微小冰雹，王師傅穿著臃腫，陪同內外已經充分整修的老爺麵包車，一起守在林芝大賓館門外雪堆邊。王師傅看見，這位來自豪華國度州立大學的教師，全身被時髦皮毛斗篷罩住，戴厚實口罩，圍輕柔長軟圍巾，穿皮毛長統雪鞋，完全呈現一副雍容高貴風采，大不同於女翻譯員。也許受酷寒天氣影響，太太面容嚴峻，即使交談時態度溫和，處處仍流露精明幹練的作風。

二位女貴賓登上麵包車，懂車的詹姆士愛人就皺眉頭。但她明白，她得收斂不抱怨。麵包車不開暖氣，分明使用年數多，這麼老的車輛不會出現於大學城。但她頭腦一轉，倒看出車輛保養好，司機駕駛穩重，而且它載了詹姆士等人，確確實實千里奔波，開上世界屋脊。王師傅先解釋行程：「先通過市中心，開向市郊，走下坡路，經過大農場和大牧場邊緣。再行駛一段路，就抵達林芝大橋。」

「詹姆士太太聽不懂，海拔甚高的林芝，何來大農場和大牧場？前幾天才橫行而過的暴風雪，已經凍死一切農作物。」女譯員代轉。

「我沒說錯，不久就見到。可能大農場和大牧場目前不夠大，但是基礎打好了。」王師傅說明。

「詹姆士看見過所謂的大農場及大牧場？」女譯員傳話。

「當然，考察團走過的路線，完全與今天的行程相同。」

林芝市區的各角落，仍有人掃雪鏟冰，市區主要道路剩餘雪堆不多。麵包車一開出市內大道，來到郊區；車內乘客看見，農田、草地、河灘上，處處冰雪堆積，行道樹及山丘近處樹林，無不掛上冰條。這種冬季與大學城相似，也普遍出現於印度安人保留區。麵包車開始走下坡，挨近尼洋河河岸；尼洋河河中漂浮薄冰。尼洋河環繞工布江達小山脈。從工布江達小山脈東端起，農家利用尼洋河河水灌溉；一排又一排透明塑料布大棚，緊密相聯排列。太陽照射，許多人忙於掀起大棚上的茅草綑和塑料布。中西部大學城位於農業畜牧帶，詹姆士愛人對大規模單一作物農田，以及若干農業機械不陌生。

一排排塑料布大棚旁邊有結凍的小溝渠、馬匹、拖拉機，以及被白雪掩蓋泰半的石頭小山。

「停停。」女譯員傳話：「山脈長而不低，怎麼山腳下排列這麼多塑料布屋舍？」

幾百間大棚，與農戶土坯房連通。另有幾十間獨立的矮大棚，每間矮大棚面積龐大。工布江達小山脈山麓以上廣大丘陵地帶，另有矮大棚；眼前都掀起塑料布，吸收難得的冬天陽光。

「這些就是推廣中的大農場及大牧場。平常馬匹和拖拉機忙個不停。」王師傅權充嚮導。

美國中西部利用水源近的地區，開闢單一作物農場。眼前卻有許多人在山嶺地帶的山麓平原建溫室。

「冰雪覆蓋許多石頭堆，太多的石頭從何而來？」女譯員轉述。

「就從大農場及大牧場地下挖出來的，挖走了大小石頭，才能種菜種牧草。」

「天哪，高山上的小平地和丘陵，地下埋了無數的石頭？」

「不錯，開闢農場牧地，首先得挖走地下石頭。」

「藏人使用什麼工具挖地？」

「大都領馬拉犁，像犁田機一樣。」

「使用馬匹？效率趕得上犁田機？」

「當然趕不上。慢慢來，許多事情需要時間及耐心。」

「我現在稍微瞭解，為什麼詹姆士會來西藏。」女譯員代轉：「他有時好奇又幻想，像一個大孩子。」

冬天仍籠罩雪域高原，烏雲濃密，陽光差，冷風呼呼吹颳。

「我們上車吧。」女譯員傳話。

「過橋通向大牧場。順著公路開下去，不太遠的地方就是林芝大橋。」王師傅遙指遠方鋼纜懸吊結構。

老爺麵包車插入稀疏的馬隊和車隊中，繞過大農場起點，來到尼洋河注入雅魯藏布江的地方。公路另一側幾十組鋼纜一端埋入地下不同岩層中，全體鋼纜又通過一座巨大鋼鐵拱門上的鐵環，懸空通向江水另岸的鋼鐵拱門，協助淩空吊起全鋼鐵橋樑。

「這是時下進步而大量採用的鐵橋，怎麼會建在高山地區偏僻地方？」女譯員直譯女僱主的語句。

大鐵橋跨過一百多公尺寬的河身，河面儘是超大塊厚冰；浮冰上下擺動，少量清水從冰塊裂縫間流動。

「林芝大橋，雅魯藏布江，我都第一次看見。江面寬，橋樑長。」女翻譯員告訴詹姆士愛人。

寒風颳過江面，江灘地斷斷續續堆積大量冰雪。

過橋的小馬隊，少數行人，以及零星車輛，紛紛降低速度通過大鐵橋。王師傅說，這座鐵橋的設計模仿怒江的幫達大橋，詹姆士愛人聽不懂。林芝大橋另一端引道系統比較複雜，其中一條分叉引道通往廣大的草地。麵包車走這條分叉引道。老桑馬登安排的小馬隊，正枯等在冰雪覆蓋的草地上。

「上一回，我開車送考察團到這兒，再見了，電話聯絡。」王師傅揮手。所有行李交給女譯員。

「謝謝你，王師傅，行程安排得緊湊，天氣也幫助人。」女譯員仍轉述。

老爺車調頭，開上林芝大橋，引擎聲蒼老而平順。小馬隊的領隊婦女，說明馬匹及人員分配方式，女譯員轉告女僱主。三名藏族婦女和四匹老馬載人馱行李。詹姆士愛人及譯員各上一匹馬，行李全部掛在馱馬背上。領路人騎馬又牽馱馬，走在前面。二名婦女各牽二位女賓客的馬而步行。

詹姆士愛人一盤算，瞭解這種安排合理。為了她的安全，小馬隊不敢讓她在石頭、草樹、及冰雪糾纏的狀況中奔馳。熟悉多個牧場狀況的人領路，牽馬人一步一步走，保證老馬不失蹄。騎行速度必然慢。所以許多人曾勸告太太，暴風雪之後仍不宜去偏僻地區。

經過第一場暴風雪的肆虐，北山腳村五戶牧家的草地，全掩埋在冰雪之下。電線桿和較高樹木明顯拔出厚雪地，茅草及大石頭稍微露頭，枯草則完全消失。冰雪反射陰暗的陽光。

詹姆士愛人聞出羊騷臭味，聽見羊叫，但羊群沒跑在雪地上。

「牧場的牲口養在哪兒？」女翻譯員代問。

「馬和犛牛圈在住戶附近。每家牧人以羊隻為主要牲口，分別圈在草地間，冬天關進羊圈的木頭矮平房舍中，總共有四至五個羊圈。」女領路婦女遙指遠方的凹陷地點解釋：「羊舍的木板樹皮及屋頂本來是褐色的，比羊身高一些。下過一場長時間大雪之後，雪堆得比羊舍高，羊舍屋頂積雪掃不完，所以羊舍和雪地幾乎化為一體。雪地中的凹陷地點，就是羊圈的空地。牧場人手在空地上走動，打掃爛掉的墊地碎草和糞粒，分配乾草料。羊兒每天有吃有拉，牧場人手看天氣，不一定天天前來羊舍。」

「他們照顧牲口，比印地安人細心。」女譯員說出女僱主的話：「印第安人把牲口通通關在一個大欄干圈子裡，其餘全不管了。」

二名走路牽馬的婦女，頭上纏了厚厚的黑布條，臉上戴大口罩，只露出一雙眼睛，頸子圍了厚舊圍巾。最初見面，女譯員及領路人帶頭互相介紹；這兩名藏族婦女解下大口罩，露出焦黃而滿佈皺紋的面孔。她們雙手戴粗毛手套，全身裹臃腫的衣物，腳穿厚布鞋，外披黑色犛牛氈皮大衣。來自中西部下雪地帶的詹姆士愛人，深知這些衣物抵抗不了奇低的氣溫。

小馬隊繞過若干羊圈，看見零星藏族年輕男子騎馬，進出雪地中的凹陷地，也就是羊圈的位置。

「出來照顧羊隻的年輕人不多。」女譯員傳話。

「參加地理考察團的四名青壯年，全是各牧場的好手。」領路婦人解釋：「他們四人上山不回，各牧場人手欠缺，所以進出羊圈的人就少了。」

「每一個牧家，大約養多少羊？」女翻譯又代問。

「各牧家生小羊，賣大肥羊，數目月月不同。大致上，經常定牧和放牧加起來，不超過一千隻。」女領路人交談。

詹姆士愛人定居及工作於中西部大學城，中西部是大農業兼大畜牧區，牧家分別專門養乳牛、肉牛、及羊隻。專業養羊隻的，都從五千隻起跳；草場大的，圈養一萬隻羊。

「一千隻不算多，是不是？」翻譯員傳話。

「當然不多，但是各牧場草少品質差，養不起太多羊兒。」領路人表示。

她們不知道，來自四川或雲南的馬幫，一趟帶回一百匹馬，相當於一千隻羊。一個馬幫一年之中，通常入藏三或四次，帶走三千至四千隻羊。

小馬隊穿過幾座牧場，各牧場人手確實少。騎馬的牧人進出羊圈，羊兒爭吃乾草料而咩叫，點綴單調的牧場景色。詹姆士愛人擁有空調轎車，她的開車速度至少每小時六十公里。如今她只能在雪地中慢行，相當於走快步運動。她不禁心中滋生怨恨。是誰逼迫她飛行一萬公里，來到一個沒有汽車的大地方？浪費了時間，花用不必要的錢，她真怨恨。

「一步一步走太慢了，何不小跑步？」女譯員代為轉述。

「大石頭牢牢埋在泥土中，不會輕易動搖，騎馬不擔心大石頭。」馬背上的領路人解釋：「就怕馬蹄跑步中，踩在冰雪蓋住的小石頭上；地面堅硬，小石頭彈走，馬扭傷筋骨，甚至把馬背上的人掀倒。」

所以領路人騎在馬背上，注意近前雪地狀況。不僅如此，她的坐騎及馱馬先在雪地上踏出腳印，讓後面跟隨的人馬放心落腳。

天晴了，太陽光被濃雪擋住，照不出熱力，冷風依然刺骨。即使如此，陽光照射，對高出雪地的物體照出眾多方向一致的陰影。小馬隊繞過不少羊圈，聽過多次羊叫。小馬隊愈深入牧場，牧場上的平坦積雪變得愈厚。

「看不見任何地標，妳怎麼辨識方向？」女翻譯員代為詢問。

「大小桑馬登牧場最接近森林，落雪最多。這是簡單分辨的方法之一。其次，眺望相當遠的地平線上。白色淩亂的波浪是大片雪地。白色波浪之上，褐色枝幹交叉。那是葉子掉光的落葉松帶。褐色枝幹與白雪層不規則交錯。它們的後面有巨大上白下淡青的影子，那是墨脫山脈的大山腰及大山腹。我們的一側前方，白雪壓住黃橫條，那是上村人家的土坯牆。我們快到上村的郊外，我們走過了上村的主要羊圈。」領路婦女說明。

「淡青色和白色影子，是喜馬拉雅山嗎？」女譯員代問。

「是的，墨脫山脈是喜馬拉雅山的一部份，海拔很高。」領路人說明。

正午，領路婦女掃光一方大石頭上的積冰，當成二位貴賓的坐椅，三人四馬休息，馬匹暫時沒草吃，單嚼冰雪。三名藏族婦女反復捏一把炒熟的青稞粉，調上一點油，捏成半濕的軟糕，又叫糌粑，就是全部午餐。抓二小團冰雪，塞入口中，等於喝了涼水。

休息一會兒，繼續上路。其實雪地上沒有道路。領路人抓方向，繞過羊圈、電線桿、成排分界樹而行走。果然地上冰雪堆增厚，簡直成了冰雪海洋。上一次暴風雪旋風狂吹，讓新雪飄落及堆積方向急劇變化，於是冰雪海洋上出現冰雪波浪，其中不乏捲浪。繼續深入冰雪海洋及冰雪波浪，看見一個大凹窩。

「那是老桑馬登最遠的一個羊圈。小主人丹卡如果在家，他家的所有牲口照顧得好，全村的年輕牧人願意和丹卡合作。」領路人介紹。

「他家的牧場夠大，但是牧草好嗎？」女譯員代問重點。

接近下午，光線更暗，飄零的雪片變大變密，小冰雹零星斜飄，氣溫下降。走路牽馬的二名婦女身體沒走熱，反而縮脖子。

「她倆還是走得動嗎？」女翻譯員代為詢問。

「走得動，晚上她們得趕回家，家人等著她們。她們會騎馬。」領路女子表示。

詹姆士愛人心中產生怒氣。一萬公里之外，州立大學大學城的高雅附花園果樹住宅，今年不辦聖誕聚會，不佈置聖誕樹，不掛聖誕燈泡及聖誕禮物。溫馨的住宅如今空蕩蕩的。鄰人同事羨慕的小女強人，單獨飛去遙遠的地方。

「家裡沒有人等候我，聖誕節毫無歡喜的氛圍。一切都是亂糟糟的，絕不能忍受。」詹姆士愛人自言自語。

她說得低沉，女譯員沒全聽清楚。女譯員機警的不口譯，反而低聲安慰：「事情不會變得太惡劣。詹姆士先生將安全下山。」

「回州立大學，回壁爐燒暖了的房子，詹姆士和我。」雍容華貴而作風堅強的大學教師再自言自語：「我們有自己的轎車，加滿了汽油，下雪外出一定開暖氣，不必白受苦。」

旁邊的婦女聽不懂她的語言。女譯員只聽不譯。「詹姆士一定得回家，回州立大學，外邊的世界太混亂。」詹姆士愛人決定了一切。

「是的，太太，回自己的家是最重要的。」翻譯員私下安慰。「兩位藏族婦女都牽馬，一步一步在雪地上走一整天。詹姆士曾經多次提過類似的情形。」詹姆士愛人說出不著邊際的話。

「詹姆士先生曾經在什麼場合提過？」女譯員仍私下問答。

「他敘述，暴風雪之後，印第安人勇士大舉離開保護區內的帳蓬家園，前往遠方保護區內的曠野，尋找充飢的食物，居然找不到野牛和野馬。一找再找就是不見蹤跡。大雪狂飛，寒風強掃，印第安勇士空手而回。有的騎馬，有的步行，半途中，不少人餓極凍斃；其餘回到保護區的勇士，也重病不支。」詹姆士愛人回憶。

「太可怕了。」女譯員驚嘆失聲。

「想一想，詹姆士可能在深山中，一步一步尋找回家的路。攝氏零下二十幾度，肚子空空，山路險峻。」堅強的專業女子埋怨。

「他們共有七個人，至少其中四個是藏族青壯年好手。他們會想出辦法。」女譯員開口安慰。

「光線暗，山路不明，又餓又渴，衣物單薄殘破，山洞中野獸咆哮。即使如此，詹姆士必須支撐下去，支撐下去！」哀傷的女士表現堅強的一面。

「他會支持下去，像妳一樣。」

「羊圈邊有人揮手，老桑馬登出來迎接。」領路婦女提醒。

不錯，總共四個人，老桑馬登夫婦，以及小桑馬登夫婦，前行半公里，在雪地羊圈邊，羊隻咩叫聲中，迎接遠來的貴賓。三名藏族婦女從馬背上卸下一切行李，匆匆向下村鄰居告別，分別上馬，在冰雪波浪中小跑步。

「今天有沒有考察團的消息？」女譯員傳話。

老小桑馬登叔侄都搖頭。如同往常一樣，他倆曾去牧場邊緣眺望，又一次失望而返。

詹姆士愛人心頭也失望，勉強裝出微笑的樣子。

「晚上大家研究一下，明天再採取行動。」女譯員轉告。

老桑馬登的牧場果然泰半埋在冰雪海洋之下。詹姆士太太聽見羊叫，不見羊群溜上冰雪波浪。走近老桑馬登的雪地以上屋頂，看見土坯房及圍牆化為冰雪堆，屋簷下冰條縱橫交錯。幸而老桑馬登勤於掃雪，夯平的泥土屋頂露面，詹姆士愛人懷疑，再來一場風雪就可能掩埋全部土坯房。

意外的，詹姆士愛人發現，院子外的冰雪海洋被切開，兩堵冰牆夾住一條小道。兩堵冰牆高及大人肩部，冰牆連通無比巨大的冰雪海洋。小道可供雙馬交叉而過，小道露出黑色砂土。小道有拐角處及斷口，以便掃走小道上的降雪。

「這是什麼道路？通向何方？」翻譯員代問。

「是經過牧場正中的小道，老桑馬登走中央小通，再轉去牧場其他草地圈舍。由於天天走，踩爛落雪積冰，小道保持沙土顏色。」老桑馬登自我解釋。

「全北山腳村的雪地上，單單你這兒有一條土地通道？」翻譯員代問。

「不，小桑馬登的牧場也有一條砂土通道，因為他每天都出門，走同樣的路，去同樣的地方。」老村長說明。

二位女貴賓一進門，院子鐵鍊抽動，猛撲動作發出，低吼聲震耳，大桑馬登餵養趕羊的獒犬驚嚇陌生人。詹姆士愛人吃了一驚，老主人夫婦努力安撫凶犬。

他倆勸二位女貴賓住熱炕臥房。女譯員解說，詹姆士愛人理智的拒絕。此外沒有其他選擇，他倆只好睡客廳。名為客廳，其實成了堆雜物的柴房，不如稱之為柴房客廳。柴房客廳甚至沒有熱炕或床。乾茅草多。乾茅草切成幾段，鋪在硬泥土地面上，一條舊毛毯墊在茅草段上，就成為度過攝氏零下二十多度夜晚的床鋪。

大小桑馬登夫婦四個人，不但舉止笨拙，衣著破舊寒酸，而且口齒不清，言語偏失，幾乎令詹姆士愛人難以面對。一踏進土坯房，這位事業小成的堅毅女性看出，老桑馬登住宅幾同空宅。沒電，全家只有兩具玻璃燈罩燻黑的馬燈，其中一台黑燈交給有文化水準的州立大學女教師使用。大學女教師猜測，這麼老舊的燈具，曾在一百年前被湖泊上或海洋的木殼船使用。當然她不知道，土坯房的小主人丹卡，當五名考察團團員在大峽谷平行樹林群中流浪，如何扮演生存及逃命的要角。

老村長的土坯房寒酸，表面上含廚房、熱炕及客廳共三大間，二位女貴賓已見識柴房客廳的破敗相。廚房也寒傖，僅有破土製爐灶、老碗櫥以及一桌二椅。廚房的熱氣通過地道，對熱炕臥房提供短暫的暖氣。大小桑馬登親口證實，多個月前，莊士漢、詹姆士以及舒小珍也以茅草為墊料，睡在柴房客廳地上。對詹姆士愛人而言，柴房客廳僅比印第安人的野牛皮帳蓬稍強。

小桑馬登夫婦告別，歡迎明天太太和翻譯員去牧場做客，她倆閉著眼睛，手摸冰牆就能回家。大小桑馬登不但各在自家牧場中央踏出砂土小道，而且撿光砂土小道上的石頭。冰牆夾住平坦沒石頭的小道，包準家人平安來去。

「太太有什麼打算？」侄兒走了，老村長與二位新賓客交談。

「明天去小桑馬登牧場，來到邊緣欄杆為止，見識森林的模樣。」女譯員傳話。

「沒問題，走外邊的平安小道，接通侄兒家的平安小道，不分白天晚，不怕颳風下雪，直通不迷路。那邊欄杆下本來有個羊圈，自從受過怪物攻擊以後，羊圈搬動了。」老桑馬登說明。

「為什麼會走出砂土小路，還撿光小路上的石頭？」翻譯員代詢。

「沒什麼，就想看見兒子而常常走。可別讓他在自家牧場上絆倒。所以看見石頭就順手撿丟。現在更明白，以後牧草地上的大、中石頭全部得清理。」

「原來如此，原來小走道上石子多嗎？」

「多，土地上面有小石頭，下面有大石頭，難怪牧草長不好。不過清理石頭太費勁。」

大小桑馬登夫婦四個人，剛才坐在州立大學堅強女性面前，身子瘦，手背有老人斑，臉孔焦黃又皺紋縱橫，有如印第安人中的老婦人。大桑馬登夫婦頭髮全白不奇怪，小桑馬登夫婦也斑白。詹姆士愛人躺在柴房客廳地上，仿佛來到隔世。她閉上眼睛，看不見寒傖的土坯房；但尿騷和腐物混合而起的酸臭味饒不過鼻子，當然也曾經折磨過詹姆士博士的鼻子。似乎她倆先後置身於印第安人帳蓬區。

人在陌生的惡劣地方，感情上立刻受衝擊而反彈。做錯事了？快逃走？大學城內，白雪飄落於清新美麗的多松杉草坪區域，才有年終最美好日子來臨的感覺。馴鹿拉來雪撬，聖誕鐘聲響起，雪花飄落無聲，她們詹姆士夫婦歡喜。不幸詹姆士如今陷入不知名的山區，她陷入臭酸柴房客廳。她不該來這兒，她必須立即逃走。

身邊的女譯員在她身旁安睡。詹姆士愛人騎馬大半天，身子骨酸累，腦子思潮激盪不已。張眼時間多、睡熟時間少。鼻子一直聞出酸臭味。

第二天，詹姆士愛人頭昏沉沉，強自忍耐。談話上隔一層障礙，起居瑣事上礙手礙腳，獒犬吼叫不停。詹姆士愛人機器人似的忍受一個小時又一個小時。直到二匹老馬準備好了。老桑馬登步行至侄兒家。

「妳們想先去小桑馬登牧場，儘管奔跑，冰牆小路直通。」老村長體貼表示。

詹姆士太太像籠中鳥，急於逃脫；一夾馬腹，高聲吆喝，老馬抬腿。冰冷空氣刺激她完全清醒。冰雪海洋中只有一條固定的平安小道，老馬走熟，放心加快步伐，能逃出酸臭房子真好，空氣冰冷卻清新。

她和女譯員接近小桑馬登土坯房。頭腦靈敏的她，完全猜準小桑馬登房間內的擺設及氣味，叫人作嘔的氣味。詹姆士愛人寧願待在冰冷的雪地中，暫不進小桑馬登住家。她又進入平安小道，向歷歷在目的森林快跑。

冰牆之外，又見更厚實的冰雪海洋及冰雪波浪，只是少了電話線電桿和分界樹林、砌石牆等。冰雪波浪上也有捲浪尾，凹洞，以及冰圓丘。羊圈被冰雪包圍，羊叫聲傳來。其中一群乃從欄杆邊移來。

詹姆士愛人趕到破敗的木欄杆邊，看見小桑馬登早一步抵達，頭肩上沾了雪屑。陰沉陽光下，她看見一個髮鬢斑白中年人，臉孔多皺紋，稍有紅潤光澤。穿棉襖及厚氈毛外套等低廉衣物。翻譯員跟上。老桑馬登留在侄兒家坐坐。

小桑馬登不出聲，向二名女士招手，拂開木欄杆上薄冰，指點來向四道，去向四道爪印。幹練的堅強女子一瞥，看不出總共八道爪印有任何意義。她完全不相信怪物攻擊羊兒事件。一個牧場只有一千隻羊，怪物犯不著勞累攻擊。四周冰天雪地，野生動物活不下去。

木欄杆外，淨雪地深五十多公尺，環繞牧場。這條淨雪地可能原屬砂土帶，入冬後才被冰雪覆蓋。環雪帶以外，全是光禿禿松林，每棵高不過十五公尺，不見綠色樹冠層，冰雪夾在枝幹間。整座森林不知有多深，地面儘是高矮不一的深雪。森林深雪中不見爪印，不聽野獸吼叫，不聞鳥雀啼叫。風吹過，光禿的樹枝互相摩擦，發出刺耳聲。

「森林中最多的大型動物是黑熊和狼，一大群飢餓的野狼等待人深入森林，才撲出咬人。」翻譯員轉述女士內行的見解。

「十幾年沒見黑熊和野狼，不可能是它們，爪印差太遠。」小桑馬登不同意。

「大角山羊現身，雪豹和山貓跟蹤，順便攻擊羊群，是不是？」

「我第一個看見雪地上的死羊，從肚子裡扯出的羊腸子、撕爛的肉和幾攤血跡；我聽見奇特而淒厲的叫聲，必定是一對兇猛的野獸。」小桑馬登回憶。

「最兇猛的是棕熊，棕熊體型巨大，力氣更大。其次是黑熊。」翻譯員代為責問：「你敢進森林嗎？」

小桑馬登沉默。堂兄丹卡，兒子尼瑪進了森林沒出來。

詹姆士愛人不愧為半個女強人。「我們進入森林，找出真相。」翻譯員代轉女僱主的勇氣。

「光進入森林沒用。一座光禿的林子，地上雪多了點，難不倒丹卡和尼瑪。」

「穿過森林，搜索到大山嶽腳下，成嗎？」翻譯員代為詢問。

「進森林，前進山腳下，需要一批人，幾袋糧食，還有過夜的帳篷。這些不是小事。」小桑馬登不敢作主決定。

「先回你的住房，會同村長協商。」女譯員轉述。

（三）

墨脫支脈山腹至山腳的體積其大無比。大山腹之上眾山圍聚，形成大山腰。大山腰的最高處正是黃色巨峰的峭壁腳邊。黃色巨峰上半部是峰腰及峰頂，只有鷹鷲能棲息其間。黃色巨峰下半部全是四十五度傾斜角峭壁。峭壁一部份連接下方的大山腰，峭壁另一部份出現腳邊突出斜坡地，呈三角形。這塊峭壁腳邊突出斜坡地，勉強可算平坦地面。由於三角形斜坡地邊緣，有未被長期風化作用中消磨的邊石若干塊，所以三角形斜坡地其實就是夾縫地。其中一塊邊石曾留下黑色血跡，現在冰雪遮蓋了這塊邊石。

嘎爾瑪自從五個朋友爬上黃色巨峰之後，一直未曾休息享樂。他得盡量割回枯草，帶領牲口散步，以及建隔間牆，把牲口分隔開來過夜。隔間牆堵堵形狀不同，高度不同，一旦有屋頂套在隔間牆上，不太壞的馬廄牛舍就成形。嘎爾瑪擔心三角形夾縫地的邊石，可能墜落下方稍低處的純岩石山頭。但他多慮，因為這些邊石的基底，正連接峭壁腳邊突出的夾縫地。風化作用搓磨這些邊石的外表層，卻沒搓掉這些邊石的根部。根部全植入黃色巨峰峭壁腳。

嘎爾瑪陪伴四匹馬及二頭氂牛，從仲秋等候到嚴寒的冬天。只顧拼命苦幹，他忽視三角形夾縫地狀況的惡化。天氣允許的話，他輪騎一匹馬，牽一匹馬，趕去附近一切有草料的地方；二匹馬爽快吃草，他拼命割草，並緊緊綑成乾料包，綁掛在空背馬上，背回來縫地儲放。一旦天氣惡劣，他拼命收集石塊，蓋隔間牆，以備萬一的時機。除此以外，他雙手高舉中型石塊，猛砸岩壁出現大裂痕的峭壁底部，為自己打出一個避寒過夜的淺窩。以上三件事，任何一件不辦妥，他和牲口可能挨不過這個冬天。至於五名同伴命運如何，超出他所能掌握的範圍。

入冬以後，三角形夾縫地不利居留。明明是晴天，不時天空飄下小雪夾小冰雹；夜間溫度降低，露天而眠的人和牲口就發現，天空落下大雪片及大冰雹。即使白天，夾縫帶光線差。嘎爾瑪最怕天色昏暗，這時他不敢騎馬牽馬出外奔跑，以免踏錯一步，人馬送命。他被迫帶領牲口，在夾縫地溜達。對人和牲口都一樣，運動是保暖健身的最好方法之一。每天牲口運動量不夠，嘎爾瑪依照牧場照顧小生命的辦法，先掃去它們背上的雪片或碎冰粒，然後用手掌替大牲口用力摩擦頸子、腿及腳。他自己太用力累了，牲口卻血液暢通舒服起來。當然，天氣一直都偏冷，不分白晝黑夜，他用氈毛毯給所有牲口裹身軀。不能讓牲口受風寒，轉成肺炎。窮牧家看不起獸醫。

第一場暴風雪從拉薩席捲到林芝，恰巧詹姆士愛人飛來拉薩，然後僱豪華轎車去林芝。這場暴風雪是嘎爾瑪預期中的災禍。他已有應付方法。用岩塊搭隔間牆，不免縫隙多，尤其沒屋頂，牽牲口進隔間牆內，牲口飽受風寒。不幸暴風雪橫掃墨脫支脈，山上山下無處不受害。然而建築材料由天而降。嘎爾瑪先忍受酷寒冰雪，抱起大團大團這些軟材料，填塞隔間牆的縫隙，讓岩石及鬆雪配合做成不透風牆壁。其次，就在夾縫地上，他找了一方空地，堆滿鬆雪，蓋上疊平的帳蓬，人在帳蓬上滾動，把鬆雪壓實。壓了再壓，不靠冰凍天氣，全靠身體重量，把鬆雪壓成厚平板。他抽出彎刀，輕鬆上下切削，削出弧形屋頂。這種弧形壓實了的屋頂夠堅固，也輕；經過二晝夜，弧形屋頂變成堅冰屋頂。嘎爾瑪一個人舉得起堅冰屋頂，移至隔間牆上一放，厩舍蓋成。牆壁不漏風，堅冰屋頂擋住天降冰雪，牲口受用。牧場冬天蓋小雪屋，都這麼進行。

馬匹及犛牛躺在雪屋內，嘎爾瑪仍不能閒下來。每天天降太多雪片冰雹，把雪屋及夾縫空地塞得滿滿的。嘎爾瑪得用長木棒打下雪屋屋頂上的積雪，推走夾縫地地上的雪堆。當然，他仍每天設法替雪屋地面打掃糞粒。很容易，把糞粒推出夾縫地懸崖外就成，為了避免風雪侵襲峭壁下岩壁睡洞，他稍微花工夫，在洞口造了一堵擋風冰雪短牆。

為難詹姆士愛人的暴風雪停止以後，詹姆士愛人得到三人四馬的協助，上馬步行去大桑馬登牧場。三角夾縫地的嘎爾瑪快到山窮水盡的地步，雪屋內一角隅儲放的乾草料，明顯供應不了整個冬天。暴風雪期間長，他不能外出割草料，牲口胃口大，一天二頓吃得開心。但是四匹馬及二頭氂牛消耗太多草料，為了避免斷糧，拖久一點時間，嘎爾瑪開始每天減量供給草料。暫且每天供應七成。

不過，減量供應草料，牲口很快反應不良。母馬泌乳量大減，氂牛泌乳量減一半，好在前一段日子，牲口天天泌乳，嘎爾瑪儲存了冰鮮乳、冰乳酪或香酥油。正常情況下，氣溫太低，主人應補充黃豆粉或玉米粉等精料給牲口，讓充分的營養維持牲口的體能。

嘎爾瑪把鮮氂牛奶倒在小鍋子裡，用短木棍攪拌，謹慎而用力攪拌，不能濺出一點原奶。半個小時以後，氂牛奶上浮起一小團油脂。抓起油脂，一再擠捏，壓走水份，乾酪就成形了。嘎爾瑪喝純馬奶及脫脂氂牛奶，吃少許美味的香酥油；他的食物夠吃。大部份香酥油耐儲放，他留給山上的五名朋友。

第一場暴風雪末期，天氣緩和下來，嘎爾瑪又騎一匹馬，牽一匹馬，行動慢一些，外出找草料，否則牲口也不免坐食山空。遍地積雪，尋找枯草困難。嘎爾瑪只好使用長彎刀，亂劈低平的雪堆；萬一走運，牲口就地啃些冰雪附著的枯草；他也設法割一些馱回夾縫地。四匹馬都喜歡外出啃冰雪草料。氂牛行動太慢，嘎爾瑪不牽了氈毯的氂牛外出覓食。氂牛只能由主人帶領，在三角形夾縫地來回散步。

嘎爾瑪晚上睡峭壁下的淺睡洞，因為淺睡洞離雪屋近，所以他全天都清楚牲口的狀況。穿上所有衣物，蓋一條氈毛毯，即使睡在有擋風短牆的淺睡洞中，嘎爾瑪跟本睡不暖。他只好採用最後一招，拆疊帳篷，用帳篷當蓋被，幫他留住一點體溫。

冬天夜長，半夜嘎爾瑪醒來，就難以再合眼。腦子一直追問，外邊二座巨峰上，氣候惡劣，毫無避寒的洞穴，五名朋友怎麼了？活動廚房留在夾縫地，他們停留巨峰上，吃什麼？是不是一個人出事，拖累了其他四個人？體力弱的女子，本來就不應該上高山，爬絕峰。老人也不宜登山；老人應該穿厚一些，進屋子躺下，用暖被子裹身。暴風雪肆虐，還想爬斜角六十度及四十五度的峭壁，太大膽。如果五個人繫在同一條繩子上，爬上爬下峭壁，萬一一個失足墜落，拉扯的力量巨大，其他四個人全部墜入峭壁下方。

不然，另外一種危險潛伏。夾縫地的一方邊石上，原本留下一攤黑血，說明強健的怪物半跳半飛，來到三角形夾縫地，然後溜進二座巨峰間的洞穴。別小看那對怪物，它們的力氣又大又猛。五個人爬上二座巨峰某處，它們必定發動攻擊。一大群怪物撲來，首先攻擊老人及女子，他們擋得住嗎？其他強健的三個人，能保護自己，援救老人及女子？五個人都受傷，能下山嗎？

萬一怪物大反撲，山上的五個朋友擋不住，下一個目標是誰？想到這裡，嘎爾瑪在嚴寒中流冷汗。他得趕緊帶著牲口逃下山，向赤烈桑渠求救？

嘎爾瑪確實多次想過頭，打算收拾行囊，匆匆逃下山。當他準備包行李時，他又冷靜下來，警告自己別妄動，牧場的好手不能被不明對象嚇破膽。他勉強坐下來，重新考慮一切。於是他的情緒平緩下來。黑夜難熬，外邊漆黑如墨，山風強吹，他開始冷靜，抱緊毛毯，繼續入睡，膝蓋以下部位留在洞外。

每個人一日三餐，有固定的飲食習慣。一個人吸收營養重要，也要吃若干份主副食，讓肚子產生飽的感覺。光喝鮮奶不夠。很長一段時間裡，嘎爾瑪一天只喝馬奶和淡犛牛奶，於是肚子餓得難受。當一個人長期肚子餓，就自然而然產生幻想。

牧場的人養牲口，但是吃肉的日子不多，肉是賣給有錢人吃的。牧場窮人吃羊血、土豆、以及醃菜，年節到了才吃肉。嘎爾瑪平日看見烤肉會流口水。他看見有錢人常吃肉，他太羨慕了。現在何必羨慕有錢人呢？嘎爾瑪身邊就有牲口，全部面臨淘汰的牲口。他有短刀，找塊布蒙住馬頭或犛牛頭，短刀刺進頸部血管，牲口就往生了。光是流出的血就有一大盆，讓血先冰過，然後煮湯，既美味又營養。其次，一匹馬的肉，比一隻羊多太多，他一生一世沒享過那麼多的肉。他是自願上山的，又在夾縫地守太久，他有資格大吃肉，吃一個月的肉，一匹馬的肉夠吃一個月；天寒地凍，馬肉不會壞。馬皮加以處理，就成了上好的皮衣或皮毯子，夜裡蓋身，一定暖和。想到這裡，嘎爾瑪快發瘋了。

清晨嘎爾瑪甦醒，頭腦冷靜一些，用冰雪抹臉當洗臉。他得先推下夾縫地上的冰雪，其次進大雪屋下的三間厩舍，清理糞便，更換墊料。如果雪屋屋頂大積雪，他也得加以打散清理。然後供應乾草料，風雪天不可能供水。讓牲口自行咀嚼冰雪代水。

嘎爾瑪早就不滿夾縫地太狹窄，他早已移交兩匹馬給赤烈，剩下四匹馬留在身邊。他自然而然想再移兩匹馬下山，夾縫地只保留二匹馬。他考慮了又考慮，終於讓移交的最好時機溜走。因為母馬是活動廚房，是老人及女子的好坐騎，山上的五個朋友會需要馬匹的，說不定隨時需要。結果五個朋友就是不現身，嘎爾瑪來不及移交了。

第一場暴風雪挺過了。利用緩和的天氣，嘎爾瑪每趟領二匹馬，去夾縫地下方斜坡或山谷砍雪找草料，替庫存草料爭取了一點時間。麻煩沒消失，只拖延。這個冬天還有第二場暴風雪，第三場暴風雪。雪屋儲存的有限乾草，當然不夠剩餘苦寒日子的消耗。一旦草料耗光，主人控制不了牲口，馬匹和犛牛先哀號，然後衝出去找枯草保命。而馴養過的牲口，早已喪失野外求生的本領。何況它們身在狹小地點上，走出去就是積雪破爛山路，不摔落山腹或山谷才怪。到時候嘎爾瑪怎麼處理牲口？各家牧場仍眼巴巴盼望牲口歸去。

嘎爾瑪不斷的思考，不斷的懷疑，拿不定主意。他不時站在雪屋邊，仰望近在眼前，雲霧經常繚繞的二座巨峰。較近的黃色巨峰，岩質堅硬無比，山壁上的溝洞填滿冰雪。可惜這座巨峰的另一個側面看不見。黃色巨峰和黑色巨峰如何連通？

另一座巨峰更高，呈現黑色，由於那邊光線更差，嘎爾瑪不能完全看清它的表面狀況。似乎有峭壁及漫長的石質山脊，而黑色巨峰更有白雪皚皚蓋頭的氣勢。是不是這二座巨峰吞噬了五個朋友？

至於遠遠的南迦巴瓦峰，只有女工程師認識牠。整個冬天，烏雲又濃密又低懸，南迦巴瓦峰的削瘦岩峰經常伸入雲層中而失蹤。它的山腰部看起來冰雪縱橫分佈。它的山腹由綠色，褐色，以及白色團塊組成，看起來山腹有裸岩，樹木，和冰雪。嘎爾瑪不相信尼瑪等人會遠去那兒。萬一五個人遠去南迦巴瓦峰，他們下山離開大山嶽，很可能另走捷徑。而嘎爾瑪和牲口逗留絕境險地，不免大限來臨。

（四）

華陽劍龍身軀不頂龐大，行動起來卻敏捷有力。它們背上天然長出兩排鋒利的骨板，它們靈光的尾巴各長出四根尖利；可以說，它們天生利器齊全。其他恐龍，包括恐爪龍，不敢輕易招惹華陽劍龍。一大批華陽龍悠遊於白鴿子樹林和桫欏林，保持恐龍國王般的霸氣態度，絕少嚎叫發狠。

不幸，一群漸突獸居然侵犯劍龍的孵蛋區，不但爬上兩隻大劍龍的骨板中間，而且朝多個方向推滾大蛋，企圖利用小身體偷走大蛋。有兩隻看管蛋窩的大華陽龍，費了好大的勁才甩掉背脊上的大老鼠。而幾個蛋同時分別往不同方向滾動。大華陽龍準備用尾刺掃死大老鼠，但是怕誤傷大蛋，終於讓大蛋滾遠。這兩隻大猛獸怒沖沖返回蛋窩，發現頗多大蛋不翼而飛。這兩隻猛獸不禁嚎叫：「噗赤——噗赤——」。

「噗赤——噗赤——」，下邊冰水湖內，一群華陽龍同類正戲水，吃浮萍及布袋蓮，聞聲跟著大聲嚎叫。於是整座白鴿子樹林，到處響起國王恐龍族群的哀號。所有大小劍龍被激怒，在羅漢松、菩提樹、以及桫欏等小樹林之間亂碰亂撞，土地震動，樹幹斷裂，枝葉噴飛。

五具稻草人以大樹樹幹為護身物，分別躲避或觀察良久，大小劍龍一再擦身而過，幾乎把若干稻草人壓扁。一俟劍龍瘋狂跑動，稍微走遠，他們迅速蛙跳去另一棵大樹樹幹之後。天色轉暗，華陽龍各家族重新團聚，森林安靜下來，五具稻草人乘機鑽入密葉細枝低垂的小樹林，在小樹林內過夜。五具稻草人餘悸餘在，不敢出聲，摸黑分吃大蛋的蛋汁。食物流進胃中，他們才鎮定一些。他們被迫滯留白鴿子密林的某一個陰暗處，像流浪人似的，睡在草叢葉簇上。而劍龍整夜哀傷氛圍沒平復。

「我們必須離各劍龍家族圈子遠一點過夜。」詹姆士說明原因：「我們不瞭解劍龍的習性，最好離它們遠一些。我們睡覺可能發出聲音，不知不覺招惹這群大傢伙。」

「有一隻劍龍擦過我的身體，它的尾刺像飛鏢，差一點刺穿我的身體。」尼瑪抱怨。

「偷蛋最重要，肚子餓太難受。幸虧我們偷蛋到手。」丹卡餘悸猶存，說話結結巴巴。

「明天白鴿子樹林將會安靜些，明天我們像活動稻草人，慢慢溜向大草原方向。」莊院士宣佈。

躺在低垂枝葉遮蔽的小樹林中，舒小珍不禁懷疑：「明天真能走出華陽龍地盤？」

「我不清楚，」詹姆士憂心忡忡表示：「但是我相信，如果恐爪龍企圖追蹤我們，劍龍會阻擋恐爪龍。」

天剛亮，通常食草恐龍賴床，不會過早起身活動。五具稻草人借助手電筒燈光，彼此互相協助，檢查稻草人裝束，正待走出借臥一宿的小樹林。地震突然發生，大小劍龍噴鼻息東衝西撞，緊緊盯住地面上的草叢或隆起的樹根。

地震停了一下，怒氣沖沖的華陽龍家族剛離開視線，尼瑪稻草人瞧見大峭壁位置，快步走進樹林中高草藤蔓區；幾棵零星的高大白鴿子喬木，散佈野草灌木間。光線暗，到處出現藏匿的機會。不太遠的林間空曠地傳來「吱吱」聲，幾隻華陽劍龍追過去，看見地上逃竄的漸突獸就踩。

詹姆士比手勢，劍龍找漸突獸出氣，大老鼠群有苦頭吃。五具稻草人提心吊膽，從一處陰影下移向另一處陰影下，緩緩流浪華陽龍地盤中。地震又輕微發生，各劍龍家族出動，懶洋洋吃嫩葉或軟藤蔓。但是它們一看見大老鼠就追殺。於是漸突獸進出白鴿子樹林，遭逢前所未有的災難。大傢伙猛衝猛踏猛掃而來，打算幹掉白鴿子樹林中，唯一經常出沒的小異類。小異類察覺地震及大黑影衝來，「吱吱」叫著，竄進草堆小樹底下。漸突獸十來隻陳屍林中，劍龍才消了一些怒氣。

尼瑪稻草人抓住空檔開溜。機會小，領路人小走幾步；機會好，多走幾步路。他知道，華陽龍沒發現一群稻草人偷走不少大蛋，不是稻草人偽裝而成小樹，而是大老鼠轉移了華陽龍群的注意力。林中光線又差，稍遠的地方樹葉晃動，枝梢閃動，大傢伙沒放在心中。萬一任何一隻華陽龍發現稻草人偷蛋，它們提高了警覺，稻草人休想輕易溜走。

五具稻草人謹慎，貼近多種低垂的枝葉，躲開不太遠處劍龍的視線，走走停停，一再繞過覓食遊蕩的劍龍，逐漸來到高大白鴿子樹多的區域。

地面上，漸突獸居然學成分散啞聲溜走的方式，靠近草叢行進。五具稻草人瞭解，他們幸運，漸突獸一再分散大傢伙的眼光，他們才能緩步移動。林中又有小珙桐、羅漢松、和菩提樹混合的多處小樹林，地面上雜草歧生，吸收了腳步踐踏摩擦聲。若干劍龍家族分散開來，享用小樹林間的嫩葉。五具稻草人近距離發現，劍龍邊吃咬邊嬉戲，花長時間糾纏小樹或藤蔓，不慌不忙消磨時間。吃一陣子不耐煩了，走向禿樹幹，摩擦發癢的粗皮膚。

五具稻草人懂得停步、躲藏、以及觀察，抓住機會多走幾步路。他們終於看見，前方大樹幹林立，樹冠層濃密，成對白鴿子搖曳於樹冠層。尼瑪比手勢，他們回到早先流浪龐大猛獸林野旅程的起點。華陽龍從不停留光禿禿的大樹幹林立地區。五具稻草人溜去珙桐林中，粗大的珙桐樹幹構成良好掩護物。詹姆士謹慎，借用雙筒望遠鏡遠看，打量外邊空曠草地上，沒看見任何劍龍出沒，找木耳、竹菇吃。他們幸運，流浪行程接近尾聲，回家之路明朗了。

「我原本不太相信，樹枝草束稻草人騙得過劍龍或其他吃草恐龍。結果我們小心行動，還是安全避開大傢伙們。」丹卡放心了，說出心中的恐懼。

「我也相信，大傢伙的眼力強過我們幾人。但是它們一向輕鬆悠閒，你離開它們的重要地盤，它們根本不提防敵人。但是敵人想闖入它們的重要地盤，像大老鼠和獵犬，它們會找出敵人。」莊院士分析。

「它們天生悠閒，也天生警覺。你不招惹它們，離遠一些，躲好一些，大致上不出差錯。」詹姆士推想而判斷。

舒小珍喜觀聽大個兒不拘泥的推理方式，插嘴表示：「闖進蛋窩偷蛋的機會只有一分鐘，錯過這一分鐘我們不是被大傢伙撞爛，就是飢餓倒地不起。」

「玩命，一直玩命，好在我們保住了命。真不知我們流浪了多久。」尼瑪喘氣，慶幸逃出一連串災難地區。

「你怎麼想得出這許多非正統的逃生方法？童子軍訓練出來的？」舒小珍問道。

詹姆士瞪住舒小珍，無法回答她的問題。

黃昏前，五具稻草人坐在大樹木樹根上休息，打量前方五百公尺左右寬的低草分隔帶，他們前面的一排大密林終止於草原間，那個方向的低草地點土地較乾燥，許多大樹倒塌，樹幹腐敗，腐木上生出木耳、竹菇等。腐木間又有一處岩石堆，岩石陰暗面生長石黃衣、紅岩梅、苔蘚等。周圍環繞零星蘇鐵及散尾葵。一大群野蜂曾經從蘇鐵頂黃色盆花中飛起，攻擊他們五個人，然後大密林中的似雞龍群也飛撲攻擊，逼得他們逃進白鴿子樹林。

「那邊岩石堆有碎蛋殼和死蛋，沒有一個好蛋。」尼瑪回憶。

「確實沒有一個好蛋，我們不必跑過去尋找。」舒小珍也回想出不久前的經歷。

天快黑了，樹林中一片陰暗，草地上稍微明亮。樹林及草原的盡頭，大峭壁矗立不動，但是薄岩壁的破洞口卻隱匿不見。無論如何，他們沒迷路，只有一座大密林及草原擋在前面。只要爬上二十公尺高的破洞口，他們就平安了。恐爪龍家族仍沒追來。

尼瑪光臨任何新地方，始終不忘記大量的糞堆。目前他們逗留的白鴿子樹林一帶不見糞堆，華陽龍不把這個地點當排泄地。他們的腳下，零星幾隻漸突獸跑動，它們的大地洞藏在白鴿子樹林深處。

白鴿子樹林不再發生地震，丟失大批蛋的華陽龍平復下來。對面大密林中，偶爾傳出「咕嚕，咕嚕」的叫聲，但不見激烈的騷動。夾在兩座大密林之間，五百公尺寬的低草地，也沒任何騷動狀況，恐爪龍確實沒巡遊過來。

「太餓了，太累了，今晚多吃一點東西。」莊院士建議。

「明天將特別辛苦。今晚多吃一點，明天才有力氣。」詹姆士同意。

「我們有銀杏果，又有劍龍蛋，可以吃雙倍的份量。」大姑娘提議。

大夥兒餓壞了，沒人反對好意見。何況所謂多吃一點，只不過多吸幾口蛋汁而已。他們吃過似雞龍大蛋、禽龍大蛋、雙角龍大蛋，以及最大的山東鴨嘴龍蛋，這些蛋之間味道相差不大，比雞蛋濃稠，稍有腥味。

「順便拔嫩草，把背袋中的蛋密密分隔好，別讓大蛋擠破殼。」詹姆士表情惋惜：「如果在高山之外，我相信有人肯花十萬美元，買一個這樣的生蛋。」

「運氣好的話，我們至少帶一個新鮮大蛋下山。」舒小珍有相同的願望。

「其實食物嫌太少，而恐爪龍不知去向。上山的路途長，山下的天氣不妙。一回大溶洞，舒小珍快煮乾銀杏果和大蛋，別叫蛋殼擠破，蛋汁白流。」莊院士憂心交代。

五具稻草人坐下，暮色由昏暗轉為黑暗。五個人輪流吸蛋汁，一滴也沒白漏。真是美味的生蛋汁。「吱吱」聲平息，前方大密林和白鴿子樹林都沉寂下來。他們不急於除去身上的黃草綠枝葉裝，他們瞭解，為了逃出雙角龍和恐爪龍地盤，詹姆士建議，好好打扮成小樹稻草人；就是這些簡單原始的稻草人裝扮，協助他們矇過食草恐龍群的眼睛。他們也不急於清洗身上沾附的雙角龍及山東鴨嘴龍糞便。糞便的臭味不但驅除雙角龍地盤上，野蜜蜂的叮螫，而且無意間趕走若干食草恐龍，逼迫它們不會走進稻草人附近的小樹林外緣吃嫩葉。還有一種可能的情況，大恐爪龍搜索雙角龍地盤後側，沒聞出異味，焉知功勞是否應還給這二種糞便；它們的強烈味道，蓋過了五具稻草人留下的味道。

白天白鴿子樹林仍有微弱光線，而氣溫偏低。入夜後白鴿子樹林邊緣必定一團漆黑。五具稻草人花了少許時間就吸光配額內的蛋汁。他們利用剩餘一點暮色，打量華陽劍龍的大蛋。他們的背包內，有禽龍空蛋殼，雙角龍空蛋殼，鴨嘴龍空蛋殼。每種蛋大小不一，外殼顏色不同。

華陽劍龍空蛋殼，比鴨嘴龍蛋及禽龍蛋小，與雙角龍蛋相當，比鴕鳥蛋大得多。似雞龍蛋最小，比鴕鳥蛋小一些，兩個似雞龍空蛋殼仍留在大溶洞中。

華陽劍龍蛋不頂大，外殼卻呈紫色，全蛋殼像眾多紫色雲朵一樣，層層相疊。

「我們一起離開這兒，必要時什麼東西都可以丟棄，保住健康，保住命。但把所有空蛋殼帶回去，儘量保持空蛋殼的完整。」詹姆士建議。

「就這麼辦，空蛋殼和野蜂窩一樣輕，不難攜帶。」莊院士贊同。

「但是似雞龍不會輕易放我們過關，恐爪龍又躲在某個角落。」詹姆士建議：「丹卡、尼瑪，和我將要拼命打鬥，不免壓碎空蛋殼。不如空蛋殼儘量放在院士和舒小珍背包內，你倆專心逃命，保護空蛋殼。打鬥的事交給我們三人。下了山，每個人公平分配或抽籤，儘量多得完整而不同的空蛋殼。」

這個建議合理，五具流浪稻草人開始調整個人背包內的物品。丹卡和尼瑪割草，折樹葉，把莊院士和舒小珍的背包填塞好。

「明天舒小珍和莊院士的稻草人裝，特別加厚一些。背包改掛胸前。讓較多的枝葉保護身體及背包。」詹姆士進一步交代。

「沒想到，稻草人裝不但有偽裝的功能，也有保護的功能。」舒小珍表示。

「明天怎麼行動，通過最後的障礙？」莊院士徵求夥伴們的意見。

「我曾經主張，由破洞口，筆直走向中央大江觀察。如果我堅持下去，現在恐怕保不住命。」舒小珍突然當眾承認錯誤。

詹姆士愣了一下，隨即寬心，對著她笑笑。她有脾氣倔強的一面，但知道認錯。

眼前最大的麻煩，就是前方混合大密林中的大似雞龍，估計超過一千隻；因為它們一向一起喧鬧，五個人曾經遠遠就聽見它們「咕嚕，咕嚕」狠急的叫聲。它們曾經攻擊企圖再偷蛋的五個人，而且完全能嚇阻這五個人；甚至打倒了捕馬助手丹卡。不過丹卡射一箭，當場奪走一隻大似雞龍的命，讓大夥兒吃了煮熟的芋頭及似雞龍肉。毫無疑問的，任何動物太靠近它們的孵蛋區，它們一定攻擊。而老人及姑娘首先挺不住。至於小似雞龍，它們沒長大，只配躲在草地中偷啄人，起不了大作用；必要時，它們是送上門的食物。

「看起來恐爪龍沒追上我們，我們就有多種逃走路徑可選。」舒小珍開口。

「看見恐爪龍才改變逃走路徑，太慢了。恐爪龍追我們五個人，居然追丟，它們不配當肉食恐龍中的殺手。但是明天以後可說不準。」詹姆士苦思。

「如果恐爪龍是殺手，為什麼它們不留下小恐爪龍吸引雙角龍的注意，大恐爪龍從側面滲透地盤，像我們的侵入路徑一樣，然後吃小雙角龍？」舒小珍反問。

「我們不知道，這群恐爪龍找雙角龍的碴有多久。做為肉食類的殺手，它們不單為填飽肚子而攻擊。它們戲弄獵物，訓練小恐爪龍，最後一抓或一咬殺死獵物。大恐爪龍不是看中了我們，立即從新側面滲透，以便追捕我們？」莊院士加強說明。

「想想眼鏡蛇。眼鏡蛇躲在草叢中一動不動；一旦眼鏡蛇盤身舉頭，它就突噴毒液，閃電咬下，尖牙噴出蛇毒。」詹姆士比喻。

「不錯，恐爪龍哪會輸給眼鏡蛇。」莊院士憂慮而表示：「雙角龍、山東鴨嘴龍、禽龍、以及華陽劍龍，地盤全都發生騷動情況。當然殺手們沒有推理能力，不會追查這些騷動的背後原因。我擔心，恐爪龍的直覺反應能力被激發。太悠閒的凶傢伙愛管閒事，一追再追，最後湊巧追上我們。」

「明天晚上，恐爪龍的殺手能力，就得到驗證。」尼瑪出聲：「為了避開一千隻大似雞龍，我們順著五百公尺寬的草地走下去，有危險就躲進白鴿子樹林，直到似雞龍密林的尾端為止。而後我們繞過密林的尾端，切入草原，重回大溶洞。」

侄兒如此面對困難，丹卡不作聲，笑一笑。

「沿著白鴿子樹林邊緣走低草地，直到似雞龍密林尾端為止；雖然距離不太遠，但也是繞圈子浪費時間。不保證不遇上華陽劍龍或其他猛獸。繞過密林，走大草原，我們曾試著走過，太花時間。」莊院士分析缺點。

「會多花半天多時間。現在大夥兒又餓又累，行得通嗎？更重要的是，舒小珍曾分析，一座座平行樹林兩頭中，靠近大草原那一頭，容易躲藏肉食恐龍。」詹姆士更細心分析。

「不浪費時間，直接闖入似雞龍大密林中，會少走路，省下一整天時間。在大密林中冒險，不見得比通過大草原大。」丹卡表示。

「省時間最重要。」詹姆士說明：「闖大密林碰似雞龍，比在大草原遇上恐爪龍安全太多。」

「進入大密林，一定碰上似雞龍，而且萬一林子太濃密，看不見大峭壁，會迷路。走大草原，不迷路，不一定碰上恐爪龍。」尼瑪仍以帶路人的立場辯論。他主張避開顯而易見的敵人。

「等到你撞見恐爪龍，懊悔就來不及了。看不見的危險，才是真危險。」老練的丹卡判斷。

「好了，我改變主意。」尼瑪宣佈：「明天我們從這裡出發，與大峭壁平行，筆直切入似雞龍地盤，然後走大草原的老路，回到大峭壁破洞口。」

「除了需要節省時間，還有別的原因。」丹卡提醒侄兒：「嘎爾瑪和赤烈桑渠都在山上或山下等我們，萬一暴風雪來臨，他倆有危險，我們必須快下山。」

莊院士做出結論：「明天搶時間，筆直穿過似雞龍密林。今晚重新檢查稻草人裝扮，明天五具稻草人溜進大密林，誰多帶空蛋殼，誰的身上多綁枝葉，現在先準備。」

「稻草人不再流浪，稻草人走最短捷徑回家了。」尼瑪心頭開朗而宣佈。

「我去割草，砍樹葉，明天全身多綁密葉，看看似雞龍眼睛亮不亮。」丹卡起身抽刀。

「我陪叔叔去，照手電筒。劍龍太恐怖，背上的骨板嚇死人。我看見劍龍，馬上通知叔叔躲藏。」尼瑪也抽刀。

「稻草人騙得過似雞龍嗎？」舒小珍問道。

「不可能，頂多叫猛禽反應慢兩拍。猛禽的眼力像老鷹眼，空中飛翔一公里高，地面的老鼠逃不過老鷹眼。尤其背袋後面露出長木棒，根本不像小樹。」詹姆士研判。

「背後的木棒全拿在手裡，看見哪種傢伙擋路，就揮棒打。」莊院士出新主意：「反正穿過樹林，背後露出長木棒，不免棒子東碰西碰。」

丹卡和尼瑪一會兒返回，手抱一大堆黃草綠枝葉。五個人站著，互相檢查稻草人綠葉裝。任何部位散落不全，立即砍枝插葉補全。院士和大姑娘的稻草人裝束，更顯得肥大。他們躲在大樹幹後，照亮手電筒，彼此互相檢查比較而忙碌一陣，但大夥兒心情安定下來。兩座密林更安靜，五百公尺寬草地不見恐爪龍現身。

「我們會不會在樹葉太濃密的地方，看不見大峭壁而迷路？」尼瑪又追問。丹卡也關心。

在野外活動，抄捷徑，走直線，詹姆士經驗多，難不倒他。他解釋：「樹林中行走，繞大樹、繞大石頭，當然難免，但不必擔心迷路。短時間內，太陽的位置不會變，太陽對許多物體投下陰影，這些陰影的方向也不改變。你穿過樹林，繞過大樹或大石頭以後，讓所有陰影的方向和你的身體保持不變，那麼你就走直線。」

莊院士畫圖說明，這個道理淺顯。

尼瑪相信這種原理，丹卡更自行試畫圖，學一種新原理。

五個人分別全身練習綑綁，長木棒手提，背袋及弓箭袋都加以掩飾。黑暗中打扮妥當，五個人喘了一口氣，卸下稻草人裝，明天一早才正式穿上。

「看起來騙得過短頸鴕鳥。」舒小珍存了僥倖心理。

「不是我故意潑你冷水。」詹姆士冷靜點明：「猛禽眼力好。如果稻草人相離近，一旦移動身體，騙不過似雞龍，也許勉強讓少數似雞龍迷惑。」

「萬一我們被攻擊，怎麼辦？」舒小珍提出新問題。

詹姆士思索，沒回答。莊院士也思索不出聲。

「舉起木棒拼命，我才不怕短頸鴕鳥。」尼瑪表示。

「你沒問題，但得考慮院士和大姑娘，必須讓他倆先安全離開，我們三個人才好好對付特大母雞。」丹卡說到要點。

「那麼明天院士和大姑娘拼命跑，保護大蛋殼。我們三個男子漢，不怕不能打退似雞龍。」尼瑪對此懷有信心。

「一千隻以上的大似雞龍一起對付我們五具稻草人，每具稻草人分攤二百隻特大母雞，誰都拼不過。我倒想出一個分散似雞龍的辦法。」詹姆士表示。

「說說看，大夥兒需要新辦法。」莊院士出聲。

「不必五個人集中一起跑，目標太單調集中。分成二批跑，分散密林中似雞龍群的注意力。」新方法提了出來。

「分二批跑，好主意。一部份反應遲鈍的大火雞，拿不定主意，延遲了攻擊時間。」莊院士看出優點。

「你對付雙角龍和恐爪龍，也想出絕招，恐爪龍到現在還搞不清，到底五個人如何溜走的。」舒小珍驚喜而出聲。

「第一批人，含領隊、老人、及女子，走捷徑，直穿大密林，跑向大草原，逃進大峭壁破洞口。為了協助這批三個人逃脫順利，另一批二個身體強壯的人，組成第二批。第二批稻草人提前跑出大密林，故意碰碰打打，故意行動慢，吸引了大批似雞龍，第一批三具稻草人才開溜。」詹姆士改進了新辦法。

「第二批稻草人人數少，而且被似雞龍糾纏，有可能被恐爪龍趕上。」莊院士警告。

「不這麼做，五個人一起跑，老的和女的也會拖累強壯的，大家仍一起被恐爪龍趕上。」詹姆士講殘酷的現實。

「尼瑪當第一批的領隊，行得通嗎？」莊院士問道。

「行得通，但是第二批夥伴太辛苦。」尼瑪明白誰可能是第二批人選，因此說話有所保留。

「其實這麼做，對強壯的稻草人有好處。少去老人和女子的拖累，強壯稻草人拚命反擊，才能嚇退短頸鴕鳥。」詹姆士再分析。

「就這麼樣，詹姆士和丹卡當第二批，先跑出密林，吸引似雞龍。我，尼瑪，和舒小珍當第一批。似雞龍紛紛攻擊第二批稻草人，我們三個人才開溜，遭受攻擊的機會減少。」莊院士順勢定案。

「我們不妨找機會，偷幾個蛋，抓幾隻小似雞龍當食物？」舒小珍建議。

「妳不可能佔便宜。」詹姆士不客氣駁斥：「只要幾隻似雞龍淩空撲下，妳逃命都嫌來不及。不要惹事，專心逃跑，拚命逃向破洞口，保護蛋殼。」

舒小珍不反駁。的確，到了逃命的階段，一切都以保命為前題，一分鐘都不耽擱。何況空恐龍蛋殼有待保護。

「小心腳下，大草原不是平地。」詹姆士進一步提醒。「草地間有草叢，溪流，樹木，和石頭堆。專心逃跑，跑穩跑快，保護背袋中的蛋。」

「我們三個就一起行動，儘早逃回破洞口。」舒小珍接受逃命計畫。

「大草原草長，對矮的人有利。我們三個人彎腰跑，混在草葉中，矇過短頸鴕鳥的機會增加。」尼瑪開始想像逃跑的細節。

「手握長木棒，隨時反擊，大似雞龍不會饒過溜進它們巢穴的稻草人。」莊院士提示。

「我在雙角龍地盤拚命叫，我現在用短木棒狠狠打。」舒小珍表示。

他們四個人交談出主意，沒注意丹卡獨自思索，而後額角青筋浮現，心碰碰猛跳，喉嚨乾燥，全身冷汗直流。丹卡聲音沙啞開口：「四個人組成第一批，更擋得住似雞龍的攻擊。第二批只需要我一個人，我一個人想辦法吸引大似雞龍。」

「一個人力量太薄弱，萬一幾百隻短頸鴕鳥一起攻擊，你擋不住。」莊院士說實話。

「不見得，擋一陣，草叢裡躲一陣，動腦筋。想一想下一步，尼瑪等三個人即使跑到破洞口下，他們爬不上二十公尺高的洞口，尼瑪一個人的力氣拉不上任何一個人。」丹卡想得遠。

「我站在岩石堆上，等於墊高二公尺，剩下幾公尺，尼瑪就拉得上一個人。再不然三個人站在岩石堆上，我爬在三個人的肩膀上，也能一個人先爬上去。」詹姆士回應。他接受了丹卡單獨對付似雞龍的計畫。

「把院士和大姑娘送進破洞口，我和博士回大草原接應叔叔。」尼瑪想出變動辦法。

「不必，草原太大，天一下子烏黑，你們不知道我從哪兒冒出來。守住破洞口上，煮好蛋和銀杏乾果。為了吃東西，我不趕回來才怪。我更忘不了我的蛋殼寶貝。」丹卡下定決心。

「我一回大溶洞就煮東西，你的一份一定留下。」舒小珍表示。

「我會記得，別人休想吃掉我的一份。」丹卡解開自己的背袋，把袋中剩餘的空蛋殼交給尼瑪：「幫我帶著，煮熟一點，我和似雞龍交手，難免打破蛋。」

「你的一份一定保留，甚至多分你一些，以便引誘你趕回來。」詹姆士安慰。

「如果天黑前，我沒趕回來，天黑後，每隔半小時，在破洞口上照亮，給我方向指引。」丹卡想得更遠。

「好，天黑以後，隔半個小時，在破洞口上照亮，不會引起猛獸的懷疑。」莊院士承諾。

丹卡在寒冷的夜晚，一直全身流冷汗。他不禁大灌冰水。他眼皮直跳，手腳冰冷，腦子的思潮翻騰。冬天的大峽谷深夜，烏雲遮天，看不見月亮星辰。大峭壁完全融入漆黑夜色中。

舒小珍悄悄說：「丹卡擔子太重，幾百隻大火雞攻向一個人怎麼挺得住。」

「相當困難，簡直不可能，除非他矮下身體，在草叢中遊走，這麼一來他辨識不了方向，移動速度慢。」詹姆士憂心忡忡。

大夥兒互相靠近臥倒。丹卡聽見了，啞著嗓子提醒：「不必擔憂，我會趕回來吃我的一份，分我的一份。」

（五）

天亮前，五具流浪稻草人悄悄的起身，吸幾口蛋汁，彼此互相幫忙套上外裝。自然而然的，尼瑪和丹卡特別仔細關心對方的外裝，舒小珍和詹姆士也份外留心對方的情況。舒小珍和莊院士全都外觀臃腫。

「吱吱」之聲也悄悄傳來，白鴿子樹林深處，大樹樹根乾燥洞穴內外，沒被華陽劍龍嚇倒，一群群漸突獸分別朝不同方向移動，甚至直接繞過同類倒楣的曝屍。

「這種小型物種的近似族群，一直在世界各地繁殖昌盛。」莊院士說閒話。他指現代老鼠。五具稻草人的背袋，包括弓及箭袋，都特別加以掩飾。所有木棒拿在手中。

「等我先跑出大密林，吸引了大群似雞龍，你們才一起溜出去。」丹卡最後叮嚀。邊說話，雙唇邊發抖，勉強用理智控制情緒。

大峭壁、草地、樹木，仍混入漆黑世界中。黎明前的片刻，漸突獸不畏華陽龍的巨腳和尖尾而出動，真是意外的好兆頭。莊院士點明，它們比較能適應外在環境。丹卡照亮手電筒，離一群大老鼠稍遠，領先踏入五百公尺寬的低草區。其他四具稻草人落後幾步跟上。

這群漸突獸居然早起早動身，溜進安靜的低草地。白鴿子樹林不傳地震，僅隱約有噴鼻息聲音。對方黑暗的大密林內，似雞龍發出零星「咕嚕」聲音，並未大舉撲出。野蜜蜂尚未「嗡嗡」振翅，飛向大峽谷各地。

一支手電筒照亮而已，而且只照腳下稍前一點地方。清晨剛起身時，五具稻草人猶感覺氣溫冰涼。來到低草地中央，四具稻草人身體有點發熱，領頭稻草人仍流冷汗。混合大密林內的似雞龍暫時忽視這五棵矮胖樹。

大峽谷內光線稍稍照亮，若干物體隱約連接淺影子，果然所有影子方向一致。

儘管前面大樹或獸窩擋路，逼你繞圈子，但你別理會擋路物體。你讓所有影子的方向，對你自己保持不變，你就走直線。丹卡記住這種指示，關掉手電筒，加快移動步伐。低草地到處有倒塌腐敗的大樹，丹卡繞過，腳步不停，一點困難也沒有。尼瑪更不怕走失方向，他背後就有高人。

這一群漸突獸又分散，有的仍在低草地橫跑，有的透入猛禽的地盤。突然混合大密林傳出較強的「咕嚕，咕嚕」叫喚聲，較少數似雞龍撲向分界草地上，有大量碎蛋殼的岩石堆，因為少數幾隻漸突獸正繞過岩石堆而碎步流竄。地面輕微震動，華陽劍龍搖晃龐大身軀走動了。大峭壁開始出現輪廓，悄悄矗立於老地方，令稻草人安心。

勇敢早一步出擊的稻草人和小動物是對的。少數幾隻似雞龍站上岩石堆，沒抓住任何大老鼠。大老鼠們流竄矮草叢間，看見陰影撲下就向旁閃避，全部安全繼續前行。一具稻草人趁機由草地溜入混合大密林。他先斜跑一段路，長木棒在手，以便告別其他稻草人。但是他斜跑一陣以後，改變方向，讓周圍淺陰影對自己保持方向不變。其他四具稻草人完全不變方向，即便經過障礙物，仍保持前進方向與林間陰影一致。

雅魯藏布江大峽谷各角落，包括樹林在內，蚱蜢、螽斯、金龜子、蝴蝶、以及蜻蜓等，又開始跳躍。野蜜蜂大舉出動，飛向花朵盛開的地點。螳螂肢體翠綠，悄悄抓昆蟲，蜘蛛結網，捕捉了白飛蛾。

大峽谷內光線更亮一些，大密林附近所有岩石堆上，出現極多小似雞龍。生物的秘密又被揭露。原來小似雞龍白天在廣大草地流竄，主要目的是啄食昆蟲及新奇小東西，例如蚯蚓、蝸牛、及青蛙。晚上它們重回孵卵地過夜。

小似雞龍的成長是一種奇蹟。公母似雞龍先交配，母似雞龍相隔數天產出受精軟卵，含鈣的蛋殼迅速變硬。硬殼蛋曬夠陽光，蛋內小軀體長大，尤其一隻硬喙以及一雙利爪首先成熟；或啄或抓，蛋殼破裂。大似雞龍或在密林內遙遙監視，或飛臨岩石堆，順便啄破蛋殼，讓後代平安孵出。

只要一天的工夫，小龍的雙腳就長硬，大似雞龍只需保護小龍一天。第二天起，小龍就加入其他小龍行列，在草叢中亂跑，啄食昆蟲、蝸牛、和種子等。入夜以後，它們在孵卵岩石堆休息，幫忙照顧蛋窩。二個月以後，翅膀長硬，飛向大密林，加入大型同類行列，盯住地盤。

大草原上的小似雞龍數量多，各處草葉不停的晃動，正是小龍們東遊西蕩的結果。悄悄的，天敵出現了，就是二隻流浪中的偷蛋禿頂龍，以及族群剛興旺的漸突獸。不幸二隻禿頂龍分別被二個恐爪龍家族吃掉；而小似雞龍體型與漸突獸相當，彼此互不畏懼。

若干小龍不知道，矮樹上尖銳的對對雙眼盯住草地。小似雞龍竟然遊蕩至挨近大峭壁的高大及低矮喬木下。許多猛禽經常由五十公尺左右高的峭壁洞穴，飛降至四十多公尺高的大喬木上，再飛降至三十至二十公尺高的中型喬木上，威風凜凜監視地盤。小似雞龍誤闖這些樹木之下，「嘎—嘎—」叫聲響起，始祖鳥由樹梢撲向草地，經常獵取小似雞龍當食物。

似雞龍棲息的大密林，挨近大峭壁的頭端，不乏高大喬木如水杉、銀杏、黑松，以及樅樺等，甚至孤單高瘦的科達木也零星分佈於附近。大密林的尾端，面對大草原，生長枝葉茂盛的樟樹、紅檜、以及扁柏等。大密林的中段不但樹木分佈較稀疏，而且多櫟樹、馬尾松、以及油加里樹等較低樹種。恰巧大密林的中段有不少乾燥的空地，空地上低草叢不能阻擋陽光。於是大密林中段多陽光地區，才是似雞龍的核心生蛋孵蛋區。孵蛋區附近低喬木枝頭上，極多銳利的眼睛盯住重要的乾燥土地。當然，在核心棲息地出生的小龍，經常「咕嚕，咕嚕」叫喚，來到出生地休息。樹梢上的大龍認得出下一代。

一具枯草綠葉罩頭身的稻草人，記得陰影的方向，斜斜奔進樟樹、紅檜、和扁柏等混合樹種中。棲息枝椏間的大似雞龍，立即懷疑會移動、提木棒的小樹，它們打算撲下試攻。但是大密林到處樹枝橫生，樹葉間蒼白陽光明暗不定，不利於猛禽展翅。似雞龍「咕嚕，咕嚕」尖叫警告，丹卡暫時不被攻擊。他踩過地面黏稠的白色液體，知道是鳥糞類，他不介意。他繞過水杉等大樹，以及扁柏小樹林，然後再奔走。讓小樹木的陰影方向對照他的奔走路線，差不多沒改變。他遙遙望見，大密林的中段地區，不但樹木稀疏，而且樹身偏矮，許多小似雞龍在那兒出入。那兒一定有大蛋。食物的存在引誘丹卡。丹卡知道，核心地盤不可能任闖入者橫行無阻。丹卡忍住了，沒改變路徑而偷蛋。地面上零星漸突獸亂闖，甚至溜去乾燥土地孵蛋區。似雞龍飛下，停在蛋窩邊，聯合小似雞龍，攻擊少數幾隻漸突獸。闖入核心地盤的漸突獸，紛紛狼狽逃散，甚至當場橫屍。丹卡猜對，蛋窩不容任意擅闖。

丹卡一再繞過大密林中段地區的障礙物，記得自己始終對所有陰影保持固定的相對方向。他來到頭頂樹葉稀疏的地點；抬頭一望，大峭壁矗立側面，正是校對自己跑動路線的最好地標。今早他大致與大峭壁保持相對平行的位置。他竟然走了直線，穿透大密林。

樹林空地上，不只有白稠黏液，也有捲曲黑色皮囊，正是乾扁的漸突獸屍體。看來從前漸突獸深闖虎穴，不但被似雞龍啄死，而且肌肉也被似雞龍啄乾淨。不錯，似雞龍是一種肉食猛禽。丹卡運氣好，正負有特殊任務，沒橫生貪念，企圖偷蛋，走上漸突獸死屍的命運。

四具稻草人的腳步慢，主要不是老人及姑娘行動遲緩，而是墊後的最高大稻草人，一再找機會通知領路稻草人，不必急於趕路；注意老人及姑娘手持木棒，先平安穿越樹林。尼瑪一再繞過障礙草樹，然後核對自己與小樹的淺淡陰影保持方向一致，以便確定走直線，由於院士和博士沒糾正他，他相信自己實踐了一種曠野通行的原理。

大密林起了騷動，「咕嚕咕嚕」激烈叫聲響起。大似雞龍發現零星漸突獸及二波小樹稻草人擅闖。如果它們膽敢奔向林間空曠地，或捕捉小龍，或偷蛋，大似雞龍必定就近撲下攻擊。舒小珍和尼瑪深知背袋沒裝滿食物，林中空地的蛋窩好像不見防禦猛獸；她倆真想脫離路線，悄悄摸幾個比鴕鳥蛋稍小的蛋。但是莊院士抓住尼瑪，詹姆士攔住舒小珍，阻止他們妄生貪念，他倆才放棄了偷蛋念頭。

四具稻草人根據附近突然響起的似雞龍叫喚聲，相信丹卡早一步在不太遠的地方，平安穿越大密林。單獨一具稻草人，闖進千隻猛禽大密林，顯然頭腦夠冷靜，膽量夠大。四個人也大踩白色黏液，並且看見漸突獸的乾屍；偷蛋成功能澆熄飢火，偷蛋失敗的下場就是橫臥林中地。

四具稻草人手提木棒，倒沒與林中似雞龍火拼。他們僅通過枝幹橫生的林子，沒溜近孵蛋區，似雞龍不便在枝葉密集的低空飛撲。尼瑪明白，直接穿透大密林而走最短捷徑的方法，真夠大膽細心。

前方樹木稀疏，光線亮一些；大量高草大面積生長，大峭壁站立遠方側面。丹卡眺望，知道自己走了直線，穿過了大密林。不太遠的大密林深處，「咕嚕，咕嚕」叫聲不斷，沒有激烈火拼的跡象；丹卡研判，四具稻草人也慢一些通過大密林。丹卡仍流冷汗。他喝了一些水。

「我看不見叔叔，他有沒有問題？」尼瑪領路，平安抵達大密林邊緣，也看見大草原；心中擔憂而出聲。

「好像沒問題。我們這個團體中，頭腦最清楚，心思最細密，膽量最大，他數第一。」詹姆士安慰團員。

「臨時能想出應急對策，帶大夥兒脫離險境，還是靠詹姆士，對不對？」莊院士稱讚。

「真不知他怎麼想出來的，太奇妙了。」舒小珍笑容滿面回話。

「目前大密林和大草原太嘈雜，情況不簡單。」詹姆士卻警告。

丹卡單一稻草人站在大密林邊緣，最初的想法是，直接衝出大密林，進入大草原，大喊大叫，招惹一大批似雞龍，然後雙方火拼。似雞龍大舉出動攻擊他，四具稻草人正好開溜。

忽然丹卡臨時改變主意，新的念頭從他的腦中浮出。

不知為什麼，大密林和大草原地區，尚有許多其他生物。許多其他生物也要活動，搶先引發一場大騷動。

引發騷動的，其實是小似雞龍和漸突獸。它們都餓了。眾多小似雞龍猛啄蚱蜢、金龜子、蜘蛛、以及螳螂等；大量能跳能飛的昆蟲，是大小似雞龍家常食物。漸突獸不容易擭獲體型及體力不差的小似雞龍，它們改咬溼土中的蚯蚓及青蛙。

但是大草原中生長不少中、高、矮三類型喬木，這些喬木的樹梢站立了始祖鳥。始祖鳥不屑於追逐蚱蜢和螳螂，因為牙縫不夠塞。它們也不打皮粗而肉少小蜥蜴的主意。長期以來，它們對準小似雞龍。而比一般公母雞大得多的小似雞龍，遠非始祖鳥的對手。始祖鳥從樹梢撲下，攫奪草地上的小龍。成功的機會多過失算的機會。始祖鳥不太想招惹大似雞龍。一群大似雞龍反擊一隻始祖鳥，始祖鳥不佔上風。

小始祖鳥也開始學習獵殺，由峭壁間的巢穴，逐級跳至矮樹樹梢。它們的飛掠能力不足，嘴和爪子不夠堅硬銳利，所以它們對準新出現的獵物，小群漸突獸。

此外，昆蟲不夠吃，少數大似雞龍走遠，尋找小蜥蜴、大青蛙、以及大蝸牛等。它們不知道，若干矮樹樹梢的始祖鳥已經產生默契，準備聯合攻擊落單的大似雞龍。強欺弱，眾淩寡的戲碼上演了。

所以天亮以後，丹卡和四具稻草人正待各自穿越大密林，附近大草原上的啄食獵殺活動已經展開。大峭壁下方附近的樹梢上，始祖鳥左右盯梢。一旦小似雞龍冒然現身或半現身，樹梢上黑影撲下，雙爪一伸攫住。獵物企圖掙扎及反抗，始祖鳥尖嘴一啄，獵物就躺平。最強的始祖鳥單獨一爪抓住獵物，一跳一展翅，就跳躍並飛上樹梢，與其他合作夥伴一起享用新鮮血肉大餐。吃剩的，一爪抓牢，始祖鳥逐級跳飛至峭壁間洞穴，餵養小始祖鳥。極少數小似雞龍機伶，一見樹梢飛來黑影，就猛然往旁邊草堆竄躲，保住小命，始祖鳥落空後跳飛離開。

相對的，大似雞龍也不是純挨打的角色。一群似雞龍由大密林飛撲而出，群攻任何侵入地盤的弱小一方，以便保護孵蛋地和小幼龍。始祖鳥和似雞龍之間的戰爭，已經延續漫長的時間。始祖鳥始終未能吃光似雞龍，似雞龍也飛不上大峭壁，對始祖鳥展開致命的攻擊。

「嘎—嘎—」始祖鳥厲啼，大舉撲向草地的小似雞龍，不少小似雞龍斃命。「咕嚕，咕嚕」，似雞龍也發怒，對準若干入侵的始祖鳥，集中加以攻擊。

體型小太多，數量更有限漸突獸，又想合力滾蛋，或者各別單獨揀血肉殘肢，帶回地洞享用。小始祖鳥和小似雞龍一向彼此互相火拼，偶而轉變目標，向漸突獸報復。「吱吱，吱吱」，漸突獸慘叫，東藏西躲，在草原上死傷累累。

四具稻草人來到大密林邊緣，他們的位置更接近大峭壁，所以更親自見識這兩大族群的長期鬥爭。

「怎麼到處都是啼叫喊聲？猛禽全都發瘋了？」舒小珍悄悄說話。

「是不是叔叔跑錯地方，同時被始祖鳥和似雞龍夾殺？」尼瑪緊張而出聲擔心。

「不可能，丹卡沒那麼大能耐，引起大草原上的大騷動。他的任務不是向這兩種族群挑戰，他有要緊事去做。」莊院士安慰夥伴們。

「不少大似雞龍出動，保護它們的地盤；但是密林中仍有大批似雞龍，可能對付丹卡。」舒小珍左顧右盼，看出危機。

「用蠻力，一個人連十隻似雞龍都對付不了；但是一個捕過野馬的人，有沒有特別能耐，我們只能等著瞧。」詹姆士也安慰大夥兒。

丹卡一個人站在大密林邊，就想簡單衝出。但他對面的大草原上，昆蟲、青蛙等小動物、漸突獸、大小似雞龍，以及大小始祖鳥，彼此相互撲殺，情況一團混亂。丹卡突然腦筋一動，得到新點子。是現身的時機，該採用擾亂的做法，讓大草原亂上加亂。他就在大密林邊緣故意用力叫喚，又故意舉棒亂打樹枝濃葉，而樹林中的似雞龍鼓噪起來。丹卡突然衝出樹林，跑進草叢。似雞龍果然看穿小樹稻草人，幾十隻猛獸飛撲而出，強風壓向單具稻草人。單具稻草人突然轉身，快步重回密林。這幾十隻猛禽撲空，若干似雞龍的利爪抓落一些稻草裝。

「他一個人跑了出去，為什麼又跑回？」尼瑪遠眺，找到叔叔，驚訝出聲。

「他還有體力，跑得過短頸鴕鳥。」舒小珍判斷。

「膽子真大。幾十隻特大母雞追撲，他就是不屈服。」莊院士讚美。

「他為什麼跑回來？他可以東跑西躲，混淆大批似雞龍，自己一個人平安溜走。」舒小珍懷疑。

「他故意一再吸引似雞龍的注意力，又趁機混淆似雞龍的判斷力，他的腦子靈活。」詹姆士也稱讚，看出丹卡的用心。

「他吸引了似雞龍，輪到我們出發了。」莊院士喊叫。尼瑪看準草叢間，又高又密的地方跑出去，四具稻草人一起移動。尼瑪領頭，莊院士和舒小珍跟上，詹姆士墊後。每具稻草人握了長木棒。

丹卡第二次衝出，方向偏斜。他快跑約四十公尺。似雞龍第二波飛撲追出，其中若干隻抓落丹卡的稻草人外裝。丹卡揮棒抵抗，突然轉身返回，比較少數的似雞龍飛出，又抓落丹卡的外裝。丹卡平安進入大密林。丹卡休息一下，砍斷枝葉，補充稻草人裝。他仍全身流冷汗。

大密林挨近大峭壁的一頭，最大批似雞龍撲向目標，對付長期世敵始祖鳥。似雞龍從長期對抗中磨出技巧，每面臨一隻始祖鳥入侵地盤，就以十倍數目反擊。而且慎抓時機，趁始祖鳥攫捕失手，被迫落地，雙爪暫失威力之際，大批似雞龍才淩空撲下，雙爪大抓對手的眼睛。這種攻擊方法學自對手始祖鳥。結果始祖鳥只能抓走若干隻小似雞龍，大似雞龍則刺傷若干隻始祖鳥的眼睛或翅膀。雙方撲打，滿天羽毛飛舞。

他們是四棵小樹？每棵小樹頂部有一大團半枯野草，野草外圍綁了羊齒葉。頂部以下，針葉、闊葉、和蕨類的葉子，一層又一層包裹全身。看起來真像直挺的胖小樹。但是四棵小樹會移動，跑向野草又密又高的地點。

大密林中，剩餘的若干似雞龍出動，淩空平飛，撲向活動稻草人。強風、巨大重量、和太多利爪襲來，四具稻草人舉棒反擊。雙方數量、重量、和利器相差太多，似雞龍方面又增加新力軍。莊院士和舒小珍抵抗不住，跌進草叢中，但是護住了移來胸前的背袋，身上的枝葉被扯落不少。尼瑪和詹姆士也節節後退，護住老人及女子。

「彎腰跑，不停留，我和尼瑪會追上。」詹姆士大聲督促。他和尼瑪硬撐，緩緩倒退。攻向女子及老人的似雞龍，找不到對象，絕不甘心，平飛起來，撲向二具一直倒退但反擊的稻草人。壓力實在太大，這二具稻草人摔倒，滾動，分別爬起來，舉棒再反擊。老院士和舒小珍專找草多草高的地方走，一直大彎腰，野草一直晃動。到了下午，天色不好，老院士和舒小珍逃遠一些。大草原上，蚱蜢及螳螂亂跳，蜻蜓及蜜蜂亂飛，地面青蛙及蝸牛躲避不及，小似雞龍及漸突獸逃跑，到處亂成一團。

單獨行動的稻草人，更是亂源之一。丹卡頭上及身上的野草及枝葉已揮落不少。丹卡又在密林邊緣大喊大叫，棒打低垂的枝葉，但是大密林中，「咕嚕，咕嚕」恐嚇叫聲降低不少。這具稻草人又斜斜跑出密林，腳步穩定，木棒舉起。前二批平飛而撲向他的似雞龍，正一路叫喚奔回，暫時無心攻擊他，密林中仍平飛出十來隻似雞龍，第三波撲向丹卡。這一波飛撲的猛禽數量少，丹卡仍擋不住，跌倒在地，背袋內沒有蛋，他不痛心。丹卡爬了起來，並不當場對抗，反而又跑回大密林，讓第三波攻擊的大似雞龍搞迷糊了。大密林枝頭上，超過一千隻的大似雞龍分成數股。其中最大的一股對抗始祖鳥，第二大的一股巡視這個方向附近各孵蛋地點，防止零星漸突獸和小始祖鳥吃蛋或偷蛋。剩下二股，數量不頂多，分別攻擊路過核心產蛋區的二批稻草人。

四具稻草人一起行動，其中一個老人和姑娘大彎腰，降低身子高度，偶而抬頭眺望大峭壁，以便正位置；他倆沒接近孵蛋區，已經不再受到攻擊。另外二具強壯稻草人，尼瑪及詹姆士，一再倒地又爬起，護住了前胸背袋，稻草人外裝則殘破不堪。這時他倆才發現，稻草人裝束不僅有偽裝功能，而且真有保護功能。似雞龍的利爪扯落稻草枝葉，身上的外衣沒破損多少。

詹姆士和尼瑪邊抵抗邊倒退，逐漸離開邊緣地盤。尼瑪擔心叔叔的安危，自己體力勉強支撐得下，一直舉棒回擊。詹姆士體力更強，揮棒反擊，力量不小。數十隻似雞龍離他倆距離近，無法平飛而從空中撲下，僅僅晃動頭部而啄擊，所以威力大減。

「倒退，再倒退，離地盤更遠，它們更不想攻擊。」詹姆士大喘氣，出聲指示尼瑪。

兩個人並肩倒退反擊，就是不肯屈服。兩個人倒退至一片高草地點，草尖高及兩個人的胸部。大似雞龍攻擊的對象減少，野草半掩蔽的兩個人更容易防衛要害。似雞龍終於停止攻擊，狠狠盯著他倆而已，放過老人及女子。

「舉棒，再倒退，它們不想攻擊了。」詹姆士告知情況。

「我們平安了，我們沒被擊倒。」尼瑪喘氣開口。

遠方有兩種聲音通知：「我們在這兒，我們四個人全部平安。」

草原上露出長短木棒一端，莊院士和舒小珍樣子都狼狽，但平安無事相候。四個人見面，人人外裝扯破得不成樣子。

「你不是稻草人了，你身上沒幾根草，沒幾片葉子。」舒小珍對詹姆士開玩笑，口氣中充滿歡喜。「妳也不適稻草人了，妳像難民。」詹姆士也歡喜戲謔。

「想不到草束及枝葉能保護身體，似雞龍的利爪只抓破草葉。」莊院士表示。

「主要依靠丹卡，他吸引開較多的大母雞。」詹姆士講實話。

「我們趕快回大溶洞，爬上二十公尺高的破洞口不容易。」老院士提示。

「大峭壁就在前面，妳跑得動嗎？」詹姆士疲乏而溫柔交談。

「只要趕回去點火煮東西，我就跑得快。」舒小珍開心談話。

大草原唯一騷動未平息的地方，剩下單一稻草人一處而已。陽光陰暗，勉強投出長陰影，下午已經到來。始祖鳥群和似雞龍群結束一天的對抗，各自帶著戰利品返回巢穴。漸突獸和小似雞龍也各回洞穴或休息地。許多嘈雜的地點恢復平靜。

尼瑪領頭慢跑，不時回頭看看老院士和大姑娘的步伐。每個人都勞累了一天，體力勉強挺得住，肚子則太餓。

「一回到大溶洞，就收拾好行囊，裝滿水壺。丹卡一回來就離開，不管他有沒有被恐爪龍追逐。」莊院士吩咐。

「沒聽見恐爪龍的叫聲，丹卡還沒遇上要命的傢伙。」詹姆士表示。

「我馬上燒水，煮銀杏果和剩下的大蛋。蛋太大，殼太厚，得一個接一個分開煮。」舒小珍心中安定，說話有條理。

「我坐在破洞口上，準備隨時接應叔叔。」尼瑪憂心說話。

「你爬得上洞口嗎？」詹姆士問道。

「我相信不成問題。博士站在岩石堆上，院士爬上博士的肩膀。剩下幾公尺，我能把院士拉上去。。然後兩個人合作，拉上大姑娘。最後拉上博士。」尼瑪說明下一階段工作。

「一直沒聽見恐爪龍的叫聲，也許它不知道我們拼命快速穿過似雞龍的地盤，它根本不會追蹤我們。」舒小珍說話。

「希望我們運氣好，快快離開大峽谷，這裡不適合陌生人久留。」詹姆士表示。

四個人小跑步，跑過草地、樹林、小溪、岩石堆等，回到破洞口下。舒小珍發現，薄岩壁破洞口下，白粉散落在岩石堆上。

舒小珍知道，薄岩壁不再堅固，破洞口一帶的岩壁出現裂縫。

她身上的稻草人草葉裝被扯落太多，莊院士也同樣狼狽。但是他倆的衣服完好，尤其胸前的背包沒受重壓。她想到，一回大溶洞內，一邊煮東西，一邊檢視全部空蛋殼。

（六）

丹卡已經多次跑出又跑回大密林，弄混了大似雞龍群的判斷力。丹卡發現，在似雞龍眼皮底下出入，偽裝效果不好；他又發現，稻草人外裝有保護作用，避免他的皮膚和衣服，被短頸駝鳥撕裂傷害。他累了，冷汗一直流下。他喝了半壺水，休息了一下，在大密林邊緣大割草，大砍枝葉。不必再精心偽裝，卻在重點部位多綁枯草及枝葉，綁牢一些，保護身體。丹卡頭昏腦脹，仍勉強注意附近情況。接近大峭壁的草原部分，始祖鳥和似雞龍的地盤爭奪戰，似乎告一段落。過來一些，似乎四具稻草人與似雞龍群出現過一場追逐戰，目前漸趨平息，四個同伴應該逃回了大溶洞。那麼，不用太久，草原上所有的似雞龍都將返回大密林，然後集中起來對付他一個人。他剩下的保命時間不多了。

丹卡敲敲木棒，木棒仍然堅固；拉拉弓弦，幸運得很，弓弦都緊；摸摸箭袋，箭也完整。那麼剛才稻草人裝束不僅能偽裝，而且能保護身體和器物。有一批迷惑中的大似雞龍，追逐丹卡失靈，折返大密林，「咕嚕，咕嚕」叫喚。丹卡最後一次揮棒，胡亂敲打密林邊緣枝幹，但已不能刺激林中的似雞龍群。丹卡改變方式，全速衝出；像一棵枝葉茂密的小樹，跑出了棲息地。有些似雞龍或迷惑，或倦怠，不理會這棵活動小樹。更多似雞龍平飛而出，撲向跑動速度忽然變快的活動小樹。

丹卡感覺太多大鳥飛撲而來，不再掉頭返回大密林。他要告別了，這一次他只快速蛇行，跑得相當快，於是這批短頸駝鳥撲空落地。但是其中半數迅速騰起，仍繼續撲下，抓掉一部分稻草人外裝枝葉。丹卡又蛇行奔跑，鳥爪抓下，他的保護外裝又被扯落一部分。大密林又撲出另一批大似雞龍，先落地，再騰起伸爪子。強風襲來，丹卡轉身揮棒，但擋不住從頭頂上撲下的巨大重量；丹卡跌落草地上，連滾幾下，才被濃密草叢擋住。他不但冷汗直流，而且身上的傷口流血；汗及血滴在草葉上。

丹卡爬起身來，看見最強健的十幾隻大似雞龍，緩步搜尋草地，小似雞龍及漸突獸仍在草叢中鑽進竄出，導致高草東搖西晃，擾亂了強健大似雞龍的視線。短頸駝鳥看見，忽然一個綁草葉的人頭冒出草間，向外奔跑，不肯屈服。他的奔跑速度減慢了。強健的似雞龍跳起鼓翅，從低空向草葉人頭猛抓。丹卡異常勞累，舉起棒子絕望的反擊。捕野馬的助手，看見黑網撒出，罩向公野馬，助手必須立即抓住黑網角邊飛起的繩索，用力抓牢；公野馬掙扎力量巨大，助手就是死命抓牢。稻草人反擊似雞龍，也要拼死命打過去。

似雞龍被打，「咕嚕，咕嚕」叫喚，又攻擊這個逗留邊緣地盤的敵人，把丹卡擊倒，扯裂他身上所剩少許保護枝葉及衣衫。丹卡又在草叢中翻滾幾圈，汗及血又滴在草葉上。丹卡沒立刻站起來逃命，這十幾隻最強健的大似雞龍，就是鎖定他不放。丹卡蹲下，抽出弓和箭，探頭瞄準，一箭射向一隻特大母雞。距離近，他聽見痛苦的「咕嚕」聲，兇狠的大似雞龍翅膀被利箭射穿；它在地上翻滾，搖晃站起，跛腳拖行。其他強健短頸駝鳥不再飛起，鼓翅聒噪，不撤退。丹卡沒時間思考，全身力氣剩下不多。他再抽出一支箭，藉高草掩護，又射出一箭。雙方距離近，特大母雞剛揮動翅膀，利箭穿過另外一隻似雞龍的下腹部。又聽「咕嚕」慘叫聲，這隻似雞龍倒地翻滾，瞎叫連連，搖晃撤退。其他所有似雞龍驚嚇，轉身飛掠離去。

丹卡東找西找，從草地上揀起長木棒；全身幾乎虛脫，勉強分辨出大峭壁的方位。眼前除了小溪、草叢、零星樹木、大小石堆、以及莽莽草原之外，似乎再也沒有其他障礙。丹卡心裡踏實一些，步伐踉蹌，朝大峭壁慢跑。喘氣，筋骨酸麻，傷口流血，額角滴汗，吃力的舉步。他避開樹木，繞過岩石堆，遙遙瞧見大峭壁上的薄岩壁破洞口。知道自己神智清楚，力氣略剩，侄兒及火伴們正等待他。他剎那間希望自己長出翅膀，飛去親人朋友的身邊相聚。實際上身體太疲乏，只能半跑半走。

丹卡無力加速，跑完最後一段路。大峽谷中的頭號殺手，不再追蹤漸突獸的酸臭氣味線索，避開脾氣開始消退的華陽劍龍，穿越了白鴿子樹林，通過五百公尺寬的低草分隔帶。它們繞過最後一座大密林，等待大密林外大草原上的多處混戰結束，而坐收死傷血肉大餐。實際上，恐爪龍一生在大峽谷平原上游蕩，到過每一個角落，見識過每一個吃草及吃肉的大小傢伙。一公一母恐爪龍帶著小恐爪龍遊蕩，輕易殺害獵物填飽肚皮，也向小恐爪龍炫耀獵殺的本領。尤其它們有心訓練小恐爪龍，進行全家族，甚至多個迅猛龍家族的協調性攻擊，以便對付體型超大，力氣巨大的食草恐龍。每隻恐爪龍懂得協調性攻擊，才能保證迅猛龍族群在大峽谷內懾服百獸。

恐爪龍族群看見過大峽谷內不斷上演的大混戰，它們自己也參加過不少次混戰。因為食肉動物天生以食草動物為主食，總愛守在食草動物棲息地附近，一過空檔就發動攻擊，叼走幾個大蛋，拖走一隻或重傷或死去的小龍，當整整一個禮拜的伙食。二隻大恐爪龍長時間學習，瞭解了雙角龍、山東鴨嘴龍、禽龍、華陽劍龍、似雞龍、以及大始祖鳥的手段。它們率領二隻幼龍到處見習。眼前一家四隻猛禽，聯手行動殺傷力強大，二隻大恐爪龍才滿意。對它們而言，弱者死傷免不了。迅猛龍強者支配一切，才合乎天性。

它們看見過五個衰弱目標，大峽谷新增的獵物。它們當然要嘗試獵殺五個衰弱目標。它們不理解，大峽谷怎麼出現雙腳走路的目標。但是天性驅使，它們渴望再撞見這些雙腳衰弱目標。四隻恐爪龍闖進桫欏林，桫欏林低矮，樹幹細而密集，酸臭氣味線索迂迂曲曲。追蹤氣味線索的大恐爪龍行動緩慢；小恐爪龍企圖抓捕小漸突獸稀疏行列，而拖延行程。經過整整一天，漫無目標的青黑色恐爪龍才尾隨少數吃藤蔓綠葉的華陽龍，來到白鴿子大樹林邊緣，並且停留在邊緣地帶過夜。它們不知道，大約在這座樹林中段中央地區，少數大蛋被大老鼠們連滾帶推，分成不同方向滾散，更多大蛋不翼而飛。樹林內劍龍群大哀痛，幾乎把半個樹林掀翻。第二天，五具流浪稻草人趁華洋劍龍哀傷初癒的關頭，緩慢的閃躲；五棵小樹大抵移動緩慢，偶而移動快速。終於在黃昏之前，來到千隻以上白鴿子搖曳的高大樹林下，差不多走出劍龍的地盤。四隻恐爪龍仍輕鬆的追蹤酸臭氣味線索，發現了不久前才橫死的漸突獸屍體。大恐爪龍小吃幾口帶血鮮肉塞牙縫，小恐爪龍吃得起勁填肚皮。實際上，華陽龍沒踩死多少漸突獸；這類小東西東閃西躲，滾進草叢中，龐大身軀的華陽龍沒辦法。

五具流浪稻草人越過五百公尺矮草地，走直線穿越大似雞龍雜樹密林。雜樹密林之外的大草原掀起另一場全面性大混戰。四隻恐爪龍悠悠閒閒跟蹤漸突獸的氣味路線，迴避憤怒未全消的劍龍，也溜出白鴿子樹林，預備大揀草原混戰的血肉戰利品。世代以來，大峽谷中的族群火拼，是稀鬆平常的事，頂級殺手懂得揀便宜。

四肢恐爪龍多走路，繞過前方最後一座大密林，中午之後安閒的看見，大草原正待結束一場混戰。大始祖鳥和數量最多的似雞龍群先停止叫囂攻戰。四具流浪稻草人強撐，披頭散髮離去。小始祖鳥獵殺漸突獸和小似雞龍的勢頭也停頓。單一的流浪稻草人精疲力盡，射出二箭，一箭射穿一隻大似雞龍的翅膀，另一件射入另一隻大似雞龍的下腹部，這二箭都讓二隻短頸鴕鳥一路流血。四隻恐爪龍距離太遠，倒看不見二箭射出的一幕。

下腹中箭的大似雞龍不回棲息樹林，漫無目標垂死掙扎，勉強撐到樹林盡頭的草地上。四隻恐爪龍繞過那座樹林尾端，預備觀看草原大戰後的血腥場面。一股濃烈的血腥味傳來。四隻恐爪龍跑上前，看見大量流血的似雞龍。大老鼠屍體沒餵飽它們的肚子。它們立即撕裂似雞龍，吐出羽毛，生吃龍肉。公恐爪龍猛撕一塊胸腹肉，吐掉羽毛，享受肉多油脂厚的美味。公恐爪龍把剩下的全龍讓給家族，自己循死似雞龍的血腥味追蹤，行走速度奇快。公恐爪龍來到二隻短頸鴕鳥龍流血的地點，突然聞到一股強烈的怪味，從未聞過的氣味。它略一搜索，找到怪味的來源，一種新奇血腥和大量汗臭的混合怪味。陌生的混合怪味，尤其血腥味包含其中，令恐爪龍突然向前一跳，巨大頭部轉動，長鼻孔吸氣，從空氣中分辨怪味的飄移方向。稍微花點工夫，它追蹤到怪味的來源。某處草叢上，幾滴血仍鮮紅，上面滴了汗。公恐爪龍走幾步，又找到大量的怪氣味。有一團斷裂的樹枝，夾雜破碎的東西，卻累積多日的汗臭。居然陌生東西較先光臨這兒，強烈的獵殺本性顯露。「噢兀—噢兀—」，公恐爪龍厲啼，通知殺手家族的其他成員。

雅魯藏布江大峽谷中，最尖銳兇猛的聲音享響起，立即向外傳開。尖銳的聲音幾乎刺破緩步跑動的丹卡耳膜，他的心膽幾乎破碎。丹卡腦中產生恐怖的吶喊：它追來了！它追來了！淒厲尖銳的聲音，瞬間也刺入坐在薄岩壁洞口上的尼瑪耳朵，他差點從破洞口上摔下。尼瑪慘叫：它追來了！它追來了！

薄岩壁擋住了淒厲尖銳的啼叫聲，但是尼瑪恐怖的發抖叫聲嚇住了大溶洞內忙碌的夥伴們。莊院士緊張，追問：「你說什麼呀？」「恐爪龍追殺叔叔，發出兇猛的叫聲。」尼瑪口齒顫抖不清。「是不是丹卡被追殺，身體被撲倒？」詹姆士激動的查問。

草原另一頭，一母二小共三隻恐爪龍成員，已經把腹下中箭的大似雞龍撕成幾大片。它們聽見淒厲的叫聲，丟下肉少骨頭多的部位，只叼住最大一塊肉，各自向出聲地點狂奔。它們的耳朵判斷聲音正確，它們的奔跑速度奇快無比，飛快奔跑以便支援家族成員。「我看不見叔叔，好像恐爪龍剛開始追逐而已。」尼瑪顫抖說道，語氣流露惶惶不安神情。

淒厲的叫聲響起之初，丹卡幾乎人暈厥，身體摔倒。但他隨即恢復神智，明白身臨險境。他警告自己別呻吟出聲，來不及哀叫求救；自己應該加快速度奔跑。公恐爪龍離自己尚遠，薄岩壁破洞口遙遙在望，只要自己體力猶在，盡全力奔跑，兇狠的殺手不一定追得上自己。但是長期流浪下來，全部五名夥伴都體力透支過度，而經常餓肚子，睡眠時間雖長，體力就是復原不了。尤其是他自己，經常為了照顧侄兒和大姑娘，費體力費精神的事幹得特別多。像今天一天，上午儘在大密林邊緣跑進跑出多次，故意搗蛋，以便吸引重要一部分大似雞龍的注意力。下午以後，差不多上百隻大似雞龍一再向他飛撲；他跌倒了，又爬起來抵抗。抵抗的力氣不夠，又跌倒在地，而稻草人外裝保護了他一些。他再抵抗，射箭，幾乎透支一切體力。他不能增快速度奔跑，全身乏力，雙腳虛浮，全憑意志支持。天快黑了，他頭腦清楚一些，認真留意破洞口的位置。也許天黑之後，他記得破洞口的位置，而且半個小時以後有燈光訊號，但是大惡獸得摸黑追查方向。

大恐爪龍完全掌握最新聞出的特殊氣味，特殊氣味逼迫它非追逐獵殺不可。但是氣味隨空氣飄浮，方向不固定。大峽谷中，地形阻撓空氣的流通，風的方向迴蕩不定。大恐爪龍速度飛快有餘，它抓不住固定方向的風，白白衝出腳步；一旦特殊氣味轉淡或消失，逼得它停住腳步，重新嗅出異味的方向。否則它高速衝刺，步伐緩慢的丹卡無法逃遁。

天色轉暗，大草原上的零星樹木、小樹叢、草叢、溪流、大小岩石塊等，頓時混入黑暗中。情況對體力差、速度慢的稻草人有利。飛奔中的大恐爪龍不時撞上低垂的樹枝，又被草叢絆腳。大恐爪龍憤怒了。明明獵物就在眼前，大草原上草樹阻礙，它始終沒瞥見這個目標。但它明白，家族成員恐爪龍趕來了。到時候四隻猛禽展開善扇形搜捕，獵物插翅難飛。

「天都黑了，看見丹卡了嗎？」莊院士急躁的說話。「本來有點影子，天黑得太快，看不清楚。三十分鐘以後，通知我。」尼瑪一直坐在破洞口上，準備隨時接應叔叔。「舒小珍，東西煮好了嗎？」莊院士開口火爆。「乾銀杏果已經全部煮好。蛋太大，得一個一個煮，都會煮老了。」舒小珍猛搧石頭灶火，回答。「爬上滑溜台階的繩子還行嗎？」老院士轉頭問老朋友。「繩子夠牢，撐得住我們的重量。」詹姆士表示。「大家先喝水，再把水壺裝滿。」老院士又慌亂交代。

入夜，氣溫降低；包括大溶洞內。洞內四個人已經拆掉稻草人草葉裝，人人衣衫破碎，開始怕冷發抖。「行李要完全檢查妥當。」老院士又交代：「唯一暖和的衣服是似雞龍外衣，舒小珍立刻穿上綁牢。」其實，不必等待老院士吩咐，在詹姆士催促之下，舒小珍已經穿上似雞龍皮外套。這一陣子在平行樹林間流浪，夜晚溫度降至冰點，舒小珍已經冷怕了。同伴們不但厚衣衫不足，而且被大似雞龍扯破，恐怕保暖效果更差。單單她一個人能添外套，一穿上身就感到暖和，她可算得了一件寶貝。

舒小珍把煮好的乾銀杏果及大蛋，平均塞入每個人的背袋中；丹卡的一份塞進尼瑪的背袋中。所有人背上背袋，插上長木棒，集合於破洞口下。尼瑪的手電筒綁在手背上，人坐在破洞口上，雙腿夾住破洞口的薄岩壁。繩索橫過他的大腿背部，繩子一頭垂落破洞口外。破洞口內側下方，詹姆士、莊院士、和舒小珍三個人守住繩索另一頭，預備用四個人的力量拉起猶在草原上拼命的朋友。

「我們逃得出去嗎？」舒小珍緊張之極，勉強開口。「如果我們犯了兩種錯誤，可能逃不出去。第一，丹卡嫌帳篷重，建議把帳篷留在黑色山峰峰頂洞口中。如果我們帶了帳篷，就可能在薄岩壁外露營，於是在峭壁下留了太重氣味。第二，我們從未在大峭壁下燒煮，沒留下更重的氣味。這兩件事沒做，我們沒留下太多氣味線索，恐爪龍沒查出我們來了，我們有機會逃走。」莊院士回顧過去而分析情況。「半小時到了，亮燈，只亮一下。」詹姆士大聲通知。

丹卡人太疲倦，力氣差，在黑暗中吃力慢跑。接著力氣恢復一些，倒不能加速快跑。他知道方向的重要性，絕不能匆忙亂跑，偏失方向。黑暗中，大峭壁坐落前方，但是破洞口位置不明。快跑沒用，不但容易偏離方向，而且容易摔倒。丹卡等待燈光訊號，協助他最後校正方向。結果大峭壁上，一片漆黑中，燈光閃了一下。丹卡把握了方向，又知道同伴們平安。

黑夜降臨中，大草原處處陰暗，不見月光照出若干物體的輪廓。公恐爪龍快速飛奔，但空氣中飄浮的氣味偶而誤導了它，另外它又撞上小樹及草叢，甚至被石頭絆倒。它皮硬，骨頭輕而堅固，不在乎皮膚撞痛，所以公恐爪龍不必減速追捕。此外，草地潮濕，丹卡跑動聲音小，公恐爪龍沒機會憑藉聲音狂追。

天黑半小時之後，第一次燈光閃亮，協助了丹卡。他記得，破洞口正前方沒有高、中、低等樹木，不能協助降低飛下的衝力，所以始祖鳥不選擇破洞口附近的峭壁上洞穴，當作棲息地。破洞口正前方，不但沒樹木，也沒大石頭或岩石堆，有利於人或猛獸的全力奔跑，公恐爪龍有些外在條件差一些，卻別有招數。

「噢兀—噢兀——」，公恐爪龍狂叫，通知家族成員趕來，進行聯合扇形追獵行動。其他一大二小總共三隻恐爪龍，吞下鮮肉，吐出似雞龍骨頭，朝公恐爪龍方向飛奔。它們的聽覺靈敏，抓準了恐怖啼叫聲的來源地。大恐爪龍第二次淒厲叫聲傳到，聲音如此尖銳，丹卡心神幾乎崩潰。他明白，最凶惡的猛獸就在不太遠的後方追逐他。但是丹卡人累，頭腦卻清楚，眼睛不時觀看黑壓壓大峭壁。「又半個小時了，亮燈。」破洞口內，詹姆士盯住手錶大叫。破洞口上坐著的尼瑪，一直冷汗直流，全身發抖，口乾舌燥。他聽見猛獸第二次凶殘的叫聲，心神幾乎煥散。詹姆士大叫，下邊的人又拉繩子，尼瑪清醒過來，第二次扭開手電筒，照向繩子及外邊。手電筒不關上。

丹卡看清楚了，破洞口上有人，繩索垂下。丹卡盡全部力量，跑出草地，跳過峭壁腳下小空地，踏上墊高的石塊堆，雙手抓住繩索。但他的雙臂乏力，不能攀繩往上爬。但他頭腦尚清楚，手握繩子一端，繩子繞過脅脅下。他自己不剩一點力氣。燈光明顯，公恐爪龍飛奔而來。「他回來了，他回來了，用力拉！」尼瑪哽咽，激動的叫喊。

尼瑪自己坐著，猛拉繩子，破洞口內其他三個人使勁拉，繩子緊緊壓迫他的大腿背。繩子纏住丹卡脅下，四個人的力氣使勁拉，把丹卡拉了上去，丹卡爬上破洞口，尼瑪抓緊丹卡背上殘破的衣服。「抱住繩子，我送你抓繩下去。」尼瑪大聲說，又拉住繩子。丹卡沒力氣抓繩子，抱著繩子往下滑，落入三個夥伴們的懷中。

手電筒一直照亮，公恐爪龍完全瞧清楚，二個衰弱目標企圖逃走。這隻迅猛龍發揮速度的極限，一陣狂風似的，撲向薄岩壁。其他三隻迅猛龍也看見燈光和晃動的物體身影，紛紛加快速度飛奔。尼瑪把繩子牢牢綁在破洞口內外邊緣下，突出的岩角上，自己握繩滑下。破洞口上的亮光消失。公恐爪龍不慌張，破洞口一帶留下太濃的特殊氣味，目標已明顯。公恐爪龍飛撲，僅踏上破洞口下墊高的部分石塊，「碰」的一聲，猛撞破洞口下的薄岩壁。原本幾個人不斷的爬上爬下，破洞口附近的薄岩壁掉落白粉。如今被公恐爪龍一撞，白粉掉落更多，岩壁發生震動。公恐爪龍硬用頭肩猛撞壁，連外傷都不見，堅固的身軀毫無痛楚。它倒退幾十步，又像一陣強風一樣，加速快衝，繼續猛撞薄岩壁。其他三隻恐爪龍也趕到。

尼瑪讓叔叔坐在石頭上，喝幾口水，吃幾塊剛煮半硬的蛋。他們察覺薄岩壁聲音不對，夾雜細微斷裂聲。詹姆士發現丹卡皮膚流血，立刻替他擦淨傷口，抹上清涼藥膏。「它們會撞破殘破岩壁嗎？」老院士焦急地詢問。「薄岩壁本來就剝落不停，而石灰岩基本結構可能不嚴密，有可能倒塌。」舒小珍明確的表示。丹卡體力緩慢的恢復，仍無力從石凳下站立。尼瑪繼續餵他蛋片，舒小珍餵他溫水。丹卡動了動雙臂，伸了伸腿，動作不再虛軟。尼瑪讓叔叔背上背袋，插上木棍子。溶洞中，人人衣著破爛。丹卡尤其上衣破裂成條條碎片，手臂衣袖大半撕開扯斷，露出腕背及上外臂又長又深的傷口。丹卡仍能揮動雙臂。「快走，不能再休息，猛獸不會放走我們。」丹卡沙啞出聲。「尼瑪和院士左右扶著丹卡走，舒小珍墊後，我領頭。我想過爬上滑溜台階的方法。」詹姆士交代。五個人移動身體，走過乾燥碎石地面，踏進地下溫水中。水流沖了過來。「我們又一次逃過恐爪龍的攔截，丹卡擋住了似雞龍群。」老院士口氣中不含屈服的味道。「台階滑，我們曾經滑倒溜下。」舒小珍回憶來時的經歷。「但是我和丹卡沒滑倒。你們試試我想出來的方法。」詹姆士說明。

破洞口外，四隻恐爪龍察覺薄岩壁快裂開了。公恐爪龍領頭，其他三隻恐爪龍學樣，一次又一次硬撞岩壁。灰塵及碎石散落更多。即使在黑暗中硬撞石壁，四隻恐爪龍密集撞上同一小塊目標，輪流直撞，協調有順序，大量碎石四飛。大溶洞內溫水流動，藉助一支手電筒燈光，五個人看見水面上漂浮的繩子。

「我已經想好，重量能抵抗水流，但要讓大量水流過。我們五個人全部腰間綁死在同一條繩子上，都互相隔開二公尺。五個人之間留下空隙，讓水通過。每個人手抓繩子，另一隻手抵住前一人，全都會不滑倒。」詹姆士說出爬上結晶台階的方法。「這麼做有道理，尼瑪第二，丹卡第三，我墊後，立刻在腰間打死結。」莊院士贊同。五個人之間留下二公尺長空繩子，但彼此相隔半公尺，密集抓繩走向台階。

四隻恐爪龍不停，有秩序一再撞薄岩牆。撞擊連連，破洞口下的薄岩壁上，許多小裂縫出現。小裂縫變成大裂縫。「岩石牆壁快倒塌了，我們加快動作。」舒小珍話聲充滿恐怖。「所有人再移上一步，不要停。」最前面的詹姆士大聲交代。他領頭，尼瑪單手支撐他的背部，他抓緊繩子，利用二人間二公尺的空繩，爬上滑溜的台階兩公尺。他抓繩沒滑下。「尼瑪跟上。」詹姆士大叫。果然五個人形成安定的力量，沒人滑倒。詹姆士趁腳步穩定，繼續上移兩公尺。其他人同時小步伐爬上一些。水流沖下，詹姆士彎腰，抓繩舉步，他在恐慌中爬上一大一小兩個洞口中的大洞口。他用腳試摸洞口後半個籃球場大的結晶石室，踏上一個凹洞，站穩的腳步。

「尼瑪，上來吧。」詹姆士高聲叫嚷。台階上，四個人相互往前推，沒人滑落。尼瑪甩掉丹卡的手，往上穩步走，藉詹姆士的拉力，進入較大洞口。已經有二個人順利爬上滑溜的台階，「丹卡，我們拉你上來。」尼瑪和詹姆士在上邊天然大洞穴的洞口呼叫。舒小珍的一隻手仍然頂住丹卡。丹卡往上移，但腳步乏力，連手也發軟。不必急，上方洞口內的同伴硬是把他拉高二公尺，進入大洞口。

「轟」一聲巨響傳來，灰塵四散，大溶洞內回聲陣陣。四隻恐爪龍終於撞倒薄岩壁破洞口下的殘留岩牆，一個巨大的門戶打開了。新的巨大門戶有鋒利的裂口邊緣薄稜角。公恐爪龍不怕裂口邊緣薄稜角刮過他的肚皮，不管塵土飛揚，大跨步走進大溶洞內乾燥的地面。其他三隻恐爪龍也分別跨過巨大的新門戶。

「它們衝進來了！它們衝進來了！」舒小珍慘叫。她還留在滑溜台階半途，四隻恐爪龍現在只有半個足球場遠，而她的身後緊跟了老院士。夜深了，大溶洞內外完全漆黑，但手電筒燈光一直照在流水淹過的台階上。四隻恐爪龍看清楚，在雙角龍的地盤上不翼而飛的五個衰弱目標中，三個已經爬上臺階，其他兩個也來到台階一半位置。四隻恐爪龍不理會身在何方，快步踏入溫水中，行動稍微遲緩。流水沖刷，阻止它們跳躍狂奔。大恐爪龍先踩在流水中的碎石地面上，強力踢水快跑。其他三隻恐龍排出扇形隊伍，衝向燈光處。一隻小恐爪龍滑了一下，撞上某座大落岩堆邊緣上的鐘乳石，卻毫髮無傷。

「換妳，抓緊繩子。」詹姆士腳尖頂住地面凹洞，與尼瑪一起用力，把舒小珍拉上來。詹姆士抓住她的手，匆促叮嚀：「跟著丹卡往裡面先走，我們拉莊院士上來。」舒小珍心中安定一些，走進半個籃球場大，鍋蓋形，中央頂部高約二公尺的天然崩塌大洞穴。她擔心凶獸搜捕墊後的老師。台階上只剩老院士一個人，他再也站不穩，流水沖下，他滑倒，雙手仍抓牢繩索，人浮沉於台階上的水流中。公恐爪龍已涉水衝來，眼前只剩一個衰弱目標沒溜走，它又急又怒，突然跳起，預備捕捉老院士。但地面也滑，公恐爪龍跳得不夠高，掉在台階下；其他三隻恐爪龍也涉水飛奔而來。

「抓緊，我們拉你上來。」詹姆士急叫。他和尼瑪用力，硬生生把漂浮台階上水流中的老院士拖上來。

尼瑪捉住老院士，牽住他，頂著鍋蓋形洞穴內的強勁匯集水流；追隨丹卡、舒小珍、和詹姆士，往黑暗洞穴遠方的出口走去。莊院士喘氣表示：「我不怕，我不相信原始猛禽追得上我們。」五個衰弱目標丟下繩索，往來路快走逃命。繩索一端牢牢繫在天然崩塌洞穴邊緣的洞口石柱子上，另一端漂浮在台階上的水流中。五個衰弱目標主要利用這條結實的繩子，爬上了滑溜的台階。手電筒燈光已經移走。流水台階和全部大溶洞，又陷入完全黑暗中。

四隻恐爪龍全部站在流水台階下，隨水流飄動的繩子一再碰上四隻恐爪龍的皮層，但是它們不懂利用現成的軟工具。水流沖下，四隻恐爪龍站立不穩，已經觸摸過的十多公尺高的台階。有點滑溜，但是五個衰弱目標已爬上臺階，逃之夭夭。大峽谷內帶了爬蟲類血緣的恐爪龍，當然不會氣餒放棄。大峽谷的所有迅猛龍中，始祖鳥的前肢演化為翅膀，奔龍的一雙上肢外型及力量減弱，但後肢奔跑力大增。唯獨恐爪龍一雙前肢保持粗大有力，短距離仍能落地充當前腳。

公恐爪龍明明看見五個衰弱目標，由流水大溶洞及崩塌洞穴的滑溜台階上溜走。它當然不把流水沖刷，表面光滑的台階看在眼裡。它突然向前一趴，一雙前肢落地，利用四肢的尖趾，順利的爬上臺階，不怕流水的沖刷。其他三隻恐爪龍看不見大公龍的示範表演，但是它們憑水聲及大公龍的呼吸，居然瞬間領略這一招，個個爬行，登上臺階之上的崩塌洞穴。它們都在手電筒照亮之下，看見滑溜台階的結構，以及五個衰弱目標的逃脫；而在黑暗中爬上的水流匯集的洞穴。「噢兀－噢兀－」公恐爪龍厲聲叫嘯，聲明不放棄獵物。

「它叫得恐怖，它咬緊我們不放。」舒小珍哀叫。「我們有木棒，我們把它打退。」尼瑪提出主意。「人的力氣差太遠，何況丹卡還未恢復體力。別忘記，後面還跟來其他三隻猛禽。唯一的救命之道是逃跑。」莊院士提示。「我們現在回頭走舊路，多少對舊路有印象。我力氣大，由我墊後，尼瑪仍領路，等待丹卡復原。」詹姆士表示。「我的力氣恢復了一些。慢慢行走，喝水吃東西，力氣會逐漸恢復。大密林有一千隻以上似雞龍，沒能攔截我們。我們現在想辦法對付四隻大惡獸。」丹卡開口。

第十八章　隧道大逃亡

（一）

一個興旺的族群，成員必定繁多，雅魯藏布江大峽谷不例外。迅猛龍中的恐爪龍族群是個鮮明的例子。黑土草原平行樹林群之中，華陽劍龍、禽龍、和山東鴨嘴龍不約而同，進行擇偶及遷徙大遊行。幾個恐爪龍家族一路追蹤而去，企圖趁草食恐龍慌亂行軍之際，找出獵殺的機會。

另外兩個恐爪龍家族也盯著雙角龍地盤，而且差一點夾殺自投羅網的五具流浪稻草人。其中在正面巡邏的四隻青黑色虎紋恐爪龍，不但追蹤酸臭氣味路線，追抵似雞龍地盤外；而且碰上某一流浪稻草人遺留的破布條，嗅出陌生血腥及臭汗混合味，追進大溶洞，緊密咬住五個衰弱目標不放。

二隻流浪禿頂龍偷蛋失敗，一隻被打成重傷，內臟外流，免費成為四隻青黑色恐爪龍的食物。另外一隻負重傷的偷蛋龍，跛足而行來到矮草地外圍，恰巧成為三隻黃褐色虎紋恐爪龍的食物。三隻恐爪龍不滿意，首先闖進山東鴨嘴龍森林。這座森林仍處於憤怒及狂亂之中，鴨嘴龍群準備向陌生闖入者報復；大恐爪龍機警，不讓小恐爪龍碰上危險，一再繞路緩行。它們發現，平行森林接近大草原的部分，往往因地勢低而形成小湖泊。大小鴨嘴龍都喜歡吃湖泊中，柔軟新鮮的水萍及布袋蓮類，經常半身泡在冰涼湖泊中，黃褐色小恐爪龍有心偷蛋並戲弄小山東龍，身體幾乎曝光。恐爪龍雙親機警，強行帶走小恐爪龍。

淺湖泊引發三隻黃褐色恐爪龍的興趣。平行樹林群和草原之間，正巧分佈大大小小的湖泊；所以三隻恐爪龍繼續往前行，來到禽龍森林另一端。果然在森林中的空地上，發現小溪流和湖泊群。幾乎所有小禽龍都溜進小溪流或淺湖，一邊玩水，一邊吃湖中青草類大量植物。而大禽龍或下水，或在岸邊休息。

黃褐色小恐爪龍就想跳入水中，獵殺最小的禽龍。公母恐爪龍不允許，因為小傢伙自己從來不碰太多水，不熟悉淺湖泊的環境。公母恐爪龍根據天生的直覺，阻止小恐爪龍進入外表平安之地冒險。這個家族三隻恐爪龍不想與草食大傢伙火拼，仍離開禽龍的地盤。

桫欏叢林短而深，兩側各有湖泊，但森林本身周圍爬滿牽牛花及山葡萄等藤蔓植物。華陽劍龍經常大舉光臨桫欏林一側，大吃藤蔓的嫩葉。三隻恐爪龍沒逗留桫欏林外，它們也沒碰上漸突獸，不追蹤漸突獸的特殊氣味路線。

三隻恐爪龍知道，同類四隻恐爪龍狂嘯兩次，它們大約前往似雞龍地盤。三隻黃褐恐爪龍一路遙遙跟蹤，目的就是吃免費的鮮肉，也就是大小似雞龍。

詹姆士和丹卡最後一次，偷走華陽劍龍的大蛋，引發白鴿子樹林大騷動；三隻黃褐色恐爪龍也遇上相同的風暴。它們不想招惹那群滿身骨板的傢伙，閃閃躲躲穿過白鴿子樹林另一端，直接來到似雞龍森林地盤的外緣大草地。所有大密林中的似雞龍出動，攻擊四種敵人：始祖鳥、尼瑪等四具稻草人、丹卡單一稻草人、以及小傢伙漸突獸。四具青黑色恐爪龍沒參加其中任何一場混戰，後來卻追蹤丹卡單一稻草人。三隻黃褐恐爪龍出現得晚得多，它們觀戰的位置更偏遠，也等待掠奪戰場遺留的血肉屍體。

一隻體型大如鴕鳥，攻擊力強大的似雞龍，翅膀中了一箭，一路路流血跛行，在草原上「咕嚕，咕嚕」疼痛啼叫，自己送上三隻黃褐恐爪龍大門。肚子飢餓的三隻頂級掠食動物不客氣，攫住這隻瀕死的獵物，撕裂開來大咬大啃。它們的下顎有力，牙齒既尖銳又耐磨，舌頭能吸血及吐出羽毛及骨渣。三隻恐爪龍沒白費這一趟功夫，除了頭、腳、以及翅膀尖等肉少的部位以外，其他多肉部位盡情享受。

一隻體力強壯的青黑公恐爪龍，聞出奇特的人血及汗臭混合味，開始淒厲啼叫並快步追蹤。三隻黃褐恐爪龍又等到機會。它們不急於參加獵捕，先把似雞龍肉吃完。青黑大恐爪龍追趕丹卡近了，第二次狂嘯，召來自己的家族成員。三隻黃褐恐爪龍先徹底吃光似雞龍肉，才遙遙根據二次叫嘯的聲音而追趕。它們是大峽谷中的殺手動物，不畏懼同類或其他任何猛獸。一旦三隻恐爪龍從三個不同的方向攻擊一隻獵物，殺傷力強大。丹卡和尼瑪等人，以為只有四隻恐爪龍追獵，低估了危險程度。另外三隻黃褐恐爪龍也落後跟蹤而至。但是落後的三隻恐爪龍沒瞧見五個衰弱目標，沒聞出他們遺留的特殊混合氣味。它們只想先觀望，然後吃免費血肉大餐。

它們沒瞧見，大峭壁某一處破洞口連續二次閃光，丹卡被四名夥伴拉了上去，它們倒聽清楚，四隻同類以頸肩骨頭為武器，硬撞薄岩壁，終於撞出一個大洞，並且衝了進去。四隻恐爪龍一撞再撞，破洞口下岩壁轟然破裂，聲響如此巨大，三隻黃褐恐爪龍輕輕鬆鬆也溜進新的大破洞。它們沒瞧見手電筒燈光，詹姆士借助燈光，把四名夥伴拉上滑溜台階上的天然鍋蓋形洞穴。它們晚到一步；青黑恐爪龍群看見燈光，上半身趴下，利用四隻腳的尖爪抓地，頂住了由大小兩個門戶沖刷而下的水流，爬上半個籃球場大的天然集水洞穴，繼續追蹤五個衰弱目標。黃褐恐爪龍群什麼都沒瞧見。它們闖進一個黑暗的大溶洞，一切情況都陌生。它們不知道有座近十公尺高的滑溜台階，爬上這座台階並不容易。它們得花長時間去摸索。

丹卡和舒小珍兩人體力差，頂住匯集洶湧的溫水，領先往天然洞穴內部走過去。舒小珍想起了不久前發生的經過。她們早先走完四周岩壁狀況不一的長隧道，然後進入這個天然洞穴，她突然嚇住；而後苦思，她認得這種地貌；不久之後想出，這是一個成熟的石灰岩溶洞。她們瞭解了新地貌，終於勇敢繼續闖下去，下一步就進入了大溶洞。

詹姆士和尼瑪使力，把墊尾的莊院士拉上天然洞穴，恰巧逃過青黑公恐爪龍的淩空一抓。他們三人慌張逃跑，詹姆士單獨吃苦頭；因為他身高接近二公尺，而鍋蓋型的天然崩塌洞穴，正中央最高部份，空間高度只有二公尺，其他傾斜而落地的部份，空間高度都低於二公尺。所以詹姆士多次頭頂撞上洞穴頂，逼得他不得不低頭行走，追上了舒小珍和丹卡。

「恐爪龍爬得上滑溜台階嗎？」舒小珍發抖出聲。

「當然能。」莊院士開口：「四隻腳猛獸爬上滑溜台階，比我們的兩隻腳強。」

「通道口怎麼找？」走進半個籃球場大的洞穴，手電筒燈光照不遠，詹姆士急切出聲。

「通道口和一大一小兩個門戶，都由流水沖刷形成，正面逆著水流走就對了。」舒小珍說明。

青黑大恐爪龍四隻爪子抓地，穩當爬上滑溜的台階，走進較大的洞門，看見燈光和人影。它毫不猶豫，舉腳往前衝。但是它身高達到二公尺，一站立，頭頂撞上洞頂，流水又沖刷而來。大恐爪龍不驚慌，又趴下上身，用四隻腳行走，繼續猛衝。

「水流轉彎了，通道口到了。」又領頭前行，用手電筒照亮的尼瑪表示。

憑借燈光，五個人小轉彎，詹姆士低下頭，全部五個人走出天然洞穴，進入彎曲的隧道。水位急降，只淹過小腿。

「讓舒小珍跟在尼瑪後面，幫助尼瑪認路。」莊院士交代：「只有舒小珍認得出通道狀況。」

「我們被逼得慢走，我的體力恢復了一些。」丹卡說話。

「恐爪龍追得緊。」尼瑪語氣中充滿恐懼。

「你只管往前走，我們有手電筒，每一步都走對。」詹姆士又發揮驚人的想像力，誠心鼓勵領路人：「恐爪龍看不見燈光，就會東碰西撞而落後。」

「幾顆空蛋殼有沒有撞破？只要空蛋殼不破，又有東西吃，我們就不怕。」丹卡體力弱，精神恢復了。

「對，不用怕。」莊院士也鼓勵領路人：「恐爪龍認不出路，在黑暗摸索，它們會自找苦吃。」

「我們走在什麼地方？隧道形狀怎麼變化？」詹姆士問道。

「我們進入石灰岩層，所以隧道顏色偏白色。」舒小珍解釋：「恐爪龍通過大溶洞、滑溜台階，以及天然崩塌的洞穴；那些全是純粹的石灰岩，純白而形成結晶體，岩壁表面光滑。我們現在通過的隧道，仍位於石灰岩層中。」

「石灰岩層會怎麼樣？說給尼瑪聽。」老院士吩咐。

「地質不穩定，大量流水沖刷，隧道變成大彎曲形狀，恐爪龍免不了撞壁。」舒小珍一邊藉一支手電筒的燈光觀察，一邊試圖分析隧道的狀況。

「對，對，最早進入大溶洞的凶龍，跳起來抓老頭子，但是老頭子就是被夥伴們拉上臺階。」莊院士回憶剛發生的事。

「我沒有力氣爬上破洞口。」丹卡也想起不久前，才經歷的危機：「恐爪龍衝刺猛跳，我把繩子套在脅下，以為我會送命；結果破洞口上你們全部出力拉，把我拉上破洞口，它撞上牆壁。」

「就這樣，我們每一步都走對，恐爪龍不容易攫獲我們。」墊後持棒的詹姆士，內心得到一些安慰，恐懼感減輕。

不錯，大量流水長期沖刷，隧道本身出現長距離左拐右彎現景；猶如地面上的一切河流，總是不斷的迂曲流淌。他們五個人有燈光照亮，走得順暢。

青黑色公恐龍瞧見了燈光，四肢落地，以免頭撞洞頂。它撲向墊後的詹姆士，但是詹姆士轉小彎，從天然洞穴進入隧道。流水匯集沖刷，燈光一消失，公恐爪龍略為偏差一些，沒抓住詹姆士，反而頭撞岩壁，身軀停頓下來。它摸索一陣，被迴旋的水流誤導，白花時間才找到天然崩塌洞穴的通道口。其他三隻恐爪龍也花功夫摸索，才找到通道口，跟上公恐爪龍。

它們走進石灰岩隧道，只慢幾步，沒跟上燈光，眼前全然黑暗。公恐爪龍匆忙往前一衝，但隧道是迂曲的，它撞上岩壁，把自己弄迷糊了。它又斜向一衝，又撞上堅硬的石壁。它皮韌骨頭結實，完全沒受傷。兩次撞壁，公恐爪龍學乖，不敢強衝。先探頭左右試碰，不見硬石壁阻擋，才迅速移動腳步。它不再撞壁，但速度減慢。

公恐爪龍的身後，三隻恐爪龍也跟來。它們也在黑暗隧道中，一再撞上光滑的岩石表面。三隻恐爪龍也學乖，不敢搶時間亂衝，於是行走速度全變慢。公恐爪龍本來緊追詹姆士，有機會抓住這個墊後的大個兒。但是幾次在大轉彎處，它撞上石壁，不得不放緩腳步，瞎摸索前進，因此離五個衰弱目標稍遠。

「我明明聽見利爪抓地面岩石的聲音，以為恐爪龍就要追上我；我嚇壞了，結果它沒撲上來。」詹姆士口氣中充滿恐懼。

「它看不見，它會不斷的碰岩壁。它一旦小心摸索探路，就會耽擱時間。」莊院士居然沒過度驚嚇，有精神分析身後猛禽的行動狀況。

「燈光太重要。如果沒有手電筒，我們的行動一定比恐爪龍慢。」丹卡開口出聲。

「你的體力恢復了嗎？」詹姆士關心。

「更好一些。我一面走，一面喝水，吃蛋，力氣就來了。」丹卡說明身體狀況。

「叔叔有體力，我的膽子就大得多。」尼瑪說道。

聽他們叔侄這麼一說，其他三個人心中也踏實些。

「現在隧道狀況怎麼樣了，有變化嗎？」莊院士出聲。

「隧道岩壁由純白轉為灰色，我們進入混合岩層地帶。」舒小珍說明。

「我記得，我們從高處走下低隧道，沿路看見過長箭蜥和高額蜥。現在好像一隻都看不見了。」領頭的尼瑪說話。

「可能天氣冷，它們躲起來冬眠。我們在空氣不流通的隧道趕路，忽視天氣酷寒。」詹姆士解釋。隧道的岩壁不僅顏色轉成灰色，而且岩壁不再光滑，低處出現岩片層層相疊的狀況。此外，隧道不再有大迴旋轉彎的狀況。

隧道地面水位升高，而且水是溫暖的。相反的，隧道內的空氣反而轉冷。

「我記得這個地點。舒小珍說過，水變溫，大夥兒就離大峽谷的地面不遠了。」詹姆士開口。

「不錯，我說過。」舒小珍回答：「通常地下水是溫暖的，沒受氣溫的影響。既然叫地下水，水就來自平地以下。大峽谷的平地就是它的底部，或者平原地帶。」

當然，一旦地勢升高，地下水也可能位置提高。

隧道內的水位仍上升，水不只淹過腳踝，而且淹上小腿肚子。此外，隧道岩壁結構改變，居然像屋瓦似的，岩片重重相疊。

隧道變直變小，恐爪龍能快速趕來，我們有危險。」領路的尼瑪感受新危機。

「不必擔心，前面的路一定更難走。」舒小珍安慰他。

隧道的岩壁不但像瓦片，一層一層重疊，而且不少瓦片的邊緣及尖角潰爛。

「為什麼好端端的岩壁，反而破碎了？」莊院士急躁出聲。

「頁岩岩層，發生劇烈風化現象。」舒小珍說明。

隧道任何部位，都出現瓦片狀岩壁崩壞情形，而且隧道地面上，堆積鬆散如沙土的瓦片狀岩泥。

「前一段石灰岩隧道，是流水溶解沖刷的結果。這一段隧道，是頁岩風化崩塌的結果。哪一種先發生就不清楚了。」舒小珍再說明。

隧道內，空氣不再沉悶，五個逃亡的人呼吸順暢些。地面上大量的溫水湧出，淹過每個人的小腿肚子。岩壁完全變形，重重相疊的岩片，經常邊角突出，邊角鋒利。隧道地面上，鬆散如沙土的碎岩屑，堆積更多。這一帶發生過強烈的風化作用。

突然一股寒冷氣流吹來。陰寒之極，令人顫抖。

尼瑪的手電筒照出一個黑暗大缺口，極冷的風就從大缺口灌入。

「這是什麼地方，怎麼隧道破裂了？」尼瑪驚叫，溫暖的水突然水位降低，尼瑪踩在厚密的碎岩屑上。

「你來過這裡，這裡有隧道大裂口，裂口外有陡直的小峭壁，夾住一個小山谷。」舒小珍提醒他。

五個人都想了起來，他們確曾到過這兒，而且跨出隧道的大裂口，走進小山谷中。

「那時小山谷草剛枯，但是螞蟻、馬陸、蚱蜢、和白蛾仍活動，甚至蜘蛛結網。」莊院士想起了先前發生過的事情。

「老師當時說過，想脫隊回家，可以從這兒離開，結果大夥兒都選擇繼續走下去，找出答案來。」舒小珍回應。

眼前的山谷，完全被冰雪埋沒；枯草不見了，陡峭的山壁上和樹木的枝幹掛滿雪團冰條。小山谷中推積巨大的冰層。

「外面非常冷，冰雪覆蓋全部墨脫支脈。」丹卡憂心說話。剛消逝的秋天，小山谷匯聚大量的水，沖入隧道的大裂口。如今流水全部結冰。但是地下水源源不斷外流，水是溫暖的，淹過他們的腳背。這裡是風化作用最劇烈的地點，大量岩壁間的頁岩破碎，形成大裂口。

「我聽見瓦片被踩破的聲音，恐爪龍進來了。」尼瑪開口，聲音充滿驚懼。

「快走，快走，絕不能讓它們看見燈光。」詹姆士警告。

「我們剛才踩碎瓦片，碎裂聲引導恐爪龍追來。」舒小珍解釋。

不錯，肉食恐龍的聽覺靈敏異常。它們聽見連續不斷的頁岩片破裂聲，不必依賴燈光，迅速放膽追了上來。

五個人匆忙重新上路，離開頁岩大裂口，開始走上坡路。淹上腳背的溫水突然大量消退，隧道地面只剩少量流水。這個頁岩大裂口，是地下溫水沖刷形成，還是小山谷的流水沖破的結果，還是那個部位頁岩結構不穩，就成了一個謎團。

他們走在隧道地面上的岩片屑上，岩片破裂的聲音更清晰。五個人只用手電筒照照被冰雪大堆積的小山谷，交談幾句話，四隻恐爪龍已經追到。公恐爪龍看見燈光，五個衰弱目標出現在眼前；它突然淩空一跳，企圖抓向墊尾的詹姆士。

但是隧道地面上的碎岩屑太鬆軟。大恐爪龍跳起，腳爪子踏在軟泥上，不能完全使力，僅差半寸而抓物落空。

詹姆士幾乎嚇壞，人呆了一下。莊院士大叫：「快跑，快跑！」

五個人離開頁岩大裂口。隧道變窄，而岩壁間任何一個部位，層層瓦片狀岩片外露。五個人感覺跑上坡路了；雙手擺動之際，不時碰觸岩壁上外突的薄岩片。

「空間狹窄，大恐爪龍衝跳困難。」舒小珍說明情況。

「我的雙腿有力了，雙手仍使不出力，我帶路，尼瑪去幫助詹姆士。」丹卡交代。

才跑一小段上坡路，隧道中寒風消失，五個人感覺悶熱。他們聽見大恐爪龍又碰上岩壁上外露岩片的聲音。岩片外露的岩壁擋住一部份燈光，四隻恐爪龍看見的是破碎的光影。地面碎石屑仍鬆軟，四隻恐爪龍空有一身強大的體力，四肢踏空，又落後一小段路。但是它們不斷的踩碎地面上的碎岩片，細微的破裂聲傳來，五個人知道，恐爪龍仍緊追不捨。

「它們跑上坡路，有困難嗎？」莊院士慌張出聲。

「沒困難，它們的平衡感比我們強。」詹姆士說明。

忽然間，比較柔和的尖叫聲響起，立即在變得狹窄的隧道引發回聲。

「它們想幹什麼？小恐爪龍想搶功勞，獵殺我們？」莊院士表示意見。

「就怕小傢伙學會聯合攻擊，看出有利時機，搶先動手。」詹姆士仍墊尾，心中焦急不安。

「我敢打退小恐爪龍，我不相信它能比得上大恐爪龍。」尼瑪恰巧跑在詹姆士前方，打算抽出木棒，和小恐爪龍硬拚。

「你拚不過它，你一降低速度就完了。」領頭的丹卡提醒侄兒。

「小恐爪龍身體小，適合在狹窄隧道衝跳。它們學會了新的攻擊方法。」舒小珍突然想通小恐爪龍領頭追趕的目的。

「它們是天生的殺手，很短時間就想出新的攻擊方法。」莊院士痛苦的開口。

丹卡跑在前面，他身材比尼瑪高，他雙腿有些力，但腳步仍不太穩；他碰上岩壁上外露的岩片角，額角及手臂割破流血。

突然一個念頭衝進他的腦子。他大聲喊叫：「使用長彎刀，砍岩壁上的半截瓦片。」

尼瑪也領悟了。毫不遲疑的抽出腰間長彎刀，先是使用右手，猛砸隧道右側的岩壁；不夠堅硬的岩質瓦片立即斷裂，掉落地面。尼瑪又把長彎刀交給左手，他的左手持刀猛砍左側的岩壁，又有一堆岩質瓦片掉落。

詹姆士也領悟，快跑上前，抽出舒小珍背後插牢的短木棒，使用短木棒猛捶岩壁，更多薄瓦片掉落。一把長彎刀，一根短木棒，狠狠的砍砸、敲槌。

莊院士居然沒驚慌失措，他開口：「這個主意好，老頭子實在雙手沒力，不然老頭子也願意砍岩石瓦片。」

「小恐爪龍離我們遠一些了。丹卡沒動手，卻出了好主意。我們可以喘一口氣了。」詹姆士說道。

（二）

小桑馬登和大桑馬登都擁有土坯房及牧場，而且兩個人祖傳的產業頗相似，即簡陋、寒酸，以及腥騷氣味濃。不過這兩份祖傳產業發生不同的變化。大桑馬登擔任村長虛職，擁有電話分機。而小桑馬登家離冰雪封蓋的光禿落葉松森林近，甚至三方面被山腳夾住。老桑馬登經常穿過自家牧場中央，兩堵冰牆夾住的平安小道，轉入侄兒牧場上近似的冰牆間平安小道。他抵達侄兒牧場的邊緣後，向積雪森林眺望一陣。他總是心灰意冷，然後連經兩條平安中央小道回家。

長年與冰雪相伴的世界屋脊之上，農牧人家觀察天氣，都採用三項指標，雪片、冰雹、及風。雪片變小乃至於無，冰雹變輕不傷莊稼，加上風轉弱不冰冷，差不多天氣轉好。相反的，雪片變大變密，冰雹變重，打壞農作物，加上風轉強又冰冷，天氣遲早惡化。

大桑馬登騎老馬，走兩條平安小道，又發現這三項天氣指標急遽轉壞。十二月過了一半，冬天也消失一半。雪片又變大變厚，冰雹增大，風強烈酷寒。可能新的一場暴風雪將襲來。

老桑馬登有時路過侄兒住房，順便進去看看。他向侄兒夫婦搖頭，沒什麼話好說，心情鬱悶。大桑馬登多走兩步，看見詹姆士愛人和女翻譯員，面對面，枯坐地面乾草上的坐墊上。詹姆士愛人手邊有幾本奇厚無比的書，和一個奇厚無比的資料夾，而他的皮箱中還有其他奇厚無比的資料。最初，老桑馬登瞧見，一位飛越重洋的女士，攜帶這麼多奇厚無比的書冊，懷疑她的腦子怎麼裝得下這麼多東西。

「天氣即將變壞，到時候連出門都困難，太太為什麼不考慮回林芝？」大桑馬登勉強聊天。

「林芝的條件當然好，我真想去林芝住。」詹姆士愛人開口，由女譯員轉述，「我也不明白，我為什麼犯傻，還是留在這兒。」

「你看見，差不多我們每天都去牧場邊，注意森林的動靜。只要他們七個人下山，帶不帶回牲口沒關係，不用半個小時，我們就打電話去林芝。」大桑馬登誠心誠意勸告她。

「這個季節，來往林芝和墨脫牧場太費事了。」女譯員代傳：「我抱怨詹姆士太傻，這麼寒冷的冬天還逗留高山上。我自己也傻，坐飛機飛一萬公里，坐在這兒空等。」

「這個牧場貧窮落後，無法招待貴賓，貴賓愈住愈難受。請太太考慮，趁新的暴風雪沒到，早一步離開。」老桑馬登勸告。

「拿定主意非常困難。」翻譯員代為說明：「既然來了，為什麼要走呢？誰知道詹姆士何時出現？人就是會做傻事。」

老桑馬登談不下去，告辭返回自家的牧場。

其實，老桑馬登沒細想，詹姆士愛人心頭的煩躁超過他的想像。人在異鄉，伴侶失蹤，平日的生活秩序全亂了。尤其，到了年尾，詹姆士愛人不斷的感觸，郵差應該送來親友的聖誕卡；快遞員應敲門，交付聖誕禮物；大學城甚至應該出現紅衣白帽的聖誕老人，駕駛馬拉雪橇出沒街頭，而教堂的鐘聲應該頻頻敲響。人人都知道，氣候最惡劣的關頭，聖誕節及新年才來臨。往年詹姆士夫婦一起住在大學城，哪一年不為聖誕節而歡喜。

今年聰明嚴肅的詹姆士太太變傻了，放著大學城規律而舒適的日子不過，費了好大勁搞通了研究計畫卻不完稿。跑去一個又寒冷又貧乏的地方，終日悶悶不樂住下去，抬頭看不見親友，時間白白浪費。她帶來了一大堆書籍及資料，預備完成研究計畫的一部分，卻沒有心情加以處理。她一直白天坐立不安，晚上輾轉難眠，精神無法集中。

她來北山腳村牧場已有一段時日，女譯員陪伴她，多少她習慣了小桑馬登牧場的作息。但是她不改變她的觀念，世界屋脊只是一個地理名辭，一個不妨短時間去旅遊或研究的地方。像她那樣來自外國的富裕人士，千萬別想久留下去；一旦停留稍久，就會感覺度日如年。

突然間，個性及意志堅強的詹姆士愛人生出念頭，再去更遠的地點搜索詹姆士。那座森林就座落眼前，針葉落光，冰雪覆蓋，可能地面積雪超過一公尺。但是當地牧家視為禁地。森林本身深度可能超過一公里，應算喜馬拉雅山腳重要林區之一。何不進去搜索一次？森林之後就是墨脫支脈，何不順便看看墨脫支脈？

詹姆士愛人把突然迸出的念頭，告訴女譯員，由她去交涉。

「不。」翻譯員吃驚而回答：「明明已經有七個男子，其中不乏青壯年，帶了足夠的牲口和補給品進去了，到現在沒出來。妳以為再一次冒險妥當嗎？」

「是的，只要老桑馬登能安排。」詹姆士愛人堅持自己的新想法：「我不知道為什麼，但是就想再試一次。」

「妳不考慮天氣？下一場暴風要出現徵兆了。」女譯員勸告。

「所以我們要快快行動。」詹姆士太太拿定主意，表示：「明天老村長路過這兒，務必要求他安排；基本上，他不會反對。」

詹姆士愛人不明白，明明心中抱怨自己挑錯日子，來到不應該來的地方；為何突然決定，花更多的時間及精力去搜索？

她倆不必等待明天老桑馬登路過姪子家。詹姆士愛人自己就注意鍛鍊身體。在空氣清新的地方散步、露營、或遊玩，是過去她們夫婦共同的喜好。北山腳村牧場空氣好，人煙稀疏，詹姆士太太不必上馬；每天一早就徒步，從小桑馬登土坯房走路去牧場邊緣。差不多她和翻譯員早上外出散步，都會在某一地點碰見老桑馬登。

寒風增強，雪片增大增厚，冰雹打在額角鼻子會痛。詹姆士愛人和翻譯員全身包裹穿戴嚴密，把握時間進行清晨快速散步。而老村長的老馬已經停在牧場邊緣，老村長自己也打算在風雪狂掃之前，來灰心的地方瞧瞧。

「詹姆士太太有個新計畫，由她出資，組織一個團隊，包括她本人在內；完全穿越森林，直到高山之下為止。」女譯員代轉詹姆士愛人的主張。

老桑馬登卻沒吃驚，回應：「從前這座森林和牧場全是雜樹野草，林芝有錢人家來這兒打獵，黑熊、狐狸、和野狼出沒。現在不能說野獸絕跡。如果一支隊伍，一大早迅速衝入森林，下午火急離開，安排起來簡單。如果打算在野外過夜，考慮就多了。」

「在一個白天內來回，搜索不了大範圍。在野外露營一個晚上，嫌太匆忙，何不安排露營二個晚上？全部行程三天兩夜，能安排嗎？」女譯員轉述。

「沒問題。我們叔姪，加上嘎爾瑪和赤烈桑渠兩家，早就想進森林碰運氣，但是我們已經付不起牲口馱運、工資、和補給品的費用。」老桑馬登說實話。

「可能的話，今天回去就安排，明天一早組隊出發，一切都在暴風雪發威前辦妥。」女譯員代為表示女主人的決心和意志：「如果詹姆士被困在森林中動彈不得，我們的援手就來得及時，天天在屋內空等，出來散步又撲空，真是折磨人；不如直接前去查明。」

「我和小桑馬登這麼想過許多回。」老村長承認。

「上次太太由林芝來北山腳村下村，三名藏族婦女和四匹馬做陪，表現的好，太太樂意再看見她們。」女譯員轉達。

「這方面不成問題。」大桑馬登精神活潑些：「我個人慚愧，沒幫太太忙。我很快就把組團的細節安排好。」

當天入夜，天氣轉壞，整夜風呼嘯，大雪小雪輪流飄，冰雹叮叮咚咚打在屋頂上。天一亮，牧區各家院落又多疊一層冰雪，屋簷下又多掛冰條。全部墨脫大牧區的冰雪海洋加高一分。

第二天一早，風雪持續，由詹姆士愛人的堅強意志領導，六人六馬冒著風雪的襲擊而出發。六個人包括太太和譯員，上馬帶路婦女一人，走路牽馬二人，以及騎馬管二匹馱馬計一人。全部馬匹中，四匹供婦女騎乘，兩匹馱物。若干騎馬的婦女，順便載一些食物。其餘食物、用品、以及烹煮器具，全部掛在馱馬上。

隊伍一出發，神情凝重，斗篷的頭罩及雙肩黏上白雪的詹姆士太太，發現這一趟行程的人馬配置精簡。她、譯員，以及上馬帶路人共三人用三匹馬，各自帶了小行囊。另外兩個婦女走路牽馬。而照顧貨物的人，不但自己騎馬又利用長短韁繩牽住兩匹馱馬。

冬季最冷的期間，白晝光線黯淡，天空密佈黑雲，冷風颼颼，雪片及雹粒飄打不停。但這種情況不算太惡劣，冬天的這種日子不妨礙工作。

詹姆士愛人認識的領路人上馬帶路，一人騎馬卻另牽兩匹馱馬的婦女跟隨。她們的坐騎及馱馬在雪地上踏出安全的印記，正好當隨後隊伍的指標。兩名已認識的婦女牽馬走路，所以詹姆士愛人在隊伍中墊後。

經過一個晚上的小雪和冰雹降臨，小桑馬登牧場上，平安小道兩邊的冰牆似乎增高一些，但小道上只留下淺冰雪；人馬踏過，這層泥土上的淺冰雪立即消溶。六人六馬快速通過小桑馬登牧場上的平安小道。放慢速度，先通過環牧場的半百公尺冰雪覆蓋地，然後正式闖入落葉松森林帶。

從前沒人穿越這一帶落葉松森林，帶出有關森林、高山、以及大小野獸的消息。領路騎馬的婦女放膽找出森林邊緣空隙，不顧暴風雪正逼近，馬腿幾乎完全陷入新雪之中，闖進寒風嗚咽的地區。

落葉松森林光線偏陰暗，不見明亮的陽光透入。強風颳過，光禿的枝幹支撐不了太多的冰雪，到處冰雪簌簌掉落。奇怪的是，林野間不見大小動物出沒，完全不聞鳥啼，連夜梟的「咕嚕」叫聲也不傳聞。仰望白雪覆蓋的光禿樹冠層，墨脫支脈的山腰及二座巨峰不時被翻騰的煙雲遮蔽。由於墨脫支脈矗立於森林那一邊，擅闖森林的人抬頭就望見明顯的地標，不可能迷路。

詹姆士夫婦對於沼澤、湖泊以及森林不陌生。大學城位於郊野上。大沼澤間的蘆葦區是獵野雁的場所；大沼澤邊緣的森林，是冬天騎馬或滑雪探秘的好地方。她們夫婦倆更清楚，位於中西部的大學城，從前是印地安人遊獵的領域，印地安人穿越冰雪森林有幾百年的歷史。州立大學的教職員及高年級學生，多次組織一支冬季探險馬隊，進出某一座冰雪森林，正踏過印地安人勇士冬出狩獵的舊蹄印。

詹姆士愛人認識，冬季冰雪森林猶有烏鴉及夜梟，大樹樹洞躲藏松鼠，地面鬆雪中跑跳野兔及狐狸等。說起來冰雪森林不乏活躍的小東西。尤其森林與草原為鄰，大小動物包括鳥雀，在草原及森林中流竄覓食，根本不分草樹的高矮。憑著自己可算豐富的野外闖蕩經驗，詹姆斯愛人才敢大膽單身飛去東方，滯留世界屋脊上的高山腳下偏僻牧場。

但是眼前的落葉松森林，明明面積大，而且與牧場為鄰，就是不見鳥獸的蹤跡，更別說含有當地藏人、學者，以及外國專家等團員的地理考察團影子。空蕩蕩的森林枝幹，樹上及地面的深雪，以及颯颯風聲，說明這座森林人煙鳥獸絕跡。

領路婦人不稍停留。遠方山嶽清晰在目，一場暴風雪悄悄挨近，她穩定的壓擠馬腹並出聲吆喝，指揮坐騎走向林間大小空曠地，來到森林深處。她突然發現，馬蹄踏的不是散冰及砂土，而是完整的大硬塊物體。

「冰塊，地面上有巨大的冰塊。」領路人出聲，通知全隊人馬。

兩名牽馬走路的婦女，用腳踢地面，果然地面凍結了一層厚冰。

詹姆士愛人合併雙掌，做成喇叭形，高叫「哈囉，哈囉，有人在嗎？」

光禿的冰雪森林，一點回應都沒有。看起來沒人留在光禿而嚴寒的森林中，連鳥獸都沒受驚而跳躍。

領路婦女指示隊伍停下，單人匹馬繞個小圈子，馬蹄仍踏在大冰塊上，她沒發現任何野獸及人員。領路婦女倒回隊伍，說出個人的感受：「森林太寂靜，看不見人及牲口。森林深處有積冰區，冬天全部積水區凍結成大冰塊。」

詹姆士愛人感到失望，問道：「如果人或牲口凍死在森林中，我們怎麼分辨？」

「被冰雪包裹，成為一個人形或馬形冰體，我們看得出來。」領路人說明。

「詹姆士，你遇上大麻煩了，我伸不出援手。」詹姆士愛人心中難受，自言自語。

她回頭往後看，積雪枝幹縱橫阻絕，她看不見下村的牧場及土坯房。她仰望天空巨大冷黑的雲團遮蔽天空，陽光難以照射大地。她往前方展望，大小雪片飄落，妨礙了視線。但樹冠層外的高山一直是明顯的地標，墨脫支脈上綠色林地少，黃褐岩層多，冰雪面積較廣。這樣的高山，怎麼適合考察團滯留幾個月？

「妳試著判斷，這座光禿森林有多深？」女翻譯員傳話。

「我們走了一公里多，大約完成一半路程，猜想森林深達二公里到三公里。」領路婦女回答。

「為什麼看不見鳥獸？」女譯員又傳話。

「從前打獵的成績好，鳥獸大量消失。」領路人判斷：「後來牧場開闢了，牧人不免獵殺小動物。喜馬拉雅山脈本來鳥獸就不多，雅魯藏布江又切斷大山脈的尾段，外地的動物被大江流阻隔，進不了大江灣及墨脫支脈。最後動物絕跡了。」

「那麼動物傷人和吃人的機會多嗎？」女譯員傳話。

「很少，很少。」領路人說實話。

這支隊伍邊談話，邊行進，始終看不見鳥獸或人員的蹤跡。全部隊伍配合兩名牽馬走路人的速度，行走平穩緩慢。馬蹄落地聲清脆，領路人判斷森林地面的巨大冰塊猶在，可能冰層變薄，反映地面升高。樹冠冰雪中一座大山嶽露面，正是墨脫支脈的模樣。

領路人開口：「快走出森林，提防山腳下有野獸。」

接近正午時刻，全隊走出森林，墨脫支脈一覽無遺。眼前鋪陳廣大的丘陵，丘陵應有矮樹、高草，和岩石，卻被冰雪覆蓋，外表形狀一如墨脫牧場的冰雪海洋及冰雪波浪。冰雪波浪之上，巨大岩石群的頭部，茅草的葉脈尖端及芒莖、矮松樹的少許針葉尖及枯枝梢等露面，顯示冰雪海洋的多變面貌。

領路人眼尖，發現冰雪波浪中有一條小路，小路通往丘陵盡頭的大山嶽山腳。墨脫支脈由一座巨大的山嶽組成。山嶽整體下先有廣大山腹地帶，山腹間樹林與裸岩縱橫錯雜，冰雪到處堆積。山腹之上有幾座高山，所有高山併攏形成山腰，山腰間冰雪分佈更廣泛。眾高山形成的山腰拱衛兩座巨峰。墨脫支脈是座完整的大山嶽，視線所及，巨大丘陵連接寬廣的山腳，接著有山腹、山腰、頂峰。結構紮實完整，氣勢雄偉壯觀。

領路人大致瀏覽全部眼前山景，其次看見大山嶽的山腳下，冰雪丘陵的盡頭，有人騎馬走動。

「前面有人騎馬。」領路人驚喜，叫出聲來。

「他穿藏服，騎藏馬。」騎在馬上，手牽兩匹馱馬的婦女也開口。

「你們說得對，我們趕快趕過去看看。」女翻譯員轉達。

全部隊伍踏在冰雪堆中，踢起了鬆雪，跑向冰雪海洋中的一條小道。這條小道大抵筆直，遇上大石頭才拐彎，小道的地面有小石頭及碎冰屑。

（三）

墨脫支脈山腳下，只有一名地理考察團的成員孤單寂寞，但一直處境安穩；他負責接應其他考察團成員下山，卻對其他所有成員的動向不明究竟。赤烈桑渠最初一個人自願脫隊，留在大山嶽山腹下的小平地上，擔任聯絡牧場親友，接應夥伴們下山的任務。他看守著自家牧場帶出來的二頭犛牛和三匹馬，其中二匹馬是後來嘎爾馬特別移交過來的。

赤烈桑渠在仲秋時，才與六名團員分手。山腳下和大丘陵有水有草，牲口吃喝方便。赤烈本人的食物、衣物和用品也卸了下來，讓他一個人寂寞，而日子過得平安舒適。但是赤烈久久等不到六位朋友下山，不敢一個人終日偷閒。暴風雪第一次橫掃雪域高原之前，他一個人動用長彎刀及短刀，替牲口搭建了簡陋的馬廄及牛舍；又使用大石頭在山腳下岩層裂縫間，砸出了稍大的洞穴，以便風雪交加之夜有安全的地方睡覺。可惜牲口留在山腹下的小平地廄舍中，他卻溜來山腳洞穴過夜。兩個地方相去有一段路，令赤烈感到不滿意。

每天一早，不畏風雪，他得步行一大段平緩上坡路，沿山腳下的短促石質斜坡地稍微登高，最後繞著山腹下的不規則石階梯，抵達一座小平地。他看見牲口有了現成的屋頂牆壁，又有充分的草料，沒私自溜達脫逃。他打掃簡陋的馬廄牛舍，然後擠馬奶犛牛奶。附近丘陵及森林一側的乾草營養好，牲口咀嚼充份，產出的奶味道醇厚，赤烈逗留野外久了，其他食物早就吃光，每天以鮮奶當三餐，在吃的方面相當舒適合意。

別人說犛牛凶，害怕犛牛眼圈外的白短毛和眼白溶為一體，彷彿大眼睛狠狠瞪人。犛牛又有一雙略彎曲的尖角，外人一碰這雙尖角，不馬上身上多兩個窟窿才怪。所以外人怕犛牛。赤烈自幼和這二頭犛牛一起長大，一點也不怕犛牛凶。他先按摩犛牛的奶，然後輕輕的擠，犛牛奶大量流下，看起來犛牛也舒服。他把重物架在牛背上，口中「葉克，葉克」叫喚，牲口就馱了重物，跟著他去天涯海角。甚至從前他人小，跳上犛牛背，牲口搖搖晃晃載著他走遠路，人和牲口簡直成了朋友。所以赤烈一個人脫離考察團，留在山腳下陪伴牲口，說起來孤單寂寞，實際上卻有好同伴。

他的工作不單是清掃廢物，準備乾草料，以及準備一盆雪代替水而已。山腳下的丘陵成了冰雪海洋，他仍得陪牲口運動。這方面沒難事。他騎一匹馬，利用長短韁繩牽兩匹馬，走過小平地，走下短階梯，沿山腳下岩基邊慢行，沒什麼問題。嘴裡「葉克，葉克」叫喚，犛牛聽得出他的聲音，自動跟在三匹馬之後散步慢行。所以赤烈帶領牲口運動，全部牲口就一起開步。

深秋之前，森林內側邊緣的水草，以及大丘陵上的青草，全部轉成枯黃色，是頂級的草料，足以與林芝引進的香格里拉牧草比美。深秋以後，雪片及冰雹飄零，較矮的枯草就被輕雪覆蓋。丘陵間的小溪開始結冰。赤烈帶牲口走下丘陵散步運動，一方面讓牲口喝淺溪的冰水，另一方面由牲口自行找草料吃；甚至任牲口掀開薄雪，吃雪下濕潤的枯草。牲口明白，鮮草料勝過小廄房囤積的乾草料；牲口邊溜達邊吃草，自由自在的很，不怕其他牲口搶快爭食。所以帶牲口外出，既散步運動，又自由找草吃，最理想不過。

而赤烈明白，暴風雪一到，可能十天半月不能外出散步吃草。所以牲口在水草地低頭猛啃，赤烈也忙著割枯草，綑成一包一包的，掛在馬背上，帶回去囤放。他是牧場出身的人，完全明白牲口冬天吃什麼。

只要天氣允許，赤烈就帶牲口運動一整天。下午悠悠閒閒帶領牲口走回頭路。先穿過大丘陵間的固定小道，其次經過他的過夜矮岩洞。接著沿山腳下狹石頭地慢行，繞山腳一部分，抵達石頭小緩坡，然後爬上大山嶽山腹下的小平地。馬厩和牛舍在望，黃昏也接近了，他卸下剛割回的乾草料，趕牲口回房，關上柴門，一天的作息就完成。剩下的事是自己一個人走回矮洞，在矮洞中過夜。

人不能永遠單喝鮮奶，也不能長時間困守一個小區域，包括赤烈桑渠在內。墨脫支脈是座山嶽，落葉松森林遠遠大過任何一個小區域。赤烈等待久了，腦子不免產生幻想。

赤烈每天上下大山嶽山腹下的小平地，當然朝墨脫支脈眺望，強烈的思鄉誘惑力就滋生。從前北山腳村的牧家，尤其是老一輩的牧人，都認為落葉松森林危險，大山嶽危險，晚輩千萬別亂闖。如今赤烈不但穿越了森林，而且一個人陪一批牲口，在大山嶽腳下停留，沒遇上什麼危險猛獸。人進入森林不會迷路，你看準大山嶽的山腰或巨峰，輕易就走入森林；你的背對著大山嶽某一目標，也就輕易走出森林。森林中有資源，該算北山腳村上下村的福利。

不僅如此，從牲口過夜的小平地向遠方眺望，馬上看見小桑馬登牧場，而這座牧場之外，是丹卡、嘎爾瑪、以及赤烈自家的牧場。赤烈在丘陵邊緣過得安逸，但哪能和回家相比？能夠回家，太好了，離家久的遊子，才知道牧場老家的溫暖。

所以赤烈桑渠真想趁散步的機會，索性穿過森林，帶領所有牲口回家，三、五天之後有空閒，才來大丘陵探望一下。

但是赤烈桑渠克制下來，既不重回森林，也不返回牧場老家。一切很明顯，包括嘎爾瑪在內，六個朋友拖到隆冬最惡劣的日子仍不下山，他們遇上大麻煩，他不能一走了之，棄朋友於不顧。他們遇上的麻煩甚大，然而尼瑪、丹卡和嘎爾瑪是什麼人？甘心屈服不反抗？說不定明天，或者後天，嘎爾瑪就會下山，催他前去協助其他五個朋友。朋友有患難，你卻窩在牧場老家，怎麼向朋友交代？尼瑪等人在高山危險地帶反抗掙扎，例如和攻擊牧場羊隻的怪物火拼，他們差不多拿性命去賭，而赤烈舒舒服服在山下過日子，怎能夠當逃兵？

可能有一天，六個朋友下山，又疲倦，又寒冷，又飢餓，就需要援手。負責接應的赤烈桑渠，豈能缺席不管。赤烈心中滋生矛盾，他也就在大丘陵邊緣停留下來。

赤烈懷著另一個希望，七個人組成的考察團遲遲不歸，牧場方面不會坐視不管。一旦牧場派出人馬，勢必穿過森林，來到山腳下。那時候人一多，許多問題就容易解決。

一場暴風雪由拉薩狂掃到林芝，墨脫支脈也大受影響。落葉松帶積水區凍結成超大冰塊，其他地面上軟雪硬冰堆積。大丘陵降雪尤其多，狂風吹得尤其猛，冰雪海洋及冰雪波浪形成了。赤烈經常帶牲口散步，從森林邊緣到山腹下小平地，踏出一條頗悠長的石頭小路。這條石頭小路的寬度等於雙馬並行，兩側有冰牆。如今冰牆高及肩膀。冰牆夾路，赤烈帶牲口活動，閉上眼睛都能平安行走。

這一天，赤烈又凝視模糊的落葉松森林，以及灰濛濛的小桑馬登牧場雪景。回頭又打量冰雪封阻的大山嶽山腰及三座巨峰，心情相當低落。過去一場強烈的暴風雪橫掃大地，形成了大丘陵地冰雪海洋及冰雪波浪。其後天氣緩和了一陣，但是氣溫一直偏低，大地冰封的狀況未見改善。眼前天氣開始惡化，恐怕新的一場暴風雪又要襲來。到時候，丘陵上的赤烈桑渠和牲口沒問題，山上的六個朋友怎麼辦？暴風雪就是一個超級殺手，危險程度不下於殺害羊隻的怪物。朋友們為何不下山？

這一天，為了應付新的暴風雪，赤烈提前帶領牲口走石頭小道，下丘陵散步，然後早一點吆喝牲口上山腹下小平地。乾草料儲備足，保證整個剩餘冬天不缺草料。中午到了，赤烈打算在岩縫矮洞躺下來，思索一下未來的打算。

他似乎從呼嘯風聲中，聽見森林中傳出雜亂的踏步聲，可能有一隊人馬走過森林中的地面大冰塊。一陣強風吹來，森林乾枝互相摩擦出聲，樹上冰雪簌簌掉落，種種雜音掩蓋馬蹄聲。赤烈不理會森林方面的動靜。

過了一會兒，更清楚的密集馬蹄聲傳到，似乎一群馬踏過森林大冰塊。不可能聽錯，赤烈桑渠急忙返回小平地，從馬廊中牽出一匹馬。匆忙上馬，沿山腳石質狹路跑出去，火速進入兩堵冰牆夾住的石頭小路。

赤烈的心猛跳，果然牧場派人來搜索，但是搜索隊伍似乎全由婦女組成。來到丘陵地冰雪波浪中間，他看清全隊熟悉的牧場鄰居婦女，以及二名陌生高貴女士。

熟識他的馬隊婦女高叫：「赤烈桑渠，赤烈桑渠。」

領路人興奮的介紹：「他就是考察團的一份子。」

「其他人呢？」女譯員轉達詹姆士愛人的問話。

「我一直一個人守在這地方，擔任接應的任務。嘎爾瑪下山過一次，移轉二匹馬給我。我等候第二次馬匹移轉，但是等空了。我一直空等到現在。」赤烈草草說明。

「其他你照顧的牲口呢？」女翻譯員又轉述。

「其他牲口全送進上邊小平地的厩舍，那兒不能露天搭帳篷，我一個人睡山腳下岩縫矮洞。」赤烈說明。

「我要瞭解詳細狀況。這支馬隊怎麼安頓？」女譯員傳話。

「走，我們去山腳下，丘陵盡頭有大石頭，我們把大石頭邊上的冰雪挖走，就在大石頭邊搭帳篷。」赤烈建議。

「冰雪蓋住丘陵，看不見枯草，牲口有草料餵嗎？」領路婦女問道。

「有，有，我儲備了大批乾草料。」赤烈回話。

其他婦女都找大石頭，鏟走大石頭下的冰雪，開始搭帳篷，堆石頭小灶，準備燒煮。赤烈領路，讓二位貴賓和領路人參觀他的睡洞。岩縫砸寬一些，當成臥房，洞口砌了一堵擋風雪牆。睡洞左右還有小岩縫，顯然沒藏匿任何大小動物。

「森林面積大，地面有巨大冰塊。有沒有人和牲口被困在森林裡？」女譯員代轉。

「沒有，一個人，一隻野獸都沒有。我經常走過森林邊緣，明白森林的狀況。」

赤烈下馬走路，三名女子跟隨，沿山腳下行走，繞山腳大圈子，踏上不成模樣的石階，登上小平地。她們看見赤烈光憑一個人，利用樹林中的材料，搭建而成的馬廐、牛舍、草料房。馬匹和犛牛舒舒服服躺在屋頂下。

他們多走幾步路，來到小平地盡頭。從這裡起，山腹遭受巨大岩石滾砸，形成破碎山道，通往大山嶽的山腰。

詹姆士愛人、女譯員、領路婦女、以及赤烈四個人，站在破碎山道的起點，仰望墨脫支派。雲霧封山，天空飄雪，一黃一黑二座巨峰若隱若現。整座大山嶽不見人跡。強風吹過大山嶽的廣大冰雪地帶，空曠山區的溫度必定低過牧場。

「你爬過更高的山坡嗎？」女翻譯員轉達。

「只稍微爬上去一小段路，路況差，現在山腹和山腰積雪，更難走。」赤烈說明。

「看不出有完整的山道。一座山比另一座山高，山脊和山谷堆滿冰雪，何況地形本來就危險複雜。看不出山上有食物。」翻譯員又轉譯。

「除非他們找到一個山谷，山谷中乾草多，牲口有草料，用鮮奶養活人。」赤烈解釋。

「或者依靠牲口的肉充飢？」女譯員再代轉：「詹姆士是聰明人，為何笨得爬這種高山？我不能做笨事，人抵抗不了暴風雪。」

詹姆士愛人心頭有如鉛塊重壓，根本不想往上爬任何一段險路。是下午時刻。山區光線更暗，風怒吼，雪片及冰雹混合落下。人站在山腹下一會兒，就心驚膽跳。滯留高山上那麼久的人豈能倖免？

「喜馬拉雅山會發生雪崩嗎？」女翻譯員轉問新的問題。

「當然，年年都發生，所以任何陡坡的下方，沒人敢居住。」領路婦女說道。

「山峰、山腰、和山腹都堆積了大量的冰雪。新的暴風雪襲來，雪崩難以避免。」女譯員照實譯出。

「我考慮過，小平地不夠平安。」赤烈顯示個人的耐性已經磨光：「我得離開小平地的廐舍，而其他地點也不妥當，最後我只好帶牲口離開。」

「我們下去吧。今晚能不能平安度過，問題很大。」女翻譯員轉達命令。

詹姆士愛人上下小平地一次，天色變得更暗，風吹得更急，每個人的頭上、肩上、以及衣服其他部位，都黏沾雪花。她們不用認路或辨識方向，因為赤烈桑渠和牲口踏出的路，只有那麼一條。兩堵冰牆牢牢地守護石頭小道。

「我做了傻事。我穿過森林，抵達山腳下，不能解決問題。」女譯員口譯女士的喃喃自語。

「妳已經盡力尋找詹姆士了。」女領路人表示。

「我應該聽從別人的勸告，留在林芝就夠了。」翻譯員又口譯。

別人無法交談下去。赤烈建議，岩腳矮洞讓給詹姆士愛人過夜，詹姆士愛人婉拒。中西部原野上，印第安人外出打獵，甚至與騎兵隊作戰，曾經在野草間露天休息；或碰上山丘下的岩洞，鑽進去睡覺。州立大學的教師不能變成印第安人。

詹姆士愛人等走下山腳狹坡，來到大丘陵邊緣；四個藏族婦女手腳快，不但搭建了帳篷，而且造好一個石頭小灶台。她們找來枯枝，升起了火，燒煮熟的晚餐。赤烈分享了一點她們帶來的食物，不參加她們的營火閒談，獨自返回自己的岩縫睡洞。

「早一點休息，一切等明天再說。找到了一名考察團團員，但是意義不大，仍有五個人滯留山上。」女翻譯員又代轉：「大家注意強風急雪，半夜起來察看一下，別讓帳篷給壓垮。」

（四）

黑暗隧道居然通往頁岩地層的外緣，當然那兒長期遭受風化破壞，而形成大裂口。大裂口正位於一座峭岩壁夾住的山谷中。山谷中本來流出大量冷水，灌入大裂口中。天氣酷寒，山谷內的水全部結凍。但是地下水大量流出，溫暖的地下水流入黑暗隧道。

大裂口一帶岩壁完全破碎，地面堆了不少鬆軟的碎石片。五個人剛走出大裂口，大恐爪龍撲來而落空。

地下水消退。五個人繼續跑上坡路逃亡。黑暗隧道變窄一些，岩壁卻有無數薄岩片突出。在小恐爪龍領先追擊的情況下，丹卡仍雙臂乏力，提示尼瑪大砸岩壁上的薄岩石瓦片。尼瑪照辦，抽出長彎刀大砸岩片突起；詹姆士也領悟，抽出舒小珍背後的短木棒，大砸岩壁岩片。

強烈冷風由大裂口吹進，往黑暗隧道內部猛灌。岩壁上的頁岩瓦片被砸斷，粉屑揚起，少許粉屑飛入領頭小恐爪龍的眼睛。它快追上五個衰弱目標，看見微弱燈光，有機會攫獲墊尾的尼瑪。但是砂塵飛入眼睛，逼得它停一下腳步。它追丟了五個衰弱目標。

但是另外一隻小恐爪龍叫嘯，越過粉砂飄入眼睛的小恐爪龍，高速追向前方。它的尖銳叫聲又嚇住五個逃亡的人。尼瑪和詹姆士砸得更凶。不但岩壁上的薄岩片落地，部分岩壁內部已風化，整塊岩石跟著掉落。

「砍岩片不困難，能阻撓小恐爪龍快速追來就成。」尼瑪表示。

「隧道不但變窄，而且彎曲得厲害。恐爪龍不見燈光指引，不可能在彎曲狹窄的隧道狂奔。」詹姆士憑眼睛得到的第一印象而推測。

「舒小珍，光砸岩片岩塊，能阻擋恐爪龍嗎？」莊院士有些恐慌，出聲發問。

「不能，不能。」舒小珍腦子裡念想直閃，想出若干環節：「大裂口一帶，頁岩風化嚴重，岩壁上岩片和岩團不牢。愈往裡走，隧道岩壁愈完整堅固。」

「尼瑪，砸不動就別砸，薄岩片突起減少了。」詹姆士自己使用短木棒，已經砸不動岩壁。

果然岩壁變得光滑，突起岩角大減。尼瑪恐慌，加快腳步跑上坡路。隧道仍有緊促左拐右彎的情形。黑暗隧道緩緩升高。眼睛未被砂粉吹進的小恐爪龍急追，隧道變狹，一再轉彎；它頭撞岩片角端，沒受傷，輕微疼痛，奔跑速度降低。小恐爪龍不放棄，不見燈光照射，耳中聽見笨重腳步聲，憑聲音判斷衰弱目標的位置，急追不捨。

隧道上升，大小岩片岩團被砸落，不是往下滾，就是輕浮停在狹窄的地面上。全部四隻大小恐爪龍黑暗中，用四肢奔跑，減少頭部撞壁的機會，四腳肉墊卻踩在滾動或輕浮停留的岩片岩團上，身體不禁下滑。一滑再滑，奔速又被降低。

隧道上升路段，四隻恐瓜龍被沿地面下滑的岩片岩塊干擾，紛紛發出輕微啼叫聲，因而協調彼此的追趕速度。五個人整天整夜趕路逃跑，體力大減；遇上上坡路段，速度同樣降低。只有丹卡仗持體力強，疲憊已極的身體反而緩緩復原。

「它們追得緊嗎？」丹卡開口問道。

「就在我們身後。它們看不見燈光，但聽得見聲音。它們一再撞牆壁，可能完全沒受傷。結果它們拼命追不停。」詹姆士判斷。

「這樣子跑下去，會要老頭子的命，但總比被小猛獸吃掉強。」莊院士拼老命逃跑，不忘記說笑話。

「有燒焦味，難聞的燒焦味。」舒小珍叫出聲。

隧道頂及左右側，不再出現任何岩片突起，岩壁光滑，而且彎曲的場合減少。五個逃命的人又聽見獸爪抓地的聲音。

「它們撞壁的次數減少，它們追上來了。」舒小珍慘叫。

「我們呼吸困難，這一帶空氣不太流通。」尼瑪恢復領路的位置，抱怨行走乏力。

「我們來到隧道中央部分。氣味太難聞，實在走不動了。」詹姆士表示。

五個人以為四隻恐瓜龍必定追上，攫住他們全夥人。四隻猛獸的抓地聲變遠，它們沒及時追趕，抓住逃生的人。它們一路上全憑碰撞及摸索，才能緊追五個衰弱目標不捨。最初它們一再強撞薄岩壁，終於撞垮本來就脆弱的石壁外層，但消耗了大量的體力。從進入大溶洞起，它們完全不瞭解環境，憑蠻力強幹，又消耗剩餘的體力。從進入半個籃球場大的天然聚水洞穴起，凡是不見燈光的地方，它們一再撞壁搶路。在頁岩風化地段，地面岩片岩塊不穩，它們硬要追趕，用盡了體力。現在來到空氣混濁的地段，它們也呼呼吸困難，終於無力強跑硬跳。它們竟然追趕了幾個晝夜。

黑暗隧道的形狀再變，大小不同的洞穴，一個連接一個，形狀及方向混亂。

「它們沒抓住我們，是不是空氣太稀薄，讓它們也喘不過氣來？」詹姆士出聲。

「瞬間爆發力這麼強的迅猛龍，會有體力不夠的時刻？」莊院士提出疑問。

「獅子和花豹急奔一陣，都會疲勞急喘氣。」舒小珍插嘴。

「肯塔基賽狗場，比賽犬一飛跑完，幾乎都急喘臥倒。」詹姆士比較情況。

五個人沒有休息閒談的餘地，管不了呼吸順暢否，硬撐下來，維持爬上坡路的速度。五個人連續逃命幾個晝夜了。

「看見了十幾盞藍色火焰。我們早就看過。」領路的尼瑪叫道。

「遠古動物的墳場，變成了瓦斯，湊巧自燃成為藍色火焰，是不是？」舒小珍想到詹姆士的理論。

「不錯，想不到妳記得。」詹姆士出聲。

「怎麼辦？任憑它們照亮洞穴？」尼瑪徵求意見。

「撲滅它們，絕不能讓恐爪龍看見燈光。」莊院士指示。

體力恢復一些的丹卡，抽出長彎刀，同刀背碰砸；尼瑪學樣，也猛砸出氣孔。半數火焰仍燃燒不滅。地面只有淺薄流水，他們抓不起泥沙堵死噴氣孔。

詹姆士看見舒小珍身上還殘留樹枝葉片，其他人也忘了扯掉自己身上的殘枝爛葉。

詹姆士一把扯下舒小珍身上殘餘的稻草人外裝草葉，其他人匆忙學樣，用葉子堵死了所有噴氣孔。五個人感到頭昏腦脹，勉強支撐，才走出所有洞穴群。隧道又陷入黑暗中。

「臭味來自藍色火焰，火焰燒掉大部分氧氣。」舒小珍喘氣說話。

「幸虧我們沒有缺氧昏倒。」詹姆士判斷：「我們剛走過一個危險地區。」

「恐爪龍會因為缺氧而停止追捕我們？」尼瑪仍領路說話。

「不可能，我們撲滅了火焰，它們看不到光線，卻逃過氧氣燒光的危險。它們一定繼續追捕。」詹姆士解釋。

手電筒照出粗糙的岩壁，隧道本身逐漸變寬。地面有淺薄流水，流水中有污泥。隧道岩壁也有汙穢泥跡。

「舒小珍，現在是什麼地質？」莊院士又詢問。

「砂岩，岩層間有氣孔，岩層不堅硬。」大姑娘回答：「剛才天然氣自燃洞穴，是頁岩和砂岩混合地區。」

突然間，硬爪子抓砂地的刺耳摩擦聲又傳來，四隻恐爪龍不叫嘯，學會省力氣行動；它們的呼吸順暢些，繼續追捕獵物。

「它們進來了，我們得跑快些。」墊後的丹卡通知大夥兒。

沒人能加快步伐，每個人累極了，呼吸稍微順暢而已。

「火焰區不容易跑快。」舒小珍解釋：「火焰全都撲滅，它們仍然看不見東西。大小洞穴分佈不規則，它們得摸索。」

（五）

大丘陵地冰雪海洋中，兩塊特大岩石下的冰雪已被鏟走，二頂帳篷挨著特大岩石搭好。特大岩石又高又大，四周圍又有冰雪海洋，詹姆士太太希望這兩頂帳篷少受一些強風的吹襲，因為帳篷頂差不多與冰雪波浪平高。

詹姆士愛人與女譯員共用一頂堅固厚實的帳篷，帳篷內空間夠大，兩名女子都能睡得舒展。詹姆士愛人穿了暖和的冬衣，鑽進又軟又暖的鴨絨睡袋，他的上好皮毛斗篷蓋在睡袋上，足以保證她過一個溫暖的夜晚。女譯員的衣物沒那麼華貴暖和。帳篷以外氣溫奇低，她靠近太太的睡袋及斗篷，睡得也算暖和。寒冷的地方，吃飽肚子和衣物保暖，是最重要的一件事。

其他四名藏族婦女，共用一頂帳篷，差點把帳篷擠爆。主要原因是保暖。她們衣被質地甚差，擋不住高山夜間嚴寒的氣溫。但是四個人互相擠一擠，自然產暖氣，有助於熟睡。

「太太有什麼打算，暴風雪馬上就到。一旦狂風暴雪來襲，交通就完全中斷。」女翻譯員在黑暗的帳篷中抱緊毛毯，開口說話。

「我的內心傾向，就是火速離開，否則空中交通一亂，想走也走不成。」詹姆士愛人表示。

「現在交通已經十分緊張，從墨脫牧場到林芝，從林芝到拉薩，每一段路都不保險。」女翻譯員解釋。

「我瞭解，這種緊張情況是我造成的。我應該最遠只到林芝，來牧場只會增加別人的負擔。」

「那倒不會，牧場歡迎妳來，但是牧場太窮無力招待客人。」

「還好，我不抱怨。」詹姆士愛人講實話：「他們的情況不比印第安人強，但是印第安人撐不下去。他們會撐下去，慢慢改善。」

「你怎麼認為他們會撐下去？」

「很簡單，她們牽馬走路，一句話也不抱怨，忍耐一切辛勞，只想把工作做好。一個人決心不計代價，把工作完成，他會有收穫。」

「是嗎？你瞭解西藏人了？」女譯員表示。

「所以我心中有絕望，也有希望。我絕望，因為墨脫支脈情況太惡劣，我不幻想，不期待詹姆士平安下山。我有希望。妳看赤烈桑渠，他一個人等待朋友，拒絕一切誘惑，就在這兒留下。一場暴風雪消失，他留下了。又一場暴風雪即將來臨，他仍留下。我相信藏人朋友們，會盡一切力量協助詹姆士。」

丘陵上風勢強勁，吹得帳篷劇烈搖晃。雪片和冰雹降個不停，落地沒有聲音，卻把帳篷壓凹。帳篷內睡眠的人甚至擔心，帳篷不是被吹走，就是被壓垮。

詹姆士愛人睡在曠野帳篷中，私心矛盾重重。她　深刻感受季節的循環，一年終了，天氣最是惡劣，二個重要節日恰巧就來臨，為苦寒的日子帶來溫暖和希望。為了這二個年終最重要的節日，詹姆士愛人巴不得立刻趕去拉薩機場，搭飛機飛回大學城，親耳聽見教堂鐘聲不斷的敲響。另一方面，她深知詹姆士遭遇困難，她應該守在山下，隨時提供暖和衣物和營養食物。印第安族老人、小孩、女子、以及勇士，又飢又餓，倒在中西部酷寒大地；她豈能讓詹姆士遇上同樣的下場。

還有一件微不足道的小事，讓她不計較即將來臨的暴風雪。儘管帳篷被吹得東搖西晃，甚至一夜大雪加冰雹，足以把帳篷壓垮；能離開小桑馬登冷風直灌的客廳，以及酸臭騷氣的土坯房，不是一件壞事。畢竟州立大學的堅強女性，忍耐不下太壞的居家環境。

有些事令她滿意，包括時時跟在身邊口譯的女譯員。她的牛津腔英語聽起來堅實有力，她又懂得一些英國歷史和印度的風土人情。兩個天南地北互不相干的人語言相通，很快就熟悉認識起來。

「妳去過國外，例如大英國協的成員國？」詹姆士愛人曾問她。

「去過，在印度生活許多年。」女翻譯員暢談。

「妳是怎麼進入印度的？」

「翻越喜馬拉雅山，每年三月到十月，西藏及印度邊境小鎮，都有不少人等簽證，預備進去對方國境。妳去邊境一問路，嚮導就會安排一切。嚮導通常是尼泊爾人或不丹人，世世代代居住雪山，他們不但認識不同季節的雪山，而且指導你怎麼準備行李。」

「原來如此。喜馬拉雅山猛獸多嗎？」

「什麼是猛獸，看妳的定義。有人提到雪人，那是迷信。喜馬拉雅山脈那麼大，當然野生動物多，但沒什麼猛獸。而印度平原上的草原及森林，反而多猛獸。」

「有沒有會溜進牧場，傷害牲口的猛獸？」

「這種猛獸多，例如天空有鷹鷲，地上有野狼；雪山地帶還有山貓雪豹。至於說到稀奇古怪的猛獸，大概沒有。」

「詹姆士不下山，我登山去尋找他，合理嗎？」

「不怎麼合理。妳看見冰雪封閉了大山嶽。新的暴風雪一來，危險更昇高。」

「妳說得對，我不應該登山，孤單一人或組隊都不成，蠢事不能做第二次。」

「妳的決定是正確的，不是登山專家，別輕易登山，我們聽過登山的悲劇。」

「我接受妳的建議，決定不冒險登山，但是我也不急著回小桑馬登牧場。既然已經約定好，我們就離開牧場三天二夜。我明天有事辦，上下午各上小平地一趟，看著詹姆士下山沒有。如果看不見他，我死了心，回林芝，去拉薩，甚至回大學城；不知道我能不能趕上兩個最重要的節日。」

平心而論，詹姆士太太在曠野睡得安穩。她不必擔心天氣，女譯員和其他四名藏族婦女，都會照料帳篷的安全。兩頂帳篷相去不遠，六匹馬就逗留兩頂帳篷之間，每匹馬裏了氈毯。馬不拴上，料想在一個陌生地方，馬兒不可能溜走。

赤烈桑渠繼續忍耐，等待六個朋友下山。詹姆士愛人馬隊帶來了六匹馬，由他提供草料，沒什麼問題。反而她們帶來青稞食物，解了他的嘴饞。他陪詹姆士愛人觀察大山嶽的山腰及巨峰，看見墨脫山脈滿山滿谷的冰雪，引發他內心的矛盾。他一個人單獨避開雪崩，還是趁機帶領所有牲口回家？

山腹上的全部山道，全是從前山峰及山腰 滾落的大石頭，砸破山腹森林地帶而形成。與其說它是一條天然山道，不如說它是眾多落腳地的總體名稱，各地點的通行傾斜度及寬度不一致。破碎山道在未積雪期間行走困難；一旦積雪，某些雪堆虛空，不容誤踏上去。這條冰雪凌亂堆積的破碎小道，隱藏不少危險。嘎爾瑪和丹卡等朋友此時下山，來到山腹地段，行走不安全。

赤烈不上山，不碰觸山腹上的破碎山路，就不捲入登山的危險狀況中；但是山腹大量的冰雪如果形成雪崩，小平地上的牲口怎麼辦？在山腳下岩縫睡洞穴，另蓋馬厩牛舍，大致可以避開雪崩。他需要在攝氏零下二十多度的酷寒條件下，另蓋馬厩牛舍？或者，他等待過久，該牽引所有牲口回家了？ 詹姆士太太遠從一萬公里之外飛來，瞭解一切希望破滅，他赤烈一個人還需要傻等下去？

墨脫支脈山腳下的一群人，提心吊膽撐過一個風雪交加的晚上。第二天上午，詹姆士愛人建議，再上小平地眺望，赤烈當然同意。反正他除了狂風暴雪止步外，天天都上小平地打掃，安排草料，甚至領著牲口運動。

她們眺望整座大山嶽，明白雪崩的危機正醞釀中。此外，到處冰雪大堆積，破碎山道任何一個地點隱藏行走失足的危險。全部大山嶽幾乎被黑雲黑霧包圍，陽光太弱太弱，六個人怎能在高山上生存下去？或者不得已，幾個月過去了，四匹馬及二頭犛牛被吃光，考察團怎麼再撐下去？喜瑪拉雅山脈沒有怪物。爪印及羽毛是太脆弱的證物。大山嶽本身就是隱形的怪物，逞強挑戰大山嶽的念頭就是瘋狂的怪物。剩下一個下午，她再眺望一次，認識了逞強挑戰大山嶽的瘋狂念頭，她就盡了全部份內的責任，該回家了。黑雲黑霧包圍山腰山腹，暴風雪的腳步逼近；同一個時刻，教堂的鐘聲敲響了，她差不多該回家了。

她也許來不及飛回大學城，偕同好友同事及親友，一起在中西部冰天雪地狀況中歡度聖誕節。也許一旦詹姆士下山，她們夫妻在墨脫牧場會合，共同向一萬公里之外的親友，拍發平安幸福的電報，也算度過歡樂圓滿的一年。但是這個希望也快破滅。

下雪天外出走一走，斗篷上下無不沾上雪花。進帳篷後，掃走雪花，用力甩拍斗篷，這件最外層衣物完全不潮濕。外面確實冷，冰風正面一吹，令人全身發抖。但是石頭小路安全，冰牆多少擋住部分冰風。中午一過，詹姆士愛人心頭煩躁，在劇烈搖晃的帳篷中坐不下去。仍然由赤烈、領路婦女、女譯員相陪，詹姆士愛人再一次走石頭小路，上小平地眺望大山嶽。

黑雲黑霧繼續封鎖山腰山腹，二座巨峰孤單險峻，高山上不免風更冷更急，雪下得更大。更別說馬上襲來的暴風雪。

「我考慮回拉薩，飛大學城，我沒時間空等。你怎麼辦？」詹姆士愛人灰心沮喪，向左右人士表示。

「為了避開雪崩的危險，這一場暴風雪一過，我和牲口全部回牧場。」赤烈表示。

「我們將注意這裡的情況，我們將把新進展用電話打去大學城。」女譯員表示。

「你對牲口照顧得周到，你和牲口回牧場，全部親友都高興。天氣真壞，明天一早我們拔營回牧場，一定匆忙緊張。」詹姆士愛人心情低沉，口齒不清，依賴女翻譯員幫她表示完整的意思。

「妳們馬隊一折回，我的煩惱倒立刻解決。」赤烈說明。

「為什麼？」翻譯人代轉。

「從前牧家恐懼，不敢妄闖森林。地理考察團來了，一隊人馬進入森林，全部滯留不回，牧家仍然疑慮害怕。明天太太帶團回去，說明森林安全，赤烈桑渠平安無事。我的家人一定衝進森林看我和牲口，其他牧家也會闖進森林，我豈不是等於回家了。」赤烈說明。

一個下午，幾個人來回帳篷及山腹下小平地之間，外衣沾上厚雪片，幾乎都變成雪人。詹姆士愛人外出時，同行的婦女把兩頂帳篷繫得更安穩，防止晚上風雪太猛烈，而扯斷細繩。詹姆士愛人神色木然返回帳蓬，明白自己變成一個雪人，心情依然鬱悶。想不到這個年末，自己沒捏二把雪，做個雪人玩玩，自己倒變成雪人。她立即想起，聖誕節前後，全部大學城，包括自己的住房，無處不堆雪。大學城內的所有學校中，大人和小孩都隨地挖鬆雪做雪人；又用樹枝削出面孔及四肢，插進樹葉、果核、毛巾、以及小皮球等，做成帽子及五官。於是街頭巷尾處處有雪人。如今她沒有看見孩童們做的雪人，自己卻變成雪人了。

一向注重安全及秩序的詹姆士太太躺在帳篷中，全身及心智接近麻木狀態。她明白，丘陵冰雪海洋中的兩頂帳篷，有可能被強風吹倒，半夜重搭帳篷相當麻煩。或者一陣驟雪落下，全部帳篷被雪掩埋，到時候大夥兒也得摸黑撥走積雪。面臨這些威脅，詹姆士太太不太關心。她進入森林二天二夜，看不出大山嶽能容許人生存下去；她等於白白闖進森林一趟。她幾乎走到了旅程的終點，卻發現一切都不如意。

該回家了，一切從頭開始。

暴風雪前夕，詹姆士愛人避開小桑馬登土坯房的酸臭騷味，閉不上眼，麻木的躺著，不計較帳篷上的強風大雪。她的腦中只有一個念頭，到了結束旅程的階段，剩下的路由她一個人走下去。

半夜，女翻譯員起身，抖走帳篷上的雪堆，她也起身幫忙。兩個人在帳篷外小站一會兒。好冷呦！天地幾乎被封凍。抖走雪堆，女譯員趕緊鑽進毛毯中，她則木然的躺下。人太疲倦了，不免小睡一小時或二小時，接著又清醒，對外界的情況感到麻木。

第二天天剛亮，領路人過來詢問，說藏語：「是不是一早就拔營，直接穿過森林，返回牧場？」

「一早就拔營，直接穿過森林，返回牧場？」翻譯員精準的譯出領路人的問話，而詹姆士愛人沒直接回答，居然無意識的重複學翻譯員的英語譯句。一會兒之後，詹姆士愛人旋即恢復意識，及時多講一句話：「為何不呢？」

女領路人、女譯員、以及其他三名婦女幫忙收拾一切東西，準備火速離開冰雪海洋。天氣狀況太惡劣，明明天亮了，光線陰暗，曠野風聲淒厲，雪片亂飛。雪片掛在露天逗留人們的身上，這些人幾乎分別變成半個雪人。詹姆士愛人想到的是土坯房，乾草地，牲口尿騷味，愁苦的主人一家人，遙遠的國度，快遞公司人員開車送來聖誕禮物，公園及街角堆了胖雪人，聖誕老人駕馬車跑過，聖誕樹上燈泡亮了，教堂鐘聲響了……

詹姆士愛人穿上暖和的厚衣服，披上斗篷，套上厚頭罩。突然一個東西重重打在她頭上，打得她頭疼。是一個乒乓球大的冰雹，隨風重重打來。更多乒乓球大的冰雹降落。

從旁等待協助的赤烈大叫：「暴風雪馬上就降臨，立即上馬快跑。」

詹姆士愛人清醒，看清天氣情況的嚴重性。

「太太能自己騎馬。跟著我們跑，早一點回牧場？」領路婦女詢問。

「當然，我們的坐騎不必牽，大夥兒全部上馬快逃。」女譯員轉述。

所有帳蓬及用具收拾妥當，兩個走路牽馬的婦女，分別與領路人及女翻譯員共騎，排成一列，踢馬腹吆喝開始快跑。詹姆士愛人夾在中間，前後有人馬領路或墊後。順著冰牆夾住的小道，跑進森林中。領路人不怕迷路，只想避開加大加重的冰雹，早一點走出森林。他不時回頭眺望大山嶽，以便糾正隊伍的方向，防止斜穿森林浪費時間。只要走出森林，通過五十公尺分隔冰雪地，就進入平安小道。她們匆忙趕路，詹姆士愛人體會，印第安人已經完全被擊敗，她和詹姆士也面臨被擊敗的時刻。

詹姆士愛人的馬隊一離開，大冰雹襲擊森林及丘陵上的冰雪海洋，大地產生「隆隆」聲音。赤烈桑渠狂奔，跑過石頭小道，踏上小平地，照顧牲口，打掃廄舍地面。大冰雹打在樹林間的廄舍上，他慶幸牲口有屋頂擋住降落的冰雪物體，小庫房儲備了夠多的草料。看起來，幾天之內，他不能牽牲口外出溜達，頂多隻在小平地上轉幾圈。他抬頭望望大山嶽的山腹、山腰、和兩座巨峰，它們完全被雲霧遮蔽。

赤烈桑渠想了一會兒，認定暴風雪一結束，家人就會衝進森林。他將不再搭建新廄舍，就讓家人把全部牲口帶回去，避開大雪災。他一個人利用白天找空檔上小平地看看，眺望暴風雪掃蕩過後的大山嶽。晚上鑽進岩縫洞穴，安全上沒問題。

大風雪災過後，連赤烈也要返回牧場。如果他碰上大小桑馬登，完全能向他們交代，他沒做對不起牧場朋友的事。

領路婦人搭載一名夥伴，仍不敢狂奔，快跑衝出森林，馬蹄一次又一次踢走堆高了的鬆雪。接著進入五十公尺深的分隔砂土帶，那兒已經變成硬冰層。最後她們進了冰牆相夾的平安小道，心中安定下來。降落的是中等冰雹，直接由空中落下，傷害力不嚴重。萬一冰雹變成雞蛋大，而且順著強風斜向猛打，像王師傅麵包庫的玻璃，以及沒遮蓬的人畜，都要受創。

小桑馬登一個人，頭上身上套了厚布墊，鼻嘴蒙了口罩，站在平安小道的一個拐角處等待。三天兩夜的搜索期已滿，全婦女搜索隊應該今天返回，天氣即將完全變壞。他站立等待，等到了中午，才看見馬隊奔跑而來。馬背上的騎客人人頭上罩了帽套之類，以致於無法一一辨識。但是不會有別人出沒大風雪中。

領路婦女高叫：「桑馬登，桑馬登。」

小桑馬登努力揮手。不錯搜索隊回來了，包括詹姆士太太及女翻譯員。

領路婦女引爆一個大消息：「考察團有人活著，其他人都看不見屍體。」

「是誰活著？到底是怎麼一回事？」小桑馬登異常急切說話。

「快去屋子哩，暴風雪就要來了。拉薩來的大姑娘，將告訴你一切經過，我們快送太太進房子。」領路婦女不下馬，人馬快步奔向土坯房。

小桑馬登慌亂，陪馬隊跑回自己的住宅。小桑馬登急躁想問明白，詹姆士太太神色麻木，咬緊嘴唇不出聲。領路人進了土坯房，卸下太太的行囊，匆匆告別。

「每個人都要趕快回家。暴風雪一來，最少一星期，最多半個月，誰都不敢出門。所以我們急著趕回上村。」領隊婦女說明理由，火急策馬離開。

「誰活著？其他人呢？」小桑馬登急問。

「赤烈桑渠一個人，三匹馬，和二頭犛牛，都平安。他根本沒爬大山嶽的山腹以上部位。」女譯員單獨與小桑馬登談話。

詹姆士愛人不想交談，一個人抱了行囊，返回臥室。她腦子亂成一團，根本不能處理任何事情。

「原本莊院士等六個人，牽了六匹馬，以及二頭犛牛，一起往高山爬。到了兩座巨峰的峭壁腳下，嘎爾瑪和全部牲口留下，共他人繼續爬二座巨峰，到現在不見影子。嘎爾瑪守在巨峰下的山腳夾縫地，附近沒草料，但是他已經割儲不少草料。他一個人照顧不了太多的牲口，移交了二匹馬給赤烈，然後他向赤烈告別，返回夾縫地。從此連嘎爾瑪的行蹤也不清楚。」女譯員詳細交代。「只有赤烈家幸運，其他家都痛苦。但是妳認為他們六個人，四匹馬、和兩頭犛牛平安嗎？」小桑馬登問道。

女翻譯員搖頭，折回客廳。小桑馬登的精神暫時興奮一下子，馬上又沮喪起來。

土坯房之外，風狂嘯起來，一陣強過一陣。瞬間天地變得烏黑，大片厚雪猛落，堆積在牧場上的冰雪海洋及住家厩舍屋頂上。風急吹掃，乒乓球大小，甚至雞蛋般大的冰雹，被風帶動，猛砸屋頂及地面，發出「嘩啦，嘩啦」一聲響。氣溫下降。入冬後第二場暴風雪終於來臨。詹姆士愛人首先獨自走進漏風的客廳，抖走皮毛斗篷上的冰雪屑，把它掛在牆壁上。接近中午，正廳內外昏暗如夜晚。外邊風狂嘯，雷聲響起，「轟隆，轟隆」。接著閃電衝下，天地瞬間照亮，空氣「咂咂咂」燃燒爆炸。悶雷及閃電之後，大冰雹打在北山腳村的每一個角落，「叮咚叮咚」聲，與「嘩啦嘩啦」聲交奏。小桑馬登的土坯房及牛舍羊圈，似乎將被砸破打爛。

詹姆士愛人完全不緊張害怕。中西部原野上，一有暴風雨，甚至龍捲風，風雷雨電的威力卻也相仿。生活在中西部的人，包括印第安人以及後來一批又一批遷入大學城的白人，都熟悉大自然冬天風暴來襲時的威力。這些才是冬天的真正景象。詹姆士愛人感覺冷，人開始疲倦，她披上一件暖和的輕羊毛大衣。人發呆，全副精神繞著幾個問題打轉，對於其他自身及周遭瑣事無動於衷。

女翻譯員進來，馬上清掃身上的雪花冰屑，又檢查行囊。

「妳向小桑馬登談過山上五個人根本失蹤的事？」詹姆士愛人問道。「我照實說，他失望，怪自己沒運氣。」女譯員坐在她身邊交談。

「山腹、山腰、和高峰上，有沒有洞穴，讓落難的人躲一躲？」「當然有洞穴，但是人得煮東西吃，不能光躲避風雪。」「他們能走出洞穴找食物，能找下山路回營地？」「不太可能。暴風雪發威一星期到半個月，枯守洞穴不是辦法。」「房間裡溫度是多少？外面是多少？高山上是多少？」

「本來房間裡暖和得多，但是牧場的土坯房不保暖，冷到攝氏零下十五度，外邊零下二十五度，高山上零下三十度。」

「高山上的洞穴能保暖？」

「當然不能。」

「說真心話，」詹姆士愛人口氣悽慘：「我不能對詹姆士的狀況存有幻想。他在高山受困，有四個月了。」

「天哪，五個人受困高山上，叫人悲觀。」女譯員心寒出聲。

「一旦雪崩，破碎的山路還能通行嗎？」「很難，很難，何況其中有老人及女子。」

「妳是本地人，妳敢在高山上逗留？」

「當然不敢。其實，當初應該衡量，別去太危險的地方；像赤烈桑渠，只停留山腳下，有機會躲過危險。」

「只有赤烈一個人幸運，只有他一個人幸運。」詹姆士愛人呢喃自語。

外邊狀況惡劣之極，悶雷及閃電輪流打擊爆炸，風哭嘯不停。剛才小桑馬燈站在平安小道一個拐角處等待馬隊，然後陪伴馬隊一起回來。他今天不可能像往常一樣，走平安小道，去牧場邊緣眺望。閃電、悶雷、和冰雹發威，大桑馬登也不會騎上老馬，走過兩條平安小道，去牧場邊緣眺望森林。

詹姆士愛人守在柴房客廳中，連點燃馬燈的勁都沒有。她和女翻譯留在柴房中，往往不交談，彼此卻充分瞭解對方的情況和需要。

「妳認為拉薩的情況好一些嗎？」詹姆士愛人問道。她多少認識拉薩，因為她坐過馬車，由機場進市區，住進大賓館；她又坐豪華老轎車，由大賓館駛向核心精華公路。

「在城市居住，比較不受氣候的影響。」女翻譯員回答。「妳的家在拉薩，妳回到拉薩，內心就安定，是不是？」「當然，我絕大多數時間都生活在拉薩，何況我的阿爹阿娘都在拉薩。」

「林芝也是好地方，離拉薩不太遠，也不太近，景色好。」

「林芝確實是個好地方。我結束了任務回拉薩，一定勸親友來林芝看看。」

「我的運氣不夠好。州立大學及大學城景色好，環境理想；我和詹姆士住在那兒，一直滿意快樂。不幸詹姆士硬去要東方。」詹姆士愛人抱怨。

「我相信大學城有特色，讓許多家庭樂意居住。」女譯員表示。

「但是我現在感到孤單，一旦我回到大學城，不知道怎麼辦。」

「慢慢調適，我們也會聯絡妳。」

當天入夜後，雷聲和閃電停頓，大雪簌簌降落。小桑馬登愛人提馬燈照亮，小桑馬登本人先爬上土坯房屋頂，掃走屋頂上的積雪。當積雪鬆軟時，稍一用力，就能把積雪推下屋頂。一旦積雪凍成堅冰，和屋頂黏貼，就不容易掃落。小桑馬登清完了屋頂，接著清理院子裡馬厩和牛舍的屋頂。院子遺留幾大堆冰雪。小桑馬登表示，過幾天氣候溫和一些了，他才能去牧場上看羊圈，掃清羊圈屋頂上的積雪。

夜晚酸臭騷氣味不散，心事多，詹姆士愛人睡得不安寧，反而不如留在大山嶽的山腳下。整夜強風狂吹，呼嘯聲一陣鬆一陣緊，有如強大旋風停留一個地區。冰雹和驟雪沒停過，所以小桑馬登預先清掃屋頂積雪是對的；萬一積雪過厚，強風又吹襲，他的土坯房不一定能夠支撐住。不久悶雷和閃電威力減弱，間歇性猛響炸開。

天亮以後，女譯員陪詹姆士愛人冒著強風和大雪，繞著土坯房走一圈，看見茫茫大地的改變。冰雪海洋增高了，因為土坯房的小窗戶下緣與冰雪頂齊高；任何房間一打開窗戶，外邊就是冰雪。冰雪甚至溢過院子圍牆。從四周冰雪海洋打量土坯房，土坯房只剩屋頂及屋簷，超出冰雪海洋頂。

冰雪海洋上的冰雪波浪，外形起了大變化。新雪落在原有冰層上，被強烈旋風吹襲，若干大波浪變成冰雪蜂巢，一塊塊捲曲的白色波浪上，布滿大小洞孔。有些冰雪大波浪捲得太高，全牧場只剩下少數電話桿柱及大樹尖露出頭。茅草尖和大石頭完全失去蹤跡。

連兩堵冰牆夾住的平安小道，經過一日一夜大風雪，泥土地面堆積碎冰、雪團、以及圓冰雹。氣溫太低，大小桑馬登又不行走，平安小道上的各種形狀冰雪停留不溶。

詹姆士愛人對落葉松帶及大山嶽已經灰心，不想再面對它們。但是習慣不容易改變，而且土坯房保暖和氣味惡劣，詹姆士愛人仍有再進森林搜索的衝動。她想舉步，但是平安小道堆積冰粒，分明大小桑登馬登暫時不出門。她仍留有理智，收回了雙腳。

「我們回去吧，雪下個不停，風大，太冷了。」女翻譯員表示。

詹姆士愛人知道，自己心神不寧，即使返回柴房客廳，什麼事也辦不成。

「妳全身沾滿了雪，又變成雪人了。」詹姆士愛人開口。女譯員不多話。女主人眼前出門散步一圈，其實也變成雪人。天色相當陰暗。烏雲遮滿天空，但是烏雲中閃電連連。明明是白天，天地陰暗，她們向遠方凝視，找不到森林及大山嶽。所以勉強走平安小道去牧場邊緣，漫天大雪必定遮住森林的面目，

連續幾天，悶雷、閃電、呼嘯的旋風、驟雪、以及大冰雹，糾纏墨脫牧場不放。詹姆士愛人悶得慌，想做事整理資料，但是心思紊亂，什麼都做不下去。她悶得慌，實在忍耐不住，拉著女翻譯員，繞土坯房走兩圈。外邊奇冷，她渾身發抖，臉色蒼白；女譯員勸她，她才折回去柴房客廳。

「我不能繼續逗留下去，否則我會發瘋。」她向朋友訴苦。

「太太等得夠久了，該離開了。等這一場暴風雪減弱，我們開始安排，先回到林芝，再談其他。」女翻譯員表示。

「謝謝妳陪我這麼久，我知道我對什麼事都不耐煩。」「沒什麼，每個人都會面臨困難時刻，何況墨脫這地方很難讓外地人留下去。」

「不能全怪牧場。不是我根本不應該來，就是事情演變的失控。我唯一可以做的，就是離開。」

「也好，這幾天老村長不出門。天氣總會緩和。老村長一來，我們就談新計畫。」

「我該有新計畫。忘記墨脫，忘記詹姆士。」詹姆士愛人心中憂煩。

連續幾天強風暴雪過去，天氣暫時緩和一些。小桑馬登一個人帶了鐵鏟、鋤頭、鐵釘、鐵絲等工具及材料，由近而遠，巡視牧場幾個分散的羊圈。每一個羊圈的入口道路堆了冰雪，先加以清除，人才能走進去。羊圈的木板茅草屋頂被積雪壓塌，他得先清除積雪，然後修補屋頂。

詹姆士愛人和女譯員陪小桑馬登走去最近的一個羊圈。小桑馬登一個人忙碌。近一百隻羊窩在低矮的木

板羊舍中，散發濃烈的臭騷味。天空仍飄雪下冰雹，詹姆士愛人離開。牧場完全變成冰雪海洋，海洋最表面的冰雪波浪高高彎曲捲起，內有大小蜂巢狀洞穴。那是強烈旋風吹颳及冰雹強打的結果。詹姆士愛人久居中西部，對於大風雪之後的景色不陌生。氣溫極低，斗蓬包緊身子，仍阻止不了冷空氣的滲透。詹姆士愛人和女伴先離開，返回柴房客廳，留下小桑馬登面對做不完的收拾工作。

「咦，好像聖誕節快到了。」詹姆士愛人突然想起一年之中最大的節日。

「對，對，明天或者後天。那麼今年快過了。」

「孤孤單單在遙遠偏僻的地方，度過年終幾天。」詹姆士愛人喃喃自語。

他們兩個人回土坯房，結束難得的小散步。沒過幾個小時，天空黑暗的雲層出現大範圍閃電，接著雷聲響起，旋風又強吹，雪一團一團撲下，冰雹打擊屋頂。小桑馬登頭肩墊了厚布，狼狽的從羊圈奔回。今天必定不能再踏出院子柴門一步，明天能不能繞著土坯房走走，只能由天候決定。

如果自己人在林芝或拉薩，至少可以去賓館附近的空地走走。回大學城更好，看看熙熙攘攘的人群，或者看看購物中心前擠滿的漂亮轎車。大學城中，走到什麼地方，都能碰見熟人，互相恭賀佳節。尤其每個機關，每座大樓，都佈置了聖誕樹，有的聖誕樹高二十公尺。上面繫了亮片采帶，紅綠燈泡閃亮終宵。如今這一切都變了！

新的暴風雪期間，惡劣天氣一波接一波來襲，白天猶如黑夜。詹姆士愛人感覺，天氣的暴風雪和婚姻家庭的暴風雪，結伴發生，許多人被捲入。甚至早從印第安人祖先開始，暴風雪就不斷發生。伴侶、親人、朋友、同事，一切接觸的人，都被捲入。詹姆士愛人心頭紊亂。她是個性獨立的人，她不想製造麻煩。

詹姆士愛人幾乎整天發呆，失神凝視，對外界沒有感覺。女譯員倒是心境平和，歡歡喜喜留在屋內幹自己的活。詹姆士愛人心中愁苦，坐立不安，她羨慕眼前心地單純的大姑娘。

外邊傳來閃雷聲，接著閃電「匝匝」作響，然後屋頂被打擊得「嘩啦嘩啦」叫響。外面院子柴門響了，可能小桑馬登由羊圈奔跑回來。詹姆士愛人發現，小桑馬登和女譯員都有事情去做，老桑馬登顯然也不空閒；只有她一個人閒空。自從她走下飛機，進入拉薩，就完全閒空。

她的腦海思潮起伏不已，感到心力交瘁。她枯坐許久，女翻譯員平安的睡了。她也閉上眼睛，擁著皮毛大衣，臥倒下來。

她的腦子產生幻影，大學城和住宅若隱若現。外邊飄雪，屋內暖和，聖誕樹上的串串小燈泡一明一滅。隔壁的熟人過來閒談一會兒，連隔壁的孩童也敲門賀喜。她和詹姆士打開瓶罐，分軟糖和巧克力給孩童。

不僅如此，幻影化為清脆的聲音。教室的鐘聲敲響，傳過大學城。唱詩班換上白袍，合唱平安夜之歌：

「平安夜，聖善夜，

萬暗中，光華射，

照著聖母，也照著聖嬰……。」

詹姆士愛人突然清醒，坐了起來，不由自主開口：「今天是平安夜嗎？怎麼許多人合唱平安夜之歌？」

外邊風聲淒厲，氣溫太低，大冰雹敲打沒停過。女譯員睡得熟，柴房客廳沒人點馬燈，一片漆黑。沒人與愁苦及悔恨的女士交談。詹姆士愛人又躺下。虛幻的歌聲仍繼續響起：

「平安夜，聖善夜，

神子愛，光皎潔，

救贖宏恩的黎明來到。

聖容發出來榮光普照，

耶穌我主降生，耶穌我主降生。」

（六）

尼瑪等五個人扯下身上殘留的稻草人外裝草葉，加以捏碎，用來堵死剩下一半藍色火焰。眼前一連串大小不規則的互相連通洞穴群，陷入漆黑中，但是五個人的呼吸順暢一些。他們完全不敢停留，依賴手電筒光，依序逐一離開互相連通的洞穴群，進入頁岩沙岩混合隧道。

他們發現地面仍有淺薄流水，水中含有汙泥。隧道變寬而平整，但粗糙的岩壁仍留下污泥。舒小珍研判，砂岩間有孔隙，頁岩間有天然氣。兩種岩層混合地帶，天然氣流動，遇高溫而自燃。

「岩壁上為什麼有汙泥？」莊院士又追問。

「流水泥土聚集區的遺跡，泥土、腐木、屍體、已及水等，混合在一起，後來又變得乾燥了。」詹姆士說明。

他們聽到刺耳的摩擦聲音，雜有同類之間的低吼聲。

「它們追來了，我們得跑快些。」墊後的丹卡出聲。

「進入黑暗的大小洞穴，它們不容易跑快。」舒小珍說明。

四隻恐爪龍聞到燒焦的臭味，它們從未聞過的氣味，空氣卻稍微暢通一些，讓他們的活力增強。前方傳來混亂腳步聲，夾雜踏水聲，說明五個衰弱目標仍在不遠的地方逃遁。一隻小恐爪龍往前一衝，「碰」的一聲，頭撞在岩石上，身子停下來，它沒受傷，強韌的皮膚摩擦一下而已。它們順利通過頁岩的尾段，進入混合地帶的大小洞穴群。每個洞穴形狀不一，排列位置不一，黑暗中頭就撞在最初遇見的洞穴岩壁上，逼得它們不得不先在黑暗中，以頭及肩碰觸摸索，於是行走速度大減。

但它們不愧為大峽谷的殺手，認識環境的能力優越。另一隻小恐爪龍原本眼睛飛進灰塵，行走慢下來。現在眼睛流淚流出了灰塵，行動迅速加快。它低吼，來到兄妹恐爪龍身邊，頭也撞了一些，只是皮層摩擦而已。兩隻小恐爪龍居然齊頭併肩，一起向黑暗洞穴群摸索前進。一隻向左邊摸索，碰壁了就轉向；一隻向右邊摸索，摸進空間就挺進。兄妹恐爪龍聯合併肩探路，碰壁的機會減半。空氣流過，它們追逐的速度沒減慢多少。二隻公母恐爪龍緊跟小恐爪龍行動，頭身觸壁的次數更少。大恐爪龍不費力的緊追小龍。

「它們沒摸索落後多少，隧道變寬了，它們能跳起來抓我們。」丹卡痛苦的提醒。

「地上爛泥巴多，跑起來腳步有點滑。」領路的尼瑪憑感覺通知大夥兒。

手電筒照出去，隧道岩壁顏色變亂，汙黑條紋縱橫分佈，污泥痕跡出現於四周任何位置，輕微臭腥味散開。除此之外，長箭蜥、高額蜥、以及小岩蜥等，爬遊於岩壁上。

兩隻小恐爪龍學會併肩前進的好處，分別只向一個側面探索，碰壁了就縮頭，找到空間就大步挺進。它的尾巴甩向隧道中央，通知兄妹恐爪龍靠攏。兩隻小恐爪龍行進的默契更進步，其中一隻發現黑暗中的空間，尾巴甩動通知，尾巴有時硬挺，有時柔軟；另一隻領悟，不再做無益的摸索，於是順利通過大部分洞穴連接帶。

「地上盡是爛泥巴，隧道岩壁發臭，顏色汙黑恐怖。」尼瑪累得直喘氣，仍通知一切映入視野的狀況。

「好像有一個混亂迷宮，被我們摸出了通道，順利走了出來。」舒小珍回憶。

「對，大小蜥蜴在裡面爬上爬下，能輕鬆找到入口。」詹姆士也想到了一些。

「不只大小蜥蜴能順利進出迷宮，連始祖鳥追蹤頭頂上的輕微聲音，雙腳分辨堅硬的走道，也順利進出迷宮。」舒小珍完全回想出早先的經歷。

「隧道走完了，前面是個亂七八糟大洞穴。」尼瑪大叫，停下腳步。

手電筒向前移動探照，隧道口突然放大。不只它們五個人，連十個人都能同時併肩跑進大洞穴。但是大洞穴中分佈紊亂不規則的牆壁，支柱，縱橫泥質竿條，而且腥臭味濃厚。手電筒往洞內高處多照亮一些，果真大小蜥蜴優遊藏匿其中。

「我照不出走道，照不出通道口，我忘記早先怎麼通過的。」尼瑪講出實話。他不懂得某些道理。

「我們的時間不多，快指出走道及通道口。」老院士提醒。

身後不太遠的地方，又傳來堅硬爪子抓地的聲音。

舒小珍用手電筒仔細照，發現這個洞穴大過一個籃球場，他們目前身前的入口，就足以讓十餘人進出。更重要的是，大洞穴高近十多公尺。洞穴中，泥質或黏土支柱及牆壁，看起來亂七八糟分佈，但大都垂直而立，連接洞頂及地面，絕少空中斷裂情事。這麼多支柱、牆壁、以及橫柱，座落及走向不規則，似乎洞穴中沒有走道。但是他們五個人明明平安通過了大迷宮。

「想一想，長箭蜥和始祖鳥怎麼走出來的？」詹姆士提醒。

「早先我們踏上低漥地，那個洞口小，找堅硬走道容易。現在腳下的洞口大，怎麼找出堅硬走道？」舒小珍開始推理。

尼瑪等不及，一腳踏出去，栽進爛泥巴中，險些跌倒。莊院士出手，把他拖上洞口硬地面。顯然這個洞口之前，大部分地點是爛泥巴，不同於早些他們正確安全的走法。

舒小珍把手電筒照向十多公尺高的洞頂。絕大部分洞頂黏住黑色凹凸不平的污泥，沒有蜥蜴爬過的痕跡。但是洞頂有一條彎彎曲曲的路，路面光禿沒汙泥，高額蜥或岩蜥正背對地面，四腳貼附洞頂，緩慢的爬遊。舒小珍再照亮滿地爛泥巴，部分爛泥巴上沾了白粉。仔細分辨，白粉標示一條路，這條路恰巧與洞頂蜥蜴倒爬的路上下契合。

舒小珍猛然想通，大聲說：「走白粉散落的路，那是石灰粉，由洞頂垂直落下。」

「我聽不懂，石灰粉怎麼垂直散落？」莊院士問道。

「洞穴頂本來全部是爛泥巴或黏土。蜥蜴聞氣味而來，不想爬進地面爛泥堆中。它們用四肢的吸盤倒爬上洞穴頂，但黏土有凹有凸，吸盤需要光滑平面，以便貼緊。它們用硬爪子刮走黏土，才用得上吸盤。但是洞頂結構含有石灰質，始終不能形成光滑表面。它就用硬爪子，抓洞頂倒行。它們的體力不強，先天習慣不硬撞物體，它們用長舌頭及頭部觸覺找出沒有黏土擋路的路線。它們不趕路，有的是時間，終於找出一條彎彎曲曲的路，由一個洞口通往另一個洞口。」舒小珍解釋。

「它們做的對，空氣一直流通，這間混亂迷宮一定至少有兩個洞口。」詹姆士補充解釋。

舒小珍完全想通，迅速說明：「它們長期在洞頂倒著爬，不使用吸盤，而使用爪子抓洞穴頂。含石灰岩的洞頂不夠堅固，它一抓再抓，石灰白粉就掉落地面。」

用手電筒照洞頂及下方，果然洞頂隱約有一條含石灰質的通道；再照亮，大面積爛泥巴地上，白粉飄浮，隱約形成一條彎曲走道。洞頂的通道與爛泥巴間的白粉分佈路線相互對應。

「你走白粉路，白粉路不清楚，參考洞頂的石灰質通道。」舒小珍指示尼瑪。

「該走硬的走道，早先我也走硬的走道。」尼瑪遵照指示，大膽踏出步子，果然沒陷入爛泥巴中。

尼瑪放心走上去，老院士也安了心，跟著走。詹姆士跟上，舒小珍再隨後跟上，丹卡墊後。

「為什麼會形成這條狹窄彎曲的硬走道？」莊院士心中仍有疑點。

「水泥與沙粒及石頭攪拌，形成堅固的混凝土。水泥的成分就是石灰。石灰遇上水、黏土、沙粒、和雜質，經過長久歲月，變成了堅硬道路。」舒小珍說明。

隧道內，兩隻小恐爪龍領頭，有效的摸索大小不規則的洞穴群，終於完全平安通過。兩隻大恐爪龍不費力，輕鬆跟著兄妹小龍通過。他們遇上砂岩隧道，砂岩隧道不但空間較寬，而且走向平直，兩隻小恐爪龍挺進，不再撞壁，用於摸索探路的時間減少。他們追逐的速度加快。隧道及洞穴內，聲音的傳送不但快，而且清楚。

「它們又追近了，好像是小恐爪龍領路。」丹卡警告。

「為什麼始祖鳥也走堅硬走道，不碰撞四周的黏土支柱牆壁？」舒小珍又說明：「我也想通了。始祖鳥追蹤的是聲音。隧道及洞穴中，小聲音都傳送清楚。始祖鳥不急，聽聲音。長箭蜥用爪子抓洞頂，它的腹部剛毛及硬疣碰觸洞穴頂小突出物，都發出聲音。始祖鳥跟著聲音走，正巧走對了堅硬走道。而且它一旦學會走堅硬走道，就不可能掉進爛泥巴中。」

比籃球場大的爛泥巴洞穴，千奇百怪的柱子及牆壁似乎胡亂垂直而立，上接洞頂，下通地面。它們分佈凌亂，躲在黑暗中，根本不標示任何走道。這個亂蜂巢式大迷宮，簡直不見走道，不指出通道出口。但是尼瑪走得順利，到達了洞穴的中央部分。

兩隻小恐爪龍仍領先，併肩半摸索半奔跑，跑完全部砂岩隧道，抵達凌亂迷宮的洞口。凌亂迷宮各角隅黑暗，中央部分射出手電筒弱光；似乎洞穴中無數或直或斜，或大或小，或圓或方的東西，上接洞頂，下連地面，無法全部遮住光線。

「噢兀—噢兀—」，一隻小恐爪龍號叫，似乎發出跳躍攻擊的訊號。

「噢兀—噢兀—」，另一隻小恐爪龍回應，贊成發動攻擊。

它們不魯莽，試探性跳躍，卻落入爛泥巴中。它們緊張，不明白原因，倒退走回洞口。

大洞穴中央的光線移動。五個人驚嚇，不敢再出聲交談。莊院士推尼瑪，暗示加快腳步。稍稍低於爛泥巴表面的堅硬道路，左彎右拐，逐漸接近一堵烏黑的岩壁牆。尼瑪再走一步，落入一個低窪地。他照手電筒，用手試探，岩壁牆下是空的。他的腳碰上低窪地上的兩片舌頭狀薄岩片。不錯，是丹卡砸落的刀鋒狀薄岩片。尼瑪心狂跳，他找到出口了。

兩隻小恐爪龍不明白眼前混亂大迷宮，試圖跳躍又陷入爛泥巴中。大恐爪龍完全不畏懼，跨步走近洞口，往空中大跳躍，「嘩啦，嘩啦」聲音傳開。前一排黏土柱子、橫桿、以及牆壁等物體倒塌，全部落進爛泥巴中，爛泥巴土平面升高一些。另一隻大恐爪龍也不畏懼，稍微偏向，跳入洞穴中，也撞倒前排柱子及牆壁等物體，連若干隻小蜥蜴也墜落。爛泥巴土平面又升高一些。

低窪地的洞口約一百三十公分高，尼瑪彎腰，鑽了出去，他脫離了蜂巢式混亂大迷宮，進入一個全新的隧道底；隧道四周岩壁多薄刀鋒狀岩片排列，岩片有長有短。尼瑪雙腳發麻，雙手發抖。

兩隻小恐爪龍尖叫聯絡，聲音刺耳，莊院士等四人幾乎魂魄飛散，全部從堅硬走道滑落爛泥巴中。他們警覺，又站上堅硬走道，勉強舉步。

兩隻公母恐爪龍強行破壞黏土迷宮，小恐爪龍不甘心，又跳進爛泥巴中。尼瑪來到新的隧道底，稍微爬上一步，一隻手持手電筒，照亮洞口，另一隻手低伸，準備拉起彎腰鑽洞的夥伴。

尼瑪一鑽洞離開，大迷宮內光線消失，陷入一片黑暗中。兩隻小恐爪龍跳向大恐爪龍身邊，準備展開聯合扇形向心攻擊。洞穴突然變暗，它們的頭額碰上黏土結構。一大堆黏土壓向它們的頭肩。它們慌張，亂頂亂撞，推倒更多黏土牆柱。「嘩啦，嘩啦」，迷宮洞穴聲音亂傳，連大恐爪龍全都被擾亂。

「我看不見洞穴，該向什麼地方鑽？」隊伍中排第二的莊院士，驚恐的叫嚷。

尼瑪從別處隧道照過來，一小團亮光在岩壁下亮起，亮光照在靠岩壁的爛泥巴上，反光效果奇差，只剩一團光影。

「看看泥土面上的反光，洞口就在反光底下。」詹姆士冷靜，將老院士推向燈光處。

莊院士伸手，摸摸洞口上緣，彎腰，鑽了過去。尼瑪伸出的一隻手，碰著院士的衣領。尼瑪使用力量，協助老院士爬進新隧道。

二隻大恐爪龍，以及二隻小恐爪龍都看見燈光，試圖跳躍，淩空抓向衰弱目標。輪到詹姆士鑽洞，他忽然念頭一動，轉過身來，回走兩步，抱起渾身發抖，幾乎無力舉步的舒小珍；又跑動兩步，將舒小珍塞入光線中。舒小珍發抖，彎腰，鑽進小洞。她的頭才鑽進洞口，尼瑪抓住她的肩膀外衣服，幫她爬進新隧道。

四隻恐爪龍跳起，但是土平面升高的爛泥巴，黏附力增強，四隻恐爪龍跳不高，又撞倒一堆黏土結構，這麼多黏土物體都先落在四隻爪龍身上，然後掉落爛泥巴中。

爛泥巴土平面繼續升高，燈光照射的洞口低窪處，除了兩片被砸斷的薄岩石片以外，又黏又厚的爛泥也湧入，墊高低漥地的底部。詹姆士彎腰，第一次沒鑽過，他彎腰又曲腿，勉強鑽進洞口；一隻手抓住他的衣領，也幫他爬上新隧道。

四隻恐爪龍極力往前衝，一再撞倒黏土牆柱；他們來到迷宮正中央，看見一個高大的衰弱目標彎腰，而後完全消失。大迷宮內只剩最後一個衰弱目標而已。

四隻恐爪龍不顧一切，一起往前跳起攫捕。它們全部跳不高，但共同撞倒前面所有的擋路黏土牆柱，看起來丹卡逃不了。

洞口燈光仍照亮。丹卡走完硬走道，踏入爛泥巴中。他伸手一摸，摸到了洞口上緣。公恐爪龍盡全力跳起，預備抓住這個最後溜走的衰弱目標。土平面升高的爛泥巴仍然拖住它的身體，它跳得仍然不夠高，只差一點點就抓住目標。丹卡彎腰，在極滿恐懼中，鑽進洞口，逃過死亡劫數。

公恐爪龍不甘心，領悟洞口的存在；它也彎了腰，企圖學樣，鑽進洞口。慢了一步。太多黏土牆柱落入爛泥巴中，爛泥巴土平面又升高，而且更多黏稠的泥土湧入洞口下的低窪地，低窪地被墊的更高。大恐爪龍打算彎腰鑽洞，但是低窪地被墊的太高，它的二公尺身高又嫌太高，它無法大幅度彎腰，它鑽不過洞穴。如果低窪地繼續被墊高，可能連高個兒詹姆士也無法鑽過去。

但是大恐爪龍絕不放手，它回頭猛撞洞口上的岩壁，其他三隻恐爪龍也集合，一起猛撞岩壁。玄武岩岩壁太厚重，它們撞不動。公恐爪龍仍低下身軀，用上肢猛挖低窪地上的黏稠泥土。

「它會鑽過來，追殺我們。」舒小珍慘叫。

「砍岩片，砍岩片！」丹卡大叫。

丹卡和尼瑪使用長彎刀，用刀背猛砸排列有序的一大堆岩石刀鋒片。從岩壁上突起的極多岩石刀鋒片，一波又一波掉落，砸在公恐爪龍上肢上。沉重的岩片壓下，公恐爪龍低身太吃力，抽回上肢。被砸落的薄岩片幾乎堵死低窪地上的洞口。

「它會挖走岩石片，鑽進隧道中？」尼瑪停止砸敲，內心恐懼問道。

「不可能，他們不應撞倒黏土牆柱。」詹姆士表示：「太多黏土掉落，爛泥巴平面升高，鑽洞就困難了。」

「低窪地又堆了不少岩石片，除非它們懂得使用工具搬運，否則岩石片堆堵死了通路。」丹卡說道。

「它們會長期逗留大迷宮，直到想出鑽進這條隧道的方法為止？」尼瑪發問。岩石片堆幾乎封閉洞口，五個人再也聽不見恐爪龍家族的叫聲。

「沒有必要，一旦它們肚子餓了，就會動腦筋找食物。」莊院士判斷。「它們離開大迷宮，設法找食物，例如長箭蜥。」

「它們能夠成功地返回隧道，再回到大溶洞和大峽谷？」舒小珍問道。

「這方面倒不成問題。它們對隧道已有印象，再摸索一番，必定能返回大峽谷。」詹姆士推斷。

「尤其它們會聯合協調行動，這種天性協助它們走出混亂的大迷宮，重回大峽谷稱霸。」莊院士表示。

舒小珍想得更遠，她說道：「蜥蜴類不用太久，仍然可以進出我們封閉的洞口，因為雨水及溶雪從這條隧道流下，混入洞口，流進大迷宮，接著流進砂岩和頁岩隧道。水長期流動，爛泥巴緩慢被帶走，封閉的洞口開始產生空隙，於是小型蜥蜴首先進出洞口。」

她們閒談，精神鬆弛下來，開始感覺身體疲憊異常，肚子餓得發慌。

「背袋裡有煮蛋和熟的乾銀杏果，我們先吃點東西，然後睡一下。」有人提議。

「我想把華陽劍龍蛋和其他空蛋殼帶下山。煮熟的劍龍蛋，比有生命的蛋，價值差多了，但是本身的價值仍高。」詹姆士開玩笑說話，心中開始滋生矛盾。

但是每個人餓得慌。打開背包，多個空蛋殼已經被壓破。煮熟的華陽劍龍蛋殼被鑽小洞，但不敢盡量吃。然後倚靠岩壁，半躺著閉眼，不知不覺熟睡。巨大的食草恐龍不會壓扁他們，恐爪龍也不會夾攻他們，放心大睡。

陡峭的隧道內空氣流通，溫度稍高，他們睡的時間甚長。他們曾在洪荒大峽谷流浪，動植物呈現原始狀態的洪荒世界，逐漸從他們的腦子疏淡。

黑暗中，甚長的時間流逝。老年人睡眠的時間比較短，他首先醒來。用手電筒照照，他們五個人坐臥在一條頗陡峭的隧道尾端，離斷裂薄岩片封閉的洞口，不算太遠；洞口不見猛禽碰刮的樣子，莊院士立刻想起來，長睡之前，四隻恐爪龍正追逐他們，追到他們的身後，相去不過幾公尺。現在岩壁及一堆岩片阻絕了一切，恐爪龍不再試探推走岩片堆。他們則告別了洪荒大峽谷。

舒小珍醒了。閉眼養神一會兒，洪荒世界的片斷新鮮印象湧上腦海。她開口：「大溶洞的薄岩壁已被撞垮，破洞口變成大裂口，哪一種動物進去棲息？」

「古蜥蜴倒爬洞頂，它們繼續通行或逗留溶洞偏僻的角落。食草恐龍棲息於草原樹林地帶，離草葉食物近。當然最強的肉食恐龍，像恐爪龍，霸佔大溶洞。」莊院士隨意分析。

「可能一個恐爪龍家族，甚至二個恐爪龍家族，霸佔大溶洞。」詹姆士醒了，加入話局：「它們在大溶洞內找到燻黑的石頭和燒焦的枯枝，但是它們搞不清楚原因。」

「我們有沒有改變大峽谷的生態系統？」舒小珍說話。

「憑我們五個人，不可能改變大峽谷的生命方式。我們卻被迫逃出來。」莊院士說道。

他們三個人談一陣，閉眼休息一陣。尼瑪和丹卡也醒了。他們想趕路，但人人太疲倦，隧道底情況雖有點沉悶，溫度略冷些，他們繼續再睡一陣。

五個人再醒來，莊院士交代：「回到峰頂洞口，大夥兒各勻出一件衣服，讓丹卡保暖。我想，一走出峰頂洞口，必定冷得很。」

「而且天氣極端惡劣。」尼瑪又要開始領路，說出自己的經驗和判斷。「觀察天空的雲層，就知道氣溫降低。太陽不出來，任何地方都冷透。」

「一旦冰雪封山，下山有危險。」丹卡警告。

「難道爬下高山，會比逃脫恐爪龍的追殺危險？」詹姆士表示。

舒小珍休息夠了。耳朵不再聽見大小恐龍的叫嘯，身後不再遭受大小恐龍近距離攫拿。不久前她面臨死亡關頭，幾乎全身虛脫，有人關心她，先費力幫她一把，送她到逃命洞口，她現在恐懼感完全消失，心中產生強烈的懷念感。

「我們能逃脫恐爪龍的追殺，下一步，也能順利爬下高山。」舒小珍聲音沙啞，口氣相當堅定。

詹姆士沒回話，隧道黑暗，他溫柔的對她微笑。

「我們可以起身，走回家的路程？」莊院士開口。

「妳走得動嗎？」詹姆士溫柔的問話。

「當然，危險都過去了。」舒小珍口氣也相當溫柔。

五個人站起來，看了薄岩石鋒片封閉的洞口一眼，由尼瑪帶頭，開始往上爬。

「我們早先爬下這條隧道，花了不少時間。」領路的尼瑪閒談。

「由舒小珍說，我們走過什麼隧道，什麼洞穴，什麼地形；她瞭解相關的道理。」詹姆士交談。

「當然。」舒小珍出聲：「混亂迷宮中，水往砂岩及頁岩隧道流，判斷混亂迷宮可能位於玄武岩黑色山峰的底部。由山峰的底部，爬上山峰的頂部，直線距離不短，實際行走距離遠。」

「來的時候是走下坡，速度快。現在走上坡，慢得多。」詹姆士補充說明。

「現在大家心裡輕鬆，明白哪種動物殺害牧場的羊隻，明白雅魯藏布江大江彎內，有一座什麼樣的大峽谷。心裡輕鬆，在高山上活動就應付裕如了。」老院士解釋。

「爬下黑色隧道末端時，隧道本身陡直，黑色岩壁多岩石薄刀鋒整齊排列。到了隧道盡頭，丹卡砍斷兩片朝向地面的大薄刀鋒岩片，我們才鑽過洞口，進入大迷宮。」舒小珍回憶路況。

不錯，尼瑪亮起了手電筒，照出一大片又一大片排列整齊的岩石刀鋒，這些刀鋒陡直的指向上空。但是岩片刀鋒分佈不連續，所以大夥兒往上爬，輕易能找到一段有凸有凹的岩壁立腳處。

「你現在力氣恢復了？」莊院士自己行走，體力正常，開口詢問身前的領路人。

「對，吃了蛋皮，睡得又久，擺脫了兇惡的猛獸，當然力氣恢復。」尼瑪答話。

「你呢？你和似雞龍硬拚半天，用光了力氣，現在有力氣了？」莊院士又問話。

「從你們大家把我吊上薄岩壁破洞口起，我一路上不出力，慢慢跑，體力慢慢恢復。混亂大迷宮中，大恐爪龍最後撲向我，當時我全身有力，才能匆忙躲開，鑽進逃命洞口。接著又大睡一場，吃蛋皮，喝水，力氣都恢復了。」丹卡詳細說明。

尼瑪和丹卡體力恢復，增加了其他三個人的信心。全部爬上坡的隊伍行動加快。

他們看見，隧道地面有白色黏液，頭頂上的岩壁有白色粉末，左右側岩壁更有白色薄岩層。

「白色石灰岩溶解，改變了山嶽結構，導致一個洪荒世界曝光，是嗎？」莊院士隨便問問。

「是的，老師。」舒小珍恭恭敬敬回答：「如果黑色山峰的內部沒迸裂，長隧道沒形成，大峽谷中的遠古動物不可能現身外界。」

「大家呼吸順暢，空氣流通，因為隧道中有一個裂口，對不對？」莊院士又問問。

「對，對。」不容易開口的丹卡說話：「很低的小裂口，冷空氣吹得進來，人爬不出去。」

「那兒有臭味，來自奇香的腺體，屬於一種含有麝香腺體的老鼠。是不是？」詹姆士說話溫和。

「正是，此方人叫林麝，因為它活在高寒樹林中；南方人叫麝香鼠。」黑暗中，舒小珍嫣然一笑，聲音由沙啞轉為清脆些。

五個人緩慢爬上比較陡直的隧道，發現隧道走勢趨向平緩。由於隧道基本上是玄武岩山峰內部分段迸裂而形成，所以隧道之間存在原有岩層支柱，若干小迸裂空間繞支撐岩層左右而互相連通。離迸裂中心點較遠的地方，小迸裂空間深入岩層中。手電筒燈光掃過，岩層深處的迸裂空間末端埋伏了陰影。

「我們原是爬下隧道，看見不少長箭蜥，倒著爬在岩壁頂，現在看不見一隻。」莊院士隨看隨說。

「裂縫深處有一隻或兩隻。」手持手電筒的尼瑪說話。

「它們可能冬眠？爬蟲類遇上低溫，不是需要冬眠？」詹姆士溫柔的問話。

「對，躲在岩縫深處冬眠。」舒小珍心中舒服回答。

「我希望它們出來活動，我們的食物太少。」丹卡提醒大家。

五個人爬隧道的上坡段，經過一段時間，大夥兒累了，五個人看見兩段迸裂隧道的連接處，有塊巨大的岩層保留完整外貌，支撐了地層，隧道連接處繞過它。五個人在支撐巨岩上坐下休息。但是身體仍疲倦，合眼養神一下，居然睡著，事實上，一個人體力太透支，不可能睡一次就復原。往往多次休息睡眠以後，體力才充分恢復。

莊院士、尼瑪、和丹卡這一次睡得香，舒小珍和詹姆士小睡不久，心頭煩躁，首先醒來。

詹姆士比舒小珍心頭更紊亂，他居然察覺舒小珍沒睡著，不禁單獨與她交談：「妳想，王師傅會在林芝等我們嗎？」

舒小珍回應：「他的責任是開車，送我們來，接我們回去。如果沒有其他交通安排，他應該一直留在林芝。」

「如果他不在林芝，我們自己能找車輛，三個人一塊兒回雲南，對不對？」

「這樣也很好，茶馬古道車輛多，我們總能找到車輛。」

「妳仍回九鄉溶洞工作嗎？」

「差不多，你呢？」

「基金會的合約期限剩下不多，我回州立大學沒問題，去其他地方也可以。基金會方面可以延長合約期限。古生物學一直很熱門，我與別的單位聯絡，不愁找不到新任務。」

「你看著辦，只要心中滿意就成。」舒小珍含蓄的交談。

他倆認為，不久以後就要下山，返回大小桑馬登牧場，面對或舊或新的生活。他倆互相感覺，經過一連串的患難，兩人之間的距離拉近了。

尼瑪、丹卡、和莊院士醒來，三個人心中沒有負擔。他們繼續爬上坡路，腦中想的，是早早回家。他們看見，隧道岩壁上，大量獨立岩石刀鋒排列仍然繁多，但是岩石刀鋒厚度增加。他們更看見，這些岩石刀鋒排列附近，尚有不少垂直的柱狀節理，以及其他紊亂的熔岩結晶。

「我聞到臭味，空氣變冷。」舒小珍表示。

「很冷，這不是好現象。」丹卡開口。他的上衣破裂得厲害，手腕部分全露，手臂部分外衣撕爛，全身上下外衣無處不破。

「到了峰頂洞口，我們四個人勻出一部份衣物。」莊院士又交代。

五個人發現隧道變得寬大。岩層迸裂後，迸裂縫隙深入岩壁深處。如果這時岩壁屬於山體外側表面的一部份，岩壁甚至可能破裂。

「很臭，空氣變得更冷。」舒小珍表示。

「有咻咻聲音。」尼瑪警告。

不錯，「咻咻」聲傳來。他們完全不恐懼。他們早已告別食草和食肉恐龍世界，任何陌生突兀的動靜都不能驚嚇他們。

五個人往前走幾步，路面微斜。「咻咻」聲加劇。突然冰冷的風撲來，五個人全部顫抖。

冷風從岩壁下的一個裂口吹進。應該是上午時分，可是低平的裂口本身不見光線，反映岩壁外光線甚暗。低平裂口之外，堆積堅硬的冰團。強風吹過冰團及低平的裂口，才發出「咻咻」聲音。這是大量氣體流過小通道的現象。用留有小孔的鐵水壺煮開水，滾水化為水蒸氣，水蒸氣通過小孔，就發出「咻咻」聲音。在這兒，強風灌進冰團之間及低平小裂口，由於空氣通道太狹窄，也發出「咻咻」聲。

小裂口附近，仍遺留死老鼠的乾皮囊，以及幾攤發臭的黑汙跡。

「不錯，林麝死在這兒，林麝在墨脫支脈絕跡。」莊院士表示。

「走了很久，才走完一半的路。」尼瑪抱怨。

「小裂口外有厚冰團。小裂口內白天光線暗，風寒冷。料想外邊一定非常冷。」丹卡開口。

「到了峰頂洞口，大夥兒收拾帳篷，整理行李；記得分衣服給丹卡。」莊院士又交代。

「我也算一份，我另外有條圍巾。」舒小珍說話。

「我們走吧，再累也得走，外邊的親人朋友等太久了。」莊院士嘆氣一下。

「從低平裂口看，現在是十二月最危險的月份。」尼瑪說道。

「當然是十二月，雪團凍成硬冰，鏟雪相當吃力。」丹卡回應。

「如果來到十二月，我們在大峽谷流浪太久。」院士表示。

「如果真是十二月，太糟糕。」詹姆士憂心。

「我們在隧道中待久沒關係，一回牧場就有麻煩。」舒小珍講出莫名其妙的話。

詹姆士沉默下來，心情變得沉重。

五個人繼續行走，「咻咻」聲仍傳來，腐敗麝香的臭味反而消失。

舒小珍走累了，但是心頭紊亂，黑暗中閉緊嘴，一句話不說。這一段上坡路，心中沒負擔的尼瑪和丹卡，反而話多一些。

「如果滿山冰雪，下山有沒有問題？」莊院士開始想下一階段行程。

「可能有問題，但是我不清楚問題在哪兒。」丹卡回答。

「最困難的是兩段峭壁路。一段峭壁路上，峭壁傾斜六十度最危險；另一段傾斜四十五度，應該容易爬下一些。」尼瑪回想早先爬上這兩段峭壁路的情景。

「當然，任何一種登山行動，峭壁麻煩最大。」丹卡開始憂心。

「天氣可能惡劣到什麼程度？」詹姆士問道。

「冰雪封山，山道難以辨識。」尼瑪表示。

「就怕颳起暴風雪，甚至颳起第二場暴風雪。」丹卡的口氣充滿憂心。

「天氣就是如此，我們太擔憂沒好處。」莊院士努力穩定情緒，說道：「如果路上被惡劣天氣阻撓，我們只好忍耐。重要的是食物充分。衣物保暖，空蛋殼保護好。」

「問題就是食物不充分，保暖衣物又不夠。」尼瑪抱怨。

他們繼續行走，隧道路面起伏不定。由於岩層迸裂，隧道叉路及微小裂縫多。隧道岩壁上，刀鋒狀岩石規則排列減少，半截磚頭似的長方黑色硬岩石，大量崁入岩壁。

隧道內的空間忽寬忽窄，岩壁破裂沒有章法。這是岩層迸裂後必然的現象。尼瑪用手電照路，不時照向岩壁上的寬窄縫隙。燈光在一條小縫隙中，照出一團黑影。

「那是什麼東西？」尼瑪叫道。

丹卡仍戴著手套。他伸手探入小縫隙中，碰上物體，用力一拉，拉出一隻冰冷僵硬的蜥蜴。

「它沒死，它冬眠了。」詹姆士表示。

丹卡抽出短刀，刺入長箭蜥的腹部，順勢一畫，切開它的半側腹部。丹卡割下一大塊肉，分成五份。五個人餓極了，立刻生吃長箭蜥肉。沒腐敗，五個人早已熟悉活長箭蜥肉的味道。

丹卡又使用短刀，割下另一半側的肉，也分成五份，一隻大長箭蜥全身的血只有這麼一點點。血液甚少。

「大家不妨留下一半，那麼走出隧道，我們還存有食物。」莊院士建議。

「只吃一半，實在填不飽肚子。」詹姆士抱怨。他沒說錯，他的身材高大，吃飯分量多。如今五個人分配食物，每一次食物平分。

「忍耐一些。下山以後，我的分一半給你。」舒小珍口氣堅定說話。

五個人走隧道的上坡路，果然速度慢，又由於半飢餓關係，人容易疲倦。尼瑪年輕，他走累了，停下來休息，其他人體力恢復慢，更需要休息。

在隧道中走走停停，隧道空氣流動慢，五個人感覺沉悶，但不致於冷得發抖。走一段長路，休息一段長時間，無法估計時間的消耗，尼瑪想再照出一條蜥蜴，結果一無所獲。

「舒小珍。」莊院士突然指名道姓說話：「下了山，回林芝，你願意直接坐王師傅的麵包車，回原來的單位？」

「是的，老師，職務永遠最重要，不能讓單位犯難。」舒小珍恭敬答覆。

「這就對了，這就對了，大夥兒走下大峽谷，一再受困許多危險及困難中。其實大夥兒一直合作找生路，最後才能平安走出了大峽谷。」莊院士語氣含蓄說道：「人生的道路曲折漫長，一點也不比闖大峽谷簡單。」

「我會注意。」舒小珍真誠的回應。

「人生道路上，妳得到這個，就失去那個，不可能各方面完美。」老院士向她點明。

「我們忘記了日期，我們一路上流浪太久了。」詹姆士來到下山的關頭，腦中激盪的浪花來到高潮：「希望現在只是十月，差一點的話是十一月，更差是明年一月。如果是十二月，一場糾紛逃不了。」

在黑暗的隧道中，幾天幾夜的往上爬。舒小珍聽了他的話，私心瞭解得相當深刻細緻。

「我聽不懂你的意思。」莊院士閒談。

「到了十二月，州立大學的師生無不關心聖誕節，這個節日在一年之中最重要。而十二月過得快，儘管天氣惡劣，歡喜時刻卻來到。聖誕卡和聖誕禮物送到，聖誕樹一明一滅，教室鐘聲響起，唱詩班詠唱平安夜之歌。」詹姆士說沒頭沒腦的話。

真的是這樣，好比國家之中每個地區的新年。舒小珍瞭解。

「我這一趟行程沒完全對愛人說明白。八月在林芝打了電話。此後一直拖延時間，到現在沒再打電話，愛人急壞了。」詹姆士又講沒頭沒腦的話。

莊院士、尼瑪、丹卡各有心思，不怎麼注意博士的心情。

大學城離這兒相當遠，達一萬公里，難道一萬公里真是構成障礙？詹姆士想講出這的話，卻按捺沒洩露。

他們分離了不算短的日子，相距夠遠的。舒小珍腦中玩味這種情況，不想向外人披露。

尼瑪的手電筒在隧道地面上照出一團黑影，卻是早先丹卡短刀刺入腹中，他冒險試嘗過，接著大夥兒吃下肉片的長箭蜥屍體。

再往前走，手電筒照出另一團黑影，卻是長箭蜥的乾屍體。

「快到達終點了罷？」莊院士發問。

舒小珍心神恍惚，沒回應。

「爬累了，幾天幾夜爬黑暗隧道，該到峰頂了。」尼瑪氣喘吁吁說話。

五個人手麻腳酸，身體發熱。突然間，黑暗隧道變得冰冷，五個人不禁顫抖。燈光照出，地面上有五團陰影，完全沒被挪移。

「我們的帳篷，到峰頂洞口了。」尼瑪驚喜出聲。

「風太冷，我去洞口看看。」丹卡開口。

他往前往上走，每走一步，空氣更冷，強風呼嘯吹來，洞口居然堆積凝結一大堆硬冰，夜晚漆黑，濃雲遮天，不見星辰。連近在眼前的黃色巨峰都融在黑暗中。

「先讓丹卡多穿點衣服，趁機把每個人的背包清理一下。」莊院士吩咐。

接著莊院士把所有空蛋殼攤在隧道地面上，大部份保持完整，少數幾個被壓碎。他讓每名夥伴平均分到只有一個小開口的多種完整蛋殼，也平均分到破碎的蛋殼。由於外邊奇冷，各人背包內的衣物全部找出穿上。基本上，每個人的背包內，只裝帳篷、毛毯、食物、及空蛋殼。

「大夥兒睡覺，好好的睡，明天一定忙碌。」莊院士提示。

第十九章 重回牧場

（一）

天亮了，光線陰暗。雲層濃密，阻止陽光穿透。站在黑色巨峰峰頂洞口眺望，清楚看見黝黑的雲層激烈的翻滾。風狂嘯，挾著雪片及冰雹，一陣一陣吹入峰頂洞口。峰頂洞口中的硬冰，一部份已被敲掉，以供踏腳之用。對面黃色巨峰，或小或大冰條嵌入山壁縫隙，岩石山壁幾成大冰柱。兩座山峰之間的二百公尺山谷，填滿堆堆冰雪。

「太冷了，但是不能不下山。食物剩下不多，嘎爾瑪在巨峰峭壁腳等待。」莊院士憂心表示。

「當然下山，短期間內天氣不會變好。」丹卡宣佈。

「你能帶頭？」莊院士詢問最年輕的夥伴。

「當然，」尼瑪答覆，全部行囊已經或背或纏腰。

冷風吹過臉，猶如刀刮。身子發抖，手腳僵硬。

黑色巨峰峰頂洞口側邊，存在黑色岩石山脊，整座山脊是塊巨岩。經過歲月的磨損，岩石山脊外形成為多個圓頂冒起狀，圓頂由低向前連接而隆起。圓頂本身可以當扶手。圓頂腳邊有立腳點。早先五個人由山脊低處往上爬，走過一個圓頂接一個更高圓頂，情況不算危險。岩石山脊頗長。早先五個人繫在同一條繩子上，彼此相隔一小段距離。現在如法炮製，用同一條繩子繫在每一個人腰間。行走排列順序不變。

尼瑪比一個手勢，伸手抓住峰頂洞口邊緣的粗糙突起。岩角冰冷。尼瑪傾斜上身，跨出大步，打算橫移一小段低空空間，站立在純岩石山脊最高圓頂的腳邊。他的腳趾站上隔空岩塊腳邊，突然滑走，尼瑪一手仍抓住洞口邊緣，人差點滑落半空中。莊院士迅速抓緊他的腰帶。

「怎麼樣？」丹卡上前查問。

「岩石表面有薄冰層，太滑，腳站不穩。」尼瑪魂魄幾乎渙散。

其他人嚇呆。尼瑪不能跨上隔空純岩石山脊，那麼其他人全被困在峰頂洞口中。

「我們不能停頓一分鐘。」丹卡出聲，探頭觀察隔空純岩石山脊頂部狀況。不錯，一層薄冰包覆隔空岩石圓頂全部。四周野風狂嘯，光線陰暗。

「你抽出長彎刀，我用木棒頂你的腰，推你過去，你立刻用長彎刀刀尖砍住冰層，穩住腳步。」丹卡交代。

舒小珍嚇得臉色雪白，詹姆士輕拍她的肩膀，鼓勵她鎮定下來。

尼瑪人站在峰頂洞口邊緣，左手空著，右手倒握長彎刀，面臨生死關頭。「準備好了。」尼瑪出聲。其他人焦急萬分。尼瑪全身一偏斜，丹卡手握長木棒，棒頭抵住尼瑪腹部，丹卡使勁一推，棒頭傳力，尼瑪的長彎刀反刀尖掛在隔空純岩石圓頂上。他的左手粗手套扶住岩石圓頂，鞋子踏上滑溜的圓頂腳突起。反刀尖剎那間力量夠大，尼瑪沒滑落。他的左手粗手套產生若干摩擦阻力。他的身體往前衝，強風沒把他吹落。尼瑪迅速移動右手，長彎刀反刀尖又砍在冰層上。尼瑪站穩在最高圓頂的背部。他的長彎刀反刀尖再砍下，反刀尖又勾住冰層。他來到圓頂的另一側，安全站穩。尼瑪的長彎刀一再猛砍，在圓頂腳冰層上面砍出許多站腳凹洞。

尼瑪和丹卡流出冷汗。牧場出身的小伙子，早已經歷多次艱難的考驗。詹姆士拋開雜亂的念頭，集中精神面對難關。舒小珍嚇壞了。

「院士換你，尼瑪會拉你過去。」丹卡交代。前面尼瑪拉住他腰間繩子，後面詹姆士也拉住他腰間繩子；丹卡雙手穩穩推他上前。不用怕，身子虛空，腳踏不穩滑溜的岩石邊腳，手抓不牢圓頂背部，尼瑪牢牢把他拉了過去，讓他雙腳踩在圓頂腳冰層凹洞上。

兩個人安全踏上又長、風吹又猛的岩石山脊對側，都抓牢繩子。詹姆士膽怯而不恐懼，大步踏出腳，站上隔空巨岩的岩腳邊。他沒站穩，但是隔空兩個人拉他過去。舒小珍更膽怯，勉強跨出腳，丹卡穩定推她，她在巨岩薄冰上滑開，三個人隔空拉住她。最後丹卡也跨步移動過去。

一條繩子繫在全部夥伴們腰上，強而旋轉的風吹襲；光線昏暗，漫天雪片落下，氣溫低得無法忍受。尼瑪和丹卡不用交談，一前一後，各自抽出長木棒，一隻手反持長彎刀，以刀尖砍勾出岩脊上的薄冰，固定腳步。另一隻手握牢長木棒；用長木棒頂住光滑的岩面。其他人也抽出背後的木棒。五個人移動身子，腳步小滑，向下一個岩質圓頂側邊行走。一個人走在如此光禿而結了薄冰的山脊上，必定恐慌膽寒。五個人結成隊伍行走，即使身體凍僵，心中昇起暖意，發抖的腳一再邁出。強烈又呼嘯的寒風，終於沒吹落其中任何一個人。

大雪墜落，阻撓視線。尼瑪專心辨識落腳位置，長彎刀反刀尖和木棒輪流觸岩，緩步走下坡。

「現在氣溫大約多低了？」莊院士開口。

詹姆士張嘴，吐出空氣，空氣立即凝結成冰砂，被風吹散。他慘叫：「攝氏零下二十五度或更低。」

天哪，大峽谷入夜才結薄冰，降至攝氏零度，為何外邊來到零下二十五度。光禿的岩石山脊，原本不會結冰。但是岩表潮濕，潮濕的水氣當然結冰。

五個人一起繫繩行動，一再砸地撐地才邁步，所以行走緩慢，但整體腳步穩定。他們不敢打量四周景物，走下高的岩石圓頂，再手摸低的岩石圓頂。花了長時間，走完全部岩石山脊。他們來到大環形岩石山脊腳。山脊腳環繞岩石山脊底部，而山脊腳下恰巧對應一座環形峭壁；峭壁高五十多公尺，傾斜六十度。他們曾經爬上這座頗陡直的峭壁。

舒小珍心中安定些，環顧四周及上下景物，前方就是黃色花崗岩巨峰，相距數公里遠，薄雲相隔，巨峰的岩質圓錐頭，白雪和褐色溝痕交織的中段，以及發青白雪已包裹的底部，展現挺拔的雄姿。極遠處，烏雲籠罩，南茄巴瓦峰若隱若現，又見白色冰雪與黑色岩層溝紋相疊。

他們腳下遠處，大山腰間的幾座山頭，都覆蓋冰雪。但是濃霧遮住大山腹、丘陵、落葉松帶、以及牧場。看起來大地已被冰雪封閉，一場暴風雪正狂襲而來。

丹卡和尼瑪繞著岩石山脊腳走過，往下俯視正下方的環狀峭壁。沒有時間詳細察看。尼瑪選擇一處山脊底懸崖邊有凹凸岩石的地方，準備往下爬。丹卡用長彎刀刀尖猛砸冰雪，砸出許多腳蹬凹洞，莊院士守在他們兩人的身邊。丹卡把繩子綁死在尼瑪腰間，丹卡把同一條繩子繫腰，繞過自己的肩膀。丹卡和老院士共同抓住繩子，他們的腳尖頂在懸崖邊的冰雪凹洞上。

尼瑪背著背袋，手抓懸崖冰雪人工凹洞，雙腳滑出懸崖邊緣，全身依賴兩人抓緊的繩索支撐。尼瑪用腳尖觸摸洞穴或溝槽。應該有腳踏的洞溝，早先他們曾依賴這些洞溝，而爬上傾斜六十度的峭壁。

尼瑪用腳尖一試再試，峭壁表面光滑如鏡面，摸不到任何一個深溝。突然念頭閃過腦子，領路青年驚叫：「拉我上去，拉我上去。」

莊院士和丹卡使勁拉他上來，舒小珍和詹姆士圍過來。

尼瑪人變得呆滯，結結巴巴說：「冰雪塞住每一個大小洞溝，手腳抓蹬不到任何洞溝。」五十公尺高的巨大峭壁，完全變成光滑的鏡面，傾斜六十度，幾同死亡之牆。

舒小珍看詹姆士，詹姆士看舒小珍，瞠目結舌。他們面對光滑鏡面般的峭壁，一堵不折不扣的死亡牆壁。

「怎麼辦，我們不能不下去。」莊院士說話。

「重回峰頂洞口，等三、四個月之後冰雪溶解。」詹姆士向舒小珍說明。不可能人從懸崖邊滑下，滾過光滑峭壁表面，直墜兩座巨峰之間的山谷。

丹卡坐下思考。風狂吹，雪直飄，光線奇暗，氣溫超低

丹卡站起來，咆哮，「打洞，讓腳踩。」他沒心思解釋。

他和尼瑪使用長彎刀的刀尖，環著懸崖邊緣猛砸洞，其他人使用木棒，把墊腳底洞打大打深。

丹卡拉過來詹姆士，把繩子繫死在他腰間，把短刀綁在他手背上。丹卡吼叫：「我們放你下去，我們沿懸崖邊緣走，慢慢放繩子，你用短刀挖出冰塊。落地後，把刀子綁在繩頭，我們要收回繩子。」

詹姆士明白了，其他人也明白了。四個人抓緊繩子，腳踏冰雪人工凹洞群，緩緩放繩子。好主意，詹姆士身體淩空下降，上面四個人抓繩緩步繞走；詹姆士猛刺洞槽，挑出冰雪，身體沿峭壁表

面斜斜下降。舒小珍抽空抬頭一看，純岩石山脊彎曲往上延伸，長度二百公尺以上，強風狂吹，她們不可能回頭重走岩石山脊。

詹姆士身體斜斜下降，利用手背上的刺刀，挖了峭壁洞又挖。繩子愈放愈長，詹姆士落在峭壁下的岩石表面上。他知道挖了許多洞，又掏出手帕，把短刀綁在繩子末端。上面四個人收回繩子及短刀。

丹卡猛抓院士，繩子綁死腰間，吼叫：「下去！」

猛放繩子，老院士如同擺盪在空中的重擔，垂直往下緩墜。下面詹姆士接住他的身體，老人家平安了。

懸崖邊，舒小珍和尼瑪砍更多更深的踏腳洞。

丹卡猛抓舒小珍，又綁死繩子，用老方法放她下去。峭壁下，三個人從鬼門關中逃出。

丹卡交代尼瑪：「你下去，我拉你，你把洞挖多挖深，讓我爬下去。」他把繩子牢牢綁死在尼瑪腰間，繩子也繞過自己的肩頭。他放出繩子，尼瑪身體下墜；他走動，尼瑪斜斜碰上峭壁。尼瑪使用短刀，狠狠刺入冰雪上，挖出洞溝中的冰塊。洞溝關係叔叔的生命，尼瑪拼命刺冰。

一股強大的力量，沿著繩子，強拉丹卡的肩膀，丹卡挺住。而下拉的力量如此巨大，幾乎扳斷丹卡的腰椎骨。丹卡咬牙走動，斜放繩子；尼瑪一個洞溝接一個洞溝刺挑，挑出與岩壁結成一體的冰塊。下拉的重量繼續沿繩傳上來，無比邪惡的地心引力幾乎把丹卡拉下地獄；他絕望的支撐、放繩、走動。圍捕野馬的助手，就是抓住黑網角端的繩子不放，會同頭目，拿全身力量及生命，與公駿馬拼到底；看看公駿馬「胡呀，胡呀」又叫又掙扎得久，還是助手及頭目強壓壓得久。

尼瑪斜斜垂落，最後手臂失力，刺不進硬冰中。尼瑪的身體距離朋友們伸出的六隻手不遠了。下拉的力量依然強大，地獄之門打開了。尼瑪跌落在朋友們的手中。繩子的拉力一輕，丹卡無力支撐，丟下繩子。下邊四名夥伴預備接住由空中滑落的繩子。

旋風又吹又捲，酷寒氣流一波波襲來。地獄之門開著。丹卡全身骨頭幾乎折斷，肌肉屈伸不順，手腳發軟。丹卡喘一口氣，把繩子拋下懸崖。他雙手抓住懸崖邊緣的凹洞，腳滑下，尋找峭壁間的踏腳尖洞。他找到了，忍受僵硬的四肢，身體往下移動。手又試摸峭壁間凹洞，左右試摸一次，又摸到了；詹姆士和尼瑪刺洞刺得準確，深度夠。丹卡斜斜爬下。地獄之門開了又關閉，關閉了又開放。丹卡喘息幾秒，全力乏力，勉強往下挪移。耳中聽見朋友們的喊叫聲。理智告訴他，往下爬坡，不太費力，注意手腳找到洞穴就好。丹卡爬下半座峭壁。

他的頭無力挺直，手指頭抓不緊洞溝邊緣的粗糙突起，腳發抖，踏不牢洞溝。他又爬下一段峭壁。他勉強自己，手一定要抓牢，腳一定要踏牢，朋友們已挖出一連串溝槽內的冰塊，他又爬下一段峭壁。他的手指頭實在無力，抓不牢峭壁上的溝痕。丹卡離地三公尺，全身失去力量，控制不住手腳，整副身體墜落。四個人接住他。死亡之門關上。

「下一段路好走，你不必動，我們送你下去。」詹姆士吩附。

尼瑪握緊叔叔的手。丹卡渾身虛軟，站不直，扶在尼瑪肩上。

詹姆士打量峭壁之下的大斜坡，大斜坡傾斜角度平緩，許多大石看似站立在大斜坡上，實際上都是整塊巨岩未融解崩壞殘留的部份，底部與大斜坡岩表牢牢相連。滑過這種斜坡容易。

「我拉繩子，送院士下去。尼瑪和舒小珍合力，送丹卡下去。」詹姆士吩咐。

五個人站在五十多公尺高，光滑鏡面般的峭壁下，看見黑色玄武岩巨峰的廣大底部。那是一座大斜坡。斜坡頂就是峭壁腳，斜坡盡頭就是二座巨峰之間的山谷。眼前大斜坡全變了。原本黑灰色的粗糙玄武岩斜坡，如今化為白中透黑的冰雪臺地；原本斜坡上，許多根部未風化銷融的岩石，大都像蕈菇狀，不規則站立排列。如今這麼多岩石蕈菇大部份埋入雪中，只剩或尖或平的圓頂，也戴了白帽子，與冰雪臺地化為一體。這座冰雪臺地斜度不一，全部凍結成一個巨大硬冰體，看起來牢固不搖不斷裂。

五個人一早嘗試離開峰頂洞口，移登純岩石山脊；而後垂下或爬下陡直的峭壁，總共花去大半天時間。五個人全身幾乎凍僵。雪片落在身上，五個人變雪人。丹卡解下腰間長彎刀，交給詹姆士。

詹姆士和莊院士兩個人共同綁在一條繩子上，詹姆士放繩子，莊院士自然而然滑過冰雪臺地，帶動詹姆士下滑。詹姆士嫌滑太快，倒握長彎刀，猛砸冰雪，反刀尖砍進冰雪表面，止住滑動太快的身體。莊院士也不想滑太快，手急扶露出冰雪表面的圓頂，也暫獲剎車效果。他倆不太費力，果然滑下冰雪填滿的大斜坡，離開黑色巨峰。

丹卡喘氣，指示侄子放手下滑。一條繩子繫住丹卡，舒小珍、和尼瑪三個人，舒小珍抓緊丹卡。他們一起滑下。如果滑速太快，尼瑪不是反握長彎刀砍下，讓反刀尖勾住冰雪表面，就是手抓冰雪台地表面上的圓頭。他們看準冰雪臺地表面多個傾斜段落，一段接一段滑動，順利輕鬆滑離大斜坡。旋風呼嘯，冰雹與雪片交雜降落，雲霧開始包圍黑色巨峰。五個人一整天頂著風雪行動，全身接近凍僵，衣物不夠保暖，來到二百公尺長的山谷。山谷中軟硬冰雪堆積，根本沒有坐臥的地點。

丹卡感到太冷，衣物不夠，打開背袋找出帳篷，用帳篷包裹身子擋風寒。山谷原本地面岩石堅硬，如今覆蓋凍冰，腳下依然堅硬如鐵，不可能搭帳篷。五個人只能撥走鬆雪，停留硬冰層上。

五個人互相緊靠而坐，分別用帳篷罩頭，找出凍得硬梆梆的蜥蜴肉、蛋皮、或乾銀杏果。分別削成薄片，塞進嘴裡，融化後吞下。冰冷的食物送進口中，對飢餓的人來說，仍是美好的享受。

「不敢全部吃完，還有幾天的路要走。」莊院士惋惜。

「如果嘎爾瑪守在夾縫地，他看守的是活動廚房。」舒小珍幻想。

丹卡搖頭表示：「長時間留在夾縫地，牲口吃不飽草料，別想擠奶。」

「我一直懷疑，嘎爾瑪怎麼可能帶了牲口，守住危險的夾縫地。但是我又相信，他可能留下。」詹姆士交談。

「如果提前儲備大量草料，他有可能留下。牧場的老手懂得這些。」尼瑪出聲。

大雪飄個不停，罩頭的帳篷堆積了輕雪，小片雪花從疊成寬被子狀的帳篷邊緣落下，仍不溶解。

「山峰上堆滿了冰雪，大雪一直下不停。冰雪一疊蓋上一疊，會造成雪崩。」詹姆士憂心表示。

「今天下定決心下山，結果走出了黑色山峰。明天一定要走出黃色山峰，不然我們不是餓死、凍死，就是被困死在山谷中，」老院士憂心說明。

「天氣太惡劣，冒險下山太危險，留下來更危險。」尼瑪提出見解。

「明天拼了命也要下山，對不對？」舒小珍等待丹卡開口。

「看看明天體力能不能復原。」丹卡苦笑：「晚上全身會凍僵，大夥兒靠緊一點睡，只要好好睡一晚，明天就有力氣辦事。」

「大夥兒圍著舒小珍睡，她身上的似雞龍皮衣夠暖，我的睡袋也暖。每個人頭上身上罩帳篷，情況不算太差。」詹姆士說話。

根本不必讓他提示。其他人找出毛毯，把身子緊緊包裹起來。五個人靠緊，主要依賴似雞龍皮衣及睡袋的暖氣。早早臥倒入睡。疊起的帳篷，一半墊地，隔冷效果好；一半蓋身，勉強隔開雪片。雪片繼續降落，落在罩頭罩身的疊起帳篷上。當然帳篷和毛毯擋不住超低的氣溫，但是他們一整天爬下黑色巨峰，幾乎被凍垮累垮，就是想睡覺。

五個人靠緊，果然逼走一些寒氣。詹姆士和舒小珍分別包裹得最暖，也樂意緊靠過夜，但是憂煩事又悄悄浮上心頭。

明天就下山，脫離大風雪和地形危險的山區。像尼瑪、丹卡、和莊院士，將要會見親友，恢復平安快樂的生活，唯獨他們兩個人心境不同。外在的風雪和危險山區已告別，人與人的交往就滋生新風暴，外人在表面上看不出的風暴。

一萬公里相隔太遙遠了。遙遠的距離和分隔的長時間，似乎把記憶中的影像，聲音、以及生活點滴，逐漸沖淡。另一方面，距離只不過幾公尺至幾公里而已，會面的時間往往從早到晚，形成親近力量。在麵包車內對談，在黑暗隧道互相跟隨，在溶洞內各泡溫水，以及在大密林內結伴流浪等。滋生多少認識和瞭解。

下山以後，是否一萬公里的距離縮短，模糊的印象逐漸增強鮮明度？而親切的無形絲線，則加以斬斷？

（二）

第二場暴風雪在北山腳村肆虐之後，有二家人一逮到氣候稍緩和的空檔，就分別走出各別土坯房。小桑馬登業已發現一個小羊圈的木板羊舍頂坍塌，兒子未歸。小桑馬登只好一個人動手，修補部份倒塌的木板羊舍；這種事不能拖延，羊兒是牧家最重要的財產。既然一間羊舍已經倒塌，小桑馬登暫時不能巡視其他羊圈。萬一其他羊舍倒塌，他只能逐間修補。冰雪海洋分佈廣泛，小桑馬登得鏟走大片積雪，先保持各羊圈入口的暢通。

另一戶人家更大膽，居然不怕強烈風雪，冒著小冰雹大雪團，闖進落葉松帶。他們是赤烈桑渠的家人。他們得知，赤烈桑渠根本沒隨團上山，一個人陪伴牲口，在叢林另側過得好好的。家人排除困難，攜帶衣被及食物，會見了獨留丘陵雪地的親友。從那天起，赤烈等於回家了。

詹姆士太太曾經一連多日，精神恍惚失常，成天東想西想，抱怨自己來錯地方。暴風雪籠罩牧場，她不能走平安小道，來到牧場邊緣，眺望森林及大山嶽。她和女翻譯員只能繞著土坯房，走兩圈散步。她心中愁苦煩悶，預備先回林芝及拉薩，然後飛回大學城，恢復規律而上進的生活。她的堅強個性不鬆懈，知道自己應該先振作，然後再出發。

老桑馬登家中有台電話分機，全村也就只有那麼一台。新近左右農牧人家明白電話聯絡的方便，不時去老村長家通電話，順便閒聊天。左右鄰居答謝老桑馬登幫忙，送他一些小禮物，包括兩個半新舊的牛皮紙箱。由於侄子家中有貴賓，大桑馬登把兩個空紙箱送給小桑馬登。

新年快到了，小桑馬登動手修整土坯房，使用了兩個半新硬紙箱。一個紙箱攤開來，墊在柴房客廳乾草上；廢紙箱厚，能阻絕寒冷濕氣，讓詹姆士愛人休息睡覺時保暖。暫時女翻譯員沒享受這種服務。客廳的泥牆漏風。另一個紙箱就貼附泥牆，用細繩紮牢，防止寒風吹進泥牆縫隙。小桑馬登還有一招，弄來犛牛毛絮，堵死客廳泥牆的其他縫隙。這麼一來，詹姆士愛人的居住條件改善一些。

暴風雪招來意料不到的好處。不分高山平地，狂風狠狠颳過，多少把小桑馬登土坯房內外多年酸臭騷味吹散一些。其次，羊群也怕冷，守住羊圈內的低矮木板羊舍不亂跑，不到處拉屎，於是羊羶氣少傳散一些。天寒，一切濕潮的液體全部結凍，包括沼氣臭味在內。這麼多好處出現，詹姆士愛人較少被酸臭騷味折磨。

女翻譯員用上心，和小桑馬登愛人合作，弄一些新鮮菜，增加生活態度嚴謹的詹姆士愛人的營養。女翻譯員肯進煙燻痕跡重的廚房，而詹姆士愛人遠離不清潔乾爽的灶台、用具、及廚房。詹姆士愛人曾向女譯員暗示，現代婦女為了健康，必須接觸燈光明亮的房間，時常清掃的廚房，光可鑑人的廚具，燈罩拭亮的馬燈，以及油煙燻輕的灶台。

詹姆士愛人頗能自律，懂得封口，少抱怨；遇上不滿意的場合，只閉緊嘴唇。小桑馬登家自願對她提供較多的服務。

但是詹姆士太太難以忍受動物對她咆哮。她知道，萬一被動物咬傷，需立刻就醫，因為破傷風菌和狂犬病毒很惡毒，而北山腳村附近沒有合格醫生。小桑馬登家養了一隻獒犬，體型大，渾身毛多，卻少洗澡。雖然鐵鍊拴住，一看見陌生人就狂吠，作勢欲撲，嚇壞了詹姆士愛人。

這隻獒犬是尼瑪的好友，尼瑪巡視牧場各角落，計算各羊圈中羊兒的數目，獒犬都跟著。獒犬當然也放過小桑馬登夫婦。女譯員衣杉舊一些，身上氣味差一些，但懂得出聲安撫家犬，獒犬也善待女譯員。詹姆士愛人衣服新，全身乾淨，身上不帶任何異味，看見獒犬就遠遠躲開，但是獒犬偏偏對她吼叫兇猛。小桑馬登有所體諒，即使暴風雪來襲，仍把獒犬拴在院子一個偏角隅。

漸漸的，詹姆士愛人能看幾頁她放在隨身皮箱中，奇厚無比的書和資料；她也能在奇厚無比的筆記本中，添加幾行註解。她開始心平氣和的與別人交談。她談的是，新年過後，公路和機場交通恢復正常，她怎麼搭不同的交通工具，一段路程接一段路程，返回大學城。

「我不怪誰，相反的，我感謝許多人。」她向女翻譯員表示：「我就是不明白，詹姆士是個聰明人，為何會做傻事？做傻事的後果如此的嚴重。」

她和女譯員朋友被暴風雪困在小小的柴房客廳中，居然把舊紙箱看成寶貝。院子內外冰雪堆積好高，屋簷下掛了好多冰條，獒犬還是動不動就亂吠。

詹姆士愛人夜裡睡不好，白天易打盹。第二場暴風雪來襲，先是整天雷電交加，狂風驟雪猛降。過了一段長時間，一天之內，平息的時間出現。雷聲終止，閃電消失，強風轉弱，雪轉小。詹姆士愛人心緒不寧，對外頭強烈的天氣變化不關心。她想的是林芝，拉薩，大學城，以及州立大學。

詹姆士愛人迷迷糊糊的，無法把日常的作息納入正軌，往往連時辰都無法區分利用。院子木門吱吱響了，腳步聲傳來，院子裡兩個人低聲交談情況發生。接著腳步聲像是走遠，院子木門又吱吱響了，有人離開。

「是誰？大風雪還敢出門。」詹姆士愛人打完盹，頭腦清醒片刻，問道。

「不可能有別人，雪小多了，冰雹也停了。大概老村長來，小桑馬登陪叔叔出去。」女翻譯員說明。

「外面不是狂風暴雪，誰敢走出門？」

「天氣好一些了，牧場人家該到處巡視一番。」

「是嗎？」詹姆士愛人吃了一驚，懊悔表示：「我突然又糊塗，分不清時辰和狀況。他們叔侄會去哪兒？」

「當然是森林邊緣。」女譯員委婉解釋：「暴風雪持續侵襲好長一段時間。現在大風雪平息下來，他們恢復了每天去牧場邊緣的習慣。」

「是這樣嗎？冰雹不再猛烈打屋頂，可能天氣真的好轉。我們在屋子裡悶了好久，也該出去逛逛。我一個人走，會安全回來。」

詹姆士愛人仍魂不守舍，迷迷糊糊披上斗篷，漫無目的走出去。她不去看羊圈。大片冰雪波浪及景物變得單調，大雪團包住院落和住家；除非煙囪冒煙，否則大地只剩厚層的冰雪，四下不見人跡。詹姆士愛人仍知道厚冰覆蓋地面的潛在危險，沒隨處亂走。

兩堵冰牆已經高過大人的頭頂，夾住一條小道，小道上堆了一層幾十公分厚的冰雪，若干腳印壓陷小道上的冰雪。詹姆士愛人想起這條小道通往何方，她迷迷糊糊順著平安小道往前走。小風吹颳，小雪飄落，冰雪海洋安靜。她純粹為了解悶而出門，走平安小道不致於迷路或碰上危險。她多日沒走遠，現在散步走遠，心中減少悶得發慌的感覺。詹姆士愛人一直走下去。

詹姆士愛人看見站在牧場邊緣的兩個人，他們臃腫的衣身沾了不少雪花。她自己的斗篷也沾了散亂的雪花。她來到大小桑馬登身邊，沉默不交談，心灰意冷的凝視落葉松帶。光禿的樹林，枝幹上掛滿雪冰棒條，樹幹一半被冰雪掩沒，低垂而光禿的枝椏埋入深雪中。奇怪的是，冰雪森林中有人進出，馬匹拴在林子邊緣。

「鄰居牧人，砍一些枯柴拖回家。」小桑馬簡單交談幾句。

「我們也需要柴火，風雪小了，白天晚上冷得要命。我們暫時不進去砍柴，等候丹卡和尼瑪回來。」老村長簡單解說。

「從前詹姆士也一樣，他在大學城的宅院劈一大堆柴火。」詹姆士愛人神情麻木，敘述枯燥的昔日家園瑣事：「他曾經舉起大斧頭，把粗木頭劈成小片，投入壁爐容易燃燒。」

壁爐燒紅，客廳轉暖，詹姆士談組織車隊，去巨石曠野挖化石，經過印第安人部落外圍的情形。詹姆士愛人沒對陌生人詳細敘述，但腦子裡自然而然浮出這些往事。現在不妙了，住宅的壁爐不再燒紅，客廳冷得像冰窖，廚房邊屋簷下不見劈細的小木塊。

「這裡的事情結束了，我不能再浪費時間。」詹姆士愛人說出個人的計畫：「大學城的家有一大堆事等著我去處理。我不能消沉迷糊。新年過了，我就安排飛機班次訂位事宜。」

「太太來這兒太辛苦。我們和拉薩的翻譯姑娘保持聯絡。考察團人員有什麼消息，我們請翻譯姑娘通知妳。」大桑馬登表示。

詹姆士愛人陪同大小桑馬登，不再交談，走平安小道，折回小桑馬登土坯房。女翻譯員站在木門外等候，發現回來的三個人全身沾雪花。

詹姆士愛人和女譯員折回柴房客廳。詹姆士愛人拿定主意，頭腦清楚起來，說道：「妳想，王師傅還留在林芝嗎？」

「他在呀，不然他會通知老村長。」女譯員回答得有道理。

「天氣好轉，我預備上路，還得麻煩他。」

「他一定樂意幫忙。」

「我自己能飛回大學城。一切都這麼發展，我無能為力。只有一點小遺憾。」

「是嗎？那是什麼？」

「詹姆士聰明，卻做傻事，一定有理由。我遺憾沒見過那個小女工程師。」

「她不能與妳相比，很少女性能與妳相比。」

「過幾天就是新年。新年之後過規律的生活。重新處理一切工作。新年一過就告別這裡，坐上飛機。」

（三）

地理考察團七名成員中，赤烈桑渠一個人一直等在大山嶽腳下。三匹馬和二頭犛牛住馬廄牛舍，避開了風雪和嚴寒氣溫，草料供應充分，唯一的小缺失是自行嚼雪代水。不久前詹姆士太太的馬隊，全部六人六馬，不但穿過森林，通過大丘陵的石頭小道；而且會見了赤烈；甚至在丘陵盡頭的雪地上露營二個晚上。當年冬天第二場漫長的暴風雪來襲，她們才匆忙奔回牧場。

這些消息傳出，北山腳村牧場再也沒人畏懼大森林帶。所以大小桑馬登和詹姆士愛人站在自家牧場邊緣眺望，風雪僅僅稍趨緩和而已，他們認識的鄰人就溜進冰雪森林，揀拾枯樹殘枝。赤烈桑渠的家人也火速衝進森林，跑過冰雪丘陵，替赤烈帶去衣物及食物。赤烈桑渠完全不再孤單，赤烈一家人的活動範圍開始由牧場擴展到森林及丘陵。一旦這暴風雪消逝，他的家人會把山嶽下全部牲口帶走，以免雪崩波及山腹下小平地。

守在黃色巨峰腳邊夾縫地的人和牲口，運氣差得多。考察團天高氣爽時上山，青草已轉成半黃；黃色巨峰腹部岩壁以下，流水不斷，而終年不溶的硬冰藏在岩層縫隙中；白天及晚上涼風呼嘯不斷。天際晴朗，陽光普照，高聳山區至少白天暖和。所以考察團人人只穿二至三層秋衣，行囊中只放輕冬裝。入夜躲進帳篷，以毛毯裹身，不致於受低溫冷風侵襲。

不幸嘎爾瑪被迫滯留高危的夾縫地，面臨第一場暴風雪的嚴厲威脅。他先收集石塊，在最寬的夾縫地頂部蓋隔間牆；他自己仔細觀察夾縫地一邊的峭壁腳，尋找發生龜裂而剝落的岩壁。他長時間舉起石頭猛砸，等到暴雪封蓋大地，嘎爾瑪搜集大量鬆雪，壓踏堅實雪堆，削成弧形。硬冰雪屋頂這麼造成，蓋在隔間牆上，於是一間頗緊密的雪屋成型，牲口完全解除日夜暴露冰冷空氣中而受寒的危機；他自己也得到一間淺睡眠的洞穴。

暴風雪過後，嘎爾瑪勉強輪流騎一匹馬，牽一匹馬，走下夾縫地相鄰的光禿岩石山頭；更找背風區斜坡或山谷，讓二匹馬發揮本能，自行挖雪下草根吃，節省一些乾草料。犛牛缺乏這種本能，羊兒雪中掘草的本事更強。嘎爾瑪已經對全部牲口採取草料配額扣減措施。藉運動之便，讓馬匹自行多挖一些草根，何樂而不為？

牲口並不全然懵懂無知。第一場暴風雪消退，天氣趨向緩和，嘎爾瑪走進大雪屋，清理糞便，分配草料。全部馬兒嘶鳴躁動，撞擊野草編織的門扇。顯然它們想外出溜達，自行挖掘枯草根，它們嫌草料分配少。而當主人的嘎爾瑪明白，草料分配少，休想多喝好鮮奶。

嘎爾瑪也帶犛牛散步，看天氣狀況走近或走遠一些，甚至就在夾縫短地帶走回去也好。犛牛走路張外八字腳，樣子怪，速度慢，等於人一步一步慢走。但畜養多種牲口的人家明白，這些慢動作而脾氣暴躁的傢伙，背負重物，能走一整天。而藏區地域廣大，逛一趟草場，何止需要步行一整天。

說實在，嘎爾瑪喜歡照料牲口，陪伴牲口，前提是先讓牲口吃飽。牲口一旦挨餓就哀號，主人聽了心疼。

嘎爾瑪沒計算日子。如今他明白，他和牲口在大山嶽的山腰頂點待太久了。天氣完全變樣。考察團九月初出發時，天空萬裡無雲，陽光終日普照，到了夜深氣溫才冰涼。而今一場暴風雪熬過，好日子接替才三、五天，太陽又開始躲藏，烏雲遮天，眼前的黃黑二座巨峰，往往都雲霧繚繞。夜晚抬頭望不見月亮及星辰。他穿上輕冬裝，頸子纏圍巾，手套戴兩雙，襪子穿兩雙，仍保不了暖。看起來日子似乎接近年底，那麼他在夾縫地停留超過四個月。冬季才過去一半多。雪屋邊堆放的草料天天減少，四匹馬和二頭犛牛真會吃。夾縫地的下方，就是一座鍋蓋形山頭，完全由堅硬的岩石組成，不生長任何牧草。所以他視線所及，看不見餵牲口的東西。整個冬季，平均應有二場至三場暴風雪。惡劣的天氣才過一半，惡劣的環境重重壓迫牲口。

唯一不缺乏的材料是雪。夾縫地邊緣，大中型岩塊底部連接山嶽的岩層；它們看來像危石，實際上不滾落下邊或高或矮的峭壁；這些邊緣危石上全都堆積冰雪。某種怪物留下的一攤血跡，早已被冰雪覆蓋。現在連嘎爾瑪也不相信高山上有怪物。高山及暴風雪兩者才是怪物。它們先吞噬墨脫支脈，下一步吞噬誰？

嘎爾瑪挖來一堆雪，用散雪塗抹雪屋，讓夾縫地的雪屋密不透風，牲口得以保暖。他也為自己，在淺凹洞口建一堵雪牆，擋一擋寒風，得到險地上僅有的享受。嘎爾瑪擔心二巨峰上，雪堆積得太多。夾縫地下邊的純岩石山頭，完全被雪覆蓋。再過去，另一個山頭，本來有零星樹木、草、大片裸露的岩層，是行走下山的重要地標，如今也滿山披雪。一旦光線差，地標不夠清晰，經過下邊岩石山頭下山，就容易偏失方向；沒走上斜坡連接路，而掉落幾百公尺之下的山腹。為了預防錯誤，嘎爾瑪搬石塊，夾枯枝，繫紅布，當做下山記號。不預先做這些事，危險就潛伏起來。

潛伏的危險是雪崩。高山積太多的冰雪，一旦某處冰團滾動，雪崩形成，神明難救。看看大山嶽的山腹地帶，一條破碎山道是怎麼形成的？春夏溶雪或雨水多，高山岩壁崩塌，石頭石塊滾落；或者冬季雪崩，大片冰雪往下衝，猛撞沿線大石頭，大石頭跟著滾落。太多大石頭又滾又砸，把大山嶽的山腹砸得創口連連，漸漸形成許多落腳地，或破碎山道。萬一又來場雪崩，破碎山道被破壞，朋友們怎麼下山？

夾縫地沒有草料，雪崩威脅潛伏。嘎爾瑪明白，他無法再苦守下去，決定動向的日子近了。

僅僅幾天而已，山區光線稍明亮些，嘎爾瑪輪流又騎又牽，領著馬兒外出散步；兼雪地翻雪，尋找枯草殘莖及淺根。嘎爾瑪自己沒有雪地找草的本事，而馬匹滿嘴猛嚼，看起來找到一些殘莖淺根。嘎爾瑪冒險帶馬匹往下坡路走一段，沒白費工夫。馬兒自己挖草根吃，他可不能閒，在重要路口夾樹枝，綁有色布條，協助辨識道路。他到了逃生的關口，而沿路需要做記號。到處冰雪亂堆積，分叉道及危險路段不做記號，就是拿生命開玩笑。

馬匹才下山溜達幾天，省下一些乾草料；辨識路途的記號才做成，天氣迅速改變，應該是入冬後第二場大風雪來了。雲層中雷響不停，接著一大串又一大串閃電在半空中燃燒。強風旋轉，帶動雲層滾翻不已，整天狂風呼嘯。氣溫又下降，乒乓球般大小的冰雹到處降落，驟雪簌簌撲下。嘎爾瑪不能再帶馬匹下大山腰溜達，於是馬匹又不能憑本事挖點草根吃。母馬及犛牛每天只能共擠半杯鮮奶。半杯鮮奶拿在手上，湊近嘴邊，說是一天三餐光靠這半杯；結果肚子太餓，一喝就不能停止。嘎爾瑪一天的食物，是十幾秒鐘喝下的半杯奶。

他抬頭望了又望，自己觸手可及的黃色巨峰，以及稍遠的黑色巨峰，不見一個人影。丹卡和尼瑪是牧場驅趕牲口的好手，不可能輕易爬山失足。他們下不了山，原因只有兩個。第一個，不止一對怪物，可能一群怪物攻擊，他們五個人全負傷而倒下。或者第二個，老人及女子爬上或爬下峭壁失手，把其他三個人拖下峭壁。嘎爾瑪照顧四匹馬和二頭犛牛，暴風雪天不容許他登山救援，他的能耐比不過他們叔侄倆，他無能為力。

他決定帶牲口下山，把牲口交還各牧場。面對大小桑馬登老一輩，他交代得過去。下邊赤烈桑渠或許也等待，或許已經回家，他和赤烈都對得起鄰居兼朋友。

因此，第二場暴風雪在大山嶽山腰以及高峰逞威，嘎爾瑪反而心情鎮定下來。他的行李少，食物已經吃光，帳篷重一些，鋁鍋子輕，衣服全部穿在身上，一條毛毯可以捲小。十分鐘他就能把全部行李塞進背袋內。

（四）

天色幽暗，旋風哭號，雪片輕，落在身上沒感覺，雞蛋般大小的冰雹打下。兩座巨峰之間的二百公尺山谷，似乎變成戰鼓頻敲的戰場。丹卡首先在黑暗中醒來，輕輕動一下頭頸、手腳、以及身軀。他的脊椎骨及腰部以下骨架反應正常。昨天承擔重量，垂吊姪兒下傾斜六十度的峭壁，辛苦不用誇大，倒沒傷骨頭。這一夜睡得久，體力恢復多了。他思索下一個峭壁，傾斜四十五度，不太陡，但是面積大，他下去不見得輕鬆。冬天暴風雪肆虐，登山風險多。

詹姆士也醒了。睡袋包裹他，又挨近舒小珍，她穿的似雞龍皮毛衣真暖，詹姆士睡了一個暖覺。五個人挨緊，各用半頂帳篷墊在硬冰層上，這種墊被不保暖。別的人裹毛毯，上面蓋另外半頂折疊起來的帳篷，保暖效果更差。所以五個人自然而然緊靠而睡，不讓任何一點寒意鑽進來。

詹姆士動動身子，發現五個人外表上也變成雪堆。不錯，五個人靠緊而臥，冰雪掉不進身側。但是以半頂疊起的帳篷遮頭蓋身，一夜大雪未停，厚雪結結實實堆在蓋身帳篷上。

丹卡碰碰尼瑪的身子，低聲說：「起來了，天就要亮了，我們還有工作。」

尼瑪睡得還算暖，他想賴床，推拖說道：「再睡一會兒。」

莊院士也醒來，感覺身子暖、手腳凍僵些。他閉上眼，養下神。

舒小珍睡得最暖，更想賴床，懶洋洋說話：「再睡一會兒，我們好不容易相聚，今晚下了山，分手的時刻就來臨了。」

其實詹姆士也想再睡，做一點春夢。他立刻警覺不對，雪地上人太疲倦，一直想睡，是意志力渙散的特徵。他坐了起來，發現半頂帳篷上堆了厚雪；丹卡也起身。詹姆士和丹卡站起來，寒意籠罩，他倆立即全身打寒顫。

二座巨峰之間的山谷，滿谷儘是冰雪；山谷先凝結一層硬冰塊，硬冰塊上是或硬或鬆的雪堆。山谷全長二百公尺，尾端連接黑色巨峰的峰腳大斜坡。尼瑪也站在山谷尾端，不見朝陽照射，不見長箭蜥爬遊出峰頂洞口。山谷的頭部，連接黃色巨峰的山腹高點。

尼瑪起身後，舒小珍和莊院士也推開帳篷站起來。所有人匆匆收拾行囊，一起走到山谷頭部，打量下一段行程。又是一個昏暗的日子，強風呼嘯哀號，降雪和冰雹變小一些，遠方景物難辨。南茄巴瓦峰隱入雲霧中，黑色玄武岩巨峰半隱半現。墨脫支脈大山嶽的山腰勉強入目，山腹部份則消失於雲霧中。半空中雲朵翻滾，遮去山腳丘陵、森林帶、和遠方的冰雪牧場。

他們應該爬下黃色山峰腹部，來到山峰腳下，那兒就是嘎爾瑪停留的夾縫地。一方面光線差，雲霧亂移，遮去遠方景物。另一方面，夾縫地正位於山腹另一側面，他們當然看不見。換句話說，山谷的開頭位於黃色巨峯腹部高點，從這個高點斜斜往下爬，繞過山峰的半個腹部，就抵達夾縫地。

丹卡用一條繩子繫住兩個人的腰部，指示尼瑪稍微爬下山谷頭部，找山腹上手抓腳踩的洞穴。峭壁傾斜四十五度，不陡。尼瑪試試手腳，縮了回來。

「所有小洞都塞滿冰塊，手腳都沒有抓牢踏穩的部位。」尼瑪口氣痛苦。

「使用長彎刀，反握刀柄，用反刀尖刺入冰洞上，再用腳尖踢刀鞘。昨天晚上我一直想這個問題。」丹卡指示。

沒時間示範或解釋，丹卡解下尼瑪的長彎刀，也解下自己的長彎刀，各用較長繩子，穿進把手上的刀環，又繫在腰上。如此長彎刀重落下去，在腰下搖擺。刀鞘附在鋼刀上。

丹卡不講話，又把兩人的腰間綁死在同一條繩子。最後割下衣服上的厚布。包在刀鞘外。

丹卡專心指示尼瑪配合行動，沒心情向其他人交代。

他和尼瑪走向山谷頭部，這個頭部就連通黃色巨峰山腹頂端。離開山谷頭部，不是爬下山腹，就是跳下幾百公尺深的大山嶽山腰或山腹。

「我會拉住你，你用反刀尖砸進冰洞，平肩挑出冰塊，供手抓之用。再砸進下方冰洞，替腳趾挖洞溝。」丹卡指示。手抓的洞溝易挖，腳踏的洞溝難找。

尼瑪明白了，放長了繫刀繩，長彎刀上可以挖雙手抓牢的洞，下可以挖踩腳洞。手腕力氣不夠，用腳尖鞋頭踢刀鞘外的包裹厚布，於是刺進深洞，挖出冰塊。

沒浪費任何時間，尼瑪立即動手攻洞。他先依賴叔叔近距離支撐，挖出雙手抓握的兩個洞，再刺挖雙腳站立的兩個洞。以後所有的洞，主要由他自己尋找定位，然後反刀尖頂著，用腳尖踢刀鞘和包布。刀尖找踏腳地錯誤，重新嘗試。挖踏腳洞十分吃力。

暴風雪未停，氣溫低得可怕，人站在空曠的長山谷中，短時間身體凍僵。

「他倆走了，我們怎麼辦？」舒小珍抱怨。

「他們替我們開路，丹卡太專心，無心向我們解釋。如果他們挖出手抓洞和腳踏洞，平安走過十公尺，我們當然接著平安走十公尺。」詹姆士瞭解後解釋。

「他做得對，生死關頭，想通就做；天氣這麼惡劣，一刻都不能耽擱。」莊院士按捺焦躁的心，心平氣和而思索說話。

「我們跟上去，跟緊他們。」舒小珍慌張出聲。

「不行，從溝槽中挖冰，先摸對位置，再踢進刀尖，再挖冰，動作相當慢。妳離他們太近，不免壓迫他們，讓他們分心。」詹姆士分析情況。

「我們一直在這兒等著？」舒小珍顯得不放心。

「當然在這兒等。坐下來，節省體力，動動手腳，讓肌肉放鬆。時間到了，妳才爬下峭壁。妳有體力，爬得下去，才合乎他倆的心願。」莊院士進一步說明。

「院士看法正確。」詹姆士也瞭解情況，進一步分析：「峭壁斜度四十五度，不算太陡。但是繞爬半個山腹，直線距離超過一公里，距離才是困難所在。今天白天一整天，尼瑪能挖好所有洞溝，就成功了。」

「不錯，需要一整天時間，每一個洞的冰都得挖走；不挖走，手腳抓踩不牢，休想移動身體。」莊院士判斷。

「一整天的時間，在峭壁上挖洞，萬一失手怎麼辦？」舒小珍哀叫。

「不能失手，否則他們兩人，我們三人，全部下不了山。」莊院士冷靜說明。

舒小珍環顧四周。如果下不了黃色巨峰山腹，又爬不上黑色巨峰的六十度傾斜角峭壁，那麼他們就被遺棄在二百公尺長的冰雪山谷等死。

「大約什麼時候跟著爬下去？」莊院士又出聲。

「大約中午，他倆挖洞，來到全程的一半地點，恰巧身體轉向山腹另一側，我們開始行動最好。」詹姆士冷靜考慮徹底。

「我也這麼想，只能晚一些，不能早一些，千萬別催促他倆，讓他們分心。」莊院士指示。

舒小珍到底想通了，強行忍耐坐下，勉強忘記強風和低溫；不時活動手腳，保持血液暢通，以便下一步使用全部體力，爬下最後一段要命的峭壁。

強風、急雪、和低溫三重威力壓迫下，丹卡和尼瑪們爬下坡，行動一直面臨生死關頭。四十五度傾斜峭壁不算太惡劣；但是陽光太弱，找洞溝困難。使用長彎刀尖替腳部踏立點挖洞是對的，因為這把刀子較長，但仍不夠長。尼瑪往往需要彎腰或傾斜身體，手反握長刀刀柄，反刀尖才能對準腳部附近的洞。他的眼睛看不清楚，需要後傾。丹卡就跟在他身邊，抓住他肩部或腰部，讓他後抑。沒有丹卡的幫助，他看不準腳洞。

尼瑪手反握刀柄，反刀尖對準結凍的凹洞；必須側斜身體，腳才能踢包了厚布的刀鞘。又是丹卡抓住他的肩部，讓他側斜身體。有了丹卡的協助，尼瑪才能慢慢挖出立腳洞。

有些洞容易挖。凡是雙手抓握的洞，就出現在眼皮底下，稍用力就能用刀尖挖出冰塊。若干手抓腳踏的部位，是突出峭壁的岩塊稜角。這些部位冰層表面薄，眼睛看得準，容易刮走薄冰。總而言之，大約一公里半的山腹上，其中全部的腳踏部位，需要長彎反刀尖挖洞，其中任何一個洞溝的冰塊，不能不大費力氣摸索挖出。

在一公里半的爬下坡路程中，峭壁間出現稍大凹洞，讓登山人休息喘氣。尼瑪身體酸累了，就在稍大凹洞中趴下來休息，甚至坐下休息。半天過去，丹卡和尼瑪已經來到山腹拐角的地段；一旦他們繼續安全爬下去，他們就通過全部路程的一半。

「他們叔侄配合好，一點時間力氣都不浪費。」詹姆士稱讚。

「他們一直配合良好，丹卡出主意，尼瑪幾乎完全信任。」舒小珍說道。

「兩個人合作得好，收穫大過四個人，我相信他們會安全爬下峭壁。」莊院士又稱讚他們。

她們一直坐著，休息夠了，體力處於高峰狀態。她們手腳和腰身運動不停。身體有些凍僵，但是手腳靈活。中午一過，天色更暗。風呼嘯哭號，空中有雷鳴。

「我們該爬下去了，院士沒問題吧？」詹姆士問道。

「當然沒問題，洞都挖好，叔侄倆平安走過，老頭子一定爬得下山，不丟臉。」莊院士爽快表示；檢查背袋，綁緊鞋帶，長吸一口氣，手抓尼瑪挖的洞，腳踏尼瑪刀尖挑過冰塊的洞，大膽向四十五度傾斜角峭壁爬過去。

詹姆士用一條繩子，綁死在他和舒小珍腰上，鼓勵大姑娘跟住老院士行動。他跟緊大姑娘，必要時將拉大姑娘一把。舒小珍有點膽怯，但放開心踏出腳步。

莊院士等三個人休息久，爬現成挖好的洞溝，又是往下移動，果然不太吃力。尤其舒小珍佔便宜，老院士怎麼行動，她跟著伸手跨腳，少費精神。偶而她踏上淺洞，無法站牢；詹姆士抓住她的肩部衣服，讓她有機會再找立腳地。她一直跟住老院士，沒落後。果然丹卡和尼瑪已經先行挖好洞，後面的夥伴享用現成的好處。

四十五度傾斜角不陡，上半身幾乎可以趴在峭壁上，抵抗強烈的旋風。冰雹打上頭部，長時間下來令人頭昏，但是強烈的求生意志足以克服身上小痛楚。舒小珍逐漸相信，丹卡找對了爬下洞穴結冰峭壁的正確方法。

五個人或獨立，或合作，爬下黃色巨峰峭壁，專心找手腳需要的支撐洞穴，不敢分心他用。面臨生死關頭，任何人不敢發生任何偏差。人人一路斜斜往下移動，耳中沒聽見任何慘叫，代表大夥兒行動平安。一旦傳出慘叫，不只一個人失足，可能全隊人員都被拖累。莊院士、舒小珍、和詹姆士都爬過山腹轉角處，完成危險路程的一半。但是他們不敢分心張望。

丹卡和尼瑪兩人開路，承受極端危險的重擔；精神緊張，肌肉疲勞。常常單腳獨撐過久，小腿肌肉疲乏。雙眼搜尋腳邊溝洞，頸子繃太緊而酸麻。身體一再側彎或前傾，腰部酸痛。腳尖或腳底，強踢刀鞘，即使刀鞘包布加厚，腳尖或腳底仍踢痛難受。丹卡一直支撐尼瑪的肩膀或背腰，他的一隻手的手臂過於勞累而酸麻。所以兩人每到稍大洞穴，都不得不停下來休息一下。

「後面三個人跟來了嗎？」休息中，尼瑪問道。

「看不見他們，被山壁轉彎處擋住。他們沒太早跟來，反而顯示，他們判斷對了。」丹卡說明。

「沒有聽見慘叫就好。」尼瑪說內行話。

「有沒有挖不出硬冰的麻煩事？」丹卡追問。

「大概沒有。替腳挖出溝洞中的冰塊不難，就是需要花時間，慢慢找洞，小心踢刀背。時間充分，挖溝洞沒問題。」尼瑪表示。

「我們一早就動手，沒浪費任何時間。我們把握了時間。」丹卡指明兩人合作動手的正確性。

兩個人休息一會兒，繼續低頭找腳邊溝洞，一踢再踢，冰塊一塊一塊的挖出來。叔侄倆來到挖冰路線的末端附近。莊院士爬過山腹拐角處，接著舒小珍和詹姆士也爬過。聽不見某一人慘叫，墜落山腰或山腹。

莊院士緩慢往下斜爬峭壁，並不完全順利。他找手抓處容易，找踏腳處比較吃力。尼瑪並非一直挖斜直線上的溝洞。有些溝洞改變方向，莊院士必須自己伸腳試探。尼瑪不在身邊，莊院士只能自己摸索，這時他會驚慌，發現危機迫近。還好，他在附近摸到變更方向後的溝洞。原來供人抓踏的溝洞，有時位於偏差的位置；他得遷就現實，拐彎爬行。舒小珍跟住院士，院士改變方向，舒小珍也接著改變方向。因此，莊院士享受丹卡和尼瑪二人勞動後的成果，有時得自己花工夫摸索。舒小珍享受前面三個人勞動後的成果，自己不怎麼花費工夫。

舒小珍更享受特殊的好處。其他四個人一整天緩慢爬下峭壁，暴風雪和低溫一直阻撓四個人的玩命行動。舒小珍獨穿似雞龍皮衣，皮衣保暖效果好，她避開暴風雪和低溫的威脅，爬下過程中減少不少危險。

（五）

黃色巨峰山腹峭壁腳邊的夾縫地上，仍滯留牲口和主人。四匹馬和二頭犛牛吃得少了，尿屎也減少了。牲口的尿屎有異味，主人嘎爾瑪多少介意。暴風雪來襲，清理牲口的尿屎有方便的一面，也有麻煩的一面。

氣溫極低，牲口尿屎一拉出來，立即凍結成硬粒，容易清掃，掃離夾縫地。這是清理上的容易處。氣溫太低，水凍結成冰。沒有水沖洗大雪屋地面，尿屎的臭味就遺留下來。這是清理上的麻煩面。

嘎爾瑪不喜歡牲口拉稀時的臭味，但是早已習慣和忍耐了。牧場大養牲口，牧人必需習慣和忍耐。像詹姆士夫婦，不屬於畜牧業圈子，就難以忍耐惡臭味。詹姆士愛人討厭惡臭味，甚至寧願暴露於大風雪中，去丘陵上露營。

嘎爾瑪現在心情篤定，煩惱少了。牲口沒草料，他就喝不到鮮奶。雪崩危險迫近，大災難就橫在眼前。

五個朋友上山，經歷二場暴風雪，生還的機會渺茫。他和牲口沒有再留守夾縫地的理由。這場暴風雪一旦緩和，他預備馬上領著所有牲口離開。事實上，平安下山的時機早已消失，他們不見得能平安脫身。

牲口的狀況惡劣。餓久了，馬匹皮毛脫落，胸骨露形，經常張嘴慘叫。犛牛無精打采，頸皮鬆垮，背脊凹陷，嘴吐泡沫喘氣。

大雪屋被分隔成三小間，三小間畜舍破門面對背風處，隔間牆密不透風。由於牲口身軀普遍比人大，身體發熱量強，所以每小間畜舍裡溫度不太低。雪屋外堆滿冰雪，夾縫地的多個角落也見小雪堆。到處可見冰雪覆壓夾縫地，下方的岩石山巔佈滿白雪，強風急雪把這一大片山頭冰雪吹成縱橫交錯的雜亂形狀。再過去，隔著山谷，本來有個山頭，也因冰雪嵌包，雲霧遊動，而忽隱忽現。但是雲霧白雪之間，紅色布條記號猶在。嘎爾瑪找得到安全的下山途徑。

冰雹打了一整天，嘎爾瑪不牽出牲口，只在小夾縫帶上散步。下午時分，冰雹敲打聲響減弱，飄雪緩和些，嘎爾瑪牽出兩匹馬。他按摩馬匹的頸部，又來回在夾縫帶溜達，這二匹馬疲憊不堪勉強頓腳走過，卻無緣無故吃力嘶鳴兩下，有了一點生氣。嘎爾瑪送它們回小舍間，改牽另二匹馬，也分別按摩頸部，同樣來回走小地帶散步。這兩匹馬看似老邁不堪，才頓足走幾步，又無緣無故吃力嘶鳴。

嘎爾瑪自己精神麻木，全身僵硬，抬頭望遠，看見不太遠的巨峰下腹部，有大形體貼壁移動。他眨眼再張望，人，多個人，五個人，正爬下四十五度傾斜角的峭壁。天哪，朋友下山了。

嘎爾瑪張嘴，幾乎想狂叫。他警覺，強噤喉嚨以免出聲。馬匹先看見他們，才吃力嘶鳴。朋友們回來了，全部回來了，一個也不少。嘎爾瑪不出聲，避免轉移朋友們的注意力。他走到雪屋牆角，面對峭壁盡頭的落腳微小斜坡。

尼瑪斜側彎腰，長彎刀反刀尖抵著一個個顏色黯淡的部位，腳尖猛踢，把刀尖踢進溝洞內；然後手腕用力，腳上大姆指和食指之間也配合用力，挑出冰塊。尼瑪一隻腳麻累，另一隻腳踢久踢痛。丹卡一直伸手抓住他的衣服，穩定他的身體，丹卡手臂酸累不堪。莊院士、舒小珍、和詹姆士反而輕鬆些，距離開路的二個朋友不太遠。

峭壁腳邊先有狹小斜坡地，接著有稍大斜坡地，這些斜坡地以外是更下段的峭壁，直墜下方大山腰的山谷。五個人忍住激動的情緒，依序踏上狹小斜坡，手扶岩壁，走下夾縫地。嘎爾瑪、丹卡、尼瑪、和莊院士擁抱，舒小珍和詹姆士擁抱，然後六個人擁抱。終於跨越生死之線。

五個人又凍又累，在狹小的夾縫地上，互相靠緊坐下。嘎爾瑪鑽進岩壁下睡眠淺洞穴，找出一小塊香酥油，只有半個拳頭大。分成五小塊，交給下山的每一個人。每個人飢餓，一口吞下，山珍海味般甜美。五個人各自打開背袋，有的只剩幾粒熟銀杏果，其他東西全部吃光。嘎爾瑪也分吃了冰硬的銀杏果。但沒人把大蛋的空蛋殼拿出來。

看不出嘎爾瑪是堅毅的朋友。天黑了，夾縫地伸手不見五指。照亮手電筒，嘎爾瑪不像熟人；頭髮披垂，鬍子蓋住下巴，衣衫皺成一團。活像山賊。

同樣的，下山的五個人，個個削瘦如竹竿，從頭到腳渾身凌亂。其中最邋遢有二個人，一個是女的，把鴕鳥似的亂羽毛衣綁在身上。另一個人是丹卡，雜七雜八的衣物拼湊，套在上半身上。

「你們回牧場，沒有一個牧家敢收留你們。」嘎爾瑪取笑他們。

不僅如此，下山的五個人，包括外國人在內，上下外套磨破撕破，鞋子露腳指頭，尤其臉上及手背，都殘留深淺不一的傷痕，衣袖還殘留汙血。

「你蓋了雪屋。極少數印第安人願意蓋雪屋，大多數寧願睡野牛皮帳篷。」詹姆士聽見牲口淒慘叫聲，聞到重臭臊味，說道。

「已經撐不下去，乾草料剩下幾小把而已。」嘎爾瑪淒慘出聲。

「能保命就不錯，咱們馬上下山，山下牧場有草料。」尼瑪表示。

「到處堆滿雪，能分辨下山的路？」丹卡問話。

「全部大山嶽山腰的叉路口，都留了記號，憑記號牽牲口溜達割草，不會迷路。」嘎爾瑪安慰同伴。

「不能等了，明天一定下山，可以嗎？」丹卡請示。

「當然，大家會合了，明天一早收拾行李出發。」莊院士吩咐。

墨脫支脈大山腰頂點的夾縫地一片漆黑。五個人，包括嘎爾瑪，擠在狹窄夾縫地上，用折疊起的帳篷一半墊地，一半罩頭蓋身，草草睡覺。莊院士鑽淺洞穴休息一夜。每個人都飢餓寒冷，連牲口都餓得哀號。氣溫酷寒，大部份人疲累，互相擠緊入睡。強風吹颳不停，雪片落個不停，連五個人各別罩頭身用的半頂帳篷，也開始覆蓋雪片。

老院士鑽淺洞，舒小珍穿似雞龍皮毛上衣，詹姆士鑽睡袋，僅僅他們三個人一夜睡得暖。其他三個沾一點暖氣，又度過一個酷寒的夜晚。

但是睡得暖的人，不一定一直睡得安穩。詹姆士睡一陣，醒一陣，腦中念頭紛亂，一段記憶緊接另一段記憶浮沉。最鮮明的記憶是一個大姑娘，利用大溶洞的溫水洗去身上汗汙，於是容光煥發，行走大草原。接著一群稻草人在多座平行樹林中流浪，鑽進小樹林，藉低垂的枝葉掩護。真是危險而溫暖的時光。明明危機四伏，但是流浪稻草人動腦子，最後逃了出來。

相當懸殊的記憶是一萬公里之外，一個外貌堅毅姣好，打扮雍容華貴的女子，懷了豐富的知識，準備了充沛的資料，走向莊嚴肅穆的州立大學；而後走上講台，侃侃而談。但是相隔一萬公里，距離沖淡了記憶。如果拿起電話對講，聽見的聲音不免變得陌生。而後一萬公里之外的聲音及影響變淡。

舒小珍睡得最暖，卻不時驚醒。她也被記憶糾纏。有人緩慢的偷劍龍蛋，劍龍發覺，瘋狂的衝撞樹林。一群稻草人用木棒戳小雙角龍的肚子，學恐爪龍尖叫，靠近小雙角龍保命逃命，居然逃出了雙重死亡包圍圈。疲倦之極跑過大草原，吃力的爬上薄岩牆上的破洞口。

一群恐爪龍追來，她們剛好都逃進破洞口內側。

舒小珍又彷彿聽見，一萬公里之外，傳來女子的呼喚聲，強烈的呼喚聲。呼喚聲直穿一萬公里，海洋洶湧的浪濤不能掩蓋呼喚聲。

強風淒厲號叫聲中，夾縫地上的六個人先後醒來。氣溫奇低，輕冬裝根本保不了暖。四匹馬，二頭犛牛，身軀都被氈毛毯裹住。

「衣服不夠禦寒，一邊走路，一邊猛發抖，不是辦法。」莊院士抱怨。

段。

「毛毯不收起來，綁在身上，擋住寒氣。」丹卡建議。

當然是好主意，任何保暖的意見都好。每個人不收起毛毯或睡袋，牢牢綁在身上。

「我們不再爬峭壁，不再講究四肢及身子靈活，不妨充分利用毛毯的功用。」莊院士示範新的禦寒手段。

「我們怎麼行動？」詹姆士開口。

「六個人，四匹馬，二個人不牽馬，就是我和大姑娘。我領路，牽犛牛，其他四個人牽馬。行李自己揹，犛牛體力差，不壓迫它們。」嘎爾瑪通知。人人急於離開，全不反對。

人人檢查行李，排隊出發。嘎爾瑪帶領二頭犛牛，嘴裡「葉克，葉克」叫喚，領頭出發。二頭犛牛體力甚差，依序跟隨主人上路。四具邋遢裝扮男稻草人，一具臃腫睡袋纏身的稻草人，以及一具年老的稻草人，分別牽馬，都上路移動。雪屋和睡覺洞穴留下，沒有人理睬。

夾縫地之下有一座純岩石山頭，岩石山頭和夾縫地之間，只有一條狹石樑連接，其餘部位出現幾公尺至幾十公尺光禿岩石參差的峭壁。冰雪覆蓋，岩石樑兩側的參差短峭壁不能分辨。嘎爾瑪頂著冰冷強風，看見紅色影子帶頭走下岩石樑，沒跌落參差短峭壁間的雪堆中。

嘎爾瑪嘴裡叫喚犛牛，大步走上鍋蓋形岩石山頭。又是或密或疏的硬冰軟雪堆，覆蓋整個山頭。山頭之外，天空不停的飄下雪片，落入漫天雪霧中。附近有座山頭，若隱若現，隨著翻滾的低雪層而搖動似的，純岩石山頭邊有斜坡石塊路，更有懸崖峭壁。走錯一步，墜入雪霧之中，永遠不能離開山區。嘎爾瑪帶路，分心照顧犛牛，沒空向朋友指路。丹卡和尼瑪信任他，其他人半信半疑，大步穿過岩石山頭上的冰雪堆，沿著紅影子轉彎，結結實實踏在較寬的斜坡路上，進入一座原本多草的稍大山谷。整支隊伍平安告別黃色巨峰和鄰近山頭。

他們大步行走，其實走得慢。朝強風逆行，本來移動腳步就吃力。嘎爾瑪帶了犛牛領頭走，犛牛體力差，步伐慢，於是全部隊伍行動緩慢。

「妳能走路嗎？妳需要上馬嗎？」詹姆士說話大聲，以免被風聲掩蓋。

「我走得動，不需要上馬，馬匹體力太差。」舒小珍大聲回答。任何人一開口，強風就灌入嘴巴。嘎爾瑪不說話，一直逆風行走。

「這樣走也累，而且分辨方向困難。」舒小珍出聲抱怨。

「一切交由嘎爾瑪決定。整個山區降雪太多，就怕雪崩。」詹姆士耐心解釋。

全部隊伍中，只有她們兩人有心情談話。

嘎爾瑪走過山谷，根本不歇腳。舒小珍記得，她們曾在這座稍大山谷過夜，當時山谷中多枯草，馬匹和犛牛盡興吃。眼前冰雪遍地，小樹、大石頭、和叉路分辨不出，但紅布條影子晃動。

嘎爾瑪和犛牛降低速度了。他們行走一條起伏劇烈的山道，山道一邊是陡峭多岩洞的峭壁，峭壁間留存低矮樹木。由於長期以來峭壁發生大規模崩塌，才形成山道。

隊伍移動速度降低，莊院士開口：「我們脫離危險地區了嗎？」

嘎爾瑪說明：「剛才走過的大山谷，就是最危險地區，大夥兒得加快速度走過。抵達下一個谷地之前，仍在小危險地區之內。」

舒小珍回頭，問身後墊尾的丹卡：「為什麼有些地區危險？」

丹卡簡單回答：「山高，山陡，積雪多的地點，當然雪崩嚴重，那兒停留不得。山低，山勢平緩，積雪少，下方就少雪崩的危險。」

天空密雲散開一些，山區光線稍為增亮，旋風的呼號聲減弱；狂雪轉為片片陣雪，氣溫回昇一些。隊伍走在起伏不定的岩石山道上，頭頂碎石和冰團交雜落下。

舒小珍擔心，又回頭詢問：「我們身邊的山頭會發生雪崩嗎？」

「碎石夾小冰塊，不是雪崩的現象，可能山頭小地點泥土坍方，小規模墜落，打在行人身上。真正發生雪崩，情況就太惡劣。」

嘎爾瑪不停腳，又加快步伐，一路上「葉克，葉克」叫喚，催促犛牛走快一些。下午過去了，雪又變大，氣溫降低。他們聽見後方遠處高山地區，傳來「轟隆，轟隆」隱隱約約的小聲音。

「小雪崩，發生在山很高的地方。」嘎爾瑪點明。
「可能是黃色和黑色二座巨峰上，那兒的大斜坡和地勢偏高的山谷，積雪太多而崩塌。」尼瑪猜測。
「幸虧我們已經爬下黃色和黑色巨峰。如果我們推遲時間才下山。避不開高山小崩塌。」詹姆士說明。
那麼莊院士等五個人，如果在隧道中休息過久，晚二天才嘗試爬下黃色山峰的峭壁，和黑色山峰的峭壁，五個人可能被這場小雪崩攔截，永遠別想下山。
「下一個山谷中，讓馬匹自行挖草吃，我們休息一個晚上。」嘎爾瑪說明。
黃昏之前，嘎爾瑪又催促犛牛加速，以便繞行多岩壁的山側。這座大山壁的山頭體積特大，山腹相對來得大；所以這支隊伍花去較長時間，終於繞完多岩山腹，來到較小谷地。小谷地的一側，就是墨脫支脈山腰部份的一個山頭。這座山頭多樹林、野草、岩石，也就是混合地形山頭，他們曾在這座山頭的山道上碰上始祖鳥抓斷的二棵小樹。
黃昏來臨，雪下個不停，小冰雹又降落。嘎爾瑪與丹卡，尼瑪討論，如何讓牲口有草吃。很快得到結論。尋找低平的大雪堆，冰雪下可能有枯草。他們三個人使用長彎刀，向低平的大雪堆亂砍，弄鬆雪堆，方便馬兒挖草吃。
地面到處覆蓋硬冰層，不便挖洞搭帳篷。六個人靠攏，找出折疊起的帳篷，半墊半蓋，在雪片紛飛，冰雹斜打的情況下露天睡眠。牲口不拴上，任由它們活動、雪地覓食。
強風仍呼嘯，氣溫極低，暴風雪將近尾聲。他們不必舖床折被，因為一整天冬衣及毛毯裹在身上擋風，等於用上了全部被褥衣物。
六個人以為，避開了高峰上的小雪崩，下山沒大問題。不用多久，「轟隆，轟隆」巨響傳來，先有一陣輕微地震，接著發生較強地震。
「為什麼有地震？我們要逃嗎？」舒小珍驚駭，叫出聲。
「可能是小雪崩引起大雪崩。」嘎爾瑪估計。
「這裡安全嗎，我們必須趕快逃開嗎？」詹姆士稍微緊張說話。

「夾縫地的的雪屋可能保不住了。」嘎爾瑪說明：「幸虧我們早一天離開了危險地區。如果我們沒走，山路被破壞，神明就救不了我們。」

「說得更詳細些。為什麼現在我們不再逃？」莊院士追問。

「大量冰雪滾下。只滾到我們剛離開的大山谷。我們身邊的多岩壁山頭，替我們擋住了雪崩。值得擔心的是，萬一雪崩太猛，我們身邊山頭上的冰雪，連接又滾下，形成新雪崩，我們就有麻煩。現在天黑，山裡亂走反而危險，一切等明天再說。」嘎爾瑪解釋。他說得不錯，雖然山道被尼瑪拓寬並整頓過，但仍太狹窄。

夜裡天寒地凍，毛毯帳篷包裹覆蓋身體，仍不能保暖。六個人用半頂帳篷遮頭蓋身而臥，身子疲倦，肚子空空，只想平安走出山區，早日回家。眼前不得不忍耐酷寒。

「明天能直接下山，會合赤烈桑渠？」莊院士閉眼談談。

「不能，這樣子趕路太急迫。」嘎爾瑪說明：「我早先花二天一夜時間，移交兩匹馬給至赤烈，現在辦不到；因為犛牛走路太慢，積雪道路難走。」

「明天我們走多遠？」尼瑪開口。

「這幾個月我領著牲口出來溜達找草料，最遠只到下一個山谷。」嘎爾瑪說明：「明天走的山頭，原本樹多草多，但是範圍大，走完花時間。它是大山嶺山腰的最後一座山頭。明天下午走到最後一座山頭過去的山谷，我們就平安，不怕雪崩了。後天一天時間充裕，我們走下山腹地帶，會見赤烈桑渠。」

「都怪太陽光線弱，冰雪覆蓋道路，犛牛浪費時間。我們沒有辦法，明天晚上就下山看赤烈。」尼瑪表示。

六個人擠緊睡覺，並太擔心，身邊山頭的凍冰厚雪會崩塌，也不擔心牲口會逃遠。四匹馬不怕天黑雪大，一直低頭挖雪，找草莖淺根吃。它們餓壞了。四匹馬刨出草根，犛牛也靠攏找草根吃。

快回家了，人人興奮，不容易熟睡。睡不著就閒談。

「妳記得詹姆士・希爾頓和約瑟夫・洛克嗎？」詹姆士輕聲說話。

「記得呀，他們各有一段生平故事，各自追求生活，各有得失。」舒小珍也輕聲回應。

「依妳的看法，誰成功了，誰做對了？」

「當然詹姆士．希爾頓成功了，做對了。約瑟夫．洛克花太多精力，落得一場空。」

「妳真的這麼想嗎？你希望我走詹姆士．希爾頓的路嗎？」

「也許吧，也許誰都不能代替你，決定你的事。」

她倆沒再談下去。詹姆士閉上眼睛，心中責問自己，她真的是這麼想的嗎？她真的是這麼想嗎？其他的人露天睡在雪地上，關心的事是雪崩的威脅。身邊的山頭，會不會被鄰山大雪崩撞擊，也大量震出山頭的冰雪，造成新的小雪崩？一旦身邊山頭崩雪，將逃去何處？

六個人心中稍稍擔心這一層。熬到天亮，山頭大量的冰雪沒崩塌，六個人心頭安定了。天亮了，小谷地視野尚遠，看不見大量冰雪崩落的跡象，沒必要多擔心。牲口沒乘夜逃亡，馬匹大嚼草地，犛牛也反覆咀嚼短草莖；它們暫時不哀號。

「我們是否開始趕路？」尼瑪問話。

「不趕路，下一站距離不遠，時間充裕。牲口好不容易挖到草根，讓它們多吃，下一站不見得挖得出草根。」嘎爾瑪心情輕鬆表示。牲口不再餓得哀號，他最滿意。

雲層變薄了一些，少許陽光穿透雲層，山區光線明亮一些。暴風雪肆虐很久，總該緩和下來。大夥兒收拾好行李。溫度沒下降多少。六個人禁不起酷寒，仍然利用毛毯包裹身子，上下繫繩綁牢，至少擋擋寒風。

「最難走的路已經走完。小心走，剩下的路沒問題。牧場的好手上高山，不會被打敗。」嘎爾瑪快樂表示。領著隊伍出發。

「叔叔，我們快回家了。森林沒危險。一回家，我們就安排進森林。北山腳村有了大片森林，日子會改善。」尼瑪口氣充滿興奮。

「你、我，嘎爾瑪和赤烈桑渠，四個人一起幹。」丹卡答話。

六個人陪同牲口開步走，心情與昨日以前大不相同。這六個人是古怪的稻草人，大部份用毛毯包裹身體，一個人用睡袋包裹身體。詹姆士看見一具矮小的稻草人，穿了似雞龍皮毛上衣，包裹了毛毯，仍然發抖不已。

詹姆士走過去，發現她臉色蒼白，嘴唇發抖，步伐沉重。詹姆士輕聲說：「我們安全下山了，以後的事慢慢處理。」

舒小珍開口：「我瞭解希爾頓和洛克了，但是我們難學希爾頓和洛克。」

距離不太遠的莊院士含蓄的提示：「守住職務，幹好工作，其他不難解決。」

大山腰的最後一座山頭，一直樹木多，草地廣。如今大片樹木葉子變紅，大片野草枯萎。但是降雪太多，及厚冰覆蓋林野和裸岩，山頭顯得冷瑟。山道被拓寬一些，山道一邊是山壁，一邊是懸崖。懸崖上有不少邊石。不少冰雪堆一半罩住邊石，一半懸空。山壁上的深溝洞嵌有發藍光的冰塊，突起的岩角則多掛冰條。

「前一段時間，我收割草料，只來到這裡，下面的路我不熟。我牽馬，換人領路。」嘎爾瑪宣佈。牧場的人只說實話。

「換我來。」尼瑪表示，「我懂得領路，不怕陌生危險的地方。我帶領所有同伴和牲口回牧場。」

尼瑪走在最前面，把馬匹的韁繩交給嘎爾瑪。他向丹卡說話：「我們上山走過這條路，犛牛也通過；我開路，路邊有雪堆，實雪堆不成問題，找出虛雪堆就成了。」

丹卡答話：「唯一麻煩是虛雪堆，撥走虛雪堆就成了。」

「夥伴們走吧，尼瑪不讓你們踏上虛雪堆。稻草人已經走過大峽谷的藤蔓地區，領路的稻草人不能走快，否則後面的稻草人會迷失前一個同伴目標。」

犛牛走不快，領路的尼瑪不用走快。他抽出背後的長木棒，看見路邊的積雪就戳下去。實雪堆挺得住，虛雪堆跌落下邊斜坡或谷地。

尼瑪走過的路，犛牛走過的路，就是平安的路。虛雪堆都被撥走了，後面的朋友及牲口不會腳步踏空。

「這對叔侄合作得很好，他們會把兩家牧場經營好。」莊院士讚賞。

「全部北山腳村都會改進，他們的好日子會來臨。」詹姆士表示意見。

不用一天工夫，這支隊伍繞過大山腰最後一座山頭的側面，來到大山嶽山腰和山腹的分界谷地。二座巨峰再見了。組成大山腰的三座山頭也再見了。今晚在分界谷地睡一宿。明天繞山腹走，山路也好走一些。明天走下墨脫支脈。牧場家園就在前方。

這支隊伍抵達分界山谷早一些。天色未暗，暴風雪更緩和一些，一整天沒落下冰雹；就是氣溫低，稻草人裝束仍管用。

朋友們都準備紮營事宜。三名牧人朋友又尋找低平雪地，用長彎刀猛砍，砍鬆雪堆，便利牲口自行挖草根。

（六）

第二場暴風雪肆虐期間，大小桑馬登出不了家門。冰雹大得像雞蛋，團團雪片撲天蓋地落下，強風狂嘯呼號，沒人敢長時間走去戶外。這對叔侄擋不出門，兩家的平安小道倒沒堆滿冰雹。各條平安小道兩側冰牆增高，擋住了大部份落雪。

第二場暴風雪最惡劣的情況過去，大小桑馬登攜帶圓鍬，進入平安小道鏟雪。平安小道中途有拐角空地、有斷口，鏟起的冰雪可以就近堆積，或者推出斷口堆放。幾天而已，平安小道上的鬆雪凍成堅冰，鏟除起來吃力；但是不鏟走，堅冰變得更硬，更難敲斷鏟走。不待第二場暴風雪完全消失，詹姆士愛人知道，平安小道又通行了。

尼瑪毫無返家的跡象，丹卡也不可能出現於遠方；大小桑馬登都花長時間，清理牧場中央的小道。當然，鏟雪堆冰的工作不妨礙牧場正當瑣事。此外大小桑馬登找空閒時間，或走路，或上馬，通過平安小道，抵達牧場邊緣。詹姆士愛人閒極無聊，忍不住穿上厚毛斗篷，忍受小雪飄零，也踏上平安小道。大桑馬登下馬，走向木欄干，眺望寂寞的積雪森林，有時禁不起陣風強吹，他身子搖晃欲倒。

「他是一個懷念兒子的老父親。」詹姆士愛人心中說話。他的兒子是丹卡。

小桑馬登通常步行，通過平安小道，來到森林邊上。酷寒天氣，他一身棉衣和破毛大衣，不可能保暖，卻忍不住而頂風出門，面對森林，一再空等無人。

詹姆士愛人自己何嘗不如此，她已經數不清，從暴風雪前到暴風雪尾聲期間，她白走小道多少次。她下定決心，離開傷心地，返回州立大學課堂，恢復規律緊湊的生活。但在登機日未確定前，百般無聊之中，她仍忍耐不住，而踏上大小桑馬登在每日降落薄雪上留下的印記，走向落葉松森林。來到這兒，心中激動翻滾，讓她多次難以站穩。她的腦中隱約響起吶喊聲：你到底人在那兒，挨過了兩場暴風雪嗎？

心情激盪之後恢復平靜，她眺望了森林，再注視雲霧繚繞的墨脫支脈。高山重重，冰雪到處覆蓋。她心情又低落，發現等待登上班機的日子難熬。

落葉松帶本身倒開始熱鬧起來，大小桑馬登和詹姆士愛人無聊得發慌，鄰居牧人可以不閒。他們交談說笑，騎馬而來，在枯木斷枝之間砍鋸，然後牢牢紮捆，幾個人上馬拖走枯枝。

詹姆士愛人看見他們一邊忙碌，一邊交談說笑；恰巧女譯員又作伴，不免打聽林間牧人說笑些什麼。

翻譯員照實轉述，他們開心，強風大雪吹折樹幹粗枝，成了天賜的柴火；他們談話，家裡燒起柴火，冬天好過多了；森林中現成柴火多，以後不用愁。

詹姆士愛人於是開口：「赤烈的家人也砍柴火，也探望兒子。命運相差太大。赤烈不冒險登山，保住了性命。其他人全部被高山吞噬。」

這時候女翻譯員往往難以安慰女雇主。

詹姆士愛人心境平復些，堅毅的個性發揮作用。她告訴身邊的譯員：「一切還是有差別的。我不像赤烈家人那麼幸運，但是要返回大學城，大小桑馬登則被困在牧場上。」

她告訴翻譯員，頂多再走幾趟平安小道，然後她就永久離開。

酷寒照舊，風不停的呼號旋轉，小雪和小冰雹繼續下，詹姆士愛人通常轉身回頭走，比大小桑馬登早一點返回土坯房。顯然天氣快好轉，人人都能出門了。詹姆士愛人估計，她打包行李，幾分鐘就弄妥；離開老是酸臭騷味惱人的地方，然後回到環境清爽明亮的家園。

她有精神談下一步行事的細節，拉薩機場開放了吧？林芝到拉薩的公路暢通了吧？

女譯員答覆：「當然機場開放，當然公路暢通。」

「那麼由小桑馬登牧場到林芝大橋呢？牧場變成冰雪海洋，我們出得去嗎？」

「沒問題，太太。天氣好轉，一定有人會幫忙。我也該回拉薩了。」

「當然，我們一起去林芝，去拉薩，你有你的工作，我上飛機。」

「就這麼說定，我去找老村長提出計畫。」

「你去辦。幾位藏族婦女首先送我們來大桑馬登家，接著又陪我們進森林住二夜；他們表現得太好。我期望他們能第三次幫忙，送我們去芝林大橋。」詹姆士愛人冷靜的交代。一旦她頭腦清楚，辦事有條不紊。

「對了，還有王師傅。如果老村長送我們出發的日期決定，我們約王師傅在林芝大橋下會見。」

「當然，從老村長家打電話給王師傅。二件事一起辦。」

「這就成了。下次王師傅載我們經過林芝的大牧場及大農場，我要下車再看一眼。你想想，世界屋脊之上，開闢出大牧場及大農場，多麼不可思議。」

「我也看見了。」女翻譯員表示：「只有親眼看見的人，才會相信這一切。」

「接著，也許我們住進林芝大賓館，也許直接去拉薩。」

「當然，太太。從拉薩起飛的班機，是一切的細節的根據，其他步驟都配合班機。」

「新年之後上飛機，大致這麼敲定。」詹姆士愛人對一切細節構思妥當。

「新年之後順利起飛，不會有問題。」女翻譯也表現上好的安排能力：「我記得，新年期間飛機班次只多不少，我們得提前聯絡。」

「一切都安排好了。」詹姆士愛人鬆了一口氣，多說一句話：「王師傅做人穩重，駕駛技術優良。」

「他待人和氣，負責任。」女譯員形容：「我們坐他的車，他駕駛得平順。」

「但是車齡太大，沒空調。你知道，中等廂型車坐滿八個人，夏天不能沒冷氣，冬天不能沒暖氣。盡管王師傅保養汽車到家，他的麵包車到了淘汰的階段。」

「不，仍行駛的汽車不能報廢。在這兒，每一輛堪用的汽車，每一滴汽油，都不能浪費。」

墨脫支脈腳下的丘陵，看不見冰雪中巨大的岩石，也看不見岩石間，茂盛的青草及野草，矮松樹，清澈流水流淌的小溪，以及靠近落葉松帶豐美的水草。二場暴風雪橫掃，丘陵全成冰雪海洋；但是大山嶽擋住，白色海洋表面的冰雪波浪來得平緩。每一排冰浪翹的不高，捲浪間沒有大凹洞，大石頭及枯茅草頭仍露頭。二堵冰牆堆高了，夾了一條石頭小道。幾天下來，石頭小道上堆了一層參差不齊的雪堆和冰球。

赤烈桑渠睡岩縫小洞，但他穿衣蓋被卻暖和了，吃東西也恢復水準。因為家人抓天氣的空檔，為他帶來衣被和食物。好幾天內，他沒沿山腳岩石路，踏上小平地，探視馬匹和犛牛；他一個人被困在岩縫洞穴內。先有乒乓球般大小的冰雹，接著雞蛋般大小的冰雹掉下，由於山嶽阻止旋風橫掃，否則它們從空中打下，可不是鬧著玩的。

赤烈避開第二場暴風雪後的幾天惡劣的天氣，看見狂風和冰雹都趨向緩和。也頂著風雪走上小平地，趕緊檢查　舍，清掃地面，補充草料。忙碌大半天，才輪流牽領牲口，走下山腳狹冰雪路，轉入石頭小路溜達。他相信，憑著三匹馬和兩頭犛牛的踐踏，堆積在經常行走小道上的冰雪，短期內將破碎融化。

下午過去，高山光線稍亮一些，雲霧散開了。赤烈叫喚犛牛跟著他，來回走石頭小路，忽然耳中聽見「轟隆，轟隆」輕微聲響。赤烈桑渠抬頭，視野的盡頭，黃黑二座山峰腰腹部，捲起茫茫雲霧。距離太遠，聲響太輕微，赤烈卻擔憂，那是最高山地的雪崩，冬季一連串雪崩的開始。全部大山嶽上，無處不冰雪堆積過剩。往往由高處開始，小雪崩出現。接著多個較大雪崩接踵而至，最後傷人毀家的大雪崩被報導開來。

當天夜裡，心神不寧，赤烈爬出岩縫睡洞，不顧黑暗夜晚，在山腳下的狹道來回走動。「轟隆，轟隆」，較強的破碎物體滾落聲傳開。聲音的來源方向與下午的滾落聲相同。應該是較大的雪崩。

每一個山頭降雪過多，遲早冰雪滾落，形成小雪崩；湊巧多個山頭的冰雪各自滾落，在某大山谷會合，然後大量冰雪再滾落，就成中雪崩或大雪崩。小平地位於大山嶽大山腹下，大山腹多樹木、草地和裸岩，能擋住由高低處滾落的冰雪。但是山體表面填滿林野、岩層和冰雪，不能再擋住任何大物體。一旦再下一場大雪，牲口　舍上方的大山腹，免不了出現雪崩。赤烈必須撤離牲口。這方面沒問題，家人已經開始探望他，先讓家人帶回犛牛，其次帶回馬匹。

雪崩破壞沿路的東西，包括舊的破碎山道。雪崩能否砸出新的落腳地，完全由機會決定。嘎爾瑪等六個朋友，需要的是舊的破碎山道。他們有路可走嗎？

赤烈想到考察團成員之一的詹姆士，身材高大的美國人，文化水平好。赤烈看見過他幾次，然後一同騎馬，闖入落葉松帶，穿過丘陵。看來詹姆士是個和氣沒架子的人。不料考察團失蹤，他的愛人從遙遠的國度來到大山嶽腳下。

詹姆士愛人膽敢率欽一支隊伍，在第二場暴風雪橫掃大地的前二天，來到考察團登山的起點。赤烈在風雪中與她見面。真是大方又美麗，談吐及辦事冷靜從容，一派雍容華貴模樣。她必定個性堅毅果決，不然如何飛越一萬公里？赤烈的家人沒說出她確定的告別日期。當然在第二場暴風雪過後，大約是新年之後。赤烈更由家人口中得知，第二場暴風雪稍平靜下來，大小桑馬登和詹姆士愛人等三個人，經常走平安小道，來牧場邊緣眺望。風雪仍發威，他們三個人枯立一陣子，雪片掛在他們外衣上，他們變成三個雪人。

從大山腰頂點的夾縫地，到大山嶽山腹下的小平地，使用二天一夜走一趟，必定匆忙急迫。使用三天二夜，配合犛牛的步伐行走，時間就充裕。

六個人，四匹馬和兩頭犛牛，使用了二天二夜，來到大山腹和大山腰分界的山谷，躲開了一場小雪崩，以及一場大雪崩。六個人僅僅靠攏，墊半頂帳篷，蓋毛毯和相連的半頂帳篷，草率度過冰冷的一夜。精力充沛的詹姆士反而睡得不安寧，他被一個念頭糾纏：明天尼瑪帶路，平安走下大山腹的破碎山道，全部考察團就結束任務。下一步他該怎麼做？一萬公里之外，一個模糊的人像仍等待。詹姆士他打越洋電話去，不成問題，問題是他說什麼？暗示某種決裂的可能性？詹姆士他個人仍說不出口。

一公尺之內，一個強烈的人影迎面走來，不知怎麼的，這個人影穿古怪的鴕鳥衣，全身由毛毯包裹，就是有強烈的吸引力。大夥完全由毛毯包裹，以便阻擋極低溫；互看之下一點兒也不陌生突兀。毛毯稻草人和另一個睡袋稻草人或交談，或行動，輕鬆愉快，不必急著分離。

一早醒來，天氣更緩和一些。牲口沒被拴住，自行挖草根吃，好像挖出了什麼，所以不再飢餓哀號。

所有行李都收拾好，但是毛毯仍綁在身上，讓身體暖和些。大夥兒得下山，保暖大致不成問題。好久以來，沒一餐吃飽過。食物才是問題。大夥兒想到的是食物。牧場相離不太遠。接下來白天走一天，加上晚上走半夜，回到牧場，肚子就能裝飽。

每個人都準備走最後一段路，連馬兒和犛牛也歸隊。睡袋稻草人苦思一夜，做成決定，暫時不打電話。未來幾天後將去林芝。在此之前，他和毛毯稻草人交談，好好叮嚀安慰，雙方心境撫平。他或者從林芝，或者更晚一點回到雲南，才打越洋電話。一萬公里太遠了，先把一公尺以內的是安撫好。一萬公里之外撥出越洋電話，可能由他或別人接通回話。

毛毯稻草人們出發，既然沒被雪崩追上，就不用急。嘎爾瑪既牽馬，又呼喚「葉克，葉克」，犛牛跟在後面。其他睡袋或毛毯稻草人又跟在更後面。

「暴風雪後下山，一步一步走，只要山道沒被毀壞，安全回家不成問題。」莊院士心平氣和表示。

「這趟考察行程，不但體力花費多，心力也消耗多。」牽馬跟隨的詹姆士談話不自在。

「你能走完最後一程？馬兒有力氣了，路也不難走，你想上馬，不成問題。」莊院士關切大姑娘。

「我能走。尼瑪前面開路累，我們該步行。」較嬌小的毛毯稻草人回話。

大山腹間，破碎山道上，若干小邊石已消失。它們被強風及滾雪推搖，掉落大山腹下端林野中。破碎山道一側，少量泥沙土壤已墜落在破碎山道上，冰雪則覆蓋山腹及大片林野草地上。由於大山腹本身不太陡峭，所以林野草地上的冰雪，不容易滾落而破壞道路。破碎山路邊石及邊緣地帶，堆留太多堆冰雪。尼瑪稻草人的領路工作，一是試探邊石站得牢不牢，二是用力強戳，試探山路邊的冰雪堆有真底子或者假底子。

尼瑪稻草人慢走，看見搖晃的大中石頭就試探牢靠性，看見雪堆就戳底。雪堆沒真底子，索性使力把這團雪堆推離山道路面。尼瑪的工作不困難，但應做得徹底。毛毯裏在身上，多少有擋風效果。一群毛毯稻草人繞著山腹走，腳踏破碎山道，沒人發出怨言。

睡袋稻草人說話，王師傅載我們回雲南，一路走下坡路，十幾天就抵達祿豐縣。我們還有十幾天相聚的機會，十幾天以後才談其他事。

一具毛毯稻草人說不出話，僅僅「嗯嗯」出聲回應。十幾天是長時間，還是短時間？十幾天能暢談多少？快樂的時光將一直與哀愁的時光糾纏。其他人心神穩定，繞著大山腹，踏過破碎山道上連綿不絕的雪堆，跟著隊伍走下坡路段。

「看見落葉松森林樹冠層雪片，看見牧場的大片冰雪海洋，我們走完末段路途的一半了。」莊院士俯望下方，激動的表示。

「天氣真的轉好，就是冷。」丹卡接著表示。「光線差，看不清森林以外的景物，冰雪蓋滿一切。牧場就在冰雪下。」

帶頭的毛毯稻草人沒有觀看景物的權利。尼瑪看見可疑的路邊，以及所有走道邊緣的冰雪，就用長木棒撥戳。嘎爾瑪牽馬，二頭犛牛跟著。只要前二具毛毯稻草人開了路，隨後的馬匹及犛牛沒慘叫而跌落下方深處，其他稻草人就平安移動。

只有一具最高大的睡袋稻草人，明明下山的道路快走到盡頭，頭腦突然翻騰起來。糾纏他不已的矛盾念頭，再度激盪起來。約瑟夫．洛克是個活生生的例子，來東方忙碌有年，與大雜誌合作，寫文字，發表圖片照片，製作標本，生活曾經一度寬裕風光。晚年又老又貧窮，病死夏威夷，白白忙碌一生。詹姆士．希爾頓不必赴東方勞累，參考洛克的報導，留在家鄉寫書又拍電影，結果成功名就，晚年享福。希爾頓的選擇對了。

稻草人詹姆士如果留在東方，很可能永遠扮稻草人，忙碌又貧窮，變成約瑟夫．洛克；反之合約結束，他坐上飛機，大學城的住宅就開門，地毯、大衣物櫃、壁爐、空調，以及新轎車，樣樣不缺。回州立大學的課堂，發表東方古生物學進度與展望演講，展示幾個特大而具有美麗外表花紋的空蛋殼，和幾件似雞龍的骨頭，他獲得了掌聲將有如雷鳴。

希爾頓強過洛克。當然，希爾頓強。稻草人詹姆士心中迴盪如此的吶喊。

「碰，碰」，大小石頭滾落聲，從不太遠的地方傳來。

下午過了一半，除了嚴寒，其他天氣狀況緩和多了。赤烈桑渠的內心平靜，帶牲口散步溜達遠一些。他聽見奇特的聲音，不去理會，繼續散步溜達。

「碰—碰—」，雪堆滾落，大石頭墜穀，奇特連續的聲音再傳來。馬匹抬腿嘶鳴。

「回　舍，今天運動夠了，我們去看看山上的情況。」赤烈桑渠居然對牲口說話。他小跑步帶領牲口，奔向大山腹下的小平地。

他登上小平地，來不及送牲口回　舍，就丟下韁繩，跑向破碎山道的起點立腳地。天哪，下午山區光線仍不明亮，但是一群稻草人領著牲口，包括馬匹和犛牛，緩緩走了過來。朋友們下山了，終於下山了。還差幾步路而已。

朋友下山了。天哪。赤烈忍住沒大叫，但猛舉雙臂揮動。

尼瑪繼續撥動石頭，戳探雪堆，不敢分心。嘎爾瑪一直叫喚犛牛，手中又有馬匹繮繩，他不敢開口出聲。莊院士看見下邊有人高揮雙臂，問道：「是赤烈桑渠嗎？」

「是他，是他。」丹卡回答。

「我不敢相信，嘎爾瑪一個人獨自留守夾縫地不離開，現在赤烈又獨自枯守到現在。」詹姆士開口。

聽見他們談論，朋友獨自一個人留守到最後關頭；悶聲不響而心思紊亂的舒小珍，心情沉陷下去。一萬公里不是問題，情誼很可能突破一萬公里的障礙。

赤烈看清楚了，下山的人全變成稻草人；為了擋風，居然用毛毯或睡袋裹身。赤烈讓開路來，讓六個朋友和牲口走下小平地。

「太好了，朋友們。」赤烈宣佈：「食物充分，衣被有餘，草料充分，還有柴火取暖。」

六個人發現，赤烈的厚衣和毛皮大衣穿得暖，頭髮及鬍子修剪過，面色恢復紅潤，完全不像山賊。

「這裡只有牲口的　舍，我們挨著山腳岩石走下去，丘陵邊才有地方坐下休息。」赤烈說明，立刻帶領朋友們再走一段路。

下午過去了，天色昏暗，天空只飄少許輕雪，連山風都吹得平穩，赤烈抱了幾綑牧草，放在剛下山的二頭瘦弱犛牛背上。下山的牲口全部不愁草料了。

「小平地不能搭帳篷，我睡在下邊山洞裡。」赤烈開口。

「你一直沒回牧場？」嘎爾瑪問道。

「沒差別，我的家人來看我，帶來一切東西，我等於回家了。」

走過山腳狹窄岩石路，來到赤烈睡洞前，天快要黑了。

赤烈找乾柴，放在堆石灶臺上，一邊烤肉，一邊煮熱湯。大夥兒坐在石頭上，火光熊熊，烤肉取暖，太舒服了。赤烈找出糌粑、醃菜、鮮奶。飢餓的稻草人一搶而光。

「今天晚上怎麼辦？在這裡露天睡覺，明天一早回去？」赤烈徵求大夥兒的意見。

「回牧場，老爹阿娘等太久了。」尼瑪毫不考慮說道。

「想騎馬沒問題，我這兒有三匹體力強的馬，你們帶回來的馬太瘦了，犛牛又太弱了。」赤烈說道。

丹卡徵求莊院士、舒小珍和詹姆士的意見。他們全都主張繼續追隨犛牛，一步步走出森林。

「這兩天丘陵小道好走些，軟雪硬冰都被牲口踩碎。穿過森林也不難。」赤烈表示。

「回家，回家，兒子回來了。」尼瑪大聲說話。

赤烈表示，他明天一早帶牲口回牧場。烤火，吃熱的東西，圍著灶火休息一陣子，大夥兒確實享受了一番。立即起身，仍由毛毯等裹身，牽起馬匹和牲口出發。

忽然赤烈桑渠想起一些事，他拉住睡袋稻草人的手，清清楚楚說明：「詹姆士太太來了。」

詹姆士烤了一點火，身體暖和些，仍冷得發抖。他神智清楚，冷淡的回應：「不可能的事，別開玩笑。」

身邊每個人都聽清楚，天空彷彿爆出雷鳴，震得舒小珍頭昏眼花。「沒開玩笑，他從拉薩找來一名女翻譯員，所以交談不成問題。」赤烈補充說明。

「我比你清楚。」詹姆士反駁：「學校沒放寒假，她仍留在州立大學，進課堂講課。」

舒小珍感覺天旋地轉，渾身無力，身子倚靠冰凍的石頭上。

「他和女翻譯員由林芝來墨脫牧場，暫住小桑馬登家，她組織隊伍進了森林，就是第二場暴風雪颳起的前二天。他們就在這兒搭帳篷，熬過二個夜晚。」赤烈說出全部故事。

天地烏黑，風轉小一些，不再狂嘯。雪花變小，無聲無息飄零。氣溫沒改善。剛才烤火，大夥兒感覺舒服得很。一旦熄火起身，全身又猛打寒顫，所以沒人解下身上的睡袋或毛毯。

「她怎麼來了？她怎麼來了？」詹姆士感到茫茫然，而自言自語，舒小珍內心煎熬。

「我們走吧，尼瑪變成主人，我們向小主人道賀。」莊院士催促。

不僅如此，舒小珍聽見耳邊有人說話：「王師傅轉告，妳的老爹從北方趕去九鄉溶洞工地，然後一直停留在工地。」

「我不相信，我一進小桑馬登住家，就找老村長，然後打話去大學城。」詹姆士仍然半信半疑，自言自語。

「我見過她，真是優雅高貴的女子，而且勇敢，居然一個人老遠趕來西藏偏僻地方。」赤烈最後附加一句。

詹姆士舉步，追上大夥兒，忘記酷寒，腦中只剩下一種吶喊：「她真的來了，她真的來了。」

「我家裡的人說，她像老村長叔侄一樣，差不多天天去牧場邊緣眺望，甚至風雪天也不間斷。」全部隊伍已走動，赤烈沒跟上，大聲補充說明。

全部北山腳村五戶牧家，天一黑，點亮油燈，匆匆收拾家務，然後早早熄燈就寢，節省油燈，大小桑馬登也一樣，天黑不久，就上炕休息。小桑馬登土坯房的柴房客廳中，馬燈熄得晚一些，女翻譯員不用燈下熬夜。詹姆士愛人心神已經安定，白天能讀一點資料，晚上就記幾筆。

熄了馬燈，詹姆士愛人倒在鋪平的舊紙箱及衣被中，不能迅速入夢。漫漫寒天長夜，她不是因為入夜氣溫太低，而合不上眼。她心頭仍紊亂，理不出頭緒，因而不能輕鬆睡著。理智上她要告別牧場，重回舊日的軌道。但情緒上及習慣上，她還有一段調適時間。

快離開了，她心頭又亂了一下，睡不著，外邊的輕微聲音都會惹煩她。於是她張眼而臥，清楚外界些微的變化。風聲比白天溫和些，感覺上冰變小，不聽冰雹敲打聲，遙遠的牧場羊圈不傳騷動聲。冰雪海洋真安靜，唯獨氣溫在低檔徘徊。詹姆士愛人衣物暖，她知道低溫折磨許多人家。

夜更深，冰雪海洋一片寧靜。忽然院子裡睡熟的獒犬吼叫。外頭傳來匆促的腳步聲，接著有人大敲破門板。來人敲了一陣，小桑馬登出去應門。來人大聲說話。獒犬吠聲及來人談話聲驚醒女譯員。

來人沒停留，馬蹄聲響起，匆匆奔向大桑馬登牧場。

小桑馬登猛敲客廳的門，大聲說話；沒時間等待二位女賓客應門，他提著點亮的馬燈，向外衝出去。

「他說什麼？他說什麼？」詹姆士愛人不明白情況，向剛醒的姑娘問話。「他說，鄰居牧人去森林，看見有人下山，請妳去看看。」女譯員說明。

「半夜了，有人從山上下來，不可能，你沒聽錯？」詹姆士愛人查問。

「不會錯，我陪太太出去。」女譯員說。

詹姆士愛人忽然緊張，匆忙點亮馬燈，穿長統皮毛鞋，先套上大衣，再圍上皮毛斗篷。她和女譯員跑了出去。

一陣寒意襲來，讓她顫抖。微小的雪片黏在她臉上，她顧不了。遠方一盞馬燈搖晃，當然是小桑馬登提燈跑步。二名女貴賓跑上平安小道，馬燈照出小道旁兩堵發出青幽光芒的冰牆。詹姆士愛人腳步快，女翻譯員稍落後。

詹姆士愛人氣喘吁吁，追上小桑馬登，她的心砰砰跳，心頭又紊亂起來。她倆跑出木欄干，衝進五十公尺寬，完全覆蓋冰雪的砂石分界帶。

前方森林幽暗，安靜無聲。一支手電筒弱光照亮，森林深處走動一支隊伍。特別奇怪的隊伍，都是睡袋或毛毯包裹的稻草人。硬冰層上有鬆雪，稻草人行列踏在鬆雪中，發出「沙沙」聲音。詹姆士愛人衝向稻草人隊伍，接著小桑馬登也衝出去。

詹姆士愛人搖動馬燈，燈光照出一個睡袋稻草人。她大叫：「詹姆士！詹姆士！」

高大的睡袋稻草人沙啞出聲：「是妳？是妳？」

搖動馬燈的人尖叫出聲：「我來了，我來了，詹姆士！詹姆士！」

稻草人的手被她握住，說不出話來。她說道：「你發抖，你的衣物不夠，你手上只剩皮包骨，非常瘦。我來了，帶來了溫暖的衣物，有營養的食物。你還需要睡眠，讓我安排一切。」

另一個提馬燈的人，抓住隊伍中領路的稻草人。更後方，一個老人騎馬趕來。

國家圖書館出版品預行編目資料

侏儸紀峽谷 / 陳戈著. -- 初版. -- 臺北市：
博客思, 2020.10
面； 公分
ISBN 978-957-9267-68-7(平裝)

1.爬蟲類化石 2.中國
359.574 109008530

現代文學68

侏儸紀峽谷

作　　者：陳戈
編　　輯：陳勁宏
美　　編：陳勁宏
校　　對：楊容容
封面設計：陳勁宏
出 版 者：博客思出版事業網
發　　行：博客思出版事業網
地　　址：台北市中正區重慶南路1段121號8樓之14
電　　話：(02)2331-1675或(02)2331-1691
傳　　真：(02)2382-6225
E—MAIL：books5w@gmail.com或books5w@yahoo.com.tw
網路書店：http://bookstv.com.tw/
https://www.pcstore.com.tw/yesbooks/
https://shopee.tw/books5w
博客來網路書店、博客思網路書店
三民書局、金石堂書店
經　　銷：聯合發行股份有限公司
電　　話：(02) 2917-8022　　傳 真：(02) 2915-7212
劃撥戶名：蘭臺出版社　　帳號：18995335
香港代理：香港聯合零售有限公司
電　　話：(852)2150-2100　　傳真：(852)2356-0735
出版日期：2020年10月 初版
定　　價：新臺幣450元整(平裝)
ISBN：978-957-9267-68-7